Fossile Zukunft

1. Auflage November 2024

Titel der amerikanischen Originalausgabe:
Fossil Future - Why Global Human Flourishing Requires More Oil, Coal, and Natural Gas - Not Less

Übersetzung aus dem Amerikanischen: Matthias Schulz
Satz und Layout: Mohn Media Mohndruck GmbH, Gütersloh
Umschlaggestaltung Martina Kimmerle unter Verwendung einer Illustration
von Pete Garceau mit Bildern von © wetcake, © lvcandy, © tuulijumala, © Benjamin Toth,
© SpicyTruffel, © Designer_things / Getty Images

ISBN: 978-3-98992-048-4

MIX
Papier | Fördert gute Waldnutzung
FSC® C014496
FSC www.fsc.org

Gerne senden wir Ihnen unser Verlagsverzeichnis.
Kopp Verlag
Bertha-Benz-Straße 10
D-72108 Rottenburg
E-Mail: info@kopp-verlag.de
Tel.: (0 74 72) 98 06-10
Fax: (0 74 72) 98 06-11

Unser Buchprogramm finden Sie auch im Internet unter:
www.kopp-verlag.de

Alex Epstein

FOSSILE ZUKUNFT

Warum menschliches Gedeihen mehr Öl, Kohle und Erdgas erfordert, nicht weniger

KOPP VERLAG

Inhaltsverzeichnis

An die Leser von *The Moral Case for Fossil Fuels*

Hinweis: Wenn Sie mein voriges Buch über fossile Brennstoffe noch nicht gelesen haben, sollten Sie diesen Abschnitt überspringen und direkt zu Kapitel 1 gehen.

In meinem 2014 erschienenen Buch *The Moral Case for Fossil Fuels* (»Ein moralisches Plädoyer für fossile Brennstoffe«) habe ich eine höchst ungewöhnliche und umstrittene Prognose abgegeben: Die Nutzung fossiler Brennstoffe werde nicht ab-, sondern zunehmen, und ihre Vorteile für das menschliche Gedeihen würden die negativen Nebenwirkungen bei Weitem überwiegen, und zwar selbst dann, wenn man alle negativen Folgen für das Klima berücksichtigt.

Meine Prognose fußte auf drei Einsichten:

> Erstens hatten und haben fossile Brennstoffe die einzigartige Fähigkeit, zuverlässige und kostengünstige Energie in einer Welt zu liefern, in der in Zukunft viel mehr Energie benötigt wird – insbesondere für die Milliarden von Menschen, die bislang fast keine Energie verbraucht haben.
>
> Zweitens versetzt uns preiswerte, zuverlässige Energie in die Lage, Maschinen zu nutzen, die unser Leben verbessern. Das hat grundlegende, völlig unterschätzte Vorzüge – unter anderem den, dass sie unsere Umwelt so verwandeln kann, dass sie unnatürlich sauber ist und wir in ihr unnatürlich gut vor Klimagefahren geschützt sind.

> Drittens hat eine verstärkte Nutzung kostengünstiger, zuverlässiger fossiler Brennstoffe zwar einen Anstieg der CO_2-Werte zur Folge und wirkt sich auf das globale Klima erwärmend aus, aber diese Auswirkungen sind keineswegs katastrophal. Sie können von Menschen bewältigt werden, die mit fossilen Brennstoffen betriebene Maschinen erfinden – beispielsweise Bewässerungssysteme für Dürreperioden, Heizgeräte und Klimaanlagen für den Umgang mit extremen Temperaturen und so weiter.

Haben Sie *The Moral Case for Fossil Fuels* gelesen und nun zu diesem Buch gegriffen, spricht dies dafür, dass Sie meine Argumente zumindest teilweise überzeugend fanden.

Doch selbst wenn dies der Fall war, ist es verständlich, dass Sie die tagtäglichen Medienberichte glauben machen, ich hätte massiv danebengelegen. Denn darin heißt es, fossile Brennstoffe würden keine Vorteile mehr aufweisen, sondern der durch fossile Brennstoffe ausgelöste Klimawandel habe immensen Schaden angerichtet, den wir nicht mehr ausgleichen, geschweige denn bewältigen können.

Überall liest man heutzutage, »erneuerbare« Energien, allen voran Solar- und Windenergie, würden aufgrund ihrer besseren Wirtschaftlichkeit fossile Brennstoffe rasch verdrängen. Einige unserer beeindruckendsten Technologiekonzerne wie Apple, Google oder Facebook behaupten, zu 100 Prozent erneuerbar zu arbeiten. Dabei gehen sie davon aus, dass die 100 Prozent erneuerbare Energien, die für sie funktionieren, auch für alle anderen gelten.

Ebenso sehen wir Tag für Tag Reportagen darüber, wie der von fossilen Brennstoffen verursachte Klimawandel zu einer »existenziellen Bedrohung« für unser Leben wird. Prognosen über neue angebliche Katastrophen wie die »Ozeanversauerung« und das massenhafte Artensterben beherrschen den Diskurs. Und was klimatisch bedingte Desaster wie Stürme, Überschwemmungen und Waldbrände anbelangt, so heißt es, sie hätten ein noch nie gesehenes Ausmaß erreicht. Nehmen Sie nur die völlig außer Kontrolle geratenen Brände in Kalifornien und Australien. Sie seien beispiellos, erklärt man uns, und man bekomme sie nur auf einem einzigen Weg in den Griff – nämlich indem wir schnellstens unsere CO_2-Emissionen zurückfahren.

Zusammenfassend lautet das heute gebetsmühlenhaft vorgekaute Narrativ etwa so: Fossile Brennstoffe machen die Welt zu einem Ort, der immer weniger lebenswert ist, aber zu unserer Rettung sind nun die erneuerbaren Energien da. Sie könnten allerdings noch viel mehr bewirken, wenn wir uns einfach von fossilen Brennstoffen verabschieden würden.

Würde dieses Narrativ stimmen, würde es in der Tat meine Prognosen und die von mir in *The Moral Case for Fossil Fuels* erhobene Forderung widerlegen, künftig nicht weniger, sondern mehr fossile Brennstoffen zu verwenden.

Doch bereits in diesem Buch habe ich darauf hingewiesen, dass es auf der Suche nach der Wahrheit nicht ausreicht, sich mit Anekdoten oder Narrativen zu befassen. Wir müssen die Fakten des »großen Ganzen« betrachten.

Und wenn wir uns die Faktenlage zu fossilen Brennstoffen, möglichen Alternativen, menschlichem Gedeihen und Klima insgesamt ansehen, haben sich die Thesen von *The Moral Case for Fossil Fuels* bislang voll und ganz bestätigt.

Fakt 1: Fossile Brennstoffe sind weltweit weiterhin die wichtigste Energiequelle und liefern viermal so viel Energie wie alle Alternativen zusammen. Und die Nutzung fossiler Brennstoffe nimmt weiterhin zu. »Erneuerbare« Sonnen- und Windenergie machen weltweit gerade einmal 3 Prozent aus. Doch selbst diese 3 Prozent sind von Mandaten, Subventionen und zuverlässigen, mit fossilen Brennstoffen betriebenen Kraftwerken abhängig und führen überall dort, wo Solar und Wind in nicht trivialen Mengen zum Einsatz kommen, zu steigenden Kosten und/oder erheblichen Problemen mit der Zuverlässigkeit.

Fakt 2: Die Welt ist immer lebenswerter geworden, insbesondere für die allerärmsten Menschen. Entscheidend dazu beigetragen hat die kostengünstige, zuverlässige Energie aus fossilen Brennstoffen. Neben weiteren Vorteilen haben fossile Brennstoffe die starke Industrialisierung vorangetrieben, die die Rate extremer Armut (jener Anteil der Menschen, die mit weniger als 2 Dollar pro Tag auskommen müssen) seit 1980 von *42 Prozent* auf unter 10 Prozent gedrückt hat.[1]

Fakt 3: Fossile Brennstoffe haben zwar zu einer Erwärmung des globalen Klimasystems beigetragen, doch diese Erwärmung beträgt in den vergangenen

170 Jahren gerade mal 1 Grad Celsius. Gleichzeitig fiel die Anzahl der aufgrund von Klimakatastrophen gestorbenen Menschen auf ihren tiefsten Stand überhaupt, und das haben wir größtenteils einer »Klimabeherrschung« zu verdanken, die fossile Brennstoffe ermöglichen. Das geht von der Bewässerung mithilfe fossiler Brennstoffe über das Heizen und Kühlen durch fossile Brennstoffe bis hin zur Errichtung stabiler Gebäude vermittels fossiler Brennstoffe und zu Frühwarnsystemen, die mit fossilen Brennstoffen betrieben werden. Der Anteil von Menschen, die infolge von Klimakatastrophen gestorben sind, ist im Laufe der letzten 100 Jahre um 98 Prozent gesunken.[2]

Es macht mir Mut, dass die Aussagen von *The Moral Case for Fossil Fuels* die Zeit so gut überstanden haben, und vielleicht geht es Ihnen ähnlich. Möglicherweise fragen Sie sich aber auch, ob sich die Lage nicht dramatisch ändern wird, wenn immer mehr Geld und Talent in erneuerbare Energien fließen und die CO_2-Menge in der Atmosphäre weiter zunimmt.

Auch ich habe mich das gefragt. Im Verlauf der letzten 7 Jahre habe ich mich besonders dafür interessiert, die *langfristigen Aussichten* fossiler Brennstoffe zu verstehen und einzuordnen. Welche Vorteile können wir in den kommenden Dekaden und Generationen von fossilen Brennstoffen im Vergleich zu alternativen Lösungen erwarten, und mit welchen Nebenwirkungen müssen wir rechnen?

Auf der Suche nach Antworten habe ich ausgiebig recherchiert und über Energie, das Wohlergehen der Menschheit und das Klima nachgedacht. Gleichzeitig habe ich ein *Grundgerüst* für das Nachdenken über Energiefragen entwickelt, das viel ausgefeilter ist als zu der Zeit, als ich *The Moral Case for Fossil Fuels* schrieb. Ich nenne es den »Rahmen für menschliches Wohlergehen«.

Es war auch hilfreich, diese Themen mit zahllosen Menschen zu erörtern, während ich durch die Vereinigten Staaten und rund um die Welt reiste und meine Ideen vorstellte.

Dabei muss ich ehrlich zugeben: Als ich begann, gründlicher über die langfristige Zukunft fossiler Brennstoffe nachzudenken, ging ich davon aus, dass mein Enthusiasmus etwas leiden würde. Nach *The Moral Case for Fossil Fuels* gab es eine jahrelange Phase, in der ich den Stand der technischen Entwicklungen im

Energiebereich und im Klimabereich nicht mehr so aufmerksam verfolgte wie zuvor oder danach. Die Populärmedien berichteten mit einer solchen Begeisterung über radikale Fortschritte der erneuerbaren Energien und über beispiellose negative Klimaentwicklungen, dass ich dachte: »Die Trommel für fossile Brennstoffe zu rühren ist möglicherweise doch nicht das, womit ich meine Zeit verbringen möchte.«

Als ich mich aber, bewaffnet mit einem viel besseren Grundgerüst und den neuesten Fakten, daranmachte, die langfristigen Zukunftsaussichten fossiler Brennstoffe gründlich zu untersuchen, gelangte ich zu der Überzeugung, dass es weit mehr moralische Argumente für fossile Brennstoffe gibt, als ich angenommen hatte – Argumente, die über Generationen hinweg Bestand haben und ein moralisches Plädoyer für eine *fossile Zukunft* bilden.

Doch während sich fossile Brennstoffe in der *Realität* und meinem Verständnis nach zu etwas Positivem verwandelten, entwickelten sich die Politik und die öffentliche Wahrnehmung in Sachen fossile Brennstoffe leider in genau die entgegengesetzte Richtung.

Wer sich 2014 für einen raschen Ausstieg aus fossilen Brennstoffen aussprach, vertrat eine eher extreme Position. Heute dagegen ist sie im Mainstream angekommen und gilt als Meinung der »Fachleute«. Aus allen Bereichen der Gesellschaft melden sich Institutionen zu Wort, betonen ihre Bereitschaft, sich von fossilen Brennstoffen abzuwenden, und versprechen, bis allerspätestens 2050 »klimaneutral« oder »kohlenstoffneutral« zu werden.

Umfragen zu fossilen Brennstoffen und Klima zeigen in zahlreichen Ländern, dass etwa 50 Prozent der Menschen glauben, der von fossilen Brennstoffen beschleunigte Klimawandel drohe die Menschheit auszulöschen.[3]

»Klimanotstand« und »Klimakrise« gelten nicht mehr als Vorhersagen für die Zukunft, sondern als Beschreibung der Gegenwart – und das, obwohl wir derzeit besser vor dem Klima geschützt sind, als es irgendeine menschliche Bevölkerung im Verlauf der Geschichte gewesen ist.[4]

Eine fortdauernde und zunehmende Nutzung fossiler Brennstoffe scheint mir für ein globales Gedeihen der Menschheit unabdingbar zu sein. Insofern klingen Vorschläge zur »Klimaneutralität« genauso apokalyptisch für mich, wie es für andere der von fossilen Brennstoffen befeuerte Klimawandel tut. Würde man eine Politik der Klimaneutralität tatsächlich umsetzen, wäre es gewiss der schwerste Fall von Massenmord, seitdem kommunistische Regimes im 20. Jahrhundert 100 Millionen Menschen umbrachten. Möglicherweise wären die Opferzahlen sogar noch viel höher. (Glauben Sie mir nicht, sollten die Kapitel 4–6 in diesem Buch Ihre Meinung ändern.) Eine Politik der Klimaneutralität ist dermaßen bedrohlich, dass ich mir nicht vorstellen kann, dass sie irgendwann einmal konsistent durchgesetzt werden wird. Allen voran haben China, Russland und Indien bereits signalisiert, dass sie eine derartige Politik unter keinen Umständen verfolgen werden.[5]

Aber die Bemühungen, eine Politik der Eliminierung fossiler Brennstoffe durchzusetzen, werden immer beharrlicher und werden voraussichtlich zwei Konsequenzen haben, die ich nach Leibeskräften abzuwenden versuche.

Die erste ist, dass sich die Überwindung der Armut in den ärmsten Regionen der Welt auf unbestimmte Zeit verzögern wird, denn dafür werden fossile Brennstoffe benötigt. Etwas Neues aufzuhalten ist immer einfacher, als etwas zu stoppen, das bereits im Gange ist. Insofern wird es für die Gegner fossiler Brennstoffe leichter sein, neue Entwicklungen in Afrika zu stoppen, die auf fossilen Brennstoffen basieren, als die schon länger mit fossilen Brennstoffen betriebene Entwicklung in China oder Indien zu verlangsamen.

Die zweite Konsequenz, die es abzuwenden gilt, ist der wirtschaftliche Selbstmord der freiesten Nationen der Welt, wozu auch mein Heimatland gehört, die Vereinigten Staaten von Amerika. Zum jetzigen Zeitpunkt arbeiten jene Länder am vehementesten auf eine Abkehr von fossilen Brennstoffen hin, die traditionell zu den freiheitlichsten gehören. Man vergleiche dies mit dem unfreien China, das ausdrücklich das Ziel verfolgt, spätestens 2049 die größte Supermacht der Welt zu sein, und zwar indem es 85 Prozent seiner Volkswirtschaft mit fossilen Brennstoffen betreibt. Fossile Brennstoffe werden auch dazu verwendet, unsolide Sonnenkollektoren und Windturbinen zu bauen, die dazu beitragen, dass das Stromnetz der USA teurer wird und an Zuverlässigkeit einbüßt. Und dies lässt den Standort an Attraktivität für die Industrie einbüßen.[6]

Das beispiellose Maß an Sicherheit, das Amerika und im weiteren Sinne auch der Rest der freien Welt heutzutage genießen, geht auf die wirtschaftliche Stärke der USA und die Militärmacht des Landes zurück. Beide hängen davon ab, dass kostengünstig und zuverlässig Energie zur Verfügung steht. In seinem Buch *Der Preis* dokumentiert Daniel Yergin, dass ein Krieg Mobilität voraussetzt. Kriege werden oftmals von den Ländern mit der besten mobilen Energie gewonnen, und das heißt an allererster Stelle Öl. Eine Welt, in der freie Nationen ihre Volkswirtschaften und folglich ihr Militär abwürgen, während China günstige, zuverlässige Energie aus fossilen Brennstoffen dafür nutzt, zur weltgrößten Volkswirtschaft mit dem furchterregendsten Militär aufzusteigen, ist keine Welt, in der ich leben möchte.[7]

Aus diesen Gründen und aus vielen weiteren, die ich im Verlauf dieses Buches aufzeigen werde, halte ich die drastische Abkehr der Politik und der öffentlichen Wahrnehmung von fossilen Brennstoffen für eine existenzielle Bedrohung der Freiheit und des Wohlergehens der Menschheit – letztlich eine Bedrohung für die langfristigen Überlebenschancen der Vereinigten Staaten.

Dieser Trend beunruhigt Menschen wie mich, die sich bemüht haben, unsere Mitmenschen von den moralischen Argumenten zu überzeugen, die für fossile Brennstoffe sprechen. Denn obwohl die Fakten uns recht geben, hält diese Entwicklung an.

Gleichwohl macht es mir Mut, wenn ich sehe, in welchem Maße *The Moral Case for Fossil Fuel* und meine Bemühungen dazu beitragen, die Ideen dahinter in vielerlei Formen und Foren zu verbreiten.

Wieder und wieder habe ich miterlebt, wie meine Argumente Zweifler zu Unterstützern machten, darunter auch Personen, deren Hintergrund eine derartige Kehrtwendung nicht hätte vermuten lassen, etwa liberale Harvard-Studenten und ehemalige Klimaaktivisten.

Ebenso habe ich miterlebt, was genauso wichtig ist, wie meine Argumente Unterstützer in Vorkämpfer verwandelten, in Menschen, die wiederum andere überzeugen können.

2014 rief ich die Industrie für fossile Brennstoffe dazu auf, sich zu mobilisieren. Zwar geschieht dies noch nicht in dem erforderlichen Ausmaß, aber es gibt inzwischen prominente CEOs wie Chris Wright (Liberty Oilfield Services) und Adam Anderson (Innovex), die moralische Argumente für ihre Branche liefern.[8]

2014 rief ich auch Menschen in ärmeren Regionen dazu auf, sich für Energie aus fossilen Brennstoffen einzusetzen. Heute tun dies Personen wie der indische Energieforscher Vijay Jayaray und NJ Ayuk von Africa Energy Chamber.[9]

Meine Erfolge bei dem Bemühen, Zweifler oder Gegner in Unterstützer und Unterstützer in Vorkämpfer zu verwandeln, einerseits sowie der drastische Imageverlust fossiler Brennstoffe in den Augen der Öffentlichkeit andererseits dienten mir als Motivation dafür, an meinen Fähigkeiten zu arbeiten, Fakten rund um das Thema Energie zu erklären und über Wege nachzudenken, wie ich die Menschen am besten über die Wahrheit aufklären kann.

2018 kam ich zu dem Schluss, dass am besten wäre, wenn ich ein völlig neues Buch über fossile Brennstoffe schreiben würde – eines, das die aktuelle Lage vollständig abbildet und wesentlich umfassender, klarer und viel zukunftsorientierter ist als *The Moral Case for Fossil Fuels.*

Mit *Fossile Zukunft* möchte ich einen Beitrag dazu leisten, dass mehr Menschen die Wahrheit erfahren – sowohl direkt durch das Buch als auch indirekt, indem ich anderen Befürwortern von fossilen Brennstoffen und Energiefreiheit (also hoffentlich Ihnen) helfe, ihren Mitmenschen eine klare und überzeugende Darstellung der Fakten zu liefern.

Ich hoffe, *Fossile Zukunft* ist für Sie erfreulich, erhellend und ermächtigend.

Teil 1

Das Grundgerüst

1

Die Vorzüge ignorieren

Die Welt retten ... mit fossilen Brennstoffen?!

In diesem Buch werde ich versuchen, Sie von etwas zu überzeugen, was Ihnen verrückt erscheinen mag. Mir jedenfalls erschien es früher definitiv ein verrückter Gedanke zu sein.

Die Idee, von der ich Sie gerne überzeugen würde: Wenn Sie die Welt in einen besseren Ort verwandeln wollen, können Sie kaum etwas Sinnvolleres tun, als sich für die Nutzung von *mehr* fossilen Brennstoffen stark zu machen – für das Verbrennen von mehr Öl, mehr Kohle und mehr Erdgas.

Fast überall hört man, dass die Nutzung von noch mehr fossilen Brennstoffen die Welt zerstören wird. Mein Argument hingegen wird sein, dass diese die Welt zu einem deutlich besseren Ort machen werden, einem Ort, an dem weitere Milliarden Menschen Gelegenheit bekommen, zu *gedeihen*. Und das bedeutet, dass sie sich aus der Armut befreien können, die Möglichkeit haben, ihre Träume zu verfolgen und (das klingt am verrücktesten von allem) eine *qualitativ bessere Umwelt* zu erleben und *durch das Klima weniger gefährdet* zu sein.

Ich werde aber nicht wie einige »Klimaleugner« behaupten, die CO_2-Emissionen, die bei der Nutzung fossiler Brennstoffe anfallen, würden sich überhaupt nicht auf das Klima auswirken. Ich räume voll und ganz ein, dass sie zu der Erwärmung von 1 Grad Celsius beigetragen haben, die wir über die vergangenen 100 und mehr Jahre erlebt haben, und dass sie auch in Zukunft zu einer weiteren Erwärmung beitragen werden. Ich werde aber aufzeigen, dass die negativen Folgen der fossilen Brennstoffe weitaus geringer sein werden als der einzigartige Nutzen, den fossile Brennstoffe mit sich bringen.

Fossile Brennstoffe machen 80 Prozent der globalen Energieproduktion aus. Sie haben den einzigartigen Vorteil, kostengünstig und zuverlässig Milliarden von Menschen an Tausenden von Orten mit Energie zu versorgen, und werden das auch in Zukunft tun können. In einer Welt, in der noch immer rund 3 Milliarden Menschen weniger Strom verbrauchen als ein klassischer amerikanischer Kühlschrank, ist das ein absolut unerlässlicher Vorteil.[1] Allen Behauptungen zum Trotz, Solar- und Windkraft würden fossile Brennstoffe rasch verdrängen, nimmt die Nutzung fossiler Brennstoffe weiter zu. Die intermittierende Solar- und Windenergie ist seit Generationen auf dem Markt, macht aber bisher nur etwa 3 Prozent der globalen Energie aus – und diese 3 Prozent hängen voll und ganz davon ab, dass rund um die Uhr fossile Brennstoffe, insbesondere Erdgas, als Backup zur Verfügung stehen. Solar und Wind sind nicht einmal ansatzweise imstande, die Energie zu ersetzen, die fossile Brennstoffe heute liefern – ganz zu schweigen von dem deutlich größeren Energiebedarf, den die Menschheit in Zukunft haben wird.[2]

Ein zentraler Pluspunkt, der dafürspricht, fossile Brennstoffe stärker zu nutzen, liegt in unserer enormen und zunehmenden Fähigkeit, den Klimawandel (sei er nun natürlich oder menschengemacht) zu *meistern.* Diese Fähigkeit hat dazu geführt, dass der durchschnittliche Erdenbürger mit *50-mal* geringerer Wahrscheinlichkeit an einer durch das Klima bedingten Katastrophe sterben wird, als es vor 100 Jahren der Fall gewesen ist, obwohl die Welt zu diesem Zeitpunkt noch 1 Grad Celsius kälter war.[3]

Die Nutzung fossiler Brennstoffe ist für die Zukunft der Welt außerordentlich wichtig, und es hätte wahrlich apokalyptische Konsequenzen, würde man die vorgeschlagenen Maßnahmen, rasch aus der Nutzung fossiler Brennstoffe auszusteigen, alle umsetze. Für die meisten Menschen würde die Welt ärmer, gefährlicher und leidvoller sein. Und selbst wenn die Schritte zum Ausstieg aus fossilen Brennstoffen nicht vollständig umgesetzt werden (was wahrscheinlich ist angesichts der Ankündigungen von China, Russland und Indien, ihre Nutzung fossiler Brennstoffe auszuweiten), werden weitreichende Einschränkungen bei der Nutzung fossiler Brennstoffe Milliarden Menschenleben verkürzen und qualvoller machen, insbesondere in den ärmsten Regionen der Welt.

Sie wollen gewiss nicht Teil einer Bewegung sein, die den Ausstieg aus fossilen Brennstoffen vorantreibt, wenn dieser für andere Menschen tatsächlich großes Leid bedeutet. Sie würden sich aber für eine intensivere Nutzung fossiler Brennstoffe einsetzen, wenn diese die Welt zu einem besseren Ort machen würde.

Aber könnte es wirklich sein, dass ich recht habe?

Wie argumentieren die »Experten« für den Ausstieg aus fossilen Brennstoffen?

Die Vorstellung, eine verstärkte Nutzung fossiler Brennstoffe habe weitreichende Vorteile, für die man kämpfen solle, wohingegen der Ausstieg aus fossilen Brennstoffen erheblichen Schaden mit sich bringe und zu bekämpfen sei, widerspricht allem, was eine verlässliche Quelle nach der nächsten uns erklärt: Experten, insbesondere Klimaforscher, seien sich nahezu vollständig einig darin, dass die Nutzung fossiler Brennstoffe rasch beendet werden müsse.

Die Argumentation für diese Schlussfolgerung, die ich als »ethisch begründete Forderung nach einem Ausstieg aus fossilen Brennstoffen« bezeichne, lautet üblicherweise so:

> Die Welt nutzt fossile Brennstoffe in gewaltigen Mengen, und die dabei entstehenden CO_2-Emissionen verursachen einen katastrophalen Klimawandel – darunter immer schlimmere Hitzewellen, Stürme, Hochwasser, Brände und Dürren.

> Der katastrophale Klimawandel und weitere negative Nebenwirkungen der Nutzung fossiler Brennstoffe, beispielsweise die Verschmutzung von Luft und Wasser, verpflichten uns ethisch dazu, rasch aus der Nutzung fossiler Brennstoffe auszusteigen und bei den CO_2-Emissionen bis spätestens 2050 »Netto-Null« zu erreichen, um auf diese Weise die Erwärmung bei 1,5 Grad Celsius, allerhöchstens aber bei 2 Grad Celsius, im Vergleich zur präindustriellen Zeit und der Nutzung fossiler Brennstoffe zu deckeln.
>
> Was tritt an die Stelle fossiler Brennstoffe? Grüne, erneuerbare Energiequellen, insbesondere Sonnen- und Windenergie, die schon heute fossile Brennstoffe ablösen, und zwar rasch und zu geringeren Kosten. Mit der entsprechenden politischen Willenskraft können sie bald die Welt mit Energie versorgen.
>
> Die einzigen Menschen, die sich gegen den raschen Ausstieg aus fossilen Brennstoffen und deren Ablösung durch grüne Energie sperren, sind »Leugner und Ausbremser«, die ihre kurzfristige Bequemlichkeit und Gewinne über die Menschen und den Planeten stellen. An allererster Stelle gilt dies für die Hersteller fossiler Brennstoffe.

Dargestellt wird diese »ethisch begründete Forderung nach einem Ausstieg aus fossilen Brennstoffen« nicht als eine Ansicht unter vielen, sondern als der nahezu einhellige Konsens unter Fachleuten. So findet man sie bei einer breiten Spanne von Quellen, die als vertrauenswürdig gelten, beispielsweise

- führenden Nachrichteninstitutionen wie der *New York Times*, der *Washington Post* oder der BBC;
- den Presseabteilungen zahlreicher öffentlicher wissenschaftlicher Einrichtungen, insbesondere des renommierten Weltklimarats IPCC [Intergovernmental Panel on Climate Change];
- den Presseabteilungen jeder großen Regierung rund um den Globus. All diese Staaten haben das Übereinkommen von Paris unterzeichnet.

In dieser Klimavereinbarung wird auf einen raschen Ausstieg aus fossilen Brennstoffen gedrängt.
- den Führungskräften großer Finanzinstitute (wie BlackRock) und Konzerne (wie Apple). Sie haben die »Netto-Null« oder »100 Prozent erneuerbare Energien« versprochen und behaupten, damit ethisch und praktisch zu handeln.

Wenn uns so viele vertrauenswürdige Quellen erklären, die Fachleute seien sich einig, dass wir uns von fossilen Brennstoffen verabschieden müssen, ist es schwer vorstellbar, dass die ethische Argumentation für den Ausstieg nicht zumindest im Grundsatz richtig sein könnte. Vielleicht ist das exakte Ausmaß der Klimakatastrophe, vor der wir stehen, nicht bekannt. Vielleicht wissen wir auch nicht, wie man fossile Brennstoffe am besten durch erneuerbare Energiequellen ersetzt, aber wenn dieser Alex Epstein behauptet, dass die »Experten« völlig falschliegen, kann das doch nicht richtig sein, oder? Insofern ist man vermutlich auf der sicheren Seite, wenn man fossile Brennstoffe ablehnt, und gewiss herrscht keine Notwendigkeit, sich aus dem Fenster zu lehnen und gegen ihre Abschaffung anzukämpfen.

Bevor Sie dieses Buch nun weglegen, sollten Sie allerdings zwei Faktoren in Betracht ziehen.

Erstens sollten wir es selbstverständlich ernst nehmen, wenn derart viele vertrauenswürdige Quellen permanent die Expertensicht wiedergeben. Dennoch hat die Geschichte gezeigt, dass sich das, was der Öffentlichkeit als einhelliger Standpunkt der »Experten« präsentiert wurde, gelegentlich als ausgesprochen falsch erwiesen hat. Tatsächlich rechtfertigte man einige der größten Übel der Menschheitsgeschichte – Rassismus, Sklaverei, Eugenik – mit »Experten«-Argumenten.

Und zweitens setzt die vermeintlich von Fachleuten empfohlene Politik, rasch aus fossilen Brennstoffen auszusteigen, einen unglaublich radikalen und potenziell verheerenden Wandel unserer Energienutzung voraus. In einer Welt, in der für Milliarden Menschen drastischer Energiemangel herrscht, sollen wir auf fossile Brennstoffe verzichten, also auf 80 Prozent der globalen Energieproduktion. Und die unterbrechungsanfälligen Sonnen- und Windenergien, die nach vielen

Jahrzehnten auf dem Markt gerade einmal 3 Prozent der globalen Energie liefern und für die bis heute ständig fossile Brennstoffe als Backup bereitstehen, sollen, so heißt es, definitiv jene 80 Prozent Energie ersetzen, die wir heute aus fossilen Brennstoffen gewinnen – plus einen Großteil der Energie, die die Welt über das aktuelle Maß hinaus benötigen wird. Und all das innerhalb von nicht einmal 30 Jahren.

Gelingt dieser radikale Wandel nicht, stehen Milliarden Menschen ohne Aussicht auf Zugang zu bezahlbarer und verlässlicher Energie da. Ich möchte Ihnen dazu eine konkrete Geschichte erzählen, die mich sehr nachdenklich stimmt, denn sie macht deutlich, was es heißt, keine bezahlbare und verlässliche Energie zu haben. Erzählt hat diese Geschichte eine Frau, die Gambia besucht hat, einen der vielen afrikanischen Staaten, die dringend Energie benötigen.

> Juni 2006.
>
> Es war Samstagnachmittag, 16 Uhr, und ich erschrak, als plötzlich das Licht anging; denn nach 14 Uhr am Wochenende wurde es nie angeschaltet. Doch als ich dann eingeladen wurde, Zeuge eines Notkaiserschnitts zu werden, schoss der Adrenalinspiegel in die Höhe – es war eine Premiere für mich! Als das Neugeborene zur Welt kam, raste mein Herz vor Aufregung und Ehrfurcht.
>
> Doch wie oft der Techniker auch Nase und Mund absaugte, der Säugling gab keinen Ton von sich. 25 Minuten später gaben Techniker und Schwester auf. Der Chirurg erklärte später, das Baby sei in der Gebärmutter erstickt. Würden sie über ausreichend Strom verfügen, um das Ultraschallgerät bei jeder Schwangeren einzusetzen, hätten sie das Problem früher entdecken und einen Kaiserschnitt planen können. Ohne Früherkennung wurde der Kaiserschnitt zum Noteingriff. Zudem musste der Chirurg warten, bis der Generator lief. Kostbare Minuten verstrichen, was zur Folge hatte, dass ein Leben verloren ging. Damals und dort konnte ich nichts weiter tun, als zu weinen.
>
> Und später, als es auch auf der Entbindungsstation plötzlich still wurde, weinte ich erneut. Ein voll ausgetragener Säugling kam mit

> gerade einmal 3,5 Pfund Gewicht zur Welt. In den USA wäre das weitere Vorgehen klar und effektiv gewesen – das Baby wäre in einen Brutkasten gekommen. Aber ohne verlässliche Energie dachte man im Krankenhaus nicht einmal darüber nach, sich einen Brutkasten zuzulegen. Diese vermeintlich simple Lösung stand dem neugeborenen Mädchen nicht zur Verfügung, und so starb es völlig unnötig.
>
> Zuverlässige Stromversorgung steht in den Gedanken der gesamten Belegschaft dieser Klinik an allererster Stelle. Ist sie gewährleistet, kann man mit strombetriebenen Geräten Tests durchführen, Impfstoffe und Antibiotika verabreichen, die gekühlt werden müssen, und chirurgische Eingriffe so planen, dass sie den Bedürfnissen der Patienten entsprechen. Ohne konstante Stromversorgung lässt man den Patienten hier zwar die unter diesen Umständen bestmögliche Versorgung zukommen, doch in einem Land mit einer durchschnittlichen Lebenserwartung von 54 Jahren kommt das einem schweren Kampf gleich.[4]

Die Tragödie, dass Babys sterben, weil es an bezahlbarem, verlässlichem Strom für Ultraschallgeräte und Brutkästen mangelt, wiederholt sich tagtäglich in vielen Teilen dieser Welt. Zum Glück ist diese Tragödie inzwischen wesentlich seltener geworden, weil Milliarden von Menschen in Entwicklungsländern wie China und Indien bezahlbare, verlässliche Energie produzieren, indem sie auf fossile Brennstoffe zurückgreifen. Schließen wir uns der Forderung nach einem raschen Ausstieg aus fossilen Brennstoffen an und stellt sich heraus, dass die störanfälligen Energiequellen Solar und Wind fossile Brennstoffe nicht völlig ersetzen können – weder für die Milliarden, die derzeit Zugriff zu bezahlbarer, verlässlicher Energie haben, noch für die Milliarden, die sie benötigen –, so haben wir zweifellos Blut an unseren Händen.

Wenn derart viel auf dem Spiel steht, reicht es nicht aus, blind zu befolgen, was angeblich die »Fachleute« sagen. Wir müssen kritisch denken, Fragen stellen und abweichende Argumente in Betracht ziehen.

Ich hoffe, Sie geben mir Gelegenheit zu erklären, wie es dazu kommen konnte, dass ich als Philosoph, der keinerlei Verbindungen zur fossilen Brennstoffindustrie hat, die ethische Argumentation dieser vermeintlichen Fachleute hinterfragte und zu einer völlig anderen Meinung gelangte, was den Ausstieg aus fossilen Brennstoffen angeht.

Woher man weiß, dass sich die »Fachleute« irren

Hört man von jemandem, der ganz und gar dem widerspricht, was uns als »Expertenmeinung« präsentiert wird, so könnte man leicht vermuten, dass diese Person Fachwissen ablehnt. Aus diesem Grund möchte ich von vorneherein in aller Deutlichkeit sagen: So jemand bin ich nicht.

Mir ist völlig klar, dass wir uns in einer modernen, spezialisierten Gesellschaft auf Fachleute – Spezialisten – verlassen müssen, wenn es darum geht, wie wir bei wichtigen Themen, die in deren Fachgebiet fallen, vorgehen sollten, sei es nun, dass wir einen Rohrbruch bei uns zu Hause beheben müssen, dass es um die Behandlung von Covid-19 geht, um die Frage der richtigen Ernährung oder eben um den weiteren Umgang mit fossilen Brennstoffen.

Doch ich weiß auch, dass »Experten« mit ihren Ansichten völlig falschliegen können.

Als Philosoph habe ich die Geschichte von Ideen sehr ausführlich studiert, und seit Langem treibt mich die Tatsache um, dass einige der schlimmsten Ideen in der Geschichte (etwa Sklaverei, Rassismus und Eugenik) erfolgreich als Konsens »der Experten« verkauft wurden. Das hat mich dazu gebracht, über Fragen wie die folgenden nachzudenken: Wie kann ich mich *verantwortungsbewusst* auf Experten verlassen? Wie kann ich auf der Grundlage von Expertenwissen zu meinem Vorteil handeln und vermeiden, einer der zahllosen Menschen zu werden, die im Verlaufe der Geschichte etwas total Falsches unterstützt haben, weil man ihnen erklärt hatte, die »Experten« würden es befürworten?

Sie werden vielleicht denken, dass man solche Frage unmöglich beantworten kann. Wie soll das gehen? Dazu müssten wir uns in den Ernährungswissenschaften auskennen, in der Virologie, der Klimaforschung oder der Energiewirtschaft.

Wie sollen wir als Außenstehende erkennen, dass Fachleuten, die seit Jahrzehnten in ihrem Bereich arbeiten, Fehler unterlaufen sind?

Zum Glück ist das aber gar nicht erforderlich. Wenn sich das, was man uns als »Expertenansicht« präsentiert, als völlig falsch erweist, *liegt das in den meisten Fällen nicht daran, dass sich erfahrene Leute auf ihrem Fachgebiet geirrt haben, sondern daran, dass das System, auf deren Erklärung der Expertenansicht wir vertrauen, diese stark verzerrt.* Haben wir erst einmal begriffen, wie diese Verzerrung funktioniert, können wir sie in vielen Fällen erkennen und uns dagegen wappnen.

Wann immer wir hören, »Experten« würden dies oder jenes meinen, müssen wir uns klarmachen, dass kaum einer unter uns direkten Zugang zu dem hat, was die meisten erfahrenen Fachleute über ein bestimmtes Thema denken. Dies vermittelt uns ein System von Institutionen und Menschen. Und dabei erfüllt es vier zentrale Aufgaben:

1. Es betreibt Expertenforschung zur Welt.
2. Es destilliert das Wesentliche aus der Expertenforschung.
3. Es gibt an den Rest von uns wesentliches Expertenwissen weiter.
4. Und es hilft uns, auf der Grundlage von Expertenwissen zu bewerten, welche Maßnahmen ergriffen werden müssen.

Ich bezeichne dieses System als unser »Wissenssystem«. Begreift man, wie es funktioniert und wo sich Fehler einschleichen können, kann man erkennen, wann das, was uns als Meinung der »Experten« präsentiert wird, in die Irre führt. Und dabei ist es egal, ob es sich um fossile Brennstoffe oder irgendein anderes Thema handelt.

Wie Forschung funktioniert

Die Grundlage eines jeden Wissenssystems sind die *Forscher*, also Menschen oder Einrichtungen, die hochgradig spezialisierte Forschung zu unterschiedlichen

Aspekten der Welt betreiben. Was beispielsweise das Thema fossile Brennstoffe betrifft, so haben wir:

- Energieforscher, die sich mit den physikalischen, den technischen, den ökonomischen Grundlagen der Energieproduktion und so weiter befassen;
- Klimaforscher, die sich mit den physikalischen Grundlagen des Klimas, dem CO_2-bedingten »Treibhauseffekt«, der Klimageschichte und so weiter befassen;
- Umweltforscher, die sich mit der Luftqualität, der Wasserqualität, den Auswirkungen von Umweltverschmutzung auf den menschlichen Körper und so weiter befassen.

Zu den führenden Forschungsinstituten in unserem Wissenssystem gehören Universitäten (Harvard, Yale, Stanford), staatliche Einrichtungen (NOAA, NASA, NSF)* sowie auf einen bestimmten Bereich spezialisierte Fachmagazine (*Nature Climate Change*, *Geophysical Research Letters*, *Climate Dynamics*).

(Hinweis: Wenn ich von »unserem« Wissenssystem spreche, beziehe ich mich auf das *Mainstream*-Wissenssystem, also auf diejenigen Institute und Menschen, die das Gedankengut und die Politik von heute hauptsächlich beeinflussen. Dazu gehört auch alles, was mit fossilen Brennstoffen zu tun hat. Später im Buch gehe ich auf Alternativen zum Mainstream-Wissenssystem ein und befasse mich sowohl mit ihren potenziellen Fallen als auch ihren Vorzügen.)

Ein Schlüsselfaktor, der uns helfen kann, zu erkennen, wann die Arbeit von Forschern durch unser sonstiges Wissenssystem verzerrt wird, ist, dass *neue Forschung* anspruchsvolle und fehleranfällige Arbeit ist. Das zeigt sich daran, dass an der vordersten Front der Forschung ein erhebliches Ausmaß an Unsicherheit und Meinungsverschiedenheiten herrscht, beispielsweise bei der Suche nach Ursachen und geeigneten Behandlungsmethoden für Krebs.

---

* NOAA: die National Oceanic and Atmospheric Administration, NASA: die US-Bundesbehörde für Raumfahrt und Flugwissenschaft, NSF: die National Science Foundation. (Anm. des Verlags)

Wissen wir um die Ungewissheit und die umstrittene Natur neuer Forschungsergebnisse, können wir eine sehr häufige Form von Verzerrung leicht ausfindig machen: *Man pickt sich* aus den umstrittenen neuen Schlussfolgerungen einiger Forscher *die Rosinen heraus* und präsentiert diese als Meinung aller Fachleute. So wurde oft voller Zuversicht behauptet, Wissenschaftler hätten dies oder jenes »entdeckt«, zum Beispiel eine neue Hauptursache für Krebs, wodurch der Eindruck entstand, sämtliche qualifizierten Wissenschaftler würden zustimmen. Berücksichtigt man jedoch, welche Schwierigkeiten und Ungewissheiten bei bahnbrechender Forschungsarbeit auftauchen, ist es nahezu unmöglich, dass eine neue Einsicht schlagartig von praktisch allen anderen Fachleuten geteilt wird.

Auch bei der Argumentation für den Ausstieg aus der fossilen Brennstoffnutzung spielt das Herauspicken von Rosinen eine Rolle. Das zeigt sich daran, dass die außerordentlich spezifische Vorhersage, ein Anstieg der durchschnittlichen globalen Temperatur um 2 Grad Celsius gegenüber dem präindustriellen Niveau bedeute definitiv eine weltweite Katastrophe, als wissenschaftlicher Konsens verkauft wird. Dabei sind Zukunftsprognosen auf komplexen Gebieten stets grenzwertig und führen immer zu Ungewissheit und Uneinigkeit. Angesichts der Art und Weise, wie Forschung funktioniert, ist es so gut wie ausgeschlossen, dass sämtliche Forscher der 2-Grad-Celsius-Prognose vertrauen und zustimmen, wie uns glauben gemacht wird.

Wenn man sich mit diesem Thema genauer befasst, stößt man tatsächlich auf eine Unmenge unterschiedlicher Ansichten zu der Frage, welcher Erwärmungsgrad welche Konsequenzen nach sich zieht. Dazu gehört auch die Meinung des weltweit führenden Klimaökonomen und Nobelpreisträgers William Nordhaus, für den 2 Grad Celsius keine Katastrophe wären, der Versuch aber, diesen Anstieg durch politische Maßnahmen zu verhindern, mehr Schaden anrichten als Gutes herbeiführen würde.[5] Auf diesen Gedanken käme man aber niemals, wenn man sich nur darauf verließe, was die Mainstream-Wissenssysteme als »Urteil der Fachleute« verkaufen. Denn diejenigen, die das Mainstream-Wissenssystem synthetisieren, vermitteln und begutachten, erledigen ihre Aufgabe nicht ordentlich.

Wie die Synthese falsch laufen kann

Wichtige Forschungsarbeit generiert stets eine nahezu grenzenlose Menge an Fachwissen, und zwar egal auf welchem Gebiet. Das geht so weit, dass heutzutage niemand in seinem eigenen Forschungsbereich auch nur ansatzweise über alles Bescheid wissen kann. Dennoch ist es üblich, (beispielsweise) von »Klimaforschern« als einer einheitlichen Gruppe zu sprechen, dabei handelt es sich um Fachleute für eine Vielzahl unterschiedlicher Aspekte der Klimawissenschaften – etwa der Paläoklimatologie (urzeitliche Indizien lassen erahnen, wie das Klima in der Urzeit aussah), Klimaphysik, Ozeanografie oder Klimamodellierung. Für gewöhnlich kennen sich Experten in ihrem Spezialbereich bestens aus, wissen aber viel weniger über die anderen Aspekte der Klimawissenschaft.

Damit die Unmenge an Fachwissen, das die Forscher zusammengetragen haben, möglichst vielen Menschen nutzbringend zur Verfügung gestellt werden kann, muss dieses Wissen *synthetisiert*, das heißt präzisiert, konzentriert und organisiert werden.

In der Klimawissenschaft ist hier weltweit der Weltklimarat IPCC [Intergovernmental Panel on Climate Change, der »Zwischenstaatliche Ausschuss für den Klimawandel«] der Vereinten Nationen führend. Er fasst Forschung zusammen, die vornehmlich in Universitäten und staatlichen Forschungseinrichtungen durchgeführt wird. Andere Synthetisierer im Bereich der Klimaforschung sind das National Climate Assessment [»Nationale Klimabegutachtung«], eine US-amerikanische Regierungsinitiative, und unterschiedliche wissenschaftliche Berufsverbände wie die American Meteorological Society.

Im Energiebereich zählen die International Energy Agency, die US-amerikanische Energy Information Administration sowie BP [British Petroleum] zu den führenden Synthetisierern. BP ist zwar ein privatwirtschaftliches Unternehmen, aber seine Synthesen gelten als überparteilich.

Eine Möglichkeit, wie Synthese schiefgehen kann, sind unbeabsichtigte Fehler, die sich aus der Schwierigkeit ergeben, Synthesen zu erstellen. Die Erkenntnisse eines ganzen Fachbereichs herzunehmen und zutreffend zusammenzufassen erfordert ein unglaubliches Maß an Gründlichkeit und Urteilsvermögen. Selbst mit den allerbesten Absichten können den Verantwortlichen schwere Fehler unterlaufen – beispielsweise wenn sie auf dem Gebiet der Ernährungswissenschaft falsch entscheiden, welches Lager das Verhältnis zwischen Ernährung und Herzkrankheiten am besten versteht.

Weitaus verheerender sind die Folgen aber, wenn die Einrichtungen manipuliert werden, die die Synthese vornehmen. Sei es das US-Landwirtschaftsministerium, wenn es um Ernährung geht, oder der Weltklimarat in Klimafragen – der Einfluss der für die Synthese Verantwortlichen ist dermaßen groß, dass sie im Visier zahlloser Unternehmen, Aktivistengruppen und machthungriger Politiker stehen, die die Politik in ihrem Sinne beeinflussen möchten.

Im Bereich der Ernährung etwa haben Lobbygruppen unterschiedlicher Lebensmittelhersteller ein großes Interesse daran, zu erfahren, wer die Synthesebemühungen leitet, denn von dieser Position aus lässt sich radikal beeinflussen, was der Öffentlichkeit als Einschätzung der »Fachleute« verkauft wird: von der Ansicht, Milch sei gut, bis hin zur jener, Milch sei schlecht; Getreide solle der wichtigste Bestandteil des Ernährungsplans sein oder aber Getreide sei schlecht; Fleisch gehöre auf jeden Teller oder Fleisch sei schlecht.

Doch zurück zu den fossilen Brennstoffen. Die Entscheidung, wer in der Berichterstattung des Weltklimarats federführend sein soll, wirkt sich selbstverständlich massiv darauf aus, was thematisiert wird und was nicht. Ebenso haben die unterschiedlichen Kräfte, die auf die International Energy Agency einwirken, massiven Einfluss darauf, was diese Organisation zur Zukunft der Energie an Prognosen und Empfehlungen bereithält.

Um zu erkennen, ob eine Synthese danebenliegt, überprüft man, *ob entscheidende Variablen oder Fakten unter den Teppich gekehrt werden*. Bei einer Synthese im Bereich der Ernährung könnte man beispielsweise darauf achten, ob eine Synthese, die eine spezielle Ernährungsweise propagiert (etwa vegan oder ketogen), ignoriert, dass es gesunde Bevölkerungsgruppen gibt, die sich nicht auf die empfohlene Weise ernähren.

Der Weltklimarat ist also das zentrale Gremium, das herangezogen wird, wenn ethische Gründe für einen Ausstieg aus fossilen Brennstoffen aufgefahren werden. Suchen wir nach Variablen, die der Weltklimarat ausgelassen hat, stoßen wir auf eine sehr bedeutsame: die Sterberate durch klimabedingte Katastrophen.

Denn die Sterberate – insbesondere jene für die über 100 Jahre, in denen die CO_2-Werte zu steigen begannen – sagt enorm viel über die Fähigkeit der Menschheit aus, sich an Klimagefahren anzupassen beziehungsweise sie in den Griff zu bekommen. Und dies sagt wiederum sehr viel darüber aus, welche potenziellen Klimaveränderungen ernst zu nehmende Probleme mit sich brächten und welche nicht.

Geht man aber die vielen Tausend Seiten Syntheseberichte des Weltklimarats durch, findet sich dort keine Quantifizierung für Tote aus klimabedingten Katastrophen. Und nicht nur das: Nimmt man sich die weltweit führende Quelle für Klimakatastrophen vor, stellt man fest, dass sie in krassem Widerspruch zur ethisch begründeten Forderung nach einem Ausstieg aus fossilen Brennstoffen steht. Der Bevölkerungsanteil, der infolge klimabedingter Katastrophen gestorben ist, ist über die vergangenen 100 Jahre um 98 Prozent eingebrochen. Gleichzeitig erhöhten sich die CO_2-Werte von 280 auf 420 Parts per Million (ppm), und die Temperaturen stiegen um 1 Grad Celsius an.[6] Was auch immer die Gründe gewesen sein mögen, aus denen der Weltklimarat den Fakt außen vor gelassen hat, dass die Opferzahlen aus klimabedingten Katastrophen massiv gesunken sind, eines ist gewiss: Lässt die einflussreichste Syntheseeinrichtung der Welt eine derart wichtige Variable weg, ist das, was man uns als Auffassung der »Experten« verkauft, notgedrungen in hohem Maße verzerrt.

Was bei der Verbreitung falsch laufen kann

Ist die Synthesearbeit – wie gut oder schlecht auch immer – abgeschlossen, müssen die Kernpunkte der Synthesen verbreitet werden.

Multiplikatoren sind jene Institute und Menschen, die die Kernpunkte synthetisierter Forschungsarbeit in der breiten Öffentlichkeit und bei Entscheidungsträgern (auch denen auf der politischen Bühne) verbreiten.

Es gibt viele unterschiedliche Multiplikatoren auf der Welt, und unter ihnen alle möglichen alternativen Medien. In diesem Buch konzentriere ich mich allerdings auf das Mainstream-Wissenssystem von Forschung und Synthese und die

Mainstream-Multiplikatoren, denn sie führen die Bewegung zum Ausstieg aus fossilen Brennstoffen an.

Zu den Mainstream-Multiplikatoren zählen Nachrichtenkanäle wie die *New York Times* und die *Washington Post*, das Mainstream-Bildungssystem (von der Grundschule bis zur Graduiertenschule) und die Presseabteilungen unterschiedlicher wissenschaftlicher Einrichtungen (beispielsweise die des Weltklimarats, der American Meteorological Society und der National Academy of Sciences).

Bei der Verbreitung synthetisierter Forschungsergebnisse kommt es oftmals zu unglaublich starken Verzerrungen.

Für das potenzielle Ausmaß an Verzerrung durch Multiplikatoren hat der Autor Michael Crichton im Gespräch mit dem berühmten Physiker Murray Gell-Mann den markanten Begriff »Gell-Mann-Amnesie-Effekt« entwickelt:

> *Kurz gesagt funktioniert der Gell-Mann-Amnesie-Effekt folgendermaßen: Sie öffnen die Zeitung und lesen einen Artikel über ein Thema, mit dem Sie sich gut auskennen. In Murrays Fall ist das die Physik, in meinem das Showbusiness. Sie lesen den Artikel und stellen fest, dass der Journalist absolut nichts von den Fakten oder dem Thema versteht. Häufig ist der Artikel dermaßen falsch, dass er die ganze Geschichte verkehrt herum erzählt und Ursache und Wirkung vertauscht. Verzweifelt oder amüsiert nehmen Sie die zahlreichen Fehler in der Geschichte zur Kenntnis und blättern dann weiter zur Inlands- oder Außenpolitik, wo Ihnen der ganze Rest, etwa der Bericht über Palästina, irgendwie zutreffender erscheint als der Quatsch, den Sie gerade gelesen haben. Sie blättern um und vergessen, was Sie wissen.*[7]

Ein Weg, um herauszufinden, ob Multiplikatoren synthetisierte Forschungsergebnisse stark verzerrt haben, besteht darin, (kurz) die Synthese zu überprüfen, die den Multiplikatoren als Vorlage für den Bericht gedient haben soll.

Tun Sie dies mit dem aktuellen Synthesebericht des Weltklimarats, werden Sie vermutlich schockiert sein, wie stark die Mainstream-Multiplikatoren den

Bericht verzerrt haben. Und das gilt bereits für die Vorlage des Weltklimarats selbst – das zusammenfassende Dokument für politische Entscheidungsträger.

Wiederholt haben Wissenschaftler, die sich aus Gremien des Weltklimarats zurückgezogen haben, dokumentiert, wie sehr diese Zusammenfassungen verfälscht wurden. Zu ihnen zählt der führende Klimaökonom Richard Tol. Er trat aus einer Gruppe aus, die eine Zusammenfassung erstellen sollte, und klagte: »Der Weltklimarat ist von ›nicht ohne Risiko, aber machbar‹ auf ›wir werden alle sterben‹ umgeschwenkt – von einer Einschätzung der aktuellen Entwicklungen in der Fachliteratur, die ich für relativ zutreffend halte, hin zu den vier apokalyptischen Reitern.«[8]

Ein aktuelles Beispiel für Multiplikatoren, die Syntheseberichte der Vereinten Nationen verzerren, ist die Behauptung, der aktuelle »Sechste Sachstandsbericht des Weltklimarats – AR6« rufe die »Alarmstufe Rot für die Menschheit« aus und dokumentiere eine Welt, die mitten in der Klimakatastrophe stecke. Tatsächlich enthält der eigentliche Bericht aber nichts, was den endlos wiederholten Slogan von der »Alarmstufe Rot für die Menschheit« rechtfertigen würde. Vielmehr finden sich dort zahlreiche Aussagen zum Zustand des Klimas, die sich alles andere als katastrophal anhören. Beispielsweise

- *zu Dürren:* »Dass sich der menschliche Einfluss in den meisten Regionen auf meteorologische Dürren ausgewirkt hat, ist nur in geringem Maß glaubwürdig …«
- *zu Stürmen:* »Die meisten gemeldeten langfristigen (Multidekaden bis Jahrhunderte) Trends zu Häufigkeits- oder Intensitätsmetriken [von Hurrikans] sind nur in geringem Maß glaubwürdig …«
- *zu Hochwasser:* »Dass der Mensch die Veränderungen der Hochwasserstände der Flüsse auf globaler Ebene beeinflusst, ist nur in geringem Maß glaubwürdig. Letzteres trifft allgemein zu, wenn es darum geht, Veränderungen in der Wahrscheinlichkeit oder dem Ausmaß von Hochwasserereignissen auf menschlichen Einfluss zurückzuführen.«[9]

Dass Multiplikatoren die Syntheseberichte des Weltklimarats massiv verzerrt haben, lässt sich durch die Verquickung ihrer Motive mit der Schwierigkeit ihrer Aufgabe erklären.

Für einen Wissenschaftsjournalisten ist es schwierig, einen viele Tausend Seiten umfassenden Klimabericht des Weltklimarats zu begreifen und anschließend zu vermitteln, was er verstanden hat. Hält es dieser Journalist für seine Aufgabe, eine politische Sache voranzutreiben, auf die sich auswirkt, wie die Öffentlichkeit den Bericht des Weltklimarats sieht, ist es praktisch garantiert, dass er den Bericht verzerren wird.

Die Sachstandsberichte des Weltklimarats sind ein Musterbeispiel dafür, wie uns am Ende einer *Kette* von Verzerrungen ein falsches Bild davon vermittelt wird, was die »Experten« denken: Die Berichte werden dadurch verzerrt, dass der wichtige Fakt ausgelassen wird, dass die Zahl der klimabedingten Toten massiv zurückgegangen ist. Alsdann verzerren die Multiplikatoren die Kernpunkte des Berichts dahin gehend, dass er deutlich negativer erscheint, als er in Wirklichkeit ist.

So schlimm derartige Verzerrungen auch sind, die schwersten und schädlichsten Verzerrungen sind diejenigen, die bei der *Evaluierung* beziehungsweise *Auswertung* vorgenommen werden. Dies gilt zwar allgemein, aber ganz besonders für fossile Brennstoffe.

Was bei der Evaluierung falsch laufen kann

Die Evaluierung wird von Institutionen und Menschen vorgenommen, die uns helfen, den richtigen Umgang mit dem zu finden, was uns die Multiplikatoren als wahren Zustand der Welt präsentieren.

Angenommen, die Multiplikatoren sagen uns, Dürren, Stürme und Hochwasser seien wesentlich schlimmer geworden und würden noch sehr viel schlimmer werden. Dann haben die Evaluierer die Aufgabe, uns bei der Entscheidung zu helfen, wie wir darauf reagieren. Anpassen? Eine »Kohlenstoffsteuer« verabschieden? Fossile Brennstoffe verbieten? Fossile Brennstoffe verbieten und darauf bestehen, sie ausschließlich durch »erneuerbare Energien« zu ersetzen?

Zu den führenden Evaluierern zählen die Leitartikelseiten tonangebender Multiplikatoren (*The New York Times*, *The Washington Post*), öffentlicher Kommentatoren und politischer Entscheider.

Eine potenziell schlechte Evaluierung lässt sich unter anderem daran erkennen, dass man uns erklärt, wir sollten »auf die Wissenschaftler hören« und eine bestimmte Politik verfolgen. Das gilt etwa für den »Hört auf die Klimaforscher«-Refrain, der beim Thema fossile Brennstoffe immer wieder ertönt.

Die Halbwahrheit hier besteht darin, dass wir unbedingt auf die faktenbasierten Schlussfolgerungen hören sollten, die qualifizierte Wissenschaftler für ihr Fachgebiet gezogen haben. Aber diese Wissenschaftler sind nicht dafür qualifiziert, uns zu sagen, welche politischen Maßnahmen wir ergreifen sollten. In die Entscheidung, welche Politik verfolgt werden sollte, müssen stets Überlegungen aus vielen unterschiedlichen Gebieten einfließen. Die beste Politik in Sachen fossile Brennstoffe lässt sich nicht allein dadurch ausfindig machen, dass man »auf die Klimaforscher hört«, denn der Zustand der Energiewirtschaft spielt ebenfalls eine Rolle.

Der »Hört auf die Klimaforscher«-Refrain wird fast immer dann eingesetzt, wenn man möchte, dass wir ohne eingehende kritische Überprüfung eine vorgegebene Einschätzung akzeptieren sollen. Doch das sollten wir niemals tun.

Eines muss uns bewusst sein: Wenn wir von faktenbezogenen Schlussfolgerungen zu der Frage kommen, wie die Politik reagieren sollte, ist immer irgendeine Form von Evaluierung im Spiel. Wir sollten die Evaluierungsmethode, die zu einer bestimmten politischen Entscheidung geführt hat, stets kritisch hinterfragen.

Vor allem auf zwei Arten können die Evaluierungsmethoden unseres Wissenssystems zu – oftmals katastrophalen – Fehlern führen, vor denen wir ständig auf der Hut sein sollten. Erstens wird ein menschenfeindlicher »Evaluierungsstandard« angelegt. Zweitens wird nicht der Gesamtkontext in Betracht gezogen.

Der »Evaluierungsstandard« ist jener Standard oder Maßstab, anhand dessen ein bestimmtes Phänomen oder eine bestimmte Politik als gut oder schlecht eingestuft wird. Evaluierungsstandards können menschenfreundlich sein (beispielsweise verwende ich als Standard »das menschliche Wohlergehen fördern«), aber auch menschenfeindlich (wenn beispielsweise eine bestimmte Rasse oder Klasse auf Kosten der restlichen Menschheit hervorgehoben wird).

Einige der schlimmsten und verheerendsten politischen Maßnahmen, die »Experten« jemals zugeschrieben wurden, haben eines gemeinsam: Man nahm ein paar faktische Schlussfolgerungen von Wissenschaftlern, unterzog sie einem menschenfeindlichen Evaluierungsstandard und leitete daraus eine menschenfeindliche Politik ab, die mit den Fakten überhaupt nichts mehr zu tun hatte.

In der Vergangenheit herrschte bei Genforschern phasenweise die Meinung vor, Intelligenz habe eine genetische Komponente. Diese Schlussfolgerung nutzten Mainstream-Auswerter zu Beginn des 20. Jahrhunderts als Begründung dafür, Menschen, die als wenig intelligent eingestuft wurden, *zwangsweise zu sterilisieren.*[10] Ähnliche Schlussfolgerungen zur genetischen Intelligenz oder anderen Formen genetischer »Fitness« dienten rund um den Globus als Argumentation für Völkermord, unter anderem beim Holocaust.

Heutzutage erachtet die Mehrheit Zwangssterilisierungen, ganz zu schweigen von Völkermord, als etwas Furchtbares – meiner Meinung nach völlig zu Recht. Dass eine Person keinen sehr hohen IQ hat, bedeutet nicht, dass sie keine Kinder bekommen darf, was für viele unter uns zu den zentralen Lebenszielen gehört. Doch zu Beginn des 20. Jahrhunderts zielte der Standard im Mainstream-Wissenssystem letztlich darauf ab, »die Intelligenz und andere erstrebenswerte genetische Eigenschaften zu maximieren« – und das auf Kosten der Rechte und des Lebens einzelner. Unter diesem menschenfeindlichen Standard waren Zwangssterilisierungen absolut gerechtfertigt.

Weil der Punkt »Evaluierungsstandard« zahlreiche Konsequenzen hat und weil menschenfeindliche Standards äußerst konstruktiv sein können, sollten wir stets im Blick behalten, auf welchen Standards die Evaluation von »Fachleuten« basiert und ob sie gegen den Menschen gerichtet sind. Das gilt insbesondere dann, wenn man uns – wie bei der ethisch begründeten Forderung nach einem Ausstieg aus fossilen Brennstoffen – erklärt, die »Fachleute« wären dafür, einen zentralen Aspekt des Lebens, wie wir es bislang kennen, radikal zu beschneiden oder sogar völlig zu verbieten.

Manchmal ist es schwer erkennbar, wenn ein menschenfeindlicher Standard in eine bestimmte »Expertise« einfließt. Dazu müssten die verwendeten Argumente ebenso gründlich untersucht werden wie die Menschen, die sie vorbringen. So halte ich die ethisch begründete Forderung nach einem Ausstieg aus fossilen Brennstoffen für zutiefst menschenfeindlich, kann Ihnen dies aber nur beweisen, indem wir uns im Verlauf des Buches ausführlich damit befassen.

Doch auch ohne tief reichende Überprüfung kann ich bereits auf Aspekte der ethisch begründeten Forderung nach einem Ausstieg aus fossilen Brennstoffen verweisen, die im Verdacht stehen, hier könnte ein menschenfeindlicher Standard am Werk sein, und sei es nur in Teilen.

Beispielweise erregt es Argwohn, dass nicht nur darauf bestanden wird, rasch aus der Nutzung fossiler Brennstoffe auszusteigen, sondern dass diese ausschließlich durch »grüne« oder »erneuerbare« Energiequellen ersetzt werden sollen. Beide Begriffe beziehen sich in erster Linie auf die intermittierenden Solar- und Windenergien. Die Atomenergie bleibt ebenso außen vor wie in großem Stil produzierte hydroelektrische Energie, obwohl es sich bei beiden um die weltweit größten Quellen kohlenstofffreier Energie handelt. Ginge es darum, CO_2-Emissionen auf menschenfreundliche Weise zu reduzieren oder zu eliminieren, würde man eifrig *sämtliche Formen kosteneffektiver kohlenstofffreier Energie nutzen*, um so viel kohlenstofffreie Energie wie möglich zu produzieren. Man würde sich nicht auf »grüne« oder »erneuerbare« Energie beschränken, schon gar nicht, wenn man dazu aufruft, in einer Welt, die viel mehr Energie als bisher benötigt, 80 Prozent unserer aktuellen globalen Energieversorgung wegfallen zu lassen.

Fordern »Fachleute«, aus der Nutzung fossiler Brennstoffe auszusteigen, und wird dabei der Begriff »Klimawandel« im Sinne von »durch Menschen verursachter Klimawandel« als etwas eindeutig Negatives behandelt, so ist das ein weiterer Hinweis darauf, dass ein gegen den Menschen gerichteter Standard im Spiel sein könnte. Aus Sicht des menschlichen Wohlergehens ist Klimawandel nicht per se schlecht, und ein Klimawandel, der mit mehr Erwärmung und mehr CO_2 (Pflanzennahrung) einhergeht, weist gewiss auch viele positive Aspekte auf, selbst wenn die negativen Begleiterscheinungen überwiegen.

Wenn es um den Standard menschlichen Wohlergehens geht, sollten wir nicht den »Klimawandel«, sondern »Klimagefahren« vermeiden und uns darum bemühen, die »Klimalebensqualität« zu verbessern. Und dies tun wir, indem wir uns an das Klima anpassen und es meistern, und nicht, indem wir alles unterlassen, was sich in irgendeiner Form auf das Klima auswirken könnte.

Wissenssysteme können nicht nur einen gegen den Menschen gerichteten Evaluierungsstandard anlegen, sondern sie können bei Evaluierungen auch sehr viel falsch machen, indem sie politische Bewertungen vornehmen, bei denen nicht *der Gesamtkontext aller relevanten Faktoren in Betracht gezogen* wird.

Viele politische Maßnahmen sind schädlich, weil Faktoren ignoriert wurden, die sich auf das Leben der Menschen entscheidend auswirken.

So berücksichtigten viele Regierungen bei der Planung ihrer Maßnahmen gegen Covid-19 nicht den Gesamtkontext, und das in zweierlei Hinsicht. Anfangs griffen einige von ihnen *überhaupt nicht* in das Leben ihrer Bürger ein beziehungsweise sagten ihnen, sie sollten ihr Leben wie gehabt weiterleben. Sie nahmen den neuartigen Kontext eines unbekannten Coronavirus nicht ernst, was für gewisse Bevölkerungsgruppen extrem gefährlich ist. Andere Regierungen nahmen *einzig und allein* Covid-19 ernst und verhängten längere Lockdowns, welche die Gefährdung der Menschen durch Covid-19 reduzieren sollten. Dabei berücksichtigten sie aber nicht, inwiefern solche Maßnahmen das Leben der Menschen gefährdeten – beispielsweise weil in dieser Zeit Untersuchungen auf Krebs oder andere tödliche Krankheiten unterlassen wurden, weil Menschen infolge der langwierigen Isolierung starben oder massenhaft in Depressionen verfielen und weil die geistige Entwicklung von Kindern dauerhaften Schaden nahm. Der Wegfall von Präsenzunterricht schmälerte ihre beruflichen Aussichten im späteren Leben.

Vor einigen der schlimmsten politischen Entscheidungen, die im Namen von »Experten« propagiert werden, können wir uns schützen, indem wir uns der gefährlichen Möglichkeit bewusst sind, dass ein Wissenssystem nicht den Gesamtkontext in die Bewertung hat einfließen lassen, und indem wir uns bei jeder Bewertung fragen: » Liegt dieser Bewertung wirklich der vollständige Kontext zugrunde?«

Ich habe bereits zahlreiche Hinweise darauf angeführt, dass die ethisch begründete Forderung nach einem Ausstieg aus fossilen Brennstoffen von den Akteuren der Synthese und Multiplikation in beträchtlichem Maße verzerrt wurde. Das stärkste Indiz dafür, dass diese Argumentation äußerst, ja auf katastrophale Weise falsch sein könnte, ist das ungeheuerliche Versäumnis, den Gesamtkontext nicht mit in den Blick zu nehmen. Der Fehler liegt darin, *dass man etwas wegen seiner Nebenwirkungen ablehnt, ohne dessen massive Vorzüge zu berücksichtigen.*

Die einzigartigen, massiven und dringend benötigten Vorzüge fossiler Brennstoffe

Wenn wir abwägen, was wir hinsichtlich eines bestimmten Produkts oder einer bestimmten Technologie tun wollen, sollten wir den Gesamtkontext berücksichtigen. Und dazu gehört, dass wir nicht nur die negativen Nebenwirkungen sorgfältig überprüfen, sondern immer auch den Nutzen.

Befassen wir uns zum Beispiel mit einem Antibiotikum oder Impfstoff, so müssen wir den Nutzen gegen die Nebenwirkungen abwägen. Die meisten von uns fänden es unredlich, ein Antibiotikum oder einen Impfstoff wegen seiner negativen Nebenwirkungen abzulehnen, ohne die häufig enormen, über Leben und Tod entscheidenden Vorteile in Augenschein zu nehmen.

Doch beim Thema fossile Brennstoffe begeht unser Wissenssystem meines Erachtens genau diesen Fehler: etwas aufgrund der Nebenwirkungen abzulehnen, ohne die gewaltigen Vorzüge zu bedenken.

Bevor ich 2007 begann, mich ausführlich mit dem Thema Energie zu befassen, glaubte ich nicht, dass unser Wissenssystem die massiven Vorzüge fossiler Brennstoffe ignorierte, denn ich glaubte nicht, dass fossile Brennstoffe *überhaupt* irgendwelche, geschweige denn massive Vorzüge aufweisen.

Dass ich bis zu diesem Zeitpunkt kaum über die Vorzüge von Energie nachgedacht hatte, liegt auch daran, dass ich in einer liberalen Gegend aufwuchs

(Chevy Chase in Maryland) und Mainstream-Schulen besuchte. Der Wert, den Energie hat, gehörte nie zu meinen Unterrichtsthemen und kam auch nicht in den Medien vor.

Der zweite Grund, der mich glauben ließ, die Nutzung fossiler Brennstoffe habe keine signifikanten Vorzüge, liegt darin, dass ich unterschiedliche Energieformen (Öl, Solarenergie, Kernkraft oder Wind) für mehr oder weniger austauschbar hielt, was ihre Vorteile anbelangte. Was würde es also schaden, rasch auf fossile Brennstoffe zu verzichten, schließlich konnten die Alternativen alles, was auch fossile Brennstoffe konnten, und das zum selben Preis, nur ohne die Nebenwirkungen.

Als ich jedoch begann, mich verstärkt mit dem Thema Energie zu befassen, lernte ich drei wesentliche, unstrittige und bis zum heutigen Tag gültige Fakten über die Vorteile fossiler Brennstoffe kennen: drei Fakten, die unser Wissenssystem ignoriert, wenn es den raschen Ausstieg aus fossilen Brennstoffen propagiert.

Hier sind die Fakten:

1. Fossile Brennstoffe sind eine besonders kostengünstige Energiequelle.
2. Kostengünstige Energie ist für das menschliche Wohlergehen essenziell.
3. Milliarden Menschen leiden und sterben, weil es ihnen an kostengünstiger Energie fehlt.

Fossile Brennstoffe sind eine besonders kostengünstige Energiequelle

Fossile Brennstoffe werden heute im Allgemeinen als eine Energiequelle unter vielen hingestellt – als eine, die sich leicht durch alternative, insbesondere »erneuerbare Energien« wie Solar und Wind ersetzen lässt.

Doch diese Darstellung steht in völligem Widerspruch zur Realität. Obwohl sich alternative Energiequellen wie Sonne und Wind seit mehr als 50 Jahren mit großem Einsatz gegen fossile Brennstoffe durchzusetzen versuchen, liefern fossile Brennstoffe immer noch 80 Prozent der globalen Energieproduktion, also viermal so viel wie alle anderen Alternativen zusammen. Überdies wächst ihr Anteil rasch weiter.[11]

Warum sind fossile Brennstoffe so dominant, und warum nimmt ihr Anteil so schnell zu?

Weil sie als Energiequelle einzigartig *kostengünstig* sind, das heißt, sie können die größte Anzahl von Menschen mit den wertvollsten (»effektivsten«) Energieformen zu den geringsten Kosten versorgen.

Die Wirtschaftlichkeit von Energie hat vier Ebenen:

1. *Bezahlbarkeit:* Wie viel Geld kostet diese Energieform in Bezug auf das, was die Menschen an Geld zur Verfügung haben?
2. *Zuverlässigkeit:* Inwieweit kann diese Energieform bedarfsgerecht produziert werden, also zu dem Zeitpunkt, an dem sie benötigt wird, und in den Mengen, in denen sie benötigt wird?
3. *Vielseitigkeit:* Wie groß ist die Bandbreite von Maschinen, die sich mit dieser Energieform betreiben lassen?
4. *Skalierbarkeit:* Wie viele Menschen können damit versorgt werden und an wie vielen Orten?

Nur fossile Brennstoffe können das liefern, was ich als *ultrakostengünstige* Energie bezeichne – Energie, die alle vier Bereiche der Wirtschaftlichkeit abdeckt. Energie aus fossilen Brennstoffen ist 1) kostengünstig, 2) bedarfsgerecht verfügbar, 3) unglaublich vielseitig und steht 4) Milliarden Menschen an Tausenden von Orten zur Verfügung.

Keine andere Energiequelle kommt dem auch nur nahe.

Das liegt daran, dass fossile Brennstoffe über erstaunliche natürliche Eigenschaften verfügen (mehr dazu in Kapitel 5). Denn wir sprechen über natürlich gelagerte, natürlich verdichtete und in natürlichen Mengen vorkommende Energie. Die Energieproduzenten arbeiten seit Generationen daran, diese Energie möglichst kostengünstig nutzbar zu machen.

Sonnen- und Windenergie kommen nicht ansatzweise an die Vorzüge fossiler Brennstoffe heran. Sie machen gerade einmal 3 Prozent der globalen Energieversorgung aus, obwohl sie seit Jahrzehnten auf dem Markt sind und von Regierungen rund um den Globus aggressiv subventioniert und ihre Nutzung sogar angeordnet wird.[12] Dabei fallen diese 3 Prozent fast vollständig auf die Erzeugung von Elektrizität, die weniger als ein Fünftel des globalen Energieverbrauchs ausmacht.[13] Zu zahlreichen zentralen Energiebereichen, die von fossilen Brennstoffen dominiert werden, tragen Sonnen- und Windenergie praktisch überhaupt nichts bei, beispielsweise zu Schwerlasttransporten oder vielen Formen von »industrieller Prozesswärme«, bei denen sehr hohe Temperaturen etwa für die Herstellung von Kunststoffen oder Zement generiert werden.

Und weil die Sonne und der Wind intermittierende, also nicht kontrollierbare Energiequellen darstellen, müssen diese 3 Prozent rund um den Globus vollständig durch zuverlässige, kontrollierbare Kraftwerke abgesichert werden – Kraftwerke, die größtenteils mit fossilen Brennstoffen betrieben werden. Das bedeutet, Solaranlagen, Windräder und Langstrecken-Hochspannungsleitungen ersetzen die Kosten kontrollierbarer Strominfrastruktur nicht etwa, sondern kommen noch hinzu. In Kapitel 6 werde ich ausführlicher erklären, warum Strompreise meist ansteigen, je mehr Sonnen- und Windenergie in den Netzen genutzt werden.

China ist das Land, das sich wohl die meisten Gedanken um kostengünstige Energie macht. Seine Maßnahmen und Pläne spiegeln die einzigartige Wirtschaftlichkeit fossiler Strominfrastruktur-Brennstoffe wider.

Abbildung 1.1: Nur fossile Brennstoffe bieten Energie kostengünstig, bedarfsgerecht, vielfältig einsetzbar und global skalierbar

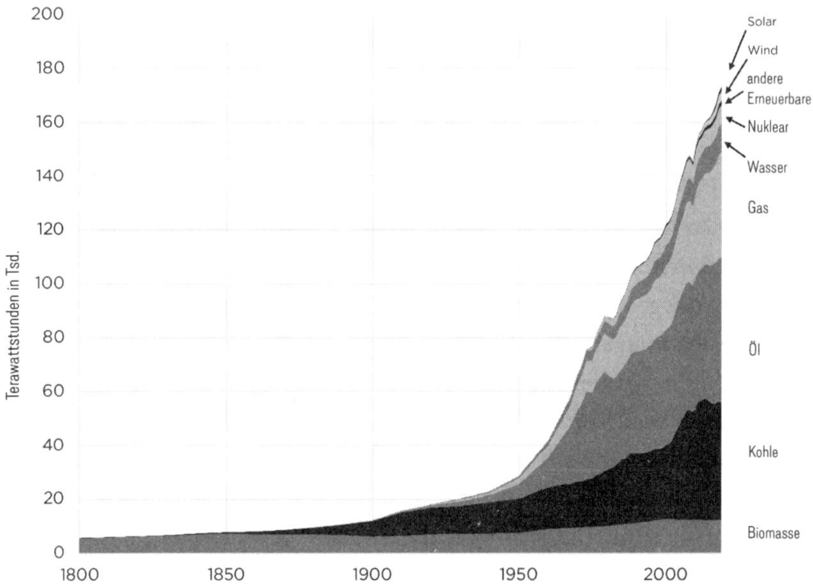

Quellen: Our World in Data; Vaclav Smil (2017); BP Statistical Review of World Energy

In den USA wird uns erklärt, China »nehme uns die Butter vom Brot« in Sachen Solar- und Windenergie. Doch die Realität sieht so aus, dass in China Energie zu 85 Prozent aus fossilen Brennstoffen hergestellt wird. China nimmt uns also nicht bei Solar und Wind »die Butter vom Brot«, sondern bei der Nutzung fossiler Brennstoffe (unter anderem bei der Stromherstellung, die zu 64 Prozent mithilfe von Kohle erfolgt). Auf diese Weise stellen die Chinesen die Energie her, die ihre wachsende Volkswirtschaft benötigt.[14]

(Hinweis: Sofern nicht anders angegeben, stammen sämtliche Energiedaten in diesem Buch aus dem Jahr 2019, denn das sind die aktuellsten Daten, die zum jetzigen Zeitpunkt verfügbar sind und die nicht durch den drastischen, aber zeitlich begrenzten Einbruch der Energienutzung verzerrt wurden, der mit der Covid-19-Pandemie einherging.)

Auch als 2020 die Lockdowns infolge der Covid-19-Pandemie die Nachfrage nach Energie einbrechen ließen, setzte China seinen Import von Rekordmengen an Erdöl fort, ja förderte sogar mehr Kohle als in den 5 Jahren davor und fügte 38 Gigawatt an Kapazitäten aus Kohle hinzu – genug, um Texas ein halbes Jahr lang mit Strom zu versorgen.[15]

Stand Juli 2021 baute China Kohlekraftwerke mit einer Gesamtkapazität von 260 Gigawatt, was Texas Jahresbedarf an Strom mehr als dreifach deckt. Jedes dieser Kraftwerke soll 40 Jahre oder länger laufen.[16]

Die einzigartige Wirtschaftlichkeit fossiler Brennstoffe ist ganz offenkundig ein Aspekt, den es energiepolitisch zu berücksichtigen gilt. Doch anstatt dies zu tun, ignorieren diejenigen, die für die Evaluierung und Verbreitung in unserem Wissenssystem verantwortlich sind, diesen Aspekt oder bestreiten sogar in den meisten Fällen die Fakten mit der gebetsmühlenartig vorgetragenen Behauptung, fossile Brennstoffe würden rasch durch erneuerbare Energien verdrängt werden.

Besonders ungeheuerlich wird dies durch den zweiten unbestreitbaren, aber ignorierten Fakt zum Thema Energie: Für das Wohlergehen der Menschen – für ihre Fähigkeit, ein langes, gesundes und erfüllendes Leben zu führen – ist kostengünstige Energie keineswegs von geringfügigem Wert, sondern unerlässlich.

Kostengünstige Energie ist für das Gedeihen der Menschen unerlässlich

Energie ist »die Fähigkeit, Arbeit zu verrichten«, haben wir im Physikunterricht gelernt. Wenn wir über die Art Energie reden, die fossile Brennstoffe liefern, reden wir insbesondere über *Maschinenenergie* – die Fähigkeit einer *Maschine,* Arbeit zu verrichten. Mir hilft es, wenn ich mir Energie als »Maschinennahrung« oder »Maschinenkalorien« vorstelle.

Wenn wir nicht ausreichend Nahrung zu uns nehmen, können wir Menschen nicht funktionieren, und genauso ist es bei Maschinen – egal ob Autos, iPhones oder Stahlöfen, sie alle brauchen ausreichend »Nahrung«, in ihrem Fall Energie.

Der Beitrag von Energie und Maschinen zum menschlichen Wohlergehen ist deshalb so wichtig, weil sie unsere von Haus aus bescheidenen produktiven Fähigkeiten *verstärken und erweitern* und uns die Möglichkeit geben, jene materiellen Werte herzustellen, die wir zum Überleben und Wohlergehen benötigen – von Nahrung und Kleidung über Unterkunft bis hin zu medizinischer Versorgung und Bildung.

- *Verstärken:* Maschinen verstärken unsere produktiven Fähigkeiten, indem sie uns erlauben, in geringerer Zeit deutlich mehr Wert zu produzieren. Ein moderner Mähdrescher beispielsweise kann innerhalb eines Tages genügend Weizen für 500 000 Laib Brot ernten und dreschen. Das ist 1000-mal so viel wie das, was ein hochqualifizierter Mensch schafft.[17]
- *Erweitern:* Maschinen erweitern unsere produktiven Fähigkeiten, indem sie Werte herstellen, die sich ohne Maschinen nicht herstellen ließen, egal wie viele Menschen beteiligt wären. Ein Inkubator beispielsweise kann einem Frühgeborenen ein perfektes Umfeld zum Überleben bieten, wie es von Menschenhand mit noch so viel Arbeitseinsatz nicht geleistet werden könnte. Ein Flugzeug kann eine Art sicheren Hochgeschwindigkeitstransport gewährleisten, wie er durch kein Ausmaß an manueller Arbeit möglich wäre. Die Computermaschinerie des Internets produziert nahezu unmittelbaren und uneingeschränkten Zugang zu Wissen, was Milliarden Menschen bislang unvorstellbare Bildungsmöglichkeiten eröffnet. Dies könnte keine noch so umfangreiche manuelle Arbeit erreichen.

Ich spreche von »Maschinenarbeit«, wenn es darum geht, in welch gewaltigem Ausmaß Maschinen genutzt werden, unsere produktiven Fähigkeiten zu verstärken und zu erweitern. Maschinenarbeit trägt selbstverständlich wesentlich dazu bei, dass Milliarden Menschen heutzutage ein so langes, gesundes und voller Möglichkeiten steckendes Leben führen können, wie es in der Menschheitsgeschichte bisher noch nicht vorgekommen ist.

In den USA beispielsweise verbraucht der Durchschnittsbürger etwa 75-mal mehr »Maschinenkalorien« als Nahrungskalorien. Das heißt im

Grunde, wir haben 75 »Maschinenarbeiter«, die für uns rund um die Uhr Wert produzieren.[18]

Dass wir heute in einem solchen Ausmaß auf Maschinenarbeit setzen können, ist nur deshalb möglich, weil die aktuelle Maschinennahrung – Energie – derart *kostengünstig* ist.

Je kostengünstiger die Energieerzeugung, desto mehr Menschen können Maschinenarbeit auf umso unterschiedlichere Weise nutzen. Je kostspieliger die Energieerzeugung hingegen ist, desto weniger Menschen werden durch Maschinenarbeit unterstützt und desto mehr sind zu jener Art von Armut verurteilt, die damit einhergeht, von manueller Arbeit leben zu müssen.

Dass kostengünstige Energie von zentraler Bedeutung für das menschliche Wohlergehen ist, sollte in unserem Wissenssystem an zentraler Stelle stehen, wenn wir über Energiepolitik sprechen – ganz besonders dann, wenn wir in Erwägung ziehen, auf die einmalig kostengünstige Energie aus fossilen Brennstoffen zu verzichten.

Doch die massiven Vorteile kostengünstiger Energie im Allgemeinen und ultrakostengünstiger Energie aus fossilen Brennstoffen im Besonderen werden fast nie thematisiert, während die negativen Nebenwirkungen stets und ständig im Fokus stehen.

Nehmen wir beispielsweise die Debatten um die Nutzung fossiler Brennstoffe in China und Indien.

China und Indien verantworten einen großen Teil des Anstiegs, den die Nutzung fossiler Brennstoffe in den vergangenen Jahrzehnten global erlebt hat. In beiden Ländern nahm die Nutzung von Kohle und Öl um mindestens den Faktor 5 zu und machte die absolute Mehrheit ihres Energieverbrauchs aus.[19]

In der Berichterstattung über die Nutzung fossiler Brennstoffe in diesen beiden Ländern geht es zumeist um die negativen Nebenwirkungen, beispielsweise die Luftverschmutzung. Doch fossile Brennstoffe haben auch Vorteile, indem sie das Leben massiv verlängern und verbessern. Sehen wir uns die folgenden Grafiken an, die den Zusammenhang zwischen dem Energieverbrauch und einem erheblichen Anstieg von Lebenserwartung und Einkommen in China und Indien herstellen.

Die starken Korrelationen zwischen Energieverbrauch und Lebenserwartung beziehungsweise Einkommen sind kein Zufall. Die drastische Zunahme von Maschinenarbeit, beispielsweise in Fabriken, führte zu einer ebenso drastischen Zunahme der Produktionsfähigkeiten und letztlich des Lebensstandards.

Inzwischen leben die Menschen in China und Indien an Orten, an denen Maschinen in ihrem Auftrag derartige Mengen an Wert produzieren, wie sie mit manueller Arbeit alleine niemals zu erreichen gewesen wären.

Doch nicht nur in China und Indien, sondern in der ganzen Welt haben es Hunderte Millionen von Menschen aus Schwellenländern dank mit fossilen Brennstoffen betriebener Maschinenarbeit geschafft, in den Genuss ihrer ersten Glühlampe, ihres ersten Kühlschranks, ihres ersten anständig bezahlten Jobs und ihres ersten Lebensjahrs mit sauberem Trinkwasser oder einem vollen Magen zu kommen.

Abbildung 1.2: Energieverbrauch und Lebenserwartung in China und Indien

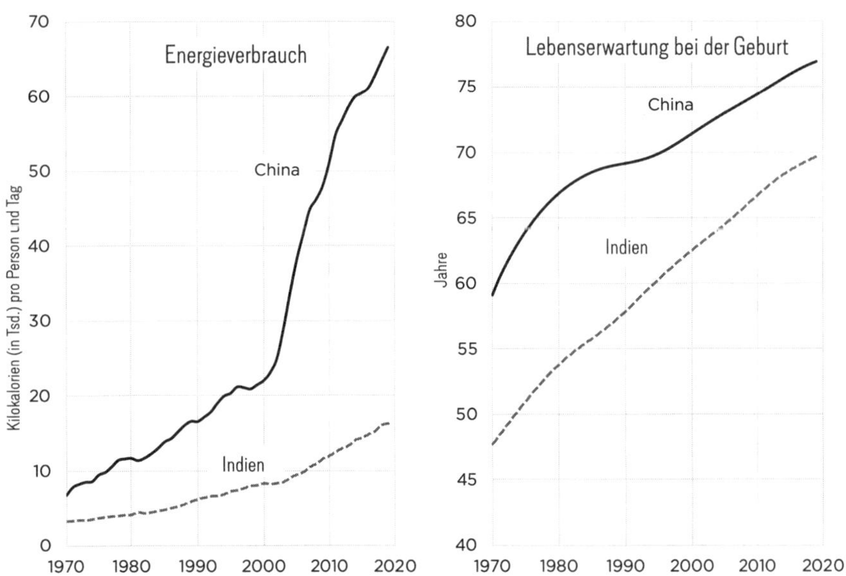

Quellen: BP Statistical Review of World Energy; World Bank Data

Abbildung 1.3: Energieverbrauch und Einkommen in China und Indien

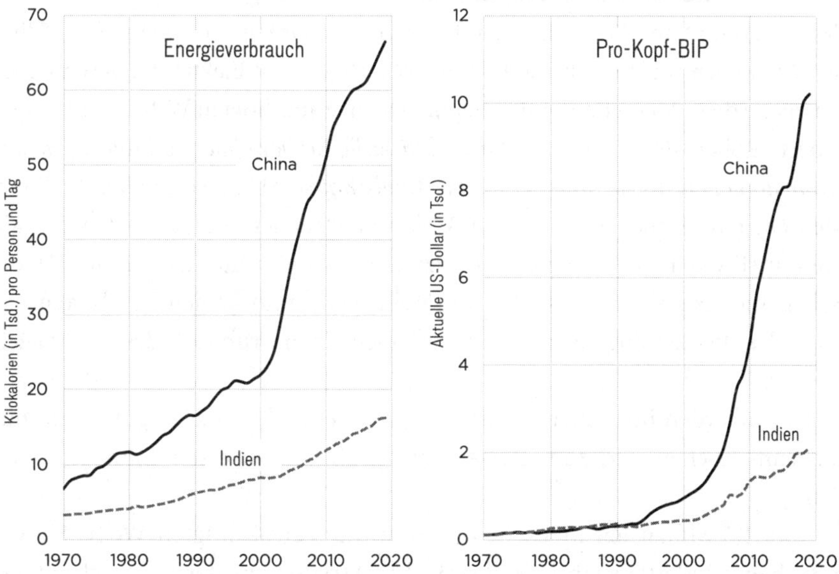

Quellen: BP Statistical Review of World Energy; World Bank Data

Und dennoch gilt: Wenn unser Wissenssystem den Energieverbrauch von China und Indien bewertet, liegt der Schwerpunkt nahezu ausschließlich auf den negativen Auswirkungen von Kohle und Öl. Inwieweit hingegen Kohle und Öl dazu beitragen, das Leben von buchstäblich Milliarden Menschen radikal zu verlängern und ihnen neue Möglichkeiten zu eröffnen, wird übergangen.

Die einzigartigen, massiven Vorzüge der ultrakostengünstigen Energie aus fossilen Brennstoffen für das menschliche Wohlergehen zu ignorieren und einen raschen Ausstieg aus fossilen Brennstoffen zu fordern, wie es unser Wissenssystem tut, ist eine irrationale und gefährliche Herangehensweise an die Evaluierung fossiler Brennstoffe. Noch schlimmer wird es aber beim nächsten unbestreitbaren und ignorierten Fakt über die Vorzüge fossiler Brennstoffe.

Milliarden Menschen leiden und sterben, weil sie nicht über kostengünstige Energie verfügen

Fast nie kommt uns die erschreckende Tatsache zu Ohren, dass mehr als 3 Milliarden Menschen praktisch keine Energie, ja nicht einmal Elektrizität verbrauchen. Ich nenne diese Menschen Mitglieder der »nicht ermächtigten Welt«. Der Energieexperte Robert Bryce sagt, *der durchschnittliche Erdbewohner verbrauche weniger Strom als ein klassischer amerikanischer Kühlschrank.*[20] Und nahezu 800 Millionen Menschen in der nicht ermächtigten Welt haben laut der Internationalen Energieagentur IEA keinen Zugang zu Elektrizität. Die Geschichte aus Gambia von den Babys, die starben, weil es kein Ultraschallgerät und keinen Brutkasten gab, zeigt, dass keinen Zugang zu Strom zu haben einem frühen Todesurteil gleichkommt.[21]

2,4 Milliarden Menschen, größtenteils aus der nicht ermächtigten Welt, nutzen zum Kochen und zum Heizen ihres Zuhauses in erster Linie Holz und Dung.[22]

Etwa 1,5 Milliarden Menschen leben in der »ermächtigten Welt«. Sie verbrauchen mindestens ein Drittel so viel Elektrizität wie der durchschnittliche Amerikaner. Und nahezu 3 Milliarden Menschen rangieren zwischen »nicht ermächtigt« und »ermächtigt« – in einer Welt, die ich als »kaum ermächtigt« bezeichne.

Ein Wissenssystem, das die strategischen Optionen rational bewertet, würde den Vorschlag, die Nutzung fossiler Brennstoffe einzuschränken oder sogar einzustellen, nicht in Erwägung ziehen, ohne hervorzuheben, dass 1) fossile Brennstoffe aktuell eine einzigartig kostengünstige Energiequelle darstellen, dass 2) kostengünstige Energie für das menschliche Wohlergehen von zentraler Bedeutung ist und dass 3) Milliarden Menschen leiden oder sterben, weil es ihnen an kostengünstiger Energie mangelt.

Abbildung 1.4: 10 Prozent der Welt verfügen über keine Elektrizität

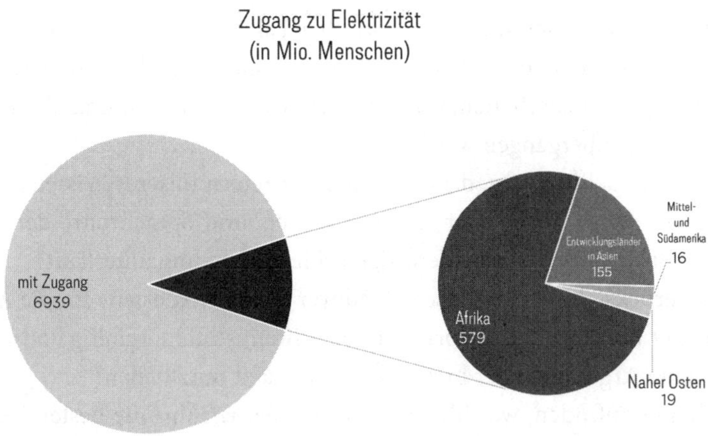

Quelle: IEA Access to Electricity Database (IEA-Datenbank zur Verfügbarkeit von Elektrizität)

Abbildung 1.5: Ein Drittel der Weltbevölkerung verwendet Holz und Dung

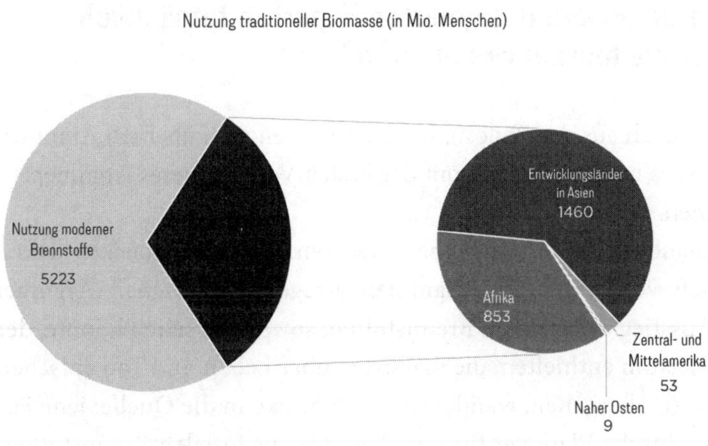

Quelle: IEA-Datenbank zu sauberem Kochen

Dass unser Wissenssystem regelmäßig zum Ausstieg aus fossilen Brennstoffen aufruft, dabei aber diese drei unstrittigen Vorzüge allesamt ignoriert, weist darauf hin, dass wir es hier mit dem historischen Fall einer »Expertise« des Wissenssystems zu tun haben, die auf einer völlig irrationalen Methode basiert. Es wird gefordert, etwas abzuschaffen, während massive, über Leben und Tod entscheidende Vorzüge übergangen werden.

Kann es tatsächlich sein, dass so vielen Vertretern unseres Wissenssystems – von der *New York Times* über Regierungschefs und Sprachrohre der Wissenschaft bis hin zu Apple – eine derartige Fehleinschätzung unterläuft?

Oder berücksichtigt das ethische Plädoyer dieser »Experten« für die Abschaffung fossiler Brennstoffe die Vorteile fossiler Brennstoffe sorgfältig und versäumt es nur, seine Argumente der breiten Öffentlichkeit mitzuteilen?

Um herauszufinden, was hier zutrifft, müssen wir uns die besten Versionen der ethisch begründeten Forderung nach einem Ausstieg aus fossilen Brennstoffen ansehen – das heißt jene Versionen, die uns die aktuell führenden Fachleute vorlegen.

Ignorieren unsere designierten Experten tatsächlich die Vorteile fossiler Brennstoffe?

Eines habe ich aus der Philosophie gelernt: Wenn ich über ein Argument nachdenke, ist es mein Ziel, mich mit der besten Version dieses Arguments vertraut zu machen.

Ich glaube felsenfest an Expertenwissen. Als ich entdeckte, dass die vermeintlich von Experten zusammengetragenen ethischen Argumente für einen Ausstieg aus fossilen Brennstoffen, soweit ich sehen konnte, den ungeheuren Irrtum enthielten, die massiven, über Leben und Tod entscheidenden Vorzüge zu übergehen, wandte ich mich direkt an die Quelle: jene Fachleute, die das ethische Plädoyer für den Ausstieg aus fossilen Brennstoffen derzeit anführen.

Unter ihnen sah ich mir insbesondere unsere »designierten Experten« an, wie ich sie nenne. Damit meine ich Individuen und manchmal Institutionen, die häufig, wenn auch nicht immer, einen Hintergrund als Forscher oder Forschungseinrichtungen auf einem bestimmten Gebiet haben und die ein Wissenssystem als Sprachrohr für das beste Fachwissen und die fachkundigsten Einschätzungen designiert und in den Vordergrund rückt. Designierte Experten werden häufig zitiert und zurate gezogen, weil sie als diejenigen gelten, die die beste Forschung synthetisiert haben und uns diese nicht nur verständlich machen (Multiplikation), sondern uns auch bei der Entscheidung helfen können, was wir mit diesem Wissen anfangen sollen (Evaluierung). Als Hybrid aus Synthetisierer, Multiplikator und Evaluierer verkörpern sie zu bestimmten Zeiten und zu bestimmten Themen das Mainstream-Wissenssystem. Um herauszubekommen, ob die »Experten« unseres Wissenssystems mit rationalen Methoden arbeiten, ist die Arbeit dieser Personen also die beste Anlaufstelle.

Wenn es um die Frage geht, wie wir mit fossilen Brennstoffen verfahren sollten, gehören zu den bewährtesten designierten Experten:

- Die öffentlichen Vertreter der Vereinten Nationen, die die zweifellos wichtigste Adresse zum Thema Klima beherbergen: den Intergovernmental Panel on Climate Change (IPCC), auf Deutsch meist Weltklimarat genannt.
- Paul R. Ehrlich, ein Ökologe, der viele Jahre der Stanford University angehörte und über ein halbes Jahrhundert lang über fossile Brennstoffe schrieb und sprach. Er verfasste Bestseller und wurde mit dem Crafoord Prize ausgezeichnet, der auch als »Nobelpreis für Umweltschutz« gilt.[23]
- John Holdren, ein Physiker, der regelmäßig mit Ehrlich gearbeitet hat und seit knapp 50 Jahren eine der einflussreichsten Stimmen zum Thema fossile Brennstoffe darstellt. Unter Präsident Obama war Holdren Chefberater des US-Präsidenten in wissenschaftlichen Fragen, was seinen Status als bewährter Fachmann veranschaulicht.
- James Hansen, der wohl einflussreichste Klimaforscher überhaupt. Hansen wurde 1988 international bekannt, als er vor dem US-Kongress erklärte, er

sei zu 99 Prozent überzeugt, dass die globale Erwärmung (heute spricht man eher von »Klimawandel«) menschengemacht sei.[24]

- Al Gore: Niemand hat den katastrophalen Klimawandel in der Öffentlichkeit so bekannt gemacht wie er. Gore ist zwar kein Wissenschaftler, wurde aber von führenden Nachrichtenquellen als vertrauenswürdige Referenz für den Zustand der Klimaforschung und seine politischen Folgen angeführt. 2007 wurde ihm der Friedensnobelpreis dafür verliehen, dass er die Welt vor dem katastrophalen Klimawandel warnte. Dies tat er unter anderem mit seinem Dokumentarfilm *Eine unbequeme Wahrheit* aus dem Jahr 2006 – dem wahrscheinlich einflussreichsten Kommentar zu fossilen Brennstoffen in der Moderne.[25]
- Bill McKibben, ein weiterer einflussreicher Popularisator des katastrophalen Klimawandels. Sein 1989 erschienenes Buch *The End of Nature* [auf Deutsch 1990 unter dem Titel *Das Ende der Natur* erschienen] gilt als »erstes Werk über die globale Erwärmung, das für eine breite Öffentlichkeit verfasst wurde«.[26] Er wurde als »führender Umweltschützer der Nation« bezeichnet und hat einen Großteil der modernen Bewegungen gegen fossile Brennstoffe angeführt, insbesondere innerhalb der Unternehmens- und Finanzwelt.[27]
- Michael Mann, ein prominenter Klimaforscher, der regelmäßig vor dem amerikanischen Kongress aussagt und in führenden Publikationen über die Gefahren schreibt, die ein katastrophaler Klimawandel mit sich bringen würde.
- Amory Lovins, ein Energie- und Umweltschutztheoretiker. Seit über 40 Jahren gilt er als designierter Ansprechpartner führender Nachrichtenunternehmen. Er hat in über 65 Ländern die Regierung und/oder große Unternehmen beraten.[28]

Ich habe die Arbeit dieser designierten Experten studiert und mich dabei gefragt: Haben sie in ihrer ethisch begründeten Forderung nach einem Ausstieg aus fossilen Brennstoffen die einzigartigen, massiven und dringend benötigten Vorzüge fossiler Brennstoffe bedacht?

Wie könnte eine Position aussehen, welche die Vorteile fossiler Brennstoffe berücksichtigt? Man könnte argumentieren, dass ein Ausstieg aus fossilen Brennstoffen zwar katastrophal wäre, es aber keine Alternative gibt, wenn man die noch größere Katastrophe abwenden will, welche die CO_2-Emissionen der fossilen Brennstoffe zur Folge haben.

Ein derartiges Argument könnte folgendermaßen lauten:

> Die Welt benötigt dringend mehr Energie. Auf absehbare Zeit sind nur fossile Brennstoffe imstande, diese in globalem Maßstab bereitzustellen.
>
> Unglücklicherweise hat diese Energie die tragische Nebenwirkung, zu einer globalen Klimakatastrophe zu führen, die unser Überleben als Spezies gefährdet.
>
> Aus diesem Grund müssen wir rasch aus fossilen Brennstoffen aussteigen, auch wenn dies in naher Zukunft die Verarmung des wohlhabenden Teils der Welt mit sich bringen und dafür sorgen wird, dass der arme Teil der Welt arm bleibt.

Ich habe mir die Argumentation unserer designierten Fachleute für fossile Brennstoffe ausführlich angesehen und festgestellt, dass sie nicht zugeben, dass der Verzicht auf die einzigartigen, massiven und dringend benötigten Vorzüge von Energie aus fossilen Brennstoffen ebenfalls katastrophale Folgen hätte.

Es ist schockierend, aber tatsächlich scheint es ihnen keine Sorge zu bereiten, diese Vorzüge zu verlieren. Und dazu gehört auch das Schicksal der Milliarden Menschen, die derzeit keinen Zugang zu kostengünstiger Energie haben oder den Zugang zu kostengünstiger Energie einbüßen würden, wenn keine wundersame Alternative bereitsteht.

Im November 2019 beispielsweise berichteten vertrauenswürdige Nachrichtenquellen aus aller Welt, darunter CNN und die *Washington Post*, über einen offenen Brief von 11 000 Wissenschaftlern (»World Scientists Warning of a Climate Emergency«). Unterschrieben hatten den Brief zahlreiche prominente Forscher, darunter auch der langjährige designierte Experte Paul Ehrlich.[29]

Wie angesichts dieser Überschrift zu erwarten geht es in dem Schreiben um die Auswirkungen fossiler Brennstoffe auf das Klima – zweifelsohne ein wichtiges Studienfeld.

Geht man den Brief aber durch, stellt man fest, dass dort über die Empfehlung der Fachleute, »die verbliebenen Bestände an fossilen Brennstoffen im Erdboden zu belassen«, ebenso wenig Besorgnis geäußert wird wie über den Schaden, den dies für Milliarden Menschen bedeuten würde. Es ist nicht so, dass die Autoren zuerst die lebensentscheidende Bedeutung von fossilen Brennstoffen anerkennen und dann das überzeugende Argument vorbringen, dass sie durch erneuerbare Energien rasch ersetzt werden könnten. Sie erwähnen es nicht einmal.

Auf besonders ungeheuerliche Weise ignorieren unsere designierten Fachleute die Vorzüge fossiler Brennstoffe, wenn sie, wie es häufig der Fall ist, über die Nebenwirkungen fossiler Brennstoffe auf die Lebensmittelproduktion sprechen, dabei aber völlig außer Acht lassen, dass die Lebensmittelproduktion, wie wir sie kennen, fossile Brennstoffe zum gewaltigen Nutzen der Menschheit einsetzt.

Nehmen Sie den Bestseller *Der Tollhauseffekt. Wie die Leugnung des Klimawandels unseren Planeten bedroht, unsere Politik zerstört und uns in den Wahnsinn treibt* von Michael Mann. Dieses Buch fasst angeblich das beste Fachwissen zu fossilen Brennstoffen und Klima zusammen.

Eines der zentralen Themen des Buches ist die Zukunft unserer Nahrung.

Mann erläutert, warum seiner Ansicht nach die CO_2-Werte, die infolge der Nutzung fossiler Brennstoffe ansteigen, für die Lebensmittelproduktion schädlich sind. Ein lohnenswerter Forschungsbereich ist das allemal (man sollte aber genauso darauf achten, welche potenziellen Vorteile steigende CO_2-Werte mit sich bringen, beispielsweise ein erhöhter CO_2-Düngeeffekt). Doch unglaublicherweise erwähnt Mann überhaupt nicht, wie entscheidend fossile Brennstoffe zur Verfügbarkeit von Lebensmitteln beitragen und dass diese davon abhängig ist, dass Energie aus fossilen Brennstoffen kostengünstig, bedarfsgerecht, flexibel und in globalem Maßstab zur Verfügung steht, um moderne Landmaschinen zu betreiben (Öl) und moderne Düngestoffe zu produzieren (Erdgas).

Auf dieses Übergehen der nützlichen Seite fossiler Brennstoffe stoße ich immer wieder, wenn ich Plädoyers designierter Experten lese, man solle rasch aus fossilen Brennstoffen aussteigen. Ein Beispiel ist *Eine unbequeme Wahrheit*, der Al-Gore-Film, der wohl wie sonst nichts die Debatten zu fossilen Brennstoffen beeinflusst hat. Dort findet sich buchstäblich kein Wort darüber, dass die Vorzüge von fossilen Brennstoffen von lebensentscheidender Bedeutung sind. Dasselbe gilt für die Arbeit des weltweit führenden designierten Experten für die Frage, wie wir künftig mit fossilen Brennstoffen verfahren sollten: den Weltklimarat. In den öffentlichen Erklärungen seiner Vertreter und sogar in den ausführlichen Berichten des Weltklimarats wird fossilen Brennstoffen keinerlei Nutzen oder bestenfalls ein minimaler zugestanden.[30]

All das sind äußerst überzeugende Indizien dafür, dass unsere designierten Experten tatsächlich den unerhörten Fehler machen, sich einem Ausstieg aus fossilen Brennstoffen zu verschreiben, ohne deren einzigartige, massive und dringend benötigte Vorzüge zu beachten.

Ich könnte mit nur einen Weg vorstellen, auf dem sie trotz alledem die Vorteile fossiler Brennstoffe in Betracht ziehen könnten. Sie könnten nämlich erklären, dass die fossile Brennstoffe heutzutage zwar eine einzigartige Wirtschaftlichkeit aufweisen, aber ein unglaublicher wirtschaftlicher Durchbruch bevorsteht, der dafür sorgt, dass fossile Brennstoffe mitsamt ihren Vorteilen in sehr naher Zukunft rasch ersetzt werden könnten. Die Argumentation lautete in etwa so:

> Ultrakostengünstige Energie, wie wir sie aus fossilen Brennstoffen gewinnen, liefern uns nur diese, sie ist außerordentlich nutzbringend und wird von Milliarden Menschen dringend benötigt. Es wäre nicht nur katastrophal, dieses hohe Ausmaß an Energieproduktion zu verlieren, sondern auch zu versäumen, es zu erhöhen.
>
> Zwar sind Sonnen- und Windenergie seit über 50 Jahren auf dem Markt, stellen jedoch aktuell nicht einmal ansatzweise einen Ersatz dar. Doch zum Glück werden ihnen wirtschaftliche Durchbrüche zu derselben Leistung wie fossile Brennstoffe verhelfen – und dies in einem derartigen Ausmaß, dass China und andere alle Kohle-, Öl- und Gasprojekte einstampfen werden, für die sie auf Jahrzehnte hinaus Investitionen getätigt haben.

Ich weiß, das klingt unvorstellbar, aber hier sind die Beweise …

Unsere designierten Experten tun nichts Derartiges, nicht einmal ansatzweise. Anstatt anzuerkennen, dass die Kosteneffizienz fossiler Brennstoffe heutzutage einzigartig ist, bestreiten die meisten von ihnen ebenso wie der Rest des Mainstream-Wissenssystems den Stand der Dinge und behaupten, man wäre bereits dabei, fossile Brennstoffe rasch auszutauschen. Beispielsweise steige China eilends auf Solar und Wind um, obwohl dies absolut falsch ist, denn dort werden zu 85 Prozent fossile Brennstoffe verwendet. Ausgehend von dieser totalen Fehldarstellung der Realität erklären unsere designierten Experten, ohne mit der Wimper zu zucken, man sei bald in der Lage, fossile Brennstoffe ausschließlich durch »grüne« oder »erneuerbare« Energiequellen zu ersetzen – allen voran durch die intermittierenden Energiequellen Sonne und Wind, die gerade einmal 3 Prozent der globalen Energie ausmachen und nahezu 0 Prozent in bestimmten wichtigen Energiekategorien (beispielsweise bei Schwerlasttransporten).

Ein besonders augenfälliges Beispiel dafür, wie man die Realität leugnen und, ohne rot zu werden, Alternativen in Aussicht stellen kann, lieferte Al Gore 2008 in einer extrem positiv aufgenommenen Rede. Sich angeblich auf das Wissen der besten Fachleute berufend forderte er, ab 2018 solle qua eines entsprechenden Gesetzes nur noch erneuerbare Energie genutzt werden dürfen – demzufolge würde die Erzeugung von Strom aus fossilen Brennstoffen gegen das Gesetz verstoßen. Dass Energieökonomen erklärten, dafür sei kein machbarer Weg bekannt, und zwar unabhängig vom Preis, doch kostengünstig ganz gewiss nicht, ignorierte er.[31]

Stattdessen bejubelte Gore, welch atemberaubende Fortschritte erneuerbare Energien angeblich erzielt hätten, und erklärte: »Wir können unsere Abhängigkeit von Öl beenden und erneuerbare Quellen nutzen, die uns einen Benzinpreis von 1 Dollar pro Gallone* bescheren können.«[32] Es handelte sich um eine ganz besonders unlogische Behauptung, denn historisch betrachtet ist Erdöl derjenige

* Eine Gallone entspricht knapp 3,8 Litern. 1 Dollar pro Gallone entspräche wechselkursabhängig einem Benzinpreis von etwa 25 Euro-Cent für den Liter. (Anm. des Verlags)

fossile Brennstoff, der am schwersten von allen zu ersetzen ist. Erdöl hat eine ausgesprochen hohe Energiekonzentration (Stichwort »Energiedichte«) und tritt in einer praktischen und stabilen flüssigen Form auf, die im Bereich der Mobilität – etwa bei Schwerlasttransportmitteln wie Flugzeugen oder Frachtschiffen – von unerreichtem Nutzen ist. Obwohl Gore für seine Behauptung keine Beweise lieferte, fand seine Rede großen Anklang. Millionen Menschen unterschrieben seine Forderung, bis 2018 die Gewinnung von Elektrizität aus fossilen Brennstoffen insgesamt zu verbieten.

Unsere führenden designierten Experten rufen also dazu auf, aus fossilen Brennstoffen schnellstens auszusteigen, ignorieren oder bestreiten dabei aber, dass Energie aus fossilen Brennstoffen unersetzbare, erhebliche und dringend benötigte Vorzüge aufweist. Das hat mich zu der Überzeugung gebracht, dass die von den »Experten« unseres Wissenssystems erhobene ethisch begründete Forderung, aus fossilen Brennstoffen auszusteigen, tatsächlich auf einer erschreckend irrationalen Bewertungsmethode basiert: Man fordert, etwas zu eliminieren, ohne dessen immense lebensentscheidende Vorzüge in Betracht zu ziehen.

Aber es kommt noch schlimmer. Wie sich herausstellt, ist es nämlich nicht damit getan, dass unser Wissenssystem den Ausstieg aus fossilen Brennstoffen fordert und deren Vorzüge ignoriert – es geht mit anderen wichtigen Energiequellen, die kein CO_2 ausstoßen, genauso vor.

Der Nutzen sämtlicher kostengünstiger Energiequellen wird ignoriert

Dass sich unser Wissenssystem dafür stark macht, aus fossilen Brennstoffen auszusteigen, ohne ihre Vorzüge zu berücksichtigen, fand ich an und für sich schon beunruhigend. Doch immerhin schien ein gesundes Motiv dahinterzustecken – der Wunsch, um jeden Preis CO_2-Emissionen aus fossilen Brennstoffen zu vermeiden, denn unser Wissenssystem erklärt uns, diese Emissionen hätten katastrophale, wenn nicht sogar apokalyptische Konsequenzen.

Dieser Annahme widerspricht aber die Tatsache, dass sich unser Wissenssystem inklusive unserer designierten Experten regelmäßig dafür ausspricht, zwei der kostengünstigsten Alternativen zu fossilen Brennstoffen abzuschaffen, obwohl diese keinen CO_2-Ausstoß verursachen. Die Rede ist von Atomenergie und Wasserkraft – Alternativen, von denen man eigentlich annehmen sollte, dass sie von allen, die sich um CO_2 Sorgen machen, eifrig beworben würden.

Achten Sie dabei darauf, dass die ethisch begründete Forderung, aus fossilen Brennstoffen auszusteigen, nicht nur die wichtigen, dringend benötigten und einzigartigen Vorzüge fossiler Brennstoffe übergeht, sondern in der Regel darauf besteht, fossile Brennstoffe seien ausschließlich durch »grüne« oder »erneuerbare« Energie zu ersetzen. Und wenn es darum geht, diese zu definieren, bleibt Atomenergie immer und groß angelegte Energiegewinnung aus Wasserkraft meistens außen vor.

Daran sieht man, wie weitgehend Bemühungen unterstützt werden, die Nutzung dieser Energiequellen zu reduzieren oder sogar völlig zu beenden.

Unterstützung für die Bemühungen, kostengünstige Atomenergie abzuschaffen

Wie ich in Kapitel 6 genauer erläutern werde, hat Atomenergie als Alternative zu fossilen Brennstoffen mit Abstand das größte Potenzial. Ähnlich wie bei Letzteren kommt auch hier eine natürlich vorkommende, konzentrierte und reichhaltig vorhandene Art von Energie zum Einsatz. Kernkraft hat in der Vergangenheit rund um die Welt vergleichsweise kostengünstig und ausgesprochen zuverlässig Elektrizität produziert. Und wie sich gezeigt hat, lässt sie sich sogar vielversprechend als industrielle Prozesswärme und für Schwerlasttransporte verwenden (man betreibt mit ihr bereits Flugzeugträger, U-Boote und riesige Eisbrecher).

Atomenergie erzeugt keine CO_2-Emissionen und weist, wie ich in späteren Kapiteln zeigen werde, die mit Abstand beste Sicherheitsbilanz sämtlicher Energieformen auf.

Doch der Behauptung zum Trotz, CO_2-Emissionen seien das größte Problem der Welt, und obwohl Atomenergie diese nachweislich senken kann, setzen sich weite Teile unseres Wissenssystems und viele unserer designierten Experten (darunter Amory Lovins und Paul R. Ehrlich) vehement dafür ein, aus der Atomenergie auszusteigen. Die Liga der Kernkraftgegner war so erfolgreich damit, belastende Vorschriften zu verhängen, Projekte zu verzögern und vor Gericht zu gehen, dass die Atomenergie in den USA auf dem Rückzug ist und sich dieser Trend rund um den Globus fortzusetzen droht.[33]

Selbst dort, wo unser Wissenssystem und unsere designierten Experten nicht an der Speerspitze der Bewegung zur Abschaffung der Atomenergie stehen, legen sie bei diesem Thema eine schockierende Gleichgültigkeit an den Tag. Wertschätzt ein Wissenssystem Energie, lehnt aufgrund extremer Besorgnis angesichts der CO_2-Werte aber fossile Brennstoffe ab, müsste es eigentlich ständig Besorgnis über die Folgen äußern, welche eine Abschaffung von Atomenergie für die Menschen bedeutet, und zwar sowohl für jene, denen es an kostengünstiger Energie mangelt, als auch jene, die in ihren Genuss kommen. Doch nichts dergleichen ist zu beobachten.

Die Ausnahme von der Regel ist hier der designierte Klimaexperte James Hansen. Im Gegensatz zu praktisch allen anderen designierten Experten spricht er über Energiebedarf und macht sich für Atomstrom als absolut unerlässliche Alternative zu fossilen Brennstoffen stark.

Wiederholt hat Hansen Alarm geschlagen, was das Vorgehen der Atomgegner anbelangt, aber sein Einfluss auf das allgemeinere Wissenssystem und andere designierte Experten ist sehr gering.[34]

Warnt Hansen vor einem katastrophalen Klimawandel und fordert, rasch aus der Nutzung fossiler Brennstoffe auszusteigen, zeigt unser Wissenssystem großes Interesse. Weist er hingegen darauf hin, dass ein solcher Ausstieg ohne vehemente Unterstützung der Kernenergie Irrsinn ist, wird er kaum gehört.

Unterstützung für die Bemühungen, kostengünstige Wasserkraft abzuschaffen

Wasserkraft produziert nachweislich kostengünstig und zuverlässig Elektrizität, wobei der Mangel an passenden Standorten die Wachstumsmöglichkeiten einschränkt (siehe Kapitel 6). Dennoch besteht beträchtliches Wachstumspotenzial, und hätte die Senkung der CO_2-Emissionen tatsächlich die höchste Priorität, wäre man bestrebt, Wasserkraft so stark wie möglich zu nutzen.

Hinzu kommt, dass Wasserkraft zu den »erneuerbaren« Energien zählt, denn natürliche Quellen füllen Flüsse automatisch mit Wasser auf.

Trotz dieser Vorteile bleiben Wasserkraft-Großprojekte, die einzig nennenswerte Form kostengünstiger Wasserkraft, in der »Erneuerbaren«-Energiepolitik zumeist außen vor. Wenn »grüne« Gruppen darum kämpfen, Dämme zu schließen, tun sie dies häufig mit der Zustimmung unseres Wissenssystems und ganz gewiss ohne jenen Widerstand, den man von einem Wissenssystem erwarten würde, dem Energie am Herzen liegt, das sich aber große Sorgen um die CO_2-Emissionen macht.

Ein denkwürdiges Beispiel war der Auftritt von Regisseur James Cameron, der 2010 in Brasilien gegen einen großen Wasserkraftdamm protestierte.[35] Cameron ist der Regisseur des Films *Avatar* (2009), einer kaum verhüllten Kritik an einer auf fossilen Brennstoffen basierenden Zivilisation und ihren Folgen für die Umwelt.

Unser Wissenssystem unterstützt die politischen Bestrebungen, Atomstrom und Wasserkraft zu eliminieren, und lässt dabei die enormen Vorteile außer Acht, die diese Energiequellen für die Reduzierung von CO_2-Emissionen haben. Das zeigt, dass unser Wissenssystem beileibe nicht nur das Problem hat, dass es für einen Ausstieg aus fossilen Brennstoffen eintritt, ohne deren Vorteile zu berücksichtigen. Und im Fall von Atom- und Wasserenergie kann man nicht mit der Sorge um CO_2-Emissionen argumentieren. Selbst wenn CO_2-Emissionen keine Rolle spielen, macht sich das Wissenssystem dafür stark, kostengünstige Formen der Energiegewinnung zu eliminieren und deren Nützlichkeit zu ignorieren. Dies legt nahe, dass es kostengünstige Energie, die für das menschliche Wohlergehen unerlässlich ist, überhaupt nicht schätzt.

»Grüner« Widerstand gegen Solar und Wind trifft auf Gleichgültigkeit

Auch wenn unser Wissenssystem den Ausstieg aus fossilen Brennstoffen sowie den Widerstand gegen Kernenergie und Wasserkraft unterstützt, sollte man meinen, dass es zumindest kostengünstiger Energie einen hohen Stellenwert beimisst. Immerhin zeigt es große Begeisterung über das Potenzial von Solar und Wind, obwohl sie in der Realität derzeit keinen besonderen Eindruck machen. Diese Annahme wird aber durch ein Phänomen widerlegt, welches es unmöglich macht, dass Solar- und Windenergie fossile Brennstoffe ersetzen, und zwar selbst dann, wenn diese auf magische Weise imstande wären, ultrakostengünstige Energie zu produzieren: Ich meine den weitverbreiteten Widerstand gegen Solar- und Windenergie im »grünen« Lager. Rein theoretisch unterstützt unser Wissenssystem Solar- und Windenergie, tatsächlich jedoch stoßen entsprechende Vorhaben in der Praxis häufig auf örtlichen Widerstand, denn für diese »grünen«, »erneuerbaren« Energieformen sind enorme Mengen an Rohstoff erforderlich, und sie nehmen gewaltigen Raum ein, der sonst Menschen oder Flora und Fauna zur Verfügung stünde. Außerdem benötigen sie in beispiellosem Ausmaß Langstrecken-Stromleitungen. In all diesen Bereichen regt sich Widerstand gegen die Solar- und Windenergie, und das erschwert ihre Entwicklung (zusätzlich zu ihrem Grundproblem mit der Kosteneffektivität). In einer Stadt nach der anderen und einem Land nach dem anderen bleiben der Rohstoffabbau, die Landnutzung und die Errichtung von Stromleitungen hinter der Planung zurück.

Doch angesichts dieser Opposition macht sich innerhalb unseres Wissenssystems und bei den designierten Experten keine Besorgnis breit. Und die Tatsache, dass der Rohstoffabbau, die Konstruktionsarbeiten und die Arbeit an Stromleitungen für die »grüne« Energie allesamt nur massiv verlangsamt vorankommen und so das verkündete Ziel, Energie aus fossilen Brennstoffen rasch zu ersetzen, unmöglich erreichbar ist, bringt den Widerstand des Wissenssystems gegen fossile Brennstoffe, Kernenergie und Wasserkraft kein bisschen ins Wanken.

Dass unser Wissenssystem einen Ausstieg aus fossilen Brennstoffen befürwortet und dabei die einzigartigen, gewaltigen und dringend benötigten Vorzüge fossiler Brennstoffe ausblendet, ist offenkundig kein vereinzelter Fehler, der sich auf die Sorge um die CO_2-Emissionen zurückführen lässt. Er ist nur ein Beispiel dafür, dass unser Wissenssystem unabhängig von CO_2-Emissionen kostengünstige Energie generell ablehnt und dabei den erheblichen, lebensentscheidenden Benefit einer Energieform ignoriert, die für Milliarden von Menschen wegfiele beziehungsweise ihnen vorenthalten bliebe.

Da es in der Tat undenkbar ist, dass unserem Wissenssystem der Wert dieser Energie in einem solchen Ausmaß entgeht, ist davon auszugehen, dass wir es hier mit einer Art systemischer Feindseligkeit gegenüber kostengünstiger Energie als solcher zu tun haben. Kostengünstige Energie muss etwas an sich haben, das unser Wissenssystem durchgängig dazu bringt, ihren außerordentlichen Nutzen für das menschliche Wohlergehen als vergleichsweise unbedeutend zu betrachten. (Meine Theorie dazu, worum es sich handelt, stelle ich in Kapitel 3 vor.)

Energieexperten werden ignoriert

Ein weiterer Beleg dafür, dass unser Wissenssystem kostengünstiger Energie als solcher feindselig gegenübersteht, ist die Auswahl der designierten Experten. Achten Sie einmal darauf: Bei unseren führenden designierten Experten in der Frage, wie wir mit fossilen Brennstoffen umgehen sollten, handelt es sich fast ausschließlich um Personen, die keine Energie-, sondern sogenannte Umweltexperten sind, sich also um die negativen Auswirkungen der Energie auf die Umwelt kümmern.

(Ich sage sogenannte Umweltexperten, weil für mich, wie ich im nächsten Kapitel erklären werde, jemand erst dann ein Umweltexperte ist, wenn er die erheblichen die Umwelt *verbessernden* Vorzüge kostengünstiger Energie anerkennt, und das tun unsere designierten Umweltexperten nicht.)

Wenn es um die Ausrichtung der Politik in Sachen fossile Brennstoffe geht, ist ein ausgesprochen beliebter Slogan »Hört auf die Wissenschaftler« oder »Hört auf die Klimawissenschaftler«. Dies bedeutet: »Hört auf das, was die (designierten) Experten über die negativen Auswirkungen fossiler Brennstoffe zu sagen haben.« Und wie steht es mit den Experten, die sich zu den immensen lebensentscheidenden Vorzügen fossiler Brennstoffe äußern?

Diese Experten sind uninteressant, denn für unser Wissenssystem spielt kostengünstige Energie keine Rolle. Es kommt nur auf die Nebenwirkungen an.

Das habe ich am eigenen Leib erlebt, als ich 2016 vor dem Senatsausschuss für Umwelt und öffentliche Arbeiten aussagte und Barbara Boxer auftrat, als hätte meine Person für die Anhörung keinerlei Relevanz:

> **Senatorin Barbara Boxer:** *Herr Epstein, sind Sie Wissenschaftler?*
> **Alex Epstein:** *Nein, Philosoph.*
> **Senatorin Barbara Boxer:** *Sie sind Philosoph?*
> **Alex Epstein:** *Ja.*
> **Senatorin Barbara Boxer:** *Okay. Nun, wir sind hier im Senatsausschuss für Umwelt und öffentliche Arbeiten. Ich finde es interessant, dass wir hier einen Philosophen haben, der über ein Thema spricht …*
> **Alex Epstein:** *Es geht darum, Ihnen beizubringen, klarer zu denken.*

Achten Sie auf Barbara Boxers Frage: »Herr Epstein, sind Sie Wissenschaftler?« Die Anhörung drehte sich um das Thema Energiepolitik. Und auch wenn ich in meiner Antwort betonte, dass ich Philosoph bin und daher ein Fachmann für Denkmethoden, war ich als Energieexperte eingeladen worden, der eines der einflussreichsten und meistverkauften Bücher des Jahrzehnts zum Thema Energie geschrieben hat. Doch für Boxer war Energiefachwissen nicht von Bedeutung. Wir sollten uns bloß Expertenmeinungen über die negativen Auswirkungen fossiler Brennstoffe auf die Umwelt anhören.

Ein Wissenssystem, das systematisch die Vorzüge kostengünstiger Energie ignoriert – und zwar so sehr, dass es immer einen Grund finden kann, diese Art von Energie abzulehnen – und das Energiefachwissen übergeht, ist ein defektes und gefährliches Wissenssystem. Es könnte uns zu Entscheidungen verleiten, die in der Tat schrecklich sind.

Ein defektes Wissenssystem

Fassen wir noch einmal zusammen. Zunächst erfahren wir, dass die »Experten« zu dem Schluss gekommen sind, dass wir rasch aus der Nutzung fossiler Brennstoffe aussteigen sollten, was sehr überzeugend und vertrauenswürdig klingt.

Erkennen wir jedoch, dass das Wissenssystem, das uns diese Schlussfolgerung vorlegt, nicht nur fossile Brennstoffe eliminieren will, sondern mit Atomenergie und Wasserkraft auch zwei Energieformen, die kein CO_2 ausstoßen, und dass es ignoriert, wie viel Widerstand sich bei den »Grünen« gegen die angeblich so beliebte Solar- und Windenergie regt, und dass es ohne Rücksicht auf die Milliarden von Menschen argumentiert, denen es entweder an kostengünstiger Energie mangelt oder die diese Energie verlieren könnten, dann wird klar, dass das, was uns als Meinung der »Experten« verkauft wird, ausgesprochen falsch ist.

Sie ist nicht deshalb falsch, weil alle Forscher falschliegen – ganz im Gegenteil –, sondern weil die Personen, die unser Wissenssystem als Experten designiert, genauso wie das Wissenssystem selbst, eine unvertretbare Evaluationsmethode verwenden: Wegen der Nebenwirkungen fordern sie, etwas abzuschaffen, ohne die erheblichen lebensentscheidenden Vorzüge in Betracht zu ziehen.

Lassen Sie mich eines in aller Deutlichkeit sagen: Wir haben uns selbstverständlich mit den negativen Auswirkungen zu beschäftigen, die fossilen Brennstoffen zugeschrieben werden, also mit der Zunahme von Hitzewellen, Dürren, Flächenbränden und dergleichen. Wenn es verkehrt ist, dass unser Wissenssystem die Vorzüge fossiler Brennstoffe ignoriert, wäre es ebenso verkehrt, wenn ich oder irgendjemand anderes deren Nebenwirkungen ignorierte – insbesondere jene, die am besorgniserregendsten sind, also die CO_2-Emissionen.

Doch wir können keine guten politischen Entscheidungen über diese Nebenwirkungen fällen, solange wir nicht wissen, welche Vorteile wir durch eine Abschaffung einbüßen würden – Vorteile wie bezahlbare Lebensmittel, Kleidung, Unterkunft und medizinische Versorgung, wie sie die ultrakostengünstige Energie aus fossilen Brennstoffen ermöglicht.

Ein Wissenssystem, das sich dafür einsetzt, kostengünstige Energiequellen abzuschaffen, sich aber ausschließlich auf die Nebenwirkungen fokussiert und die Vorzüge ignoriert, ist ein marodes Wissenssystem – selbst dann, wenn es mit den Nebenwirkungen recht hat.

Dasselbe gilt für ein Wissenssystem, das sich für die Abschaffung von Impfstoffen und Antibiotika einsetzt, nur weil sie Nebenwirkungen haben, und dabei die profunden und heilenden Vorzüge von Impfungen außen vor lässt. Auch wenn es mit den Nebenwirkungen richtigliegt, ist es ein defizientes Wissenssystem, was die Bewertung von Impfstoffen und Antibiotika anbelangt.

Dies wirft die Frage auf: Wenn unser Wissenssystem dermaßen falschliegt, was den Nutzen von fossilen Brennstoffen anbelangt, könnte es sich nicht auch in den angeblich katastrophalen Folgen irren, die fossile Brennstoffe für das Klima haben?

Es mag kaum zu glauben sein, doch wir haben bereits mindestens zwei Gründe, die diese Vermutung untermauern:

1. Unser Wissenssystem könnte unsere Fähigkeit dramatisch unterschätzen, mithilfe der kostengünstigen Energie aus fossilen Brennstoffen deren Nebenwirkungen auf das Klima zu meistern.
2. Unser Wissenssystem steht kostengünstiger Energie offenkundig feindselig gegenüber. Dies könnte dazu führen, dass es die negativen Auswirkungen fossiler Brennstoffe übertreibt.

Unser Wissenssystem könnte unsere Fähigkeit dramatisch unterschätzen, mithilfe der kostengünstigen Energie aus fossilen Brennstoffen deren Nebenwirkungen auf das Klima zu meistern

Kostengünstige Energie macht es möglich, dass Maschinen unser Leben in jedem einzelnen Bereich verbessern helfen. Dazu gehört auch der Klimaschutz.

Dass wir die negativen Nebenwirkungen, die fossilen Brennstoffen zugeschrieben werden, unbedingt untersuchen und abwägen müssen, sagte ich bereits. Genauso müssen wir aber auch anerkennen, dass kostengünstige Energie aus fossilen Brennstoffen über das Potenzial verfügt, diese Nebenwirkungen zumindest auf signifikante Weise zu neutralisieren. Fossile Brennstoffe lassen sich dazu verwenden, isolierte, hitzeresistente Gebäude zu bauen, Klimaanlagen und Bewässerungssysteme zur Bekämpfung von Dürren zu betreiben, Unterholz auszudünnen und Barrieren gegen Flächenbrände zu errichten und so weiter und so fort.

Ignoriert unser Wissenssystem die Vorzüge fossiler Brennstoffe insgesamt, so könnten ihm auch die beträchtlichen Vorzüge entgehen, die fossile Brennstoffe beim Schutz vor menschengemachten ebenso wie natürlichen Klimagefahren bieten. Und dies könnte wiederum bedeuten, dass das Wissenssystem die negativen Konsequenzen, die die Nutzung fossiler Brennstoffe auf das Klima hat, dramatisch überschätzt.

Dass unser Wissenssystem kostengünstiger Energie offenkundig feindselig gegenübersteht, könnte dazu führen, dass es die Nebenwirkungen fossiler Brennstoffe übertreibt

Grundsätzlich gilt: Wenn Menschen eine Sache ablehnen, ohne deren Vorzüge anzuerkennen, spiegelt das eine Feindseligkeit wider, die sie dazu verleitet, die negativen Aspekte zu übertreiben. Räumen beispielsweise Impfgegner nicht ein, wie viele Leben durch Impfungen gerettet wurden, sondern konzentrieren sich nur auf die vermeintlich furchtbaren Nebenwirkungen, weckt das bei mir Zweifel an ihrer Darstellung dieser Nebenwirkungen.

Derselbe Argwohn ist gerechtfertigt, wenn ein Wissenssystem die immensen lebensentscheidenden Vorzüge fossiler Brennstoffe ignoriert und sich nur auf deren angeblich schlimme Nebenwirkungen versteift. Dies gilt umso mehr, wenn man weiß, dass dasselbe System Atomenergie und Wasserkraft ablehnt und der Revolte gegen die Solar- und Windkraft gleichgültig gegenübersteht, welche die angekündigten Solar- und Windkraftpläne durchkreuzt.

Welche grundsätzliche Feindseligkeit gegenüber kostengünstiger Energie unser Wissenssystem auch immer dazu bewegen mag, unerschütterlich die Abschaffung dieser Energie zu fördern und ihre Vorzüge zu ignorieren, sie könnte leicht dazu führen, dass es die Nebenwirkungen fossiler Brennstoffe übertreibt – auch, was deren klimatische Konsequenzen anbelangt.

Aber könnte es tatsächlich so falschliegen, wie ich zu Beginn des Buches behauptet habe? So falsch, dass wir in Wirklichkeit *mehr* fossile Brennstoffe nutzen sollten und dass Sie sich für fossile Brennstoffe stark machen sollten?

Das klingt immer noch verrückt, nicht wahr?

Doch das könnte sich mit dem ändern, was ich Ihnen im nächsten Kapitel eröffnen werde, denn es ist nicht nur so, dass unser Wissenssystem die enormen und tiefgreifenden Vorzüge kostengünstiger Energie ignoriert. Nein, unser Wissenssystem bläht auch seit 50 Jahren die Nebenwirkungen zu Katastrophen auf – unter anderem dadurch, dass es den Stand der relevanten Forschung falsch wiedergibt.

2

Die Nebenwirkungen zur Katastrophe hochspielen

Die tatsächliche Erfolgsbilanz unseres Wissenssystems zum Klima: um 180 Grad daneben

Lassen Sie uns rekapitulieren.

Das »Wissenssystem«, von dem wir fachkundige Richtlinien im Umgang mit fossilen Brennstoffen erwarten, ist defekt.

Es verfolgt eine unhaltbare Bewertungsmethode, die den raschen Ausstieg aus fossilen Brennstoffen fordert, sich aber ausschließlich auf deren negative Auswirkungen konzentriert und die erheblichen lebensentscheidenden Vorzüge ignoriert, die die einmalig kostengünstigen fossilen Brennstoffe bereits Milliarden Menschen bieten und weiteren Milliarden Menschen, die dringend kostengünstige Energie benötigen, bieten könnten.

Der Umstand, dass es Maßnahmen zur Abschaffung von kostengünstiger, emissionsloser Atomenergie und Wasserkraft unterstützt, ohne deren massiven Nutzen anzuerkennen, und ihm der weitverbreitete Widerstand gegen Sonnen- und Windenergie egal ist, spricht für eine systemische Feindseligkeit gegenüber kostengünstiger Energie insgesamt. All dies gibt uns Grund zu der Annahme, dass uns dieses Wissenssystem nicht nur furchtbar schlecht berät, sondern dass es möglicherweise auch die vermeintlich katastrophalen Nebenwirkungen fossiler Brennstoffe auf das Klima deutlich übertreibt. Denn:

1. Wenn ein Wissenssystem sämtliche Vorzüge fossiler Brennstoffe ignoriert, ignoriert es auch die Fähigkeit fossiler Brennstoffe, durch CO_2-Emissionen verursachte Gefahren für das Klima signifikant zu neutralisieren. So ließen sich Hitzewellen durch Klimaanlagen, Dürren durch Bewässerungssysteme sowie Nahrungstransporte und Stürme mithilfe widerstandsfähiger Gebäude neutralisieren – und so weiter. All dies sind Vorrichtungen, die mit fossilen Brennstoffen betrieben werden.
2. Ein Wissenssystem, das kostengünstiger Energie insgesamt feindselig gegenübersteht, wird motiviert sein, deren negative Auswirkungen zu übertreiben.

Wie erkennen wir, ob und in welchem Umfang unser Wissenssystem die Nebenwirkungen fossiler Brennstoffe für das Klima verzerrt?

Das ist schwer zu beantworten, denn der Großteil der Behauptungen, die es zum Klima aufstellt, beruht auf *Prognosen*.

Wie in Kapitel 1 bereits angedeutet, gibt es umfangreiche Belege dafür, dass die Multiplikatoren in unserem Wissenssystem verzerren, was der Weltklimarat der Vereinten Nationen über die bisherigen Auswirkungen fossiler Brennstoffe auf das Klima sagt. Doch die meisten Sorgen um das Klima bereiten die Prognosen zu katastrophalen Ereignissen, die in naher Zukunft eintreten sollen.

Solche Prognosen beruhen zwingend auf sehr komplexen wissenschaftlichen Überlegungen und Berechnungsmodellen, die für Nichtwissenschaftler nur schwer zugänglich sind. Hören wir beispielsweise, die Klimamodelle würden für die nächsten 80 Jahre eine Erwärmung um 4 Grad Celsius vorhersagen, wenn wir fossile Brennstoffe in demselben Ausmaß nutzen wie bisher, und dies würde zu beispiellosen Dürren führen, zu Waldbränden, Stürmen und einem Massenaussterben der Arten, wie können wir abschätzen, ob derlei Behauptungen auf den bestmöglichen Kenntnissen und Überlegungen beruhen?

Welches Klima unser Wissenssystem für die Zukunft prognostiziert zu überprüfen ist schwer. Viel einfacher und ausgesprochen informativ hingegen ist es, sich anzusehen, wie erfolgreich die Bilanz unseres Wissenssystem und seiner designierten Experten bei der Klimavorhersage bisher gewesen ist.

Die Erfolgsbilanz einer Institution oder einer Person sagt viel darüber aus, wie gut ihre Denkansätze und vor allem ihre Prognosen sind, und ob sie es verdienen, dass man sich auf sie verlässt.

Laut unserem Wissenssystem selbst ist ihre Klimaerfolgsbilanz herausragend.

Wissens-Multiplikatoren wie die *New York Times*, die *Washington Post* und die Abteilung für Öffentlichkeitsarbeit der Vereinten Nationen gratulieren sich selbst dafür, mit dem katastrophalen Klimawandel recht behalten zu haben, auch wenn sie ein wenig zu konservativ waren. Deswegen hört man auch immer wieder den Refrain: »Klimawandel ist schlimmer, als wir dachten.«

Ausgewiesene Experten wie Bill McKibben, Al Gore und James Hansen werden als »Klimapropheten« dargestellt, wie etwa Senator Edward Markey über Hansen sagte. Sie haben die heutige Klimasituation nicht nur treffend vorhergesagt, sondern waren sogar noch zu optimistisch. Insofern könne man ihnen trauen, wenn sie uns erklären, dass fossile Brennstoffe Auslöser eines immer schlimmer werdenden Klimanotfalls sind, der extremes Handeln erfordert.

Wenn irgendetwas davon zutreffen würde, würden die heutigen Prognosen einer Klimakatastrophe sehr stark an Glaubwürdigkeit gewinnen.

Untersucht man aber die Klimaerfolgsbilanz unseres Wissenssystems, so zeigt sich: Das System hatte nicht nur unrecht, es lag *um 180 Grad daneben.*

Will man die tatsächliche Erfolgsbilanz unseres Wissenssystems und der designierten Experten begreifen, muss man verstehen, wie sich das Klima in der jüngeren Vergangenheit entwickelt hat. Auf diese Weise können wir erkennen, wie sich Prognosen dieser Experten zur Realität verhalten.

Seit 1980, als viele von ihnen begannen, Vorhersagen zur Erwärmung abzugeben, belief sich die durchschnittliche Erwärmung laut Mainstream-Klimaagenturen auf schätzungsweise 0,18 Grad Celsius pro Jahrzehnt.[1] (Interessanterweise korrelieren die steigenden CO_2-Werte zwischen 1940 und 1980 mit sinkenden Temperaturen. Davor gab es eine beträchtliche Erwärmung bei sehr wenig CO_2-Ausstoß. Wie das möglich ist, erkläre ich in Teil 3 dieses Buches.)

Bedenkt man, welchen Ruf unsere ausgewiesenen Experten genießen und wie vorausschauend beziehungsweise konservativ sie in ihren Prognosen gewesen sein sollen, sollte man erwarten, dass sie etwas in der Größenordnung von 0,18 Grad Celsius pro Jahrzehnt für die vergangenen Jahrzehnte vorhergesagt haben.

Sieht man sich allerdings die öffentlichen Prognosen altgedienter Vertreter unter ihnen an, so stellt man fest, dass sie auf schockierende Weise danebenlagen.

Nehmen wir beispielsweise James Hansen, den wohl einflussreichsten designierten Experten in Sachen Klimawissenschaften.

1986 schrieb die *New York Times* über eine seiner Prognosen:

> *Dr. James E. Hansen vom Institute for Space Studies des Goddard Space Flight Center sagte, Forschungsergebnisse seines Instituts würden zeigen, dass die globalen Temperaturen zu Beginn des nächsten Jahrhunderts ansteigen würden, und zwar aufgrund des »Treibhauseffekts«, der entsteht, wenn Gase Hitze daran hindern, die Erdatmosphäre zu verlassen.*
>
> *Bleiben die aktuellen Trends unverändert, würden die durchschnittlichen Temperaturen nach Hansens Erkenntnissen zwischen 1990 und 2000 weltweit um 0,5 bis 1 Grad Fahrenheit [0,28 bis 0,56 Grad Celsius] steigen. Hansen sagte, im darauffolgenden Jahrzehnt würden die globalen Temperaturen um weitere 2–4 Grad [1,11–2,22 Grad Celsius] ansteigen.*[2]

Es folgt eine Tabelle, die Hansens veröffentlichte Prognose der Realität gegenüberstellt. Sie beruht auf Daten der NASA-Abteilung, die er jahrzehntelang leitete. Hansen sagte für die 1990er-Jahre eine Veränderung von 0,5–1 Grad Fahrenheit (0,28–0,56 Grad Celsius) voraus. Tatsächlich waren es 0,12 Grad Celsius, er lag also um den Faktor 2–4 daneben. Für die 2000er-Jahre kündigte Hansen eine Veränderung von 1–2 Grad Celsius an, doch es waren 0,19 Grad Celsius. Seine Prognose war um den Faktor 5–10 zu hoch angesetzt![3]

Abbildung 2.1: James Hansens Prognose versus Realität

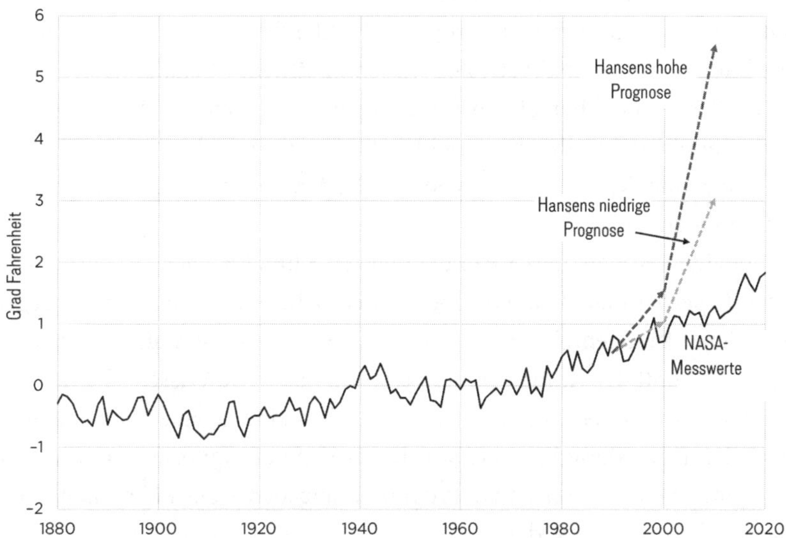

***Quellen: Nasa Goddard Institute for Space Studies; Philip Shabecoff,* The New York Times**

Oder nehmen wir die Vereinten Nationen, den Sitz des renommierten Weltklimarats (IPCC), der am Umweltprogramm der Vereinten Nationen (UNEP) teilnimmt.

Sprecher der UNO machen derzeit Schlagzeilen, wenn sie erklären: »Uns bleibt nur wenig mehr als ein Jahrzehnt, um zu verhindern, dass der Klimawandel irreversible Schäden anrichtet.«[4] Ihnen zufolge müssen wir uns rasch von fossilen Brennstoffen verabschieden, sonst droht eine Katastrophe. Doch sie fügen nicht hinzu, dass sie vergleichbar apokalyptische Behauptungen bereits seit vielen Jahrzehnten verbreiten.

1989 beispielsweise brachte die Nachrichtenagentur Associated Press Klimaprognosen von Noel Brown, dem Leiter des New Yorker UNEP-Büros. Darin hieß es unter anderem: »Steigende Meeresspiegel könnten ganze Nationen vom Erdboden hinwegspülen, wenn der Trend der globalen Erwärmung bis zum Jahr 2000 nicht umgekehrt wird.« Und: »Die konservativsten Schätzungen der

Wissenschaft« besagen, dass »die Temperatur der Erde innerhalb der nächsten 30 Jahre um 1–7 Grad steigen wird«.[5]

Seit Browns »konservativer« Prognose hat der Temperaturanstieg kaum das untere Ende seiner »konservativsten wissenschaftlichen Schätzungen« erreicht. Und seit 2000 sind über 20 Jahre vergangen, in denen die Nutzung fossiler Brennstoffe ein Rekordhoch erreicht hat, aber davon, dass »ganze Nationen durch steigende Meeresspiegel vom Erdboden hinweggespült werden«, ist nichts zu sehen.

Ich möchte betonen, dass nicht die meisten Klimaforscher, sondern die *designierten Experten* maßlos übertriebene öffentliche Klimaprognosen abgegeben haben – jene Personen also, auf die sich das Wissenssystem als Sprachrohr für die gesamte Zunft der Klimaforscher verlassen hat. Viele Wissenschaftler machten treffendere Voraussagen oder erklärten, dass eine genaue Voraussage nicht möglich sei. Doch diese Forscher wurden größtenteils ignoriert, und man hielt sich an jene, die extrem negative Prognosen abgaben – ein Phänomen, das wir immer wieder erleben werden.

Nun könnte man meinen: Selbst wenn die Erwärmung deutlich weniger zugenommen hat, als es die designierten Experten öffentlich vorhergesagt haben, lagen sie nicht richtig oder waren sogar zu konservativ in dem, was sie über das Ausmaß der Klimagefährdung sagten, die uns infolge der Erwärmung droht? Schließlich hören wir in den Nachrichten doch ständig, dass Hitzewellen, Dürren, Hochwasser, Stürme und Flächenbrände schlimmer als erwartet ausfallen.

Tatsächlich wirken die Temperaturprognosen wie Volltreffer, vergleicht man sie mit den Vorhersagen unserer designierten Experten über die Verwüstungen, die das Klima anrichtet.

Besonders fatal war die Vorhersage von John Holdren, dem späteren wissenschaftlichen Chefberater von US-Präsident Barack Obama, den sein enger Mitarbeiter Paul R. Ehrlich 1986 zitiert: »Der Physiker John Holdren von der University of California hat erklärt, bis zum Jahr 2020 könnten durch Kohlendioxid ausgelöste Hungersnöte bis zu einer Milliarde Menschen umbringen.«[6]

Unser Wissenssystem vermittelt ständig den Eindruck, dass das Klima immer gefährlicher wird. Als ich mich erstmals mit dem Thema befasste, wusste ich also, dass Holden mit seiner Prognose weit über das Ziel hinausgeschossen war, dachte aber, sie gehe zumindest in die richtige Richtung.

Die Zahl der Klimatoten *musste* einfach steigen.

Doch dann erfuhr ich etwas, das meine Perspektive völlig umkrempelte. Bereits in der Frühphase meiner Recherchen zu fossilen Brennstoffen hatte ich das Glück, auf eine unparteiische internationale Datenbank zu stoßen, die International Disaster Database, in der Angaben zu Desastern und deren Folgen gesammelt werden. Aufgeführt sind auch klimabezogene Katastrophen wie Dürren, Überflutungen, Stürme und Temperaturextreme – all die Phänomene, die angeblich immer schlimmer werden.[7]

Die Information, die mich umgehauen hat, ist folgende: Während in den vergangenen 100 Jahren die CO_2-Emissionen rascher denn je gestiegen sind, ist die Zahl der Klimatoten um unfassbare 98 Prozent *gesunken*.[8] Das bedeutet, die Wahrscheinlichkeit an etwas zu sterben, das mit dem Klima zu tun hat, ist heute 50-mal geringer als in den 1920er-Jahren.

Abbildung 2.2: Zunehmende Nutzung fossiler Brennstoffe, stark abnehmende Anzahl von Toten infolge von Klimakatastrophen

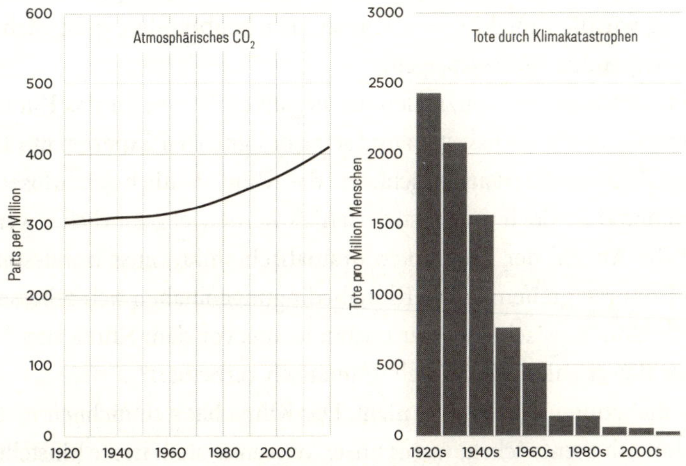

Quellen: Scripps Institution of Oceanography; EM-DAT; World Bank Data; Maddison Project Database

Als ich diese Statistik das erste Mal sah, dachte ich, das wäre unmöglich. Nachdem ich die Daten aber wiederholt überprüft hatte, stellte ich fest, dass es stimmte: Der Anteil der Toten infolge von Klimakatastrophen ist in den vergangenen 100 Jahren um 98 Prozent gefallen. Das bedeutet, dass unser Wissenssystem nicht nur die erheblichen lebensentscheidenden Vorzüge fossiler Brennstoffe ignoriert, sondern überdies um 180 Grad danebenlag, was die vermeintlich katastrophalen Nebenwirkungen von Klimagefahren anbelangt: Sie sind in Wirklichkeit dramatisch zurückgegangen.

Wie konnte unser Wissenssystem hinsichtlich des Klimas dermaßen falschliegen?

Der Fehler beim Hochspielen zur Katastrophe

Wenn es darum geht, warum unser Wissenssystem so falschlag, was die Prognosen zu Klimakatastrophen anbelangt, so bestand ein Fehler darin, Personen als Experten zu designieren, die negative Auswirkungen fossiler Brennstoffe maßlos überschätzten – sei es den Temperaturanstieg oder die negativen Folgen der Erwärmung wie die Zunahme von Dürren, Flächenbränden, gefährlichen Stürmen und steigenden Meeresspiegeln.

Aber übertriebenes Schwarzmalen der negativen Folgen für das Klima erklärt nicht, warum unser Wissenssystem und seine designierten Experten um 180 Grad falschlagen. Und es erklärt auch nicht, wie das Klima deutlich gefahrloser werden konnte, während sie doch prognostizierten, es werde viel gefährlicher werden.

Damit die Anzahl der Klimatoten dramatisch sinkt, muss mindestens einer von zwei Faktoren greifen: 1) Die Klimabedingungen haben sich gebessert, und/oder 2) wir sind inzwischen besser imstande, uns vor dem Klima zu schützen.

Welcher dieser Faktoren hat sich dramatisch verbessert?

Die Klimabedingungen sind es nicht. Das Klima hat sich nicht einmal ansatzweise so furchtbar entwickelt, wie es unser Wissenssystem heute hinstellt. Hypothetisch könnten sich die Bedingungen sogar etwas verbessert haben (an vielen

Orten ist eine Erwärmung wünschenswert, außerdem trägt CO_2 zum Pflanzenwachstum bei), aber beim Klima hätte nichts passieren können, was erklärt, warum wir heute 50-mal sicherer vor den Klimagefahren sind.

Es muss also eine erhebliche Veränderung unserer Fähigkeiten gegeben haben, uns vor Klimagefahren wie Temperaturextremen, Dürren, Stürmen, Hochwasser und Waldbränden zu schützen.

Wie sind wir so gut darin geworden, uns vor dem Klima zu schützen? Größtenteils dadurch, dass wir mit fossilen Brennstoffen betriebene Maschinen für uns arbeiten ließen.

Wir verwenden Baumaschinen, die mit fossilen Brennstoffen betrieben werden, um stabile Gebäude zu errichten. Wir verwenden Heizvorrichtungen, die mit fossilen Brennstoffen betrieben werden, um Wärme zu produzieren, wenn es kalt ist, und Kälteapparaturen, die mit fossilen Brennstoffen betrieben werden, um kalte Luft zu produzieren, wenn es heiß ist. Wir nutzen Bewässerungsmaschinen, die mit fossilen Brennstoffen betrieben werden, um Dürren zu lindern.

Um das Verhältnis zwischen fossilen Brennstoffen und unserem Klimaschutz in einem Satz zusammenzufassen: Ultrakostengünstige Energie aus fossilen Brennstoffen treibt jene Maschinen an, die für beispiellosen Schutz vor dem Klima sorgen.

Maschinenarbeit aus fossilen Brennstoffen gewährt uns viel mehr Sicherheit vor dem Klima. Und dies wirkt sich gewaltig darauf aus, wie wir über die Nebenwirkungen fossiler Brennstoffe und anderer Energieformen auf die Umwelt denken.

Üblicherweise lehrt man uns: Worin auch immer die Vorzüge fossiler Brennstoffe oder anderer Formen von Energie bestehen mögen, sie gehen stets zulasten unserer Umweltsicherheit und Gesundheit.

Aber die Geschichte der Klimasicherheit zeigt, dass uns Maschinenarbeit aus fossilen Brennstoffen vor dem Klima zunehmenden Schutz gewährt – ein Phänomen, das ich als »Klimabeherrschung« bezeichne. (Der häufig verwendete Begriff »Anpassung« wird weder dem gerecht, was hier tatsächlich geleistet wird, noch dem Ausmaß, in dem diese Leistung von kostengünstiger Energie abhängt.) Wie wir sehen werden, ermöglicht Maschinenarbeit aus fossilen Brennstoffen andere

Wege der Umweltbeherrschung; beispielsweise vermag sie naturgegeben schmutziges Wasser in widernatürlich sauberes Wasser zu verwandeln.

Will man die Auswirkungen fossiler Brennstoffe auf Klimagefahren bewerten, gehören dazu unabdingbar: 1) eine präzise, unverzerrte Darstellung der Nebenwirkungen, die CO_2 auf Klimabedingungen hat, *und* 2) die Vorzüge der Klimabeherrschung, die viele Formen der Klimagefahren neutralisieren und bewältigen können.

Dass unsere designierten Experten hinsichtlich der Klimagefahren um 180 Grad danebenlagen, liegt daran, dass sie genau gegenteilig vorgegangen sind. Sie haben 1) die negativen Nebenwirkungen fossiler Brennstoffe auf das Klima als Katastrophe dargestellt und 2) ignoriert, welche Vorzüge für die Klimabeherrschung mit fossilen Brennstoffen einhergehen.

Beim Klima haben unsere designierten Experten einen Fehler begangen, den ich »Katastrophisieren« – zur Katastrophe hochspielen – nenne. Damit meine ich, fälschlich Katastrophen heraufzubeschwören, indem man negative Auswirkungen einer menschlichen Aktivität massiv übertreibt und gleichzeitig die Fähigkeit der Menschen ignoriert, diese Nebenwirkungen zu meistern und zurückzudrängen. Beim Klima sehen wir, dass dieses »Katastrophisieren« die Realität so stark verzerren kann, dass kluge Menschen Katastrophen prognostizieren (siehe John Holdrens Prognose von bis zu einer Milliarde Klimatoten), obwohl sich in Wirklichkeit die Lebensumstände verbessern (die Zahl der Klimatoten bricht auch deshalb enorm ein, weil dank fossiler Brennstoffe das Klima beherrscht wird).

Ich möchte noch einmal betonen, dass es keineswegs alle Wissenschaftler waren, sondern unsere designierten Experten, die die Nebenwirkungen fossiler Brennstoffe auf das Klima massiv übertrieben haben. Die Lehre daraus lautet nicht, dass man Klimawissenschaftlern nicht trauen kann, sondern dass unser Wissenssystem dazu neigt, beim Festlegen von Experten »Katastrophisierer« zu bevorzugen, die viel heftigere Nebenwirkungen prognostizieren als die meisten Wissenschaftler und die die Fähigkeit der Menschen ignorieren, diese Nebenwirkungen (mithilfe fossiler Brennstoffe) zu meistern.

Wenn Experten heutzutage behaupten, eine Katastrophe stehe bevor, handelt es sich da erneut um »Katastrophisieren«?

Wir wissen, dass unser Wissenssystem die Vorzüge kostengünstiger Energie beständig ignoriert und dazu neigt, Nebenwirkungen auf das Klima hochzustilisieren. Insofern sollte die Antwort auf die Frage vermutlich »Ja« lauten.

Wenn wir un darüber hinaus anschauen, wie unser Wissenssystem in der Vergangenheit mit dem Thema Klima und anderen Nebenwirkungen kostengünstiger Energie für die Umwelt umgegangen ist, stellen wir fest: Genauso konsequent, wie unser Wissenssystem die Vorzüge kostengünstiger Energie ignoriert, übertreibt es die Nebenwirkungen kostengünstiger Energie.

»Experten« sagen eine katastrophale globale Abkühlung vorher

Bevor unser Wissenssystem der Öffentlichkeit erklärte, die »Experten« würden eine rasche, katastrophale globale Erwärmung vorhersagen, hatte es der Öffentlichkeit erklärt, die Experten würden eine katastrophale globale Abkühlung vorhersagen.

Populär wurde diese Behauptung Ende der 1960er-Jahre bis in die 1970er-Jahre hinein, als die Welt trotz steigender CO_2-Werte aufgrund anderer Klimavariablen abkühlte. Sieht man sich die Bilanz unseres Wissenssystems an, stößt man auf zahlreiche mit Überzeugung abgegebene Prognosen, eine globale Abkühlung mit verheerenden Folgen stehe bevor. Diese Prognosen stammten von designierten Experten (darunter einige, die auch heute noch als solche agieren). So warnen Ehrlich und Holdren in ihrem Buch *Global Ecology* davor, wegen der Luftverschmutzung in Städten (Rauch, Aerosole) und Landwirtschaft (Staub) sowie Vulkanasche könne weniger Licht in die Atmosphäre einfallen:

> *Dieses Schleier-Phänomen soll für den aktuellen Abkühlungstrend in der Welt verantwortlich sein. Luftverschmutzung blockiert den Lichteinfall, darüber hinaus drohen weitere Effekte, die diese Tendenz verstärken könnten. Schon ein 1-prozentiger Anstieg tiefer Wolkendecken würde*

> *die Oberflächentemperatur um 0,8 Grad Celsius senken. Möglicherweise befinden wir uns mitten in einem derartigen oder sogar noch stärkeren Bewölkungsanstieg.*[9]

Es ist inzwischen weitgehend anerkannt, dass die Prognosen einer raschen, katastrophalen globalen Abkühlung nicht nur falsch waren, sondern in keiner Weise der mehrheitlichen Ansicht der Klimaforscher entsprachen. Gleichwohl verbreiteten die Multiplikatoren des Mainstream-Wissenssystems vertrauenswürdige Prognosen einer Abkühlung, als würden diese von den besten Wissenschaftlern vertreten. Als Experten designierten sie »Katastrophisierer«, die nicht einmal ansatzweise für das standen, was die meisten, geschweige denn die besten Wissenschaftler dachten.

Nehmen wir das Beispiel des inzwischen verstorbenen Klimaforschers Stephen Schneider aus Stanford, der ebenso wie Holdren und Ehrlich als Experte für die katastrophale globale Erwärmung ausgewiesen wurde: In den 1970er-Jahren war er noch designierter Experte für die katastrophale globale Abkühlung gewesen.

Die *New York Times* porträtierte Schneider 1976 als »jungen Klimaforscher vom National Center for Atmospheric Research in Boulder, Colorado, der den Konsens der Gemeinde der Klimaforscher widerspiegelt«.

Und wie lautete dieser Konsens? Beachten Sie die Überzeugung, mit der die beiden folgenden Passagen vorgetragen werden:

> *Das Klima wird unzuverlässig werden. Es wird kalt werden. Ernteausfälle und regionale Hungersnöte werden häufiger vorkommen.*

Und:

> *Klimaforscher … können vorhersagen, mit welchen Durchschnittstemperaturen und mit welchen Extremen in den nächsten 10, 20, 30 Jahren zu rechnen ist. … Und sie sagen stärkere Schwankungen sowie einen Abkühlungstrend für die Nordhalbkugel voraus.*[10]

Die Ansichten von Ehrlich, Holdren und Schneider stehen in keiner Weise für das, was die meisten Klimaforscher, geschweige denn die kompetentesten unter ihnen dachten. Und dennoch verbreitete das Wissenssystem ihre katastrophalen Ankündigungen landauf, landab – häufig begleitet von der Behauptung, es handle sich um einen Konsens der Klimawissenschaftler.

Nachfolgend einige Behauptungen aus den 1970er-Jahren, vermeldet von denselben Medien, die uns heute vor einer katastrophalen globalen Erwärmung warnen:

- *The Guardian*, 1974: »Satellitenaufnahmen zeigen, dass eine neue Eiszeit rasch aufzieht.«[11]
- *Newsweek*, 1975: »Die sich abkühlende Welt«: »Klimatologen sind pessimistisch, dass die Politik positive Maßnahmen beschließen wird, die den Klimawandel kompensieren oder auch nur seine Auswirkungen abschwächen können.«[12]
- *The New York Times*, 1978: »Internationales Team von Spezialisten sieht kein Ende des 30-jährigen Abkühlungstrends in der nördlichen Hemisphäre.«[13]

Die Lektion aus der Panikmache um die globale Abkühlung ist dieselbe wie für die Prognosen eines Massensterbens durch globale Erwärmung: Unser Wissenssystem ist absolut in der Lage, »Katastrophisierer« fälschlicherweise als Sprachrohr sämtlicher Wissenschaftler auszuweisen, auch wenn diese ganz und gar nicht die Mehrheit der Forschenden repräsentieren. Würde es behaupten, die »Experten« würden derzeit einen Ausstieg aus fossilen Brennstoffen propagieren, um eine Klimakatastrophe abzuwenden, könnte es sich also genauso verhalten.

Unser Wissenssystem hat in der Vergangenheit die Katastrophe einer Abkühlung des Klimas und dann die einer Erwärmung des Klimas an die Wand gemalt. Das allein würde schon ausreichen, großes Misstrauen zu hegen, wenn es heute behauptet, wir stünden vor einer Erwärmung mit katastrophalen Folgen.

Sehen wir uns die Bilanz unseres Wissenssystems genauer an, was das Schwarzmalen einer globalen Abkühlung und einer globalen Erwärmung anbelangt, so stellen wir fest: Das System ist nicht nur *imstande*, die Nebenwirkungen fossiler

Brennstoffe hochzustilisieren und fälschlicherweise Schwarzmaler zum Sprachrohr sämtlicher Forscher zu küren, sondern hat auch eine *sehr starke Neigung*, dies zu tun.

Betrachtet man die Bilanz unseres Wissenssystems, was die Nebenwirkungen kostengünstiger Energie angeht, so sieht man, dass es eine Warnung vor desaströsen Nebenwirkungen kostengünstiger Energie nach der anderen herausgibt, ohne das Problem zuzugeben, geschweige denn es zu lösen.

In zwei weiteren Bereichen, in denen fossile Brennstoffe angeblich auf ein Desaster zusteuerten, sich die Lage in Wahrheit jedoch besserte, wurden die Nebenwirkungen fossiler Brennstoffe ebenfalls zur Katastrophe hochstilisiert: in der Verfügbarkeit von Ressourcen und der Umweltqualität.

Schwarzmalen der Ressourcen

Doch in seiner übertrieben negativen Sicht auf fossile Brennstoffe hat unser Wissenssystem nicht nur eine stolze Bilanz zu verzeichnen, wenn es um das Klima geht, sondern auch, was die Verfügbarkeit von Ressourcen anbelangt.

In den 1960er- und frühen 1970er-Jahren machten im Mainstream-Wissenssystem an prominenter Stelle Behauptungen die Runde, bei der Versorgung mit fossilen Brennstoffen drohe eine Katastrophe, weil die Bestände praktisch erschöpft seien. Die Unkenrufer wurden angeführt von dem Stanford-Ökologen Paul R. Ehrlich, einem der erfahrensten unter all diesen designierten Experten unseres Wissenssystems.

Das zentrale Argument der Bewegung lautete: Die Menschheit verbraucht sehr viele Ressourcen, was in erster Linie daran liegt, dass wir fossile Brennstoffe verwenden. So können wir deutlich mehr Ressourcen verbrauchen, als wir es sonst tun würden. Denn nach fossilen Ressourcen können wir schürfen, bohren und sie deutlich schneller transportieren, als wir es früher konnten. Unser gewaltiger Ressourcenkonsum ist nicht nachhaltig und wird rasch dazu führen, dass zahlreiche Ressourcen knapp werden – darunter auch die »nicht erneuerbaren«

fossilen Brennstoffe selbst. Das Resultat werden massenhaftes Leiden und Sterben sein.

In den späten 1960er- und frühen 1970er-Jahren verkündete Ehrlich, es drohe eine »Bevölkerungsbombe«, weil sich die Bodenschätze inklusive fossiler Brennstoffe erschöpfen würden, während gleichzeitig die Weltbevölkerung wachsen werde. Er sagte große Hungersnöte voraus, sofern die Regierungen nicht entschlossen handelten.

1971 sagte Ehrlich: »Im Jahr 2000 wird das Vereinigte Königreich nur eine kleine Gruppe verarmter Inseln sein, auf denen 70 Millionen hungrige Menschen leben.«[14] Und 1974 schrieb er: »Amerikas wirtschaftliche Spritztour ist vorüber – es ist Schluss mit billiger Energie und billigen Lebensmitteln im Überfluss.«[15]

Es mag unvorstellbar wirken, dass das Mainstream-Wissenssystem jemanden, der mit seinen Prognosen so offenkundig danebenlag, zu einem Experten erklärte, auf den wir hören sollten. Aber ich möchte betonen, dass Ehrlich nicht *irgendein* Fachmann war, sondern er war *der* Fachmann schlechthin für die negativen Auswirkungen der Nutzung fossiler Brennstoffe und des Massenkonsums.

Ehrlich war so populär und renommiert, dass ihn der beliebte amerikanische Moderator Johnny Carson mehr als ein Dutzend Mal in seine Late-Night-Show einlud und man ihn, wie ich in Kapitel 1 gezeigt habe, im Verlaufe seiner Karriere mit Ruhm und Ehre überschüttete.

Ein weiterer Experte, der damals eine katastrophale Erschöpfung der Ressourcen vorhersagte, war der Club of Rome, eine führende internationale Denkfabrik. 1972 veröffentlichte er seinen Bericht *Die Grenzen des Wachstums*, der sich in Buchform millionenfach verkaufte. Mithilfe der modernsten Computer der damaligen Zeit wurden für den Bericht Prognosen erstellt, laut denen die verfügbaren Reserven an Gold, Silber, Kupfer, Zink, Erdgas und Petroleum bei anhaltendem Wachstum (zu dem es gekommen ist) inzwischen eigentlich erschöpft sein müssten.[16]

Und was geschah tatsächlich?

Die Nutzung fossiler Brennstoffe und anderer Ressourcen mehrte sich, weshalb die Reserven ja noch rascher zu ihrem Ende hätten kommen müssen, insbesondere jene fossiler Brennstoffe. Tatsächlich jedoch ist die Verfügbarkeit fossiler Brennstoffe und anderer Ressourcen drastisch angestiegen.

Beginnen möchte ich mit den verfügbaren fossilen Brennstoffreserven.

Die folgenden Grafiken zeigen die Entwicklung der »nachgewiesenen Reserven«, einer beliebten Maßeinheit für Reserven fossiler Brennstoffe. Mit »nachgewiesene Reserven« ist jene Menge an Kohle, Öl oder Gas gemeint, deren Förderung unter Berücksichtigung des technologischen Stands, der Marktbedingungen und des Wissensstands von heute als machbar gilt.[17]

Sehen wir uns die Öl- und Gasreserven von 1980 bis heute an. Bei Öl und Gas ist die Angst, sie könnten knapp werden, für gewöhnlich am größten. Kohle ist viel leichter zu finden und zu fördern, außerdem gilt sie als derjenige fossile Brennstoff, der nicht so rasch knapp zu werden droht. Achten Sie darauf: Je mehr wir verbrauchen, desto mehr nehmen die Reserven zu.

Wie konnten die designierten Experten erneut um 180 Grad danebenliegen?

Erneut haben sie etwas zur Katastrophe hochgespielt, also negative Auswirkungen massiv übertrieben und Vorzüge ignoriert, um fälschlicherweise Katastrophen vorherzusagen.

Beginnen wir mit der Übertreibung der Nebenwirkungen – in diesem Fall der Erschöpfung der Reserven, falls wir weiterhin fossile Brennstoffe nutzen.

Die Schwarzmaler-Experten haben das Verhältnis der genutzten fossilen Brennstoffe zur Menge an fossilen Brennstoffen, die noch im Erdboden schlummern, massiv verzerrt.

Offensichtlich war ihnen nicht bewusst, dass zehnmal mehr Öl und Gas (ganz zu schweigen von Kohle) in der Erde vorhanden ist, als von der Menschheit im Verlauf ihrer gesamten Geschichte verbraucht wurde. Daher ist es völlig unmöglich, dass eine Erschöpfung der Vorräte unmittelbar bevorsteht.[18] Katastrophenaffine Experten ignorierten darüber hinaus die Tatsache, dass die Menschheit ihre Fähigkeit verbessert, mithilfe fossiler Brennstoffe Maschinen zu betreiben, die es uns erlauben, die massiven globalen Bestände an mineralischen Rohstoffen in nutzbare »Reserven« fossiler Brennstoffe zu verwandeln.

Abbildung 2.3: Mehr Ölverbrauch, mehr Ölreserven

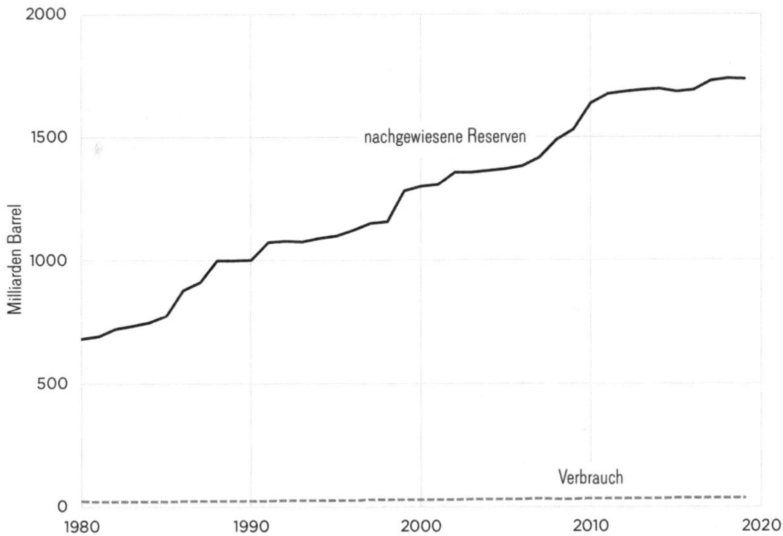

Quelle: BP Statistical Review of World Energy

Ein Beispiel ist das »Fracking«, bei dem mit fossilen Brennstoffen betriebene Maschinen einstmals als nutzlos geltendes Schiefergestein bearbeiten. Durch Fracking fördert die Öl- und Gasindustrie heutzutage mehr als 380 Milliarden Liter Öl pro Jahr, die in der Vergangenheit als nicht verfügbar gegolten hatten.[19]

Als »Ressourcenbeherrschung« bezeichne ich das Phänomen, unbrauchbares Rohmaterial in nutzbare Ressourcen zu verwandeln. Die massiven Vorzüge der Klimabeherrschung mithilfe fossiler Brennstoffe ignorierten die Fachkräfte des Wissenssystems bei ihrer Vorhersage von Klima- ebenso wie der von Ressourcenkatastrophen.

Wie die Ressourcenbeherrschung, die durch fossile Brennstoffe ermöglicht wurde, zu mehr fossilen Brennstoffen führte, führte sie auch dazu, dass von allen möglichen weiteren Bodenschätzen mehr verfügbar wurde. Dazu gehören Gold, Quecksilber, Silber, Kupfer, Zink, Erdgas und Petroleum, deren Vorkommen dem Club of Rome zufolge längst erschöpft sein sollten.

Abbildung 2.4: Mehr Erdgaskonsum, mehr Erdgasreserven

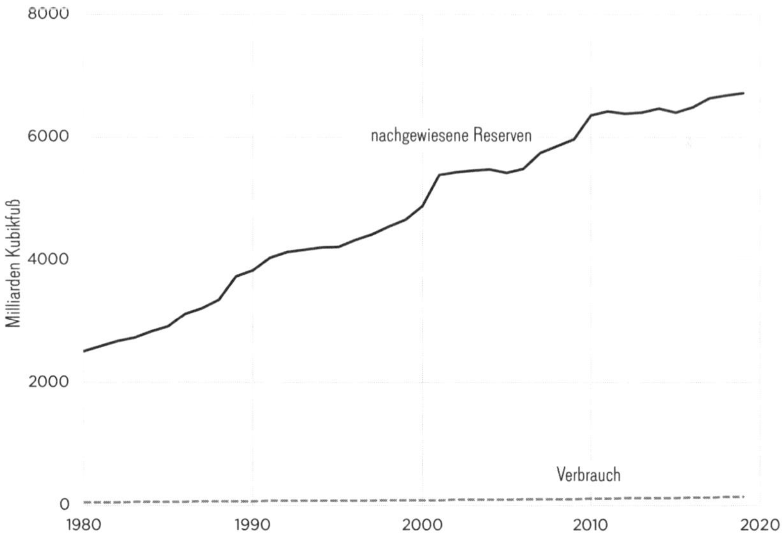

Quelle: BP Statistical Review of World Energy

Dank Maschinerie, die mit fossilen Brennstoffen betrieben wird, war es möglich, eine größere Menge von diesen wie auch allen möglichen anderen Ressourcen zu produzieren – unter anderem auch Rekordmengen an Nahrung. Das hat dazu geführt, dass die knapp 8 Milliarden, die heute auf der Welt leben, besser ernährt sind als die 3,5 Milliarden Erdenbürger in den 1960er Jahren.[20]

Wie beim Klimathema möchte ich auch hier betonen: Katastrophen an die Wand gemalt haben nicht alle Forscher, sondern die *designierten Experten*.

Es gab andere Ressourcen-Experten, etwa M. A. Adelman vom MIT oder Julian Simon von der University of Maryland, die richtig vorhersagten, dass die Bestände an fossilen Brennstoffen und anderer Ressourcen zunehmen würden. Aber genau wie beim Klima kürte das Mainstream-Wissenssystem auch hier die Schwarzmaler zu Experten. (An ihrer überlegenen Qualifikation lag es jedenfalls nicht, wie man meinen könnte, denn Adelman und Simon waren Ressourcenökonomen, wohingegen Paul R. Ehrlichs zentraler Hintergrund die

Erforschung von Schmetterlingen war. Woran es tatsächlich lag, werde ich in Kapitel 3 erklären.)

Die Umweltqualität zur Katastrophe erklären

Unser Wissenssystem hat nicht nur die Nebenwirkungen fossiler Brennstoffe in den Bereichen Klima (Erwärmung und Abkühlung) und Ressourcen zur Katastrophe hochstilisiert, sondern fügte in dem Moment, als fossile Brennstoffe hier für eine positive Veränderung sorgten, dem Katastrophenbild ein weiteres Feld hinzu, auf dem fossile Brennstoffe ebenfalls eine Besserung herbeigeführt haben: die Umweltqualität.

In den 1960er- und 1970er-Jahren erklärte uns unser Wissenssystem mitsamt seinen eindrucksvollen Experten, uns würden schon bald die fossilen Brennstoffe ausgehen. Gleichzeitig verkündete man uns, die anhaltende Nutzung von fossilen Brennstoffen in großen Mengen (sofern überhaupt noch welche vorhanden wären) würde zu einer zunehmend verschmutzten und gesundheitsschädlichen Umwelt führen. Und die Qualität von Luft und Wasser drohe sich auf verheerende Weise zu verschlechtern.

Ehrlich sagte 1970 voraus, die immer größere Luftverschmutzung »wird zweifelsohne bereits in den kommenden Jahren Hunderttausende Menschenleben kosten«.[21]

Und der Ökologe Kenneth Watt, ein weiterer Vertreter dieser Expertenkaste, prognostizierte: »Beim derzeitigen Tempo der Stickstoffanreicherung ist es nur eine Frage der Zeit, bevor das Licht aus der Atmosphäre herausgefiltert und nichts von unserem Land mehr nutzbar sein wird.«[22]

Renommierte Medien haben diese Katastrophenszenarien verbreitet und wiederholt. Die Mainstream-Publikation *Life* berichtete im Januar 1970: Partikel, die beim Verbrennen fossiler Brennstoffe in die Luft gelangen, hätten dazu geführt, dass »Wissenschaftler über handfeste experimentelle und theoretische Beweise verfügen, die die folgenden Prognosen stützen: In einem Jahrzehnt werden

Stadtbewohner Gasmasken tragen müssen, um die Luftverschmutzung zu überleben. Bis 1985 wird wegen der Luftverschmutzung nur noch halb so viel Sonnenlicht die Erdoberfläche erreichen.«[23]

Ein ähnliches Bild ergibt sich beim Thema Wasserqualität. Ehrlich schrieb 1970: »In weniger als einem Jahrzehnt werden die Ozeane so tot sein wie der Eriesee.« Und: »In Amerika wird man ab 1974 das Wasser rationieren.«

In der Zeit nach diesen Prognosen nahm die Nutzung fossiler Brennstoffe zu, und die globale Umweltqualität hätte ein katastrophal schlechtes Niveau erreichen müssen. Und laut Ehrlich sollte sich diese Umweltverschmutzung mit Technologie allein nicht aufhalten lassen: »Umweltverschmutzung zu kontrollieren ist so, als verschreibe man einem Krebspatienten Aspirin.«[24]

Aber genauso wie sich Klimasicherheit und Ressourcenverfügbarkeit mit zunehmender Nutzung fossiler Brennstoffe verbesserten, nahm in den meisten Regionen der Welt auch die Umweltqualität zu.

Betrachten wir zunächst die Wasserqualität.

Unser Wissenssystem warnte uns, die Wasserqualität würde immer schlechter werden, wenn man fossile Brennstoffe nutzt. Tatsächlich ist Wasser aber rund um den Globus deutlich sauberer geworden – und das hängt weitgehend mit fossilen Brennstoffen zusammen.

Selbstverständlich können fossile Brennstoffe das Wasser verunreinigen, aber der menschliche Einfallsreichtum brilliert darin, immer mehr Energie aus fossilen Brennstoffen bei immer weniger Verschmutzung herzustellen (mehr dazu in einem Augenblick). Dass sich die Probleme mit der Wasserverschmutzung, die aus der Nutzung fossiler Brennstoffe resultieren, unaufhaltsam verschlimmern würden, war also eine völlig falsche Prognose.

Doch fossile Brennstoffe haben nicht nur dadurch zur Verbesserung der Wasserqualität beigetragen, dass sie selbst das Wasser weniger stark verunreinigen, sondern dadurch, dass mit ihrer Hilfe beispiellose Mengen an sauberem Wasser rund um die Welt produziert wurden.

Genauso wie Maschinenarbeit vermittels fossiler Brennstoffe die Klimasicherheit und Ressourcenverfügbarkeit verbessert, optimiert sie auch die Wasserqualität. Fossile Brennstoffe kommen beim Bau und Betrieb von Pumpsystemen zum Einsatz, die Wasser dorthin transportieren können, wo es benötigt wird, sowie bei Wasseraufbereitungssystemen, die aus Schmutzwasser Trinkwasser zu machen fähig sind.

Wieder einmal haben also designierte Experten – dieses Mal beim Thema Wasser – die Nebenwirkungen fossiler Brennstoffe als katastrophal hingestellt, indem sie ihre negativen Auswirkungen massiv übertrieben und dabei ignorierten, welche Umweltqualitäten fossile Brennstoffe haben, wenn wir sie zur Regulierung des Klimas einsetzen.

Kommen wir zur Luftqualität.

Im Folgenden sehen wir Messergebnisse von sechs wichtigen Luftschadstoffen, wie sie das amerikanische Umweltministerium EPA vorgelegt hat, und die zeigen: Während die Nutzung fossiler Brennstoffe zugenommen hat, sind diese Werte zurückgegangen.

Was ist geschehen? Geniale Menschen haben Wege gefunden, wie man unter geringerer Umweltbelastung mehr fossile Brennstoffe herstellen kann. Das heißt, durch Umweltbeherrschung wurden die Nebenwirkungen fossiler Brennstoffe reduziert.

Wir wissen, dass es – wie etwa in vielen Gebieten Chinas – Orte mit sehr viel Smog gibt. Doch die Bilanz für die restliche Welt spricht dafür, dass sich dies – gegebenenfalls – korrigieren lässt, und zwar auch dann, wenn die Nutzung fossiler Brennstoffe zunimmt. Ich sage »gegebenenfalls«, weil Umweltschutz Geld kostet und weil sich Menschen in ärmeren Ländern verständlicherweise für mehr Umweltverschmutzung entscheiden müssen, wenn das für sie mehr Lebensmittel, Kleidung, Wohnraum, sanitäre Einrichtungen und medizinische Versorgung bedeutet.

Abbildung 2.5: Die Luftverschmutzung in den USA geht zurück, obwohl mehr fossile Brennstoffe verwendet werden

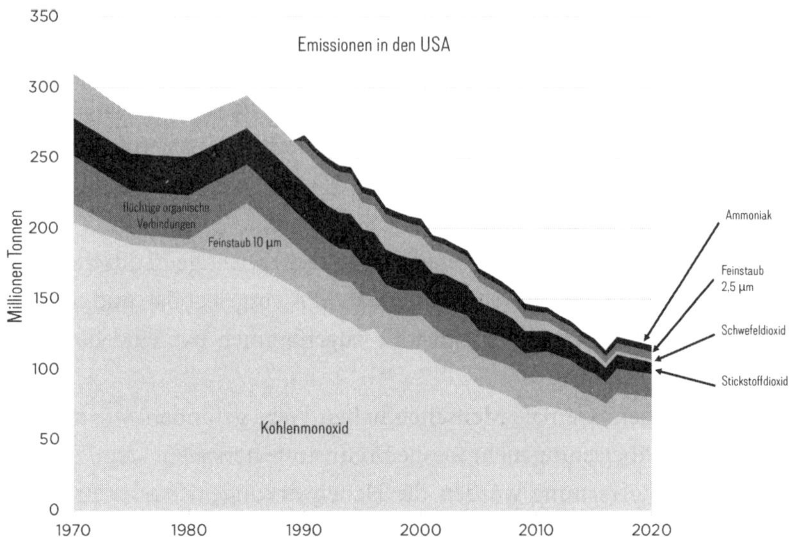

Quelle: US-Umweltbehörde EPA

Fossile Brennstoffe haben auch dadurch zu einer verbesserten Luftqualität beigetragen, dass sie schmutzigere Brennstoffe wie vor allem Holz und Dung verdrängten, die in den ärmsten Regionen der Welt eine wichtige Rolle spielen. Jeder benötigt zum Heizen und Kochen Energie, und im Notfall greifen die Menschen auf Holz und Dung zurück, die dann häufig in geschlossenen Räumen verbrannt werden. Der Umstieg auf fossile Brennstoffe hat vielen Hundert Millionen Menschen eine bessere Luftqualität beschert. Eine stärkere Nutzung fossiler Brennstoffe ist ein wichtiger Grund dafür, warum laut der Weltbank der Anteil der Weltbevölkerung, der beim Kochen Zugang zu sauberen Brennstoffen und Technologien hat, zwischen 2000 und 2016 von 49 auf 59 Prozent angestiegen ist.[25] Wir reden über 750 Millionen Menschen, die damit in den Genuss deutlich sauberer Luft kommen. Auch dieser Vorzug fossiler Brennstoffe wird gerne übergangen.

Hier liegt unbestreitbar ein Muster vor. Ob beim Klima, bei Ressourcen oder bei der Umweltqualität, sobald es um die Nebenwirkungen fossiler Brennstoffe auf die Umwelt geht, malt unser Wissenssystem konsequent Katastrophen an die Wand. Die negativen Auswirkungen werden maßlos übertrieben, und dass Umweltbeherrschung die Nebenwirkungen ausgleichen oder sogar wettmachen kann, wird ignoriert. Das führt so weit, dass es in Wirklichkeit zu einer drastischen *Verbesserung* des Lebens kommt, wo dieses Wissenssystem die totale Katastrophe ankündigt.

Doch damit nicht genug. Unser Wissenssystem bauscht auch die Nebenwirkungen jener Alternative zu fossilen Brennstoffen auf, die auf lange Sicht die vielversprechendste ist: Atomenergie. Hier werden die wissenschaftlichen Fakten sogar noch stärker verzerrt als bei fossilen Brennstoffen. Offensichtlich treibt die Feindseligkeit gegenüber kostengünstiger Energie als solcher unser Wissenssystem so weit, dass es selbst dann Katastrophenszenarien skizziert, wenn praktisch überhaupt keine Beweise dafür vorliegen.

Atomenergie wird zur Katastrophe erklärt

Im vorangegangenen Kapitel habe ich erklärt, dass Feindseligkeit gegenüber kostengünstiger Energie als solcher der einzige Grund dafür wäre, warum unser Wissenssystem konsequent Maßnahmen zu ihrer Abschaffung unterstützt und ihre massiven Vorzüge außer Acht lässt – und dass diese Feindseligkeit unser Wissenssystem dazu bringen könnte, auch in Zukunft die Nebenwirkungen fossiler Brennstoffe zu dramatisieren. Nun haben wir gesehen, dass unser Wissenssystem im Zusammenhang mit ultrakostengünstiger Energie aus fossilen Brennstoffen in vier unterschiedlichen Bereichen völlig falsche Katastrophenwarnungen abgegeben hat (katastrophale globale Erwärmung, globale Abkühlung, Erschöpfung der Ressourcen und Umweltverschmutzung). Insofern scheint es schlüssig zu sein, dass unser Wissenssystem durch seine feindselige Haltung kostengünstiger Energie gegenüber dazu getrieben wird, die negativen Auswirkungen fossiler

Brennstoffe und anderer kostengünstiger Energie konsequent zu übertreiben und zu diabolisieren.

Gäbe es irgendeinen Zweifel daran, so fegt die Bilanz unseres Wissenssystems, was die katastrophale Einschätzung von Kernkraft anbelangt, die allerletzten Zweifel hinweg.

Wie ich bereits im vorigen Kapitel angedeutet habe, war Atomenergie in der Vergangenheit der vielversprechendste Konkurrent fossiler Brennstoffe. Ähnlich wie bei fossilen Brennstoffen steht hier eine natürlich gespeicherte, verdichtete und in großen Mengen verfügbare Energiequelle im Mittelpunkt.

Mithilfe der Kernkraft wird rund um den Globus bereits relativ kostengünstig und extrem zuverlässig Elektrizität produziert. Kernkraft hat aussichtsvolle Einsatzmöglichkeiten für industrielle Prozesswärme und bei Schwerlasttransporten gezeigt. Sie verursacht weder Luftverschmutzung noch CO_2-Emissionen und weist die beste Sicherheitsbilanz sämtlicher Energieformen auf.[26]

Die bemerkenswerte Sauberkeit und Sicherheit der Kernkraft erklären sich durch das grundlegende, gut etablierte Wesen der Energiegewinnung aus Kernkraft. Das verwendete radioaktive Material – in der Regel Uran-235 – erzeugt sehr hohe Hitze auf kleinstem Raum, ohne dabei zu verbrennen. Es produziert Strahlenmengen, die für den Menschen außerhalb des Reaktors alles andere als schädlich sind. Tatsächlich können höhere Strahlendosen als jene, denen man direkt außerhalb eines Atomreaktors ausgesetzt ist, sogar eine leicht günstige Wirkung haben (ähnlich wie gemäßigte Mengen von Sonnenlicht, das ebenfalls eine Form von Strahlung ist, für den Menschen von Vorteil sind). Und das Kernmaterial kann buchstäblich nicht explodieren.

Es kann in Reaktoren zu einer »Kernschmelze« (Überhitzung) kommen, wenn die Anlagen nicht ordentlich gekühlt werden, aber selbst in den Worst-Case-Szenarien hat der nicht explosive Materialcharakter zur Folge, dass die Zeit ausreicht, um zu reagieren und gefährliche Strahlung zu vermeiden. Aus diesem Grund gibt es in der zivilisierten Welt null dokumentierte Todesfälle, die auf Strahlung aus kommerziellen Reaktoren zurückgehen. Null!

Und trotzdem halten die meisten unter uns Atomenergie für sehr gefährlich – und zwar deshalb, weil unser Wissenssystem ihre Gefahr zur Katastrophe überhöht hat, obwohl Nuklearwissenschaft und Ingenieurswesen keine plausible Gründe dafür liefern. Um dies zu erreichen, hat unser Wissenssystem vor allem das Thema Radioaktivität verzerrt.[27]

Werden Menschen ohne angemessene Sicherheitstechnologie großen Mengen radioaktiver Strahlung ausgesetzt, kann das zur Strahlenkrankheit oder längerfristig zu Krebserkrankungen führen. Unterhalb einer bestimmten Schwelle allerdings ist Radioaktivität unschädlich. Wir selbst sind radioaktiv und strahlen Radioaktivität aus. Aber das Mainstream-Wissenssystem stellt Radioaktivität seit Langem als etwas von vorneherein Tödliches dar. Hören wir also von vermeintlich großen Strahlungsmengen, beispielsweise im Zusammenhang mit dem Fukushima-Unfall, klingt das furchteinflößend – selbst dann, wenn die Menge nicht hoch genug ist, damit jemand beim Auftreten der Strahlung (an der Strahlenkrankheit) oder im weiteren Verlauf (durch Krebs) stirbt.

Dass die Kernkraft stets als katastrophal dargestellt wird, ist insofern bemerkenswert, als der Stand der Wissenschaft total eindeutig ist, was die Nebenwirkungen von Atomenergie anbelangt – anders als beim Thema CO_2-Emissionen, wo es der aktuellen Wissenschaft extrem schwerfällt, die Auswirkungen präzise vorauszusagen.

Mir ist noch nie ein Atomwissenschaftler begegnet, der Kernkraft auch nur annähernd als jene verheerende Gefahr betrachtet, als die man sie uns einbläut.

Und dennoch stellen die Multiplikatoren unseres Wissenssystems Kernkraft seit Jahrzehnten als unvergleichlich gefährlich dar. Die hierfür designierten Experten sind in der Regel keine Atomwissenschaftler: zum Beispiel Ehrlich, Lovins und Barry Commoner, ein höchst einflussreicher Anti-Kernkraft-Wissenschaftler (aber kein Atomwissenschaftler).

Diese katastrophische Darstellung hatte furchtbare Folgen.

Unser Wissenssystem und seine Experten haben die Kernkraft so erfolgreich in die Katastrophenecke gestellt, dass sie praktisch kriminalisiert wurde. Da auch extrem sichere Strahlungsmengen als hochgefährlich hingestellt werden, unterliegt beim Bau und Betrieb einer Reaktoranlage jeder einzelne Aspekt endlosen, kostspieligen »Sicherheitsanforderungen« und unaufhörlichen Verzögerungen, sodass es nahezu unmöglich wird, Kernkraft kostengünstig herzustellen.

1975 wurde in den USA die Nuclear Regulatory Commission ins Leben gerufen. Seitdem wurde bis heute (Stand 2021) in den USA kein neues Atomkraftwerk entworfen und fertiggestellt.[28]

An der Bilanz der Kernkraft-Schwarzmalerei unseres Wissenssystems wird zweierlei deutlich:

1. Unser Wissenssystem hegt definitiv eine Art Feindseligkeit gegenüber kostengünstiger Energie als solcher. Ansonsten wäre unerklärlich, mit welcher Konsequenz es a) politische Maßnahmen zur Abschaffung dieser Energiequellen unterstützt und dabei die massiven Vorzüge kostengünstiger Energie ausblendet und b) die Nebenwirkungen kostengünstiger Energie »katastrophisiert«.
2. Die Kapazität unseres Wissenssystems, etwas zur Katastrophe hochzustilisieren, ist so ungeheuerlich, dass es imstande ist, dies sogar mit der sichersten Energietechnologie zu tun, die jemals erfunden wurde, und dabei den Stand der Wissenschaft dermaßen falsch darzustellen, dass praktisch jedem sachkundigen Forscher auf diesem Gebiet widersprochen wird.

Was bedeutet dies für die Klimakatastrophe, die unser Wissenssystem derzeit prognostiziert? Es bedeutet nicht, dass diese Prognosen total falsch sind. Nur weil wir ein Wissenssystem haben, das gerne Katastrophen an die Wand malt, heißt das nicht, dass steigende CO_2-Werte nicht katastrophal sein können. Betrachtet man allerdings die konsequente, der Wissenschaft zuwiderlaufende katastrophische Einschätzung kostengünstiger Energie, so könnte man aus dieser schließen, dass die aktuellen Prognosen zur Klimakatastrophe komplett falsch sein *könnten*.

Bei allem, was fossile Brennstoffe inklusive der Nebenwirkungen für das Klima betrifft, hat sich unser Wissenssystem als ganz und gar unzuverlässig erwiesen.

Wir sollten davon ausgehen, dass das, was uns unser Wissenssystem über fossile Brennstoffe erzählt, katastrophische Einschätzungen enthält und dass jeder designierte Experte, der uns als Repräsentant der gesamten Expertenschaft verkauft wird, in Wirklichkeit ein »Katastrophisierer« ist. Es sei denn, unser Wissenssystem würde seine schreckenerregende Bilanz anerkennen, die massiven Fehler ausfindig machen, die dazu geführt haben, und Schritte ergreifen, diese massiven Fehler zu korrigieren.

Ein nicht korrigierter Fehler

Würde unser heutiges Mainstream-Wissenssystem annähernd richtig funktionieren, so würde es sich seine Bilanz ansehen und anerkennen, dass es sich mit seinem katastrophischen Blick auf die Nebenwirkungen fossiler Brennstoffe in eine missliche Lage gebracht hat. Es wäre darum bemüht, den Grund dafür zu verstehen, und dann offensive Korrekturmaßnahmen einleiten. Man würde bisherige designierte Experten, die mit verheerenden Folgen falsche Einschätzungen abgegeben haben, zur Verantwortung ziehen, ihre Fehler einräumen, analysieren, korrigieren und sich entschuldigen. Und das Wissenssystem müsste sich der Frage stellen, warum es einige der schlimmsten Köpfe aus unterschiedlichen wissenschaftlichen Feldern – jene zumeist kleine Minderheit von »Katastrophisierern« – als »Experten« designiert hat.

Und es gibt Grund zu der Annahme, dass dies der Fall sein könnte, insbesondere da, wo Wissenschaftler involviert sind.

Es gehört zu den Tugenden der Wissenschaft, dass sie sich selbst korrigiert. Beispielsweise nahm man lange Zeit an, dass Magengeschwüre mit Stress und zu viel Säure im Magen zusammenhängen. Doch dann zeigte der Forscher Barry Marshall empirisch – er nahm sich selbst als Versuchskaninchen –, dass die meisten Magengeschwüre auf das Bakterium *Heliobacter pylori* zurückgehen. Nachdem die medizinische Gemeinschaft Marshalls These zunächst kritisch gegenübergestanden hatte, übernahm sie sie mit großem Erfolg.

Wir sollten also annehmen, dass unsere designierten Experten, die ja alle Wissenschaftler oder eng mit Wissenschaftlern verbunden sind, ihre Fehler eingestehen und ihren Weg anders weitergehen.

Sehe ich mir die bisherige Entwicklung ihrer Ideen an, finde ich aber keinerlei derartige Gewissensprüfung. Stattdessen stoße ich auf Ausreden in puncto ihrer Prognosen und wiederholte Rechtfertigungsversuche, darunter die Lüge, man habe ja im Grunde richtiggelegen, oder: »Es ist noch schlimmer, als wir gedacht haben.«

2012 schrieb James Hansen einen Kommentar für die *Washington Post*, in dem er behauptet: »Der Klimawandel ist hier – und er ist schlimmer, als wir gedacht hatten.«[29] Er klopfte sich selbst dafür auf die Schulter, uns gewarnt zu haben vor »der Art Zukunft, die der Klimawandel uns und dem Planeten bringt«, und verkündete: »Ich muss etwas beichten: Ich war zu optimistisch.«

Wir sprechen hier von demselben James Hansen, der mit seiner öffentlichen Prognose zur Erwärmung um mehr als den Faktor 3 zu hoch lag.

Und Bill McKibben schrieb 2009: »Wann immer wir glaubten, wir wüssten etwas über das Klima, erwies sich die Wahrheit als schlimmer, als wir es gedacht hatten.«[30] Und 7 Jahre später gab er zu Protokoll: »Die Zahlen zur globalen Erwärmung sind sogar noch furchteinflößender, als wir gedacht hatten.«[31]

Wir sprechen hier von genau dem Bill McKibben, der 1989 schrieb: »Noch einige wenige Jahrzehnte unkontrollierter Nutzung fossiler Brennstoffe, und wir werden, offen gesagt, verbrennen.« Und: »Die Variante, nichts zu tun – und weiter immer mehr Öl und Kohle zu verbrennen –, kommt nicht in Frage. Sie mag uns vielleicht nicht direkt in die Hölle führen, aber an einen Ort mit ähnlichen Temperaturen.«[32]

Dass diese Personen nicht bereit waren, das Ausmaß ihrer Irrtümer einzuräumen, ist mehr als enttäuschend und diskreditiert sie dauerhaft.

Wenn designierte Experten mit ihrer Prognose um 180 Grad danebenliegen und zugleich ihren Irrtum nicht einräumen mögen, ist es die Aufgabe des breiteren Wissenssystems und insbesondere von Multiplikatoren wie den großen Tageszeitungen, diese Experten abzulehnen und eindeutig besser qualifizierte Experten heranzuholen. Zu ihrer Aufgabe gehört es allerdings auch, das eigene Fehlverhalten zu analysieren, das darin bestand, diese »Katastrophisierer« auf ein Piedestal zu heben.

Doch unser Wissenssystem hat weder seine gescheiterten Experten vor die Tür gesetzt noch seinen Fehler eingeräumt, diesen Personen überhaupt eine derart prominente Rolle übertragen zu haben. Stattdessen wurden diese Experten bejubelt und in immer größere Höhen katapultiert.

So wurde John Holdren oberster wissenschaftlicher Berater von Präsident Barack Obama. Bill McKibben wird als »der führende Umweltschützer der Nation« gerühmt, weil er sich rund um die Welt zum Thema Umweltpolitik Gehör verschafft.[33] Und Paul R. Ehrlich ist immer noch einer der weltweit einflussreichsten Vordenker, wenn es um Umweltthemen geht.

Unser Wissenssystem hat also nicht nur die Nebenwirkungen kostengünstiger Energie zu einer Katastrophe aufgebauscht, sondern es auch versäumt, an seiner Bilanz Korrekturen vorzunehmen. Folglich wird dieses System die Nebenwirkungen fossiler Brennstoffe garantiert weiterhin katastrophisch darstellen – und ignoriert nach wie vor ihre massiven lebensentscheidenden Vorzüge.

Dies kommt einem Rezept für absolut verheerende politische Entscheidungen gleich.

Tödliche Rezepte

In diesem und dem vorangegangenen Kapitel habe ich gezeigt, dass das Wissenssystem, das uns die Empfehlung vermeintlicher »Experten« vorsetzt, schnellstmöglich aus der Nutzung fossiler Brennstoffe auszusteigen, konsequent die massiven lebensentscheidenden Vorzüge kostengünstiger Energie ignoriert und dass es seinen Fehler, die Nebenwirkungen kostengünstiger Energie durchgängig zur Katastrophe zu erklären, bis heute nicht korrigiert hat.

Insofern ist unser Wissenssystem 100-prozentig dazu fähig, auch dann einen raschen Ausstieg aus der Nutzung fossiler Brennstoffe zu fordern, wenn eine anhaltende Nutzung fossiler Brennstoffe enorme Vorteile mit sich brächte, wenn steigende CO_2-Werte absolut handhabbar wären und daher ein rascher Ausstieg aus fossilen Brennstoffen völlig unnötig und für Milliarden Menschen katastrophal wäre.

Ich glaube dies nicht nur, weil es sich aus dem Wesen unseres Wissenssystems ergibt, sondern auch deshalb, weil viele altgediente designierte Experten unseres

Wissenssystems in der Vergangenheit genau das getan haben: Sie haben schon vor Jahrzehnten auf einen raschen Ausstieg aus fossilen Brennstoffen gepocht – zu einem Zeitpunkt, von dem wir mit Sicherheit sagen können, dass ein solcher Ausstieg unnötig und für Milliarden von Menschen katastrophal gewesen wäre.

Halten wir uns noch einmal vor Augen, dass Milliarden Menschen praktisch keine Energie verbrauchen und ihr Leben deshalb von manueller Arbeit und Armut geprägt ist.

So schlimm das auch ist, in den 1970er-, 1980er- und 1990er-Jahren war die Situation noch wesentlich schlimmer. 1980 beispielsweise war der Energieverbrauch halb so hoch wie heute, und extreme Armut – von weniger als 2 Dollar pro Tag leben zu müssen – war viermal so häufig wie heutigentags. Mehr als 40 Prozent der Weltbevölkerung waren davon betroffen.[34]

Zu einer Zeit also, als die Menschen noch dringender Energie benötigten als heute, forderten designierte Experten dramatische Einschnitte, die Milliarden Menschen zweifellos machtlos gemacht hätten.

So schrieb Paul R. Ehrlich beispielsweise 1971: »Man sollte es Elektrizitätsunternehmen verbieten, dass sie die Menschen dazu ermutigen, mehr Strom zu verbrauchen. Strom ist viel zu günstig. Er sollte auf jeden Fall teurer werden.«[35]

1998 befürwortete Bill McKibben ein Szenario, in dem die Nutzung fossiler Brennstoffe per Gesetz um 60 Prozent gedrosselt werden sollte, um den katastrophalen Klimawandel zu verlangsamen. Obwohl dies in seinen eigenen Worten bedeuten würde,

> *dass jedem Menschen ein jährlicher CO_2-Verbrauch in Höhe von 1,69 Tonnen zustehen würde. Das entspricht einer täglichen Fahrleistung von 15 Kilometern für ein durchschnittliches amerikanisches Auto. 2025, wenn die Weltbevölkerung auf 8,5 Milliarden angewachsen ist, dürften Sie dann nur noch 10 Kilometer am Tag fahren. Gründen Sie doch eine Fahrgemeinschaft, dann blieben Ihnen von Ihrer Tagesration noch ungefähr 3 Pfund CO_2. Das sollte für einen hocheffizienten Kühlschrank reichen. Vergessen Sie Ihren Computer, Ihren Fernseher, Ihre Stereoanlage, Ihren Herd, Ihren Geschirrspüler, Ihren Boiler, Ihre Mikrowelle,*

Ihre Wasserpumpe, Ihre Uhr. Vergessen Sie Ihre Glühbirnen, egal ob Kompaktleuchtstofflampen oder nicht.[36]

In der Vergangenheit wie auch heute sorgten sich designierte Experten wenig um die Aussicht, die massiven lebensentscheidenden Vorzüge zu verlieren, die fossile Brennstoffe mit sich bringen. Tatsächlich argumentierten einige von ihnen explizit, Energie sei doch gar nicht so wichtig – schließlich würden wir ohnehin bereits zu viel verbrauchen.

In einem Kommentar mit dem Titel »Too Much Energy, Too Soon, a Hazard« [»Zu viel Energie, zu früh, eine Gefahr«] schrieb Holdren 1975: »Für die Vereinigten Staaten stellen die Risiken eines ›Zu viel Energie, zu früh‹ eine viel größere Gefahr dar als ein ›Zu wenig, zu spät‹.«[37]

1977 erklärte Amory Lovins, wir würden bereits zu viel Energie verbrauchen. Die Art von Energie, die wir am wenigsten benötigen sei … *Elektrizität*, also jene, die das Fundament der digitalen Revolution bilden sollte: »Wir benötigen keine weiteren großen Elektrizitätswerke. Wir verfügen schon über ungefähr zweimal so viel Elektrizität, wie wir vorteilhaft nutzen können.«[38]

Manchmal weisen designierte Experten auch, wie sie es heutzutage tun, Bedenken über einen möglichen Energiemangel mit der fadenscheinigen Behauptung zurück, Sonnen- und Windenergie würden trotz ihres winzigen Energieanteils fossile Brennstoffe irgendwie rasch ersetzen können.

So schrieb Lovins, der argumentiert, Solar und Wind könnten fossile Brennstoffe problemlos ersetzen, bereits 1976: »Aktuelle Forschungsergebnisse sprechen dafür, dass sich in den Vereinigten Staaten eine größtenteils oder vollständig mit Solarenergie betriebene Volkswirtschaft aufbauen ließe, und zwar mit einfachen ›sanften Technologien‹, die gerade demonstriert werden und schon heute wirtschaftlich oder nahezu wirtschaftlich arbeiten.«[39]

Doch Behauptungen wie die von Lovins erwiesen sich als haltlos.

Viele Länder haben auf Sonnen- und Windenergie gesetzt und große Mengen an Steuergeldern in die Hand genommen, um für Solar und Wind zu bezahlen, doch bislang hat noch niemand herausgefunden, wie sich Sonnenlicht und Wind kostengünstig einfangen lassen und wie diese nicht konzentrierten und intermittierenden Energieformen in günstige, auf Abruf zur Verfügung stehende Energie umwandelbar sind, die für eine breite Spanne an Maschinen global einsetzbar wäre.

Die Forderungen designierter Experten, die Nutzung fossiler Brennstoffe rasch zu beschneiden oder ganz zu streichen, waren letztlich also Forderungen, die Energienutzung insgesamt rasch zu beschneiden oder ganz zu streichen – um vermeintliche Katastrophen bei Klima, Bodenschätzen und Umweltqualität zu vermeiden. Dabei hat sich gezeigt, dass gerade in diesen Bereichen fossile Brennstoffe zu deutlichen Verbesserungen geführt haben.

Wir können uns sicher sein, dass ein rascher Ausstieg aus fossilen Brennstoffen für Milliarden Menschen katastrophale Folgen gehabt hätte – Milliarden Menschen wären vorzeitig gestorben, der Abbau extremer Armut wäre verhindert worden, und es hätte ein unermessliches Ausmaß an Leid gegeben.

Vergessen wir nicht, dass wir hier über eine Zeit reden, bevor China, Indien und andere Länder gewaltige Mengen fossiler Brennstoffe verbrauchten, um sich zu industrialisieren und buchstäblich Milliarden Menschen aus der Armut zu befreien.

Hätte die Politik damals einen raschen Ausstieg aus fossilen Brennstoffen vollzogen, wäre die Computer- und Internetrevolution mit hoher Wahrscheinlichkeit gestoppt worden, und Milliarden Menschen hätten weiterhin in bitterer Armut gelebt. Situationen wie jene der Mutter aus Gambia, die mit ansehen musste, wie ihr Frühchen starb, weil es keine verlässliche Stromversorgung für einen Brutkasten gab, hätte es unzählige gegeben.

Uns wird aktuell immer wieder gesagt: »Hört auf die Wissenschaftler!« Das heißt in Wirklichkeit: »Hört auf unser Wissenssystem, vor allem auf dessen designierte Experten, die energiefeindlich sind, Vorzüge ignorieren und Nebenwirkungen zur Katastrophe hochspielen.«

Als ich herausfand, wie schlecht es bisher um die Leistungsbilanz unserer designierten Experten bestellt gewesen ist, kam mir der Gedanke: »Ich bin wirklich froh, dass die Welt auf diese designierten Experten nicht annähernd so sehr gehört hat, wie sie es sich gewünscht haben.« Seit den 1970er-Jahren ist die Welt keineswegs im Eiltempo aus fossilen Brennstoffen ausgestiegen, sondern hat die Nutzung nahezu verdoppelt.

Dies wirft folgende Fragen auf: Was hat dazu geführt, dass die von unseren designierten Umweltexperten ausgeklügelte katastrophale Politik in Sachen fossiler Brennstoffe gar nicht oder zumindest größtenteils nicht umgesetzt wurde? Und können wir derzeit denselben Schutz vor den potenziell katastrophalen Richtlinien der »Experten« erwarten wie bisher?

Uns fehlt der Schutz

Was hat – zumindest großteils – verhindert, dass die schrecklichen Energieausstiegsrichtlinien unserer designierten Experten umgesetzt wurden?

Ein Faktor von damals gilt heute leider nicht mehr: Sie wurden von einem Mainstream-Wissenssystem stark an den Rand gedrängt, das im Gegensatz zu heute großen Wert auf kostengünstige Energie legte.

Wie im vorangegangenen Kapitel besprochen, werden die derzeitigen Experten für den Umgang mit fossilen Brennstoffen überwiegend als »Umweltexperten« bezeichnet, was in der Praxis bedeutet, dass ihr Schwerpunkt auf den negativen Auswirkungen der Menschheit auf die Umwelt liegt, insbesondere denen von fossilen Brennstoffen.

In den 1970er-, 1980er- und 1990er-Jahren wurden, wie wir gesehen haben, fälschlicherweise Personen zu Experten schlechthin ernannt, die gerne positive Aspekte übergingen und Katastrophen an die Wand malten. Doch anders als heute zog das damalige Wissenssystem beim Thema fossile Brennstoffe nicht nur »Umweltexperten« zurate, sondern fragte auch konsequent bei Fachleuten zu Energieökonomik nach – und die wussten sehr gut, dass eine rasche Reduktion fossiler Brennstoffe katastrophale Konsequenzen haben würde.

Das Wissenssystem erklärte die Katastrophen (etwa verheerenden Klimawandel), welche die designierten Umweltexperten in Aussicht stellten, nicht zur allerhöchsten Priorität.

Das wichtigste Thema, das die designierten Umweltexperten aufs Tapet brachten, war die Qualität von Luft und Wasser. In den 1970er-Jahren stand diese ganz oben auf der Liste, aber man ging damit zumeist auf eine Weise um, die stärker für fossile Brennstoffe und pro Technologie eintrat, als es den designierten Umweltexperten recht war.

Eines ist völlig klar: Designierte Umweltexperten, die gegen Energie eingestellt sind, Vorzüge ignorieren und Nebenwirkungen als Katastrophe darstellen, haben bereits dazu beigetragen, dass die Nutzung fossiler Brennstoffe stark eingeschränkt wurde. So ist in vielen Ländern Fracking verboten. Diese Methode, Öl und Gas aus Schiefergestein zu gewinnen, hat in den USA die Energieproduktion revolutioniert und könnte weltweit dazu genutzt werden, weitaus mehr Öl und Gas zu fördern.

In den USA selbst hat im Verlauf der letzten 10 Jahre die angeordnete Nutzung »erneuerbarer« Energie die Strompreise in die Höhe getrieben, obwohl die Preise für Erdgas und Erdöl – die den größten Teil der Elektrizitätserzeugung ausmachen – beträchtlich gefallen sind.[40]

Die designierten Umweltexperten hatten also erheblichen politischen Einfluss und konnten verhindern, dass die Nutzung fossiler Brennstoffe rund um den Globus noch schneller wuchs, dennoch waren sie weit davon entfernt, die gesamte Energiepolitik der USA und anderer Nationen zu bestimmen, weil Energieexperten als Gegengewicht fungierten und weil das Wissenssystem starken Wert auf Energie legte.

Heute stellt sich die Situation völlig anders dar. Wie wir gesehen haben, ignoriert unser Wissenssystem den Nutzen kostengünstiger Energie so sehr, dass ausschließlich designierte Umweltexperten als relevante Experten betrachtet werden – sie und nicht Energieexperten sind »die Wissenschaftler«, denen wir zuhören sollen.

Das gesamte Wissenssystem ist inzwischen von dem furchterregenden Ansatz zur Energienutzung durchdrungen, der zuvor unseren designierten Umweltexperten vorbehalten war: Es wird eine Politik des Energieausstiegs unterstützt, die die massiven, lebensentscheidenden Vorzüge kostengünstiger Energie ignoriert und ihre Nebenwirkungen als Katastrophe darstellt.

Während also in den 1970er-, 1980er- und 1990er-Jahren die verheerenden gegen fossile Brennstoffe gerichteten Vorschläge der Umweltexperten vor allem dadurch abgeschwächt wurden, dass das Wissenssystem Energie an sich große

Bedeutung zumaß, fehlt dieser Schutz vor einer Politik, die Milliarden Menschenleben ein vorzeitiges Ende beschert hätte, im aktuellen Mainstream-Wissenssystem.

Das sehen wir an der Tatsache, dass es an erster Stelle unsere designierten Umweltexperten sind, die die Energiepolitik prägen. Politische Ziele wie »Netto-Null«, »Fossil Free« und »100 Prozent Erneuerbare« beispielsweise galten noch vor einem Jahrzehnt bestenfalls als idealistische, schlimmstenfalls als durchgeknallte Ziele, für die sich vor allem der designierte Experte Bill McKibben und seine Organisation 350.org stark machten. Heute dominiert dieses politische Gedankengut weltweit. Einst hat unser Wissenssystem beträchtlichen Wert auf kostengünstige Energie gelegt – und damit Schutz geboten vor designierten Experten, die Energie ablehnen, Vorzüge ignorieren und Nebenwirkungen als Katastrophe betrachten. Dies ist nicht mehr der Fall.

Es ist also absolut möglich, dass unser Wissenssystem uns völlig unnötig in Richtung Katastrophe steuert, wie es die designierten Umweltexperten bereits vor Jahrzehnten vorhatten – nämlich hin zum Ausstieg aus fossilen Brennstoffen. Gerechtfertigt wird dies damit, dass man Nebenwirkungen, die eigentlich handhabbar wären, zur Katastrophe erklärt. Auf diese Weise wird das Leben von Milliarden Menschen verkürzt, werden Milliarden Menschen daran gehindert, sich aus der Armut zu befreien, und wird weltweiter Fortschritt im Keim erstickt.

Doch es gibt noch eine Konsequenz: Gelingt es uns nicht, den systemischen Problemen unseres Wissenssystems zu entkommen, haben wir nicht die geringste Ahnung, welcher Weg hinsichtlich fossiler Brennstoffe künftig der richtige ist.

Um uns dieser Probleme annehmen zu können, müssen wir zuerst ihre Ursache begreifen.

Unser Versagen und das unseres Wissenssystems verstehen

Wir haben gesehen, dass unser Wissenssystem gegen Energie eingestellt ist und derart dysfunktional wurde, dass es ohne Unterlass danach strebt, kostengünstige Energie zu eliminieren, während es die massiven Vorzüge dieser Energieform übergeht, und dass es permanent die Nebenwirkungen kostengünstiger Energie als Katastrophe hinstellt.

Wie kam es zu diesem schrecklichen Zustand?

Unkenntnis der Fakten ist eine Erklärung, die wir nicht ausschließen können. Die führenden Köpfe in unserem Wissenssystem, allen voran unsere designierten Experten, sind allesamt mit unzähligen Fakten überschüttet worden, die ihnen eigentlich hätten bewusst machen müssen, dass ihr Ansatz, Energie zu bewerten, erhebliche Fehler aufweist.

Zu diesen Fakten zählen:

- Fakten zu den massiven Vorteilen kostengünstiger Energie für das menschliche Wohlergehen. Dazu zählen auch jene für Problembereiche wie Schutz vor Auswirkungen des Klimas, Umweltqualität und Verfügbarkeit von Ressourcen;
- Fakten zu dem erheblichen Bedarf an kostengünstiger Energie weltweit;
- Fakten zur Bilanz des Wissenssystems, was das wiederholte Bewerben falscher Katastrophenprognosen anbelangt;
- Fakten zur Bilanz der energiepolitischen Vorschläge unserer designierten Experten, die Menschenleben kosten würden.

Wenn nicht Unkenntnis der Fakten der Grund dafür ist, dass unser Wissenssystem mit ihrer Energiepolitik gescheitert ist, vielleicht ist es dann die Unkenntnis der *Methoden*? Ist es möglich, dass sich die Verantwortlichen unseres Wissenssystems – und dazu zähle ich auch die designierten Experten – nicht bewusst sind, wie verkehrt es wäre, etwas außerordentlich Wertvolles abschaffen zu wollen, ohne dessen positiven Aspekte zu bedenken? Ist ihnen nicht klar, dass es unangemessen ist, die Nebenwirkungen einer Sache schwarzzumalen und vorsätzlich auszublenden, dass menschlicher Einfallsreichtum imstande sein könnte, diese Nebenwirkungen in den Griff zu bekommen?

Selbstverständlich nicht.

Jede gebildete Person weiß das. Beispielsweise hält es niemand für eine gute Idee, Antibiotika abzulehnen, ohne deren massive, lebensentscheidende Vorzüge zu berücksichtigen, und niemand würde Antibiotika als Katastrophe betrachten. Doch genau dies geschieht bei fossilen Brennstoffen – nur schlimmer, denn im Gegensatz zu Antibiotika verfügen fossile Brennstoffe dank ihrer Vorzüge in enormem Ausmaß über die Fähigkeit, ihre eigenen negativen Nebenwirkungen, auch die auf das Klima, zu neutralisieren und mehr als wettzumachen.

Wenn weder Unkenntnis der Fakten noch Unkenntnis angemessener Bewertungsmethoden erklärt, warum sich unser Wissenssystem für eine solche Politik des Energieausstiegs stark macht, was kann es dann?

Bevor ich diese Frage beantworte, möchte ich es noch komplizierter und dringender machen, indem ich eine Frage aufwerfe, die mir unangenehm war und es Ihnen vielleicht auch ist: Warum greifen so viele von uns zu denselben unlogischen Bewertungsmethoden wie unser Wissenssystem, obwohl wir es eigentlich besser wissen sollten?

Nehmen wir den Punkt, dass man sich für die Abschaffung fossiler Brennstoffe einsetzt und dabei deren Vorzüge ignoriert, auch jene für die Milliarden von Menschen, denen kostengünstige Energie fehlt. Ich nehme mich selbst als Beispiel. Warum habe ich, bevor ich mich mit Energie befasste und plötzlich auf dies Thema stieß, nicht an die Milliarden Menschen gedacht, denen es an Energie mangelt und die von fossilen Brennstoffen enorm profitieren könnten? Natürlich wusste auch ich, dass es sehr viel Armut auf der Welt gibt und dass Armut auf bestimmte Weise mit einem Mangel an Dingen zusammenhängt, für die Energie erforderlich ist – zum Beispiel Fabriken, Krankenhäuser, Lebensmittelläden, Kühlschränke und Automobile. Dennoch rangierte dieser Punkt bei mir nicht an erster Stelle, als mir Vorschläge zu Ohr kamen, rasch aus fossilen Brennstoffen auszusteigen.

Es gibt noch einen weiteren Bereich, in dem die Vorteile kosteneffizienter Energie im Allgemeinen und fossiler Brennstoffe im Besonderen hervorstechen, den ich ignoriert habe, obwohl ich es hätte besser wissen müssen: die Klimabeherrschung. Warum entging mir in meinen Überlegungen, welche Maßnahmen man gegen den potenziell katastrophalen Klimawandel ergreifen kann, dass wir uns heute im Unterschied zur Vergangenheit offensichtlich sehr gut vor Klimagefahren zu schützen wissen, dass Klimaschutz aber mit dem Einsatz von viel

Energie und Maschinen verbunden ist, sodass fossile Brennstoffe potenziell große Klimagefahren verhindern könnten und die Abschaffung fossiler Brennstoffe die Klimagefahren sogar erhöhen könnte?

Ich weiß nicht, ob mein Beispiel Anklang bei Ihnen findet, aber bei genauerer Betrachtung müssen sich wohl die meisten von uns eingestehen, dass wir die unlogische Methode unseres Wissenssystems, einen Ausstieg aus fossilen Brennstoffen zu propagieren bei gleichzeitiger Ignoranz gegenüber deren Vorzügen, entweder übernommen haben oder zumindest viel zu sehr tolerieren.

Oder nehmen Sie den Fakt, dass unser Wissenssystem aus Nebenwirkungen konsequent Katastrophen macht. Ich nehme mich noch einmal als Beispiel. Nachdem ich die ganze Vorgeschichte der Schwarzmalerei kennengelernt hatte, konnte ich nicht mehr an der Frage vorbei: Warum hatte ich vorher Katastrophenprognosen Glauben geschenkt, obwohl ich doch – wie wohl die meisten unter uns – wusste, dass viele von ihnen nicht eingetroffen sind? Warum habe ich Institutionen Glauben geschenkt, die diese Vorhersagen immer wieder veröffentlicht haben, sich aber niemals entschuldigt zu haben scheinen, wenn sie danebenlagen, und die offensichtlich auch nie darüber nachgedacht haben, wie es zu dieser Fehleinschätzung kommen konnte? Warum *fühlten* sich Katastrophenvorhersagen häufig so *richtig an*? Und zwar so sehr, dass man selbst dann, wenn sich Prognosen eines katastrophalen Klimawandels oder eines katastrophalen Wegfalls von Bodenschätzen oder einer katastrophalen Umweltverschmutzung als falsch erwiesen, den Eindruck hatte, es *müsse* früher oder später so weit kommen?

Erneut gilt hier: Wenn wir darüber nachdenken, werden die meisten von uns einsehen, dass wir – genau wie unser Wissenssystem und die designierten Experten – gerne Katastrophen an die Wand malen oder zumindest Sympathie und Toleranz dafür aufbringen.

Und letztlich muss man auch sagen: Wären wir den irrationalen Bewertungsmethoden des Mainstream-Wissenssystems gegenüber nicht positiv eingestellt, hätten wir längst dagegen aufbegehrt, wie das System mit fossilen Brennstoffen verfährt. Wir würden es nicht mehr als zentrale Anlaufstelle für Expertenwissen nutzen. Dennoch tun es die meisten von uns weiterhin.

Die dringende Frage lautet also nicht nur »Was läuft mit unserem energiefeindlichen, Vorzüge ignorierenden und Nebenwirkungen aufbauschenden Wissenssystem schief?«, sondern auch »Was läuft schief mit uns, den Verbrauchern und – zu einem erheblichen Teil – Nachahmern unseres Wissenssystems?« Solange wir nicht begreifen, warum unser Wissenssystem wider besseres Wissen zu irrationalen Methoden greift, wenn es Energie bewertet, und warum wir selbst wider besseres Wissen für diese irrationalen Bewertungsmethoden anfällig sind, werden wir es nicht schaffen, diese Probleme zu lösen. Und das bedeutet, dass wir als Spezies zweifelsohne schreckliche, potenziell katastrophale Entscheidungen in Sachen Energiepolitik treffen werden und dass wir als Einzelpersonen nicht imstande sind, herauszufinden, welches in Zukunft der richtige Weg im Umgang mit fossilen Brennstoffen sein wird. Und dazu gehört auch, Experten zu finden, die von dem, was auch immer unser Wissenssystem zum Scheitern bringt, nicht betroffen sind.

Wenn nicht Ignoranz, was erklärt dann das Scheitern unseres Wissenssystems – und unser eigenes – in Sachen Energie? Was ist das Grundübel, das es zu beheben gilt?

Die Antworten finden sich in dem Bereich, der gemeinhin als am wenigsten praxisnah gilt, den ich aber zu meinem Beruf gemacht habe, weil ich ihn für am praxisnächsten halte: die Philosophie.

3

Das Anti-Eingriffskonzept

Menschenfeindliche moralische Ziele und Normen

Das letzte Kapitel beendeten wir mit einer entscheidenden Frage – einer Frage, die wir beantworten müssen, um herauszubekommen, welchen Weg wir mit den fossilen Brennstoffen einschlagen sollen. Und diesen Weg müssen wir kennen, um die richtigen Experten identifizieren zu können.

Die Frage lautete: Wie wurde unser Wissenssystem derart energiefeindlich und dysfunktional, dass es wider besseres Wissen mit zwei irrationalen Bewertungsmethoden arbeitet? Bei diesen beiden Methoden handelt es sich darum, 1) konsequent die Abschaffung kostengünstiger Energiequellen zu unterstützen, während gleichzeitig deren massive, lebensentscheidende Vorzüge ignoriert werden, und 2) ebenso konsequent die negativen Auswirkungen kostengünstiger Energie zur Katastrophe zu erklären, dabei deren aktuelles und künftiges Ausmaß gewaltig zu übertreiben und unsere Fähigkeit nicht miteinzubeziehen, diese Nebenwirkungen zu meistern (insbesondere mithilfe kostengünstiger Energie). Ein zentraler Aspekt dieser Frage lautet: Warum greifen wir, die Nutzer unseres Wissenssystems, auf diese irrationalen Bewertungsmethoden zurück oder kritisieren sie nicht wenigstens, obwohl wir es doch eigentlich besser wissen?

Wenn wir diese Frage beantworten können, können wir die Grundursache für die irrationalen Bewertungsmethoden begreifen, mit denen unser Wissenssystem und auch wir selbst arbeiten. Wir können korrigierend eingreifen, und die Aussichten stehen gut, dass wir erkennen, welche Richtung wir zum Vorteil für die Menschheit bei fossilen Brennstoffen künftig einschlagen sollten, anstatt den überaus zerstörerischen Weg weiterzuverfolgen, den uns unser unumstrittenes Wissenssystem zu diktieren versucht.

Beginnen wir mit der ersten irrationalen Bewertungsmethode. Weshalb befürwortet unser Wissenssystem einen Ausstieg aus fossilen Brennstoffen und anderen Formen kostengünstiger Energie, ohne die massiven, lebensentscheidenden Vorzüge zu berücksichtigen, die fossile Brennstoffe für Milliarden Menschen haben?

Wie bereits erwähnt, kann es nicht mit Faktenunkenntnis zusammenhängen, dass sich unser Wissenssystem für den Ausstieg aus kostengünstiger Energie stark macht und dabei deren Vorteile ignoriert, denn die Köpfe des Wissenssystems sind mit zahlreichen Fakten zum Nutzen kostengünstiger Energie für das menschliche Gedeihen konfrontiert worden. Es kann gewiss auch nicht damit erklärt werden, dass man sich der Irrationalität dieser Bewertungsmethode nicht bewusst ist. Denn jeder weiß, dass man sich nicht für die Abschaffung einer Sache aussprechen sollte, ohne deren Vorzüge abgewogen zu haben.

Wie lässt sich dies also erklären?

Was Menschen im Verlauf der Geschichte bis heute dazu bringt, menschenfeindliche Politik zu unterstützen, selbst wenn sie über das sachliche und methodische Wissen verfügen, um zu erkennen, dass sie dies tun, ist immer wieder dasselbe: Ihr *primäres moralisches Ziel ist menschenfeindlich.*

Obwohl die Frage nach dem primären moralischen Ziel in der Philosophie von zentraler Bedeutung ist, lernen wir nur selten, darüber nachzudenken. Dabei beeinflusst dieses Ziel unsere Bewertungen auf geradezu unvorstellbare Weise.

Wann immer wir abwägen, was wir in einer bestimmten Angelegenheit tun wollen, sei es mit fossilen Brennstoffen, Antibiotika oder Tieren in der Medizinforschung, unsere Entscheidung richtet sich stets nach einem primären moralischen Ziel aus. Irgendetwas hat Vorrang vor allem anderen und dient uns als primäre *Evaluationsnorm.*

Sehen wir uns an, wie Tierversuche zu medizinischen Zwecken bewertet werden. Ist es gut, Tiere in der Medizinforschung einzusetzen?

Die meisten Menschen, darunter auch ich, würden mit Ja antworten. Warum? Zwar wünschen wir uns nicht, Tieren Leid zuzufügen, aber die zahllosen Menschenleben, die durch Tierversuche gerettet werden, haben für uns *höhere* Priorität. Warum? Weil unser *primäres moralisches Ziel* in diesem Zusammenhang »das Voranbringen menschlichen Wohlergehens« in irgendeiner Form ist – und dazu zählt die Fähigkeit menschlicher Wesen, ein langes, gesundes, erfülltes Leben zu führen – und nicht, »Leiden und Sterben von Tieren zu verhindern«. Das primäre moralische Ziel dient als *Norm*, und mit dessen Hilfe heißen wir Tierversuche für medizinische Forschung gut.

Doch während die meisten Menschen dem zustimmen, halten Millionen von Menschen auf der Welt es dennoch für unmoralisch, Versuche, ganz gleich welcher Art, an Tieren durchzuführen. Manche von ihnen mögen die Fakten nicht kennen, viele aber schon. Und es gibt Wissenschaftler, die Tierversuche als unmoralisch bewerten, auch wenn sie wissen, dass sie für das Leben von Menschen bisher von großem Vorteil gewesen sind.

Warum? Weil sie glauben, dass die Gleichberechtigung der Tiere als moralische Ausrichtung und *moralische Norm* über der moralischen Ausrichtung und Norm steht, die verlangt, Menschen vor Krankheiten zu schützen. Der Grundgedanke der Tierrechte besagt, dass es für Menschen moralisch falsch ist, in das Leben anderer Lebewesen einzugreifen, und dass es insbesondere falsch ist, sie zu töten.

Wenn das primäre Ziel darin besteht, Tieren dieselben Rechte wie Menschen einzuräumen, besteht der moralische Antrieb darin, sämtliche Auswirkungen menschlichen Handelns auf Tiere zu eliminieren. Und dazu zählen auch Auswirkungen, die für den Menschen von Vorteil sind, beispielsweise die Nutzung von Tieren in der medizinischen Forschung.

Daraus lernen wir, dass menschenfeindliche Ziele und Normen Menschen dazu bringen können, menschenfeindliche Politik zu betreiben – selbst wenn sie von Faktenlage und Methodik her wissen, dass ihre Politik gegen den Menschen gerichtet ist.

Meiner Auffassung nach erklärt dies viele Phasen im Laufe der Geschichte, in denen Menschen – bis hin zu ganzen Wissenssystemen –, die es hätten besser wissen müssen, bösartige, menschenfeindliche Richtlinien massiv unterstützten – beispielsweise Sklaverei, Rassismus, religiöse Diktaturen, Kommunismus und Nationalsozialismus.

So unterstützte Nazideutschland (im Übrigen mit breiter Unterstützung des deutschen Wissenssystems) die Auslöschung der Juden, und zwar nicht, weil man nicht wusste, dass dabei viele Menschen ums Leben kommen würden, sondern weil sein Ziel und seine Norm das Gegenteil menschlichen Wohlergehens war: der Triumph einer einzigen Gruppe von Menschen (der Arier) und die Unterjochung von Juden und weiteren nicht arischen Gruppen.

Menschenfeindliche Ziele weisen ein aufschlussreiches Merkmal auf: Sie erlangen häufig breite Akzeptanz, indem sie in irgendeiner Form als menschenfreundlich getarnt werden.

Will man menschenfeindliche Ziele tarnen, gibt es zwei grundlegende Wege.

Einer besteht darin, menschenfeindliche Ziele oder Richtlinien mithilfe schwammiger, in die Irre führender Terminologie als menschenfreundlich hinzustellen. Tierrechte beispielsweise werden häufig damit beworben, dass man den schwammigen und in die Irre führenden Begriff »Tierschutz« verwendet. *Tierschutz* kann sowohl bedeuten, dass man 1) sich mit einer menschenfreundlichen Argumentation für das Wohlergehen von Tieren einsetzt und unnötige Grausamkeit ablehnt (was ich als Tierfreund ganz gewiss tue), als auch, dass man sich 2) mit einer menschenfeindlichen Argumentation um das Wohlergehen von Tieren sorgt, und dazu gehört die mit der Gleichberechtigung der Tiere begründete Weigerung, sie zu medizinischen Tests heranzuziehen. Viele Menschen begrüßen »Tierschutz« in dem Glauben, es ginge nur um den Widerstand gegen unnötige Grausamkeit, unterstützen letztlich aber die gesamte Tierrechtsagenda, darunter auch den Widerstand gegen Tierversuche für medizinische Zwecke.

Der zweite Weg, menschenfeindliche Ziele zu tarnen, sieht so aus, dass man falsche, pseudowissenschaftliche Annahmen verbreitet, die menschenfeindliche Ziele wohlwollend oder menschenfreundlich erscheinen lassen. Beim Widerstand gegen Tierversuche könnte dies die Behauptung sein, Tierversuche wären für die Forschung nie von besonderem Wert gewesen. Das erweckt den Eindruck, für die Menschen entstünden keinerlei Kosten, wenn sie sich gegen Tierversuche zu medizinischen Zwecken aussprechen. Rassistische Bewegungen arbeiten häufig mit falschen, pseudowissenschaftlichen Annahmen und erklären ihren Anhängern, es sei keineswegs antihumanistisch, wenn sie unerwünschte Rassen töteten oder unterwürfen, denn die Wissenschaft habe gezeigt, dass diese Rassen »minderwertig«, also keine echten Menschen seien.

Wäre es möglich, dass die Unterstützung, die unser Wissenssystem (und auch wir) der menschenfeindlichen Politik eines Energieausstiegs zukommen lässt, ebenfalls auf menschenfeindlichen Zielen und Normen basiert? Möglicherweise unter der Tarnkappe schwammiger Terminologie und falscher, pseudowissenschaftlicher Annahmen?

Ein besonders zwingendes Indiz dafür, dass dies zutrifft, ist die Art und Weise, wie unser Wissenssystem Auswirkungen beurteilt, die fossile Brennstoffe bislang auf die Welt hatten.

Was auch immer Sie von den Auswirkungen halten, die steigende CO_2-Werte auf die Zukunft des Planeten haben, Sie werden, wenn Sie über den Zustand der heutigen Welt Bescheid wissen, eines einräumen müssen: Es geht den meisten Menschen heutzutage besser als zu jedem anderen Zeitpunkt der Geschichte. Und wenn Ihnen auch nur annähernd bewusst ist, wie sehr fossile Brennstoffe unsere Welt am Laufen halten, werden Sie erkennen, dass die Nutzung dieser Brennstoffe zu diesem beispiellosen Ausmaß menschlichen Gedeihens entscheidend beiträgt.

Diese positive Einschätzung der globalen Lage und der Rolle fossiler Brennstoffe sollte auch dann bestehen bleiben, wenn Sie der Ansicht sind, steigende CO_2-Werte würden das Klima derart negativ beeinflussen, dass die Schäden nicht nur unsere Fähigkeiten übersteigen, dank fossiler Brennstoffe das Klima zu beherrschen, sondern auch den Nutzen, den fossile Brennstoffe für sämtliche anderen Aspekte des Lebens haben. Die Argumentation würde dann in etwa so lauten: »Fossile Brennstoffe haben die Welt in einen immer lebenswerteren Ort verwandelt, unter anderem auch in einen Ort, an dem wir deutlich besser vor dem Klima geschützt sind. Doch tragischerweise werden die künftigen negativen

Auswirkungen mit derart starken Nachteilen einhergehen, dass es sich lohnt, Milliarden Menschen um die gewaltigen Vorzüge fossiler Brennstoffe zu bringen.«

Das wäre zumindest eine schlüssige Behauptung.

Doch das heutige Wissenssystem und insbesondere seine designierten Experten gehen nicht einmal im Ansatz so weit. Stattdessen behandelt das Wissenssystem die Welt – inklusive des Klimas –, als befände sie sich aufgrund der fossilen Brennstoffe *schon jetzt* in einem furchtbaren Zustand. Hinsichtlich der Vorteile der fossilen Brennstoffe wird die Situation so hingestellt, als hätten die negativen Auswirkungen die Vorteile bereits übertroffen. Es heißt, fossile Brennstoffe hätten unsere Umwelt und die Auswirkungen der fossilen Brennstoffe unser Klima »zerstört«.

Beispielsweise erklärte UNO-Generalsekretär António Guterres: »Unser Krieg gegen die Natur hat den Planeten kaputt gemacht.« Und: »Die Folgen unserer Rücksichtslosigkeit schlagen sich bereits in Form menschlichen Leids nieder«, unter anderem in »enormen wirtschaftlichen Einbußen«.[1]

Die Fakten jedoch stellen sich anders dar: Dieser Planet wird deutlich weniger als je zuvor von menschlichem Leid heimgesucht, und dazu gehört auch deutlich weniger Leid infolge von Klimagefahren. Und tatsächlich haben wir auch keine »enormen wirtschaftlichen Einbußen« erlitten, sondern im Gegenteil beispiellose wirtschaftliche Zugewinne erfahren.

Dass unser Wissenssystem den Zustand der *heutigen* Welt als furchtbar einstuft und fossilen Brennstoffen die Schuld daran gibt, macht es für uns eindeutig, dass sein Ziel und seine Bewertungsnorm nicht darin bestehen, das menschliche Wohlergehen voranzutreiben. Stattdessen verfolgt unser Wissenssystem ein menschenfeindliches Ziel und legt einen menschenfeindlichen Standard an, vermutlich getarnt durch schwammige und irreführende Terminologie und/oder falsche, pseudowissenschaftliche Annahmen.

Und genau das finden wir auch, wenn wir uns auf die Suche machen nach einem gemeinsamen moralischen Ziel hinter dem Eintreten unseres Wissenssystems für eine Energieausstiegspolitik.

Menschliche Einwirkung eliminieren

Ist uns einmal das Phänomen klar geworden, dass hier menschenfeindliche Ziele und Normen eine menschenfeindliche Politik vorantreiben, können wir nach ihnen Ausschau halten. Gibt es einen gemeinsamen Antrieb hinter sämtlichen Formen von Energieausstiegspolitik, die unser Wissenssystem unterstützt? Beispielsweise beim Widerstand gegen fossile Brennstoffe, Atomkraftwerke, Staudämme für Wasserkraftwerke und Solar- und Windprojekte?

Und ob es diesen gemeinsamen Antrieb gibt. Egal, ob gegen fossile Brennstoffe, Kernkraft, Wasserkraft, Solar oder Wind Widerstand geleistet wird – es wird stets derselbe Grund genannt, und der verweist darauf, welche primäre moralische Ausrichtung und Norm hier am Werk ist. Dieser Grund lautet: *die beträchtliche Auswirkung, die die jeweilige Energiequelle auf den Rest der Natur hat.*

Fossile Brennstoffe wirken sich via CO_2 signifikant auf die Natur aus.

Atomenergie wirkt sich via Strahlung und langlebige Abfälle signifikant auf die Natur aus.

Wasserkraft wirkt sich signifikant auf die Natur aus, indem sie das freie Strömen der Flüsse verhindert.

Und Solar- und Windenergie wirken sich durch massiven Rohstoffabbau, große Landnutzung und Beeinträchtigung unzähliger Spezies signifikant auf die Natur aus.

Hören wir jemanden argumentieren, diese oder jene Energiequelle habe nachhaltige Folgen für die Natur, weshalb man sich ihnen verweigern solle, liegt die Annahme nahe, dass Auswirkungen auf die Natur vor allem deshalb abgelehnt werden, weil sie schlecht für den Menschen sind – und das wiederum legt nahe, dass das primäre Ziel darin besteht, das menschliche Wohlergehen voranzubringen.

Am plausibelsten ist dies im Falle von fossilen Brennstoffen und CO_2. Selbst wenn Sie einräumen, dass dieses Thema konsequent zur Katastrophe hochstilisiert wurde, macht man sich angesichts steigender CO_2-Werte zu Recht Sorgen um das menschliche Wohlergehen.

Doch es fällt auf, dass in allen anderen Fällen, bei denen eine Energieform abgelehnt wird, nicht einmal das plausible Argument bemüht wird, wonach steigende CO_2-Werte (angeblich) eine Bedrohung unserer Zukunft darstellen, und zwar eine »existenzielle Bedrohung«, wie es in diesem Zusammenhang oftmals heißt.

Strahlung ist belanglos, was Kernenergie angeht, und die Abfälle werden seit Generationen sicher entsorgt. Und wer sich gegen wichtige hydroelektrische Projekte mit frei fließenden Gewässern verwehrt oder Solarprojekte ablehnt, weil diese Wüstenschildkröten vertreiben würden, der rückt ganz gewiss nicht das menschliche Wohlergehen in den Mittelpunkt – nicht, wenn dafür ein dermaßen wichtiger Vorteil wie Energiegewinnung verhindert wird.

Dasselbe gilt für zahlreiche weitere Auswirkungen auf die Natur, die keine eindeutig negativen Folgen für Menschen hätten, aber mit moralischer Dringlichkeit behandelt werden. Als Beispiele seien die Veränderungen im Lebensraum der Eisbären genannt, oder dass sich Karibu in Alaska wegen Ölbohrungen neue Wanderwege suchen müssen.

Tatsächlich ist das Überleben dieser Arten nicht im Entferntesten von Energieprojekten bedroht, denn man verzeichnet sogar eine starke Zunahme der Eisbärpopulationen. Dennoch wird im Namen nicht bedrohter Arten mit moralischer Dringlichkeit gefordert, Energieprojekte zu stoppen.

Der rote Faden, der sich durch die Ablehnung der Auswirkung von Energie auf die restliche Natur zieht, ist also nicht, dass diese Energie dem menschlichen Wohlergehen schadet, sondern dass sie die restliche Natur als solche beeinträchtigt. Und das wird als *intrinsisch falsch betrachtet und muss daher ein Ende haben.*

Anders gesagt *ist das primäre moralische Ziel, das unser Wissenssystem in Energiefragen antreibt, nicht die Förderung menschlichen Wohlergehens, sondern das Eliminieren menschlichen Einwirkens.* Wie wir sehen werden, gilt das über die Energie hinaus auch für zahlreiche weitere Bereiche.

Sagen wir es in aller Deutlichkeit: Das Eliminieren menschlichen Einwirkens ist ein menschenfeindliches moralisches Ziel. Der Mensch überlebt und kommt voran, indem er Einfluss auf die Natur nimmt. Um auch nur ansatzweise so zu leben, wie wir es heute tun, ist es erforderlich, dass wir die Natur massiv umwandeln, also in sie eingreifen.

Dazu gehört auch, dass man auf die Natur in großem Stil einwirkt, um Energie zu *produzieren*. Jede Form von Energienutzung setzt voraus, dass umfassend Materialien abgebaut und verarbeitet werden, dass Bauteile transportiert werden, dass Land genutzt wird und so weiter. Auch um Energie für produktive Zwecke *einzusetzen*, sind massive Eingriffe in die Natur erforderlich, etwa in der modernen Landwirtschaft, beim Bau von Bewässerungssystemen oder von stabilen, widerstandsfähigen Gebäuden.

Wer das Ziel anstrebt, menschliche Eingriffe zu eliminieren, steht damit im klaren Widerspruch zu jener produktiven Transformation der Natur, wie sie das menschliche Leben erfordert.

Aus dem Blickwinkel menschlichen Wohlergehens *begrüßen* wir massive, für den Menschen förderliche und produktive Eingriffe in die Natur, etwa den Bau von Häusern, Straßen und Fabriken. Wir wollen *ausschließlich* gegen den Menschen gerichtete, selbstzerstörerische Eingriffe in die Natur minimieren oder völlig eliminieren, beispielsweise Umweltverschmutzung oder die sinnlose Zerstörung der schönsten Naturgebiete.

Für jedes menschliche Ziel ist es erforderlich, massiv in die Natur einzugreifen, auch für eine gesunde Umwelt (denn hierfür muss man viele »natürliche« Arten von Abfall und Schädlingen bekämpfen) oder um die Natur zu genießen (denn hierfür muss die Produktivität so groß sein, dass der Mensch genügend Freizeit für Outdooraktivitäten hat und entsprechende Transportmittel bereitgestellt werden können).

Das Ziel, menschliche Eingriffe zu eliminieren, steht also im Widerspruch zu sämtlichen Aspekten des menschlichen Lebens, auch zu den umweltbezogenen Aspekten, die wir zu Recht oder zu Unrecht damit in Verbindung bringen.

Das Ziel, menschliche Eingriffe zu eliminieren, und das menschenfeindliche Wesen dieses Ziels werden von unserem Wissenssystem normalerweise nicht ausdrücklich angesprochen. Manchmal kommt dies aber doch vor, insbesondere in Kommentaren unserer designierten Experten. So liest man in Bill McKibbens bahnbrechendem Buch *The End of Nature*, unser Ziel müsse eine »bescheidenere Welt« sein, eine Welt, in der wir unsere Umwelt weniger stark beeinflussen und in der »das Glück des Menschen von nachrangiger Bedeutung ist«.[2]

Und was ist stattdessen von vorrangiger Bedeutung? Unser Einwirken auf die Natur ganz einzustellen. »Vielleicht gelingt dies nicht mehr zu unseren Lebzeiten und auch nicht zu jenen unserer Kinder oder Kindeskinder, aber wenn wir *heute* unsere Anzahl, unsere Wünsche und unsere Ambitionen begrenzten, könnte die Natur *eines Tages ihr eigenständiges Funktionieren wieder aufnehmen* [Hervorhebungen durch den Autor].«[3]

Mithin ist das »eigenständige Funktionieren« der Natur wichtiger als das menschliche Leben.

Einige Konsequenzen, die sich aus McKibbens Haltung ergeben, beschreibt der Biologe David M. Graber in der *Los Angeles Times*, wo er McKibbens Buch positiv rezensiert:

> *McKibben ist ebenso wie ich Biozentriker. Uns interessiert nicht, welchen Nutzen eine bestimmte Spezies, ein frei fließendes Gewässer oder ein Ökosystem für die Menschheit hat. Sie haben einen intrinsischen Wert, einen Wert an sich, der – für mich – größer ist als der eines menschlichen Körpers oder einer ganzen Milliarde von ihnen. Das menschliche Glück und erst recht die menschliche Fruchtbarkeit sind nicht so wichtig wie ein wilder und gesunder Planet. Bis zu dem Zeitpunkt, an dem* Homo sapiens *beschließt, sich erneut der Natur anzuschließen, können einige unter uns dafür beten, dass das richtige Virus auf der Bildfläche erscheint.*[4]

Fälle wie diese, in denen ausdrücklich das Eliminieren menschlicher Eingriffe als primäres moralisches Ziel benannt wird und eingeräumt wird, dass dieses Ziel gegen den Menschen gerichtet ist, sind vergleichsweise selten. Würden dieses Ziel und sein menschenfeindliches Wesen regelmäßig zur Sprache kommen, würden die meisten Menschen dies nicht akzeptieren.

Doch in der verkleideten Form schwammiger, scheinbar promenschlicher Formulierungen wie »grün werden«, »Umweltauswirkungen minimieren«, »die Umwelt schützen« und »den Planeten retten« wird es von den meisten Menschen weitgehend angenommen – ganz gewiss jedenfalls von unserem Wissenssystem.

Formulierungen wie diese scheinen Handlungen zu repräsentieren, bei denen nicht alle Formen menschlicher Eingriffe eliminiert werden, sondern nur *unnötige mit Auswirkungen, die dem Menschen schaden*, etwa unnötige Umweltverschmutzung oder die Zerstörung natürlicher Schönheit.

In der Praxis jedoch ist mit ihnen eindeutig das Eliminieren sämtlicher Formen menschlicher Eingriffe gemeint, und dazu zählt auch die überwiegende Mehrheit menschlicher Eingriffe, die für das menschliche Wohlergehen von Vorteil sind.

»Grün zu werden«, »Umweltauswirkungen zu minimieren«, »die Umwelt zu schützen« und »den Planeten zu retten« bedeutet in der Praxis beispielsweise, sich gegen wichtige Industrieprojekte wie Kraftwerke, Dämme oder Apartmentblöcke zu sperren, mit der Begründung, dass dies Auswirkungen auf eine bestimmte Pflanze oder Tierart haben könnte. Tiere und Pflanzen erhalten also Vorrang vor menschlichen Lebewesen, die diese Projekte befürworten oder benötigen. Überdies bedeutet »grün zu werden«, »die Umweltauswirkungen zu minimieren«, »die Umwelt zu schützen« und »den Planeten zu retten« in der Praxis weniger Aktivitäten, in die Maschinen involviert sind, ob es sich nun um Fahren handelt, um Fliegen, die Nutzung einer Waschmaschine oder eines Trockners.

Diese vagen Absichtserklärungen zielen letztlich auf das »Eliminieren menschlicher Eingriffe« ab und werden ständig dafür herangezogen, produktive Eingriffe in die Natur zu verhindern. Dazu zählt selbstverständlich auch jede Form von kosteneffektiver Energie. (Ein Hinweis: Am Ende des Kapitels gehe ich auf eine klare und promenschliche alternative Umweltterminologie ein.)

In unserem gesamten Wissenssystem stößt man nachweislich überall auf das Ziel, menschliche Eingriffe zu eliminieren, manchmal deutlich ausgesprochen, manchmal verschlüsselt.

So setzt sich unser Wissenssystem auch außerhalb des Energiethemas vehement dafür ein, menschliche Eingriffe zu eliminieren und sämtliche Formen von dementsprechenden Aktivitäten zu stoppen, ohne dass ihre Vorteile für das menschliche Wohlergehen beachtet werden. Dazu zählt der Widerstand gegen Kunststoffe, gegen Abholzung oder Infrastrukturmaßnahmen wie neue Straßen, neue Gebäude und neue Fabriken. Ihr Bau wird in weiten Teilen der Welt immer schwieriger.

Ein besonders erschreckendes Beispiel ist auch der weitgehende Ausstieg aus DDT, einer lebensrettenden und Malaria zerstörenden chemischen Verbindung. Die politisch als liberal geltende National Academy of Science schätzt, dass diese Substanz 500 Millionen Menschen vor dem Tod durch Malaria bewahrt hat. Doch inzwischen ist diese Krankheit größtenteils aus den armen Gegenden der Welt verschwunden, und zwar auf Druck der reichen Nationen. Diese wiederum regten sich über Berichte auf, DDT habe eine Nebenwirkung, es führe nämlich zu dünneren Eierschalen. Die Folge: Um unseren angeblichen Einfluss auf Eierschalen zurückzunehmen, mussten zahllose Menschen sterben. (Wie die meisten derartigen Behauptungen erwies sich auch jene als stark verzerrt, DDT wirke sich auf Eierschalen aus.)[5]

Nachdem nun klar ist, dass unser Wissenssystem unter der menschenfeindlichen moralischen Zielsetzung operiert, menschliche Eingriffe zu eliminieren, wird auch verständlich, warum es konsequent Richtlinien zur Eliminierung von Energie unterstützt und die massiven Vorzüge kostengünstiger Energie ignoriert.

Wie das Ziel, menschliche Eingriffe zu eliminieren, unser Wissenssystem dazu bringt, kostengünstige Energie abzulehnen

Unser Wissenssystem macht sich für eine Energieabschaffungspolitik stark und ignoriert dabei die massiven Vorzüge, die kostengünstige Energie für das menschliche Wohlergehen bietet. Bislang habe ich gesagt, dass sich das nur dadurch erklären lässt, dass unser Wissenssystem nach menschenfeindlichen Zielen und Normen handelt – und dass es in diesem speziellen Fall darum geht, menschliche Eingriffe in die restliche Natur zu verhindern. Dies wird häufig verschleiert und so hingestellt, als ginge es nur darum, solche Eingriffe zu eliminieren, wenn sie dem Menschen schaden. Dafür werden schwammige menschenfreundliche Begriffe eingesetzt wie »grün werden«, »die Umweltauswirkungen minimieren«, »die Umwelt schützen« und »den Planeten retten«.

Schauen wir uns nun in der Praxis an, wie das häufig verschleierte und gegen den Menschen gerichtete Ziel, menschliche Eingriffe zu eliminieren, unser Wissenssystem dazu antreibt, eine Energieabschaffungspolitik zu unterstützen, und es dazu bringt, aus scheinbar unerklärlichen Gründen alle Vorzüge zu ignorieren, die fossile Brennstoffe für das menschliche Wohlergehen haben.

Geht es darum, menschliche Eingriffe in die Natur zu eliminieren, regt sich an drei Stellen ganz automatisch Widerstand gegen kostengünstige Energie: 1) bei der Entwicklung, 2) bei den Nebenwirkungen und 3) bei der Nutzung.

Angesichts des Ziels, menschliches Einwirken zu eliminieren, sind die beträchtlichen Auswirkungen kostengünstiger Energieentwicklung unmoralisch und müssen verhindert werden

Alle Arten von kostengünstiger Energie stehen mit der Erschließung der Natur in Zusammenhang, und das heißt, dass diese in signifikantem Ausmaß umgestaltet wird. Sie alle bedeuten, wie ich in Kapitel 5 ausführlich darstellen werde, erhebliche Eingriffe in Mutter Erde. Dies geschieht beispielsweise, indem man in manchen Landstrichen massiven Abbau betreibt oder tief in die Erde hineinbohrt, um Rohstoffe zu fördern (von Kohle und Öl bis hin zu den sogenannten »Seltenen Erden« für Solaranlagen und Windräder), indem man riesige Fabrikanlagen errichtet, in denen diese Materialien verarbeitet werden (von Ölraffinerien bis hin zu Verarbeitungsanlagen für diese Seltenen Erden), indem man gewaltige Systeme für den Energietransport baut (von Ölpipelines bis hin zu Hochspannungsleitungen) und indem man Kraftwerke für die Erzeugung von Elektrizität erschafft (von Erdgaswerken und Atomreaktoren bis hin zu »Parks« voller Solaranlagen oder Windrädern).

Unser Wissenssystem wie auch viele Bürger arbeiten darauf hin, menschliche Eingriffe zu verhindern, was zur Folge hat, dass inzwischen jedes Entwicklungsprojekt Gefahr läuft, Widerstände überwinden zu müssen oder sogar gestoppt zu werden. Wichtig ist in diesem Zusammenhang: Selbst wenn das Mainstream-Wissenssystem das Aufhalten bestimmter Vorhaben nicht aktiv unterstützt, legt es doch viel Sympathie für Menschen an den Tag, die dies versuchen, denn schließlich engagieren sie sich für das Verhindern menschlichen Eingreifens, und das gilt als Inbegriff von Moral.

So erleben wir, dass der Widerstand gegen »Solarparks«, »Windfarmen« und Hochspannungsleitungen äußerst erfolgreich ist, weil derartige Vorhaben ungewöhnlich stark in die lokale Natur eingreifen. Zwar führt das Mainstream-Wissenssystem solchen Widerstand selten an, es segnet ihn aber ab.

Angesichts des Ziels, menschliches Einwirken zu eliminieren, sind die beträchtlichen Auswirkungen der Nebenwirkungen kostengünstiger Energie unmoralisch und müssen verhindert werden

Jede Art von Energie hat negative Auswirkungen auf die umgebende Natur: Bei fossilen Brennstoffen sind es CO_2-Emissionen, bei Kernenergie Strahlungen, bei Solar- und Windkraft beträchtliche Abfälle und tote Tiere. Wenn man auf das Ziel hinarbeitet, menschliches Eingreifen abzuschaffen, findet unser Wissenssystem also stets Gründe, welche Art von Energie auch immer als unmoralisch zu betrachten.

Strebt man das Ziel an, menschliche Eingriffe zu stoppen, ist es wichtig, sich vor Augen zu führen, dass Nebenwirkungen, die sich auf die restliche Natur auswirken, selbst dann unmoralisch sind, wenn sie für den Menschen nur minimal gefährlich, gutartig oder sogar nützlich sind.

Nehmen wir das Thema steigender CO_2-Werte infolge der CO_2-Emissionen fossiler Brennstoffe, welches unser Wissenssystem als intrinsisch unmoralisch und von Natur aus katastrophal behandelt.

Aus der Perspektive des menschlichen Wohlergehens sollten wir alle negativen CO_2-Nebenwirkungen fossiler Brennstoffe gegen deren massive Vorzüge abwägen, wozu auch jene einer möglichen Klimabeherrschung gehören. Aus dieser Perspektive sollten wir aber auch offen für die Möglichkeit sein, dass

Nebenwirkungen nicht ausschließlich negativ sind, sondern auch neutral oder sogar positiv sein könnten.

Verfolgen wir hingegen das Ziel, menschliches Eingreifen grundsätzlich zu verhindern, so ist es per se zutiefst unmoralisch, dass wir CO_2 ausstoßen und die CO_2-Werte deswegen gestiegen sind. Diese Einschätzung wird unabhängig davon vorgenommen, wie viele positive Aspekte damit verbunden sind, und gilt also selbst dann, wenn sich der CO_2-Anstieg unter dem Strich als vorteilhaft für das menschliche Wohlergehen erweist.

In seinem Buch *Eaarth* führt Bill McKibben beispielsweise das Argument an, es sei eine Tragödie, wenn Menschen etwas tun, das sich aufs Klima auswirkt, und zwar auch dann, wenn sie dadurch keinen Schaden erleiden. Dann nimmt er auf eines seiner anderen Bücher, *The End of Nature*, Bezug und schreibt:

> *Allein schon zu wissen, dass wir begonnen haben, das Klima zu verändern, bedeutete, dass das Wasser in diesem Strom eine andere, eine verringerte Bedeutung hatte. »Anstelle einer Welt, in der Regen eine eigenständige und rätselhafte Existenz hatte, war der Regen zu einer Unterkategorie menschlicher Aktivität geworden«, schrieb ich. »Der Regen trug eine Marke, es war ein Ochse und kein Hirsch.«*[6]

Wird der unter menschlichem Einfluss fallende Regen moralisch verurteilt (»ein Ochse und kein Hirsch«), bedeutet dies: Selbst wenn der Regen fortan besser vorhersehbar und mit erfreulicherer Wirkung fiele, wäre es noch immer verkehrt.

Tatsächlich wäre das zutiefst unmoralisch.

Diese Auffassung, Klima-Nebenwirkungen seien intrinsisch unmoralisch, findet sich in der weitverbreiteten Annahme wieder, »Klimawandel«, also »die Auswirkung menschlichen Handelns auf das Klima«, sei ausnahmslos negativ. Daran ändert auch das Wissen nicht, dass steigende CO_2-Werte, die ja zu den Auswirkungen gehören, logischerweise und faktisch das Pflanzenwachstum steigern und überdies zu mehr Wärme in einer Welt führen, in der eindeutig mehr Menschen an Kälte als an Hitze sterben.[7]

Dass Klima-Nebenwirkungen intrinsisch unmoralisch sind, sehen wir darüber hinaus an der Tatsache, dass viele Vertreter unseres Wissenssystems es für moralisch dringlich erforderlich halten, um jeden Preis CO_2-Emissionen zu eliminieren – selbst dann, wenn sie selbst nicht glauben, dass CO_2-Emissionen auch nur ansatzweise jene »existenzielle Bedrohung« sind, als die sie von einigen dargestellt werden. Sieht man sich die Aussagen der meisten fachkundigen Personen und Institutionen zu den Klimaauswirkungen an, so stellen sie nicht einmal annähernd irgendwelche apokalyptischen Behauptungen auf. Stattdessen geben sie durchdachte und zurückhaltende Stellungnahmen zu den negativen Klimafolgen ab, treten aber dennoch für einen raschen Ausstieg aus fossilen Brennstoffen ein. US-Finanzministerin Janet Yellen beispielsweise argumentierte folgendermaßen für einen Ausstieg aus fossilen Brennstoffen: »Wir wissen, dass höhere Temperaturen die Versorgung mit Lebensmitteln und Wasser stören könnten, was zu Unruhen rund um die Welt führen könnte.« Bedenkt man, was sie zweifelsohne über die massiven, lebensentscheidenden Vorzüge fossiler Brennstoffe weiß, auch, wenn es um die Versorgung mit Nahrungsmitteln und Wasser geht, so rechtfertigt die Aussage, die Nutzung fossiler Brennstoffe »könnte die Versorgung mit Lebensmitteln und Wasser gefährden«, nicht einmal im Ansatz einen raschen Ausstieg aus fossilen Brennstoffen. Sie und zahllose andere, die ähnlich zusammenhanglose Argumente vorbringen, nehmen keine Kosten-Nutzen-Rechnung vor, was die Auswirkungen fossiler Brennstoffe auf das Klima und das menschliche Wohlergehen anbelangt. Stattdessen lassen sie sich von dem moralischen Wunsch treiben, die Auswirkungen menschlichen Handelns auf das Klima um jeden Preis zu stoppen.

Das Ziel, klimatisches Eingreifen des Menschen zu verhindern, setzt voraus, dass dieses intrinsisch unmoralisch ist. Nur auf diese Weise lässt sich der ansonsten nicht nachvollziehbare Standpunkt unseres Wissenssystems erklären, dessen historische Bilanz der eigenen Umweltprognosen und die der designierten Umweltexperten keineswegs so negativ ausfällt, sondern gut und sogar übertrieben konservativ dasteht. Geht es darum, das menschliche Wohlergehen zu verbessern, so ergibt dieses Verhalten keinen Sinn. Designierte Experten sagen massenhaft Klimatote voraus, doch was geschieht (größtenteils) dank fossiler Brennstoffe?

Die Zahl der Klimatoten geht massiv zurück, die Experten lagen also meilenweit daneben. Aber für das Ziel, menschliche Eingriffe zu eliminieren, spielt das keine Rolle. Wichtig ist nur, dass der Mensch Einfluss auf das Klima genommen hat, was als intrinsisch und zutiefst unmoralisch gilt – unabhängig davon, dass der Mensch jetzt deutlich besser vor dem Klima geschützt ist.

Ich habe mich darauf konzentriert, wie die Zielvorgabe, menschliche Eingriffe zu eliminieren, unser Wissenssystem dazu bringt, die Eliminierung von CO_2-Emissionen und der sie verursachenden fossilen Brennstoffe offensiv voranzutreiben, und zwar unabhängig davon, wie die Folgen für das menschliche Wohlergehen aussehen mögen. Hierauf habe ich meinen Fokus in diesem Buch gelegt, weil dieses spezielle Ziel aktuell das größte im Energiebereich darstellt. Doch es ist wichtig, darauf hinzuweisen, dass dieselbe Dynamik bei anderen Nebenwirkungen kostengünstiger Energie genauso greift. So nährt das Kernziel offensive Bemühungen, die Nebenwirkungen von Atomenergie (Strahlung und Abfall) zu eliminieren, indem man die Atomenergie selbst eliminiert – und das, obwohl die Nebenwirkungen der Atomenergie besser zu meistern (und damit sicherer) sind als bei jeder anderen Energieform.

Wie das Ziel unseres Wissenssystems, menschliche Eingriffe zu eliminieren, es dazu bringt, die Vorzüge kostengünstiger Energie zu ignorieren

Bislang haben wir uns angesehen, wie 1) das Ziel, menschliche Eingriffe zu eliminieren, unser Wissenssystem dazu bringt, die signifikanten Auswirkungen der Entwicklung kostengünstiger Energie als unmoralisch und abschaffungswürdig zu bewerten, und wie 2) dieses Ziel unser Wissenssystem dazu bringt, auch die signifikanten Nebenwirkungen kostengünstiger Energie als unmoralisch und abschaffungswürdig zu bewerten.

Kostengünstige Energie wirkt sich noch auf eine dritte Weise nachhaltig auf die Natur aus, die ebenfalls als intrinsisch unmoralisch und abschaffungswürdig gilt, wobei erschwerend hinzukommt, dass kostengünstige Energie hier die allergrößte Wirkung entfaltet: Ich meine ihren Nutzen für den Menschen. Auch dieser Aspekt hilft zu verstehen, warum unser Wissenssystem die Vorzüge kostengünstiger Energie ignoriert.

Jedes Mal, wenn wir aus der Nutzung von Energie einen Vorteil ziehen, setzt dies voraus, dass wir in die Natur eingreifen.

Bedenken Sie: Was tun wir mit Energie? Wir nutzen sie, um damit Maschinen zu betreiben, die dann auf die eine oder anderen Weise in die Natur eingreifen – wir pflügen Felder, bauen Häuser oder stellen Autos her. Je kostengünstiger Energie ist, desto stärker wird unser Einfluss auf die Natur sein. Dies führt zu weiteren Entwicklungen, weiterer Rohstoffausbeutung, weiterem Verbrauch – alles Aktionen, die angesichts unseres Ziels, die Eingriffe des Menschen zu eliminieren, unmoralisch sind.

Die Auswirkungen, die die Nutzung von Energie um ihrer Vorzüge willen auf die restliche Natur haben, sind für viele unserer designierten Experten und speziell für jene, die konsequent an dem Ziel arbeiten, menschliche Eingriffe zu eliminieren, der wichtigste Grund dafür, kostengünstige Energie abzulehnen. Das liegt daran, dass eine solche Nutzung der Energie ein deutlich stärkeres Eingreifen in die Umwelt bedeutet, als es die Nebenwirkungen jemals zur Folge hätten.

Erscheint Ihnen das unvorstellbar? Denken Sie an einen Vorfall zurück, der sich vor mehreren Jahrzehnten zutrug. Es ging um mehrere designierte Experten und das Thema Kernfusion – eine Technologie, die, wenn sie funktioniert, kostengünstig, bedarfsgerecht, vielseitig verwendbar ist und ultrasauber Energie produzieren könnte, und das ganz ohne CO_2-Emissionen.

Ende der 1980er-Jahre kamen unzutreffende Berichte auf, Kernfusion stehe kurz davor, kommerziell nutzbar zu werden. Einigen unserer designierten Experten wurde daraufhin die Frage gestellt, was sie von der Aussicht auf eine derart günstige und saubere Form von Energie halten. Und wie lautete ihre Antwort?

Paul R. Ehrlich: Kernfusion für den Menschen zu entwickeln sei, »als gebe man einem dummen kleinen Kind ein Maschinengewehr in die Hand«.[8] Jeremy Rifkin, ein weiterer designierter Umweltexperte: »Das ist das Schlimmste, was unserem Planeten zustoßen könnte.«[9] Amory Lovins hatte sich bereits zuvor geäußert: »Angesichts dessen, was wir damit anstellen könnten, wäre es nahezu verheerend, wenn wir eine Quelle sauberer, billiger und reichlich vorhandener Energie entdecken würden.«[10]

Hier ist die Rede von einer Technologie, die das Wunder der Maschinenarbeit eventuell in die gesamte Welt hätte hinaustragen können, und das praktisch ohne jegliche negative Auswirkungen auf das menschliche Wohlergehen. Doch für sie war das eine schlimme Sache – weil es die Erde so stark beeinträchtigen würde. Hier ist wieder der Antihumanismus am Werk mit seinem Bestreben, menschliches Eingreifen per se zu verhindern.

Reden designierte Experten über gegenwärtige und künftige Katastrophen, schätzen sie eine *Zunahme des menschlichen Wohlergehens häufig als moralische Katastrophe* ein.

Nehmen wir nur die Aussage des Chefs der Vereinten Nationen, wonach »unser Krieg gegen die Natur den Planeten kaputt gemacht hat«. Damit meint er nicht, ein gewisser Standard menschlichen Wohlergehens, sondern unser starkes Eingreifen in den Planeten habe den Planeten zerstört, insbesondere die Energienutzung mit ihren Vorzügen, und dabei handle es sich um eine moralische Katastrophe. Nur geht es der Menschheit besser denn je.

Weite Bereiche unseres Wissenssystems und die meisten unter uns arbeiten nicht konsequent genug darauf hin, menschliche Eingriffe zu eliminieren, um die Vorzüge, die die Nutzung von Energie für das menschliche Gedeihen hat, als unmoralisch zu betrachten.

Doch weil das primäre moralische Ziel unseres Wissenssystems in der Praxis darin besteht, menschliche Eingriffe zu eliminieren, behandelt unser Wissenssystem *die Vorzüge, die die Nutzung von Energie für das menschliche Gedeihen hat, konsequent als moralisch irrelevant* – und die meisten von uns akzeptieren dies. Unser Wissenssystem wie auch unsere Kultur zeigen deutlich mehr Interesse am Schicksal von Eisbären als an dem von 3 Milliarden Menschen ohne Energie.

Ich habe die Erfahrung gemacht: Wenn ich auf die Bedeutung von Energie hinweise und darauf, wie verzweifelt sie benötigt wird, liegt den meisten Menschen dieses Thema sehr am Herzen.

Doch unser Wissenssystem hat sich zum Ziel gesetzt, menschliche Eingriffe zu eliminieren. Solange also niemand auf die Bedeutung von Energie hinweist, denken die meisten Menschen gar nicht über menschliche Faktoren nach.

Auf welches Ziel wir hinsteuern, bestimmt, worauf wir uns konzentrieren und worauf nicht – was wir betrachten und worüber wir nachdenken und wofür gilt: »Aus den Augen, aus dem Sinn.«

Haben wir die Absicht, menschliche Eingriffe zu eliminieren – für gewöhnlich in Form von »grün werden«, »Umweltauswirkungen minimieren«, »die Umwelt schützen« und »den Planeten retten« –, berücksichtigen wir nur selten, welchen Nutzen Energie für das menschliche Wohlergehen hat. Selbst das menschliche Wohlergehen an sich spielt kaum eine Rolle.

Wir verstehen nun, warum unser Wissenssystem konsequent das Eliminieren kostengünstiger Energie unterstützt und dessen massive Vorzüge ignoriert. Wir verstehen auch, warum wir das mitmachen. Unser Wissenssystem verfolgt das menschenfeindliche Ziel, Eingriffe des Menschen in die Natur zu eliminieren. Das hat zur Folge, dass das von Natur aus mit starken Eingriffen einhergehende Phänomen kostengünstiger Energie als unmoralisch eingestuft wird und eliminiert werden soll. Aus demselben Grund erachtet unser Wissenssystem die gewaltigen Vorzüge, die kostengünstige Energie für das menschliche Wohlergehen hat, als bestenfalls irrelevant und schlimmstenfalls als unmoralisch.

Und was ist damit, dass unser Wissenssystem konsequent die Nebenwirkungen kostengünstiger Energie zur Katastrophe hochspielt? Auch dahinter steckt eine Vorstellung, die sich gegen menschliches Eingreifen in die Natur richtet – die Vorstellung nämlich, dass stärkere menschliche Eingriffe notwendig selbstzerstörerisch sind.

Die Annahme von der »empfindlichen Mutter Natur« treibt unser Wissenssystem dazu, die Nebenwirkungen kostengünstiger Energie zur Katastrophe hochzuspielen

Wie lässt es sich erklären, dass unser Wissenssystem konsequent die Nebenwirkungen kostengünstiger Energie als Katastrophe hinstellt? Erinnern wir uns: Dies bedeutet, fälschlich eine unmittelbar bevorstehende Katastrophe zu prognostizieren, die auf die Nebenwirkungen kostengünstiger Energie zurückgeht, in unserem Fall: 1) die Prognosen zu negativen Nebenwirkungen drastisch zu übertreiben und 2) die (durch die Nutzung kostengünstiger Energie verbesserte) Fähigkeit der Menschen zu ignorieren, diese Nebenwirkungen zu meistern. Unser Wissenssystem hält die Nebenwirkungen fossiler Brennstoffe grundsätzlich für derart verheerend, dass es regelmäßig Katastrophen in Bereichen vorhergesagt hat, in denen fossile Brennstoffe in Wirklichkeit zu Verbesserungen geführt haben – beim Klimaschutz, bei der Ressourcenverfügbarkeit sowie der Umweltqualität.

Wann immer wir beobachten, dass kluge Leute konsequent falsche Prognosen abgeben, können wir uns sicher sein, dass fehlerhafte Annahmen eine zentrale Ursache sind.

Eine Annahme ist eine Prämisse als Teil eines Denkprozesses, bei dem etwas nicht aktiv bestätigt, sondern als gegeben hingestellt wird. In diesem Buch habe ich beispielsweise folgende Prämissen angenommen: Menschen sind sterblich, Wirbelstürme können tödlich sein, und Nahrung ist für das Überleben wichtig.

Verwende ich den Begriff »Annahme« in diesem Buch, so meine ich ausdrücklich Annahmen von Ursache und Wirkung – also wie die Welt funktioniert.

Annahmen sind sehr wirkmächtig, denn sie prägen unsere Erwartungen und Prognosen. Jede Erwartung und jede Prognose gehen mit Annahmen über Ursache und Wirkung einher, und falsche Erwartungen oder Prognosen basieren stets auf falschen Annahmen.

Falsche Prognosen, wonach Erdöl in den 1980er-, 1990er- oder 2000er-Jahren knapp wird, basierten beispielsweise auf den falschen Annahmen, dass a) die Erde verhältnismäßig wenig Erdöl birgt und/oder b) dass Menschen keine neuen, kostengünstigeren Wege für die Ölförderung finden würden.

Eine effektive Methode, um falsche Annahmen hinter Prognosen zu erkennen, ist, sich die Frage zu stellen: Welche Erwartungen verbergen sich in diesen Prognosen, und welche falschen Annahmen stecken hinter diesen Erwartungen?

Wenn man sich die Katastrophenprognosen hinsichtlich einer durch fossile Brennstoffe verursachten Klimakatastrophe (Erwärmung oder Abkühlung), einer katastrophalen Verknappung der Rohstoffe sowie einer katastrophalen Umweltverschmutzung ansieht, stoßen wir bei ihnen allen auf zwei Erwartungen: 1) Eine einzelne Nebenwirkung wird sich extrem negativ auf unsere Umwelt auswirken, und 2) der Mensch wird nicht imstande sein, diese Auswirkung auszugleichen, geschweige denn sie zu meistern.

Zum Beispiel:

- Beim Klima sorgen steigende CO_2-Werte nicht bloß für eine geringfügige Erwärmung, die wir wahrscheinlich meistern oder an die wir uns wenigstens anpassen könnten. Sie werden eine rasche, aus dem Ruder laufende Erwärmung erzeugen, die unsere Fähigkeiten übersteigen und uns vernichten wird.
- Bei der Umweltverschmutzung ist der Umstand, dass beim Verbrennen fossiler Brennstoffe Partikel in die Luft geraten, nicht einfach ein unerwünschter Nebeneffekt, der sich minimieren ließe. Er wird ein solches Ausmaß annehmen und so sehr außer Kontrolle geraten, dass das Sonnenlicht spürbar blockiert werden wird.
- Was die Erschöpfung der Bodenschätze anbelangt, muss man wissen, dass Öl nicht nur ein begrenzter Rohstoff ist, dessen Vorkommen zu irgendeinem weit entfernten Zeitpunkt erschöpft sein könnten (sodass uns reichlich Zeit bliebe, Alternativen zu entwickeln). Ölvorkommen sind derart knapp, dass wir schon bald nicht mehr genug davon fördern können – egal, was wir tun.

Wie kommt es, dass unser Wissenssystem zu den Nebenwirkungen kostengünstiger Energie immer extrem negative Erwartungen hat und stets davon ausgeht, dass wir nicht imstande sein werden, diese Auswirkungen zu meistern?

Das liegt an einer falschen Annahme. Alle, die an sie glauben, werden zu der Erwartung verleitet, dass alles, was erhebliche Auswirkungen auf die Natur hat, selbstzerstörerisch sein muss.

Ich nenne diese Annahme die Annahme der »empfindlichen Nährmutter«.

Damit ist gemeint, dass die Erde ohne menschliche Eingriffe in einem optimalen, nährenden »empfindlichen Gleichgewicht« wäre, das so stabil, ausreichend und sicher ist, wie wir es uns besser nicht wünschen können.

Die Annahme von der empfindlichen Mutter Natur findet sich überall in unserem Wissenssystem, sei es an Elitehochschulen oder in beliebten Filmen.

Eine Form, die die Annahme von der empfindlichen Mutter Natur bei designierten Experten gerne annimmt, ist die »IPAT-Gleichung«, mit der man menschliche Eingriffe in die Natur wertet. Popularisiert wurde diese Gleichung von Paul R. Ehrlich und John Holdren.

»IPAT« steht für *Impact* (Umweltbelastung) = *Population* (Bevölkerung) x *Affluence* (Wohlstand) x *Technology* (Technologie).

Im englischsprachigen Online-Lexikon *Wikipedia* heißt es:

> *Die Variable »I« in der IPAT-Gleichung steht für den Einfluss auf die Umwelt. Die Umwelt kann als System angesehen werden, das sich selbst regeneriert und bis zu einem gewissen Maß Einwirkung von außen ertragen kann. Die maximal erträgliche Auswirkung wird als »Tragfähigkeit« bezeichnet.*[11]

Der Gedanke dahinter ist folgender: Die Erde erträgt das, was wir auf ihr veranstalten, nur bis zu einem gewissen Punkt – dem ihrer »Tragfähigkeit«. Ist dieser Punkt überschritten, wird sie uns nicht länger unterstützen können.

Oder nehmen Sie den extrem beliebten Film *Der König der Löwen*. Mufasa, der König der Löwen und damit sämtlicher Kreaturen, erklärt seinem Sohn Simba, dem künftigen König der Löwen:

> *Alles, was du siehst, lebt in einem empfindlichen Gleichgewicht zusammen. Als König musst du ein Gespür dafür haben und alle Geschöpfe respektieren – von der winzigen Ameise bis hin zur graziösen Antilope.**

Im Film tötet Scar, Mufasas böser Bruder, Mufasa und reißt die Macht an sich, wobei seine Handlanger, die Hyänen, so viel in sich hineinstopfen, wie sie nur können. Das »empfindliche Gleichgewicht« zerbricht, und die Savanne wird karg und kann die Wesen, die dort einst in Harmonie lebten, nicht mehr ernähren.

Aus der Annahme von der empfindlichen Ernährerin ergibt sich folgende Erwartung: Wenn wir unser Los zu verbessern suchen, indem wir signifikant in das Gleichgewicht des Planeten eingreifen – indem wir beispielsweise in großem Stil fossile Brennstoffe verwenden und dadurch Macht an uns reißen –, ist es unumgänglich, dass dieses Gleichgewicht – und wir mit ihm – zunichtegemacht wird.

Zentral bei der Annahme der empfindlichen Mutter Natur ist der unglaublich negative Blick auf den Menschen, der damit einhergeht. Ich spreche in diesem Zusammenhang von der »Parasit-und-Verschmutzer-Annahme«: Greift der Mensch in die Umwelt ein, bedeutet dies in erster Linie, dass er wie ein Parasit Ressourcen raubt und die Umwelt verschmutzt, woraufhin sie zu einem unsicheren und ungesunden Ort wird. So betrachtet ist der Mensch selbstverständlich nicht imstande, seine vermeintlich extrem negativen Auswirkungen auf die Umwelt zu meistern. Haben wir also das angeblich empfindliche Gleichgewicht zerstört, gehen auch für uns selbst die Lichter aus.

Diese Annahme ist so verbreitet, dass man meiner Erfahrung nach äußerst selten Menschen trifft, deren Handlungen im Wesentlichen nicht auf dieser Annahme basieren. Aus diesem Grund ist bei uns das *Gefühl* weitverbreitet, dass die Katastrophenprognosen richtig sein müssen.

---

* Siehe das Transkript zur deutschen Version des Films: *www.lionking.org/scripts/Script-de.html.* (Anm. des Verlags)

Aber die Annahme von der empfindlichen Mutter Natur ist falsch. Und deshalb führt sie zu falschen, oftmals um 180 Grad danebenliegenden Vorhersagen.

In ihrem natürlichen Zustand befindet sich die Erde keineswegs in einem nährenden »empfindlichen Gleichgewicht«, sondern ist ein 1) dynamischer, 2) defizitärer und 3) gefährlicher Ort, in den wir massiv eingreifen müssen, um zu überleben und zu gedeihen:

1. *Ein dynamischer Ort:* Unser natürliches Umfeld, inklusive des Klimas, ist selbst dann ein hochgradig dynamisches System, wenn der Mensch nicht eingreift. Aus diesem Grund wurde das Leben des Menschen auf der Erde jahrtausendelang durch natürlich auftretende Veränderungen der Lebensbedingungen bestimmt, etwa durch den Wechsel von ergiebigen Niederschlägen zu Dürren.
2. *Ein defizitärer Ort:* Aus der Perspektive des menschlichen Wohlergehens (das heißt, Menschen leben ein langes, gesundes Leben voller Möglichkeiten) bietet der Planet in seinem natürlichen Zustand keineswegs ausreichende Ressourcen. Er ist *defizitär.* Deshalb lag die durchschnittliche Lebenserwartung in vergangenen Zeiten bei unter 30 Jahren.
3. *Ein gefährlicher Ort:* Unser natürliches Umfeld ist gefährlich. Im Naturzustand bedroht uns vieles und ist vorsätzlich darauf aus, uns zu zerstören, ob es sich nun um große Raubtiere oder kleine Parasiten handelt. Darüber hinaus bedrohen uns im Naturzustand unbeseelte Faktoren wie gefährliche Klima- und Wetterbedingungen, die rund um den Globus herrschen.

Ich verwende für die tatsächliche Beziehung zwischen Erde und Menschheit den Begriff »Wildnispotenzial«. Das »Potenzial« bezieht sich darauf, dass die Erde ein extrem lebenswerter Ort sein könnte, wenn wir ausreichend positiv in sie eingreifen.

Nicht, dass wir uns missverstehen: Menschliche Eingriffe sind nicht unbedingt positiv. Greift er auf unkluge, destruktiv Weise ein, kann der Mensch die Erde in einen schlimmeren Ort verwandeln. Wir können beispielsweise einen See überfischen oder ihn verschmutzen und dadurch den Nutzen, den wir vorher aus diesem See gezogen haben, teilweise oder ganz einbüßen. Aber im Verlauf der Menschheitsgeschichte bestanden Zweck und grundlegende Rolle menschlicher Eingriffe darin, die Erde durch kluge und *produktive* Eingriffe zu einem besseren Lebensort zu machen.

Die Geschichte der fossilen Brennstoffe liefert viele Beispiele für produktives menschliches Eingreifen. Mithilfe von Maschinen, die mit fossilen Brennstoffen betrieben werden, hat der Mensch die Natur in Werte verwandelt, die uns ernähren (reichlich Lebensmittel und sauberes Wasser) und die die vielen Gefahren der Natur neutralisieren (beispielsweise durch Bewässerungssysteme, welche die massiven Gefahren durch Dürre neutralisieren).

Diese Historie widerlegt die Lüge, der Mensch sei im Wesentlichen ein Parasit und Umweltverschmutzer. Sie zeigt, dass wir »Produzenten und Verbesserer« sind, die den Planeten in einen deutlich besser nährenden und sichereren Ort verwandeln, in einen Ort, an dem wir in verschiedensten Milieus leben können und dynamisch darauf reagieren, wenn sich die Bedingungen ändern. Dass die Annahme von der empfindlichen Mutter Natur inklusive der Parasit-und-Verschmutzer-Annahme so flächendeckend akzeptiert wird, macht verständlich, warum unser Wissenssystem die Nebenwirkungen kostengünstiger Energie als Katastrophe hinstellt – und warum wir das so hinnehmen.

In dem Maße, wie unser Wissenssystem unter dem Einfluss der These agiert, dass die Natur in ihrem empfindlichen Gleichgewicht nicht gestört werden darf, wird es auch katastrophale Prognosen bevorzugen.

Und in dem Maße, wie wir alle uns von dieser These leiten lassen, werden wir Schwarzmaler in den Vordergrund rücken und davon ausgehen, dass sie recht behalten werden, ganz egal, wie oft sie in der Vergangenheit danebengelegen haben. Das ist ein Hauptgrund dafür, warum die katastrophisch eingestellten designierten Umweltexperten auch dann noch an Statur gewinnen, wenn sie mit ihren Prognosen um 180 Grad danebenliegen und erschreckend lebensgefährliche Empfehlungen abgeben.

Wenn die These aber falsch ist und so sehr im Widerspruch zur Menschheitsgeschichte steht, warum ist die Annahme von der empfindlichen Mutter Natur dann so verbreitet? Genauer gesagt: Warum ist sie unter den designierten Experten so verbreitet, obwohl diese es doch eigentlich besser wissen sollten?

Ich glaube, die Antwort lautet, dass diese Annahme für jene designierten Experten, die gegen den Menschen agieren, eine Möglichkeit darstellt, ihre menschenfeindlichen Ziele zu kaschieren, und zwar sowohl gegenüber einem promenschlichen Publikum als auch gegenüber sich selbst.

Ich behaupte, der Grund ist folgender: Sie versuchen, ihre gegen den Menschen gerichteten Ziele vor anderen zu verbergen. Es ist einfach nicht vorstellbar, dass designierte Experten wirklich an die Version von der empfindlichen Mutter Natur glauben, die in unser Wissenssystem Einzug gehalten hat.

Es erscheint mir plausibel, dass viele designierte Experten mit einem gewissen Maß an Aufrichtigkeit an den Aspekt »empfindlich« von »Mutter Natur« glauben und der Ansicht sind, es gebe eine Art »empfindliches Gleichgewicht«, das kollabieren könnte, falls die Eingriffe des Menschen überhandnehmen.

Doch selbst wenn sie glauben, eine Natur, die frei von menschlichen Eingriffen ist, stelle auf lange Sicht das bestmöglich nährende Umfeld dar, so wissen sie doch nur zu gut, dass es sich nach den Maßstäben des modernen Lebens um einen Ort handelt, der kaum lebenswert ist.

Sie wissen, dass die durchschnittliche Lebenserwartung der Menschen bei 30 Jahren lag und nun bei mehr als 70 Jahren liegt.

Sie wissen, dass Klimagefahren das menschliche Leben früher in einem Ausmaß bedrohten, wie wir es uns in der »ermächtigten Welt« von heute nicht mehr vorstellen können.

Und dennoch bewerben sie weiterhin unablässig die Annahme von der »empfindlichen Mutter Natur«. Das geht so weit, dass »das Klima« – das unbeeinflusste Klima – als freundliche Kraft präsentiert wird.

Das ist unaufrichtig, aber hochgradig wirksam, wenn es darum geht, einem promenschlichen Publikum eine Politik schmackhaft zu machen, die sich gegen menschliche Eingriffe und gegen den Menschen richtet und Energie zu eliminieren sucht, bis hin zum Ausstieg aus fossilen Brennstoffen. Designierte Experten, die gegen den Menschen agieren, wissen: In je höherem Maße menschenfreundlich eingestellte Personen die Erde für eine »empfindliche Nährmutter« halten, desto mehr werden sie fürchten, dass ihre von starken Eingriffen und der Nutzung fossiler Brennstoffe geprägte Lebensweise irgendwann in der Zukunft zur Katastrophe führt – und desto empfänglicher sind sie für politische Maßnahmen, die sich gegen Eingriffe des Menschen richten, folglich auch für einen Ausstieg aus fossilen Brennstoffen.

Menschenfreundlich eingestellte Personen, die unter der Annahme von der empfindlichen Mutter Natur agieren, gehen davon aus, dass eine Politik, die einen Energieausstieg anstrebt, die Welt »natürlicher« macht und dies besser für sie ist – auch wenn es in Wirklichkeit miserabel aussehen wird.

Ich glaube des Weiteren, dass sich unsere designierten Experten an die Annahme von der »empfindlichen Mutter Natur« klammern, um ihre menschenfeindlichen Ziele vor sich selbst zu verbergen.

Nur wenige Menschen sind bereit, sich einzugestehen, dass sie grundlegend menschenfeindlich sind – und zwar gerade dann, wenn sie ihr gesamtes Leben der Aufgabe widmen, produktive Aktivitäten zu unterbinden, die stark in die Umwelt eingreifen und menschliches Wohlergehen ermöglichen.

Je mehr man dem Glauben anhängt, dass die Erde »empfindlich« ist und dass wir nur einen Eingriff weit von einem Kollaps entfernt sind, desto besser schafft man es, sich einzureden: »Ich hasse die Menschen nicht und will sie nicht vernichten. Ich will den Menschen nur vor sich selbst schützen.«

Welche genauen Motive auch immer unsere designierten Experten dazu bringen, die Annahme von der »empfindlichen Mutter Natur« zu verbreiten, zwei Dinge sind in jedem Fall gewiss: 1) Diese Annahme ist grundlegend falsch. 2) Mit ihrem Vorgehen treiben sie das ständige Hochspielen der Nebenwirkungen kostengünstiger Energie ebenso voran wie unsere Akzeptanz dieser Schwarzmalerei.

Das Anti-Eingriffskonzept durch eine grundsätzliche Ausrichtung auf das menschliche Wohlergehen ersetzen

Wir haben nun die Antwort auf zwei zentrale Fragen, die wir beantworten mussten, um zu begreifen, was unser Wissenssystem – und in beträchtlichem Ausmaß auch uns selbst – dazu bringt, beim Thema kostengünstige Energie zu komplett irrationalen Bewertungsmethoden zu greifen.

1. Warum unterstützt unser Wissenssystem die Eliminierung fossiler Brennstoffe und anderer Formen kostengünstiger Energie, ohne deren Vorzüge miteinzubeziehen?

   Weil unser Wissenssystem mit Zielen und Normen, die gegen den Menschen und gegen Energie gerichtet sind, daran arbeitet, menschliche Eingriffe in die Natur zu eliminieren. Häufig erfolgt dies getarnt durch eine schwammige Umweltterminologie, die dazu Anlass gibt, kostengünstige Energie zu eliminieren, die von Natur aus mit starken Auswirkungen einhergeht. Die Vorzüge dieser Energie werden bestenfalls als irrelevant und schlimmstenfalls als unmoralisch betrachtet.

2. Warum stellt unser Wissenssystem die Nebenwirkungen kostengünstiger Energie als Katastrophe hin?

   Weil unser Wissenssystem mit der gegen den Menschen und gegen Energie gerichteten Annahme operiert, die Erde sei eine empfindliche Nährmutter, die durch beträchtliche menschliche Eingriffe unweigerlich zerstört wird. Deshalb ist es unvermeidlich, dass die beträchtlichen Auswirkungen, die mit kostengünstiger Energie einhergehen, selbstzerstörerische Folgen haben.

Das gegen den Menschen gerichtete Ziel, menschliche Eingriffe zu eliminieren, die schwammige Umweltterminologie, hinter der sich dieses Ziel häufig versteckt, die menschenfeindliche Annahme von der störanfälligen Mutter Natur und die

Methoden, mit denen Vorzüge ignoriert und Nebenwirkungen zur Katastrophe erklärt werden – aus all diesen Punkte zusammen ergibt sich ein philosophischer Bezugsrahmen. Dieser Bezugsrahmen prägt die Art und Weise, wie unser Wissenssystem und in beträchtlichem Ausmaß auch der Rest von uns den künftigen Umgang mit fossilen Brennstoffen einschätzen. Und das gilt genauso für alle anderen Aspekte, die mit deutlichen Auswirkungen auf die Natur einhergehen.

Ein Bezugsrahmen ist eine Grundstruktur.

Jede komplexe menschengemachte Konstruktion, beispielsweise ein Hochhaus, hat ihre Grundstruktur, und genau so eine Grundstruktur haben auch unsere Ideen und Gedanken, die unser Handeln bestimmen. Wichtig in diesem Zusammenhang ist, dass diese Grundstruktur häufig implizit ist, sie wird also nicht ausgesprochen und nicht kenntlich gemacht. Und dies gilt definitiv für das Anti-Eingriffskonzept.

Dieser Bezugsrahmen treibt unbewusst unser Wissenssystem und zu einem beträchtlichen Ausmaß uns alle dazu an, Eingriffe des Menschen auf Kosten des Menschen zu eliminieren, und zwar über eine Politik, die Energie eliminieren möchte.

Trifft unser Wissenssystem auf ein Phänomen mit starken Auswirkungen, wie es bei jeglicher Form kostengünstiger Energie der Fall ist, bringt der menschenfeindliche Bezugsrahmen unser Wissenssystem dazu, dieses Phänomen als *intrinsisch unmoralisch und unvermeidlich selbstzerstörerisch* zu betrachten. Folglich muss es eliminiert werden, und zwar unabhängig davon, welchen Beitrag es für die Menschen leistet, und ohne Ansehen dessen, wie gut die Nebenwirkungen in den Griff zu bekommen wären.

In den 1970er-, 1980er- und 1990er-Jahren beispielsweise sprachen die Fakten dafür, dass ein anhaltender und zunehmender Einsatz fossiler Brennstoffe massiven Nutzen für den Menschen hat. Dennoch stuften unsere designierten Umweltexperten, ausgehend von dem menschenfeindlichen Bezugsrahmen, die Nutzung fossiler Brennstoffe als Übel ein, das aus der Welt zu schaffen sei. Verfolge man den bisherigen Weg weiter, so ihre Prognose, stehe die Selbstzerstörung der Menschheit unmittelbar bevor.

Dieser Bezugsrahmen ist mittlerweile universell gültig und beschränkt sich nicht mehr auf designierte Umweltexperten. Aus diesem Grund ist es garantiert, dass sich unser Wissenssystem auch dann für einen Ausstieg aus fossilen Brennstoffen einsetzen würde, wenn eine menschenfreundliche Politik eine drastisch verstärkte Nutzung fossiler Brennstoffe propagieren würde.

Aus diesem Grund stellt der menschenfeindliche Bezugsrahmen eine akute Bedrohung dar. Und weil es bei dieser Bedrohung darum geht, uns um eine angemessene Beurteilung unseres weiteren Umgangs mit fossilen Brennstoffen zu bringen, sprechen wir über eine Bedrohung, die uns daran hindert zu erkennen, welche Politik wir anstelle des wahrscheinlich katastrophalen Ausstiegs aus fossilen Brennstoffen befürworten sollten.

Doch das Wissen, dass unser Wissenssystem unter völlig falschen Rahmenbedingungen agiert, liefert uns keine Erkenntnisse in der Frage, wie ein korrekter Umgang mit fossilen Brennstoffen künftig aussehen sollte.

Vor allem sagt es uns nicht, wie die Auswirkungen steigender CO_2-Werte auf das Klima wirklich aussehen und welche Alternativen zu fossilen Brennstoffen in Zukunft bereitstehen werden, die hypothetisch dieselben Vorteile wie fossile Brennstoffe haben, nur ohne ihre CO_2-Nebenwirkungen. Wir wissen nur eines: Wie auch immer die Wahrheit aussieht, wir können dessen gewiss sein, dass uns unser Wissenssystem etwas sehr anderes und Gefährliches präsentieren wird.

Auch wenn uns das Wissen, dass unser Wissenssystem unter völlig falschen Rahmenbedingungen agiert, nicht zeigt, was richtig ist, macht es uns doch deutlich, was wir benötigen, um genau das herauszubekommen. Wir müssen einen gültigen, menschenfreundlichen alternativen Bezugsrahmen ausfindig machen, der es uns ermöglicht, fossile Brennstoffe korrekt zu bewerten. Dabei ist es entscheidend, echte Fachleute zu finden, die keine Ansichten vertreten, die durch den menschenfeindlichen Rahmen irreparabel verzerrt sind.

Wie sieht dieser gültige, menschenfreundliche alternative Bezugsrahmen aus?

Meiner Ansicht nach muss er vier wesentliche Bestandteile haben, die ich zusammengenommen als »Bezugsrahmen für das menschliche Wohlergehen« bezeichne: moralische Ziele und Normen des menschlichen Wohlergehens; menschenfreundliche Umwelttechnologie; die Prämisse vom Wildnispotenzial; und die Methode der kontextübergreifenden Bewertung.

Das Ziel: menschliches Wohlergehen

Das Grundprinzip des Bezugsrahmens für das menschliche Wohlergehen besteht darin, dass die Förderung menschlichen Wohlergehens unser primäres moralisches Ziel und folglich unser Bewertungsmaßstab sein sollte. Bewerten wir eine weitere Nutzung fossiler Brennstoffe und gehen dabei sowohl auf die Vorzüge als auch die Nebenwirkungen ein, sollte unser Maßstab sein, inwieweit dadurch das menschliche Wohlergehen gesteigert wird.

Das menschliche Wohlergehen zu fördern ist ein langfristiges und weitreichendes Ziel. Es bedeutet, nicht einfach nur an nächstes Jahr zu denken, sondern über viele Generationen hinweg, und einer gefahrlosen, gesunden und schönen Umwelt nicht mit Gleichgültigkeit zu begegnen, sondern ihr einen hohen Wert beizumessen. Aus Sicht des Ziels, das menschliche Wohlergehen zu fördern, ist das gegen den Menschen gerichtete Ziel, Eingriffe seinerseits zu eliminieren, unmoralisch. Bestimmte gegen ihn gerichtete Folgen wollen wir eliminieren, aber grundsätzlich ist die Haltung zu der Frage, ob und wie der Mensch auf die Natur einwirken darf, positiv, denn massive Eingriffe, die intelligent und produktiv durchgeführt werden, sind für unser Überleben und unser Wohlergehen unerlässlich.

Promenschliche Umwelttechnologie

Um das menschliche Wohlergehen zu fördern, ist es wesentlich, unser Verhältnis zur Umwelt nüchtern zu betrachten.

Wie ich bereits angemerkt habe, sorgen herkömmliche schwammige Umweltbegriffe wie »grün werden«, »Umweltauswirkungen minimieren«, »die Umwelt schützen« und »den Planeten retten« für Verwirrung. Sie tarnen die menschenfeindliche Idee, menschliche Eingriffe zu eliminieren, als promenschliche Idee, bei der es darum gehe, dem Menschen schadende unnötige Einflüsse wie Umweltverschmutzung und die Zerstörung natürlicher Schönheit zu verhindern.

Das ist verheerend.

Um Energie und andere Themen aus dem Blickwinkel des menschlichen Wohlergehens zu betrachten, benötigen wir eine einwandfreie, promenschliche Umweltterminologie.

Aus diesem Grund schlage ich vor, anstelle von »die Umwelt retten/schützen« von »unsere Umwelt verbessern« zu sprechen und anstelle von »den Planeten retten/schützen« von »unsere Welt verbessern«.

»Die Umwelt« und »der Planet« klingen zunächst nach promenschlichen Begriffen, beziehen sich in der Praxis jedoch auf die menschenfeindlichen Ideen einer »unbeeinflussten Umwelt« oder eines »unbeeinflussten Planeten«.

Sprechen wir dagegen von »unserer Umwelt« oder allgemeiner von »unserer Welt«, macht dies deutlich, dass wir aus einer Perspektive, bei der der Mensch im Mittelpunkt steht, auf unsere Umgebung blicken – und eine menschliche Umwelt sehen.

Und wenn wir über unsere Umwelt und unsere Welt nachdenken, benutzen wir als zentralen Begriff nicht »retten« oder »schützen«, denn wir wissen, dass diese Dinge von Natur aus mangelbehaftet und gefährlich sind. Stattdessen reden wir über »verbessern« – und das erfordert massive, intelligente und produktiv gestaltete Eingriffe.

Unser Ziel ist es, das menschliche Wohlergehen durch Nutzung promenschlicher Umwelttechnologie zu fördern. Das hat zur Folge, dass wir alles in unserer Umwelt wertschätzen, das gut für uns ist, unabhängig davon, ob wir eingegriffen haben oder nicht.

Wir wertschätzen den Sauerstoff in der Luft, einen schönen Wasserfall, den majestätischen Pazifischen Ozean – genauso aber Bauernhöfe, Wolkenkratzer und Straßen.

Sie alle sind »unsere Umwelt« und »unsere Welt«.

Gleichzeitig schätzen wir alles gering, was nicht gut für uns ist, unabhängig davon, ob wir eingegriffen haben oder nicht. Wir werten die vielen natürlich auftretenden Gifte und Raubtiere ab, die vielen Klimagefahren und alles an Umweltverschmutzung, Gefahren und Zerstörung natürlicher Schönheit, was mit vernünftigem Aufwand vermeidbar ist.

Das Lager derer, die menschliche Eingriffe ablehnen, stellt eine promenschliche Vorgehensweise in Umweltfragen gerne als der restlichen Natur gegenüber feindlich oder feindselig dar. Tatsächlich jedoch bedeutet ein promenschlicher Umgang mit unserer Umwelt, eine menschenfreundliche Beziehung zur Natur insgesamt zu haben – einer Natur, die für menschliche Wesen optimiert ist.

Manchmal bedeutet dies, die Vernichtung anderer Lebewesen anzustreben, beispielsweise im Fall von Stechmücken, die Malaria übertragen. Manchmal aber auch, andere Lebewesen zu isolieren, damit wir ihre Erhabenheit erleben und uns gleichzeitig vor ihren Gefahren schützen können, beispielsweise im Fall von Eisbären. Und manchmal, beispielsweise im Fall eines geliebten Haustiers, kann es auch bedeuten, dass man Ressourcen investiert, damit sie eine »unnatürlich« hohe Chance haben, zu überleben und zu gedeihen.

Vergleichen Sie das mit dem Anti-Eingriffskonzept, das eine menschenfeindliche Beziehung zum Rest der Natur garantiert. Es verherrlicht menschenfeindliche Naturbereiche und versucht sie als »die Umwelt« oder »den Planeten« zu bewahren – etwa Malariamücken, auf natürliche Weise durch Tiere verunreinigtes Wasser oder Sümpfe, die eine Brutstätte für Krankheiten sind – und macht die Welt dadurch zu einer Umwelt, die für den Menschen umso gefährlicher ist. Dieser Bezugsrahmen ist reine Verherrlichung und strebt den Erhalt sämtlicher Aspekte der Natur an, die wir, wenn wir überleben und gedeihen wollen, transformativ beeinflussen müssen. Dazu gehören unterirdische Mineralienvorkommen, Wälder oder Flüsse – alles Phänomene, welche die grundsätzlichen Verweigerer menschlicher Eingriffe ständig vor dem Eingreifen des Menschen »retten« möchten.

Wenn wir nicht das Ziel verfolgen, die Umwelt *vor* dem Menschen zu »schützen« oder den Planeten *vor* dem Menschen zu »retten«, sondern stattdessen daran arbeiten, unsere Welt oder Umwelt *für* den Menschen »zu verbessern«, können wir alles haben: Das Beste von dem, was auf natürliche Weise vorkommt, und das Beste von dem, was wir erschaffen können. Dazu gehören auch die Zeit und die Fähigkeit, zu genießen, was von Natur aus existiert. Und wir können aus der Perspektive des menschlichen Wohlergehens mit klarem Kopf über alle Auswirkungen nachdenken, die fossile Brennstoffe auf unsere Welt haben, sowohl über die Vorzüge als auch die Nebenwirkungen.

Die Prämisse vom Wildnispotenzial

Bei der Einschätzung, wie wir mit fossilen Brennstoffen und allem anderen verfahren sollten, das sich signifikant auf die restliche Natur auswirkt, spielt unser kausales Verständnis für die Beziehung zwischen Mensch und restlicher Natur eine zentrale Rolle.

Das zentrale kausale Prinzip des Bezugsrahmens für das menschliche Wohlergehen ist die Prämisse vom Wildnispotenzial. Diese besagt, dass die Erde in ihrem vom Menschen unbeeinflussten Zustand dynamisch, defizitär und gefährlich ist und massive intelligente und *produktive* Eingriffe durch den Menschen erfordert.

Zur Wildnispotenzial-Prämisse gehört auch die Produzenten/Verbesserer-Prämisse: die Erkenntnis, dass der Mensch imstande ist, neue Werte zu erschaffen (und nicht nur welche zu verbrauchen) und die Sicherheit und Sauberkeit unserer Umwelt zu verbessern (und nicht nur negativ auf sie einzuwirken). Zudem sind wir imstande, diese Dinge dynamisch zu tun und uns anzupassen, wenn sich die Bedingungen verändern.

Aufgrund der Wildnispotenzial-Prämisse können wir die Vorzüge und Nebenwirkungen kontinuierlich verwendeter fossiler Brennstoffe für das menschliche Wohlergehen akkurat bewerten. Denn unser Grundverständnis, wie die Welt tatsächlich funktioniert, liefert uns die richtigen Informationen, und wir lassen uns nicht durch den falschen Blick auf die Funktionsweise der Welt, zu dem die Annahme von der störanfälligen Nährmutter Erde führt, dazu verführen, Katastrophen an die Wand zu malen.

Vollständige Kontextbewertung

Die Grundeinstellung gegen menschliche Eingriffe verleitet unser Wissenssystem dazu, mit offensichtlich irrationalen Bewertungsmethoden zu arbeiten. Es ignoriert die Vorzüge, die kostengünstige Energie für das menschliche Wohlergehen mit sich bringt, und schiebt ihre Nebenwirkungen in die Katastrophenecke.

Die grundsätzliche Ausrichtung auf menschliches Wohlergehen bringt eine rationale, menschenfreundliche Bewertungsmethode hervor: die vollständige Kontextbewertung.

Diese bedeutet, dass sämtliche relevanten Faktoren einfließen – relevant sowohl aus dem Blickwinkel des menschlichen Wohlergehens als auch unter Berücksichtigung der Wildnispotenzial-Prämisse.

Nimmt man zum Thema Energie eine vollständige Kontextbewertung vor, so muss man sämtliche Vorzüge und Nebenwirkungen unterschiedlicher Energieformen sorgfältig überprüfen und abwägen, inwiefern sie sich auf das menschliche Wohlergehen auswirken. Dabei darf nichts ignoriert und nichts übertrieben als Katastrophe dargestellt werden.

Meines Erachtens ist die prinzipielle Orientierung am menschlichen Wohlergehen die Grundlage für eine Reform des Mainstream-Wissenssystems und der Schlüssel zu der existenziellen Frage, wie wir künftig mit fossilen Brennstoffen verfahren wollen (was natürlich angesichts des Schwerpunkts, den dieses Buch hat, von maßgeblicher Bedeutung ist).

Um herauszufinden, welches fortan der richtige Umgang mit fossilen Brennstoffen sein sollte, müssen zentrale Fragen beantwortet werden, etwa dazu, wie sich steigende CO_2-Werte auswirken und wie es um die Verfügbarkeit von Alternativen bestellt ist. Dazu brauchen wir eine Denkweise, die auf das menschliche Wohlergehen ausgerichtet ist, und müssen, wenn wir Fachwissen einholen, Experten und Quellen ablehnen, die mit dem Anti-Eingriffskonzept arbeiten, und welche finden, die innerhalb eines besseren, promenschlichen Rahmens agieren.

Ich möchte verdeutlichen, wie anders – und überlegen – der Bezugsrahmen für das menschliche Wohlergehen im Vergleich zu jenem gegen menschliche Eingriffe ist. Zu diesem Zweck zeige ich Ihnen, wie diese Bezugsrahmen mit der Hauptsorge bei fossilen Brennstoffen umgehen – den CO_2-Emissionen.

CO_2-Emissionen im Vergleich: die kontroversen Grundkonzepte pro menschliches Wohlergehen – kontra menschliches Eingreifen

Wie sollten wir künftig mit den CO_2-Emissionen umgehen, die bei der Nutzung fossiler Brennstoffe entstehen?

Das hängt voll und ganz davon ab, innerhalb welches Bezugsrahmens wir agieren.

Setzt man sich prinzipiell für das menschliche Wohlergehen ein, ist Folgendes nötig, um eine vollständige Kontextbewertung der CO_2-Emissionen als Nebenwirkung der fortdauernden Nutzung fossiler Brennstoffe vornehmen zu können:

1. Wir müssen sowohl für die negativen als auch die positiven Auswirkungen von CO_2-Emissionen offen sein. Zu den positiven Auswirkungen kann gehören, dass die Atmosphäre mehr Pflanzennahrung enthält und dass es an ansonsten gefährlich kalten Orten wärmer wird.
2. Wir müssen alle negativen Auswirkungen vor dem Hintergrund bewerten, welche Vorzüge in Sachen Klimabeherrschung mit ihnen einhergehen. Verstärken steigende CO_2-Werte beispielsweise Stürme um 10 Prozent, wie ist es im Vergleich dazu um die verbesserten Fähigkeiten zur Beherrschung von Stürmen bestellt, die bei einer anhaltenden oder zunehmenden Nutzung fossiler Brennstoffe zu erwarten sind? Weitere Beispiele wären, inwieweit mit fossilen Brennstoffen betriebene Bewässerungsmethoden die Folgen von Dürren abschwächen können oder inwieweit mit fossilen Brennstoffen betriebene Klimaanlagen imstande sind, die Auswirkungen heißen Wetters abzumildern.
3. Wir müssen die Auswirkungen fossiler Brennstoffe auf das Klima im Kontext der Vorzüge sehen, die sie für jeden anderen Bereich des Lebens mit sich bringen.

So bewertet man CO_2-Emissionen innerhalb des Bezugsrahmens für das menschliche Gedeihen – und zwar unabhängig davon, welches Bild die Fakten ergeben. Stellt sich heraus, dass steigende CO_2-Werte katastrophale und nicht zu meisternde Folgen für das Klima haben, wird man dies innerhalb des Bezugsrahmens für das menschliche Wohlergehen erkennen und berücksichtigen. Sind die Auswirkungen auf das Klima positiv, neutral oder negativ, aber in den Griff zu bekommen, wird dies ebenfalls erkannt und berücksichtigt werden.

Vergleichen wir die Methode, die sich aus dem prinzipiellen Einstehen für das menschliche Wohlergehen ergibt, mit dem Vorgehen des Mainstream-Wissenssystems, das bei der Bewertung der CO_2-Emissionen ständig vom Anti-Eingriffskonzept ausgeht.

1. Wenn es darum geht, menschliche Eingriffe zu eliminieren, bewertet unser Wissenssystem CO_2-Emissionen als intrinsisch unmoralisch und geht im Sinne der Annahme von der empfindlichen Mutter Natur davon aus, dass diese Emissionen unvermeidlich zur Selbstzerstörung führen. Fast niemand denkt daran, dass CO_2 Pflanzennahrung ist, steigende CO_2-Werte also zu einer gewaltigen Begrünung führen könnten. Genauso wenig wird der Fakt berücksichtigt, dass in den meisten Teilen der Welt eine Erwärmung erwünscht ist. Obwohl während der letzten 170 Jahre, in denen fossile Brennstoffe genutzt wurden, die Temperatur um ein Grad anstieg, ist die Zahl der Kältetoten um ein Vielfaches höher als die der Hitzetoten.
2. Das System ignoriert oder bestreitet, dass fossile Brennstoffe Vorteile für die Klimabeherrschung haben, dabei haben fossile Brennstoffe wesentlich dazu beigetragen, dass wir heute so sicher vor dem Klima sind wie nie zuvor.
3. Das System ignoriert oder bestreitet praktisch sämtliche Vorzüge fossiler Brennstoffe.

Vor dem Hintergrund des Bezugsrahmens gegen menschliche Eingriffe versteift sich unser Wissenssystem so stark darauf, Einflüsse – insbesondere auf das Klima – zu eliminieren, stellt die CO_2-Emissionen fossiler Brennstoffe so katastrophisch dar und zeigt ein derart großes Desinteresse an den massiven, lebensentscheidenden Vorzügen, die mit ihnen einhergehen, dass heutzutage weltweit *das wichtigste explizite moralische Ziel* lautet, Eingriffe des Menschen in das Klima zu eliminieren. Begleitet wird dies üblicherweise von Schlagwörtern wie

»Netto-Null« oder »kohlenstoffneutral«. Staaten, Unternehmen, Universitäten und Zeitungen sind allesamt zu Recht diesem Ziel verpflichtet, denn schwammige Umweltterminologie wie »das Klima retten« oder »den Planeten retten« lassen sie glauben, sie würden eine Verbesserung des menschlichen Lebens anstreben, wenn sie auf ein lebenswerteres Klima hinarbeiten.

Tatsächlich jedoch können sie gar nicht wirklich eine Verbesserung des menschlichen Lebens anstreben, wenn sie sich monomanisch auf das Klima konzentrieren und dabei eine grausame Gleichgültigkeit den Milliarden Menschen gegenüber an den Tag legen, die dringend Energie benötigen, sowie jenen, die infolge einer »klimaneutralen« Politik ihren Zugang zu Energie verlieren könnten.

Und selbst innerhalb des Themenkomplexes Klima fokussieren sie sich nicht auf Lebensqualität, denn das würde eine sehr starke Fokussierung auf kostengünstige Energie zur Folge haben, die uns vor natürlichen Klimagefahren schützt. Stattdessen liegt das Hauptaugenmerk darauf, unsere Eingriffe in das Klima zu eliminieren.

Verstärkt wird die Vorstellung, dieses gegen den Menschen gerichtete Vorgehen sei menschenfreundlich, durch die Annahme von der empfindlichen Mutter Natur. Sie lässt uns glauben, bei »dem Klima« handle es sich um eine stabile, hinlängliche und zuverlässige Größe, die man unbeeinflusst lassen solle, anstatt um ein dynamisches, defizitäres und gefährliches Wildnispotenzial, das man durch massives und intelligentes Eingreifen des Menschen in die Natur beherrschen muss.

Ganz egal, wie sich CO_2-Emissionen tatsächlich auf das menschliche Wohlergehen auswirken, unser Wissenssystem wird aufgrund seines gegen den Menschen gerichteten Rahmens danach streben, die Energieform, die diese Emissionen verursacht, zu eliminieren. Dabei werden Vorzüge fossiler Brennstoffe ignoriert, Auswirkungen der CO_2-Emissionen grundsätzlich als Katastrophe hingestellt – genau so, wie es unsere designierten Experten in den vergangenen 50 Jahren mit den Nebenwirkungen kostengünstiger Energie bis hin zur Kernkraft getan haben.

Geht es darum, CO_2 oder einen anderen Aspekt der massiven Nutzung fossiler Brennstoffe für die Zukunft zu bewerten, so gibt uns der Bezugsrahmen für das menschliche Wohlergehen ein wichtiges Werkzeug für die Bewertung von Experten an die Hand.

Es spielt keine Rolle, über wie viel Faktenwissen eine Person verfügt: Arbeitet sie mit der Anti-Eingriffsagenda im Hintergrund, so wird sie unsere Bewertung der aus der Nutzung fossiler Brennstoffe resultierenden CO_2-Emissionen genauso verzerren wie die anderer Effekte. Insofern sollten wir Fachleute wählen, die so weit wie möglich mit dem Bezugsrahmen für das menschliche Wohlergehen operieren und nur minimalen Verzerrungen des anderen Bezugsrahmens unterliegen.

Beleuchtet ein Experte beispielsweise sowohl den potenziellen Nutzen als auch die Nebenwirkungen einer weiteren Nutzung fossiler Brennstoffe, können wir davon ausgehen, dass er mit etwas arbeitet, das dem Bezugsrahmen für das menschliche Wohlergehen nahekommt. Versteift sich ein Experte hingegen wie so viele designierte Experten ausschließlich auf die Nebenwirkungen und gibt äußerst negative Behauptungen über die Zukunft ab, die unsere Fähigkeit, die Umwelt zu beherrschen, nicht berücksichtigen, so wissen wir, dass er mit dem menschenfeindlichen Konzept agiert.

Mein Projekt

Vor 14 Jahren begann ich damit, das Thema Energie zu studieren. Kurz darauf gelangte ich zu Schlussfolgerungen, von denen ich hoffe, dass Sie sie mittlerweile teilen können:

1. Kostengünstige Energie ist so bedeutsam und wird so dringend benötigt, dass es eine der wichtigsten Fragen unserer Zeit darstellt, wie wir künftig mit fossilen Brennstoffen verfahren wollen.
2. Da das Mainstream-Wissenssystem innerhalb des Bezugsrahmens gegen menschliche Eingriffe operiert, werden seine Empfehlungen garantiert gegen den Menschen gerichtet und dementsprechend gefährlich sein. Seine Verord-

nung, rasch aus fossilen Brennstoffen auszusteigen, könnte sich durchaus als katastrophal erweisen.

3. Eine Quelle oder eine Person muss uns eine vollständige Kontextbewertung zur kontinuierlichen Nutzung fossiler Brennstoffe liefern und dafür den Bezugsrahmen des menschlichen Wohlergehens heranziehen. In diese Bewertung muss die beste diesbezügliche Forschung einfließen, und dazu gehören auch die neuesten Erkenntnisse über potenzielle Alternativen zu fossilen Brennstoffen sowie die Auswirkungen, die steigende CO_2-Werte auf das Klima haben.

Am liebsten hätte ich einen Allgemeinexperten gefunden, der die von mir gesuchte vollständige Kontextbewertung bereits an die Öffentlichkeit gebracht hat. Ich kam aber zu dem Schluss, dass dies noch niemand getan hatte und dass es ohnehin schwierig wäre, weil die meisten Spezialisten für die relevanten Themenfelder (Energie, Ökonomie, Umweltwissenschaften, Klimawissenschaften) in beträchtlichem, wenn nicht überwältigendem Ausmaß im Rahmen der Anti-Eingriffsideologie arbeiten.

Beispielsweise akzeptieren sogar viele jener Energieexperten, die einen raschen Ausstieg aus fossilen Brennstoffen ablehnen, »Klimaneutralität« als moralisches Ziel und sprechen nur wenig über den Nutzen kostengünstiger Energie und darüber, wie verzweifelt Milliarden Menschen mehr davon benötigen würden.

Das Thema Energie im Allgemeinen und fossile Brennstoffe im Besonderen ist dermaßen durchdrungen von der Grundeinstellung gegen menschliche Eingriffe, dass ich mir gedacht habe, als Philosoph könne ich mit einer prinzipiellen Grundausrichtung auf menschliches Wohlergehen viel Gutes bewirken. Ich verfügte über ausreichend technischen Hintergrund und technisches Verständnis, die relevanten technischen, wirtschaftlichen und wissenschaftlichen Themen zu begreifen, die damit einhergehen.

Also beschloss ich, zu einem Allgemeinexperten für fossile Brennstoffe zu werden. Dazu griff ich auf das Wissen der besten Quellen und Fachleute zurück, die ich finden konnte, unter anderem Experten für Energietechnologie, Ökonomie, Umwelthygiene und Umweltsicherheit, Klima und menschliche Klimaanpassung/-beherrschung.

Als es darum ging, eine umfassende Einschätzung zur künftigen Nutzung fossiler Brennstoffe abzugeben, bestand eine Herausforderung darin, dass ich selbst mein gesamtes Leben lang vom Mainstream-Wissenssystem überflutet worden war und deshalb noch tief in der grundsätzlichen Ablehnung menschlicher Eingriffe feststeckte. Ich habe mich bei vielen Gelegenheiten dabei erwischt, ungewollt nach diesem Konzept zu agieren. Aus diesem Grund habe ich wiederholt Rücksprache mit promenschlich eingestellten Philosophen gehalten. Ich wollte sichergehen, dass ich konsequent bei der Grundausrichtung auf das menschliche Wohlergehen bleibe.

Dieses Buch stellt die Synthese all dessen dar, was ich gelernt habe.

Zu Beginn dieses Buches wirkte es wahrscheinlich so, als würde ich meine radikale Schlussfolgerung, die Menschheit solle fossile Brennstoffe stärker nutzen, damit begründen, dass die meisten Experten bei Themen wie Energieökonomie, Umweltwissenschaften und Klimawissenschaften, die für eine Beurteilung fossiler Brennstoffe relevant sind, komplett falschliegen – und dass ich über revolutionäre neue Erkenntnisse in sämtlichen dieser Bereiche verfüge.

Ich hoffe, Sie erkennen inzwischen, dass dies keineswegs zutrifft.

Die radikale Schlussfolgerung dieses Buches ergibt sich vielmehr auf überwältigende Weise aus dem Bezugsrahmen, innerhalb dessen ich operiere – dem Bezugsrahmen für das menschliche Wohlergehen. Er bringt mich dazu, fossile Brennstoffe völlig anders zu betrachten als unser gegen menschliche Eingriffe agierendes Mainstream-Wissenssystem.

Anders als weite Teile unseres Wissenssystems werde ich mich darüber hinaus nach Kräften bemühen, akkurat zu vermitteln, was die meisten Fachleute über bestimmte Themen denken und warum sie es tun. Ich werde nicht zugunsten irgendwelcher politischen Ziele die Meinung der Fachleute falsch wiedergeben, so wie es Regierungen regelmäßig mit Aussagen des Weltklimarats tun, um den Ausstieg aus fossilen Brennstoffen voranzutreiben.

Im Verlauf des Buches werde ich mich nach besten Kräften bemühen, Ihnen eine vollständige Kontextbewertung zu liefern, was die weitere Nutzung fossiler

Brennstoffe sowie ihre Vorzüge und Nebenwirkungen angeht. Dies geschieht vor dem Hintergrund des Bezugsrahmens des menschlichen Wohlergehens und erfolgt so präzise wie möglich.

In Teil 2 werde ich alle Vorzüge abschätzen, die sich aus einer weiteren massiven Nutzung fossiler Brennstoffe ergeben. Dazu gehört auch die Frage, inwieweit fossile Brennstoffe im Vergleich zu Alternativen imstande sein werden, sowohl die Milliarden Menschen, die derzeit über Energie verfügen, als auch jene, die dies derzeit nicht tun, künftig kostengünstig zu versorgen.

In Teil 3 werde ich die zentralen Nebenwirkungen abschätzen, die sich aus einer weiteren massiven Nutzung fossiler Brennstoffe ergeben. Dabei liegt der Schwerpunkt auf jener Nebenwirkung, welche die meisten Sorgen bereitet: CO_2. Im Unterschied zu unserem Wissenssystem werde ich nicht annehmen, dass steigende CO_2-Werte intrinsisch unmoralisch und notwendig selbstzerstörerisch sind. Ich werde die Auswirkungen in Hinsicht auf das menschliche Wohlergehen bewerten und mit den Vorzügen fossiler Brennstoffe verknüpfen. Dazu gehören auch die Vorzüge, die sich für die Klimabeherrschung ergeben und die bisher nahezu flächendeckend ignoriert werden.

Ausgehend von dieser vollständigen Kontextbewertung werde ich in Teil 4 skizzieren, welche Energiepolitik das menschliche Wohlergehen am meisten fördert. Außerdem werde ich bewährte Strategien vorstellen, mit deren Hilfe wir andere Menschen davon überzeugen können, diese Richtlinien zu übernehmen.

Legen wir los.

Teil 2
Die Vorzüge

4

Eine Welt, die dank fossiler Brennstoffe unnatürlich lebenswert ist

Die Vorzüge einer weiteren Nutzung fossiler Brennstoffe

Das Mainstream-Wissenssystem hilft uns zu bewerten, wie wir mit dem kritischen Thema fossile Brennstoffe in Zukunft umgehen sollten. In Teil 1 habe ich gezeigt, dass wir uns auf dieses Wissenssystem – dessen »Experten« von uns fordern, rasch aus der Nutzung fossiler Brennstoffe auszusteigen – nicht verlassen können, weil es innerhalb eines Bezugsrahmens agiert, der gegen den Menschen gerichtet ist, gegen Energie und *gegen menschliche Eingriffe* in die Natur.

Um zu wissen, wie wir künftig mit diesem Thema verfahren sollten, benötigen wir eine umfassende Einschätzung sämtlicher Vorzüge und Nebenwirkungen, wenn fossile Brennstoffe weiterhin verwendet werden. Dazu müssen unter Zuhilfenahme des Rahmenkonzepts für menschliches Gedeihen die besten Forschungsergebnisse der Fachleute synthetisiert werden. Das Ziel, das menschliche Wohlergehen voranzubringen (und nicht, menschliches Eingreifen zu stoppen), muss ebenso Gehör finden wie die Annahme vom »Wildnispotenzial« (anstelle jener von der »empfindlichen Nährmutter«).

Ihnen diese Einschätzung zu liefern ist es, worum ich mich im restlichen Buch mit vollem Einsatz bemühen werde. In den Kapiteln 4 bis 6 werde ich mich sämtlicher Vorzüge und in den Kapitel 7 bis 9 sämtlicher negativer Auswirkungen annehmen, die eine weitere Nutzung fossiler Brennstoffe mit sich bringen würde.

Ich beginne mit den Vorzügen, denn wie wir in Kapitel 2 gesehen haben, hat die Art und Weise, wie fossile Brennstoffe genutzt werden, einen Einfluss darauf, wie stark ihre Nebenwirkungen ausfallen. Zu ihren Vorzügen gehört nämlich, dass sie in vielen Fällen dazu dienen können, Nebenwirkungen auszugleichen oder diese sogar mehr als wettzumachen.

So haben wir gesehen, dass sich fossile Brennstoffe bislang negativ auf die Erwärmung ausgewirkt haben, andererseits aber auch, dass aus fossilen Brennstoffen gewonnene Energie signifikant dazu beigetragen hat, das Klima zu beherrschen – sei es durch Bewässerungsanlagen oder durch Konvois, die Hilfsgüter in Dürregebiete transportieren. Eine Folge davon war, dass die Anzahl von Menschen, die in vom Klima verursachten Katastrophen ihr Leben verloren haben, auf den niedrigsten Stand aller Zeiten gefallen ist. Des Weiteren haben wir erkannt, dass fossile Brennstoffe zwar zur Wasserverschmutzung beigetragen haben (in welchem Ausmaß auch immer), zugleich aber auch zur Aufbereitung von Schmutzwasser – und dazu, dass man das neugewonnene saubere Wasser an verschiedene Orte pumpen kann, sodass mehr sauberes Wasser denn je zur Verfügung steht.

Meine Ausführungen zu den Vorzügen, die eine anhaltende Nutzung fossiler Brennstoffe hätte, werde ich in drei Kapitel aufteilen und dabei zwei grundlegende Fragen beantworten.

Die erste Frage beantworte ich in diesem Kapitel. Sie lautet: Welcher Art sind die *Vorzüge insgesamt*, die die massive Nutzung *fossiler Brennstoffe aktuell* der Welt beschert? Wir haben gesehen, dass unser Wissenssystem diese Vorzüge konsequent ignoriert – Vorzüge, die, wie ich zeigen werde, weitaus größer sind, als ich es bisher angedeutet habe.

Die zweite Frage, die ich in den Kapiteln 5 und 6 beantworten werde ist folgende: Wie sieht *in Zukunft die Fähigkeit von fossilen Brennstoffen im Vergleich zu alternativen Energien* aus, dieselben Vorzüge zu bieten, die die Welt derzeit aus fossilen Brennstoffen bezieht – und zwar sowohl für die Menschen, die durch kostengünstige Energie ermächtigt werden, als auch jene, die danach streben? Wir haben gesehen, dass sich unser Wissenssystem gegen Eingriffe durch den Menschen und gegen Energie an sich richtet und praktisch kein Interesse dafür an den Tag legt, dass sich Milliarden von Menschen nach kostengünstiger Energie sehnen. Dieses Wissenssystem verzerrt die tatsächliche Fähigkeit von Alternativen zu fossilen Brennstoffen, es ihnen gleichzutun.

Unser Wissenssystem trivialisiert kostengünstige Energie

Ich möchte mich in diesem Kapitel allen Vorzügen widmen, die ultrakostengünstige (günstige, bedarfsgerechte, vielfältig verwendbare und global nutzbare) Energie aktuell mit sich bringt. Dies tue ich aus zweierlei Gründen:

1. Diese Vorzüge sind weitaus größer, als ich bisher darlegen konnte.
2. Unser Wissenssystem trivialisiert die Vorzüge kostengünstiger Energie im Allgemeinen und fossiler Brennstoffe im Besonderen – und zwar so sehr, dass wir ausgesprochen blind für sie geworden sind.

Wie in Kapitel 1 diskutiert, bringt uns unser Wissenssystem unter anderem dadurch um ein Verständnis der aktuellen Vorzüge fossiler Brennstoffe, dass es leugnet, wie kostengünstig fossile Brennstoffe sind.

Lediglich fossile Brennstoffe liefern ultrakostengünstige Energie – kostengünstig, bedarfsgerecht, vielfältig verwendbar und auf eine Weise skalierbar, dass Milliarden Menschen an Tausenden Orten versorgt werden können. Und dennoch tut unser Wissenssystem so, als seien fossile Brennstoffe nur eine Energiequelle unter vielen, die sich außerdem auf dem absteigenden Ast befindet. Dabei machen fossile Brennstoffe 80 Prozent des globalen Energiemix aus, Tendenz steigend.

So schlimm es ist, dass die niedrigen Kosten fossiler Brennstoffe geleugnet werden, noch schlimmer ist, dass unser Wissenssystem die Vorzüge kostengünstiger

Energie im Allgemeinen und ultrakostengünstiger Energie aus fossilen Brennstoffen im Besonderen trivialisiert.

Dieses Versagen möchte ich in diesem Kapitel thematisieren – und korrigieren.

Um zu begreifen, welcher Art die Vorzüge ultrakostengünstiger Energie aus fossilen Brennstoffen (oder anderen Energieformen) für das menschliche Wohlergehen rund um den Globus sind, müssen wir uns zwei Dinge klarmachen: 1) Wie ist es *aktuell* um das menschliche Wohlergehen in der Welt bestellt? Und 2) Welchen *Anteil* hat ultrakostengünstige Energie aus fossilen Brennstoffen (oder haben andere Energieformen) am aktuellen Zustand menschlichen Gedeihens?

Wollen wir beispielsweise verstehen, inwieweit Impfstoffe oder Antibiotika zum Stand der Dinge in unserer Welt beitragen, müssen wir verstehen, dass 1) der Mensch heute besser denn je vor Infektionskrankheiten geschützt ist und dass 2) Impfstoffe und Antibiotika jeweils zentral dazu beigetragen haben.

Wenn wir glauben, dass die heutige Welt nicht besser vor Infektionskrankheiten geschützt ist als früher, leuchtet uns auch nicht ein, dass Impfstoffe oder Antibiotika von Vorteil sind. Dasselbe gilt, wenn wir der Ansicht sind, die Welt *sei durchaus sicherer* geworden, das liege aber an anderen Faktoren als Impfstoffen und Antibiotika.

Obwohl unser Wissenssystem in seinem Umgang mit Impfstoffen und Antibiotika viel zu wünschen übrig lässt, haben die meisten Menschen das Gefühl, dass wir im Vergleich zu früheren Generationen besser vor Infektionskrankheiten geschützt sind und Impfstoffe und Antibiotika dabei zumindest eine wichtige Rolle gespielt haben.

Was jedoch ultrakostengünstige Energie aus fossilen Brennstoffen anbelangt, so ist unser Wissenssystem derart vollständig an der Aufgabe gescheitert, den Zustand menschlichen Wohlergehens oder den Beitrag fossiler Brennstoffe zu erklären, dass viele hochgebildete Menschen glauben, das menschliche Wohlergehen befinde sich im Niedergang und für diese Entwicklung sei hauptsächlich kostengünstige Energie aus fossilen Brennstoffen verantwortlich.

Sehen wir uns dazu eine aktuelle Befragung von ehemaligen Hochschulabsolventen in Großbritannien an. Ihnen wurde die folgende Frage gestellt: »Wie hat sich in den vergangenen 30 Jahren der Anteil der Weltbevölkerung verändert, der in extremer Armut lebt?« Zur Auswahl stand als Antwort »gesunken«, »mehr oder weniger unverändert« oder »gestiegen«. Als extreme Armut wurde definiert, dass ein Mensch täglich mit maximal 2 US-Dollar nach heutigem Wechselkurs auskommen muss.

Tatsächlich ist, wie ich in Kapitel 2 dargelegt habe, der Anteil der Weltbevölkerung, der in extremer Armut lebt, mit beispielloser, wundervoller Geschwindigkeit gesunken. Er fiel in den vergangenen 30 Jahren von 35 Prozent (1990) auf unter 10 Prozent.

Doch was antworteten die Befragten mit Hochschulbildung? Gerade einmal 12 Prozent entschieden sich für »gesunken«. 33 Prozent sagten »mehr oder weniger unverändert«. Und 55 Prozent gaben an, extreme Armut habe ihrer Ansicht nach in den vergangenen 30 Jahren *zugenommen*![1]

Diese studierten Erwachsenen lagen bezüglich der Armut in der Welt um 180 Grad daneben. Das zeigt das Versagen unseres Wissenssystems, den Stand des menschlichen Wohlergehens in der Welt zu kommunizieren.

Wer keine Ahnung hat, wie gut es aktuell um das menschliche Wohlergehen bestellt ist, kann unmöglich verstehen, welchen Anteil ultrakostengünstige Energie aus fossilen Brennstoffen daran hat.

Was die Leute stattdessen »verstehen«, ist die Rolle, die fossile Brennstoffe beim angeblichen Niedergang des menschlichen Wohlergehens spielen.

Bei der Meinungsumfrage wurden die Teilnehmenden nicht gefragt, worauf sie denn den (in Wirklichkeit inexistenten) Anstieg extremer Armut zurückführen, man kann aber mit hoher Wahrscheinlichkeit davon ausgehen, dass sie fossile Brennstoffe als Hauptfaktor angeführt hätten. Denn dasselbe Wissenssystem, das verkündet, der Zustand der Welt werde immer schlimmer, vermittelt auch, dass der katastrophale Klimawandel, die Umweltverschmutzung und die rasante Erschöpfung der Ressourcen durch fossile Brennstoffe hauptsächlich dafür verantwortlich sind, dass sich die Lebensumstände verschlechtern.

Die Realität sieht anders aus, wie ich bereits in Kapitel 1 angedeutet habe: Ultrakostengünstige Energie aus fossilen Brennstoffen, mit der Maschinen betrieben werden, die wiederum die Produktivität erhöhen und ausweiten, spielte zweifelsohne eine wichtige Rolle beim wundersamen Rückgang der Armut.

Wir reden also über den erstaunlichsten Rückgang extremer Armut in der Geschichte der Menschheit, und ultrakostengünstige Energie aus fossilen Brennstoffen hat dazu beigetragen. Dass gebildete Menschen dennoch glauben können, fossile Brennstoffe hätten dazu geführt, dass die extreme Armut immer weiter zunimmt, zeigt, wie unser Wissenssystem es schafft, die Vorzüge fossiler Brennstoffe und kostengünstiger Energie insgesamt zu trivialisieren.

Nicht alle sind derart ignorant, was den Wert kostengünstiger Energie anbelangt, aber ich behaupte, dass die absolute Mehrheit der Menschen, die kostengünstiger Energie überhaupt einen Wert zuschreibt, dies nicht in vollem Ausmaß tut. Das zeigt sich daran, dass sich praktisch niemand für die Milliarden Menschen zu interessieren scheint, die nur sehr wenig Energie verbrauchen, und dass nahezu niemand Angst davor hat, was passiert, wenn die staatlichen Projekte, mit deren Hilfe fossile Brennstoffe (rasch und vor allem) durch Solar- und Windenergie ersetzt werden sollen, nicht funktionieren.

Die meisten Menschen, die kostengünstiger Energie Wert beimessen, halten die Vorzüge gewiss für sehr viel weniger wichtig als die negativen Auswirkungen fossiler Brennstoffe.

Man sagt uns, dass die Nebenwirkungen fossiler Brennstoffe – an allererster Stelle die steigenden CO_2-Werte – die »Bewohnbarkeit des Planeten« selbst gefährden und dass diese Bedrohung in Zukunft zunehmen wird. Wenn die »Bewohnbarkeit des Planeten« auf dem Spiel steht, wen interessiert es dann, ob wir Energie ein wenig oder sogar stark verteuern?

Die aufstrebende US-Politikerin Alexandria Ocasio-Cortez vertrat 2019 die Ansicht, dass das Kosten-Nutzen-Verhältnis von Energie in eine ganz andere, weniger wichtige Kategorie gehört als die Bewohnbarkeit des Planeten. Sie fasst dies folgendermaßen zusammen: »Millennials, die Generation Z und all die Menschen, die nach uns kommen, schauen nach oben, und da sagen wir: ›Wenn wir nichts gegen den Klimawandel unternehmen, wird die Welt in 12 Jahren enden, und eure größte Sorge ist, wie wir dafür bezahlen werden?‹«[2]

Betrachten wir den Aspekt »Bewohnbarkeit des Planeten« aus einer angemessenen, am Wohlergehen des Menschen ausgerichteten Perspektive, stellen wir, wie ich im weiteren Verlauf des Kapitels erklären werde, fest, dass ultrakostengünstige

Energie aus fossilen Brennstoffen in dieser Hinsicht nicht nur nicht irrelevant für die Bewohnbarkeit des Planeten ist, sondern vielmehr *grundlegend* zu ihr beiträgt. Erst wenn wir vollständig verstehen, welche zentrale Rolle fossile Brennstoffe hier spielen – ein Verständnis, das meiner Meinung nach 99,9 Prozent der Bevölkerung sowie den allermeisten Energie- und Klimaexperten fehlt –, können wir qualifizierte Entscheidungen zu den CO_2-Emissionen fossiler Brennstoffe und anderen Nebenwirkungen treffen, die angeblich die Bewohnbarkeit des Planeten gefährden.

Was ist ein »lebenswerter Planet«?

Die moralischen Ziele und Normen dieses Buches zielen darauf ab, das menschliche Wohlergehen zu steigern. Aus diesem Grund könnte nichts wichtiger sein als das, was die »Lebensqualität des Planeten« beeinflusst.

Deshalb werde ich in Teil 3 ausführlich auf Behauptungen eingehen, anhaltende CO_2-Emissionen aus der kontinuierlichen Nutzung fossiler Brennstoffe würden die »Lebensqualität des Planeten« drastisch beeinträchtigen.

Weil meine moralischen Ziele und Normen jedoch auf das menschliche Wohlergehen ausgerichtet sind, bedeutet für mich die »Lebensqualität des Planeten« etwas ganz anderes als für unser gegen menschliche Eingriffe gerichtetes Wissenssystem, und zwar in zwei zentralen Bereichen:

1. Ich betrachte die Lebensqualität des Planeten aus der Perspektive zunehmenden menschlichen Gedeihens.
2. Ich bin offen für Wege, auf denen fossile Brennstoffe ausgesprochen positiv zur Lebensqualität des Planeten beitragen können.

Die Lebensqualität des Planeten aus der Sicht menschlichen Gedeihens

Ein »lebenswerter Planet« in seiner üblichen Bedeutung ist ein Beispiel für das, was ich im vorangegangenen Kapitel als schwammige, verwirrende Umweltterminologie bezeichnet habe, denn hier werden zwei sehr unterschiedliche Dinge miteinander vermischt: 1) ein Planet, auf dem der Mensch bestens leben kann, und 2) ein von menschlichem Eingreifen freier Planet, der angeblich für sämtliche Spezies mehr Lebensqualität aufweist (was Unfug ist, denn sehr viele Arten sind mit dem Menschen deutlich besser dran als ohne ihn).

Als jemand, der sich – wie am Ende des vorigen Kapitels erläutert – einen Planeten wünscht, der eine hohe Lebensqualität für den Menschen hat und folglich stark vom Menschen beeinflusst wurde, möchte ich Verwirrung vermeiden und lieber von einer lebenswerten »Welt« sprechen beziehungsweise von der Lebensqualität »unserer Welt«. Damit ist klar, dass wir über den Planeten und all das nachdenken, was auf ihm im Zusammenhang mit dem menschlichen Wohlergehen geschieht. Wenn ich über einen speziellen Lebensraum spreche, beziehe ich mich aus demselben Grund auf die Lebensqualität »unserer Umwelt«.

Was ist genau die »Lebensqualität« unserer Welt oder irgendeines Bereichs innerhalb dieser Welt?

Es geht darum, wie zuträglich etwas dem menschlichen Wohlergehen ist. Je einfacher es eine Umgebung dem durchschnittlichen Menschen macht, zu gedeihen, desto mehr Lebensqualität weist sie auf.

Ich unterteile die Lebensqualität unserer Welt beziehungsweise all ihrer untergeordneten Lebensräume in drei grundlegende Kategorien:

1. Wie gut *ernährt* sie uns? Soll heißen: Welche Mengen und Qualitäten an Lebensmitteln und Wasser kann ein durchschnittliches Individuum mit einem gewissen Aufwand an Zeit und Mühe erlangen? Ein nicht gut ernährender Lebensraum ist einer, in dem man sich Stunde um Stunde abrackert und am Ende gerade genug Nahrung und Wasser hat, um es bis zum nächsten Tag zu schaffen; dieses Wasser und diese Nahrung sind zudem von geringer Qualität und enthalten womöglich Krankheitserreger. Ein Lebensraum, der uns sehr gut ernährt, ist einer, in dem sich innerhalb

relativ kurzer Zeit gesunde, wohlschmeckende Nahrung und sauberes Trinkwasser in ausreichenden Mengen erlangen lassen.

2. Wie *sicher* ist sie? Soll heißen: Wie gering ist die Gefahr, in diesem Umfeld Tod oder Schaden zu erleiden, wenn sich ein durchschnittlicher Mensch dort für einen gewissen Zeitraum aufhält und ein gewisses Maß an Anstrengung investiert? Sehr unsicher ist ein Lebensraum, in dem man einen Großteil der Zeit darauf verwenden muss, sich vor Tod und Schaden zu schützen, und das Risiko dennoch hoch bleibt. Sehr sicher ist ein Lebensraum, in dem man innerhalb relativ kurzer Zeit die Gefahr verringern kann, getötet zu werden oder Schaden zu nehmen.
3. Wie viele *Möglichkeiten* eröffnet sie uns? Das heißt: Welche Entfaltungsmöglichkeiten hat der durchschnittliche Mensch hier? Dabei geht es letztlich um drei Themen: Wie viel *Zeit* haben wir auf diesem Planeten? Wie groß ist unsere *Kontrolle* über diese Zeit? Wie erfüllend sind unsere *Optionen* für diesen Zeitraum? In einem Lebensraum mit wenig Entfaltungsmöglichkeit ist es für den einzelnen Menschen schwer, ein langes Leben zu führen, zu wählen, was er mit seiner Zeit anfängt, und erfüllende Optionen zu finden. All das ist in einem Lebensraum mit vielen Entfaltungsmöglichkeiten vergleichsweise leicht.

Wie fossile Brennstoffe wesentlich zur »Lebensqualität des Planeten« beitragen können

Sobald wir den Aspekt »Lebensqualität des Planeten« aus der Perspektive menschlichen Wohlergehens als »Lebensqualität unserer Welt« betrachten und uns ansehen, wie zuträglich diese für das menschliche Wohlergehen ist, sind wir offen für den Fakt, dass fossile Brennstoffe die Lebensqualität unserer Welt grundlegend verbessern. Denn sie machen diese zu einem Ort, der bessere Nahrung, mehr Sicherheit und mehr Entfaltungsmöglichkeiten bietet.

Und wenn wir die Rolle fossiler Brennstoffe für die Lebensqualität unserer Welt akzeptieren, stellen wir fest, dass das Narrativ, das unser Wissenssystem zu fossilen Brennstoffen und der Frage der Lebensqualität präsentiert, das genaue Gegenteil ist. *Die Nebenwirkungen der Energie aus fossilen Brennstoffen haben die Erde keineswegs in einen unnatürlich unbewohnbaren Ort verwandelt, sondern die Vorteile der Energie aus fossilen Brennstoffen haben die Erde unnatürlich gut bewohnbar gemacht.*

Kohlenwasserstoffe und das menschliche Wohlergehen in Gestalt von Hockeyschlägern

Um zu verstehen, wie lebenswert die Welt aktuell ist und welche Rolle fossile Brennstoffe dabei spielen, benötigen wir eine Methode, mit der wir die Lebensqualität messen können.

Es gibt keine perfekte Methode, die Lebensqualität der Welt aus Sicht des menschlichen Wohlergehens zu messen, aber drei vorzügliche Kennzahlen sind die durchschnittliche Lebenserwartung, das durchschnittliche Einkommen und die Bevölkerungsgröße.

Die *durchschnittliche Lebenserwartung*, also die durchschnittliche Anzahl an Lebensjahren eines Menschen, ist ein hervorragender Indikator für die Lebensqualität der Welt. Ist die Lebenserwartung niedrig, erweist sich die Welt als ein Ort, an dem der durchschnittliche Mensch enorme Anstrengungen unternehmen muss, um Nahrung zu finden und außer Gefahr zu bleiben, wobei die Ausfallrate hoch ist. Hohe Lebenserwartung wiederum bedeutet, dass es einem Menschen bei entsprechender Anstrengung sehr wahrscheinlich gelingt, gut genährt und in Sicherheit zu sein. Folglich hat er auch mehr Zeit, nach Erfüllung zu streben.

Mit *Durchschnittseinkommen* sind die Mittel gemeint, die einem Menschen im Durchschnitt zur Verfügung stehen. Auch hier handelt es sich um einen hervorragenden Maßstab für die Lebensqualität der Welt. Ein geringes Durchschnittseinkommen bedeutet, dass die Welt ein Ort ist, an dem der durchschnittliche Mensch nur die allernötigste und billigste Nahrung erwirbt, an dem er nur über geringe Ressourcen für seine Sicherheit verfügt und an dem er ganz gewiss kaum Mittel dafür hat, seine Erfüllung zu suchen. Bei einem hohen Durchschnittseinkommen haben wir es mit einer Welt zu tun, in der man über die Mittel verfügt, sich zu ernähren, in Sicherheit zu leben und nach Erfüllung zu streben. Dazu gehören reichlich verfügbare, gesunde und schmackhafte Lebensmittel, bequeme Unterkünfte, Schutz vor den Naturelementen, Zeit für Freunde und Angehörige, Unterhaltung und Möglichkeiten, die Natur zu genießen.

Und die *Bevölkerungsgröße* ist deshalb ein hervorragendes Kriterium für die Lebensqualität der Welt, weil sie misst, wie viele Menschen die Welt bei einer bestimmten Lebenserwartung und einem bestimmten Einkommen ernähren kann. Sind Bevölkerungsgröße, Lebenserwartung und Einkommen hoch, signalisiert dies eine Welt, in der es *Milliarden von Menschen* möglich ist, durch eigene Anstrengung ausreichend Nahrung und Sicherheit zu erlangen und darüber hinaus Möglichkeiten zur Erfüllung zu verfolgen.

Heute dominiert das Narrativ, wonach fossile Brennstoffe unseren zerbrechlichen Planeten und seine Fähigkeit zerstören, den Menschen zu ernähren. Würde dies stimmen, müssten Grafiken zur Nutzung fossiler Brennstoffe, zu Lebenserwartung, Einkommen und Bevölkerungsgröße ein trauriges Bild abgeben. Mit steigender Nutzung fossiler Brennstoffe müsste die Lebenserwartung sinken, schließlich rauben fossile Brennstoffe der Erde die Nahrung und erschaffen unzählige neue Gefahren. Auch die Einkommen würden sinken, während die Rohstoffe knapp werden – und diese Knappheit würde mit zunehmender Bevölkerung ansteigen.

Betrachten wir jedoch tatsächliche Grafiken zu diesen Kennzahlen einer lebenswerten Welt, sehen wir, dass sie im Gegenteil unglaublich ansteigen und dabei einem Hockeyschläger ähneln, wobei die Entwicklung exakt die Nutzung fossiler Brennstoffe abbildet, auch bei den CO_2-Emissionen, die angeblich unsere Welt zerstören.

Ich betitle diese Grafik: »Kohlenwasserstoffe und die Hockeyschläger-Diagramme des menschlichen Gedeihens I «, wobei »Kohlenwasserstoffe« der zutreffendere technische Begriff für »fossile Brennstoffe« ist. (In Kapitel 5 erkläre ich, dass fossile Brennstoffe im Grunde Verbindungen aus Wasserstoff- und Kohlenstoffatomen sind, die von Lebewesen stammen, die vor sehr langer Zeit gelebt haben.)

Besonders auffällig an dieser Grafik: Jede Kennzahl der Lebensqualität – Lebenserwartung, Einkommen, Bevölkerungsgröße – stagnierte über Tausende Jahre hinweg auf sehr niedrigem Niveau, was bedeutet, dass die Erde aus Sicht des menschlichen Wohlergehens ein wenig lebenswerter Ort war.

Diese Tabellen reichen nur 2000 Jahre zurück, aber aus historischen Dokumenten wissen wir, dass die Menschheit über viele Jahrtausende davor noch weniger aufblühte und noch weniger Fortschritt machte.

Vor rund 200 Jahren setzte dann eine dramatische Verbesserung ein. Ein Ort, den wir für den durchschnittlichen Menschen für unbewohnbar erachten würden, verwandelte sich in einen immer lebenswerteren Ort, eine Entwicklung, die bis zum heutigen Tag anhält. Unsere Vorfahren dürften die heutige Welt für ein Schlaraffenland halten.

Abbildung 4.1: Kohlenwasserstoffe und die Hockeyschläger-Diagramme des menschlichen Gedeihens I

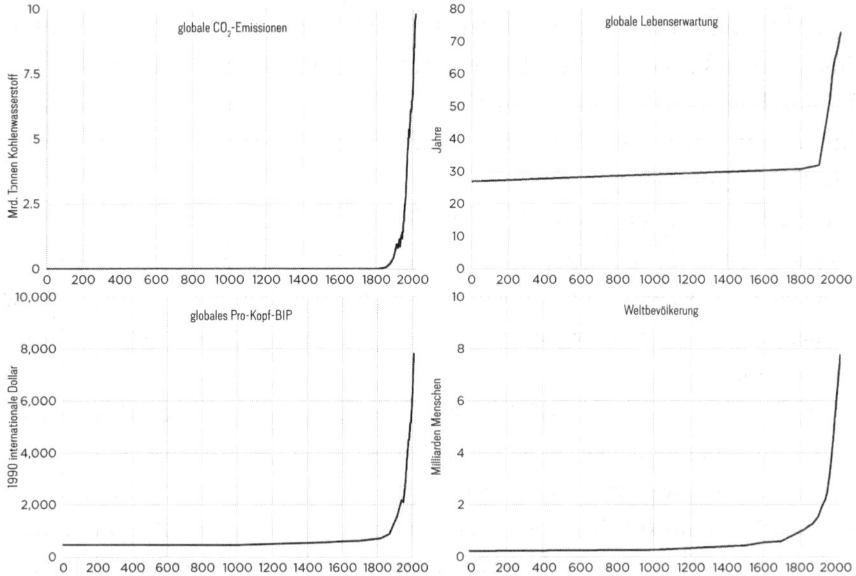

Quellen: Gilfillan, Marland, Boden, Andres (2020); World Bank Data; Maddison Project Database

Dass die Lebensqualität der Erde in solch unglaublichem Ausmaß zugenommen hat, sollte die zentrale Story sein, wenn wir über unser Verhältnis zur Umwelt reden. Diese Geschichte sollte Faszination auslösen, Begeisterung wecken und als Antrieb dienen – als Antrieb dafür, unsere grundsätzlich positive Richtung fortzusetzen.

Stattdessen stößt diese unglaubliche Verbesserung der Lebensqualität bei unserem Wissenssystem auf Desinteresse und Ausflüchte, und das geht so weit, dass die meisten Menschen glauben, die Erde sei heutzutage ein weniger lebenswerter Ort als früher (siehe die bereits von mir zitierte Umfrage).

Wie kann das sein? Der Planet ist heute weitaus besser als je zuvor für menschliches Wohlergehen ausgerüstet, dennoch gilt er als so lebensunwert wie nie zuvor in der Menschheitsgeschichte.

Wenn man die Daten nicht kennt, erklärt die Annahme von der empfindlichen Mutter Natur, die zu dem gegen menschliche Eingriffe gerichteten Konzept gehört, sehr viel. Immer wieder sagt man uns, dass für sämtliche Spezies, inklusive uns selbst, nichts Besseres vorstellbar sei als ein »naturbelassener« Planet ohne menschliches Eingreifen. Insofern stellen wir folgende Überlegung an: Starkes Eingreifen in die Natur (was die Nutzung fossiler Brennstoffe zweifelsohne mit sich bringt) muss selbstzerstörerisch sein und die Lebensumstände verschlechtern.

Doch für Menschen, die die Daten kennen – und dazu zählen die meisten designierten Experten –, findet sich die Antwort in den Zielen und Normen des gegen menschliche Eingriffe gerichteten Bezugsrahmens.

Unser Wissenssystem und insbesondere seine designierten Experten handeln gemäß dieser gegen menschliche Eingriffe gerichteten Denkweise. Sie lehren uns, die »Lebensqualität des Planeten« nicht danach zu bewerten, wie es um die Lebensqualität für den Menschen tatsächlich bestellt ist, sondern danach, wie wenig wir eingreifen.

Und so kann es dazu kommen, dass, wie in Kapitel 3 bereits dargelegt wurde, die Erde heute lebenswerter als je zuvor ist, sie aber gemeinhin als »zerstört« betrachtet wird, weil wir so stark in sie eingegriffen haben. Dabei haben diese Eingriffe Milliarden Menschen aus der Armut befreit und ihnen einen viel besseren Schutz vor Klimagefahren beschert.

Achten Sie einmal darauf: Die meisten Menschen denken nicht im Geringsten an Armut, wenn es um die »Lebensqualität des Planeten« geht. Eine derart menschenfeindliche Perspektive hat uns der gegen menschliche Eingriffe gerichtete Bezugsrahmen mit seiner schwammigen Umweltterminologie eingetrichtert.

Wollen wir uns ein angemessenes Bild vom Anteil fossiler Brennstoffe oder sonstiger Dinge am menschlichen Wohlergehen machen, müssen wir diesen Bezugsrahmen in Bausch und Bogen verwerfen. Das gilt auch für seine negative Sichtweise auf die Zustände, die auf der Welt herrschen.

Zudem müssen wir uns sehr bemühen zu begreifen, worin die heute herrschende beispiellose Lebensqualität begründet ist und vor allem, welches die grundlegenden Ursachen für sie sind.

Das gilt umso mehr vor dem Hintergrund, dass auf diesem Planeten weiterhin Milliarden Menschen leben, deren Lebenserwartung und/oder Einkommen anzeigen, dass die Erde für sie ein deutlich weniger lebenswerter Ort ist als für Menschen wie uns, die zu den wohlhabenden Nationen gehören.

Das bringt uns zu unserem letzten »Hockeyschläger«: CO_2.

Dem populären Narrativ zufolge sorgen die steigenden CO_2-Werte dafür, dass der Planet immer weniger Lebensqualität aufweist.

Allein schon der Umstand, dass ein Hockeyschläger-artiger Anstieg der CO_2-Werte nicht mit einer rückläufigen globalen Lebensqualität einhergeht, sollte ernste Fragen aufwerfen, was die tatsächliche Gefahr anbelangt, die von steigenden CO_2-Werten ausgeht.

Tatsächlich zeigen die »Hockeyschläger«-Entwicklungen bei der Nutzung von Kohlenwasserstoffen und beim menschlichen Wohlergehen aber, dass der unglaubliche Anstieg der globalen Lebensqualität direkt mit einem raschen Anstieg der menschlichen CO_2-Emissionen korreliert.

Was ist davon zu halten?

Die »Hockeyschläger-Diagramme« zu Kohlenwasserstoffen und dem menschlichen Wohlergehen zeigen zumindest eines: Welche negativen Auswirkungen auch immer steigende CO_2-Werte auf die Lebensqualität unserer Welt haben, indem sie die Klimagefahren verstärken, diese Folgen werden durch andere Faktoren mehr als wettgemacht – Faktoren, die Milliarden von Menschenleben gerettet und verlängert haben. Diese Leben wären in früheren Zeiten aufgrund von Hunger, Armut und Krankheit verloren gegangen.

Aus Kapitel 2 wissen wir, dass steigende CO_2-Emissionen die Lebensqualität auf unserem Planeten keineswegs durch zusätzliche Klimagefahren negativ beeinflusst haben, denn die Zahl der Toten durch Klimakatastrophen ist so niedrig wie nie zuvor.

Insofern reden wir über eine direkte Korrelation zwischen steigenden CO_2-Emissionen und einer Welt, die auf breiter Front eindeutig lebenswerter geworden ist – und dazu gehört auch ein lebensfreundlicheres Klima.

Eine solch starke direkte Korrelation zwischen CO_2-Emissionen und der Lebensqualität der Welt beweist keine Kausalität, dennoch spiegeln derartige Korrelationen häufig Kausalitäten wider. In diesem Fall ist das Verhältnis in einem Ausmaß kausal, das sich kaum jemand vor Augen führt: Die ultrakostengünstige, CO_2-produzierende Energie aus fossilen Brennstoffen ist buchstäblich der Motor, der die beispiellose und zunehmende Lebensqualität der Welt vorantreibt.

Meine Position unterscheidet sich von der Ansicht, der Beitrag, den Energie aus fossilen Brennstoffen zum beispiellosen und anhaltenden Anstieg der globalen Lebensqualität geleistet hat, sei nebensächlich oder nicht so wichtig.

Wenn anerkannt wird – was viel zu selten oder nur ansatzweise der Fall ist –, wie sehr sich die Zustände auf unserer Welt verbessert haben, werden als zentrale Gründe dafür stets Faktoren genannt, von denen es heißt, sie hätten nichts oder nur wenig mit der Nutzung fossiler Brennstoffe zu tun. Es werden wissenschaftliche Entdeckungen angeführt, technologische Innovationen sowie bessere medizinische Versorgung und bessere sanitäre Einrichtungen.

Tatsächlich haben wissenschaftliche Entdeckungen, technologische Innovationen, bessere medizinische Versorgung und bessere sanitäre Einrichtungen entscheidend zur Lebensqualität auf der Welt beigetragen, aber dass sie nichts oder nur wenig mit der Nutzung fossiler Brennstoffe zu tun haben, ist falsch.

Tatsächlich hingen diese Faktoren in erster Linie von der Verfügbarkeit ultrakostengünstiger Energie ab, die entweder aus fossilen Brennstoffen oder aus etwas damit Vergleichbarem produziert wurde. Und davon werden sie auch in Zukunft abhängen.

Insofern ist meine These zu den derzeitigen Vorzügen fossiler Brennstoffe in zweierlei Hinsicht radikal: Ich behaupte 1), dass unsere Welt unnatürlich lebenswert ist und nicht, wie es unser Wissenssystem hinstellt, unnatürlich lebensfeindlich, und 2), dass die Rolle ultrakostengünstiger Energie aus fossilen Brennstoffen keineswegs nebensächlich oder einfach nur wichtig, sondern fundamental ist.

Das Problem der menschlichen Schwachheit auf einem von Natur aus defizitären und gefährlichen Planeten

Wollen wir verstehen, was der Motor hinter der beispiellos hohen und weiter zunehmenden Lebensqualität unserer Welt ist, müssen wir zunächst einmal verstehen, was die Welt über die längsten Strecken der Menschheitsgeschichte hinweg daran gehindert hat, für den durchschnittlichen Menschen ein Ort mit hoher Lebensqualität zu sein. Denn die Hockeyschläger-Grafiken zu Kohlenwasserstoffen und menschlichem Wohlergehen zeigen deutlich, dass Letzteres nicht der Fall gewesen ist. Die Lebenserwartung stagnierte auf niedrigem Niveau, und ebenso sah es bei den Ressourcen aus, die dem gewöhnlichen Erdbewohner zur Verfügung standen.

Abbildung 4.2: Vor der Erschließung fossiler Brennstoffe war die Welt kaum lebenswert

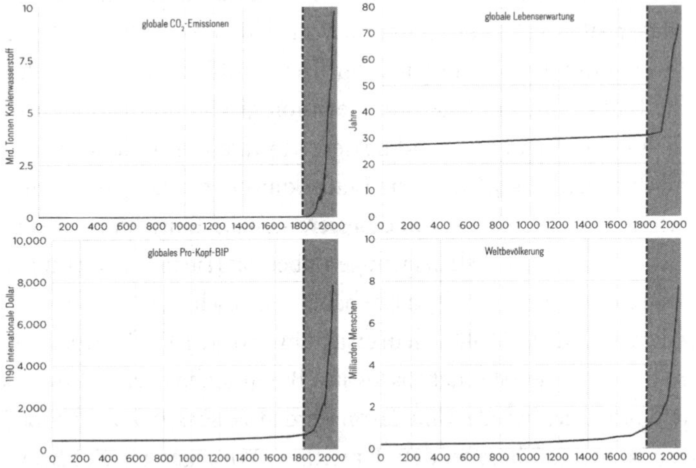

Quellen: Gilfillan, Marland, Boden, Andres (2020); World Bank Data; Maddison Project Database

Dass die Lebensqualität der Welt im Laufe ihrer Geschichte niedrig war, liegt vor allem an zwei zentralen Punkten: 1) In seinem Naturzustand ist der Planet nicht förderlich für das menschliche Wohlergehen. 2) In ihrem Naturzustand sind menschliche Fähigkeiten nicht förderlich für das menschliche Wohlergehen.

Beginnen möchte ich mit dem vom Menschen unbeeinflussten Naturzustand des Planeten.

Unser Wissenssystem, das gegen menschliche Eingriffe eingestellt ist und von der Annahme der empfindlichen Mutter Natur ausgeht, lehrt uns heute, dass die Erde von Natur aus über genügend Vorräte verfügt, stabil und sicher ist – sofern wir nicht allzu sehr eingreifen. Dies widerlegen jedoch die gesamte Menschheitsgeschichte und die beträchtliche Armut, die in vielen Gegenden der Welt anhält.

Die unbeeinflusste Erde ist keine empfindliche Nährmutter, sie stellt nur wildes *Potenzial* dar. Sie verfügt über sämtliche Bausteine des Lebens – Wasser, Kohlenstoffe, eine sauerstoffhaltige Atmosphäre. Sie verfügt über reichliche Rohstoffe, beispielsweise Metalle, Felsen und Sand. Und sie verfügt über zahlreiche schöne Plätze wie Strände, Berge oder Flüsse.

Ohne Außeneinwirkung jedoch bleibt das Potenzial dieser Lebensbausteine, das menschliche Wohlergehen vorantreiben zu können, größtenteils unverwirklicht.

Greift der Mensch nicht signifikant ein, sind aus der Perspektive des menschlichen Wohlergehens sämtliche Lebensräume auf der Erde unzureichend und gefährlich. Die unbeeinflusste Erde ist *defizitär*, da sie nicht automatisch die meiste Nahrung (Essen und Wasser) bereitstellt, die unser Körper benötigt, um zu überleben und zu gedeihen. Und die unbeeinflusste Erde ist *gefährlich*, weil sie automatisch zahlreiche Bedrohungen für unser Überleben bereitstellt, in erster Linie durch tierische Feinde (große wie kleine) sowie das Klima.

Solange der Mensch nicht aktiv daran arbeitet, das Problem der von Natur aus defizitären und gefährlichen Erde zu lösen, ist Wohlergehen für den gewöhnlichen Menschen unmöglich. Bei der Bewältigung dieses Problems kommt es darauf an, Werte zu *produzieren*, die uns ernähren, die uns vor den Gefahren der Natur schützen und die uns Möglichkeiten zur Selbsterfüllung eröffnen. Wir reden also über Dinge wie ausreichend vorhandenes Essen und Trinken, über Unterkünfte und medizinische Versorgung bis hin zu Bildung und Unterhaltung.

So zeitlos diese Wahrheit auch sein mag, sie findet wenig Beachtung: *Wie es um die Lebensqualität unserer von Natur aus defizitären und gefährlichen Welt bestellt ist, hängt zum allergrößten Teil von der Produktionsfähigkeit des Menschen ab.*

Mit Produktionsfähigkeit ist die Menge an lebensverbessernden Werten gemeint, die wir innerhalb eines bestimmten Zeitrahmens hervorzubringen fähig sind. Mit Betonung auf »innerhalb eines bestimmten Zeitrahmens«, weil die Herstellung von Werten Zeit erfordert und der Mensch ohne Unterlass Werte verbraucht, beispielsweise Essen, Wasser und Brennstoffe zum Heizen.

Je weniger Wert wir innerhalb eines bestimmten Zeitrahmens produzieren können, desto geringer ist unsere Fähigkeit, zu überleben, geschweige denn zu gedeihen. Wenn beispielsweise in früheren Zeiten Subsistenzbauern Nahrung oder Feuerholz schneller verbrauchten, als sie es produzieren konnten, dann gingen ihnen die Ressourcen aus und sie starben.

Je mehr Wert wir aber innerhalb eines bestimmten Zeitrahmens produzieren können, desto größer ist unsere Fähigkeit, zu überleben und auf diesem von Natur aus defizitären und gefährlichen Planeten zu gedeihen. Wenn moderne Landwirte imstande sind, 100- oder 1000-mal so viel Essen zu produzieren, wie es ihre Familie benötigt, dann können sie die überschüssige Produktion gegen andere Nahrung, gegen Wasser, Unterkunft, Heizung und weitere das Leben verbessernde Werte eintauschen. Solchen Menschen bietet die Welt Überfluss, aber nicht, weil dies ein naturgegebener Zustand ist, sondern weil ihre Produktionsfähigkeit in Kombination mit der Produktionsfähigkeit unzähliger anderer Menschen die Welt zu einem Ort voll unnatürlichem Überfluss macht.

Produktionsfähigkeit ist die Lösung für das Problem eines von Natur aus kaum lebenswerten Planeten. Doch diese Lösung liegt nicht automatisch innerhalb der Reichweite des Menschen. Das hat mit einem weiteren Problem zu tun: der naturgegebenen physischen Schwäche des Menschen, die unsere Fähigkeit einschränkt, *Energie* in dem Ausmaß einzusetzen, welches die Produktion erfordert.

Es gibt einen direkten Zusammenhang zwischen unserer Produktionsfähigkeit – der Menge an lebensverbesserndem Wert, den wir innerhalb eines bestimmten Zeitraums *produzieren* können – und der Menge an *Energie*, die wir innerhalb eines bestimmten Zeitraums *einsetzen* können.

Das hängt damit zusammen, dass Produktion stets mit der Transformation von Natur einhergeht und die Transformation von Natur Energie verbraucht.

Produzieren wir materielle Werte, sei es eine Getreideähre, eine Wasseraufbereitungsanlage oder ein Krankenhaus, nehmen wir Energie und verwandeln Naturelemente in eine wertvollere Form.

Je mehr physische Arbeit in einen produktiven Prozess fließt, desto mehr Energie benötigt dieser. Der Bau eines modernen Hauses erfordert deutlich mehr Energie als der Bau eines Tipis. Und der Bau eines Tipis erfordert deutlich mehr Energie als das Unterfangen, sich einfach eine Höhle zu suchen.

Und hier stoßen wir auf das Problem, das den Menschen seit Anbeginn der Zeit zusetzt und noch heute Milliarden Menschen plagt: *Unsere Produktionsfähigkeit ist dadurch stark eingeschränkt, dass wir von Natur aus nicht fähig sind, Energie aufzuwenden. Es fehlt uns in der Regel schlichtweg an Körperkraft.*

Kraft ist die Geschwindigkeit, mit der eine Person, ein Tier oder eine Maschine eine bestimmte körperliche Arbeit verrichten kann, beziehungsweise die Geschwindigkeit, mit der jemand beziehungsweise etwas Energie aufwenden kann. Je mehr Kraft uns zur Verfügung steht, desto mehr Nahrung, Kleidung, Unterkunft, medizinische Versorgung, Bildung und so weiter können wir innerhalb unserer begrenzten Zeit produzieren.

Aus Produktionssicht betrachtet sind unsere Körper, auf sich allein gestellt, leider schwach und nicht imstande, ausreichend Wert für das Wohlergehen des Durchschnittsmenschen zu produzieren.

Geschichten von Menschen, die auf Inseln gestrandet sind und dort sich selbst überlassen waren, zeichnen ein zutreffendes Bild: Das Beste, was wir hinbekommen, ist ein primitiver Unterstand, der noch nicht einmal einen größeren Sturm überleben würde. Und wenn wir Glück haben, finden oder kultivieren wir so viel Nahrung, dass wir irgendwie über die Runden kommen. Ein Weg, auf dem Menschen im Verlauf der Geschichte versucht haben, die ihnen fehlende Kraft auszugleichen, ist die Herstellung und Nutzung von Handwerkzeug – Werkzeug, bei dem wir die Kraftquelle sind.

Handwerkzeug verleiht uns die Fähigkeit, mit unveränderter Menge an Energie mehr Leistung hervorzubringen. Eine Welt mit Handwerkzeug ist deutlich lebenswerter als eine Welt ohne. Aus diesem Grund hatte es für Menschen, die auf Inseln gestrandet waren, stets höchste Priorität, Werkzeug herzustellen, mit dessen Hilfe sich die Insel lebenswerter gestalten ließ.

Mit einem Speer kann ein Mensch bei identischem Kalorienverbrauch mehr essbare Tiere töten als mit bloßen Händen.

Mit einem Messer kann ein Mensch mehr Beeren sammeln als ohne.

Mit einem Behältnis kann ein Mensch mehr Wasser holen als ohne.

Handwerkzeuge sind eine fantastische Sache.

Doch unsere Fähigkeit, Handwerkzeuge einzusetzen, ist begrenzt, und zwar durch die Menge an Energie, die wir für ihre Herstellung und Nutzung aufbringen müssen.

Handwerkzeuge sind eine große Hilfe für den Menschen. Aber solange Menschen dieses Werkzeug nur vermittels ihrer eigenen Körperkraft herstellen und nutzen können, können sie weder viel Handwerkzeug produzieren noch viel damit anstellen. Folglich konnte und kann der Durchschnittsmensch sogar an Orten, wo die Menschen über fortschrittliche Fähigkeiten zur Herstellung von Handwerkzeugen verfügten beziehungsweise verfügen, bis heute nicht ausreichend produzieren, um sein Wohlergehen voranzutreiben.

Selbst in den reichsten Regionen der Welt (in Europa), wo die Menschen über extrem fortschrittliche Fähigkeiten zur Herstellung von Handwerkzeugen verfügten, lebte der gewöhnliche Mensch aus diesem Grund vor mehreren Jahrhunderten noch in bitterer Armut.

Es lässt sich also nicht leugnen: Kann der Mensch zur Produktion nur seinen schwachen Körper einbringen, muss er gewaltige Mengen an Zeit investieren, um auf niedrigem, prekärem Niveau zu überleben. Das ist nicht nur an und für sich bedauernswert, sondern schränkt auch noch genau das ein, was das Leben verbessern könnte: Zeit für produktive Innovationen.

Innovation ist ein zentraler Motor des Fortschritts. Innovation erkennt und realisiert neue, bessere Produktionsformen, sei es ein besseres Produkt, eine bessere Herstellungsmethode für dieses Produkts, ein besseres Werkzeug oder – wie ich in diesem Buch betonen werde – eine bessere Maschine.

Innovation erfordert Zeit: Zeit, genug zu lernen, um auf neue Ideen zu kommen. Zeit, um über neue Ideen nachzudenken. Und Zeit, um diese Ideen in die Tat umzusetzen.

Ein Leben, in dem manuelle Arbeit und geringe Produktivität dominieren, benötigt dringend produktive Innovation, aber für derartige Innovationen fehlt die Zeit. Das erklärt, warum die Hockeyschläger-Grafik zum menschlichen Wohlergehen über einen so langen Zeitraum hinweg derart flach verläuft. Ist die Produktivität gering (und damit auch das Einkommen), ist die Lebenserwartung niedrig und die Zeit für Innovationen begrenzt. Das wiederum hält die Produktivität niedrig, was die Zeit für Innovationen knapp macht und so weiter und so fort.

Ich nenne dies den »Teufelskreis der Nichtermächtigung«, denn weil es dem Menschen an Kraft mangelt (»Nichtermächtigung«), ist er von Natur aus kaum produktiv. Deshalb kann er nur wenig Zeit und Ressourcen für die Frage aufwenden, wie er produktiver werden könnte, und folglich bleibt er so unproduktiv – et cetera.

Wenn wir die zwei natürlichen Hürden auf dem Weg zu einer lebenswerten Welt verstehen, also das von Natur aus defizitäre und gefährliche Wesen dieses Planeten sowie unsere naturgegebene physische Schwachheit, haben wir die Erklärung für den langen Griff des Hockeyschlägers in den Diagrammen zu Kohlenwasserstoffen und menschlichem Wohlergehen – Menschen, die einzig und allein mit ihrer eigenen kümmerlichen Energie arbeiten, können unmöglich so viel Wert produzieren, dass sie auf diesem von Natur aus defizitären und gefährlichen Planeten gedeihen und Fortschritte erzielen.

Fossile Brennstoffe haben das Problem der menschlichen Schwachheit auf diesem von Natur aus defizitären und gefährlichen Planeten allmählich gelöst. Die mit ihrer Hilfe produzierte Energie war kostengünstig genug, dass der Mensch *Maschinen* einsetzen kann, um Werte zu produzieren, die wir zum Überleben und Gedeihen benötigen.

Die Lösung: Kostengünstige Maschinenarbeit und Maschinennahrung

Um diesen von Natur aus defizitären und gefährlichen Planeten in eine lebenswerte Welt zu verwandeln, muss der Mensch seine natürliche Schwachheit mithilfe von *Maschinen* überwinden. Diese Maschinen laufen größtenteils nicht mit der stark eingeschränkten menschlichen Energie, sondern mit potenziell unbegrenzten *externen*, nicht menschlichen Energiequellen.

Wie in Kapitel 1 diskutiert, *verstärken und erweitern* Maschinen unsere produktiven Fähigkeiten, also unsere Fähigkeit, jene Werte zu produzieren, die wir zum Überleben und Gedeihen benötigen – von Nahrung und Kleidung über Unterkunft bis zu medizinischer Versorgung und Bildung.

- *Verstärken:* Maschinen verstärken unsere produktiven Fähigkeiten, indem sie uns erlauben, in geringerer Zeit deutlich mehr Wert zu produzieren. Ein moderner Mähdrescher beispielsweise kann innerhalb eines Tages genügend Weizen für 500 000 Laib Brot ernten und dreschen. Das ist 1000-mal so viel wie das, was ein hochqualifizierter Mensch schafft.[3]
- *Erweitern:* Maschinen erweitern unsere produktiven Fähigkeiten, indem sie Werte herstellen, die sich ohne Maschinen nicht herstellen ließen, egal wie viele Menschen beteiligt wären. Ein Inkubator beispielsweise kann einem Frühgeborenen ein perfektes Umfeld zum Überleben bieten, wie es von Menschenhand mit noch so viel Arbeitseinsatz nicht geleistet werden könnte. Ein Flugzeug kann eine Art sicheren Hochgeschwindigkeitstransport gewährleisten, wie er durch kein Ausmaß an manueller Arbeit möglich wäre. Die Computermaschinerie des Internets produziert nahezu unmittelbaren und uneingeschränkten Zugang zu Wissen, was Milliarden Menschen bislang unvorstellbare Bildungsmöglichkeiten eröffnet. Dies könnte keine noch so umfangreiche manuelle Arbeit erreichen.

Je mehr wir anstelle von menschlicher Arbeit Maschinenarbeit einsetzen können, desto größer ist unsere Fähigkeit, Werte herzustellen, die uns nähren, schützen und erfüllen.

Warum also nutzt der Mensch nicht einfach für alles Maschinenarbeit?

Weil die Menge an Maschinenarbeit, die der Mensch nutzen kann, begrenzt ist, und zwar durch den Faktor Wirtschaftlichkeit. Wichtig in diesem Zusammenhang ist vor allem die Wirtschaftlichkeit der Energie (Maschinennahrung), die bei jeder Form von maschineller Arbeit für den Betrieb der Maschine benötigt wird.

Ein zentraler Punkt bei der Wirtschaftlichkeit ist das *Verhältnis von produziertem Wert zu verbrauchtem Wert.*

Wirtschaftliche Angestellte beispielsweise sind dazu da, mehr Umsatzplus für das Unternehmen zu generieren, als es kostet, sie zu bezahlen. Sie produzieren also aus Sicht des Betriebs mehr Wert, als sie verbrauchen. Und wirtschaftliche Maschinenarbeit ist Maschinenarbeit, die mehr Wert produziert, als sie verbraucht.

Wenn wir über Maschinenarbeit nachdenken, müssen wir stets berücksichtigen, dass Maschinen nicht nur Wert produzieren, sondern auch Wert verbrauchen – jenen Wert, der benötigt wird, um die Maschinen zu bauen, zu betreiben und zu erhalten. Vor allem aber müssen wir berücksichtigen, wie viel menschliche Zeit Maschinenarbeit verbraucht, denn Zeit ist unser am stärksten begrenztes und kostbarstes Gut.

Die größte Hürde bei der Nutzung von Maschinenarbeit ist fehlende Wirtschaftlichkeit, wenn Maschinenarbeit also mehr Wert verbraucht, als sie produziert.

Ich spreche in diesem Zusammenhang vom »Privatjet-Problem«.

Mit dem eigenen Jet zu reisen ist eine fantastische Sache. Ein persönliches Flugzeug erspart Ihnen sehr viel Reisezeit, und Sie können, wann immer Sie möchten, an alle möglichen Orte auf dieser Welt reisen.

Warum also reisen wir nicht alle mit einem Privatjet?

Weil die Arbeit eines Privatjets zwar eine große Zeitersparnis bedeutet, die gewaltigen Ressourcen, die die Arbeit eines Privatjets verschlingt, die Kosten aber derart in die Höhe treiben, dass diese Transportform für die überwältigende Mehrheit von uns unerschwinglich ist. Zu diesen Ressourcen gehören: die enormen Mengen an Kerosin, die Privatjets benötigen; jene Ressourcen, die dafür aufgewendet werden, die für das Flugzeug benötigten Rohstoffe zu fördern; jene Ressourcen, die nötig sind, um die Einzelteile des Flugzeugs anzufertigen; jene Ressourcen, die für die Montage des Flugzeugs benötigt werden; die Zeit des

Piloten, der das Flugzeug fliegt; die Zeit und die Ressourcen, die in die Wartung und den Betrieb von Flughäfen fließen, und so weiter.

Der Bedarf an Ressourcen, die in die Arbeit eines Privatjets einfließen, ist so enorm, dass ein 5-stündiger Flug mit einem Privatjet durchaus 50 000 Dollar kosten kann.

Nehmen wir an, eine Reise mit dem Privatflugzeug spart 2 Stunden Zeit am Flughafen. Für den einen oder anderen Konzernchef, der innerhalb dieser 2 Stunden deutlich mehr als 50 000 Dollar an Wert produzieren kann, beispielsweise Tim Cook von Apple, lohnt sich das.

Wenn Sie allerdings 25 Dollar die Stunde verdienen, müssten Sie 2000 Stunden arbeiten, was etwa einem durchschnittlichen Arbeitsjahr entspricht, um diese 2 Stunden wettzumachen, die Ihnen der Privatjet eingespart hat. Für eine solche Person verbraucht die Arbeit eines Privatjets sehr viel mehr Wert, als sie produziert.

Maschinenarbeit war im Verlauf der Menschheitsgeschichte für die meisten Menschen mit einem Privatjet vergleichbar: eine wunderbare Sache, wenn man sie sich leisten kann, ansonsten aber völlig unwirtschaftlich.

Der Schlüssel zur Lösung des »Privatjet-Problems« – der Unwirtschaftlichkeit von Maschinenarbeit – besteht darin, den wichtigsten Einsatz bei Maschinenarbeit, die Energie, kostengünstiger zu machen. Wenn es also um die Wirtschaftlichkeit von Maschinenarbeit geht, spielt die Wirtschaftlichkeit von Energie eine viel größere Rolle, als Sie denken mögen.

Selbstverständlich ist Ihnen bewusst, dass Maschinen für ihren Betrieb Energie benötigen. Zu den Kosten für Maschinenarbeit zählen also auch die Kosten für die Energie, die nötig ist, um eine bestimmte Maschine betreiben zu können.

In die Kosten von Automobil-Arbeit beispielsweise fließen die Kosten für das Benzin mit ein, welches das Auto antreibt, genauso wie in die Kosten von Waschmaschinen-Arbeit die Kosten für den Strom, mit dem das Gerät betrieben wird. Und zu den Kosten von Smartphone-Arbeit gehören auch die Kosten für den Strom, ohne den das Smartphone nicht funktioniert.

Doch die Energie, die eine Maschine im Betrieb benötigt, ist nur der Anfang. Jede Maschine, die wir verwenden, verbraucht nicht nur im Betrieb Energie, sondern hat auch Energie von Hunderten oder Tausenden anderen Maschinen verbraucht, die an ihrer Herstellung beteiligt waren.

Nehmen wir ein Smartphone. Man könnte meinen, ein Smartphone sei ein Gerät mit geringem Energieaufwand, schließlich ist es rasch wieder aufgeladen. Tatsächlich jedoch fließt eine gewaltige Menge an unsichtbarer Maschinenarbeit in die Fertigung eines Smartphones – und all das wirkt sich auf die Kosten aus.

Denken Sie nur an die vielen Rohstoffe in einem Smartphone – zum Beispiel Aluminium, Lithium, Kohlenstoff, Eisen, Silizium, Kupfer, Kobalt und Nickel. Sie alle werden in irgendeiner Form von Maschinen gefördert. Anschließend müssen sämtliche abgebauten Rohstoffe veredelt und zu verwertbaren Bestandteilen verarbeitet werden, wobei erneut Maschinen zum Einsatz kommen. Dann müssen die Bauteile mithilfe von Maschinen zu Smartphones verarbeitet werden. Und bei jedem dieser Produktionsschritte werden Transportmaschinen eingesetzt, um Rohstoffe, Bauteile oder die fertigen Smartphones von A nach B zu bringen.

Diese ganzen Maschinen benötigen Energie, und die Kosten für diese Energie fließen in die Kosten eines Smartphones ein. Aber auch das ist nur der Anfang, denn die genannten Maschinen wurden ihrerseits mithilfe weiterer Hunderter Maschinen gefertigt – und auch die Kosten für all diese Energie sind beim Smartphone zu berücksichtigen.

Doch damit immer noch nicht genug: Nutzen Sie Ihr Smartphone als Kommunikationsgerät, greift es auf unzählige massive Maschinen in aller Welt zurück, auf Computer und Datenzentren und dergleichen. Ein Smartphone zu laden macht üblicherweise nur einen Bruchteil des Energieverbrauchs in Ihrem Haushalt aus, aber Daten über die Internetinfrastruktur zu streamen kann deutlich mehr Energie verbrauchen, als wir vermuten, denn man bringt uns bei, nicht darüber nachzudenken.[4]

Haben wir erkannt, dass in die Kosten von Maschinenarbeit die Kosten für den Betrieb dieser Maschine ebenso einfließen wie die oftmals deutlich höheren Aufwendungen, um all die anderen an der Herstellung beteiligten Maschinen zu betreiben, wird deutlich, weshalb die Wirtschaftlichkeit der Energieproduktion (wie bezahlbar, wie zuverlässig, wie vielseitig, wie skalierbar) eine so grundlegende Rolle dabei spielt, die Wirtschaftlichkeit von Maschinenarbeit zu bestimmen. Und wir haben gesehen, dass die Wirtschaftlichkeit von Maschinenarbeit von entscheidender Bedeutung für die Produktionsfähigkeit der Menschen ist, die wiederum von entscheidender Bedeutung für die Lebensqualität auf unserem Planeten ist.

Dies bedeutet: Auch wenn es unser Wissenssystem so darstellt, ist die Wirtschaftlichkeit von Energie keineswegs belanglos, wenn es um die Lebensqualität des Planeten geht, sondern sie war schon immer entscheidend. Denn sie bestimmt, in welchem Ausmaß der von Natur aus schwache Mensch imstande ist, mithilfe von Maschinen jene Werte zu produzieren, die er benötigt, um auf diesem von Natur aus defizitären und gefährlichen Planeten zu überleben und voranzukommen. Fossile Brennstoffe haben in den vergangenen 200 Jahren eine einzigartig kostengünstige Energieform dargestellt und waren und sind aus diesem Grund von zentraler Bedeutung für den beispiellosen und anhaltenden Anstieg der Produktionsfähigkeit – und damit für die Lebensqualität unserer Welt.

Fossile Brennstoffe sorgten auf beispiellose Weise für Produktivität und Fortschritt

Die Kategorie »Pro-Kopf-BIP« bei den Hockeyschläger-Grafiken zu Kohlenwasserstoffen und menschlichem Wohlergehen zeigt, dass die Produktionsfähigkeit höher ist denn je. Insbesondere besitzt die Menschheit heutzutage die Fähigkeit, im Rahmen ihrer stets begrenzten Zeit Werte in beispiellosen Mengen (wie Nahrung, Unterkunft und Kleidung) sowie in beispielloser Vielfalt (von Flugreisen über Google-Suchabfragen bis hin zu MRT-Untersuchungen) herzustellen.

Doch nicht nur die aktuelle Produktionsfähigkeit des Menschen ist beispiellos, dasselbe gilt auch für die Geschwindigkeit, in der sich diese Fähigkeit entwickelt – ihr Tempo ähnelt nicht rein zufällig genau von jenem Zeitpunkt an einem Hockeyschläger, als der Mensch begann, mit fossilen Brennstoffen zu arbeiten.

Abbildung 4.3: Kohlenwasserstoffe und die Hockeyschläger-Diagramme des menschlichen Gedeihens II

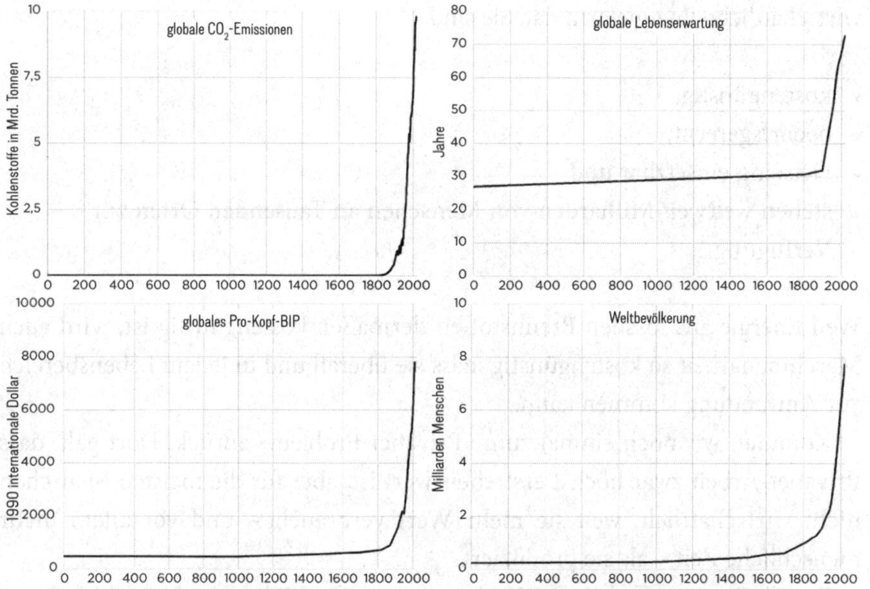

Quellen: Gilfillan, Marland, Boden, Andres (2020); World Bank Data; Maddison Project Database

Ultrakostengünstige Energie aus fossilen Brennstoffen befördert diese beispiellose und stetig weiterwachsende Produktionsfähigkeit auf zwei untrennbar miteinander verbundene Weisen: 1) durch den Antrieb ultrakostengünstiger Maschinenarbeit und 2) durch die enormen Kapazitäten an geistiger Arbeit, die ultrakostengünstige Maschinenarbeit beim Menschen freisetzt.

Ultrakostengünstige Maschinenarbeit

Wie ich in Kapitel 1 bereits kurz angerissen habe und im folgenden Kapitel ausführlicher darstellen werde, stellen fossile Brennstoffe heutzutage eine einzigartig wirtschaftliche Energieform dar. Sie sind

- kostengünstig,
- bedarfsgerecht,
- vielseitig einsetzbar und
- stehen weltweit Milliarden von Menschen an Tausenden Orten zur Verfügung.

Weil Energie aus fossilen Brennstoffen dermaßen kostengünstig ist, wird auch Maschinenarbeit so kostengünstig, dass sie überall und in jedem Lebensbereich zur Anwendung kommen kann.

Kommen wir noch einmal zum »Privatjet-Problem« zurück. Dort galt, dass Privatjet-Arbeit zwar höchst erstrebenswert ist, aber für die meisten Menschen nicht wirtschaftlich, weil sie mehr Wert verbraucht – und vor allem mehr menschliche Zeit – als sie produziert.

Fossile Brennstoffe haben Maschinenarbeit für Milliarden Menschen derart erschwinglich gemacht, dass ein Privatflugzeug zu den wenigen Gerätschaften gehört, die in der »ermächtigten Welt« nicht kostengünstig sind.

Doch die überwältigende Mehrheit der Maschinen ist für Milliarden Menschen erschwinglich, ob es sich nun um Waschmaschinen, Smartphones, Kühlschränke oder Klimaanlagen handelt.

Abbildung 4.4: Zur Erinnerung: Einzig fossile Brennstoffe bieten kostengünstige, bedarfsgerechte, vielfältig verwendbare und global skalierbare Energie

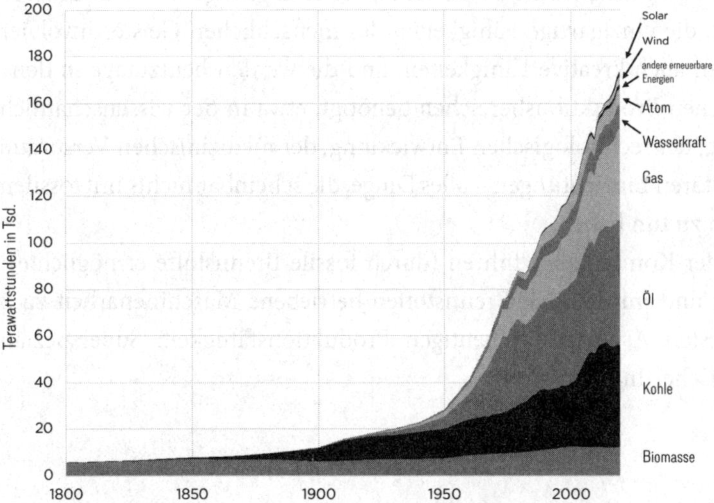

Quellen: Our World in Data; Vaclav Smil (2017); BP Statistical Review of World Energy

Mit fossilen Brennstoffen betriebene Maschinen ermöglichen es uns, unvergleichlich viel mehr Wert in weniger Zeit zu produzieren. Dies ist von zentraler Bedeutung, wollen wir begreifen, welch grundlegende Rolle fossile Brennstoffe für unsere Produktionsfähigkeiten spielen. Aber wir stehen hier noch ganz am Anfang.

Ultrakostengünstige Maschinenarbeit hat dem Menschen Freiraum für gewaltige Mengen an geistiger Arbeit beschert

Erinnern Sie sich an den »Teufelskreis der Nichtermächtigung«? Wenn der Mensch sich vor allem auf seine eigene Energie verlassen muss, verbringt er im Durchschnitt enorm viel Zeit damit, auf dürftigem, unsicherem Niveau gerade so zu überleben. Es bleibt ihm also kaum Zeit, mehr als das zu produzieren, was er unbedingt fürs Überleben benötigt.

Dank mit fossilen Brennstoffen betriebener Maschinenarbeit kann der Mensch heute sehr schnell alles produzieren, was er für das nackte Überleben benötigt, sodass ihm genügend freie Zeit bleibt, die er in *geistige Arbeit* investieren kann – Arbeit, die einzigartige Fähigkeiten des menschlichen Geistes involviert. Dazu gehören auch kreative Fähigkeiten, und die werden heutzutage in den meisten modernen Produktionsbereichen benötigt, etwa in der wissenschaftlichen Forschung, der technologischen Entwicklung, der medizinischen Versorgung sowie in sanitären Einrichtungen – alles Dinge, die scheinbar nichts mit fossilen Brennstoffen zu tun haben.

In der Kombination führen (durch fossile Brennstoffe ermöglichte) geistige Arbeit und mit fossilen Brennstoffen betriebene Maschinenarbeit zu zwei der allerbesten Aspekte der heutigen Produktionsfähigkeit: Superspezialisierung und rascher Innovation.

Superspezialisierung

Mit Spezialisierung ist gemeint, dass sich Menschen, Gruppen von Menschen oder Bereiche der Welt auf jene Art produktiver Arbeit fokussieren, die sie am besten beherrschen.

Je spezialisierter eine Produktion, desto höher ist die Produktivität insgesamt.

Ein klassisches Beispiel für Spezialisierung war das von Henry Ford entwickelte Fließband, mit dem es möglich wurde, Automobile wesentlich schneller herzustellen, weil sich jeder Einzelne auf einen kleinen Bereich des Automobilbaus konzentrierte anstatt auf mehrere oder sämtliche Phasen der Montage.

Die Spezialisierung ist so wirkungsvoll, dass jede Lehrmeinung der Ökonomie sie als grundlegenden produktiven Vorteil anführt.

Dabei findet aber meistens wenig Beachtung, dass es fossile Brennstoffe sind, die die heutige Superspezialisierung ermöglichen, indem sie Freiräume für geistige Arbeit generieren, Spezialisten mithilfe von Maschinenarbeit ermächtigen und ultrakostengünstige Transportmöglichkeiten erschaffen, die den globalen Handel erleichtern.

- Freiraum für geistige Arbeit: All die fantastischen Spezialisierungen von Medizin über sanitäre Einrichtungen bis hin zur Unterhaltungsbranche würde es nicht geben, wenn die mit fossilen Brennstoffen betriebene Maschinenarbeit uns nicht weitgehend davon befreit hätte, mithilfe manueller Arbeit unsere überlebenswichtigen Bedürfnisse abdecken zu müssen.
- Spezialisten mithilfe von Maschinenarbeit ermächtigen: Jeder Beruf – vom Arzt über Sanitärarbeiter bis hin zum Unterhaltungskünstler – nutzt heutzutage direkt und indirekt Maschinenarbeit und macht seine Arbeit damit unvergleichlich produktiver, als es sonst möglich wäre. Ein Unterhaltungskünstler beispielsweise nutzt Maschinenarbeit, um seine Auftritte aufzuzeichnen und auszustrahlen. Und jede Bühne, jedes Filmset und alle sonstigen Arten von Infrastrukturen, die Unterhaltungskünstler nutzen, werden vermittels Maschinenarbeit hergestellt.
- Ultrakostengünstige Transportmöglichkeiten, die den globalen Handel erleichtern: Spezialisierung funktioniert nur so lange, wie die spezialisierten Produzenten miteinander Handel treiben können. Handel setzt Transport voraus, damit Rohstoffe, Teile und fertige Produkte dorthin gebracht werden können, wo Nachfrage besteht. Je kostengünstiger der Transport ist, desto mehr und desto weitreichender können wir handeln. Die heutige globale Superspezialisierung macht es möglich, dass wir von den besten Produzenten aus aller Welt profitieren. Möglich gemacht wird sie durch ultrakostengünstigen Transport in gewaltigen Frachtschiffen, Zügen, Lkws und Flugzeugen – die nahezu alle mit kostengünstigen, hoch konzentrierten und äußerst stabilen Treibstoffen aus Mineralöl angetrieben werden.

Rasche Innovation

Die Wurzel der heutigen massiven Innovation ist mit fossilen Brennstoffen betriebene Maschinenarbeit inklusive der geistigen Arbeit des Menschen, die durch Maschinenarbeit ermöglicht wird.

Erinnern wir uns: Beim »Teufelskreis der Nichtermächtigung« ging es um eine geringe Produktionsfähigkeit, die an sich schon schlimm genug wäre, aber vor allem das verhinderte, was das Leben verbessern könnte, nämlich Zeit für produktive Innovation.

Ultrakostengünstige, mit fossilen Brennstoffen betriebene Maschinenarbeit ist der Motor eines komplett gegenteiligen Phänomens: einer *Aufwärtsspirale der Ermächtigung*.

Mit fossilen Brennstoffen betriebene Maschinenarbeit setzt Zeit frei, die wir ganz speziell der produktiven Innovation widmen können – einer produktiven Innovation, die mit fossilen Brennstoffen betriebene Maschinen nutzt.

Nehmen wir beispielsweise wissenschaftliche und technische Forschung, also Bereiche, die zu Recht als zentrale Motoren für Wohlstand und Fortschritt angesehen werden.

Dass wir guten Gewissens gewaltige Mengen an Menschenzeit für derartige Unterfangen freiräumen können, ist nur in einer ermächtigten Welt denkbar, in der Maschinenarbeit uns ungeheuer viele Aufgaben abnimmt. Und diese Bereiche verbrauchen ihrerseits ungeheuer viel Maschinenarbeit – insbesondere in Form von Hochleistungsrechnern.

Dass unsere Produktionsfähigkeit nicht nur beispiellos groß ist, sondern auch immer weiter zunimmt, erklärt sich durch die mit fossilen Brennstoffen angetriebene Aufwärtsspirale der Ermächtigung.

Was ultrakostengünstige Maschinenarbeit an Zeit freisetzt, nutzt der Mensch dafür, darüber nachzudenken, wie er produktiver werden kann – und dazu zählt auch die Frage, wie er Maschinenarbeit kostengünstiger gestalten kann.

Fossile Brennstoffe als Werkstoffe

Einen Aspekt, wie fossile Brennstoffe unsere Produktionsfähigkeit vervielfachen, haben wir bislang ausgeklammert. Wollen wir uns aber ein umfassendes Bild über die Vorzüge fossiler Brennstoffe machen, müssen wir diesen Punkt beleuchten. Es geht um die Nutzung fossiler Brennstoffe als *Werkstoff*.

Wir leben in einer Welt mit ausgesprochen vielfältigen Werkstoffen, die uns verblüffende Möglichkeiten eröffnen.

Wir besitzen Dachmaterialien, die uns vor dem Regen schützen, Reifen aus einem Material, das Zehntausende Kilometer hält, Isolationsmaterialien, die uns im Sommer Kühlung und im Winter Wärme bringen, und medizinische Werkstoffe, dank derer unser Körper imstande ist, mit künstlichen Gliedmaßen oder sogar einem künstlichen Herz zu funktionieren.

Woher kommen diese Werkstoffe? In sehr vielen Fällen werden sie teilweise oder vollständig aus Kohlenwasserstoff hergestellt, also aus fossilen Brennstoffen, insbesondere Erdöl oder Erdgas. (Um die Dinge nicht zu verkomplizieren, steht »aus Öl hergestellt« hier für Dinge, die aus »Erdöl und/oder Erdgas« hergestellt werden.) Möglich wurde dies dadurch, dass fossile Brennstoffe Superspezialisierung und rasche Innovation forcierten, was Raum für Forschung und Entwicklung schuf. Dabei wurde nicht nur untersucht, wie sich fossile Brennstoffe zur Energiegewinnung verbrennen lassen, sondern auch, wie sich die einzigartigen Eigenschaften fossiler Brennstoffe für die Herstellung von Werkstoffen nutzen lassen. Als Resultat verfügen wir heute über radikal andere und bessere Werkstoffe als unsere Vorfahren.

Chemiker können inzwischen Kohlenwasserstoffmoleküle aufbrechen und zu einer unfassbaren Vielzahl sogenannter Polymere neu zusammenfügen, unter anderem zu modernen Kunststoffen. Was hat im Auto mit Mineralöl zu tun? Als Erstes fällt uns da vermutlich das Benzin im Tank ein, tatsächlich jedoch finden sich an zahllosen Stellen Werkstoffe, die auf Öl zurückgehen. Die Reifen beispielsweise sind aus Öl, der Lack und die Imprägnierung, die Kunststoffstoßstange, die Füllung in den Sitzen – und in den allermeisten Autos besteht der gesamte Innenraum aus einem auf Öl basierenden Stoff oder synthetischen Werkstoff nach dem anderen. Das liegt daran, dass Öl als Werkstoff für die Herstellung von Dingen verblüffend kostengünstig ist.

Sehen Sie sich in dem Raum um, in dem Sie sich gerade aufhalten. Ich möchte wetten, da werden mindestens fünfzig Dinge sein, die auf der Basis von Öl hergestellt wurden, sei es das Dämmmaterial in der Wand, der Teppich unter Ihren Füßen, die Laminatschicht auf Ihrem Tisch oder der Bildschirm Ihres Computers.

Die Welt um uns herum besteht aus Öl und Erdgas. Ohne sie würde die Welt völlig anders aussehen.

Zu behaupten, dass die heutige Produktionsfähigkeit auf fossilen Brennstoffen beruht, ist keine Übertreibung. Sie hängt ab von ultrakostengünstiger, mit fossilen Brennstoffen betriebener Maschinenarbeit, von zeitlichen Freiräumen, die durch die Nutzung fossiler Brennstoffe entstanden sind, und von Werkstoffen, die mithilfe von fossilen Brennstoffen hergestellt wurden.

Wir verstehen nun, dass die Lebensqualität unserer Welt durch unsere Produktionsfähigkeit bestimmt wird und dass die heutige Produktionsfähigkeit in allererster Linie dadurch zustande kommt, dass der Mensch fossile Brennstoffe nutzt. Damit sind wir nun endlich imstande, den gesamten Nutzen, den wir aus fossilen Brennstoffen ziehen, im Detail zu verstehen – Vorteile, die unser Wissenssystem als trivial abtut, was die Lebensqualität unseres Planeten anbelangt. Tatsächlich sind diese jedoch entscheidend daran beteiligt, dass unser Planet unnatürlich viel an Nahrung, Sicherheit und Möglichkeiten bietet, Erfüllung zu finden, und dass sich dieser Trend fortsetzt.

Eine unnatürlich nahrungsreiche Welt

Wie nahrungsreich ist die heutige Welt, und was haben fossile Brennstoffe dazu beigetragen? Dies ist sehr wichtig, wenn wir später darüber sprechen, welche negativen Auswirkungen fossile Brennstoffe auf die globale Ernährungslage haben.

Da unser Wissenssystem mit der Annahme von der empfindlichen Mutter Natur operiert, lehrt es uns, dass uns dieser Planet naturgemäß genügend Nahrung bereitstellt und dies bereits getan hat, bevor fossile Brennstoffe ihre zerstörerische Arbeit aufnahmen. Denn angeblich stören Letztere die von Natur aus günstigen Wettermuster, auf die unsere Nahrung angewiesen ist, und verunreinigen das von Natur aus saubere Wasser. Tatsächlich jedoch haben fossile Brennstoffe unseren Planeten in einen Ort verwandelt, der so nahrungsreich ist, wie er es von Natur aus niemals war.

Die Natur ist kein Garten Eden, in dem wir alles, was wir an Nahrung benötigen, nur zu pflücken brauchen. In manchen Lebensräumen können durchaus nützliche Obstbäume wachsen, wenn wir die Natur dort sich selbst überlassen, doch gibt es keinen einzigen Lebensraum in der Welt, der sich selbst überlassen gesundes Essen in Mengen produziert, die für Millionen Menschen oder mehr ausreichen.

Weil die Natur nicht automatisch alles an Nahrung produziert, was wir zum Überleben und Gedeihen benötigen, müssen wir die mit Abstand meiste Nahrung selbst herstellen. Lebensmittelproduktion erfordert sehr viel Arbeit – sehr viel Energie –, damit wir aus Erde, Saat, Wasser und Tieren nahrhaftes Essen gewinnen können.

Reden wir über einen Lebensraum, in dem größtenteils manuell produziert wird, sind die Möglichkeiten des gewöhnlichen Menschen dort derart begrenzt, dass die Menschen einen Großteil ihres Lebens allein schon dafür aufwenden müssen, sich Nahrung in ihrer simpelsten Form anzueignen.

Die Geschichte zeichnet ein klares Bild davon, wie wenig nahrungsreich unsere natürliche Umgebung ist. Bis heute profitiert die nicht ermächtigte Welt von der großflächigen Lebensmittelhilfe, die erst die Maschinen der ermächtigten Welt möglich gemacht haben.

Noch im 19. Jahrhundert flossen in England bis zu *80 Prozent* des durchschnittlichen Haushaltseinkommens – was 80 Prozent der produktiven Zeit dieser Menschen entspricht – in Lebensmittel, und zwar größtenteils in Brot minderer Qualität.[5]

Was aus einem Leben resultierte, das von der Lebensmittelproduktion bestimmt war, würden wir in vielen Fällen als Unterernährung bezeichnen. Wiederholt verschlimmerten Hungersnöte die Lage noch. Dies galt sogar für Europa, immerhin die wohlhabendste Region der Welt.

Wie der Wirtschaftshistoriker Carlo Cipolla schrieb: »Den Menschen in den Industrienationen des 20. Jahrhunderts fällt es schwer, sich Hunger und Hungersnöte vorzustellen, aber das vorindustrielle Europa ähnelte weit mehr Indien im 19. Jahrhundert als Europa im 19. Jahrhundert. Die Menschen hungerten sich buchstäblich zu Tode. In den Städten war es nicht unüblich, auf der Straße oder in Toreingängen Menschen zu finden, die an Hunger gestorben waren. Auf dem

Land sah man sie entlang der Wege liegen, den Mund voller Gras und die Zähne in die Erde geschlagen.«[6]

Sich gegen den Hungertod zu stemmen, indem man Gras isst – das ist ein »natürliches« Leben.

Bis heute gibt es in den nicht ermächtigten Gebieten rund um den Globus Milliarden von Menschen, die in einer größtenteils naturbelassenen und damit wenig Nahrung bietenden Umwelt leben.

Die heutigen nicht ermächtigten Menschen sind besser mit Lebensmitteln versorgt, als es bei den nicht ermächtigten Menschen früherer Zeiten der Fall war. Dies liegt in erster Linie daran, dass die ermächtigte Welt Lebensmittelhilfe bereitstellt. Misst man diese Menschen an den Standards der ermächtigten Welt, befinden sie sich aber weiterhin in einer furchtbaren Situation, denn sie sind größtenteils auf manuelle Arbeit anstelle von Maschinenarbeit angewiesen.

In Ländern wie Uganda, Simbabwe, Nepal, Äthiopien und Niger sind mehr als zwei Drittel der Menschen Bauern. »Die durchschnittliche arme Familie vom Land gibt hier 80 Prozent ihres Einkommens für Lebensmittel aus«, heißt es in einem Bericht über Sambia. Und in Burundi sind es sogar über neun von zehn Personen, die in der Landwirtschaft arbeiten.[7]

Für diese nicht ermächtigten Menschen ist die Welt gewiss kein nahrungsreicher Ort.

Und wie sieht es beim Trinkwasser aus?

Die Werbung überschlägt sich heute, wenn es um »natürliches« Wasser geht, doch in Wirklichkeit ist die natürliche Trinkwassersituation in den meisten Lebensräumen mangelhaft. Für die meisten Menschen bedeutete »Trinkwasser« zumeist etwas, das entweder verschmutzt und/oder weit entfernt war.

Wie bei nahezu jedem anderen Wert gilt auch hier: Sauberes trinkbares Wasser ist etwas, das produziert werden muss.

Ist der Mensch nicht ermächtigt, gehen jede Woche oder sogar jeden Tag viele Stunden für die Aufgabe drauf, Wasser von zumindest fragwürdiger Sauberkeit zu besorgen – und dieses Wasser ist, gemessen an den Standards der ermächtigten Welt, nicht einwandfrei oder gesund, sondern enthält häufig Unmengen gefährlicher Mikroorganismen.

So viel zu der Vorstellung, die natürliche Umgebung würde uns einfach mit gesunden Nahrungsmitteln und trinkbarem Wasser versorgen, sodass wir bedenkenlos aus fossilen Brennstoffen aussteigen und uns darauf verlassen können, dass Mutter Natur uns Essen und Trinken zur Verfügung stellt.

Im Vergleich dazu müssen wir heute in der ermächtigten Welt nur *einen geringen Prozentsatz unserer Zeit dafür aufwenden, uns Essen und Trinken zu besorgen, noch dazu in einer Qualität, die früher undenkbar gewesen wäre.*

Überlegen wir nur, wie viel Zeit es uns, wenn wir wirklich sparen wollen, in der ermächtigten Welt kostet, unsere grundlegenden Nahrungsbedürfnisse zu stillen.

Das habe ich, ohne es geplant zu haben, während des Studiums gelernt. Mein Essengeld war aufgebraucht, und ich wollte nicht meine Eltern bitten, also lebte ich für etwa 25 Dollar wöchentlich von Linsen und Thunfisch aus der Dose.

Lebensmittel für eine Woche, verfügbar in so wenig Zeit, wie sie jemand braucht, um 25 Dollar zu verdienen. Verdienen Sie 25 Dollar die Stunde, müssen Sie also dementsprechend nur eine Stunde pro Woche (oder 9 Minuten pro Tag) arbeiten, um sich Nahrungsmittel leisten zu können.

Und für ein klein wenig mehr Geld gibt es heute Essen, das gesünder ist als praktisch alles, was es in der Vergangenheit gab. Das ändert natürlich nichts daran, dass viele Menschen in der ermächtigten Welt bei der Auswahl ihrer Lebensmittel fragwürdige Entscheidungen treffen.

Dennoch standen uns noch nie zuvor derart viele *Möglichkeiten* offen, gesunde, schmackhafte, bequeme und lohnenswerte Erfahrungen mit Essen zu machen.

Und was ist mit Wasser?

Abgesehen von wenigen Ausnahmen ist Leitungswasser heutzutage absolut gesund und weitaus gesünder als das meiste »natürliche« Wasser, das der Menschheit im Laufe ihrer Geschichte zur Verfügung stand. Die Kosten liegen bei etwa 0,5 US-Cent pro Gallone. Das bedeutet, dass ein Arbeiter, der eine Gallone (3,785 Liter) Wasser am Tag trinkt, *weniger als eine Sekunde* dafür arbeiten muss.[8]

Im Grunde ist das geradezu magisch.

Was verleiht uns diese geradezu magische Fähigkeit, uns mit Essen und Trinken zu versorgen?

Vor allem ist es die Magie der Maschinen, größtenteils der mit fossilen Brennstoffen betriebenen Maschinen, die dazu führt, dass eine vergleichsweise geringe Zahl an Menschen deutlich mehr und bessere Lebensmittel und trinkbares Wasser produzieren kann, als es ganzen Populationen allein durch manuelle Arbeit möglich wäre.

Die Nahrungs- und Wasserindustrie beschäftigt heutzutage eine große Anzahl von Arbeitsmaschinen:

- *Maschinen zur Bodenbearbeitung:* Sie werden vor allem mit Öl betrieben (dem Treibstoff der Mobilität) und ermöglichen es dem Menschen, viele Hundert Mal so viel Land zu bearbeiten, wie es ihm mit rein manueller Arbeit möglich wäre. Beispielsweise kann eine Person mit einem modernen Mähdrescher innerhalb eines Tages ausreichend Getreide für 500 000 Brote ernten und dreschen.[9]
- *Bewässerungsmaschinen:* Sie liefern eine optimale Menge an Flüssigkeit an den Ort, an dem diese benötigt wird, unabhängig davon, wie es um den natürlichen Niederschlag bestellt ist. Auf bewässertem Land fällt die Ernte durchschnittlich *mehr als dreimal so hoch* aus wie auf Land, das ausschließlich durch Regen bewässert wird.[10]
- *Transportmaschinen:* Sie ermöglichen es, die besten Anbaugebiete der Welt zu einem einzigen gewaltigen Netzwerk zusammenzuschließen – dem ultimativen »Lebensmittel-Netzwerk«.
- *Kühlmaschinen:* Sie konservieren Nahrungsmittel über viel längere Zeiträume hinweg in einem optimalen Zustand, sei es beim Transport oder bei der Lagerung in den eigenen vier Wänden.
- *Rechenmaschinen:* Sie helfen Lebensmittelproduzenten dabei, Erfolgsmethoden zu erkennen und umzusetzen, etwa die besten Pflanzmethoden für unterschiedliche Bedingungen, die optimale Menge an Wasser, die optimale Menge an Dünger und dergleichen.

Auch bei ultragünstigem sauberem Trinkwasser spielen Arbeitsmaschinen, die mit fossilen Brennstoffen betrieben werden, die Rolle heimlicher Helden:

- *Wasseraufbereitungsmaschinen:* Sie verwandeln von Natur aus schmutziges oder vom Menschen verunreinigtes Wasser in sauberes, gesundes Trinkwasser.
- *Pumpmaschinen:* Ähnlich wie jene Geräte, die zur Bewässerung eingesetzt werden, erlauben sie es uns, Trinkwasser von A nach B zu transportieren.

Und was ich hier erwähnt habe, ist nur eine kleine Auswahl der Apparate und Maschinen, die bei der Herstellung von Wasser und Lebensmitteln zum Einsatz kommen.

Was die fantastische Lebensmittel- und Wasserproduktion von heute anbelangt, so spielen Maschinen bei jedem einzelnen Aspekt eine Rolle – ob nun bei den Metallzäunen, hinter denen Vieh gehalten wird, bei der Bewässerungsinfrastruktur oder bei dem Bau von Lebensmittelgeschäften und den Bürogebäuden, in denen Wissenschaftler arbeiten. Genauso wie all die oben genannten Maschinen werden auch sie größtenteils mit fossilen Brennstoffen betrieben, denn es handelt sich um die mit weitem Abstand kostengünstigste Lösung (und manchmal auch um die einzige, die überhaupt zur Verfügung steht).

Wann immer wir künftig darüber nachdenken, inwieweit die Welt fähig ist, ausreichend Essen und Trinken bereitzustellen, müssen wir berücksichtigen, dass das erstaunliche Ausmaß an Nahrungsmitteln, über das die ermächtigte Welt heutzutage verfügt, das unnatürliche Produkt von Maschinen ist, die mit fossilen Brennstoffen betrieben werden. Würden die Menschen aus fossilen Brennstoffen aussteigen, ohne über einen wahrhaftig kostengünstigen Ersatz zu verfügen, würde dies zu einer Massenhungersnot führen.

Darüber hinaus machen fossile Brennstoffe Zeit für geistige Arbeit frei – Arbeit, die das heutige Maß an Spezialisierung und Innovation im Lebensmittelbereich überhaupt erst möglich macht.

Die moderne, hoch spezialisierte Lebensmittelindustrie konzentriert sich nicht nur darauf, uns ausreichend Nahrung zum Überleben zur Verfügung zu stellen, sondern auch darauf, dass die Nahrungsmittelsituation sich ständig bessert – und dass immer mehr Lebensmittel produziert werden, an denen wir wirklich Freude finden.

Nehmen wir als Beispiel mein Lieblingsobst, die Mango. Innerhalb der heutigen Landwirtschaft gibt es einen ganzen Industriezweig, der sich ausschließlich mit Mangos befasst, bis hin zu Transportmaschinen und Kühlgeräten, die so wunderbare Dinge wie den Verzehr von Mangos im winterlichen Vermont möglich machen. Das ist kein Vergleich zur Landwirtschaft von früher.

Wer heute in der Lebensmittelindustrie arbeitet und mehr als kostengünstige Grundbedürfnisse erfüllen will, kann dies tun, weil mit fossilen Brennstoffen betriebene Maschinerien Freiräume dafür geschaffen haben, dass sich Menschen auf eine große Anzahl produktiver Unterfangen spezialisieren konnten.

Dies hat einen ganzen innovativen Subindustriezweig, die Agrarforschung, möglich gemacht. Hier verwenden Menschen ihre gesamte berufliche Laufbahn darauf, nach Wegen zu suchen, wie man Lebensmittel in größeren Mengen und in gesünderer Qualität für den Menschen herstellen kann.

Zu den größten Namen in diesem Bereich zählt Norman Borlaug, der Kopf der Grünen Revolution (nicht zu verwechseln mit der Bewegung der Grünen). Mit seiner Arbeit in den Bereichen Genforschung und Pflanzenzucht hat er Berechnungen zufolge mehr als eine Milliarde Menschen vor dem Tod durch Hunger und Unterernährung bewahrt.[11]

Dank fossiler Brennstoffe ging Borlaug nicht als einer von unzähligen Subsistenzbauern in die Geschichte ein, sondern konnte sein Leben mit ultraproduktiver geistiger Arbeit verbringen.

Und schließlich ist die verblüffende moderne Lebensmittelproduktion auch von den vielen *Werkstoffen* aus fossilen Brennstoffen abhängig, die bei der heutigen Lebensmittelherstellung eine Rolle spielen. An allererster Stelle sind hier Düngemittel zu nennen.

Düngemittel erhöhen die Menge an Stickstoff, die Pflanzen aufnehmen können, und damit ihr Wachstum. Dadurch wird es möglich, mehr Pflanzen pro Stück Ackerland anzubauen.

Zwar gibt es natürliche Düngemittel wie Fledermausguano, doch die in freier Natur vorkommenden Mengen reichen nicht einmal ansatzweise dafür aus, Feldfrüchte so zu düngen, dass man Milliarden Menschen mit ihnen ernähren könnte. Als diese Düngemittel gegen Ende des 19. Jahrhunderts knapp wurden und die Weltbevölkerung auf 1,5 Milliarden Menschen angewachsen war, erklärte 1898 der führende Chemiker William Crookes: »Alle Zivilisationen laufen auf tödliche Weise Gefahr, nicht ausreichend zu essen zu haben.«[12]

Diese Gefahr ist heute gebannt, denn dank des Haber-Bosch-Verfahrens können wir Erdgas in Düngemittel umwandeln.[13]

Dünger ist nur eines von zahlreichen Produkten aus fossilen Brennstoffen, die in der Lebensmittelherstellung von zentraler Bedeutung sind. Fossile Brennstoffe bilden auch die Grundlage für jene Kunststoffe, die dafür sorgen, dass Kühlschränke länger hygienisch bleiben, Behälter Essen länger frisch halten und Schmiermittel die Laufleistung von Maschinen erhöhen.

Kurz gesagt: Fossile Brennstoffe sind verantwortlich für die ultrakostengünstige Maschinenarbeit, die Zeit und die Werkstoffe, welche die Welt für Milliarden Menschen auf fantastische Weise in einen unnatürlich nahrungsreichen Ort verwandeln. Die Menschen müssen immer weniger Zeit aufbringen, um sich nahrhafte Lebensmittel und Wasser leisten zu können.

Ohne fossile Brennstoffe oder ihr Äquivalent würde die Lebensmittelproduktion zusammenbrechen, und die heutige »unnatürlich« große Weltbevölkerung könnte unmöglich überleben. Nutzen wir dagegen mehr fossile Brennstoffe oder deren Äquivalent, erhielten weitere Milliarden Menschen Gelegenheit, innerhalb kurzer Zeit die von ihnen benötigte Nahrung zu erwerben, anstatt große Teile ihres Lebens darauf verwenden zu müssen, sich mit mittelmäßigen Lebensmitteln zu versorgen.

Man sieht also, wie entscheidend die Nutzung fossiler Brennstoffe ist, um eine Fülle an Nahrung in der Welt hervorzubringen, wie sie in der Natur nicht vorgesehen ist.

Für Milliarden von Menschen ist die Welt inzwischen ein unnatürlich nahrungsreicher Ort, und das hängt von der einzigartig kostengünstigen Energie ab, die mithilfe fossiler Brennstoffe produziert wird. Nutzen wir fossile Brennstoffe stärker als bislang, kann der Planet noch viel nahrungsreicher werden. Wird die Nutzung fossiler Brennstoffe hingegen stark beschnitten, ohne dass echter Ersatz bereitsteht, kommt es zu einer Katastrophe, und die Nahrung auf dem Planeten wird deutlich schwinden. All diese Aspekte sind wichtig, wenn es darum geht, eine Entscheidung zu fossilen Brennstoffen zu treffen.

Gleichwohl ignoriert oder leugnet unser Wissenssystem diesen Kontext. Das geht so weit, dass die Aussicht, die Nutzung fossiler Brennstoffe massiv einzuschränken oder ganz zu stoppen, keineswegs weithin Besorgnis auslöst, dass dies Folgen für die Versorgung mit Essen und Trinken haben könnte.

Wollen wir künftig auch nur ansatzweise rationale energiepolitische Entscheidungen treffen, sollte der breiten Öffentlichkeit bewusst sein, dass unsere aktuelle Versorgungslage mit Lebensmitteln keineswegs natürlich ist, sondern stark von der Nutzung fossiler Brennstoffe abhängt.

Dass die Welt massiv fossile Brennstoffe nutzt, ist für einen weiteren Aspekt der Lebensqualität von zentraler Bedeutung – einen Aspekt, der tatsächlich noch weniger Beachtung findet als die Rolle fossiler Brennstoffe bei der Versorgung mit Lebensmitteln: Es geht um die beispiellose *Sicherheit*, die auf der Erde herrscht.

Die Welt ist ein unnatürlich sicherer Ort geworden, der beispiellosen Schutz bietet

Wie sicher ist die heutige Welt, und welchen Beitrag leisten dabei fossile Brennstoffe?

Von der Annahme der empfindlichen Mutter Natur ausgehend bringt uns unser Wissenssystem bei, Sicherheit sei etwas, das uns der Planet naturgemäß gewährte, bis fossile Brennstoffe ihr den Garaus machten. In Wahrheit setzt uns dieser Planet in seinem natürlichen, nicht durch den Menschen beeinflussten Zustand aber ständig einer Vielzahl von Gefahren aus. Erst fossile Brennstoffe haben dazu geführt, dass der Planet unnatürlich sicher wurde.

Die Natur stellt ein extrem gefährliches Umfeld für uns dar – mit einem gefährlichen Klima und einer Vielzahl gefährlicher Feinde in allen Größen (bis hin zu mikroskopisch kleinen Widersachern, die Infektionskrankheiten verursachen).

Nicht ermächtigte Menschen haben im Verlauf der Menschheitsgeschichte außerordentlich viel Zeit dafür aufgewendet, sich vor diesen Gefahren zu schützen, und müssen dies in der nicht ermächtigten Welt bis heute tun – allerdings mit geringem Erfolg.

Die enorme natürliche Gefahr, die von diesem Planeten ausgeht, ist ein wichtiger Grund dafür, dass, wie die Hockeyschläger-Grafik zum menschlichen Gedeihen zeigt, die Lebenserwartung über einen sehr langen Zeitraum hinweg so niedrig war. Nicht ermächtigt war der Mensch schlichtweg nicht imstande, sich gut genug vor den Gefahren der Natur zu schützen.

Heute sind wir dazu dank fossiler Brennstoffe fähig und können uns unnatürlich gut vor den Gefahren der Natur schützen, indem wir beispiellose Mengen und Formen an Schutz bereitstellen, etwa 1) beispiellose Unterkünfte, 2) beispiellose hygienische Zustände und 3) beispiellose medizinische Versorgungsmöglichkeiten.

Sehen wir uns zunächst das Thema Unterkunft an.

Ein Dach über dem Kopf zu haben ist seit jeher von überragender Bedeutung für die Menschen, denn es schützt uns vor den steten Gefahren des Klimas, vor großen und vielen kleinen Feinden (beispielsweise Bären beziehungsweise Mücken und Fliegen, die Krankheiten übertragen).

Ist der Mensch nicht ermächtigt, verbringt er übermäßig viel Zeit damit, sich eine Unterkunft zu errichten, doch bei aller Mühe bringt er bloß unsichere, fragile, schmutzige und unbequeme Unterkünfte zustande.

Nehmen wir ein aktuelles Beispiel und sehen uns Florence an, die in Sambia lebt und deren Situation der Umweltexperte Bjørn Lomborg folgendermaßen schildert: »Als Witwe ist sie die einzige Ernährerin für fünf Kinder und ein Enkelkind. … Auf einem Tisch vor ihrer Haustür verkauft sie gemahlene Nüsse und Gemüse, außerdem vermietet sie eines ihrer zwei Zimmer und kratzt damit insgesamt nur das Nötigste [38 Dollar] für den Monat zusammen. Ihre siebenköpfige Familie quetscht sich in einen einzelnen Raum. Es gibt kein fließendes Wasser und keine Toilette.«[14]

Dieser eine Raum misst 3 mal 3 Meter, also 9 Quadratmeter. Für sieben Personen. Und selbst diesen Raum kann sie sich kaum leisten.

Stellen Sie die Lage von Florence der einer durchschnittlichen Bewohnerin der ermächtigten Welt gegenüber. Diese kann sich problemlos eine Unterkunft erlauben, die erstaunlich – »unnatürlich« – gut geschützt, belastbar, sauber und bequem ist.

Die beispiellos gute heutige Wohnsituation ist zahlreichen, mit fossilen Brennstoffen arbeitenden Industriezweigen rund um das Thema Schutz vor Umwelteinflüssen zu verdanken, etwa in den Bereichen 1) Bau von Unterkünften, 2) Temperaturkontrolle, 3) Bau von Umzäunungen und 4) Kleidung.

Möglich ist diese Situation nur deshalb, weil ähnlich wie die Lebensmittelindustrie auch die für die Errichtung von Unterkünften zuständige Industrie eine massive Anzahl von Maschinen einsetzt, die mit fossilen Brennstoffen betrieben werden und die kostengünstig unfassbare Arbeitsmengen für uns erledigen.

Zu diesen Maschinen zählen:

- *Grab- und Aushubmaschinen*, die es einem einzelnen Menschen ermöglichen, massive Erdmengen auszugraben und zu bewegen und auf diese Weise Platz für das Fundament stabiler Gebäude zu erschaffen;
- *Planiermaschinen*, die es einem einzelnen Menschen ermöglichen, unebene, holprige Flächen problemlos so zu glätten, dass sich dort große, ebene Strukturen errichten lassen;
- *Hebemaschinen* wie Kräne, die gewaltige Gewichte heben können. In früheren Zeiten hätten Sklaven (falls überhaupt möglich) jahrelang arbeiten müssen, um das zu schaffen;
- *Elektrowerkzeuge*, die es dem Menschen erlauben, seine Geschicklichkeit mit großer Kraft zu kombinieren und für Präzisionsaufgaben einzusetzen, etwa beim Hämmern, Befestigen oder Sägen;
- *Verdichtungsmaschinen*, die den Boden unter Gebäuden verdichten;
- *Schneidemaschinen*, die Bäume aus dem Weg räumen, um Platz für menschliche Unterkünfte zu schaffen;
- *Pflastermaschinen*, die exzellente Straßen bauen, die unsere Unterkünfte miteinander verbinden;
- *Bergbaumaschinen*, die all die Rohstoffe aus der Erde holen, die wir für unsere grandiosen Gebäude benötigen, seien es Eisen und Kohle für Stahl oder Aluminium, Kupfer oder Sand;

- *Hochtemperaturmaschinen*, die die geförderten Rohstoffe in wichtige Werkstoffe wie Zement, Stahl oder Kunststoffe verwandeln.

Diese mit fossilen Brennstoffen betriebene Maschinenarbeit wird nicht im Geringsten gewürdigt, obwohl sie die Produktivität des Menschen erheblich steigert. Ohne sie wären in dem Teil der Welt, der heute als ermächtigt gilt, qualitativ hochwertige Unterkünfte für die überwiegende Mehrheit undenkbar.

Und hier geht es erst einmal nur um das Errichten von Unterkünften.

Doch auch für den beispiellosen Schutz, den wir vor gefährlichen Temperaturen genießen – insbesondere der ewigen Gefahr, an Kälte zu sterben –, spielt mit fossilen Brennstoffen betriebene Maschinenarbeit eine zentrale Rolle, denn sie eröffnet uns Möglichkeiten, die Temperatur zu regulieren.

In einer nicht ermächtigten Umwelt besteht eine der absolut wichtigsten Anforderungen an eine Unterkunft seit jeher darin, dass sie bei Kälte für Wärme sorgt.

Zwar dominiert aktuell in öffentlichen Diskussionen das Phänomen zu hoher Temperaturen, aber historisch betrachtet ist zu große Kälte bis zum heutigen Tag eindeutig die größere direkte Gefahr.[15]

Wenn ich Kälte sage, meine ich damit nicht nur superkalte Regionen wie Skandinavien. Selbst in gemäßigten nördlichen Breiten verlangt uns die Kälte eine Wärmeproduktion ab, die unsere Möglichkeiten leicht übersteigen kann.

Als sich die europäischen Siedler im amerikanischen Westen niederließen, benötigte ein durchschnittlicher Haushalt über 110 Kubikmeter Holz pro Jahr, also etwa *36 bis 72 Tonnen* Holz! Täglich wurden also *150 Kilogramm* Holz benötigt, das in Teile zerhackt werden musste, die in eine Feuerstelle passten.[16]

In Zeiten und an Orten, an denen die Menschen nicht ermächtigt waren, musste dieses Holz manuell zerhackt werden, desgleichen mussten die Bäume manuell gefällt werden und ein Großteil des Transports wie das Auf- und Abladen auf Wagen von Hand erfolgen.

Sich an einem nicht ermächtigten Ort warmzuhalten verschlang also einen Großteil der Lebenszeit.

Doch es kommt noch schlimmer.

Denn das *Resultat* am Ende, nachdem viel Zeit dafür aufgewendet wurde, um einen nicht ermächtigten Ort warm zu bekommen, hat herzlich wenig mit den bequemen Zuständen zu tun, die wir in der ermächtigten Welt genießen. Denken wir an »Wärme«, haben wir eine stete, kontrollierbare Wärme vor Augen, die sich in unserer gesamten Unterkunft ausbreitet und schlimmstenfalls ein klein wenig Rauch freisetzt.

Doch an den nicht ermächtigten Orten liefert Holz – an den bitterärmsten Orten Dung – konzentrierte Wärme nur im direkten Umfeld eines offenen Feuers, das diverse Zwecke erfüllt. Diese Feuerstelle dient nicht nur zum Heizen, sondern meistens auch zum Kochen und Erwärmen von Wasser.

Diese »natürlichere« Methode, Unterkünfte zu beheizen, mutet es dem Menschen zu, Rauch und Dämpfe in Mengen einzuatmen, die weitaus schlimmer sind als alles, was man heutzutage auf der Welt an Luftverschmutzung vorfindet.

»Ein offenes Feuer in der Küche ist so, als würde man stündlich 400 Zigaretten abbrennen lassen«, sagt ein führender Forscher. »Für Frauen und Mädchen in Indien ist die Luftverschmutzung im eigenen Haushalt noch immer das Gesundheitsrisiko Nummer eins.«[17]

In der nicht ermächtigten Welt ist es weitverbreitet, den Rauch eines offenen Feuers einzuatmen. Milliarden Menschen leben damit.

Das Leben in einer »natürlichen« Unterkunft fordert also enorm viel Zeit und Mühe und resultiert in einer Wärme, die unbequem ist und mit extremer Luftverschmutzung einhergeht.

In der ermächtigten Welt hingegen machen es unsere heldenhaften mit fossilen Brennstoffen betriebenen Arbeitsmaschinen möglich, dass Menschen für gewöhnlich ihre Bleibe auf eine saubere und bezahlbare Weise heizen können.

Angenommen, eine Person lebt in einem kalten Teil der USA und verdient dort 25 Dollar die Stunde. Diese Person kann für weniger als 2 Dollar am Tag ihre vier Wände wirksam und sauber wärmen (am kostengünstigsten sind Gasöfen) – das entspricht gerade einmal 5 Minuten Arbeitszeit.[18]

Doch wir können unsere Unterkunft ebenso kühlen, wenn es draußen zu heiß ist. Das ist an nicht ermächtigten Orten unvorstellbar, wenn man abstruse

Szenarien mit unfassbar schlechter Wirtschaftlichkeit außen vor lässt, etwa dass man sich mit Eis abkühlt, das aus kalten Regionen herangebracht wird.

Unser Arbeitnehmer mit seinen 25 Dollar Stundenlohn ist dank kostengünstiger Klimaanlagen selbst an einem heißen Sommer in Phoenix, Arizona, auf wundersame Weise imstande, das Zuhause seiner Familie zu einem Preis zu kühlen, der etwas mehr als 3 Minuten Arbeit entspricht – Arbeit, die üblicherweise in einem Gebäude mit Klimaanlage geleistet wird![19]

Wie wunderbar unsere Welt dank der Maschinenarbeit und den fossilen Brennstoffen doch ist, mithilfe derer dieses geleistet wird – und was für einen gefährlichen Irrweg es darstellt, wenn uns niemand lehrt, diesen Umstand zu schätzen und einen Wegfall dieser Möglichkeit zu fürchten.

Mit fossilen Brennstoffen durchgeführte Maschinenarbeit spielt auch eine grundlegende Rolle bei dem beispiellosen Schutz, den wir heutzutage vor Feinden genießen – etwas, das in der ermächtigten Welt als völlig selbstverständlich betrachtet wird.

Im Verlauf der Menschheitsgeschichte haben Feinde stets eine massive Bedrohung für unsere körperliche Unversehrtheit und unsere Nahrung dargestellt – und in der nicht ermächtigten Welt hat sich daran bis heute nichts geändert.

Der Energie- und Umweltexperte Michael Shellenberger beispielsweise hat die Demokratische Republik Kongo besucht und erzählt Folgendes:

> *Viele der Menschen, mit denen wir gesprochen haben, waren aufgebracht, weil Paviane und Elefanten aus dem angrenzenden Virunga-Nationalpark, einem Schutzgebiet für Wildtiere, kamen und die Felder plünderten. Vor dem Hintergrund, dass Hunger und Armut hier weitverbreitet sind, ist es verheerend, seine Ernte an Wildtiere zu verlieren. Man sagte mir, eine Frau habe ihre Ernte an einen Elefanten verloren und sich darüber so aufgeregt, dass sie am Folgetag an einem Herzinfarkt gestorben sei. Außerdem hörte ich, dass ein Schimpanse kürzlich einen 2-jährigen Jungen getötet hatte.*[20]

Zum Schutz vor diesen natürlichen Bedrohungen und zum Erhalt menschlichen Lebens sowie der für den Menschen vorgesehenen Nahrungsmittel muss der Mensch Schutzmaßnahmen ergreifen und beispielsweise Umzäunungen bauen. (Was auch bedeuten kann, dass es nicht nötig ist, die Tiere zu töten, die über Lebensmittel und Menschen herfallen.)

Aber der Bau eines Zauns erfordert viel Arbeit. Steht keine kostengünstige Maschinenarbeit zur Verfügung, ist dafür viel Menschenkraft nötig. Noch 1850 beispielsweise entfielen in den Vereinigten Staaten 4 Prozent der Arbeit erwachsener männlicher Arbeitskräfte ausschließlich auf das *Reparieren* von Zäunen.[21]

Heute unterstützen uns mit fossilen Brennstoffen betriebene Maschinen bei der Herstellung von Zäunen und anderer Schutzmaßnahmen. Und das ist so leicht bezahlbar, dass die meisten Menschen in der ermächtigten Welt gar keinen Gedanken an dieses Thema verschwenden.

Ein letzter Aspekt, bei dem uns mit fossilen Brennstoffen betriebene Maschinenarbeit vor den Gefahren schützt, die von der Natur ausgehen, ist die unglaublich kostengünstige Herstellung von Kleidung. Kleidung ist letztlich nichts anderes als ein Schutz für unseren Körper und insbesondere dann erforderlich, wenn wir in Bewegung sind.

Ohne kostengünstige Maschinenarbeit ist die Herstellung von Kleidung sehr mühsam, und es verschlingt viel Zeit, sich diese zu beschaffen, ohne dass diese Zeit etwas einbringt.

Bevor sich Ermächtigung weit verbreitete, besaßen die meisten Menschen im Laufe ihres Lebens nur eine Handvoll Kleidungsstücke. Es war so schwierig, an welche heranzukommen, dass es in Europa üblich war, den Toten die Kleider vom Leib zu reißen. Dies wiederum trug dazu bei, dass alsbald die Krankheit herumging, an der dieser Mensch gestorben war. Bei Frauen war es normal, dass sie nur ein einziges Kleid besaßen. In diesem Kleid heirateten sie, und in diesem Kleid wurden sie auch begraben.[22]

Heute macht die Maschinenarbeit qualitativ hochwertige Kleidungsstücke zu niedrigen Preisen für alle Menschen in der ermächtigten Welt verfügbar. Und diese lassen sich dann leicht an die Menschen in der nicht ermächtigten Welt weitergeben.

Wir setzen Maschinen ein, um Rohmaterialien für die Herstellung von Kleidung anzubauen (beziehungsweise um im Falle synthetischer Kleidung nach ihnen zu bohren), um Stoffe herzustellen, um aus diesen Stoffen Kleider zu nähen und um die fertige Kleidung zu transportieren. All dies führt dazu, dass Kleiderproduktion derart kostengünstig ist, dass ein armer Mensch bei Walmart für 50 Dollar eine dicke Winterjacke erstehen kann. Selbst wenn er nur 12,50 Dollar pro Stunde verdient, entspricht dies 4 Stunden Arbeit, dafür hat er es dann den ganzen Winter über warm.

Noch einmal: Großartige, mit fossilen Brennstoffen betriebene Maschinen verwandeln diesen von Natur aus gefährlichen Planeten in einen unnatürlich sicheren und bequemen Lebensraum. Und auch hier gilt: Unser Wissenssystem hält uns in einer gefährlichen Ignoranz fest, was die fundamentale Rolle fossiler Brennstoffe anbelangt.

Was für die unterschiedlichen Industriezweige gilt, die für unseren Schutz sorgen, gilt auch für jede andere Branche: Die Zeit, die fossile Brennstoffe für geistige Arbeit freisetzen, ermöglicht es dem Menschen, sich auf hoch spezialisierte innovative Bereiche zu fokussieren – Bereiche, in denen eine gewaltige Menge an geistiger Arbeit dazu beiträgt, Werkstoffe zu entwickeln, Häuser und Textilfabriken zu bauen – und die Innovationen umzusetzen, die all dies stetig verbessern. Ohne ultrakostengünstige Energie aus fossilen Brennstoffen oder deren Äquivalent gäbe es die geistige Arbeit nicht, von der diese Industriezweige abhängig sind.

Ein letzter Aspekt der nicht gewürdigten fundamentalen Art und Weise, wie fossile Brennstoffe zur Verbesserung des menschlichen Schutzes beitragen, sind *Werkstoffe* aus fossilen Brennstoffen. Diese sind die Basis zahlreicher wichtiger synthetischer Werkstoffe, wie sie im Bau zur Anwendung kommen sowie bei Dingen wie Teppichen, Dämmmaterial und Duschen bis hin zu wasserdichter Dachabdeckung und Memory-Foam-Matratzen. Außerdem kommen sie in vielen der kostengünstigsten und vielseitigsten Bekleidungsstücke zum Einsatz, von unglaublich preiswerten Winterjacken bis hin zu verblüffend wasserdichten Modellen.

Ohne den grundlegenden Wert, den fossile Brennstoffe durch ultrakostengünstige Maschinenarbeit hervorbringen, würde die Fertigung von Schutz, wie er heute Standard ist, zusammenbrechen. Dann müssten Familien wieder überaus viel Zeit in die Aufgabe investieren, sich ein Dach über dem Kopf zu besorgen (sei es auch von minderwertiger Qualität); sie müssten auf ineffektive und gefährliche Heizmethoden zurückgreifen, ohne die Möglichkeit zu haben, auch für Kühlung sorgen zu können; sie wären nur dürftig vor anderen Spezies geschützt und verfügten nur über unbequeme, unhygienische Kleidung. Steigern wir dagegen den Wert, den fossile Brennstoffe generieren, können weitere Milliarden Menschen in den Genuss von erstaunlich kostengünstigem Schutz gelangen.

All dies gehört wesentlich in den Kontext hinein, der nötig ist, um kluge Entscheidungen für die Zukunft fossiler Brennstoffe zu treffen. Doch genau diesen Kontext ignoriert oder leugnet unser Wissenssystem und bleibt weiterhin auf das Ziel fixiert, fossile Brennstoffe zu eliminieren.

Dasselbe gilt für eine weitere wichtige Art von Schutz, den fossile Brennstoffe liefern: Hygienemaßnahmen, welche die von Natur aus schmutzige Umwelt auf diesem Planeten unnatürlich sauber machen.

Eine unnatürlich sichere Welt mit einer beispiellosen Hygiene

Ein Argument, mit dem unser Wissenssystem fossile Brennstoffe ständig attackiert, lautet, sie würden unsere Umwelt auf widernatürliche Weise verschmutzen. Diese Angriffe lassen den Vorschlag, aus fossilen Brennstoffen auszusteigen, stets als Segen für die Umwelt erscheinen.

Aber nichts könnte weiter von der Wahrheit entfernt sein, denn unsere heutige, von fossilen Brennstoffen angetriebene Welt ist so sauber und vor allem hygienisch, wie sie es von Natur aus nie war.

Alles Leben geht mit Abfall einher, auch wenn dies im Widerspruch zu der Vorstellung von einem sauberen »natürlichen« Leben steht. Abfall entsteht durch die Tiere, die wir essen oder für uns arbeiten lassen, die Pflanzen, die wir nutzen und essen, und Abfall entsteht im Zusammenhang mit unserem eigenen Körper.

Für den Menschen ist es also stets eine wichtige Aufgabe, für *hygienische Bedingungen* zu sorgen.

Ein nicht ermächtigter Mensch kann unmöglich die Mengen an Abfall, die er und die Natur produzieren, so in den Griff bekommen, dass hygienische Bedingungen herrschen.

Noch in den 1890er-Jahren beispielsweise war es für die Menschen in New York ganz normal, »buchstäblich bis zum Schienbein oder zum Knie im Morast zu stehen, einer Mischung aus Straßenabfällen, Urin und Dung von Pferden, Tierkadavern, Lebensmittelabfällen und Möbelresten«, schreibt die Anthropologin Robin Nagle.[23]

In der nicht ermächtigten Welt sterben bis heute viele Menschen an Krankheiten, die auf schlechte sanitäre Bedingungen zurückzuführen sind. Laut der Weltgesundheitsorganisation müssen weltweit 2 Milliarden Menschen ohne grundlegende sanitäre Einrichtungen wie Toiletten auskommen, und geschätzte 10 Prozent der Weltbevölkerung nehmen Nahrung zu sich, die mit Abwasser bewässert wurde. Allein an Diarrhö sterben jährlich rund 432 000 Menschen.[24]

Dass die sanitäre Lage in nicht ermächtigten Landstrichen derart schlecht ist, liegt in erster Linie auch daran, dass die Menschen dort so viel Zeit für die Herstellung von Nahrung und Schutz aufwenden müssen und dass Zeit und andere Ressourcen nur in sehr begrenztem Maß für die Aufgabe zur Verfügung stehen, an einer Verbesserung der hygienischen Bedingungen zu arbeiten.

Nehmen wir beispielsweise die Herausforderung, die eigenen Wasservorräte davor zu schützen, dass sie durch Mensch und Tier verschmutzt werden.

Wollte man einen Brunnen bohren, stand man in der Zeit vor der Ermächtigung der breiten Massen (und steht bis heute an zahlreichen Orten ohne diese) vor einem Dilemma, denn es galt, zwei Faktoren abzuwägen: Der Zugang zu diesem Wasser ist umso leichter, je dichter der Brunnen am eigenen Zuhause steht. Doch damit ist er auch näher an menschlichen und tierischen Abfällen dran, wodurch er rasch verunreinigt zu werden droht.

Uns Heutigen, die in einer ermächtigten Welt mit Wasserhähnen leben, die wir nur einen Hahn aufdrehen müssen, um Wasser zu bekommen, scheint das kein allzu großes Problem zu sein: Platziert das Wasser doch so weit weg, wie es geht, damit es sauber bleibt. Aber für nicht ermächtigte Menschen bedeutet dies einen Zusatzaufwand von mehreren Stunden, weil sie alles, was sie an Wasser zum Trinken, zum Waschen von Wäsche oder ihrem Körper benötigen, Eimer für Eimer über längere Strecken heranschleppen müssen. Also entscheiden sich viele nicht ermächtigte Menschen dafür, ihren Brunnen in der Nähe ihres Zuhauses zu haben, auch wenn das bedeutet, dass das Wasser schmutziger und gefährlicher ist.

Dieses Beispiel zeigt, wie schlecht die sanitären Bedingungen in einem nicht ermächtigten und vom Menschen kaum beeinflussten Lebensraum sind – der Schmutz ist überwältigend, und die Menschen haben kaum Zeit oder Möglichkeiten, etwas dagegen zu unternehmen.

Stellen wir dem die moderne ermächtigte Welt gegenüber, in der die Bevölkerung beispiellos gute hygienische Bedingungen zu bezahlbaren Preisen genießt.

Wir können praktisch ohne Anstrengung unseren gesamten Abfall entsorgen und leben unter hygienischen Bedingungen, die in früheren Zeiten unvorstellbar gewesen wären. Für Wasser, Abwasser und Müllentsorgung bezahlen wir vielleicht 100 Dollar im Monat, was etwas über 3 Dollar am Tag entspricht, und kommen dafür in den Genuss großartiger sanitärer Bedingungen.[25] Nehmen wir die 25 Dollar Stundenlohn aus dem obigen Beispiel, bedeutet das: Wir müssen 8 Minuten täglich arbeiten und haben es im Gegenzug sauberer, als es in früheren Zeiten selbst der größte Herrscher hatte.

Wir nennen fossile Brennstoffe »schmutzig«, aber diese Sauberkeit verdanken wir der massiven Nutzung fossiler Brennstoffe.

Einer der Gründe für den aktuellen hygienischen Zustand ist, dass die Zeit, die durch die Nutzung fossiler Brennstoffe frei geworden ist, eine hoch spezialisierte, innovative Sanitärindustrie möglich gemacht hat, wie sie in einer nicht ermächtigten Welt unmöglich ist.

Die moderne Sanitärindustrie funktioniert mit Maschinen, die mit fossilen Brennstoffen betrieben werden. Hier sind ein paar Beispiele:

- *Grab- und Aushubmaschinen,* die die Kanäle graben, die Trinkwasser von Abwasser trennen;

- *Aufbereitungsmaschinen,* die Wasser aus einem See oder einem Wasserreservoir entnehmen und es für die Nutzung und den Konsum durch den Menschen gefahrlos machen;
- *Müllfahrzeuge,* die den Abfall von den Orten wegbringen, an denen wir leben und arbeiten;
- *Müllverarbeitungsmaschinen,* beispielsweise Abfalltrenner, rotierende Trommeln und Pressen, die unterschiedliche Arten von Abfall sortieren und verarbeiten, egal, ob es sich um Gefahrstoffe oder um Recycelbares handelt; und
- *Müllverbrennungsmaschinen,* die bestimmte Formen von Abfällen in verwendbare Energie verwandeln und gleichzeitig die Menge an Raum, die die Abfälle belegen, drastisch reduzieren.

Die moderne Sanitärindustrie arbeitet außerdem mit zahlreichen Werkstoffen aus fossilen Brennstoffen, beispielsweise:

- *Müll- und Recyclingbehältern aus Kunststoff,* die leicht sind, langlebig und leicht zu reinigen;
- *PVC-Kunststoffen,* die wegen ihres geringen Gewichts und der langen Haltbarkeit das Material der Wahl für Abflussrohre im Haushalt sind; und
- *Planen* auf Erdölbasis für offene Deponien. Sie reduzieren Gerüche, mindern die Feuergefahr und senken das Risiko, dass Säugetiere, Vögel und Insekten Krankheiten übertragen.

Wieder einmal sehen wir den enormen Beitrag, den fossile Brennstoffe zur Lebensqualität auf diesem Planeten leisten, in diesem Fall die unnatürliche Sauberkeit, die erreicht werden konnte, weil mit fossilen Brennstoffen bewerkstelligte Maschinenarbeit Freiraum für geistige Arbeit erschuf. Unser Wissenssystem ignoriert diesen Faktor weitestgehend, und wenn hygienische Bedingungen überhaupt thematisiert werden, werden sie als etwas dargestellt, was absolut gar nichts mit fossilen Brennstoffen zu tun hat.

Moderne, durch die Nutzung fossiler Brennstoffe ermöglichte Hygienemaßnahmen schützen uns vor einer besonders großen Gefahr: kleinen Organismen, die uns Schaden zufügen können, beispielsweise Insekten. Viele Infektionskrankheiten befallen uns via Insekten. Moskitos übertragen Malaria und Gelbfieber, Flöhe die Beulenpest und Läuse Typhus.

Die Annahme, Krankheiten wie Malaria würden ausschließlich in tropischen Ländern auftreten, mag weitverbreitet sein, doch sie ist falsch. In den meisten Ländern, die heutzutage als ermächtigt gelten, kam Malaria früher vor – auch in den Vereinigten Staaten.[26]

Geändert hat sich das erst durch die Ermächtigung, die fossile Brennstoffe möglich gemacht haben.

In der ermächtigten Welt nutzen wir mit fossilen Brennstoffen betriebene Maschinenarbeit, um den Lebensraum gefährlicher Kreaturen zu zerstören, beispielsweise bestimmter Insekten. So haben wir Feuchtgebiete trockengelegt, in denen Malaria übertragende Mücken ihre Eier legten, wir haben mit dieselbetriebenen Baggern Abwasserkanäle ausgehoben und mit Maschinen, die mit fossilen Brennstoffen betrieben werden, Dämme und Reservoirs errichtet.

Fossile Brennstoffe dienen uns auch als Materialbasis für Unkrautvernichtungsmittel, die wiederum von Flugzeugen aus versprüht werden, die mit fossilen Brennstoffen fliegen.

Pestizide werden verteufelt, haben aber – mindestens – Hunderte Millionen Menschenleben gerettet. So soll laut der National Academy of Sciences das auf fossilen Brennstoffen basierende Pestizid DDT *500 Millionen Leben* gerettet haben.[27]

Was die hygienischen Umstände anbelangt, haben fossile Brennstoffe keineswegs dafür gesorgt, eine von Natur aus saubere Umgebung in etwas unnatürlich Schmutziges zu verwandeln, ganz im Gegenteil: Mit fossilen Brennstoffen betriebene Maschinenarbeit, die durch den Einsatz fossiler Brennstoffe frei gewordene Zeit für geistige Arbeit und auf fossilen Brennstoffen basierende Werkstoffe haben dafür gesorgt, dass eine von Natur aus schmutzige Umwelt in einen unnatürlich sauberen Ort verwandelt wurde.

Sollen weitere Milliarden Menschen in einer sauberen Umgebung leben, wie sie die ermächtigte Welt ermöglicht, wird dazu mehr von dem Wert benötigt werden, den fossile Brennstoffe erzeugen. Und ohne fossile Brennstoffe oder ein Äquivalent würde der Teil der Welt, der heute ermächtigt ist, wieder in seinen »natürlichen« Zustand abrutschen, sprich: Schmutz und unhygienische Bedingungen würden wieder Einzug halten.

All dies gehört zu dem essenziellen Kontext, der erforderlich ist, um kluge Entscheidungen über die Zukunft fossiler Brennstoffe zu treffen. Doch unser Wissenssystem ignoriert oder leugnet ihn. Stattdessen preist sie die vom Menschen unbeeinflusste Natur als »sauber« an und erklärt, damit die Welt sauberer und gesünder werde, müsse man nur eines tun – die »schmutzigen« fossilen Brennstoffe loswerden.

Eine unnatürlich sichere Welt mit einer beispiellosen medizinischen Versorgung

Was durch die Nutzung fossiler Brennstoffe für Schutz und Hygiene ermöglicht wurde, bewahrt uns vor unzähligen natürlichen Bedrohungen. Dennoch sind wir nicht vollständig vor kleinen Feinden und besonders Mikroorganismen, die in unseren Körper eindringen wollen, geschützt.

Wir benötigen also *inneren* Schutz gegen diese Feinde und gegen die vielen anderen natürlichen Erkrankungen, die den menschlichen Körper befallen können. Hier kommt die *medizinische Versorgung* ins Spiel. Sie zielt darauf ab, den Körper von allen Erkrankungen zu befreien, und zwar unabhängig davon, was diese ausgelöst hat.

Medizinische Versorgung unterscheidet sich von den anderen produktiven Aktivitäten, die ich bislang erörtert habe, denn hier räumt unser Wissenssystem größtenteils ein, dass die Situation dabei ist, sich zu verbessern und sehr positiv auf das Leben der Menschen auszuwirken.

Völlig unberücksichtigt bleibt dabei allerdings die zentrale Rolle, die fossile Brennstoffe bei der modernen medizinischen Versorgung spielen. Wir können unmöglich verantwortungsvoll über unsere Gesundheit nachdenken, ohne dabei anzuerkennen, dass wie jeder andere produktive Bereich des Lebens auch die moderne medizinische Versorgung von Maschinenarbeit abhängig ist, die mit fossilen Brennstoffen betrieben wird, von geistiger Arbeit, die überhaupt erst möglich wird durch die Freiräume, die fossile Brennstoffe erschaffen, und von Werkstoffen aus fossilen Brennstoffen.

Beginnen wir mit der geistigen Arbeit.

Medizinische Versorgung ist heutzutage ein massiver Industriezweig, in dem allein in den USA Millionen Menschen in Vollzeitbeschäftigung arbeiten. Möglich ist dies nur deshalb, weil mit fossilen Brennstoffen betriebene Maschinenarbeit derart kostengünstig alles andere produzieren kann, was wir benötigen. Würden fossile Brennstoffe nicht derart viel Zeit freisetzen, würde es die Medizinindustrie, wie wir sie heute kennen, gar nicht geben.

Es ist gemeinhin unbestritten, dass die aktuelle Medizinindustrie Leben verlängert und verbessert. Doch auch diese Branche funktioniert nur mithilfe fossiler Brennstoffe.

Sehen wir uns einige Beispiele für Maschinen an, die mit fossilen Brennstoffen betrieben werden und die Möglichkeiten der Beschäftigten im Gesundheitswesen verstärken und erweitern:

- *Kernspintomografen:* Sie erstellen ein 3D-Bild vom Innenleben unseres Körpers, sodass die Ärzte zuvor nicht diagnostizierbare Krankheiten feststellen können.
- *Fetalmonitore:* Dank dieser Geräte können Ärzte den Gesundheitszustand von Säuglingen bereits vor der Geburt überwachen.
- *Kühlgeräte:* Sie lagern temperaturanfällige Medizin wie beispielsweise Impfstoffe bei Temperaturen, die für ihren Erhalt erforderlich sind.
- *Heiz- und Kühlgeräte:* Sie sorgen dafür, dass in den Krankenhäusern die richtigen Temperaturen herrschen.
- *Anästhesiegeräte:* Mit ihrer Hilfe können die Ärzte ihre Patienten gefahrlos sedieren.
- *Brutkästen:* Sie retten das Leben von Frühchen, indem sie ein sicheres Umfeld für sie erschaffen; und

- *Rechenmaschinen:* Sie speichern riesige medizinische Datenmengen und greifen darauf zu.

Die gesamte moderne Medizin ist eine Welt voller Maschinen, die mit fossilen Brennstoffen betrieben werden. Dass diese Maschinen derart weitverbreitet im Einsatz sind, ist einzig deshalb möglich, weil wir über kostengünstige, bedarfsgerechte, vielfältig einsetzbare und global skalierbare Energie verfügen, mit deren Hilfe wir diese Maschinen zunächst herstellen und dann mit Strom versorgen können. Maschinen sind in der Medizin so sehr gang und gäbe, dass Krankenhäuser oftmals knapp 50 Prozent ihrer Mittel für Energiekosten ausgeben.[28] Dennoch bringt man uns nicht bei, medizinische Versorgung mit fossilen Brennstoffen und fossile Brennstoffe mit medizinischer Versorgung in Zusammenhang zu bringen. Man bläut uns nur ein, dass die Nebenwirkungen fossiler Brennstoffe uns schaden können.

Auch Produkte aus fossilen Brennstoffen sind aus der modernen Medizin nicht wegzudenken, ob Arzneimittel, Spritzen, medizinisches Gerät, Handschuhe oder Masken. Sie alle werden aus Erdöl und/oder Erdgas gefertigt. In einem Krankenhaus fällt es schwer, etwas zu finden, das nicht zu wesentlichen Teilen aus Erdöl und/oder Erdgas hergestellt ist.

All die Vorzüge, die dank fossiler Brennstoffe in die medizinische Versorgung einfließen – mit fossilen Brennstoffen durchgeführte Maschinenarbeit, Zeit, die durch fossile Brennstoffe freigesetzt wurde, und Werkstoffe aus fossilen Brennstoffen –, haben entscheidend dazu beigetragen, während Covid-19 zahllose Menschenleben zu retten.

Nehmen wir nur die beispiellose Entwicklung und Zustellung von Impfstoffen. Dass dies gelang, erforderte den Wissensaustausch von Millionen Fachleuten, leistungsstarke Supercomputer, Kühlgeräte, die Impfstoffe auf minus 70 Grad Celsius herunterkühlen können, das Hochfahren von Produktions- und Transportkapazitäten bei Werken und Verkehrsmitteln, die mit fossilen Brennstoffen betrieben werden, und die Verfügbarkeit von medizinischem Gerät, das aus fossilen Brennstoffen hergestellt wird, beispielsweise Spritzen und Handschuhe, die dazu dienen, Impfstoffe sicher zu verabreichen.

Diese Art von Sicherheit wird durch unsere ermächtigte, von fossilen Brennstoffen angetriebene Welt möglich.

Gleichwohl wurden im Zusammenhang mit Covid-19 (wie auch in allen anderen Bereichen der medizinischen Versorgung) fossile Brennstoffe als unerheblich oder verwerflich betrachtet. Unser Wissenssystem hat uns keineswegs dazu angehalten, den Herstellern fossiler Brennstoffe dankbar für die Rolle zu sein, die sie bei Covid-19 gespielt haben. Stattdessen griff sie auf höchst fragwürdige Methoden zurück (auf die ich im weiteren Verlauf des Kapitels eingehe), um Covid-19 auf Luftverschmutzung zurückzuführen, die aus der Nutzung fossiler Brennstoffe resultiert. Kein Wort darüber, wie Covid-19 verlaufen wäre, hätten wir nicht auf ultrakostengünstige Energie zurückgreifen können, die nicht nur die Entwicklung und den Vertrieb von Impfstoffen möglich machte, sondern unser modernes Medizinsystem insgesamt.

Ein solches Ausmaß an Ignoranz ist buchstäblich tödlich, garantiert es doch, dass wir im Namen der Gesundheit beschließen werden, die Energienutzung, von der unsere Gesundheit abhängig ist, zu beschneiden.

Fassen wir zusammen, wie es in der Welt um die Sicherheit bestellt ist und was diese mit fossilen Brennstoffen zu tun hat.

Dass die Menschheit mithilfe fossiler Brennstoffe für Schutz, Hygiene und medizinische Versorgung sorgen konnte, hat keineswegs dazu geführt, dass fossile Brennstoffe einen von Natur aus sicheren Planeten in einen unnatürlich gefährlichen Ort verwandelt haben. Vielmehr haben sie einen von Natur aus gefährlichen Planeten in einen unnatürlich sicheren Ort verwandelt. Um unsere Welt für weitere Milliarden Menschen unnatürlich sicher zu machen, werden wir deutlich mehr ultrakostengünstige Energie und Werkstoffe einsetzen müssen, als wir bislang aus fossilen Brennstoffen gewinnen.

Wollen wir unserer Aufgabe gewachsen sein, für die künftige Energiepolitik kluge Entscheidungen zu treffen, ist dieser gesamte Kontext zu berücksichtigen. Doch den ignoriert oder leugnet unser Wissenssystem dermaßen, dass es an der Tagesordnung ist, die heutige, dank fossiler Brennstoffe unnatürlich und erstaunlich sichere Welt für einen unnatürlich gefährlichen Ort zu halten, und das wegen eben jener fossilen Brennstoffe.

Eine Welt, die unnatürlich viel Erfüllung bringt

Abschließend ein letzter, komplett unter den Teppich gekehrter Aspekt, wie fossile Brennstoffe die Lebensqualität unserer Welt unnatürlich gesteigert haben. Auch dieser Aspekt gehört unabdingbar dazu, wenn man über Energiepolitik nachdenkt. Es geht um die grundlegende Rolle, die fossile Brennstoffe dabei spielen, ein unnatürlich hohes Ausmaß an Möglichkeiten bereitzustellen, Erfüllung in der modernen Welt zu finden.

Definieren wir das menschliche Wohlergehen so, dass der Mensch sein volles Potenzial ausleben kann, ist die Möglichkeit, Erfüllung zu finden, ein zentraler Aspekt in der Lebensqualität einer Welt. Wir wünschen uns, in einer Welt zu leben, in der sich viele Gelegenheiten für Erfüllung findet. Gelingt uns das nicht, was ist dann der ganze Rest wert?

Ich habe bereits darüber gesprochen, dass die Möglichkeit, Erfüllung zu finden, aus der Perspektive des menschlichen Wohlergehens drei zentrale Punkte umfasst: Wie viel Zeit haben wir auf diesem Planeten zur Verfügung? Wie viel Kontrolle haben wir über diese Zeit? Wie erfüllend sind unsere Optionen für diesen Zeitraum?

Was wir bei den Themen Ernährung und Sicherheit beobachtet haben, gilt auch hier: Unser Wissenssystem leugnet, dass das Leben aktuell eine beispiellose Lebensqualität besitzt, und ignoriert die zentrale Rolle, die fossilen Brennstoffen dabei zukommt, Möglichkeiten zur Erfüllung zu finden. Stattdessen stellt es die Funktion fossiler Brennstoffe als negativ dar und die Welt als einen Ort, der unnatürlich wenig Lebensqualität aufweist. Ein Leben ohne fossile Brennstoffe, ein »natürlicheres« Leben, wird als etwas präsentiert, bei dem man in tiefem Einklang mit der restlichen Natur lebt und die oberflächlichen Ablenkungen wegfallen, die das von Industrie und fossilen Brennstoffen geprägte Leben erschaffen hat.

In einem Punkt, aber wirklich auch nur in einem einzigen, stimme ich mit diesem Narrativ überein: Ich glaube, viele von uns könnten deutlich mehr dafür tun, ein erfülltes Leben zu führen, und dazu gehört zum Teil auch, ein gesünderes Verhältnis zur Natur zu entwickeln, beispielsweise durch längere Aufenthalte im Freien.

Das ändert nichts an der Tatsache, dass es nie zuvor dermaßen viele Möglichkeiten gab, Erfüllung zu finden, unter anderem auch dadurch, dass man ein befriedigendes Verhältnis zur Natur aufbaut. Dass dem so ist, haben wir wesentlich den fossilen Brennstoffen zu verdanken.

Machen wir uns nichts vor: »Natürliches« Leben, also das Leben in einer nicht ermächtigten Umgebung, ist weder dafür förderlich, Erfüllung zu finden, noch für ein gutes Verhältnis zur Natur.

Wie wir gesehen haben, muss der Mensch in einer Umwelt, in der Maschinenarbeit nicht für sehr viel freie Zeit sorgt, den Großteil seiner Zeit dafür verwenden, die grundlegendsten Bedürfnisse in ihrer einfachsten Form zu befriedigen.

Für den gewöhnlichen Menschen bedeutet eine derartige Umwelt ein Leben voller Tragödien, dass Babys sterben, Kinder sterben, Jugendliche sterben, Erwachsene sterben mit Anfang 30 oder 40, und dies der Normalzustand ist. Und dass man sich größtenteils an ein und demselben Ort aufhält und niemals in den Genuss kommt, die Wunder dieser Welt mit eigenen Augen zu sehen.

Ganz gewiss gibt einem ein solches Leben nicht die Möglichkeit, in den schönsten und inspirierendsten Gegenden der Natur zu schwelgen.

Mangel an geistiger Stimulation, ständige Plackerei, Wiederholungen, Tragödien, Monotonie – all dies sind keine guten Voraussetzungen dafür, Erfüllung zu finden.

In der modernen ermächtigten Welt hingegen leisten mit fossilen Brennstoffen betriebene Maschinen materielle Arbeit, für die sonst mindestens einige Dutzende menschlicher Arbeitskräfte nötig wären. So aber bieten sich endlose Gelegenheiten, Erfüllung zu finden.

Lassen Sie uns mit den drei Aspekten von Erfüllung arbeiten, die ich bereits skizziert habe: 1) Uns steht beispiellos viel Zeit auf Erden zur Verfügung; 2) wir haben beispiellose Kontrolle über diese Zeit; und: 3) stehen uns beispiellos viele Möglichkeiten offen, etwas mit dieser Zeit anzustellen.

Die viele Zeit, die uns zur Verfügung steht, und vor allem unser Ausmaß an Kontrolle und Optionen werden an drei einzigartigen, durch fossile Brennstoffe ermöglichten Faktoren deutlich, die dem Durchschnittsmenschen in der ermächtigten heutigen Welt für seine Erfüllung zu Gebote stehen: *produktive Zeit*, *Nahrung und Schutz* sowie *Freizeit*.

Wir müssen uns dieser Bereiche, in denen die Lebensqualität ein beispielloses und unnatürliches Ausmaß erreicht hat, unbedingt bewusst werden und uns vor Augen führen, dass dies ausschließlich auf Maschinenarbeit vermittels fossiler Brennstoffe basiert sowie auf der Zeit, die diese Maschinenarbeit für geistige Arbeit und Freizeitaktivitäten freisetzt.

Produktive Zeit

Die moderne ermächtigte und von fossilen Brennstoffen betriebene Welt eröffnet uns eine unüberschaubare Vielfalt an produktiver Arbeit, mit der wir unseren Lebensunterhalt bestreiten können.

Mit fossilen Brennstoffen betriebene Maschinenarbeit, die dadurch freigesetzte Zeit und die einzigartig vielseitigen Werkstoffe aus fossilen Brennstoffen sorgen dafür, dass in der modernen Welt zahlreiche Industriezweige existieren, die in der einen oder anderen Form daran arbeiten, uns zu ernähren, uns zu schützen und uns Erfüllung zu bieten. Dazu gehören Werkstoffindustrien (Bergbau, Chemie, Zellstoff und Papier, Stahl), Transportbranchen (Automobile, Luft- und Raumfahrt, Schifffahrt), die Informationsindustrie, das Bauwesen, das Finanzwesen, der Immobiliensektor, Computer, Elektronik, die Pharmabranche, die Telekommunikation und viele weitere.

Wir haben nicht nur die Möglichkeit, die für uns interessantesten Tätigkeitsfelder zu wählen, sondern ein Großteil der Arbeit ist darüber hinaus auch *geistiger* Natur, was heißt, dass wir unseren Geist mit interessanten Herausforderungen konfrontieren können. Dank der Aufwärtsspirale der Ermächtigung entwickelt sich jede Branche ständig weiter, weshalb es auch permanent neues Gedankenfutter gibt. Im Leben anderer Lebewesen reiht sich Wiederholung an Wiederholung, aber der Mensch kann ein Leben des Fortschritts führen, bei dem er auf seinen Errungenschaften aufbaut.

Wir leben in einer hoch spezialisierten Welt voller Räume für geistige Arbeit, in der Bildung und Ausbildung, mit der wir 20 Jahre oder mehr verbringen können, einen zentralen Platz einnehmen. Es ist leicht, auf das Phänomen der Kinderarbeit in früheren Zeiten oder armen Regionen herabzuschauen, aber Kinderarbeit gehört zum Teufelskreis der Nichtermächtigung. Wenn Sie mit Mühe und Not gerade genug produzieren, um zu überleben, kann die Mitarbeit Ihrer Kinder unumgänglich sein, damit auch sie überleben können. Und da bleibt für Bildung wenig Zeit.

Dass Bildungsmöglichkeiten in der modernen Welt unbegrenzt sind, würden wohl nur die wenigsten Menschen damit in Verbindung bringen, dass die Welt massiv auf fossile Brennstoffe setzt, aber diese Möglichkeiten haben sich eröffnet und bleiben bestehen, *weil* die Welt massiv auf fossile Brennstoffe setzt.

Ich für meinen Teil bin dankbar dafür, in einer Welt zu leben, wo ich jeden Tag aufs Neue Gelegenheit habe, meinen Geist mit interessanten und erfüllenden Aufgaben zu beschäftigen und dafür auch noch Geld zu erhalten! In der nicht ermächtigten Welt existierten und existieren derartige Möglichkeiten für die meisten Menschen nicht.

Zwar werden wir zu Dankbarkeit für die guten Dinge in unserem Leben ermutigt, beispielsweise für die vielfältigen Möglichkeiten, produktiv zu werden, doch den Produzenten fossiler Brennstoffe mit Dankbarkeit zu begegnen steht keineswegs zur Rede, dabei machen sie die heutige Welt überhaupt erst möglich. Ganz im Gegenteil: Unser gegen Energie eingestelltes Wissenssystem behauptet, fossile Brennstoffe seien verantwortlich für viele Probleme der Welt, und würden die Regierungen dieser Branche endlich den Garaus machen, stünde uns eine wunderbare Welt voll von Möglichkeiten bevor. Diese Einschätzung weicht nicht nur um 180 Grad von der Realität ab, sondern ist auch ungerecht und gefährlich. Wir werden miserable Entscheidungen treffen, wenn wir unsere Fähigkeit, erfüllender Arbeit nachzugehen, nicht mit durch fossile Brennstoffe ermöglichter Maschinenarbeit in Verbindung bringen, nicht mit der Zeit, die dadurch für uns freigesetzt wird, und nicht mit Werkstoffen aus fossilen Brennstoffen. Betrachten wir stattdessen fossile Brennstoffe als negative Kraft, könnten unsere Entscheidungen die Welt, wie wir sie kennen, buchstäblich zerstören.

Ernährung und Schutz

Wenn es um die Möglichkeiten geht, Erfüllung zu finden, weist unsere von fossilen Brennstoffen betriebene Welt einen weiteren bemerkenswerten Aspekt auf, der zum einen gar nicht erst gewürdigt wird und zum anderen nicht mit fossilen Brennstoffen in Verbindung gebracht wird: Es geht um die Erfüllung, die *Ernährung und Schutz* bringen.

Daran, dass Menschen Nahrung benötigen und Schutz, hat sich im Laufe der Zeit nichts geändert.

Mit fossilen Brennstoffen betriebene Maschinenarbeit, die dadurch frei gewordene Zeit und Werkstoffe aus fossilen Brennstoffen haben allerdings dafür gesorgt, dass Nahrung und Schutz keine gefährdeten, zeitaufwendigen und oftmals schmerzhaften Bedürfnisse mehr darstellen, sondern zur Quelle wurden von Komfort, von Vergnügen und von Sinn.

Nehmen wir beispielsweise die Nahrung.

Vor 200 Jahren machten sich selbst in den wohlhabendsten Ländern viele Menschen Sorgen, woher sie ihre nächste Mahlzeit bekommen sollten – und wenn sich doch etwas fand, diente häufig ein Stück altes Brot als Teller. Heute aber haben wir das Thema Nahrung gemeistert.

Denken Sie nur an die unendlich vielen verfügbaren Restaurants, in denen wir ohne Anstrengung in Gesellschaft von Freunden und Angehörigen schmackhaftes Essen genießen können. Ein tolles Essen in einem Restaurant in Begleitung unserer Liebsten kann uns viel Freude und Sinnhaftigkeit bringen. Noch bedeutungsvoller wird dies, wenn wir berücksichtigen, wie sehr wir dafür gearbeitet haben, diese Restauranterfahrung möglich zu machen, und welchen Beitrag die mit fossilen Brennstoffen betriebenen Maschinen geleistet haben, die spezialisierten Geräte, die dank fossiler Brennstoffe Zeit für ihre Arbeit hatten, und die Dutzende von Werkstoffen aus fossilen Brennstoffen, die ihren Anteil daran haben, dass Restaurants effizient und hygienisch sind. Wenn von einem raschen Ausstieg aus der Nutzung fossiler Brennstoffe die Rede ist, sollten wir über den Verlust von Restaurants und anderen Vergnügungen nachdenken.

Oder Schutz zum Beispiel.

Vor 200 Jahren ging das Thema Schutz mit ständigen Sorgen und viel Arbeit einher, während die meisten sich heute ein Zuhause leisten können, dessen Annehmlichkeiten und Möglichkeiten weit über seine hervorragende Fähigkeit hinausgehen, uns vor dem Klima und feindseligen Tieren zu schützen. Eine seltene Würdigung der modernen Wohnsituation wird der Titelfigur der Netflix-Miniserie *Dracula* in den Mund gelegt. Dracula wacht nach einigen Hundert Jahren auf und drückt einer britischen Hausbesitzerin gegenüber, der es schlechter als dem Durchschnitt geht, seine Bewunderung aus:

> **Dracula:** *Sie sind offensichtlich sehr reich.*
> **Kathleen:** *Reich?*
> **Dracula:** *Ja. Gucken Sie sich das ganze Zeug hier an. Das ganze Essen. Den Kasten mit den Bildern, die sich bewegen. Und das Ding da draußen. Bob nennt es, glaube ich, ein Auto. Gehört das Ihnen? Und diese riesige Schatztruhe ist also Ihr Haus, oder?!*
> **Kathleen:** *Es ist eine Bruchbude.*
> **Dracula:** *Kathleen, ich lebe seit 400 Jahren als Adliger. Ich habe in Schlössern und Palästen unter den reichsten Leuten jeden Alters gewohnt, aber niemals,* niemals *war ich von größerem Luxus umgeben als jetzt gerade. Dies ist eine Wunderkammer. Ich kenne keine Königin, keinen König oder Kaiser, deren Blut ich gekostet habe, die bereit gewesen wären, ein Haus wie dieses jemals wieder zu verlassen. Ich wusste, dass die Zukunft Wunder mit sich bringen wird, aber dass sie diese zu etwas ganz Gewöhnlichem machen würde, habe ich nicht geahnt.*[29]

Die Zukunft hat Wunder alltäglich gemacht, denn die Zukunft ist eine *ermächtigte* menschliche Umwelt, in der mit fossilen Brennstoffen betriebene Maschinenarbeit und dadurch möglich gewordene geistige Arbeit unvorstellbare Mengen an Werten für uns herstellen können. Werkstoffe aus fossilen Brennstoffen sind imstande, eine wetterfeste, gedämmte, hygienische und gut ausgestattete »Wunderkammer« so kostengünstig herzustellen, dass sie sich ganz normale Menschen leisten können.

Erfüllende Freizeit

Es gibt einen letzten großartigen Aspekt unter den Möglichkeiten, in unserer von fossilen Brennstoffen angetriebenen Welt Erfüllung zu finden, der weder wertgeschätzt noch mit fossilen Brennstoffen in Verbindung gebracht wird: *Freizeit*.

In unserer ermächtigten und von fossilen Brennstoffen angetriebenen Welt sorgt mit fossilen Brennstoffen betriebene Maschinenarbeit zusammen mit geistiger Arbeit für ein derart hohes Maß an Produktivität, dass wir gewaltige Mengen an Zeit für Freizeitaktivitäten aufwenden können. Und dafür gibt es unzählige Alternativen.

Doch von einem Zusammenhang zwischen fossilen Brennstoffen und Freizeit beziehungsweise ganz allgemein von einem Zusammenhang zwischen der modernen Welt und Freizeit hören wir nichts. Und wenn, dann wird dieser eher so dargestellt, als stünden die beiden im Widerspruch zueinander.

Kritiker monieren, dass die Menschen in der modernen Welt – und insbesondere in Amerika – zu viel Zeit mit Arbeit verbringen und viel zu wenig Zeit mit Freizeitaktivitäten. Und das gilt umso mehr, wenn man, wie ich es tue, die Pflege von Kontakten und die Zeit, die man mit der eigenen Familie verbringt, zu den »Freizeitaktivitäten« zählt.

Aus meiner Sicht ist diese Kritik unter gewissen Umständen durchaus angebracht, insbesondere dann, wenn jemand Überstunden bei einem Job macht, den er nicht erfüllend findet, nur um sich Sachen zu kaufen, die ihn auch nicht sonderlich erfüllen.

Andererseits gibt es Menschen (zu ihnen zähle ich auch mich), die an ihrer Arbeit großen Gefallen haben, sie stimulierend und erfüllend finden. Aus diesem Grund bereitet es ihnen auch Freude, mehr als die üblichen 40 Wochenstunden mit ihrer Arbeit zu verbringen.

Wenn Menschen nicht genug Freizeit haben, sollte das nicht als Kritik am ermächtigten Leben insgesamt herangezogen werden, sondern vielmehr als Erinnerung daran dienen, wie erstaunlich viel freie Zeit im Rahmen eines ermächtigten Lebens möglich ist – Zeit, die auch für wirklich erfüllende Freizeitaktivitäten genutzt werden kann.

Wie viel Freizeit ist optimal? Die Antwort auf diese Frage wird von Mensch zu Mensch stark variieren und auch davon abhängen, mit welcher Leidenschaft jemand seiner Arbeit nachgeht, in welchem Stadium sich seine Karriere befindet, welche zwischenmenschlichen Ziele er verfolgt und so weiter.

Geht es darum, die Freizeit auszufüllen, ist »Familienzeit« eine der beliebtesten Optionen. In einer Welt, in der fossile Brennstoffe so viele produktive Fähigkeiten eröffnen, kann man mit seiner Familie viel Zeit außerhalb der Arbeit verbringen – was natürlich etwas völlig anderes ist, als den ganzen Tag gemeinsam mit seinen Kindern auf einem Hof zu schuften.

Ob Sie die frei gewordene Zeit nun allein verbringen oder mit Familie und Freunden, Sie können sie jedenfalls für eine unüberschaubare Anzahl von Aktivitäten nutzen – und das dank der von fossilen Brennstoffen angetriebenen Freizeitindustrie.

Es gibt heutzutage viele Branchen wie das Gaststätten- und Hotelgewerbe, Tourismus, Film, Unterhaltung, Musik und Sport, deren Schwerpunkt in erster Linie darauf liegt, uns angenehme und erfüllende Wege anzubieten, wie wir unsere Freizeit verbringen können. Bevor fossile Brennstoffe den Menschen ermächtigten, existierten diese Branchen nicht, und wenn, dann höchstens in winziger, meistens ausbeuterischer Form, bei der reiche und mächtige Personen viel Zeit und (anderer Leute) Energie darauf verwenden konnten, sich unterhalten zu lassen. Heute sind Dutzende Millionen Menschen hauptberuflich damit beschäftigt, sich Gedanken zu machen, wie sie unser Leben angenehmer gestalten könnten. Das Zentrum der Unterhaltungsbranche ist Hollywood, aber wie viele Menschen dort haben auch nur die geringste Ahnung davon, dass sie ihren Beruf und die Möglichkeiten, die ihr Beruf mit sich bringt, fossilen Brennstoffen verdanken?

Unter den Freizeitaktivitäten, die durch fossile Brennstoffe ermöglicht werden, muss eine ganz besonders hervorgehoben werden: das Vergnügen, sich in der Natur aufzuhalten.

Dass viele Gruppen, die wie der Sierra Club die Nutzung fossiler Brennstoffe ablehnen, ein Loblied darauf singen, sich in wenig bewohnten Naturregionen aufzuhalten, hat den Eindruck entstehen lassen, fossile Brennstoffe und ein genussvoller Aufenthalt in der vom Menschen unberührten Natur stünden im Widerspruch zueinander.

Dabei trifft genau das Gegenteil zu.

Erst dank fossiler Brennstoffe verfügen wir über die freie Zeit, zu reisen und die Natur in einem Ausmaß zu genießen, wie es uns zuvor nie möglich gewesen ist.

Als Beispiel möchte ich meine eigenen Erfahrungen heranziehen.

Ich bin mehr »Naturmensch« als die meisten, allein schon dadurch, dass ich ungewöhnlich viel Zeit damit verbringe, in natürlichen Gewässern zu schwimmen (allen voran im Pazifik), im warmen Sand zu liegen, barfuß zu laufen und so weiter.

Urlaub mache ich am liebsten dort, wo ich mit der Natur interagieren kann, und zu einigen meiner liebsten Augenblicke zählen solche, in denen ich mit der Natur alleine war. Zum Beispiel bei Tagesende snowboarden und, so weit ich schauen kann, der Einzige sein, der noch auf dem Berg ist. Auf Hawaiis Big Island über Lava laufen. Im Grand Canyon unter abgelegenen Wasserfällen stehen.

Von anderen »Naturmenschen« unterscheide ich mich insofern, als ich nicht die Ansicht vertrete, fossile Brennstoffe stünden zu diesen Erfahrungen im Widerspruch. Mir ist bewusst, wem ich sie zu verdanken habe: mit fossilen Brennstoffen betriebenen Maschinen und der dadurch freigesetzten Zeit.

Dass unser Wissenssystem uns im Dunkeln lässt, welch wunderbare Möglichkeiten unsere moderne Welt birgt und wie sehr dieser Zustand von den produktiven Fähigkeiten abhängt, die sich die Menschheit mit fossilen Brennstoffen erschaffen hat, ist ein intellektuelles Verbrechen. Und das ist so weitverbreitet, dass bei Vorschlägen, rasch aus fossilen Brennstoffen (sowie aus Atomenergie und Wasserkraft) auszusteigen, praktisch niemand einen Gedanken darauf verschwendet, was dies für seine Möglichkeiten bedeutet, nach Erfüllung zu streben … oder für jene, sich zu ernähren … oder aber für die, in Sicherheit zu leben.

Jetzt kennen wir die Wahrheit aber. Wir wissen, dass es die fossilen Brennstoffe sind, die unsere Welt unnatürlich, erstaunlich und zunehmend lebenswert machen. Und es sind noch mehr fossile Brennstoffe oder deren Äquivalente nötig, damit die Welt auch für weitere Milliarden Menschen lebenswert wird. Ohne fossile Brennstoffe oder entsprechende Alternativen wird die Lebensqualität in unserer modernen Welt einbrechen, und das Leiden und Sterben wird apokalyptische Ausmaße erreichen.

Mit unserem neugewonnenen Wissen können wir die Zukunft der fossilen Brennstoffe rational abwägen, und dazu gehört auch, ihre negativen Auswirkungen miteinzubeziehen.

Die Nebenwirkungen fossiler Brennstoffe werden zunehmend wettgemacht, reduziert und neutralisiert

Die Fragestellung in diesem Kapitel lautete: Was sind derzeit die Vorzüge fossiler Brennstoffe, und zwar in ihrer ganzen Bandbreite betrachtet? Die Antwort auf diese Frage kennen wir nun.

Zu den Vorzügen gehören die ultrakostengünstige Maschinenarbeit, gewaltige Mengen an Zeit, die für geistige Arbeit eingesetzt werden kann, und Werkstoffe, die die produktiven Fähigkeiten der Menschheit radikal steigern und unseren von Natur aus defizitären, gefährlichen, an Möglichkeiten armen und stagnierenden Planeten in eine unnatürlich nahrungsreiche, sichere, vor Möglichkeiten strotzende und sich weiterentwickelnde Welt verwandeln.

Visuell ausgedrückt: Würden fossile Brennstoffe nicht kostengünstige, bedarfsgerechte, vielfältig verwendbare und global skalierbare Energie zur Verfügung stellen, käme die Menschheit nicht ansatzweise in den Genuss solcher Vorzüge, wie sie die Hockeyschläger-Diagramme für das menschliche Wohlergehen sichtbar machen. Dass alternative Energieformen seit einem Jahrhundert offensiv in Konkurrenz dazu treten, ändert daran nichts.

Abbildung 4.5: Die Vorzüge fossiler Brennstoffe überwiegen ihre negativen Auswirkungen

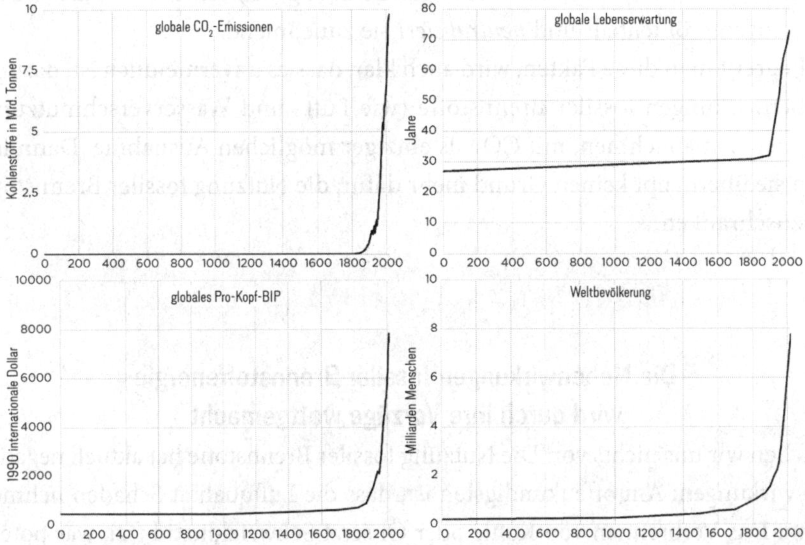

Quellen: Gilfillan, Marland, Boden, Andres (2020); World Bank Data; Maddison Project Database

Wenn wir über die aktuellen und künftigen Nebenwirkungen fossiler Brennstoffe nachdenken, ist es von grundlegender Bedeutung zu verstehen, wie wichtig ultrakostengünstige Energie aus fossilen Brennstoffen dafür ist, dass die Lebensqualität auf unserem Planeten so unnatürlich hoch ist und weiter zunimmt.

Bevor wir uns mit weiteren Behauptungen über die Nebenwirkungen fossiler Brennstoffe befassen, die mit zahlreichen Unwägbarkeiten einhergehen, müssen wir uns unbedingt vor Augen führen, dass unser Wissenssystem die derzeitigen Nebenwirkungen fossiler Brennstoffe skrupellos verzerrt, obwohl die Faktenlage eindeutig ist.

Unser Wissenssystem ist gegen Energie eingestellt und präsentiert die aktuellen Vorzüge fossiler Brennstoffe als etwas, das angesichts der immer gewaltigeren Nebenwirkungen zu vernachlässigen sei – Nebenwirkungen, die, wie man uns erklärt, mit der Zeit immer schlimmer werden, insbesondere mit Blick auf das Klima.

Tatsächlich aber *überwiegt* der Nutzen der Energie, die aus fossilen Brennstoffen gewonnen wird, die Nebenwirkungen eindeutig, denn er *reduziert* die Nebenwirkungen größtenteils und *neutralisiert* sie zunehmend.

Begreift man diese Fakten, wird auch klar, dass es unvermeidlich ist, dass die Nebenwirkungen fossiler Brennstoffe (wie Luft- und Wasserverschmutzung) mit der Zeit abnehmen, mit CO_2 als einziger möglichen Ausnahme. Dann liefern sie überhaupt keinen Grund mehr dafür, die Nutzung fossiler Brennstoffe einzuschränken.

Die Nebenwirkungen fossiler Brennstoffenergie wird durch ihre Vorzüge wettgemacht

Machen wir uns nichts vor: Die Nutzung fossiler Brennstoffe hat aktuell negative Auswirkungen. Am offenkundigsten ist, dass die Luftqualität Schaden nehmen kann. Das Verbrennen von Kohle oder Öl setzt Schwefeldioxid frei, was potenziell zu Smog führt. Ölraffinerien können die lokale Luftqualität beeinträchtigen.

Ich halte es für wichtig, dass Regierungen Gesetze verabschieden, die darauf abzielen, diese Nebenwirkungen einzuschränken (ich werde diesen Punkt in Kapitel 10 weiter ausführen). Und meines Erachtens ließen sich viele der bekanntesten Nebenwirkungen fossiler Brennstoffe, wie man sie in einigen chinesischen Städten sieht, begrenzen, ohne dass dies zulasten der Energiegewinnung geht.

Doch selbst wenn sämtliche aktuell bekannten Nebenwirkungen unvermeidlich wären, steht völlig außer Frage, dass der Nutzen fossiler Brennstoffe diese Nebenwirkungen mehr als wettmacht.

Das zentrale Beweisstück dafür, dass der Nutzen von Energie aus fossilen Brennstoffen die negativen Auswirkungen überwiegt, sind die Hockeyschläger-Grafiken zu Kohlenstoffen und menschlichem Gedeihen. Wären diese auch nur ansatzweise so gravierend wie die Vorzüge, würden die Kurven der Diagramme nicht stetig ansteigen, und hätte unser Wissenssystem recht und die Nebenwirkungen wären tatsächlich größer als die Vorzüge, dann würden die Kurven nach unten zeigen.

Der Nutzen ist größer als die Nebenwirkungen: Der Fall der Kohle in den 1800er-Jahren

Um konkret zu verstehen, inwieweit die Vorzüge fossiler Brennstoffe größer als deren Nebenwirkungen sind, ist es äußerst instruktiv, einen Blick darauf zu werfen, wie Kohle im England des 19. Jahrhunderts genutzt wurde. Und zwar aus zweierlei Gründen: 1) Die Nebenwirkungen waren um ein Vielfaches schlimmer als alles, was heutzutage je erlebbar ist, dennoch wurden sie durch den Nutzen mehr als wettgemacht. 2) Die damaligen designierten Experten – deren Einschätzung nicht durch ein gegen menschliche Eingriffe gerichtetes Grundkonzept verzerrt war – erkannten dies an.

Im 19. Jahrhundert war Kohle eine wichtige und rasch wachsende Energiequelle. Kohle beheizte die Öfen, die der Mittelpunkt eines jeden Heims waren, weil auf ihnen gekocht wurde und sie die Bewohner vor der tödlichen Kälte bewahrten, die draußen herrschte. Diese Kohleöfen hatten eine große und direkte Nebenwirkung für die Gesundheit – ständiger Kohlenrauch in geschlossenen Räumen (Kohleöfen sorgen sogar im Freien für reichlich Luftverschmutzung). Besonders betroffen waren städtische Gebiete, die als Industriezentren (was noch mehr Kohlenrauch bedeutete) und gleichzeitig dicht besiedelter Lebensraum dienten. Die Luftverschmutzung war sichtbar, denn Rauch hinderte in den Städten das Sonnenlicht am Eindringen, schwärzte die Wäsche, die draußen zum Trocknen hing, und überzog Bäume mit schwarzem Ruß.

Bei der heutigen Nutzung fossiler Brennstoffe findet sich nichts Vergleichbares, nicht einmal in den am schwersten betroffenen Regionen Chinas.

Doch trotz dieser Nebenwirkungen herrschte allgemein die Einschätzung vor, dass der Nutzen von Kohle unvergleichlich viel größer war. Das liegt daran, dass die meisten Denker und Menschen dieser Zeit keinem gegen menschliches Eingreifen gerichteten Denksystem folgten, sondern unterschiedlichen Ansätzen, die alle das menschliche Wohlergehen im Auge hatten. Sie betrachteten aus einer menschlichen Perspektive heraus, wie sich die Kohle insgesamt auf die Welt auswirkte, und berücksichtigten dabei auch die Tatsache, dass sich die Menschen in einer mit Kohle betriebenen Welt tatsächlich zuverlässig ernähren und deutlich zuverlässiger vor den vielen Gefahren schützen konnten, die von der Natur ausgingen. Ihr Urteil fiel zugunsten der Kohle aus.

Nehmen wir das englische Manchester, ein großes Industriezentrum voller Kohlenabfälle. Die rauchenden Industrieschlote bezeichnete man in England als »Barometer für wirtschaftlichen Erfolg und gesellschaftlichen Fortschritt«.[30] Es war natürlich nicht das Ziel, im Rauch zu leben, doch der war erforderlich, damit die meisten Menschen ihr bestmögliches Leben führen konnten.

Der legendäre Wirtschaftswissenschaftler William Stanley Jevons schrieb 1865 in seinem Buch *The Coal Question* eine Passage, die die promenschliche Haltung gegenüber der beispiellosen Ermächtigung zeigt, die durch Kohle möglich wurde:

> *In der Tat steht Kohle nicht neben, sondern über allen anderen Rohstoffen. Sie ist die materielle Energie des Landes, die universelle Hilfe, an allem beteiligt, was wir tun. …*
>
> *Mit Kohle ist nahezu alles möglich oder einfach; ohne sie werden wir in die arbeitsreiche Armut vergangener Zeiten zurückgeworfen.*[31]

Anders als die designierten Experten von heute verherrlichte Jevons die »natürliche« Vor-Kohle-Zeit nicht als Zeit, in der man »in Harmonie mit der Natur« lebte, sondern nannte sie die »arbeitsreiche Armut vergangener Zeiten«.

Heute erklärt man uns, dass die von Kohle angetriebene industrielle Revolution eine Zeit war, in der die Umwelt litt, aber dieses Bild entspricht nicht dem, welches die Menschen damals hatten. Sie hatten eine viel stärker auf den Menschen konzentrierte Auffassung von der Umwelt, denn sie hatten vor Kurzem noch in einer kaum beeinflussten natürlichen Umgebung gelebt, deren Mängel und Gefahren ihnen klar vor Augen standen.

Für sie war Maschinenarbeit ein Weg, um ihre Umwelt – ihre Welt – zu verbessern.

Und es war richtig, dass sie das taten.

Welch gewaltigen Nutzen die Kohle-Revolution den gewöhnlichen Menschen im England des 19. Jahrhunderts brachte, wurde sehr prägnant von Autoren eingefangen, die fürchteten, dass die Kohle bald ausgehen würde.

Jevons schrieb in einer Zeit über Kohle, als sich viele Menschen Sorgen machten, wie weit die Vorräte reichen würden. Eine Antwort auf einen seiner Artikel zeigt sehr deutlich, wie viel klarer den Menschen damals war, dass sich ihre Welt auf Kohle begründete:

> *Kohle ist unser Ein und Alles. Ohne Kohle werden unsere Werke stillstehen, und in unseren Gießereien und Werkstätten wird friedhofsgleiche Stille herrschen; die Lokomotive rostet in ihrem Schuppen vor sich hin, die Gleise werden von Unkraut überwuchert. Unsere Straßen werden dunkel sein, unsere Häuser unbewohnbar. Unsere Flüsse werden das Schaufelrad vergessen, und wir werden wieder tagelange Reisen von Frankreich und monatelange von den Vereinigten Staaten entfernt sein. Die Post wird ihre Zustellungen verzögern und ihre Termine verlegen. Tausend außergewöhnliche Künstler und Hersteller werden, erst einer nach dem anderen, dann scharenweise, über den kargen Boden dahinstieben, ganz so, wie es bei Zechkumpanen der Fall sein soll, ist das Fass erst einmal geleert.*[32]

Das Schreiben an Jevons, in dem sich der Verfasser erschrocken über die Aussicht äußert, keine Kohle mehr zu haben, endet wie folgt: »Wir werden unsere große Abhängigkeit vermissen, wie ein Mann seine Begleiterin, sein Vermögen oder ein Körperglied vermisst. Auf Schritt und Tritt und jede Stunde wird er an seinen Verlust erinnert.«

Das ist die richtige Einstellung, wenn kostengünstige Energie in Gefahr ist: Man muss sich vor Augen führen, dass es ohne sie nachts nur wenig Licht gibt, dass man nicht mehr rasch reisen kann, dass man nicht mehr rasch kommunizieren kann und dass es keine moderne Industrie mehr gibt – inklusive all der Nahrung, dem Schutz und den Gelegenheiten, die mit der modernen Industrie einhergehen.

Im England des 19. Jahrhunderts wäre der Vorschlag völlig undenkbar gewesen, die Nutzung von Kohle, der Hauptquelle kostengünstiger Energie, zu beenden. Stattdessen lag das Hauptaugenmerk darauf, die negativen Auswirkungen kostengünstiger Energie zu reduzieren und/oder zu neutralisieren. Dazu verhalfen zum Glück die fossilen Brennstoffe, die bis heute als Grundlage für kostengünstige Energie dienen.

Die Nebenwirkungen fossiler Brennstoffenergie werden durch ihre Vorzüge weitgehend reduziert

Wir können uns glücklich schätzen, dass es in früheren Zeiten designierte Experten wie William Jevons gab, der die Nebenwirkungen fossiler Brennstoffe im Kontext der fundamentalen Vorzüge beleuchtete, die sie für die Lebensqualität dieser von Natur aus mangelbehafteten und gefährlichen Welt haben. Das förderte die Freiheit, fossile Brennstoffe zu produzieren und zu nutzen. Neben endlosen weiteren Vorzügen hat dies auch dazu geführt, dass die negativen Auswirkungen fossiler Brennstoffe radikal reduziert wurden.

Die zentrale Ursache dafür ist die Aufwärtsspirale der Ermächtigung: Mit fossilen Brennstoffen betriebene Maschinenarbeit setzt Zeit frei, die für geistige Arbeit genutzt werden kann. Diese erschafft kontinuierliche Innovation, unter anderem auch im Bereich *kostengünstiger Reduzierung von Umweltverschmutzung*. Menschen mögen keine Umweltverschmutzung. Je ermächtigter und je fähiger wir werden, desto mehr neigen wir dazu, unsere Fähigkeiten dazu zu verwenden, die Umweltverschmutzung zu reduzieren – ohne dabei unser Leben auf andere Weise einzuschränken.

Das hat dazu geführt, dass die Nebenwirkungen fossiler Brennstoffe geringer geworden sind, während die Vorzüge fossiler Brennstoffe stetig wuchsen.

In Kapitel 2 zeigte ich bereits, dass beispielsweise die Luftverschmutzung in den Vereinigten Staaten drastisch zurückgegangen ist, obwohl die Nutzung fossiler Brennstoffe zugenommen hat.

Das ist nur eines von vielen Beispielen für die immer kostengünstigere Reduzierung von Umweltverschmutzung. Diese lässt sich in drei Hauptgruppen unterteilen: Nebenwirkungen werden in etwas von Wert verwandelt; Nebenwirkungen werden beim Streben nach Gewinn durch verbesserte Effizienz reduziert; Nebenwirkungen werden durch kostengünstige Umweltschutzmaßnahmen reduziert.

1. *Nebenwirkungen werden in etwas von Wert verwandelt:* Man nimmt ein unerwünschtes Abfallprodukt aus der Nutzung fossiler Brennstoffe und verwandelt es in etwas Positives, mit dem sich Geld verdienen lässt. Was uns heutzutage beispielsweise an wunderbaren Werkstoffen auf Erdölbasis zur Verfügung steht, ist eine Weiterentwicklung von Abfallprodukten aus der Ölförderung – Teile des Rohöls, die sich nicht zum Abbrennen in Lampen eigneten und früher deswegen einfach in Seen gekippt wurden.

Abbildung 4.6: Die Luftverschmutzung in den USA geht zurück, obwohl mehr fossile Brennstoffe genutzt werden

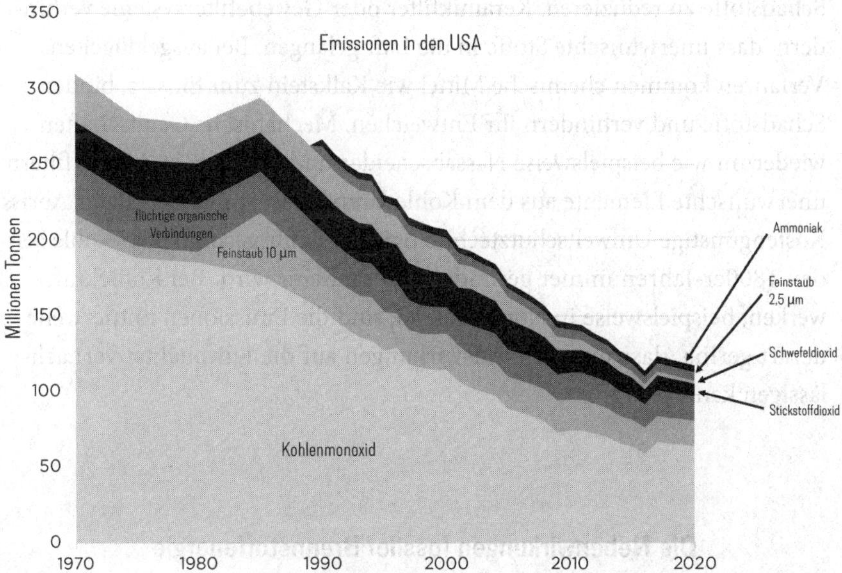

Quelle: US-Umweltbehörde EPA

2. *Nebenwirkungen werden beim Streben nach Gewinn durch verbesserte Effizienz reduziert:* Nicht immer lässt sich aus Nebenwirkungen etwas von Wert erzeugen, aber Effizienzsteigerungen beim Streben nach Gewinn führen oftmals dazu, dass Nebenwirkungen reduziert werden. So ist beispielsweise das Verbrennen von Kohle im Laufe der vergangenen anderthalb Jahrhunderte sehr viel effizienter geworden. Dahinter steht das Bestreben, möglichst viel Energie aus einem Stück Kohle zu gewinnen. Das hatte den enormen Vorteil, dass die Umweltverschmutzung pro Stück Kohle deutlich sank.
3. *Nebenwirkungen werden durch kostengünstige Umweltschutzmaßnahmen reduziert:* Manchmal ist es nicht unmittelbar rentabel, Nebenwirkungen mithilfe technischer Maßnahmen zu reduzieren, aber die stattfindende Reduzierung ist vergleichsweise kostengünstig und bringt gleichzeitig großen Nutzen für den Umweltschutz mit sich. In der modernen Kohletechnologie beispielsweise gibt es zahlreiche vergleichsweise kostengünstige Methoden, Schadstoffe zu reduzieren. Keramikfilter oder Gewebefiltersysteme verhindern, dass unerwünschte Stoffe in die Luft gelangen. Bei ausgeklügelten Verfahren kommen chemische Mittel wie Kalkstein zum Einsatz, binden Schadstoffe und verhindern ihr Entweichen. Mechanische Gerätschaften wiederum wie beispielsweise Nassabscheider und Trockenabscheider filtern unerwünschte Elemente aus dem Kohledampf. Das ist nur ein kurzer Abriss. Kostengünstige Umweltschutztechnologie hat dafür gesorgt, dass Kohle seit den 1800er-Jahren immer gesünder und sauberer wird. Bei Kohlekraftwerken, beispielsweise in North Dakota, sind die Emissionen mittlerweile derart gering, dass man ihre Auswirkungen auf die Luftqualität vernachlässigen kann.[33]

Die Nebenwirkungen fossiler Brennstoffenergie werden zunehmend durch ihre Vorzüge neutralisiert

Dass die positiven Auswirkungen fossiler Brennstoffe auf die Lebensqualität unserer Welt deutlich größer als ihre Nebenwirkungen sind und dass fossile

Brennstoffe die Reduzierung ihrer Nebenwirkungen großteils selbst vorantreiben, bedeutet: Die meisten Nebenwirkungen fossiler Brennstoffe, etwa die Folgen für die Luft- und Wasserqualität, rechtfertigen es nicht, die Nutzung fossiler Brennstoffe zu reduzieren, ganz zu schweigen davon, sie vollständig aufzugeben. Nur die Verabschiedung von Gesetzen, die Nebenwirkungen minimieren, ist gerechtfertigt. (In welche Richtung die Gesetzgebung zu Umweltverschmutzung gehen sollte, werde ich in Kapitel 10 erörtern.) Dass fossile Brennstoffe dazu beitragen, ihre eigenen Nebenwirkungen zu reduzieren, bedeutet darüber hinaus, dass die nicht ermächtigte Welt imstande ist, sich von vorneherein mit deutlich geringeren Nebenwirkungen zu ermächtigen, als sie die ermächtigte Welt erlebt hat.

Die einzige Nebenwirkung fossiler Brennstoffe, bei der wir uns nicht sicher sein können, dass sie sich reduzieren lässt, ist CO_2. CO_2 lagert sich in der Atmosphäre ein, weitere CO_2-Emissionen werden also zu höheren CO_2-Konzentrationen führen. Wie ich in Kapitel 6 erkläre, gibt es keine auch nur annähernd preisgünstige Methode, CO_2 auf globaler Ebene abzuscheiden.

Doch selbst wenn steigende CO_2-Werte negative Auswirkungen haben und sich diese nicht reduzieren lassen (darauf gehe ich in den Kapiteln 8 und 9 genauer ein), sind fossile Brennstoffe weiterhin potenziell imstande, diese Nebenwirkungen ebenso zu *neutralisieren* wie alle restlichen.

Wenn ich davon spreche, dass eine Nebenwirkung »neutralisiert« wird, meine ich damit nicht, dass die Nebenwirkung selbst reduziert oder gar eliminiert wird, sondern dass ihre negativen Folgen reduziert oder eliminiert werden. Und dies gilt für CO_2-Emissionen ebenso wie für Schwefeldioxid.

Stellen wir uns beispielsweise vor, die Nutzung fossiler Brennstoffe habe die Häufigkeit bestimmter Krebsformen um ein Prozent zunehmen lassen. (Welche Probleme es mit derartigen Annahmen gibt, erkläre ich in Kapitel 10.) Die erhöhte Krebsinzidenz wäre dadurch neutralisiert (und mehr als wettgemacht), dass es in unserer von fossilen Brennstoffen angetriebenen Welt unglaubliche Möglichkeiten gibt, Krebserkrankungen zu verhindern und zu bekämpfen.

Was CO_2 anbelangt: Welche negativen Auswirkungen steigende CO_2-Spiegel bislang auch immer gehabt haben, dies ändert nichts daran, dass wir dank der Klimabeherrschung, die durch fossile Brennstoffe möglich wurde, wesentlich besser als je zuvor vor Klimagefahren geschützt sind. (In Kapitel 2 bin ich darauf bereits eingegangen und werde es noch ausführlicher in Kapitel 7 tun.) Sämtliche negativen Auswirkungen wurden neutralisiert – und mehr als nur wiedergutgemacht.

Wann immer wir über die Nebenwirkungen fossiler Brennstoffe nachdenken, müssen wir bedenken, dass Energie aus fossilen Brennstoffen nachweislich imstande ist, ihre eigenen Nebenwirkungen ins Reine zu bringen, zu reduzieren und zu neutralisieren. Außerdem müssen wir berücksichtigen, dass der aktuell größte Nutzen fossiler Brennstoffe – die beispiellose und stetig wachsende Lebensqualität, die in unserer Welt herrscht – die aktuellen (schrumpfenden und zusehends neutralisierten) negativen Auswirkungen deutlich übersteigt.

Leider wird uns dieser Kontext von unserem Wissenssystem, das sich generell gegen menschliche Eingriffe ausspricht, voll und ganz vorenthalten. Die Vorzüge fossiler Brennstoffe werden so sehr geleugnet, dass das Wissenssystem sich sogar zu dem absurden Bild versteigt, bei unserer unnatürlich wunderbaren, von fossilen Brennstoffen angetriebenen Welt handle es sich in Wirklichkeit um eine unnatürlich schlechte Welt, und dies sei auf die Nebenwirkungen fossiler Brennstoffe zurückzuführen.

Unser Wissenssystem leugnet diese Vorzüge mithilfe pseudowissenschaftlicher »Studien« und »Externalitäts«-Berechnungen

Ich bin bereits darauf eingegangen, dass unser Wissenssystem die Vorzüge fossiler Brennstoffe grundsätzlich leugnet und dass dies zu der absurden Ansicht führt, die negativen Auswirkungen fossiler Brennstoffe würden deren Vorzüge überwiegen. Nun möchte ich Sie für zwei Formen, die diese Leugnung annimmt, ganz besonders sensibilisieren, denn sie kommen mit einem wissenschaftlichem Anstrich daher, sind in Wahrheit aber total irrational. Bei beiden Formen wird hartnäckig geleugnet, dass die Vorzüge fossiler Brennstoffe die negativen Auswirkungen überwiegen, reduzieren und/oder neutralisieren, und beide werden bei künftigen Prognosen zu den schädlichen Folgen fossiler Brennstoffe gewiss eine Rolle spielen.

Die beiden Formen sind:

- negative Studien und
- »Externalitäts«-Behauptungen.

Negative Studien, die die Vorzüge leugnen

Mit negativen Studien, die die Vorzüge leugnen, ist jede wissenschaftliche Arbeit gemeint, die sich eine Nebenwirkung aus der Nutzung fossiler Brennstoffe herauspickt – häufig den Aspekt der Luftverschmutzung – und mit Verweis darauf behauptet, fossile Brennstoffe würden per se Menschen töten oder Leben verkürzen.

Nehmen wir eine der Geschichten, die 2021 für Aufsehen sorgte und in der behauptet wurde, Luftverschmutzung aufgrund fossiler Brennstoffe sei für jeden fünften vorzeitigen Tod verantwortlich.

Wie viele solcher Studien konzentrierte sich auch diese nur auf Luftschadstoffemissionen aus fossilen Brennstoffen und behauptete, die Menschen würden ohne Schadstoffemissionen um Jahre länger leben.

In Kapitel 10 gehe ich auf einige Irrtümer ein, die sich grundsätzlich hinter derartigen Thesen zur Luftverschmutzung verbergen. Doch selbst wenn es stimmen würde, dass Luftschadstoffemissionen das Leben auch nur ansatzweise in einem solchen Ausmaß verkürzen, wie ist es dann um die Verlängerung der Lebenszeit bestellt, die dank fossiler Brennstoffe erzielt wird und diese Verkürzung mehr als nur wiedergutmacht? Was ist dann mit der Verhinderung verfrühten Ablebens, das Unterernährung, schlechten sanitären Bedingungen und fehlenden Krankenhäusern geschuldet ist? Und was wäre, wenn all die wunderbaren, lebensverlängernden Eigenschaften fehlten, die unsere moderne, mit fossilen Brennstoffen betriebene Welt aufweist?

Geht es um fossile Brennstoffe, ist es in unserem Wissenssystem gang und gäbe, die Vorzüge zu leugnen. Insofern gilt es auch als völlig akzeptabel zu behaupten, dass fossile Brennstoffe in China das Leben der Menschen verkürzen, obwohl fossile Brennstoffe der Motor der Industrialisierung waren, die in China dafür gesorgt hat, dass allein in den vergangenen 4 Jahrzehnten die Lebenserwartung um 10 Jahre gestiegen ist![34]

Außerdem darf man ungestraft ignorieren, dass fossile Brennstoffe bei Milliarden Menschen die deutlich dreckigere Energie aus Holz und Dung abgelöst haben.

Auf diese Weise entsteht bei uns der Eindruck: Würden wir fossilen Brennstoffen entsagen, würde einfach nur die Luftverschmutzung wegfallen, ohne dass wir auf irgendwelche Vorzüge verzichten müssten.

Eine wahrheitsgemäße Studie zu den Folgen, die fossile Brennstoffe für die Lebenserwartung haben, müsste unzweideutig zu dem Urteil gelangen: »Fossile Brennstoffe verlängern fünf von fünf Leben.« Doch Derartiges bekommen wir nie zu hören. Das zeigt wieder einmal, wie wertlos die Informationen sind, die unser gegen menschliche Eingriffe, gegen Energie an sich und letztlich auch gegen den Menschen gerichtetes Wissenssystem zu der Frage liefert, was das menschliche Wohlergehen tatsächlich steigert.

Dieselbe Grunddynamik greift bei Behauptungen zur »Externalität«, das heißt zu den »externen Effekten« fossiler Brennstoffe.

»Externalitäts«-Behauptungen, die die Vorzüge leugnen

In intellektuelleren Veröffentlichungen und Foren herrscht nahezu einstimmig der Konsens: »Der Markt setzt den Preis für die externen Effekte fossiler Brennstoffe nicht angemessen an.« Übersetzt bedeutet das: Die Regierung sollte handeln und fossile Brennstoffe deutlich teurer machen, damit sie nicht mehr so häufig genutzt werden und die Welt ein besserer Ort werden kann.

Diese These mag sehr beliebt sein, enthält aber gleich zwei massive Irrtümer: 1) Die »positiven externen Effekte« fossiler Brennstoffe werden ignoriert. 2) Die massiven, *nicht eingepreisten Vorzüge* (die »Konsumentenrente«) fossiler Brennstoffe werden ignoriert.

In der modernen Wirtschaftslehre bezeichnet »Externalität« die Nebenwirkung einer wirtschaftlichen Aktivität, die sich auch auf jene auswirkt, die sich an dieser wirtschaftlichen Aktivität gar nicht beteiligen.

Externalitäten beziehungsweise externe Effekte können positiv oder negativ sein.

Wasserkraft ist ein simples Beispiel für etwas, das sowohl positive als auch negative Effekte hat. Um Wasserkraft zu gewinnen, muss ein fließendes Gewässer gestaut werden.

Ein Bauunternehmen baut einen Staudamm in der Absicht, Strom zu erzeugen und diesen an Anwohner zu verkaufen.

Weil die Vorbereitungen zur Stromerzeugung zu einem besser kontrollierbaren und steteren Wasserfluss führen, kommen die Anwohner auch in den Genuss massiver Vorzüge, für die sie nicht bezahlt haben – sie erhalten besseren Schutz vor Überflutungen, und die Wahrscheinlichkeit, dass der Fluss austrocknet, wird geringer.

Das sind positive externe Effekte.

Andererseits kann das Aufstauen dazu führen, dass die Lachspopulation schrumpft und sich der Preis für örtlichen Lachs erhöht. Das ist ein negativer externer Effekt.

Es erklärt sich von selbst, dass wir beim Blick auf die externen Effekte beide Aspekte, die positiven und negativen, berücksichtigen müssen.

Setzen wir bei fossilen Brennstoffen diese Bewertung an, erweisen sich die positiven externen Effekte als derart massiv, dass sie gar nicht zu berechnen sind.

Nehmen wir die klassische positive Externalität, in Forschung und Entwicklung zu investieren. Der Internationale Währungsfonds sagt: »Forschungs- und Entwicklungsarbeit gilt gemeinhin als etwas, dessen positive Effekte über das hinausreichen, was der Produzent, der die Forschungs- und Entwicklungsarbeit finanzierte, einstreichen konnte.«[35]

Das ist eine gewaltige Untertreibung, denn die positiven externen Effekte, die durch Forschung und Entwicklung entstehen, können atemberaubend sein. Nehmen wir als Beispiel all die positiven Externalitäten von Henry Fords Forschungs- und Entwicklungsarbeit: Sie führte nicht nur zum Fließband, sondern dies machte wiederum Dutzende Industriezweige rund um den Globus produktiver, wovon dann alle Menschen der Welt profitierten.

Nichts hat mehr Investitionen in Forschungs- und Entwicklungsarbeit ausgelöst als ultrakostengünstige Energie aus fossilen Brennstoffen.

Nehmen wir ein einziges Beispiel: Dank all der medizinischen Forschung, die durch fossile Brennstoffe möglich wurde, ist unsere Lebenserwartung immer weiter gestiegen. Doch das wird beim Thema »externe Effekte« nie erwähnt.

Es gibt aber noch zahlreiche weitere positive Externalitäten fossiler Brennstoffe, die nahezu niemals thematisiert werden. Wie ich in Kapitel 9 ausführen werde, zählen auch einige unstrittige Vorzüge dazu, die mit den CO_2-Emissionen fossiler Brennstoffe einhergehen – etwa die Auswirkungen auf das Pflanzenwachstum (und damit auch auf das Wachstum von Feldfrüchten) oder die eindeutig positiven Folgen, die gestiegene Temperaturen für jene Menschen haben, die an Orten leben, wo die Zahl der Kältetoten die der Hitzetoten deutlich übersteigt. Wenn man das nicht berücksichtigt, leugnet man die Vorzüge, und zwar unabhängig davon, ob man einen Begriff wie »Externalität« verwendet oder nicht.

Dass die positiven Externalitäten fossiler Brennstoffe geleugnet werden, gehört zu der Verzerrung, die hinter der Behauptung steckt, der Preis für fossile Brennstoffe berücksichtige die negativen externen Effekte nicht – und wenn er es täte, würde die Welt fossile Brennstoffe deutlich weniger nutzen.

Die andere Verzerrung besteht darin, anzunehmen, der Preis, den wir für fossile Brennstoffe bezahlen, spiegle in irgendeiner Form den vollständigen Wert wider, den fossile Brennstoffe für uns und den Rest der Welt haben.

Das stimmt nicht einmal ansatzweise.

Überlegen Sie einmal: Ihr Kind erleidet einen Notfall. Welchen Preis würden Sie für den Treibstoff bezahlen, den der Hubschrauber benötigt, um Ihr Kind ins Krankenhaus zu fliegen? Wahrscheinlich wären Sie bereit, alles zu geben, was Sie besitzen. Und doch müssen Sie in der heutigen Welt für eine Gallone nur ein paar Dollar bezahlen.

Wer behauptet, »der Preis für fossile Brennstoffe muss ihre negativen externen Effekte berücksichtigen«, ignoriert den Grundsatz, dass Preise nicht den vollen

Wert wiedergeben. Wer eine Ware oder eine Dienstleistung ersteht, erachtet diese für sich persönlich als dem Kaufpreis angemessen. Manchmal ist der Preis – wie in dem Beispiel mit dem Hubschrauber – im Vergleich zum Wert unfassbar niedrig. Diesen Wertunterschied bezeichnet die Wirtschaftswissenschaft häufig als »Konsumentenrente«.

Würde der Preis für fossile Brennstoffe den Gesamtwert berücksichtigen, den wir aus fossilen Brennstoffen ziehen – inklusive ihrer positiven Externalitäten, aber nicht darauf beschränkt –, müssten wir der Branche für fossile Brennstoffe einen Großteil unserer Lebensersparnisse übertragen.

Vergessen Sie das bitte nicht, wenn Sie das nächste Mal hören, wie jemand den dummen, selbstgefälligen Refrain anstimmt: »Was wir für fossile Brennstoffe bezahlen, berücksichtigt deren negative externe Effekte nicht.«

Werden Studien und Externalitäten zur Leugnung der Vorzüge fossiler Brennstoffe herangezogen, stellt dies nur eine raffiniertere Version des plumpen Betrugs dar, den unser gegen menschliche Eingriffe und gegen Energie eingestelltes Wissenssystem betreibt. Dieser Ansatz leugnet die grundlegenden Vorzüge fossiler Brennstoffe, darunter die ultrakostengünstige Maschinenarbeit, die durch fossile Brennstoffe möglich wird, die Zeit, die für geistige Arbeit frei wird, und die Materialien aus fossilen Brennstoffen – alles Dinge, die zur großartigen, unnatürlich hohen und wachsenden Lebensqualität beitragen, die auf unserer Welt herrscht.

Lassen Sie es mich noch einmal wiederholen: Wenn Sie wissen möchten, wie die Abrechnung von Vorzügen und Nebenwirkungen ausgeht, inklusive der positiven und negativen Externalitäten, brauchen Sie sich nur noch einmal die Hockeyschläger-Diagramme zu Kohlenstoffen und dem menschlichen Wohlergehen anzusehen.

Betrachten wir die massive Nutzung fossiler Brennstoffe aus der Perspektive des menschlichen Wohlergehens und unabhängig von der Ablehnung menschlichen Eingreifens in die Natur, mit dem unser Wissenssystem arbeitet, unabhängig von der Annahme der empfindlichen Mutter Natur und frei von der Leugnung der Vorzüge, müssen wir zwingend zu der Schlussfolgerung gelangen: Der massive derzeitige Einsatz fossiler Brennstoffe hat den Vorteil, dass die produktiven Fähigkeiten der Menschheit und damit die globale Lebensqualität radikal ansteigen – produktive Fähigkeiten und eine Lebensqualität, die, sollten wir rasch und ohne echten Ersatz aus der Nutzung fossiler Brennstoffe aussteigen, verloren gingen, was apokalyptische, ja tödliche Folgen hätte.

Auf diesem Fundament sollten alle Erwägungen fußen, wie die Zukunft fossiler Brennstoffe aussehen könnte, und das schließt alle potenziellen künftigen Alternativen und potenziellen künftigen Nebenwirkungen von CO_2 mit ein.

5

Die einzigartige und zunehmende Kosteneffizienz fossiler Brennstoffe

Fossile Brennstoffe und alternative Energieformen im Kosteneffizienzvergleich angesichts einer Welt mit erhöhtem Energiebedarf

Wo stehen wir jetzt? Dieser Abschnitt soll Ihnen ein umfassendes Verständnis der Vorzüge vermitteln, die eine weitere Nutzung fossiler Brennstoffe mit sich brächte. Dazu muss man folgende Aspekte verstehen: 1) die gesamten aktuellen Vorzüge der Nutzung von fossilen Brennstoffen und 2) die Fähigkeit fossiler Brennstoffe, diese Vorzüge in Zukunft besser bieten zu können als alternative Energieformen.

Die Vorzüge fossiler Brennstoffe kamen in ihrer ganzen Bandbreite bereits im vorigen Kapitel zur Sprache. Dabei haben wir festgestellt, dass sie unserem gegen menschliche Eingriffe ausgerichteten und energiefeindlichen Wissenssystem zum Trotz alles andere als banal sind, dass sie keineswegs von den negativen Auswirkungen fossiler Brennstoffe überschattet werden und dass sie in keiner Weise die Lebensqualität unserer Welt beeinträchtigen. Sie sind vielmehr von grundlegender Bedeutung dafür, dass unsere Welt so lebenswert ist.

Dass die Welt ultrakostengünstige Energie aus fossilen Brennstoffen massiv nutzt, hat aktuell die positive Auswirkung, dass zugunsten von Milliarden Menschen die produktiven Fähigkeiten radikal zugenommen haben – von ultrakostengünstiger mit fossilen Brennstoffen betriebener Maschinenarbeit über die dadurch freigesetzte gewaltige Menge an Zeit für geistige Arbeit bis zu den Werkstoffen aus fossilen Brennstoffen. Die Zunahme der produktiven Fähigkeiten macht die Welt unnatürlich lebenswert und kann das Wohlergehen des Menschen steigern.

Was die radikal gestiegenen produktiven Fähigkeiten angeht, die aus der massiven Nutzung fossiler Brennstoffe resultieren, so übersteigen sie die Nebenwirkungen, reduzieren sie (etwa durch mit fossilen Brennstoffen betriebene Innovationen im Umweltschutz) und neutralisieren sie (beispielsweise dadurch, dass deutlich wirksamere Methoden der Krebshandlung möglich sind).

Wir begreifen nunmehr die vollständigen aktuellen Vorzüge, die die Nutzung fossiler Brennstoffe mit sich bringt. Wenden wir uns jetzt der Frage zu, wie fossile Brennstoffe im Vergleich zu alternativen Energieformen abschneiden, wenn es darum geht, jene ultrakostengünstige Energie zu produzieren, die künftig für das menschliche Wohlergehen erforderlich sein wird.

Vergleichen wir die Zukunft fossiler Brennstoffe und alternativer Energieformen, müssen wir einen weiteren Aspekt berücksichtigen, den unser energiefeindliches Wissenssystem ignoriert oder leugnet: Jedweder Versuch, fossile Brennstoffe zu ersetzen, muss sich der Herausforderung stellen, nicht nur die unglaubliche Meisterleistung zu vollbringen, die aktuelle Energienutzung beizubehalten, sondern auch den weitaus größeren Bedarf abzudecken, der künftig zu erwarten ist.

Die massive derzeitige Nutzung fossiler Brennstoffe ist eine großartige Sache und hat eine unnatürlich lebenswerte Welt erschaffen, in der praktisch alle Menschen eine bessere Chance auf ein lebenswertes Leben haben. Doch der Bedarf an kostengünstiger Energie wächst rasant, damit 1) auch die nicht ermächtigte

Welt ermächtigt werden kann, 2) die ermächtigte Welt noch weiter ermächtigt wird und 3) neue Arten von Ermächtigung möglich werden.

Für die Ermächtigung der nicht ermächtigten Welt wird mehr Energie benötigt

Der offensichtlichste Grund, weshalb wir weitaus mehr Energie benötigen, ist, dass Milliarden Menschen bisher nur sehr wenig Energie verbrauchen. Zwar kommt der Großteil dieser Milliarden Menschen bereits in den Genuss der hohen Produktivität der ermächtigten Welt – sei es in Form wohltätiger Unterstützung mit Nahrung, Kleidung, Schutz, Medizin und Katastrophenhilfe –, doch dies ist kein Ersatz dafür, diesen Menschen dazu zu verhelfen, sich mithilfe von Maschinenarbeit selbst zu ermächtigen. Das ist der einzige Weg, ihre Welt in einen wirklich lebenswerten Ort zu verwandeln.

Vergessen wir nicht, dass nur circa 1,5 Milliarden Menschen an Orten leben, die nach meiner Definition zur ermächtigten Welt zählen, ihr Stromverbrauch also mindestens ein Drittel dessen ausmacht, was der durchschnittliche Amerikaner verbraucht. Mehr als 3 Milliarden Menschen bewohnen Gegenden, die nach meiner Definition der nicht ermächtigten Welt angehören. Dort verbrauchen die Menschen im Schnitt weniger Strom als das Grundmodell des amerikanischen Kühlschranks. Und dann gibt es noch knapp 3 Milliarden Menschen in der – wie ich sie nenne – »kaum ermächtigten Welt«.

Insgesamt sind also 6 Milliarden Menschen gar nicht oder kaum ermächtigt. Anders als bei uns in der ermächtigten Welt, wo wir vieles für selbstverständlich halten, ist es für diese Menschen deutlich schwieriger, sich zu ernähren, sich vor den Einflüssen der Natur zu schützen, geschweige denn Erfüllung zu finden.

Demnach hängen Milliarden Menschenleben davon ab, dass die Verfügbarkeit ultrakostengünstiger Energie massiv aufgestockt wird.

Für die fortgesetzte Ermächtigung der ermächtigen Welt wird mehr Energie benötigt

Ein zweiter entscheidender Grund, weshalb mehr Energie benötigt wird, liegt darin, dass es in der ermächtigten Welt enorm viel Potenzial gibt, die vorhandenen Arten von Maschinenarbeit mehr und besser zu nutzen.

Selbst in den bestgestellten Regionen der ermächtigten Welt, beispielsweise den USA, könnten die meisten von uns zweifellos davon profitieren, wenn wir diese Maschinen verstärkt einsetzen würden, um mehr Wert für uns zu produzieren.

Ich weiß noch, wie ich in New York in der U-Bahn eine junge Mutter mit zwei Kindern sah, die sehr erschöpft wirkte, und dachte: *Welchen Job auch immer sie hat, mehr und bessere Maschinenarbeit könnte ihr dazu verhelfen, mehr Geld zu verdienen. Und wie auch immer ihr Privatleben aussieht, mehr und arbeitssparendere Geräte könnten ihr sicherlich weiterhelfen.*

Für neue Formen der Ermächtigung wird mehr Energie benötigt

Bereits vorhandene Arten von Maschinenarbeit stärker zu nutzen ist eine Möglichkeit, doch wir werden auch einen erhöhten Energiebedarf für neue Arten von Maschinenarbeit haben. Dies gilt ganz besonders für Maschinenarbeit, die dabei hilft, mehr Raum für geistige Arbeit zu schaffen.

Im Zeitalter fossiler Brennstoffe (in dem wir noch mittendrin sind) zielt Maschinenarbeit größtenteils darauf ab, die körperlichen Fähigkeiten des Menschen zu erweitern und zu verstärken, Nahrung anzupflanzen, Dinge zu transportieren, unsere unmittelbare Umgebung zu erschließen und so weiter.

Doch seit dem Aufkommen und der raschen Entwicklung von Computern setzen wir auch vermehrt Maschinen ein, um unsere geistigen Fähigkeiten zu erweitern und zu verstärken.

Ein Bereich, in dem Energie voraussichtlich am allermeisten zum Fortschritt beitragen wird, ist das maschinelle Lernen, was häufig durch den Begriff »*Künstliche Intelligenz*« (KI) beschrieben wird – ein Begriff, den ich für irreführend halte.

In der Medizin versuchen Forscher beispielsweise, mithilfe von Computern das Problem der Antibiotikaresistenz zu lösen – ein Problem, das in unserer vom Klima besessenen Welt viel zu wenig Aufmerksamkeit erhält. Ein Forscherteam hat mithilfe von maschinellem Lernen atomare und molekulare Strukturen erkannt, die das Bakterium *E. coli* am Wachsen hindern könnten. Daraus entwickelten sie ein völlig neues Antibiotikum, das auf ganz andere Weise als bisher vorhandene (und zusehends an Wirksamkeit verlierende) Antibiotika gegen *E. coli* wirken könnte, ohne die Gesundheit des Menschen zu gefährden. Das neue Antibiotikum Halicin hat sich nicht nur gegen *E. coli* bewährt, sondern auch gegen eine Reihe weiterer Bakterien.[1]

In puncto Energie innerhalb der Revolution maschinellen Lernens sollte man sich vor allem zwei Aspekte vor Augen führen: Sie erfordert extrem viel Energie – die Anzahl stromhungriger Computer wächst rasant –, und der Bedarf ist hier praktisch unbegrenzt.

Für die Herstellung unserer Nahrung wollen wir nur eine begrenzte Menge an Energie aufbringen, doch wenn es darum geht, die Rechnung für eine Verbesserung des Lebens insgesamt aufzumachen, gibt es keine Obergrenze. Dies gilt ganz besonders für lebensverlängernde medizinische Anwendungen.

Wir wollen, dass Computer unsere Fahrzeuge sicherer und schneller steuern, dass sie alte und neue Krankheiten erkennen und neue Behandlungsmethoden ausfindig machen, dass sie Alterungsprozesse zutage fördern und möglicherweise sogar umkehren, dass sie uns helfen, die Grundelemente der Physik zu begreifen und mehr über die entferntesten Ecken des Universums in Erfahrung zu bringen. Solange es neue Dinge zu tun und zu lernen gibt, wird energieintensive Computerarbeit gefragt sein.

Ein weiterer Bereich, in dem die Nachfrage nach Rechenleistung zunimmt, sind Kryptowährungen, allen voran der Bitcoin. Es ist längst im allgemeinen Bewusstsein angekommen, dass der Bitcoin enorme Mengen an Energie verbraucht, um etwas herzustellen, das Millionen Menschen für die gerechteste und sicherste Währungsquelle halten. Der Bitcoin ist in die Kritik geraten, weil dieses Zahlungssystem sehr energiehungrig ist, was in einer Welt, die weniger und nicht mehr Energie verbrauchen »sollte«, häufig als unangenehme Überraschung hingestellt wird. Dennoch sollten wir davon ausgehen und es gutheißen, wenn künftig zahlreiche neue Wege entstehen, bei denen Computer zunehmende Mengen an Energie verbrauchen, um das menschliche Wohlergehen zu steigern.

Beispiele wie maschinelles Lernen und der Bitcoin widerlegen eindeutig einen weitverbreiteten (und verheerenden) Trugschluss: Eine verbesserte Energieeffizienz wird keineswegs dazu führen, dass wir in Zukunft wesentlich weniger Energie brauchen.

Energieeffizienz bedeutet nicht, dass wir weniger Energie benötigen

Mehr Energieeffizienz bedeutet, dass Maschinen für das Erledigen ein und derselben Aufgabe weniger Energie benötigen.

Verbesserte Energieeffizienz ist eine wunderbare Angelegenheit, solange sie kostengünstig ist, sofern also die Einsparung, die durch einen geringeren Energieverbrauch erzielt wird, nicht dazu führt, dass an anderer Stelle die Kosten steigen. Kostet es beispielsweise 10 000 Dollar, ein Auto mit einer Gallone Benzin eine Meile weiterfahren zu lassen, ist das nicht kostengünstig. Kostet es weniger als das, was man für das Benzin bezahlt, hingegen schon.

Es gehört zum Fortschritt dazu, dass kostengünstige Energieeffizienz kontinuierlich zunehmen wird. (Aus diesem Grund sollte man argwöhnisch reagieren, wenn Energieeffizienz staatlich verordnet wird. Da wir von uns aus Anreiz genug haben, nach kostengünstiger Energieeffizienz zu streben, ist die »Effizienz« vermutlich nicht kostengünstig, wenn man uns zu ihr zwingen muss. Ein Beispiel dafür sind die furchtbaren »energieeffizienten« Waschmaschinen und Trockner, die uns der Staat aufzwingt.)

Eine Zunahme kostengünstiger Energieeffizienz bedeutet nicht, dass die Nachfrage nach Energie abnehmen wird – und zwar nicht nur, weil wir neue Formen energiehungriger Ermächtigung entwickeln werden (beispielsweise maschinelles Lernen), sondern auch aus zwei weiteren Gründen.

Erstens wird die Energieeffizienz umso besser, je mehr Menschen die Möglichkeit bekommen, mithilfe von Maschinen ihr Leben zu verbessern. Denn so steigt die Anzahl der Energieverbraucher weltweit. Neue Nutzer verwenden Energie zunächst für Grundlegendes wie Ernährung und Schutz, etwa in Gestalt moderner industrieller Landwirtschaft, moderner Wasseraufbereitung und modernen Heizens. Zwar werden auch diese Dinge mit der Zeit immer energieeffizienter, doch nicht in rasantem Tempo. Folglich werden Milliarden neu ermächtigter Menschen die globale Energienachfrage schneller erhöhen, als Effizienzmaßnahmen den Verbrauch senken könnten.

Zweitens gilt: Je besser die Energieeffizienz, desto eher können sich bereits vorhandene Energiekonsumenten zusätzliche Formen von Maschinenarbeit leisten beziehungsweise mehr von der Maschinenarbeit, die sie schon verwenden. Daraus resultiert ein erhöhter Energieverbrauch.

Nehmen wir den Flugverkehr als Beispiel. Im Vergleich zu den 1950er-Jahren hat sich die Treibstoffeffizienz verdreifacht, sodass viele Menschen, die sich das Fliegen vorher nicht leisten konnten, nun dazu imstande sind. Und Menschen, die sich dies erlauben konnten, fliegen heute häufiger und weiter weg. So fliegen Familien nicht mehr einmal, sondern zweimal im Jahr in den Urlaub. Folglich verbraucht das treibstoffeffiziente Fliegen heute deutlich mehr Treibstoff als das weniger treibstoffeffiziente Fliegen früher.[2]

Das auffälligste Beispiel dafür, wie mehr Energieeffizienz zu mehr Energieverbrauch führt, ist der Computerbereich. Die Datenverarbeitung ist in den vergangenen Jahrzehnten buchstäblich millionenfach energieeffizienter geworden, ganz so, wie es das Moore'sche Gesetz beschrieb. (Dieses Gesetz sagt voraus, dass sich die Zahl der Transistoren in einem integrierten Schaltkreis alle 18 Monate verdoppelt, was bedeutet, dass die Kosten pro Berechnung fallen und die Energieeffizienz zunimmt.)

Dass die Energieeffizienz bei der Datenverarbeitung zugenommen hat, hat keineswegs dazu geführt, dass hier der Energieverbrauch abgenommen hat, sondern ganz im Gegenteil, denn Computer haben sich inzwischen in allen Bereichen unseres Lebens breitgemacht.

Der Energieforscher Mark Mills sagt dazu, dass

> *die erstaunlichen Fortschritte bei der Energieeffizienz von Computern der Motor für den meteorhaften Aufstieg im Internetdatenverkehr gewesen sind. Und das hat zu einem wesentlich höheren Energieverbrauch im Bereich der Datenverarbeitung geführt. Alles in allem verbrauchen die globale Datenverarbeitung und die globale Kommunikation heute jährlich das Energieäquivalent von 3 Milliarden Barrel Erdöl. Das ist mehr als die ganze Luftfahrt in der Welt.*[3]

Fassen wir zusammen: Das erstaunliche Phänomen zunehmender kostengünstiger Energieeffizienz ändert nichts daran, dass die Welt deutlich mehr ultrakostengünstige Energie benötigt, als sie aktuell aus fossilen Brennstoffen zieht, wenn sie die nicht ermächtigte Welt ermächtigen und die ermächtigte Welt weiter ermächtigen will.

Wenn wir also die künftige Kosteneffizienz fossiler Brennstoffe und alternativer Energieformen miteinander vergleichen und uns Behauptungen ansehen, alternative Energieformen könnten fossile Brennstoffe »ersetzen«, dann sollten wir folgende Richtlinien anlegen: Inwieweit sind sie imstande, nicht nur die einzigartig kostengünstige Energie zu produzieren, die wir aktuell aus fossilen Brennstoffen gewinnen, sondern auch die deutlich größeren Mengen, die in den kommenden Jahrzehnten benötigt werden?

Was ist das Geheimrezept fossiler Brennstoffe?

Um vergleichen zu können, inwieweit fossile Brennstoffe und alternative Energieformen künftig imstande sein werden, kostengünstig Energie zu produzieren, müssen wir eine Frage beantworten, an der unser Wissenssystem absolut kein Interesse hat: Was ist das »Geheimrezept«, worin besteht die einzigartige

Mischung an Faktoren, die dafür sorgt, dass fossile Brennstoffe heute in Sachen Kosteneffizienz einzigartig sind?

Finden wir das heraus, vermögen wir auch zu sehen, inwieweit fossile Brennstoffe ihre Kosteneffizienz in Zukunft bewahren oder steigern können und ob alternative Energieformen in der Lage sind, dieses Geheimrezept nachzubilden oder zu übertreffen.

Wenn nicht, haben wir keine Ahnung, wie es um die Zukunft fossiler Brennstoffe bestellt ist, und auch nicht, wie echte Alternativen aussehen.

Weil unser Wissenssystem dieser Tatsache so vehement widerspricht, möchte ich sie erneut betonen: Fossile Brennstoffe sind heutzutage wirklich einzigartig kostengünstig. Sie sind preiswert, bedarfsgerecht, vielfältig einsetzbar und global skalierbar, sodass Milliarden Menschen sie an unendlich vielen Orten nutzen können.

In 80 Prozent der Fälle entscheidet sich die Welt für fossile Brennstoffe als Energiequelle ihrer Wahl – viermal häufiger als für sämtliche Alternativen zusammengenommen.[4]

Solarenergie und Windkraft hingegen machen gerade einmal 3 Prozent der globalen Energie aus – und diese 3 Prozent entfallen nahezu ausschließlich auf Elektrizität, wobei diese weniger als 20 Prozent der weltweiten Energienutzung ausmacht.[5] In zentralen Bereichen der Energienutzung wie Schwerlasttransporten und vielen Arten »industrieller Prozesswärme« leisten Solar und Windenergie praktisch gar keinen Beitrag. Bei der industriellen Prozesswärme wird sehr starke Hitze erzeugt, die man dann beispielsweise für die Herstellung von Kunststoffen und Zement nutzen kann.

Rückläufig ist die Nutzung fossiler Brennstoffe nicht, sondern sie nimmt sogar zu. Seit die Vereinten Nationen 1992 ihre erste große Klimakonferenz abgehalten haben, sind die CO_2-Emissionen um 60 Prozent gestiegen. Seither wuchs die Nutzung fossiler Brennstoffe, in einem Zeitraum von jeweils 5 Jahren gemessen, rascher als bei jeder anderen Energieform.

Zudem gilt, was ich bereits in Kapitel 1 angerissen habe: Viele Länder haben langfristig die Absicht, sogar mehr fossile Brennstoffe als heute zu nutzen. Was zum Beispiel China an Kohlekraftwerken baut, könnte den Jahresverbrauch von Texas mehr als dreimal decken.[6]

Ganz offensichtlich haben fossile Brennstoffe etwas an sich, was sie für eine kostengünstige Energiegewinnung gut geeignet macht und zur führenden Energiequelle werden ließ – ganz besonders in Bereichen wie Mobilität und Industriewärme.

Unser Wissenssystem zeigt null Interesse daran, das »Geheimrezept« fossiler Brennstoffe zu erklären, und leugnet lieber die Vorrangstellung, die fossile Brennstoffe derzeit innehaben.

Und räumt unser Wissenssystem doch einmal die Dominanz fossiler Brennstoffe ein, was selten genug vorkommt, werden zwei abgedroschene Begriffe bemüht, um jede Mutmaßung im Keim zu ersticken, fossile Brennstoffe könnten etwas Besonderes an sich haben: Trägheit und politische Günstlingswirtschaft. Hinter dem Schlagwort Trägheit steckt die These, wir würden fossile Brennstoffe in erster Linie deshalb verwenden, weil sie am längsten auf dem Markt sind. Dieser Argumentation zufolge benötigen neue Energieerzeuger wie Solaranlagen und Windturbinen ebenso wie die Batteriefahrzeuge, die sie antreiben werden, einfach noch Zeit, um sich durchzusetzen.

Doch wie ich in Kapitel 1 gezeigt habe, gibt es alternative Energieformen schon lange. Schon in Zeiten, als man Kerosinlampen noch mit Petroleum betrieb, gab es zahlreiche alternative Energieformen, darunter auch diverse »erneuerbare« pflanzenbasierte Öle und Alkohole (dem modernen Ethanol sehr ähnlich).

Wenn Sie von Projekten hören, die mithilfe von Sonne, Wind, Wasser, Holz, Gezeiten, Meeresströmungen, Mais, Zuckerrohr und Rutenhirse Energie produzieren sollen, rufen Sie sich bitte eines in Erinnerung, was für nahezu all diese Technologien gilt: Ingenieure und Unternehmer arbeiten bereits seit über 50 Jahren – teilweise sogar deutlich länger – an derartigen Vorhaben.

Die ersten Solarzellen, die Sonnenlicht in Elektrizität umwandeln konnten, gab es genauso wie die ersten Turbinen, die Wind in Elektrizität umwandeln konnten, im späten 19. Jahrhundert. Auch die ersten Elektrofahrzeuge nahmen Ende des 19. Jahrhunderts den Betrieb auf, und der erste Ethanol-Motor kam 1826 auf den Markt.[7]

Seit Generationen tobt ein harter Konkurrenzkampf, aber fossile Brennstoffe haben sich als dermaßen überlegen erwiesen, was die Kosteneffizienz anbelangt, dass sie viermal so häufig genutzt werden wie die Alternativen insgesamt.

Es muss also neben Trägheit noch einen anderen Grund geben.

In dem verzweifelten Versuch, abzustreiten, dass fossile Brennstoffe in der Tat über ein Geheimrezept verfügen, behauptet unser Wissenssystem, die Dominanz fossiler Brennstoffe sei auf politische Präferenzen zurückzuführen.

Regierungen »sind Knechte der schmutzigen fossilen Industrien der Vergangenheit«, erklärte Al Gore.[8]

»Die Hersteller fossiler Brennstoffe bezahlen die Regierungen«, lautet ein Argument, was auf den ersten Blick plausibel erscheint für Länder, die über gewaltige Reserven an fossilen Brennstoffen verfügen und wo sich die gesamte Volkswirtschaft um diese Reserven dreht (beispielsweise Saudi-Arabien). Aber zu behaupten, dass die gesamte Welt, also auch Nationen ohne nennenswerte Förderung fossiler Brennstoffe, eine politische Präferenz für fossile Brennstoffe hegt, kommt schon einer Verschwörungstheorie gleich.

Wäre politische Günstlingswirtschaft der Grund für die Dominanz fossiler Brennstoffe, dürfte man diese Dominanz nur an Orten antreffen, wo es überhaupt eine Industrie gibt, die sich um Gefälligkeiten bemühen kann. Fossile Brennstoffe spielen aber in jeder großen Volkswirtschaft eine zentrale Rolle, selbst in Japan, das über keine Reserven an fossilen Brennstoffen verfügt. Doch ohne lokale Mineralölindustrie, die beim Staat Begünstigung einfordern könnte, gibt es keinen Anlass für ein Land, die Nutzung fossiler Brennstoffe künstlich zu unterstützen oder zu beschützen. Sie nutzen fossile Brennstoffe trotz der zusätzlichen Kosten und der Risiken, die damit einhergehen, dass sie die fossilen Brennstoffe importieren müssen.

Das Argument, es müsse sich um politische Präferenzen handeln, trifft an den meisten Orten ohnehin nicht zu, auch nicht in Amerika und Europa, wo es üppige Reserven an fossilen Brennstoffen gibt und zumindest theoretisch Manipulationsbemühungen seitens der Industrie möglich wären.

Es stimmt, dass die Produzenten fossiler Brennstoffe weltweit Geld in Lobbyarbeit stecken, aber das tut jede andere Branche genauso. In diesem Fall zielt die Lobbyarbeit aber in allererster Linie darauf ab, Restriktionen bei der

Erschließung fossiler Brennstoffe abzuwenden und gegen die massive Subventionierung alternativer Energieformen vorzugehen.

Man muss nur die Zeitung aufschlagen, um zu erkennen, dass Regierungen die Nutzung fossiler Brennstoffe rund um die Welt viel eher bestrafen als belohnen, sei es durch Pflichtnutzung oder Subventionierung von Solar- und Windkraft, durch »CO_2-Steuern«, durch Frackingverbote und so weiter.

Insofern taugen weder fehlende Konkurrenz noch politische Bevorzugung als ernst zu nehmende Erklärung dafür, warum fossile Brennstoffe derart kostengünstig sind. Es muss eine *überaus positive* Erklärung geben, ein *erstaunlich gutes* Geheimrezept.

Doch welches?

Ein Blick auf den Gesamtprozess der Energiegewinnung

Wollen wir das Geheimrezept fossiler Brennstoffe verstehen, sollten wir uns fragen: Warum hat es sich als eine solche Herausforderung erwiesen, Energie kostengünstig zu produzieren?

Besonders verwirrend ist das bei Sonnenlicht und Wind, denn Leute wie Al Gore haben uns doch gesagt, sie seien »bis in alle Ewigkeit kostenlos«.[9] Und schließlich erreichen uns Sonnenlicht und Wind doch automatisch, unbegrenzt und mühelos. Doch warum haben diese »bis in alle Ewigkeit kostenlosen« Energiequellen es trotz jahrzehntelanger Experimente nicht geschafft, fossile Brennstoffe problemlos abzuhängen und die Welt mit kostengünstiger, bedarfsgerechter und vielfältig einsetzbarer Energie zu versorgen?

Man glaubt es kaum, aber ausgerechnet bei der Sendung *Saturday Night Live* wurde mir das zentrale Prinzip, das zur Beantwortung dieser Frage notwendig ist, plötzlich klar. Jimmy Fallon, der in der Comedysendung damals die Rubrik »Weekend Update« moderierte, sprach über Pläne, unsere Autos künftig mit einer neuen Form »erneuerbarer« Energie anzutreiben, nämlich mit der Kraft der Haselnuss:

> *Das Magazin* New Scientist *meldet, dass Autos künftig von Haselnüssen angetrieben werden könnten. Das macht Hoffnung, wenn man sich*

> *überlegt, dass ein 225-Gramm-Glas Haselnüsse etwa 9 Dollar kostet. Hey, ich hätte da eine Idee für ein Auto, das mit den Köpfen von Weißkopfseeadlern und Fabergé-Eiern angetrieben wird.*[10]

Lustig wird Fallons Witz dadurch, dass es wohl auf der Hand liegt, dass es ganz schön teuer wäre, Autos mit der Energie aus Haselnüssen zu betreiben. Aber ich wünschte mir, Fallon, der sich als Mitglied von Artists Against Fracking öffentlich gegen fossile Brennstoffe ausspricht, hätte folgende Frage gestellt: Warum wäre »erneuerbare« Haselnuss-Energie denn so teuer? Schließlich kommt die Energie der Nuss doch von der Sonne und ist kostenlos, oder?

Vermutlich hätte er geantwortet, dass Sonnenlicht zwar kostenlos ist, aber ein langwieriger, ressourcenintensiver *Produktionsprozess* nötig ist, um aus Haselnüssen Sonnenlichtenergie zu gewinnen, und dass das Ganze deshalb so teuer wäre. Man würde Land, Wasser, Dünger, Maschinen, Raffinerien und so weiter brauchen.

Kosten für Haselnussenergie sind nicht einfach nur die Kosten, die dafür anfallen, auf die Primärenergie (das Sonnenlicht) zuzugreifen, sondern Kosten für den Gesamtprozess, der erforderlich ist, um diese Energie nutzbar zu machen. Und diese Wahrheit gilt für sämtliche Formen von Energie.

Bei jedem Energiegewinnungsprozess nimmt man eine Form von Primärenergie und *verwandelt* sie in eine verwendbare Form, etwa die Wärme in unserem Zuhause, die mechanische Kraft unserer Fahrzeuge oder die Elektrizität, die das Internet betreibt.

Beispielsweise ist es für jeden Prozess, bei dem Energie umgewandelt wird, in der einen oder anderen Form notwendig, dass

- *Rohstoffe aus dem Erdboden* geholt werden – ob Kohle oder Materialien, die für Solarpanele benötigt werden;
- *diese Materialien weiterverarbeitet* werden – ob Erdöl, das raffiniert wird, oder Seltene Erden, die zu Neodym verarbeitet werden, das als Magnet in Windkrafträdern zum Einsatz kommt;
- *Energie und Materialien transportiert* werden – ob auf Containerschiffen oder über Stromleitungen;

- *Energieinfrastruktur entwickelt* wird – ob Bohrplattformen oder Solarparks; und
- *Energie in eine nutzbare Form umgewandelt* wird – ob in einen Ofen, der Erdgas in Wärme verwandelt, oder in einen Elektromotor, der Elektrizität in Bewegung verwandelt.

Beim Thema Energiegewinnung müssen wir immer im Hinterkopf behalten, dass es sich um einen langwierigen, ressourcenintensiven Prozess handelt, bei dem es nicht einfach damit getan ist, auf eine beliebige Form von Primärenergie *zuzugreifen* (beispielsweise »kostenlose« Sonnen- und Windkraft). Vielmehr muss diese Primärenergie auch in eine verwendbare Form verwandelt werden. Wie teuer die Energie ist, hängt davon ab, wie teuer der *Gesamtprozess* ist.

Wenn wir so denken, wie es unser Wissenssystem möchte, und wir Sonnen- und Windenergie einfach unter dem Aspekt betrachten, wie teuer es ist, auf die Primärenergie *zuzugreifen*, dann scheinen diese Energieformen in der Tat kostenlos und ewig verfügbar zu sein. Doch betrachten wir den vollständigen Prozess, der erforderlich ist, um die *unkonzentrierte und intermittierende* Primärenergie in eine verwendbare und zuverlässige Energie zu verwandeln, und berücksichtigen wir, was an zusätzlichen Prozessen nötig ist, um auch dann Energie produzieren zu können, wenn Sonnenlicht oder Wind knapp oder gar nicht vorhanden sind, dann wird uns langsam klar, warum es sich als so schwierig erwiesen hat, mit Sonnen- und Windkraft kostengünstig und bedarfsgerecht Energie zu generieren.

Wenn wir bei Energie die ressourcenintensiven Prozesse mitdenken, die für die Transformation von Primärenergie in nutzbare Energie notwendig sind, wird ein Grund deutlich, warum fossile Brennstoffe so hervorragend dafür geeignet sind, kostengünstig, bedarfsgerecht, vielfältig einsetzbar und beliebig skalierbar Energie zu liefern – nämlich die erstaunlichen natürlichen Eigenschaften der Primärenergie, auf denen sie basieren, also Erdöl, Kohle und Erdgas.

Die erste Zutat: die erstaunlichen natürlichen Eigenschaften von Erdöl, Kohle und Erdgas

Die erstaunlichen natürlichen Eigenschaften fossiler Brennstoffe gehen auf die erstaunliche Geschichte fossiler Brennstoffe zurück.

Fossile Brennstoffe sind das Produkt von *gewaltigen* Mengen uralter Organismen, deren Energie im Verlauf mehrerer natürlicher Prozesse *konzentriert* und als Kohlenstoffe *gespeichert* wurde, also als hochgradig energiehaltige Kombination aus Wasserstoff- und Kohlenstoffatomen.

Ich betone »gewaltig«, »konzentriert« und »gespeichert«, weil das einmalige Zusammenspiel dieser natürlichen Eigenschaften eine entscheidende Zutat beim Geheimrezept fossiler Brennstoffe ist.

Ich beginne mit der natürlichen Speicherung und werde hier wie bei jeder der folgenden Eigenschaften erklären, warum sie fossile Brennstoffe derart gut für kostengünstige Energiegewinnung geeignet macht, und warum sie aber vielen Alternativen fehlt.

Natürliche Speicherung

Bei sonst gleichen Bedingungen ist Energie, die uns in natürlich gespeicherter Form zur Verfügung steht (wie die Energie in Erdöl), viel kostengünstiger als Energie, die naturgemäß in einem *intermittierenden Flow* auftritt (wie die Energie in Sonnenlicht oder Wind).

Ein Hauptgrund dafür ist, dass natürlich gespeicherte Energie besonders zuverlässig ist, denn wir können uns die Energie dann besorgen, wenn wir sie benötigen, und in der Menge, in der wir sie benötigen.

Damit Energie zuverlässig ist, muss sie *kontrollierbar* sein.

Das intermittierende Fließen von Sonnenlicht und Wind ist nicht kontrollierbar, folglich können sie nur dann eine zuverlässige Energieversorgung bieten, wenn sie mit einem massiven System einhergehen, das Energie speichert, wenn Sonne und Wind vorhanden sind, und Energie abgibt, wenn sie nicht vorhanden sind (was meistens der Fall ist). Wie ich im nächsten Kapitel ausführlich darlegen werde, ist das derart kostspielig, dass es nirgendwo auf der Welt auch nur ein einziges Stromnetz gibt, das ganz auf Sonnen- und/oder Windenergie basiert, also autark ist. Tatsächlich handelt es sich bei den »Speichersystemen«, von denen Sonnen- und Windkraft abhängen, größtenteils um fossil befeuerte Kraftwerke.

Fossile Brennstoffe sind die natürlich gespeicherte Energie uralter Organismen und damit letztlich *natürlich gespeichertes Sonnenlicht.*

Die in fossilen Brennstoffen enthaltene Energie ist einst Energie aus uraltem Sonnenlicht gewesen, die durch Fotosynthese in Pflanzen eingelagert wurde (oder in Organismen, die sich von Pflanzen ernährten) und die dann durch natürliche Prozesse konzentriert wurde (wobei große Mengen an Hitze und Druck über lange Zeiträume hinweg erforderlich waren).

Wenn Sie also einen Benziner fahren, läuft der Motor möglicherweise mit Sonnenlicht, das vor sehr langer Zeit auf einen Dinosaurier herabschien.

Nutzen wir fossile Brennstoffe oder andere natürlich gespeicherte Energiequellen für zuverlässige Energie, fallen keine Kosten für ein massives Speichersystem an, das sich ohnehin bislang als vollkommen unwirtschaftlich erwiesen hat. Wir können darauf verzichten, weil die Natur bereits ein großes Energiespeichersystem für uns angelegt hat.

Neben fossilen Brennstoffen gibt es weitere Formen natürlich gespeicherter Sonnenenergie. Zwei davon sind Flüsse (Sonnenlicht lässt Wasser verdampfen und transportiert es, in Form von Regen, in höhere Lagen, also auch zur Quelle von Flüssen hin) und natürlich wachsende Pflanzen wie beispielsweise Bäume (sie lagern per Fotosynthese Energie aus Sonnenlicht als chemische Energie ein).

Aber all diese Energieformen können nicht ansatzweise mithalten, was die anderen beiden Attribute fossiler Brennstoffe anbelangt – natürliche Dichte und natürlicher Überfluss (Letzteres gilt insbesondere für Flüsse und Bäume).

Natürliche Dichte

Bei sonst gleichen Bedingungen gilt: Je höher die Dichte einer Primärenergiequelle, desto besser ist die Kosteneffizienz.

Eine Verdichtung verbessert die Kosteneffizienz, weil es die Transportkosten senkt. Das ist besonders bei mobiler Energie bedeutsam, etwa beim Treibstoff für einen Laster. Da Fahrzeuge stets ihre eigene Energieversorgung mitführen müssen, gilt: je kleiner und leichter, desto besser.

Mit der Maßeinheit »Energiedichte« wird gemessen, wie viel Energie ein bestimmtes Volumen und/oder eine bestimmte Masse enthält.

Sonnenlicht und Wind haben mit geringer Energiedichte zu kämpfen. Da sie nicht nur intermittierend, sondern auch *in nicht konzentrierter Form* zu uns gelangen, sind gewaltige Mengen an Land und Materialien erforderlich, um dieselbe Menge an Energie zu produzieren, wie sie fossile Brennstoffe (oder Kernkraft) auf kleinem Raum liefern.

Dank der natürlichen Prozesse, die zu ihrer Entstehung führen, sind Erdöl und Erdgas im Vergleich zu brennbaren Pflanzen wie Holz außerordentlich stark konzentriert, sowohl, was das Volumen angeht, als auch die Masse. In Gasform ist das Volumen von Erdgas nicht sehr hoch, die Masse aber schon – und Erdgas kann, was das Volumen angeht, zu einem sehr dichten Brennstoff komprimiert werden, etwa zu verflüssigtem Erdgas (LNG).

Erdöl zählt bei den fossilen Brennstoffen zu den Königen der Energiedichte. Eine einzige Gallone (3,78 Liter) Rohöl enthält ungefähr 35 000 Kalorien, was ausreicht, um einen großen menschlichen Körper 14 Tage lang zu versorgen.

Vergleichen wir diesen Wert mit der Energiedichte von Batterien. Das aktuell beste Ergebnis weist die Batterie des Tesla Model 3 auf, aber die Energiedichte nach Masse ist 53-mal geringer als die von Benzin. (In der Praxis ist sie schätzungsweise 18-mal geringer, weil der Elektromotor des Akkus von dieser Energie ungefähr dreimal so viel in nutzbare Energie verwandeln kann, wie es der Motor in einem Benziner kann.)[11]

Extreme Energiedichte ist ein wesentlicher Grund dafür, dass Erdöl der König des Transporttreibstoffs ist. Dies gilt ganz besonders für Frachtschiffe oder Flugzeuge, die größten und stärksten mobilen Maschinen.

Aufgrund ihrer natürlichen Dichte lassen sich fossile Brennstoffe zudem sehr gut skalieren, denn die Transportmöglichkeiten, die sich dadurch eröffnen, sind so gut, dass die Brennstoffe rund um den Globus an Tausenden Orten kostengünstig zum Einsatz kommen können.

Dass beispielsweise Kohle bei der Erzeugung von Elektrizität weltweit so verbreitet ist, hängt auch mit ihrer hohen Energiedichte zusammen. Selbst wenn Sie in einem Land ohne eigene Kohlevorkommen leben, können Sie für relativ niedrige Kosten ein mit Öl betriebenes Schiff nutzen, das gewaltige Mengen an Kohleenergie bewegt.

Dagegen ist der Transport von beispielsweise Holz pro Energieeinheit deutlich teurer.

Und einen Fluss oder eine geothermische Formation um die halbe Erde zu »befördern«, ist unmöglich. Rein theoretisch ließe sich Elektrizität, die mithilfe eines Flusses oder einer geothermischen Quelle produziert wurde, weltweit über Ultralangstreckenleitungen befördern, aber derartige Stromleitungen existieren nicht, dafür waren sie bislang viel zu kostspielig.

Natürliche Speicherung plus natürliche Verdichtung ergeben eine großartige Kombination und bescheren fossilen Brennstoffen hinsichtlich Transport und Skalierbarkeit einen enormen Vorteil gegenüber nahezu allen anderen Energieformen.

Und weil diese natürlich gespeicherten und verdichteten Primärenergiequellen von Natur aus im Überfluss vorhanden sind, lassen sie sich global skalieren.

Natürlicher Reichtum

Damit Energie ultrakostengünstig ist, muss sie global skalierbar sein und Milliarden Menschen an Tausenden Orten versorgen können.

Und dazu muss diese Quelle der Primärenergie im Überfluss vorhanden sein.

Liegt eine Form von Primärenergie nicht in der Quantität vor, die eine Versorgung von Milliarden Menschen erlaubt, kann sie – zumindest über einen längeren Zeitraum hinweg – nicht dieselbe Leistung wie fossile Brennstoffe erbringen.

Öl, Kohle und Erdgas gehen auf gigantische Mengen uralter toter Organismen zurück, die uraltes Sonnenlicht gespeichert haben, und existieren deshalb in diesen gigantischen Mengen.

Wie gigantisch und wie lange noch? Diese Fragen beantworte ich zum Ende des Kapitels hin und gehe dann auch darauf ein, wie es in Zukunft um die Kosteneffizienz fossiler Brennstoffe bestellt sein wird.

Vergleichen wir den natürlichen Reichtum an fossilen Brennstoffen mit dem Mangel an natürlich auftretender Biomasse wie etwa Holz. Bevor fossile Brennstoffe aufkamen, war Biomasse die Hauptenergiequelle des Menschen, allen voran Holz.

Holz kam zum Einsatz, um Häuser zu heizen, aber auch erste Dampfmaschinen wurden mit Holz betrieben. Solange dieses Holz aus natürlich wachsenden Wäldern stammte, war die Nutzung vergleichsweise kostengünstig, denn Sonnenlicht in Holz zu konzentrieren und zu lagern verursachte keine Kosten. Je mehr Menschen aber Holz verbrauchten, desto rascher verschwanden die natürlich gewachsenen Wälder. Es gab sie nicht im Überfluss.

In England herrschte bereits lange vor der industriellen Revolution eine drastische Holzknappheit, weil die Bevölkerung wuchs und mehr Energie benötigte. Dies führte dazu, dass ab etwa 1550 die Preise für Feuerholz explodierten. Während des 17. Jahrhunderts wurde diese Energiekrise schrittweise behoben, indem man auf eine Energiequelle zugriff, die von Natur aus reichlich vorhanden war, nämlich Kohle.[12]

Damit Biomasse skalierbar ist, müssen immer wieder neue Pflanzen nachwachsen, was an sich bereits ein ausgesprochen ressourcenintensiver Prozess ist – ein Prozess, mit dem sich Energieproduzenten nicht beschäftigen müssen, wenn sie auf die von Natur aus reichlich vorhandenen fossilen Brennstoffe zugreifen.

Andere Energieformen sind auf gewisse Weise natürlich gespeichert und konzentriert, aber aus Sicht einer Milliardenbevölkerung nicht skalierbar, da sie wie Flüsse, die sich für Energie aus Wasserkraft nutzen lassen, oder geothermische Quellen (wie sie in Island beliebt sind) nur an bestimmten Orten existieren.

Natürliche Speicherung, natürliche Verdichtung, natürlicher Reichtum. Unter allen anderen Primärenergien, die heute im Einsatz sind, vereint nur eine einzige noch diese Kombination in sich: radioaktive Elemente wie Uran und Thorium, aus denen Kernkraft gewonnen wird. Tatsächlich sind sie von Natur aus noch stärker verdichtet und reichhaltiger als Öl, Kohle und Erdgas.

Wie ich im nächsten Kapitel ausführen werde, muss Atomenergie in Bezug auf die Kosteneffizienz zwei miteinander verbundene Herausforderungen bewältigen, die bei fossilen Brennstoffen nicht anfallen: 1) Es sind weitaus komplexere Prozesse notwendig, um aus diesen Rohstoffen nutzbare Energie zu gewinnen. 2) Diese Energie wird von Regierungen nahezu abgewürgt und kriminalisiert. Dieser Würgegriff, in den Regierungen die Atomenergie genommen haben, hat dafür gesorgt, dass ihr die zweite wesentliche Zutat aus dem Geheimrezept der fossilen Brennstoffe fehlt: Sie kann nicht auf Generationen wirtschaftlicher Innovationen und Fortschritte zurückblicken.

Die zweite Zutat: generationenübergreifende wirtschaftliche Innovationen und Fortschritte

Doch die erstaunlichen natürlichen Eigenschaften fossiler Brennstoffe erklären nur teilweise, warum sie so unvergleichlich kostengünstig sind.

Schließlich existieren diese Attribute bereits seit Anbeginn der Menschheitsgeschichte, wurden aber erst in den letzten 200 Jahren nutzbar gemacht, um unsere Maschinen anzutreiben.

Am Erfolg der fossilen Brennstoffe ist ein noch weiterer Aspekt beteiligt, mit dem sich jede potenzielle Alternative zusätzlich zu den natürlichen Eigenschaften fossiler Brennstoffe wird auseinandersetzen müssen. Gemeint sind die *Generationen wirtschaftlicher Innovationen und Errungenschaften* – ganz besonders jene, die mit den natürlichen Eigenschaften fossiler Brennstoffe zu tun haben.

Wenn ich von »wirtschaftlichen« Innovationen und Errungenschaften spreche, meine ich solche im Bereich der Kosteneffizienz, wozu auch die Skalierbarkeit gehört.

Bei heutigen Diskussionen um das Thema Energie wird das Phänomen wirtschaftlicher Innovationen und Errungenschaften praktisch völlig übergangen. Stattdessen stehen technische Errungenschaften im Mittelpunkt, also die Frage, wie man unabhängig von den Kosten etwas zu erreichen vermag.

Dann fallen gerne Sprüche wie: »Wenn die Regierung einen Menschen auf den Mond befördern kann, bekommt sie doch gewiss auch den Aufbau eines Solar- und Windsystems hin.« Oder wie es der US-Senator und ehemalige Präsidentschaftskandidat Bernie Sanders formulierte: »Vor 50 Jahren haben die Vereinigten Staaten Menschen auf den Mond gebracht. Da können wir doch, verdammt noch mal, unser Energiesystem von fossilen Brennstoffen auf 100 Prozent erneuerbare Energien umstellen und dabei noch Millionen Arbeitsplätze erschaffen.«[13]

Aber einen Menschen auf den Mond zu schießen war keine wirtschaftliche, sondern eine technische Errungenschaft. Und um dieses eine spezielle (und fantastische) technische Ergebnis möglich zu machen, wurde jeder Bewohner des Landes um beträchtliche Mengen an Ressourcen ärmer. (Übrigens hing das gesamte Projekt zu 100 Prozent von fossilen Brennstoffen ab.)

Kostengünstige, bedarfsgerechte, vielfältig einsetzbare und global skalierbare Energie bereitzustellen ist eine wirtschaftliche Errungenschaft, nicht bloß eine technische.

Um im Bild zu bleiben: Es geht nicht darum, einen einzelnen Menschen auf den Mond zu bringen, sondern Mondreisen für alle Menschen bezahlbar zu machen.

Einer der wenigen öffentlichen Kommentatoren, die auch bei den vielversprechendsten Technologien die Notwendigkeit wirtschaftlicher Innovationen und Errungenschaften anerkennen, ist Elon Musk:

> *Kluge Wall-Street-Leute … glauben im Allgemeinen, dass du mit der Entwicklung eines Prototyps den schwierigsten Teil geschafft hast und dass alles, was dann noch zu tun bleibt, banales Kopieren ist. Das stimmt nicht. Das macht vielleicht ein Prozent des Problems aus. Serienherstellung in großem Stil ist, besonders bei einer neuen Technologie, um irgendetwas zwischen 1000 und 10 000 Prozent schwerer als der Prototyp.*[14]

Um so ultrakostengünstig wie fossile Brennstoffe zu sein, benötigen andere Energieformen zunächst einmal vielversprechende »Prototypen«, also Methoden, um Primärenergie in nutzbare Energie zu verwandeln, die skaliert nachvollziehbar und kosteneffizient sein könnten. Allein diese Aufgabe ist schon schwer genug, aber damit ist nur der allererste Schritt getan. Als Nächstes muss das erfolgen, was laut Musk »zwischen 1000 und 10 000 Prozent schwerer als der Prototyp« ist, nämlich wirtschaftliche Innovationen und Errungenschaften.

Was die Energiebranche in Sachen fossiler Brennstoffe an wirtschaftlichen Innovationen und Errungenschaften erzielt hat, stellt alles, was bei alternativen Energieformen betrieben wurde, weit in den Schatten.

Über Generationen hinweg haben Millionen Menschen kontinuierlich an Innovationen gearbeitet. Viele Versuche und Irrtümer haben dazu geführt, dass Energie aus fossilen Brennstoffen faktisch kosteneffizient wurde, und dies in unterschiedlichsten Situationen, bei unterschiedlichsten Maschinen, an unterschiedlichsten Standorten, unter unterschiedlichsten Wetterbedingungen und für unterschiedlichste Arten der Energienutzung – und so weiter.

Mithilfe fossiler Brennstoffe gibt es Lösungen für alles – von einem Küchenherd in Indien über ein Bergbauunternehmen in Alaska und ein Kraftwerk in Südafrika bis hin zu einem Flugzeug, das man in allen Ecken der Welt auftanken kann.

Der Großteil der beispiellosen wirtschaftlichen Innovationen und Errungenschaften, die dazu geführt haben, dass fossile Brennstoffe ultrakostengünstig sind, basiert auf den erstaunlichen Eigenschaften fossiler Brennstoffe und ist deshalb nicht eins zu eins auf Energiequellen übertragbar, denen diese Eigenschaften fehlen.

Sehen wir uns etwa jenen Bereich der heutigen Energieproduktion an, bei dem nach allgemeiner Auffassung fossile Brennstoffe am leichtesten zu ersetzen sind: die Bereitstellung kostengünstiger, global verfügbarer und *bedarfsgerechter* Elektrizität.

In den modernen elektrischen Stromnetzen können rund um den Globus Milliarden Menschen die Menge an Elektrizität abrufen, die sie brauchen, und jede nur vorstellbare Art von Gerät damit betreiben – eine Waschmaschine, die uns mit jedem Waschgang stundenlange körperliche Arbeit erspart, Lichter, die uns in der Dunkelheit unendliche Möglichkeiten eröffnen, präzises medizinisches Gerät, das Menschenleben rettet, und Dutzende weiterer Maschinen, die wir an das Stromnetz anschließen können.

Heutige Stromnetze sind darüber hinaus fähig, sich kontinuierlich an eine Nachfrage anzupassen, die sich ständig verändert.

Kostengünstige, global verfügbare und bedarfsgerechte Elektrizität stammt in überwältigendem Maße aus den beiden Brennstoffen Kohle und Erdgas. Die Energieproduzenten haben die erstaunlichen Eigenschaften dieser Brennstoffe für vier Bereiche genutzt, die entscheidend dazu beitragen, dass moderne Elektrizität dermaßen kostengünstig ist: 1) Grundlast, 2) Lastfolge, 3) Spitzenlasten und 4) große, relativ lokale Kraftwerke.

1. *Grundlast:* Eine in hohem Maße zuverlässige und stete Elektrizitätsquelle, die jederzeit die garantierte Nachfrage innerhalb eines Stromnetzes abdecken können soll. Die Stetigkeit, die aus der extrem effizienten Nutzung der Energie resultiert, trägt zur Kosteneffizienz bei. Primärer Brennstoff für die Grundlast ist dichte, reichlich vorhandene Kohle. Sie ist leicht zu finden, lässt sich problemlos in großen Mengen lagern (so vermeidet man Versorgungsengpässe) und transportieren. Kohle kommt nahezu überall in der Welt als günstiger Brennstoff in Grundlastkraftwerken zum Einsatz, außerdem ist sie eine vorzügliche Quelle für das nächste zentrale Element einer kostengünstigen, global verfügbaren und bedarfsgerechten Elektrizität – den Lastfolgebetrieb.
2. *Lastfolge:* Beim Lastfolgebetrieb verändert sich die Stromquelle schrittweise, um jederzeit für erwartete Veränderungen der Nachfrage gerüstet zu sein. So kann die Lastfolge zu Tageszeiten ansteigen, an denen mit erhöhter industrieller Aktivität gerechnet wird oder in vielen Wohnungen und Häusern Klimaanlagen laufen. Der Lastfolgebetrieb ist nicht ganz so wirtschaftlich wie der Grundlastbetrieb, ist aber immer noch ziemlich energieeffizient, weil es keine raschen Veränderungen gibt, sondern ein langsames An- und Absteigen (ein rasches Auf und Ab ist mit Stop-and-Go-Verkehr

vergleichbar, dem klassischen Killer, was Kraftstoffeffizienz im Straßenverkehr angeht).

3. *Spitzenlasten:* Eine sehr genau kontrollierbare, flexible Energieversorgung, die bei unvorhergesehenen Schwankungen der Nachfrage zu- und abnimmt. Da sie pro Energieeinheit teurer ist, versuchen Netzbetreiber, soweit möglich im Grundlast- und Lastfolgebetrieb zu arbeiten. Der wichtigste Treibstoff für Spitzenlasten ist Erdgas, dessen Nutzung deutlich rascher angepasst werden kann als bei festen Treibstoffen wie Kohle. Erdgas eignet sich auch hervorragend für den Lastfolge- und sogar Grundlastbetrieb, umso mehr, wenn das Erdgas auf demselben Kontinent vorrätig ist. Als Gas lässt es sich einfach und kostengünstig per Pipeline über Land transportieren, komplizierter ist es über das Wasser (obwohl sich die Situation durch die Entwicklung von »verflüssigtem Erdgas« verbessert hat).
4. *Große, relativ lokale Kraftwerke:* Strom wird in großen Kraftwerken erzeugt, die relativ nahe bei der Kundschaft liegen. Dies bringt Größenvorteile, die kleine, von Hausbesitzern betriebene Kraftwerke niemals erreichen könnten. Gleichzeitig werden die hohen Kosten minimiert, die ansonsten für Hochspannungsleitungen über lange Strecken hinweg anfallen würden. Der Betrieb großer, relativ lokaler Kraftwerke wird durch Kohle und Erdgas ermöglicht, denn sie können problemlos und kostengünstig überallhin transportiert und dann an einem vergleichsweise kleinen zentralen Ort verfeuert werden. Im Gegensatz dazu benötigen Solarenergie und Windkraft große Anlagen, die dort errichtet werden müssen, wo es möglichst viel Sonne und Wind gibt – egal, wo sich die Verbraucher zufällig befinden.

Nicht nur wurden diese Schlüsselelemente der modernen, kostengünstigen, global verfügbaren und bedarfsgerechten Stromerzeugung um die besonderen Vorteile von Kohle und Erdgas herum konzipiert, sondern die Nutzung dieser Brennstoffe zur Stromerzeugung wurde auch ständig und in einem unfassbaren Ausmaß optimiert.

Was Kohle angeht, haben Millionen Menschen ohne Unterlass daran gearbeitet, den Kohleabbau ebenso zu optimieren wie den Kohletransport (per Schiff,

Lastkahn oder Bahn), die Kohlekraftwerke, kohlespezifische Wartungsaufgaben und den Betrieb von Kohlekraftwerken.

Was Erdgas angeht, haben Millionen Menschen ohne Unterlass daran gearbeitet, die Gewinnung und den Transport von Erdgas (speziell via Pipelines), mit Erdgas betriebene Motoren, erdgasspezifische Wartungsaufgaben und den Betrieb von Gaskraftwerken zu optimieren. Will man die Konkurrenzfähigkeit fossiler Brennstoffe übertreffen, muss man also eine völlig neue globale Industrie entwickeln und diese ständig verbessern.

Fassen wir zusammen: An den wirtschaftlichen Innovationen und Errungenschaften der modernen, kostengünstigen Elektrizitätssysteme – inklusive großer lokaler Kraftwerke, die Grundlast, Folgelast und Spitzenlast produzieren – waren im Laufe von Generationen Millionen Menschen beteiligt und haben sich dabei die besonderen Eigenschaften fossiler Brennstoffe zunutze gemacht.

Dass fossile Brennstoffe bemerkenswerte natürliche Eigenschaften aufweisen, die den meisten Alternativen fehlen, *und* dass ein beispielloses Ausmaß an wirtschaftlichen Innovationen und Errungenschaften in die Aufgabe floss, diese besonderen Attribute maximal kostengünstig nutzbar zu machen, legt die Messlatte für potenzielle Alternativen zu fossilen Brennstoffen unfassbar hoch. Den meisten Alternativen fehlt mindestens eine der besonderen Eigenschaften fossiler Brennstoffe. Um die extreme Kosteneffizienz fossiler Brennstoffe zu übertreffen, wären also Unmengen wirtschaftlicher Innovationen und Errungenschaften nötig, und der Ausgangspunkt wäre deutlich schwieriger.

Insofern verwundert es nicht, dass bislang keine Alternative fossilen Brennstoffen auch nur ansatzweise nahegekommen ist.

Um zu verdeutlichen, wie weit fossile Brennstoffe dank des Geheimrezepts erstaunlicher Eigenschaften und unerreichter wirtschaftlicher Innovationen und Errungenschaften rund um diese Eigenschaften im Wettbewerb vorne liegen, möchte ich den Status von Silizium innerhalb der Welt der Mikrochips als Analogie heranziehen.

Praktisch jeder Mikrochip arbeitet mit Silizium. Silizium ist von Natur aus als Halbleiter geeignet, also als Material, das Elektrizität weder problemlos leitet noch komplett blockiert, sondern nur unter bestimmten Bedingungen Strom leiten kann. Um Mikrochips zu betreiben, ist es erforderlich, elektrische Ströme rasch an- und abschalten zu können, und das ermöglichen Halbleiter.

Konkurrenten zu Silizium müssten zwei Hürden überwinden.

Erstens verfügt Silizium als Halbleiter über erstaunliche natürliche Fähigkeiten, was auch der Grund dafür ist, dass dieses Halbmetall überhaupt von Herstellern und Verbrauchern ausgewählt wurde. Zweitens arbeitet die moderne Mikrochipindustrie seit Generationen daran, sich die Eigenschaften von Silizium in jeder nur vorstellbaren Form zunutze zu machen, sei es bei Mikroprozessoren in Computern und Smartphones oder bei Mikroprozessoren in Ihrem Auto.

Dabei ist eine ganze Kette von Produktionsprozessen involviert, angefangen mit dem Abbau von Silizium, der Transformation in eine nutzbare Form, der Weiterverarbeitung in Mikrochips und so weiter.

Würde jemand sagen: »Lasst uns bis 2050 siliziumfrei werden«, würden wir denken: *»Das klingt ganz schön verrückt, wenn man bedenkt, was für ein guter Halbleiter Silizium ist und dass Millionen Menschen seit Generationen Silizium als Material nutzen, das sich in Millionen Situationen als kostengünstig erwiesen hat.«*

Exakt derselbe Gedanke trifft auf fossile Brennstoffe zu.

Die epische Herausforderung, einen Ersatz für Wärme und Mobilität aus fossilen Brennstoffen zu finden

Im vorangegangenen Abschnitt habe ich Elektrizität als Beispiel genommen, um die beiden Elemente im Geheimrezept für fossile Brennstoffe zu verdeutlichen: 1) die bemerkenswerten Eigenschaften natürliche Speicherung, natürliche Verdichtung und natürlicher Reichtum sowie 2) generationenübergreifende wirtschaftliche Innovationen und Errungenschaften rund um diese bemerkenswerten Eigenschaften. Außerdem wollte ich verdeutlichen, wie schwierig es ist, sie zu ersetzen.

Ich habe auch erwähnt, dass, wie schwer Elektrizität aus fossilen Brennstoffen auch ersetzbar ist, sie dennoch die am leichtesten zu ersetzende Art von fossiler Brennstoffenergie ist. Weitaus schwieriger ist es um jene Arten bestellt, die unser Wissenssystem nahezu immer ausblendet: Wärme, speziell »Industriewärme«, und Mobilität.

Häufig werden »Energie« und »Elektrizität« gleichgesetzt, was nicht nur viel Verwirrung verursacht, sondern vor allem die Ahnungslosigkeit der Menschen zeigt, was die Ersatzbarkeit fossiler Brennstoffe anbelangt. Wenn ein Kommentator sagt, Land XY beziehe 25 Prozent seiner »Energie« aus »erneuerbaren Energien«, meint er damit meistens bloß 25 Prozent seines Stroms, was aber nur einem Bruchteil des Gesamtenergieverbrauchs entspricht.

Auch wenn »Energie« und »Elektrizität« gerne durcheinandergewürfelt werden, macht Elektrizität bloß 19 Prozent der gesamten Energienutzung aus – und davon gehen 63 Prozent auf fossile Brennstoffe zurück.[15]

Warum ist so viel von Gesamtenergie keine Elektrizität, schließlich ist Elektrizität doch eine wunderbare Sache? Ein wesentlicher Grund dafür ist, dass bei sehr vielen Maschinen der Betrieb nicht über den Umweg der Stromgeneration (aus fossilen Brennstoffen oder anderen Quellen) am kostengünstigsten ist, sondern indem man fossile Brennstoffe direkt verbrennt und die dabei entstehende Wärme oder möglich werdende Mobilität nutzt.

Mobilität, Industriewärme und Heizwärme sind die drei zentralen Bereiche, in denen fossile Brennstoffe direkt verbrannt werden und dadurch den Markt dominieren. In den meisten Fällen stellt das unmittelbare Verbrennen fossiler Brennstoffe die günstigste und/oder effektivste Lösung dar.

Hier gilt dasselbe wie für die Elektrizität: Die moderne, kostengünstige, bedarfsgerechte und global skalierbare Energieproduktion ist das Resultat von generationenübergreifenden wirtschaftlichen Innovationen und Errungenschaften. Mehr noch als bei der Elektrizität basieren hier die wirtschaftlichen Innovationen und Errungenschaften auf den speziellen Attributen fossiler Brennstoffe. Es wäre also noch schwerer, sie zu ersetzen, als es schon bei Elektrizität der Fall ist.

Ultrakostengünstige Heizenergie

Befassen wir uns mit Industriewärme oder »industrieller Prozesswärme«, einer Art der Energienutzung, die gerne übersehen wird.

Industriewärme dient zur Herstellung wichtiger Materialien wie Zement, Stahl und Kunststoffen (sowie den meisten anderen Werkstoffen aus fossilen Brennstoffen).

Bei Industriewärme wird mit extrem hohen Temperaturen von bis zu *1650 Grad Celsius* gearbeitet, man braucht also Werkstoffe und Prozesse, die derart hohe Temperaturen erzeugen können.

Manchmal wird Industriewärme – wie bei der Herstellung von Aluminium – mithilfe von Elektrizität generiert, meistens aber durch das unmittelbare Verfeuern fossiler Brennstoffe – etwa bei der Herstellung von Zement, Stahl und Kunststoffen.

Warum ist das so?

Verfeuert man einen fossilen Brennstoff und nutzt die Hitze direkt, ist weitaus mehr Wärmepotenzial nutzbar, als wenn man ihn in Elektrizität umwandelt.

Wird beispielsweise Erdgas direkt in einem Ofen verbrannt und dann mit der entstehenden Wärme eine Substanz erhitzt, kann man mehr als 90 Prozent vom Heizpotenzial des Erdgases nutzen.

Sehen wir uns im Vergleich dazu an, wie es ist, wenn man mit aus Erdgas gewonnenem Strom heizt: Erdgas wird verbrannt, es entsteht Luftdruck, der eine Turbine bewegt, die wiederum Strom erzeugt. Bei diesem Prozess verliert das Erdgas etwa die Hälfte seines Energiepotenzials. Dann wird der Strom über eine Leitung transportiert, wobei weitere Energie verloren geht, und schließlich wird er über eine elektrische Heizung in Wärme umgewandelt. Natürlich entsteht bei diesem Prozess viel weniger Wärme als beim ursprünglichen Verbrennen von Erdgas. Zudem erfordert er viel Infrastruktur.

Beim direkten Verbrennen von Erdgas wird die im Gas gespeicherte Energie wesentlich besser genutzt, deshalb können auch die Preise um einiges niedriger sein als beim Heizen mit Strom, der aus Erdgas generiert wurde.

Nehmen wir das viel gehypte Phänomen der Kraftstofferzeugung aus Wasserstoff. Bei der mit Abstand kostengünstigsten Methode, aus Wasserstoff Kraftstoff zu gewinnen, wird Erdgas durch ein Verfahren umgewandelt, das man »Dampfreformierung« nennt. Die Kosten dafür hängen von den Rohstoffpreisen ab, können aber schon bei etwas über 1 Dollar pro Kilogramm Wasserstoff liegen. Nutzt man dagegen Elektrizität zur Herstellung von Wasserstoffkraftstoff (das entsprechende Verfahren heißt Elektrolyse), liegen die Kosten nach Schätzungen des US-Energieministeriums bei etwa 5 Dollar pro Kilogramm, wobei die Stromkosten den Löwenanteil ausmachen.[16]

Zum Erzielen von Prozesswärme ist das direkte Verfeuern fossiler Brennstoffe häufig kostengünstiger, dasselbe gilt aber auch für Heizwärme, wo mit deutlich niedrigeren Temperaturen gearbeitet wird. Arbeitet man mit sauber brennendem Erdgas, bewahrt man sich bis zu 98 Prozent des Heizpotenzials. Verwandelt man das Gas aber in Elektrizität und dann wieder zurück in Wärme, geht der Großteil seines Potenzials verloren.[17]

Ultrakostengünstige mobile Energie

Bei der Erzeugung von Wärme im Allgemeinen und Industriewärme im Speziellen ist es also in der Regel viel kostengünstiger, fossile Brennstoffe direkt zu verfeuern, als eine Alternative zu wählen, die mit Elektrizität zu tun hat. Das gilt ebenso für die Stromerzeugung aus fossilen Brennstoffen. Direktes Verfeuern kann genau dasselbe bewirken, aber zu deutlich geringeren Kosten.

Fossile Brennstoffe direkt zu Zwecken der Mobilität zu verfeuern ist nicht nur günstiger, sondern die *Effektivität* schlägt alles, was Elektrizität zu bieten hat. Im Mobilitätsbereich gibt es viele Sektoren, in denen es, unabhängig von den Kosten, keinerlei kommerziellen Ersatz gibt.

Das liegt daran, dass moderne Mobilität auf der einzigartigen natürlichen Energiedichte von Öl beruht.

Es gibt andere Flüssigkraftstoffe, deren Energiedichte halbwegs mit der von ölbasierten Kraftstoffen vergleichbar ist, beispielsweise Flüssigwasserstoff (der fast dreimal leichter als Ölkraftstoffe ist, aber viermal so viel Raum einnimmt) oder pflanzenbasierte Alkoholkraftstoffe (die ungefähr zweimal so viel Raum einnehmen wie Ölkraftstoffe).[18]

Doch in den meisten Fällen ist Öl von vorneherein eine Flüssigkeit, die sich günstig in nutzbaren Kraftstoff verwandeln lässt. Wasserstoff und pflanzliche Brennstoffe hingegen haben zunächst überhaupt keine Ähnlichkeit mit Flüssigkraftstoffen, und bislang war es viel zu kostspielig, sie in größeren Mengen in Flüssigkraftstoff umzuwandeln. Flüssige Biomasse (Biokraftstoff) beispielsweise hat mit denselben Skalierungsproblemen zu kämpfen wie Holz: Es ist ein kostspieliges Geschäft, seine Energie anpflanzen zu müssen.

Geht es um kostengünstige mobile Maschinen, steht Öl zurzeit konkurrenzlos da, ganz besonders bei größeren mobilen Maschinen. Deshalb entfallen von den 32 Prozent des globalen Energieverbrauchs, die mobile Energie ausmacht, 90 Prozent auf Öl.[19,20]

Nehmen wir beispielsweise Frachtschiffe, diese gewaltigen Maschinen, die den Großteil des internationalen Warenverkehrs abwickeln. Auf sie entfallen 12 Prozent der gesamten mobilen Energie.[21] Die absolute Mehrheit der Frachtschiffe wird heutzutage mit Öl betrieben, und in offenen Gewässern kommen zumeist billigere Ölkraftstoffe zum Einsatz, deren höhere Partikelemissionen leicht verfliegen, ohne die Gesundheit etwaiger (in diesem Fall nicht existierender) Anwohner zu beeinträchtigen.

Flugzeuge verbrauchen 11 Prozent der Energie im Bereich Mobilität,[22] wobei 100 Prozent aller Flugzeuge mit Ölkraftstoffen fliegen, normalerweise Kerosin oder Flugbenzin.[23]

Öl dominiert den Schwerlasttransport so vollkommen, dass für Frachtschiffe und Flugzeuge *keinerlei kommerzielle Alternativen existieren,* und zwar *egal zu welchem Preis.* Und auch für andere Formen des Schwerlasttransports gibt es nichts mit Öl Vergleichbares.

98 Prozent der Schwerkraftlaster, die Frachten wie Nahrung, Kleidung und Elektronik durch das Land fahren, fahren mit dem Ölkraftstoff Diesel.[24]

Die überwiegende Mehrheit des schweren landwirtschaftlichen Geräts läuft mit Öl.[25]

Mehr Konkurrenz für Öl gibt es im Bereich »leichter« Anwendungen wie Pkw, bei denen die deutlich geringere Energiedichte von Batterien weniger ins Gewicht fällt.

Elektroautos weisen klare Vorteile auf (beispielsweise keine Auspuffemissionen), haben aber im Gegensatz zu Benzinern derzeit mit hohen Kosten und vor allem mit Fragen des Komforts zu kämpfen (Ladezeiten, Reichweite, beträchtlicher Ladungsverlust bei Hitze und Kälte). Je kostengünstiger die Akkus werden, desto stärker könnten diese Nachteile schwinden, bis Elektrofahrzeuge schließlich irgendwann einmal auch ohne die gewaltigen Subventionen, auf die der Großteil der Verkäufe momentan zurückzuführen ist, konkurrenzfähig sind.

Doch eines sollten wir dabei nicht vergessen: Selbst wenn batteriebetriebene leichte Nutzfahrzeuge besser werden, müsste für die größten Fahrzeuge wie Frachtschiffe und Flugzeuge viel passieren. Solange keine Batterien mit einer Energiedichte, die dem heutigen Niveau auch nur ansatzweise ähnelt, im Angebot sind, wird sich in diesem Sektor nichts ändern.

Ölkraftstoff direkt für Mobilitätszwecke zu verbrennen ist ein wahres Wunder an Kosteneffizienz und stellt eine enorme Herausforderung für jede alternative Energie dar, die Öl ablösen will. Generationenübergreifende wirtschaftliche Innovationen und Errungenschaften im Motor- und Fahrzeugtechnikbereich griffen speziell die erstaunliche Energiedichte von Öl auf.

Behauptet also jemand, er verfüge schon bald über einen Ersatz für Öl als Mobilitätskraftstoff, sollte er unumstößliche Beweise vorlegen können.

Wenn man abwägt, inwieweit alternative Energieformen fossile Brennstoffe verdrängen könnten, gilt es einen weiteren wichtigen Punkt zu bedenken. Es geht um die Kosteneffizienz fossiler Brennstoffe und den Vorteil, den sie dadurch bei Industriewärme und Mobilität haben: Bei der Herstellung »alternativer« Energieformen kommen in großem Stil fossile Brennstoffe zum Einsatz, denn bei allen sind Hocherhitzungsprozesse und Mobilität erforderlich (für den Rohstoffabbau und den Transport).

Sprechen wir also über Alternativen, müssen wir im Blick behalten, dass sie alle auf fossile Brennstoffe zurückgreifen, um überhaupt existieren zu können. Ohne diese Möglichkeit würde es sie gar nicht geben, oder sie wären sehr viel teurer. Erinnern wir uns daran, dass das »Geheimrezept« hinter der einmaligen Kosteneffizienz fossiler Brennstoffe die Generationen wirtschaftlicher Innovationen und Errungenschaften sind, die auf die erstaunlichen Eigenschaften fossiler

Brennstoffe zugeschnitten wurden: *natürliche Speicherung, natürliche Verdichtung* und *natürlicher Reichtum.*

Dieses Geheimrezept hat dazu geführt, dass bei der Elektrizitätserzeugung weit und breit kein Ersatz für fossile Brennstoffe in Sicht ist und für die meisten Industriewärmeprozesse und den Bereich der mobilen Energie nicht ansatzweise ein Nachfolger. Dies gilt auch für jene Arten von Industriewärme und mobiler Energie, die dazu dienen, alle anderen Formen von Energie herzustellen.

Behauptungen, eine beliebige Kombination alternativer Energieformen könne in naher Zukunft fossile Brennstoffe in beträchtlichem Ausmaß oder womöglich vollständig ersetzen, unterliegen somit einer unglaublichen Beweislast. Wir sollten offen sein für Beweise, die beispiellose wirtschaftliche Durchbrüche belegen, aber unsere grundlegende Erwartungshaltung sollte die folgende sein: Wird die Welt auch weiterhin ultrakostengünstige Energie verwenden und weitere Milliarden Menschen damit versorgen, wird sie dafür auch mehr fossile Brennstoffe benötigen. Alternativen werden voraussichtlich Ergänzungen sein, aber kein Ersatz.

Was die einzigartige Kosteneffizienz fossiler Brennstoffe anbelangt, stellen sich zuletzt noch folgende zwei Fragen: Hat das Geheimrezept fossiler Brennstoffe 1) auch in Zukunft Bestand, und kann es 2) ausgeweitet werden?

Die zukünftige Kosteneffizienz fossiler Brennstoffe

Wir verstehen nun, was es mit dem Geheimrezept fossiler Brennstoffe auf sich hat, dieser Kombination aus natürlicher Lagerung, natürlicher Verdichtung und natürlichem Reichtum, die über Generationen hinweg durch wirtschaftliche Innovationen und Errungenschaften auf extreme Kosteneffizienz getrimmt wurde. Deshalb können wir auch die Frage beantworten: Inwiefern werden fossile Brennstoffe auch künftig imstande sein, ultrakostengünstige Energie zu liefern? Können sie dieselben Mengen liefern? Deutlich mehr? Deutlich weniger? In einer Welt, die sehr viel mehr Energie benötigen wird, ist die Antwort auf diese Frage wichtig.

Wie ich bereits in Kapitel 2 erklärt habe, macht sich großer Pessimismus breit, wenn es um die zukünftige Verfügbarkeit fossiler Brennstoffe für die Energiegewinnung geht. Seit jeher herrscht bei fossilen Brennstoffen die Sorge, die Vorräte könnten sich »erschöpfen« oder der Preis würde rasant ansteigen. Dann hört man besorgniserregende Behauptungen über die »Reserven« wie: »Unsere Erdölreserven reichen nur noch für 30 Jahre. Uns wird das Öl ausgehen.« Wenn wir das hören, glauben wir häufig, mit »Reserven« wären die Ölmengen gemeint, die sich im Erdboden befinden. Reserven für 30 Jahre würde also heißen, dass wir nur noch 30 Jahre lang Öl verbrauchen können und dann alles weg sei.

Verstehen wir jedoch, was »Reserve« bedeutet und was nicht, so wird uns klar, dass es überhaupt keinen Anlass zur Besorgnis gibt.

Der Begriff »Ölreserven« bezeichnet nicht mehr und nicht weniger als das *aktuell verfügbare Ressourcenpotenzial* – also die Menge an Öl, von der die Produzenten glauben, sie könnten sie mit der derzeit verfügbaren Technologie rentabel fördern.

Diese Reserven machen stets nur einen geringen Bruchteil dessen aus, was sich tatsächlich an Öl-, Kohle- und Gasvorkommen im Boden befindet.

Und die Vorkommen an fossilen Brennstoffen sind absolut gewaltig. Sie sind von Natur aus derart reichhaltig, dass selbst von den knapperen fossilen Brennstoffen Erdöl und Erdgas mehr als zehnmal so viel im Boden lagert, wie im Verlauf der gesamten Menschheitsgeschichte verbraucht wurde. Und Kohle gibt es sogar noch mehr. Schätzungen zufolge reichen die Vorkommen bei der derzeitigen Nutzungsrate noch Tausende von Jahren.[26]

Insofern stellt sich die Frage gar nicht, ob uns die fossilen Brennstoffe in den nächsten Jahrhunderten ausgehen könnten.

Doch dass Öl, Kohle und Erdgas nahezu unbegrenzt vorkommen, bedeutet nicht zwingend, dass sich das Ganze rentabel in Energie umwandeln lässt.

Infolge der Aufwärtsspirale der Ermächtigung wird die Energieindustrie zum Glück ständig besser darin, fossile Brennstoffe rentabel aufzuspüren und aus dem Boden zu holen. Zeit, die dank fossiler Brennstoffe frei wurde, und mit fossilen Brennstoffen betriebene Maschinenarbeit machen beispiellose Innovationen und Fortschritte in praktisch jedem Feld möglich, auch bei den fossilen Brennstoffen selbst.

Ein Feld, in dem ein bahnbrechender Fortschritt erzielt wurde, ist die Technologie zur Gewinnung von Energie aus Schiefergestein. In den Medien ist häufig von »Fracking« die Rede, während man innerhalb der Branche eher von »Fracing« spricht. Fracking steht kurz für *hydraulic fracturing*, hydraulische Frakturierung, und bezeichnet einen von mehreren Prozessen, durch den man Öl und Erdgas aus Schiefergestein gewinnt. Diese Technologie sorgte für Schlagzeilen, weil man ihr vorwarf, sie verunreinige das Grundwasser. In Kapitel 10 werde ich auf diese Behauptungen eingehen.

Die Schieferrevolution hat im vergangenen Jahrzehnt die Öl- und Erdgasproduktion rasch ansteigen lassen, insbesondere in den Vereinigten Staaten, dem Anführer dieser Revolution.

Durch Energie aus Ölschiefer wurden die USA von einem großen Nettoölimporteur zu einem Nettoexporteur. 2007 führten die USA täglich mehr als 400 Millionen Gallonen Öl ein, 2019 stand unter dem Strich ein Exportplus.[27]

Die USA verfügen weiterhin über massive Schiefervorkommen, die sie erschließen können. In der restlichen Welt ist das Potenzial nahezu unbegrenzt, denn dort hat man mit Fracking gerade erst begonnen.

Und Ölschieferenergie ist nicht das einzige aufregende Neuland bei der Öl- und Gasproduktion.

Es gibt noch sehr viel Erdgas im Boden, doch die allergrößten Erdgasvorräte befinden sich Schätzungen zufolge in den sogenannten Methanhydraten. Methanhydrate sind gefrorene Erdgasvorkommen am Meeresboden.[28]

Insofern gibt es sehr guten Grund zu der Annahme, dass wir noch auf Generationen hinaus Öl und Gas verwenden können.

Zudem besteht die Möglichkeit, dass Kohle, der am häufigsten vorkommende und am leichtesten zugängliche fossile Brennstoff, eines Tages in Flüssigkeiten und Gase umgewandelt werden kann, wie wir sie derzeit aus Erdöl und Erdgas gewinnen.

Der Wert fossiler Brennstoffe liegt darin begründet, dass sie Kohlenwasserstoffe sind, also Kombinationen aus Wasserstoff und Kohlenstoff. Kohlenwasserstoffe können von einem Zustand (flüssig, fest oder gasförmig) in einen anderen gebracht werden, was besonders bei der Umwandlung von Kohle interessant wäre, wenn sich also feste Kohle in eine Art flüssigen Kohlenwasserstoffkraftstoff transformieren ließe. Damit würden wir über einen praktisch unbegrenzten Vorrat an Flüssigkraftstoff verfügen, der deutlich einfacher zugänglich wäre als die Ölvorkommen, aus denen wir heutzutage unseren Flüssigkraftstoff beziehen.

Die Prozesse, über die sich Kohle in Flüssigkraftstoff umwandeln lässt, sind für die meisten Zwecke bislang nicht wirtschaftlich. Doch technische und wirtschaftliche Innovationen könnten dazu führen, dass wir eines Tages in der Lage sind, aus den praktisch unbegrenzten globalen Kohlevorkommen kostengünstig flüssige Kohlenwasserstoffe zu gewinnen. (Bislang ist die Umwandlung von Kohle in Methanol kostengünstig möglich. Dieser Flüssigalkohol ist recht leistungsfähig, obwohl seine Energiedichte nur halb so hoch wie die von Erdöl ist.)

Fassen wir zusammen: Es gibt guten Grund zu der Annahme, dass die Produzenten fossiler Brennstoffe in den kommenden Jahrzehnten und für die kommenden Generationen ultrakostengünstige Energie in noch größerem Umfang produzieren – und wichtige Rohstoffe fördern – können, sofern man sie nicht einschränkt. Dadurch könnten sie es möglich machen, dass noch mehr Menschen ermächtigt werden.

Wir verstehen nun, was es mit dem Geheimrezept fossiler Brennstoffe auf sich hat, den generationenübergreifenden wirtschaftlichen Innovationen und Errungenschaften, die auf die erstaunlichen Eigenschaften fossiler Brennstoffe zugeschnitten sind. Und wir wissen, dass bei der Nutzung fossiler Brennstoffe Luft nach oben ist. Folglich sind wir imstande, eine fundierte Einschätzung der Frage vorzunehmen: Inwieweit können alternative Energien fossile Brennstoffe als Quelle ultrakostengünstiger Energie ergänzen oder gar ersetzen – jener Energie, von der die Lebensqualität unseres Planeten abhängt und in deren Genuss weitere Milliarden Menschen kommen sollten? Stimmt es, dass – wie man es uns immer wieder sagt –eine »grüne« Revolution im Gange ist, die es möglich macht, fossile Brennstoffe rasch zu ersetzen? Oder verzerrt unser menschliches Eingreifen ablehnendes, energiefeindliches Wissenssystem wieder einmal die Realität?

Sehen wir uns die Fakten an.

6

Alternative Energien: Verzerrung versus Realität

Welches Potenzial besitzen alternative Energien tatsächlich?

An welchem Punkt sind wir jetzt angelangt? Dieser Abschnitt dient dazu, sich ein umfassendes Bild davon zu machen, welche Vorzüge eine weitere Nutzung fossiler Brennstoffe mit sich brächte.

In Kapitel 4 haben wir gesehen, dass, anders als von unserem Wissenssystem dargestellt, die aktuellen Vorzüge fossiler Brennstoffe für die Lebensqualität auf unserer Welt keineswegs trivial sind. Indem fossile Brennstoffe ultrakostengünstige Energie liefern, die mithilfe ultrakostengünstiger Maschinenarbeit die produktiven Fähigkeiten der Menschheit radikal steigert und enorm viel Zeit für geistige Arbeit freisetzt und überdies unvergleichlich vielfältige Materialien aus fossilen Brennstoffen ermöglicht, machen sie unsere Welt in der Tat unnatürlich lebenswert.

In Kapitel 5 wurde uns bewusst, dass diese einzigartige Fähigkeit fossiler Brennstoffe – der unser Wissenssystem mit völligem Desinteresse begegnet, wenn es sie nicht ganz leugnet – auf eine Kombination aus erstaunlichen natürlichen Eigenschaften und unendlich vielen wirtschaftlichen Innovationen und Errungenschaften zurückgeht, die für diese Eigenschaften maßgeschneidert sind. Zudem haben wir gelernt, dass diese einzigartige Fähigkeit fossiler Brennstoffe noch lange nicht ausgeschöpft ist und auf unbestimmte Zeit hinaus Milliarden weiterer Menschen ermächtigen kann.

Und schließlich wurde uns klar, dass sich jede Energieform, die in Konkurrenz zu fossilen Brennstoffen treten will, in Sachen Stromerzeugung auf einen sehr harten Kampf einstellen muss und dass die Aufgabe bei Industriewärme und Mobilität noch einmal deutlich schwieriger wird. In diesen Bereichen hat sich erwiesen, dass das direkte Verbrennen fossiler Brennstoffe häufig wesentlich kostengünstiger ist als bei der Stromerzeugung. In einigen Bereichen wie dem Schwerlasttransport ist Elektrizität bislang unbrauchbar. Dies bedeutet für alternative Energien, dass sie im Wettbewerb mit fossilen Brennstoffen weit zurückliegen und, um Letztere in naher Zukunft teilweise oder womöglich ganz ersetzen zu können, auf bahnbrechende wirtschaftliche Errungenschaften angewiesen sind. Am wahrscheinlichsten wäre dies bei Kernkraft, der einzigen Alternative, die im Hinblick auf natürliche Speicherung, natürliche Verdichtung und natürlichen Reichtum mithalten kann und fossile Brennstoffe hierin teilweise sogar übertrifft.

Vor diesem Hintergrund können wir folgende Frage nunmehr abschließend beantworten: Wie ist es um die Fähigkeit fossiler Brennstoffe im Vergleich zu Alternativen bestellt, jene ultrakostengünstige Energie zu produzieren, von der die Welt deutlich mehr benötigt?

Fünf Antworten bieten sich an, von denen eine jede unterschiedliche politische Auswirkungen hat:

1. Alternativen zu fossilen Brennstoffen machen derzeit 20 Prozent des globalen Energiemix aus und werden auch weiterhin eine *bescheidene Nebenrolle* spielen.
2. Alternativen zu fossilen Brennstoffen werden eine *immer wichtigere Ergänzungsrolle* bei der Aufgabe übernehmen, den globalen Energiebedarf zu decken. Auf sie entfallen vielleicht 30 Prozent Marktanteil in einer Welt, die immer mehr und mehr Energie verwendet. Bei diesem hypothetischen Szenario

würde die Nutzung fossiler Brennstoffe weiter zunehmen, nur eben langsamer als die der Alternativen.

3. In einer radikalen Abwendung von der derzeitigen Realität und aktuellen Trends werden Alternativen fossile Brennstoffe *teilweise ersetzen* und dermaßen viel kostengünstige Energie liefern, dass trotz allgemein steigender Energienachfrage die Nutzung fossiler Brennstoffe rückläufig ist.
4. In einer radikalen Abkehr von der bisherigen Funktionsweise der Energiewirtschaft werden Alternativen fossile Brennstoffe bald *vollständig ablösen* und die gesamte Energie liefern, die heutzutage fossile Brennstoffe bereitstellen, plus all die zusätzliche Energie, die eine Welt auf dem Weg zur Ermächtigung benötigt.
5. Noch extremer als das vorangegangene Szenario: Die als »grün« erachteten Alternativen (Solar, Wind, Biomasse und Geothermie, doch weder Wasserkraft in großem Maßstab noch Kernkraft) können fossile Brennstoffe *aus eigener Kraft komplett ersetzen*.

Angesichts der Schwierigkeit, mit dem »Geheimrezept« fossiler Brennstoffe zu konkurrieren – ihren bemerkenswerten natürlichen Eigenschaften, die durch Generationen wirtschaftlicher Innovationen und Errungenschaften ultrakostengünstig nutzbar geworden sind –, sollten wir in den nächsten 30 Jahre mit Szenario 1 oder 2 rechnen. Szenario 3 ist ausgesprochen unwahrscheinlich, Szenario 4 praktisch unmöglich und Szenario 5 völlig verrückt.

Lassen Sie mich das näher ausführen: Wir sollten davon ausgehen, dass die Wahrscheinlichkeit, dass Szenario 3 eintritt und in einer Welt, deren Energiebedarf deutlich zunimmt, Alternativen fossile Brennstoffe teilweise ablösen, praktisch bei null liegt. Szenario 4, das damit rechnet, dass fossile Brennstoffe sowohl beim aktuellen als auch beim künftig höheren globalen Energiebedarf in Gänze ersetzt werden, sollten wir als de facto unmöglich einstufen. Und solange niemand das Gegenteil beweisen kann, sollte das fünfte und letzte Szenario – der vollständige »grüne« Ersatz – als absolute Spinnerei betrachtet werden.

Und doch geht unser Wissenssystem sogar noch über diese für mich verrückt klingende Idee hinaus und behauptet, wir könnten in weniger als 30 Jahren nicht nur die fossilen Brennstoffe vollständig ablösen, sondern auch den steigenden Bedarf bedienen, und dies ausschließlich mit »grünen« Energieformen. Sie werden angeblich all die Energie liefern, die die Welt benötigt, und zwar zu einem Preis, der unter dem liegt, den wir von fossilen Brennstoffen kennen.

Ein Beispiel: Prominente Akademiker und andere einflussreiche Personen haben sich unter dem Namen »Global 100 % Renewable Energy Strategy Group« zusammengetan. Sie erklären:

> *Zahlreiche Studien haben Systeme für 100 % regenerative Energien (RE) … untersucht und festgestellt, dass es funktioniert, nicht nur für die Bereitstellung von Strom, sondern für die Bereitstellung des gesamten Energiebedarfs. Eine Transformation zu 100 % RE kann schneller erfolgen als derzeit erwartet: Der Stromsektor kann bis 2030 transformiert werden, die anderen Sektoren bald danach. … Strom in einem 100%igen RE-System wird weniger kosten als in unserem derzeitigen Energiesystem; die Gesamtenergiekosten eines 100%igen RE-Systems werden niedriger sein als die Kosten für konventionelle Energie. … Ein 100%iges RE-System kann Regionen, Länder und die Welt zuverlässig und ganzjährig rund um die Uhr mit Energie zu niedrigen Kosten versorgen.*[1]

Zwar sollten wir stets für Belege offen sein, dass sich gerade ein beispielloser Durchbruch abzeichnet, doch wir wissen auch, dass wir es mit einem energiefeindlichen Wissenssystem zu tun haben, das regelmäßig Fakten verzerrt, wenn es um Alternativen zu fossilen Brennstoffen geht. Denn es möchte untermauern, warum es für einen Ausstieg aus fossilen Brennstoffen sowie für einen Ausstieg aus Kernkraft und Wasserkraft plädiert. Womit haben wir es hier zu tun?

Finden wir es heraus.

Welche unglaublichen Behauptungen unser energiefeindliches Wissenssystem auffährt

Könnte unser Wissenssystem mit seiner unglaublichen Behauptung recht behalten, dass in den nächsten 30 Jahren oder sogar schon früher ausschließlich »grüne« Energiequellen fossile Brennstoffe ablösen und die gesamte Energie liefern werden, die die Welt bisher brauchte und in Zukunft benötigen wird? Und das, obwohl fossile Brennstoffe durch ihre natürliche Speicherung, Verdichtung und Fülle einen gewaltigen Vorsprung haben, der durch ihre extreme Kosteneffizienz noch ausgebaut wurde, die wiederum wirtschaftlichen Innovationen und Errungenschaften zu verdanken ist?

Auch hier sollte unsere Grunderwartung sein: »auf keinen Fall«. Und die wird immer wieder bestärkt, denn solche Aussagen über »grüne« oder »erneuerbare« Energie weisen ausnahmslos drei glasklare Anzeichen für die Verzerrung auf, zu der es durch den gegen menschliche Eingriffe gerichteten Rahmen unseres Wissenssystem kommt:

1. Sie machen sich für das Ziel stark, die Energienutzung zu reduzieren – ein Ziel, das gegen menschliches Eingreifen und gegen das menschliche Wohlergehen gerichtet ist.
2. Sie beharren auf »grünen« (das heißt »mit nur wenigem Eingreifen einhergehenden«) Alternativen und nehmen kaum Rücksicht auf den Widerstand, der sich gegen diese Alternativen und ihr Nichteingreifen-Wollen regt.
3. Sie leugnen, dass fossile Brennstoffe heutzutage unvergleichlich kostengünstig sind.

Die ersten beiden Punkte zeigen, dass unser Wissenssystem eine eingriffs- und energiefeindliche Vorstellung davon aufweist, wie der »Ersatz« fossiler Brennstoffe auszusehen hat. Punkt drei zeigt, dass das Wissenssystem wieder einmal bereit ist, die Realität zu verzerren, um seine Politik voranzutreiben.

Sie verfolgen das gegen menschliches Eingreifen und Wohlergehen gerichtete Ziel, die Energienutzung zu reduzieren

Sehen Sie sich Vorschläge für den Ersatz fossiler Brennstoffe an, werden Sie unweigerlich feststellen, dass sie stets Forderungen enthalten, weniger Energie zu verbrauchen. Und dabei fällt häufig der Begriff »Effizienz«.

Der bereits erwähnte »100 % Renewable Energy«-Vorschlag ruft beispielsweise zur »Steigerung der Energieeffizienz auf allen Ebenen« auf.

An einer Stelle schreibt Mark Jacobson, der zu den Autoren gehört: »Um globale Erwärmung + Luftverschmutzung zu lösen, ist die am niedrigsten hängende Frucht die REDUZIERUNG des Energieverbrauchs.«

Ich habe in Kapitel 5 bereits darüber gesprochen: Sollen weitere Milliarden Menschen Gelegenheit bekommen, ihr Wohlergehen zu steigern, soll die ermächtigte Welt noch wohlhabender werden und sollen neue Formen von Maschinenarbeit – insbesondere Methoden zur Verstärkung der menschlichen Intelligenz – ihr volles Potenzial ausschöpfen können, dann führt kein Weg daran vorbei, dass der globale Energieverbrauch zunehmen muss. Und an dieser Tatsache würde auch eine plausible Verbesserung der Effizienz bereits vorhandener Maschinen nichts ändern.

Fokussieren sich Vorschläge, fossile Brennstoffe zu »ersetzen«, nicht absolut klar auf den generellen Mehrbedarf an Energie, dann geht es ihnen nicht darum, das zu ersetzen, was fossile Brennstoffe zur Förderung des menschlichen Wohlergehens tun, sondern es geht ihnen bei diesem »Ersatz« ausschließlich um die Auswirkung auf die Natur. Je weniger Energie dieser benötigt, desto besser.

Sie beharren auf »grünen« (also »mit wenig Eingreifen einhergehenden«) Alternativen und nehmen kaum Rücksicht auf den Widerstand, der sich gegen diese Alternativen und ihr Nichteingreifen-Wollen regt

Es gibt auf der Welt nur eine einzige Quelle ultrakostengünstiger Energie, und wenn man erwägt, ausgerechnet diese Quelle abzulösen, sollte man sämtliche Alternativen, die es gibt, in Betracht ziehen. Fordert derzeit aber jemand, fossile Brennstoffe zu ersetzen, ist immer nur von »grünen« oder »erneuerbaren« Alternativen die Rede, und Wasserkraft sowie Kernkraft bleiben großteils außen vor. Dabei ist Letztere die einzige Primärenergie, die genauso wie fossile Brennstoffe natürliche Speicherung, natürliche Verdichtung und natürlichen Reichtum in sich vereint.

Selbst wenn Sie Solarenergie und Windkraft für ausgesprochen vielversprechend halten, gibt es keinen Grund, Kernkraft abzulehnen. Dennoch steht die Bewegung, die fossile Brennstoffe durch grüne Energie »ersetzen« will, Kernkraft unglaublich feindselig gegenüber.

Das spricht doch sehr dafür, dass es dieser Bewegung letztlich nicht darum geht, das menschliche Wohlergehen zu steigern, indem man der Menschheit mehr ultrakostengünstige Energie zur Verfügung stellt, sondern darum, menschliches Eingreifen zu eliminieren. Mit menschlichem Eingreifen sind in diesem Fall die Auswirkungen von Wasserkraft auf Flüsse und die »unnatürliche« Auswirkung von atomarer Strahlung und radioaktivem Müll gemeint (auch wenn diese sicherheitstechnisch durchaus handhabbar sind).

Wie ich bereits in Kapitel 1 sagte: Wenn das Ziel darin besteht, menschliche Eingriffe zu eliminieren, erklärt das, warum man sich bei aller Befürwortung von Solarenergie, Windkraft und Batterien kaum um die wachsende globale Kritik an den Umweltfolgen dieser Technologien schert. Dabei führen diese zu Beeinträchtigungen im Bergbau, beim Bau von Hochspannungsleitungen sowie bei der Planung von Solar- oder Windfarmen.

Noch einmal: Wenn unser Wissenssystem davon spricht, fossile Brennstoffe zu »ersetzen«, geht es ihm nicht darum, fossile Brennstoffe durch etwas zu ersetzen, das aus Sicht des menschlichen Wohlergehens genauso gut oder womöglich besser ist, sondern darum, sie durch etwas zu »ersetzen«, das menschliche Eingriffe besser zu eliminieren weiß. Und das bedeutet, dass die Energienutzung auf einen viel niedrigeren Pegel reduziert wird.

Jemandem, zu dessen moralischem Konzept eine wesentliche Senkung des Energieverbrauchs gehört, kann man nicht trauen, wenn es um die Frage geht, ob eine Alternative tatsächlich imstande wäre, das deutlich höhere Maß an Energie bereitzustellen, das die Welt benötigt, in deren Mittelpunkt das menschliche Wohlergehen steht.

Sie leugnen die einzigartige derzeitige Kosteneffizienz fossiler Brennstoffe

Grundsätzlich gilt, dass wir nur Prognosen von Quellen ernst nehmen sollten, die einschränkungslos die Vergangenheit und die Gegenwart miteinbeziehen. Wer jedoch behauptet, »grüne Energie« könne fossile Brennstoffe nahezu flächendeckend ersetzen, der ignoriert oder leugnet die aktuelle Realität »grüner Energie«.

Nehmen wir als Beispiel die öffentliche Erklärung, aus der ich vorhin zitiert habe. Dort findet sich nichts über die aktuelle Energieversorgungssituation, in der »erneuerbare« Energien eine vergleichsweise minimale Rolle spielen. Wir lesen dort aber auch nichts über die erstaunlichen natürlichen Eigenschaften fossiler Brennstoffe, über die jahrzehntelangen wirtschaftlichen Innovationen und Errungenschaften, die Millionen Menschen für den Aufbau unseres aktuellen Energiesystems erbracht haben. Ganz im Gegenteil: Die Gruppe fordert einen »massiven Umbau des globalen Energiesystems«, und der soll von einer Handvoll Leuten durchgeführt werden. Dabei wird außer Acht gelassen, dass der beispiellose aktuelle Stand der Dinge darauf zurückzuführen ist, dass Millionen Menschen per Trial-und-Error in der realen Welt zusammengearbeitet und miteinander konkurriert haben, und nicht darauf, dass irgendein Akademiker von seinem Elfenbeinturm aus alles im Voraus geplant hat.

Gibt ein Wissenssystem unglaubwürdige Zukunftsprognosen ab und ignoriert oder leugnet dabei die Realität der Gegenwart, ist diesem Wissenssystem nicht zu trauen.

Wenn unser Wissenssystem behauptet, Durchbrüche würden es in naher Zukunft ermöglichen, fossile Brennstoffe zu ersetzen, ist klar, dass hinter diesem Konzept die Idee steckt, in einer energiehungrigen Welt müsse der Energieverbrauch gesenkt werden und der »Ersatz« für fossile Brennstoffe dürfe ausschließlich »grün« sein, und dass dieses Konzept a) von dem gegen menschliche Eingriffe gerichteten Bezugsrahmen ausgeht und b) auf einer Verzerrung der Realität in der heutigen Energielandschaft beruht.

Welches künftige Potenzial erneuerbare Energien aufweisen, erfahren wir daraus nicht – nur so viel, dass es garantiert nicht unser Wissenssystem ist, das darauf eine Antwort geben wird.

Wollen wir das tatsächliche Potenzial alternativer Energieformen erkennen, brauchen wir eine Einschätzung, wie es um Alternativen bestellt ist, die sich innerhalb eines promenschlichen Rahmens bewegen – eines Rahmens, der kostengünstige Energie und das menschliche Wohlergehen in den Vordergrund stellt und nicht danach strebt, diese Faktoren zu opfern, nur um menschliche Eingriffe in die Natur zu eliminieren.

Eine solche Einschätzung werde ich in diesem Kapitel vornehmen.

Für jeden wichtigen Alternativvorschlag zu fossilen Brennstoffen werde ich die objektive Faktenlage zu dessen Potenzial untersuchen; von den derzeitigen Realitäten und Einschränkungen ausgehend werde ich prüfen, was für etwaige Durchbrüche sprechen könnte. Dabei werde ich immer wieder auf Verzerrungen durch unser Wissenssystem eingehen, damit Sie erkennen können, warum Realität und Potenzial der verschiedenen Alternativen so stark von dem abweichen, was das Wissenssystem behauptet.

Wie ich zeigen werde, sprechen die Fakten eine klare Sprache. Es gibt ein paar aufregende Alternativen, darunter eine, die auf sehr lange Sicht gesehen (in mehreren Generationen oder noch später) als Ersatz funktionieren könnte. Doch in absehbarer Zeit gibt es den noch nicht. Wenn wir die Welt ermächtigen wollen und Wohlergehen für alle Menschen anstreben, muss die Nutzung fossiler Brennstoffe also ausgeweitet werden.

Wir werden sehen, dass enthusiastische Aussagen über »grüne« Alternativen nichts als wilde Verzerrungen von einer Bewegung sind, die sich tatsächlich allen Arten von Energie umgekehrt proportional zu ihrer Kosteneffizienz widersetzt. Aus diesem Grund bremst die Bewegung nicht nur fossile Brennstoffe aus, sondern auch echte, langfristige Alternativen zu fossilen Brennstoffen.

Nach diesen Vorbemerkungen wollen wir uns diese Alternativen ansehen. Beginnen wir mit denjenigen, die unser Wissenssystem für die vielversprechendsten hält: Solar und Wind.

Der wirkliche aktuelle Stand von Sonnen- und Windkraft und wie er geleugnet wird

Die Begriffe »Solarenergie« und »Windkraft« beziehen sich auf Energie (nahezu ausschließlich Elektrizität), die mithilfe direkter Einwirkung von Sonnenlicht oder Wind produziert wird (Wind entsteht in erster Linie dadurch, dass das Sonnenlicht unterschiedliche Bereiche der Atmosphäre unterschiedlich aufheizt).

Den größten Anteil an Solarenergie liefert die sogenannte Photovoltaik, eine Technik, die in Solarpanelen zum Einsatz kommt. Um 1839 herum entdeckte Alexandre Edmond Becquerel, dass bestimmte Materialien Elektronen emittieren, wenn Licht auf sie fällt, und bezeichnete dies Phänomen als photovoltaischen Effekt. Ausgesprochen beeindruckende und präzise Ingenieursarbeit hat dazu geführt, dass Solarpanele (oder »Sonnenkollektoren«) Strom erzeugen können, wenn sie Sonnenlicht ausgesetzt sind.

Weitaus weniger häufig als die Photovoltaik ist die konzentrierte Solarenergie (CSP). Sie erzeugt aus Sonnenlicht Wärme, ähnlich wie es ein Kind mit einer Lupe tut, wenn es ein trockenes Blatt anzündet. Im Grunde ist es bei CSP nicht anders: Eine gewaltige Anordnung von Lupen (in diesem Fall Spiegel) bündelt das Sonnenlicht. Dabei entsteht Wärme, die eine Turbine bewegt, die wiederum Strom erzeugt. Nach einem ähnlichen Prinzip arbeiten Kraftwerke, die mit fossilen Brennstoffen betrieben werden.

Windenergie nutzt den Wind dazu, die Flügel eines Windrads zu drehen. Das Windrad ist mit einem Generator verbunden, der die Energie des Windes in Elektrizität verwandelt.

Bei jedem prominenten Vorschlag, aus fossilen Brennstoffen auszusteigen und/oder bis spätestens 2050 »Netto-Null-Emissionen« zu erreichen, spielen Sonnen- und Windenergie eine zentrale Rolle.

Doch ich habe bereits wiederholt darauf hingewiesen: Obwohl Sonnen- und Windenergie schon jahrzehntelang am Markt sind, sieht ihre Realität derzeit so aus, dass sie gerade mal 3 Prozent der globalen Energie produzieren. Davon entfällt nahezu alles auf Elektrizität, während sie bei vielen Anwendungen im Bereich Mobilität oder im Bereich Industriewärme bislang überhaupt keine Konkurrenz zu fossilen Brennstoffen darstellen.

Würde Sonnen- und Windkraft also fossile Brennstoffe vollständig ersetzen wollen, müsste sie nicht nur praktisch die gesamte Produktion von Elektrizität übernehmen, und zwar rasch, sondern auch ihre Stromerzeugungskosten sehr stark senken, um sich bei der Gewinnung von Industriewärme mit dem direkten Verbrennen fossiler Brennstoffe messen zu können. Doch damit nicht genug: Jemand müsste eine kostengünstige Massenfertigung für zahlreiche schwere Transportgeräte wie Flugzeuge und Frachtschiffe entwickeln, die sich mit Wasserstoff betreiben lassen. Diese existieren zwar, stecken aber noch in einer drastisch unterlegenen Prototypphase. Und all diese Entwicklungen müssten in weniger als 30 Jahren vonstattengehen.

Weiter hergeholt geht es wohl kaum.

Es sei aber eine beispiellose Revolution im Gange, weshalb wir all unsere Vorurteile aufgeben sollten, erklären die Befürworter von Solar- und Windenergie. Der mit Solar- und Windenergie produzierte Strom würde so verblüffend günstig werden, dass Strom für sämtliche Aufgaben wirtschaftlich würde, sogar für die Synthetisierung von Wasserstoff, mit dem sich Flugzeuge betreiben lassen. Sie sagen dies, obwohl – wie ich in Kapitel 5 erklärt habe – das direkte Verbrennen fossiler Brennstoffe aktuell der mit Abstand kostengünstigste Weg ist, Wasserstoffkraftstoff zu synthetisieren, und obwohl es, ganz unabhängig vom Preis, überhaupt keine Wasserstoffflugzeuge am Markt gibt.

Ihr Schwärmen von unglaublichen Durchbrüchen begründen die Befürworter von Sonnen- und Windenergie mit zwei Argumenten.

Argument eins: Die Akzeptanz von Sonnen- und Windenergie nimmt rasch zu. Das stimmt bis zu einem gewissen Punkt. Sonnen- und Windenergie machen nur einen geringen Prozentsatz der Energienutzung aus, wuchsen 2020 aber um 20,1 beziehungsweise 11,5 Prozent.[2] Setzt sich dieses Wachstum fort, werden wir schon bald für praktisch all unsere Energiebedürfnisse Sonnen- und Windenergie nutzen.

Doch wie uns die Geschichte lehrt, kommt es in der Wirtschaft häufig vor, dass etwas, von einem niedrigen Startpunkt ausgehend, vorübergehend rasche Zugewinne erzielt, sich das Wachstum dann aber stetig verlangsamt. Wenn ein neuer Kleidungshersteller in einem Jahr 1000 Hemden verkauft, im zweiten Jahr

2000 und im dritten 4000, heißt das nicht, dass sich diese Zahl weiter verdoppelt und die Marke im 20. Jahr 524 Millionen Hemden absetzt. Warum sollten wir glauben, dass Sonnen- und Windenergie immer weiter und weiter wachsen wird?

Argument zwei: fallende Preise.

Ständig lesen wir Schlagzeilen, Sonnen- und Windkraft würden immer billiger und seien schon günstiger als Atomstrom, Kohle und Erdgas.

Kohle befinde sich auf dem absteigenden Ast, erklärt uns die britische Tageszeitung *The Guardian* unter der Headline »Die Kohle tritt bald ab«, eine »Studie hat herausgefunden, dass fossile Brennstoffe jetzt teurer sind als Solar oder Wind«.[3] Und laut der *New York Times* schlagen Sonnen- und Windenergie herkömmliche Brennstoffe allmählich im Preis.[4]

Man erklärt uns, diese Preise würden stetig fallen und herkömmliche Elektrizitätsquellen das Nachsehen haben.

Begleitet werden derartige Behauptungen gerne von beeindruckend klingenden Begrifflichkeiten wie »Netzparität« oder »geringere Stromgestehungskosten«. Diese stehen aber im Widerspruch zu zwei unumstößlichen Fakten.

Der erste Fakt ist, dass Solar- und Windenergie in großem Stil *ausschließlich an Orten existieren, an denen der Staat ihnen eine massive Vorzugsbehandlung zuteilwerden lässt.* Sehen Sie sich an, wo Solar- und Windenergie genutzt werden, und Sie werden unweigerlich auf Subventionen stoßen, und dies bedeutet nichts anderes, als dass der Staat die Steuerzahler zwingt, Solar- und Windunternehmen Geld zu geben. Häufig schreiben Staaten sogar per Gesetz vor, dass ein bestimmter Energieprozentsatz aus Solar- und Windkraft stammen soll – eine Praxis, die in den USA gerne als »Renewable Portfolio Standards« bezeichnet wird.

Das ist verdächtig. Warum scheinen Sonnen- und Windenergie stets Subventionen und gesetzliche Unterstützung zu benötigen, obwohl die Kosten angeblich so niedrig sind?

Dies bringt uns zum zweiten Fakt: Behauptungen zu geringen Kosten hin oder her, die Länder, die am stärksten mit Solar- und Windenergie arbeiten, sind zumeist auch die Länder mit den höchsten Strompreisen.

Beispielsweise sind Länder wie Deutschland und Dänemark in Solar- und Windkraft führend, doch der Strom ist dort drei- bis viermal so teuer wie in den USA. In den USA wiederum sind die Preise in den Regionen am höchsten, wo Solar- und Windkraft am stärksten vertreten sind.[5]

Abbildung 6.1: Mehr »billige« Solar- und Windenergie bedeutet höhere Preise

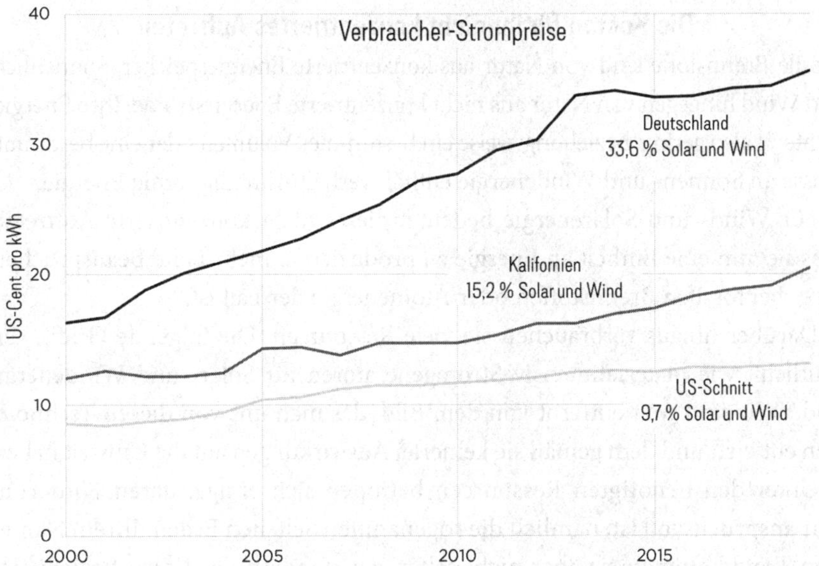

Quellen: U.S. Energy Information Administration; BDEW; California Energy Commission; Fraunhofer ISE

Wie kann es angehen, dass Solar- und Windenergie Strom stets teurer werden lassen, wenn sie doch angeblich so günstig sind?

Der Nebel lichtet sich, wenn wir uns ein Grundprinzip aus Kapitel 5 in Erinnerung rufen: Um die vollen Energiekosten zu bestimmen, muss man zunächst einmal feststellen, wie hoch die Kosten des Gesamtprozesses sind, der für die Produktion erforderlich ist.

Der Gesamtprozess, der notwendig ist, um aus Sonnen- und Windkraft Elektrizität zu gewinnen, ist alles andere als eine Revolution beispiellos niedriger

Preise und im Vergleich zu fossilen Brennstoffen aktuell nicht einmal ansatzweise rentabel. Das liegt daran, dass Sonnenlicht und Wind von Natur aus zwei Probleme mit sich bringen, die Energieproduzenten bislang nicht lösen konnten: Sonnenlicht und Wind treten *nicht konzentriert* und nur *intermittierend* auf.

Die Kosten für ihr nicht konzentriertes Auftreten

Fossile Brennstoffe sind von Natur aus konzentrierte Energiespeicher, Sonnenlicht und Wind hingegen von Natur aus nicht konzentrierte Energieströme. Ihre Energiedichte ist also gering, beziehungsweise ein bestimmtes Volumen oder eine bestimmte Masse an Sonnen- und Windenergie enthält verhältnismäßig wenig Energie.

Für Wind- und Solarenergie bedeutet dieses nicht konzentrierte Auftreten, dass sie, um eine Einheit an Energie zu produzieren, mehr Land beanspruchen, als es bei fossilen Brennstoffen oder Atomenergie der Fall ist.

Darüber hinaus verbrauchen sie viele Ressourcen. Die folgende Grafik verdeutlicht, wie materialintensiv Stromgeneratoren für Solar- und Windenergie sind.[6] Wir sind weit entfernt von dem Bild, das man uns von diesen Technologien entwirft und dem gemäß sie keinerlei Auswirkungen auf die Umwelt haben.

Unter den benötigten Ressourcen befinden sich einige, deren Förderung sehr anspruchsvoll ist, nämlich die sogenannten Seltenen Erden. Ihrem Namen zum Trotz kommen sie aber nicht selten vor, sondern der Name bezieht sich darauf, dass sie im Boden nur in geringen Mengen vorhanden sind und man folglich für den Abbau sehr viel Aufwand betreiben muss.

Kapazitäten zur Stromerzeugung durch Solar und Wind aufzubauen erfordert zehnmal so viel abgebaute Materialien, wie es bei fossilen Brennstoffen der Fall ist.[7]

Die schwachen Konzentrationen erfordern nicht nur einen hohen Einsatz an Land und Rohstoffen, sie treiben auch die Kosten für ein Netzwerk an Langstrecken-Hochspannungsleitungen hoch – ein Aspekt, der nur selten bedacht wird.

Solar- und Windkraft benötigen viel Platz und liegen deshalb oftmals weit von Bevölkerungszentren entfernt. Dies setzt den Aufbau ganz neuer Infrastruktur voraus sowie den Bau neuer, teurer Langstrecken-Hochspannungsleitungen, die gewaltige Mengen an Strom über weite Entfernungen hinweg transportieren.

Abbildung 6.2: Solar- und Windkraftwerke benötigen deutlich mehr Ressourcen als Gas-, Kohle- und Kernkraftwerke

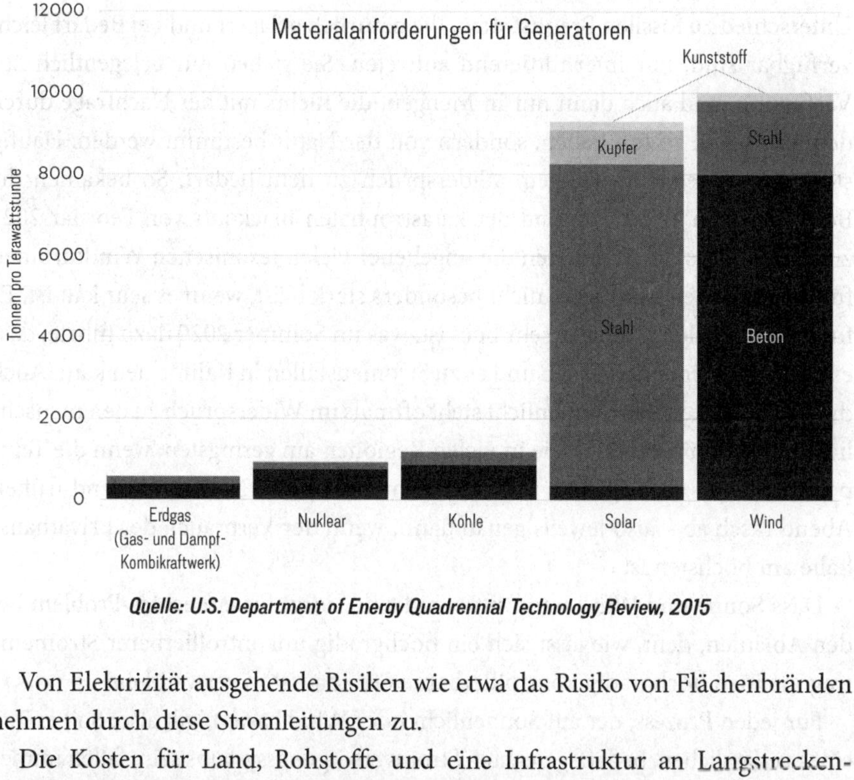

Quelle: U.S. Department of Energy Quadrennial Technology Review, 2015

Von Elektrizität ausgehende Risiken wie etwa das Risiko von Flächenbränden nehmen durch diese Stromleitungen zu.

Die Kosten für Land, Rohstoffe und eine Infrastruktur an Langstrecken-Hochspannungsleitungen, die durch das nicht konzentrierte Auftreten dieser Energien entstehen, bauen eine hohe Hürde auf, was die Kosteneffizienz von Solar- und Windenergie anbelangt.

Doch diese Probleme werden auf drastische Weise verschärft durch die größte Herausforderung, vor der Solar- und Windenergie auf dem Weg zu Kosteneffizienz stehen: nämlich dass sie nur intermittierend vorkommen.

Die Kosten für das intermittierende Auftreten

Ein zentraler Aspekt bei Elektrizität ist ihre extrem gute Steuerbarkeit. Das Stromnetz muss gewerbliche Kunden und Privathaushalte auf Bedarf mit Elektrizität versorgen können – unabhängig davon, wann sie Strom benötigen und wie viel.

Das Problem bei Sonnenlicht und Wind ist in dieser Hinsicht, dass sie im Unterschied zu fossilen Brennstoffen, die natürlich gelagert und bei Bedarf leicht verfügbar sind, nur intermittierend auftreten. Sie stehen nur gelegentlich zur Verfügung, und auch dann nur in Mengen, die nichts mit der Nachfrage durch den Menschen zu tun haben, sondern von der Natur bestimmt werden. Häufig steht das Angebot in völligem Widerspruch zu dem Bedarf. So bekamen die Bewohner von Texas während der katastrophalen Blackouts von Februar 2021 zu spüren, dass der Wind, den die ungeheuer vielen texanischen Windturbinen für ihren Betrieb benötigen, nicht besonders stark bläst, wenn es sehr kalt ist. Er tut dies auch nicht, wenn es sehr heiß ist, was im Sommer 2020 dazu führte, dass es zu wenig Windenergie gab und es zu Stromausfällen in Kalifornien kam. Auch die Verfügbarkeit von Sonnenlicht steht oftmals im Widerspruch zu den menschlichen Bedürfnissen. So ist sie in vielen Regionen am geringsten, wenn die Temperaturen sehr niedrig sind, und sie nimmt am späten Nachmittag und frühen Abend rasch ab – also jeweils genau dann, wenn der Verbrauch der Privathaushalte am höchsten ist.

Dass Sonne und Wind intermittierend sind, sorgt für ein echtes Problem bei den Abläufen, denn wie lässt sich ein hochgradig unkontrollierbarer Stromeintrag in einen hochgradig kontrollierbaren Stromausstoß verwandeln?

Für jeden Prozess, der auf Sonnenlicht oder Wind basiert, gilt also: Soll er Teil eines verlässlichen, bedarfsgerechten Stromversorgungssystems sein, fallen immer Kosten für *irgendeine kontrollierbare Energiequelle* an, die einspringt, wenn zu wenig oder sogar gar keine Sonne oder Wind vorhanden sind.

Theoretisch gibt es für diesen Fall drei Vorgehensweisen: 1) Man verlässt sich auf eine kontrollierbare Energiequelle, beispielsweise fossile Brennstoffe. 2) Man verlässt sich auf ein diverses, weit entferntes und gewaltiges Netzwerk an Solarmodulen und Windrädern, sodass es irgendwo immer ausreichend Elektrizität gibt. Oder 3) Man verlässt sich auf ein vom Menschen hergestelltes Speichersystem, in dem so viel intermittierende Energie gespeichert wird, dass die Nachfrage stets bedient werden kann.

Wie sieht derzeit die Realität aus? Keine dieser Methoden hat sich bislang als kostengünstig erwiesen. Nur Methode eins – auf eine kontrollierbare Energiequelle wie fossile Brennstoffe in der Hinterhand zu setzen – wurde realisiert, und zwar *ohne die Kosten zu beachten.*

Diesen aktuellen Stand sollte man unbedingt verstehen und anerkennen, wenn man herausbekommen will, ob irgendwelche bahnbrechenden Neuerungen im Gange sind, die ihn verändern werden.

Warum ist es nicht kostengünstig, intermittierende Solar- und Windenergie zu nutzen und sich dabei auf eine kontrollierbare Energiequelle zu verlassen?

Werfen wir einen Blick auf Deutschland, das in Solar- und Windenergie lange als führend galt und nicht zufällig die Heimat von Strompreisen ist, die zu den höchsten in der ermächtigten Welt überhaupt zählen. Die nachfolgende Grafik zeigt, welchen wöchentlichen Anteil im Jahr 2020 Solar- und Windenergie an der Elektrizität ausmachten und wie groß der Bedarf war (die Produktion von Elektrizität macht etwa ein Drittel des gesamten Energiebedarfs aus).[8] Achten Sie darauf, wie variabel die Menge an Sonnen- und Windenergie ist. Wind unterliegt ständigen Schwankungen und verschwindet zeitweilig nahezu vollständig, während die Sonne jeden Tag verschwindet (und in den Wintermonaten, wenn Deutschland am dringendsten Energie benötigt, nur sehr wenig produziert).

An manchen Tagen erzeugen Deutschlands Solaranlagen und Windturbinen sogar weniger als 5 Prozent der benötigten Elektrizität.[9]

Ihr intermittierendes Auftreten führt dazu, dass die Solar- und Windkraft für längere Zeiträume auf annähernd null fallen können. Und aus diesem Grund ersetzt die Infrastruktur für Solar- und Windenergie weder in Deutschland noch andernorts die bestehende Infrastruktur für steuerbare Energie.

Abbildung 6.3: Wie viel Solar- und Windkapazitäten man auch immer aufbaut, man kann sich niemals völlig auf sie verlassen

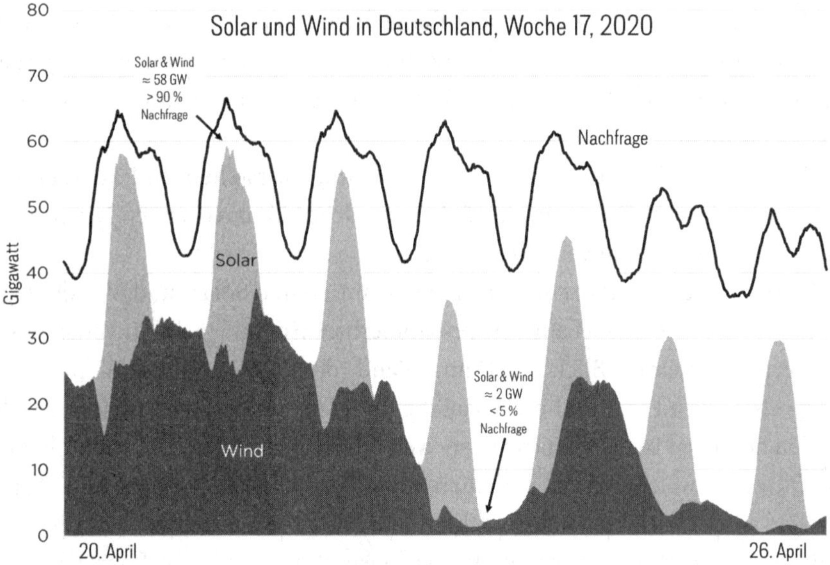

Quelle: Bundesnetzagentur SMARD

Die Verbraucher müssen also sowohl die Infrastruktur für steuerbare Energie als auch die für unkontrollierbare Energie bezahlen.

In Deutschland arbeitet die Infrastruktur für steuerbare Energie großteils mit Kohle. Während hier Solaranlagen und Windkraftanlagen mit Dutzenden Milliarden Euro subventioniert werden, wurde die Infrastruktur für fossile Brennstoffe und insbesondere Kohle jedoch nicht abgeschaltet, sondern nur ein klein wenig heruntergefahren. Aber selbst diese geringe Reduktion der Kohlekapazitäten weckte lautstarke Besorgnis um die Zuverlässigkeit von Deutschlands Stromversorgung, wenn das Land wie geplant Ende 2022* die letzten verbliebenen Kernreaktoren abschaltet.[10]

* Dies ist am 15. April 2023 geschehen. (Anm. des Verlags)

Hier ist eine einfache Frage: Was ist teurer, eine Infrastruktur für eine zu 100 Prozent steuerbare Energie plus eine Infrastruktur für eine massiven Schwankungen unterliegende Energie oder eine einzige Infrastruktur für eine zu 100 Prozent steuerbare Energie? Natürlich Ersteres.

Verwundert es da, dass die Kosten umso höher sind, je stärker ein Land mit Sonnen- und Windenergie arbeitet?

Das *Kostenproblem mit der massiven Doppelinfrastruktur*, die für die intermittierenden Energiequellen Solar und Wind nötig sind, wird noch dadurch verstärkt, dass Solar- und Windenergie von steuerbaren, in der Regel mit fossilen Brennstoffen betriebenen Kraftwerken abhängig sind, die Brennstoffeffizienz der steuerbaren Kraftwerke derzeit aber sinkt.

Jedes Mal, wenn Sonnenlicht oder Windintensität zunehmen, muss das Stromnetz reagieren und Kraftwerke drosseln können, und wenn Sonnenlicht oder Wind nachlassen oder völlig verschwinden, müssen reaktionsfähige Kraftwerke bereitstehen und ihre Leistung steigern. Doch das rasche Rauf- und Runterfahren von Kraftwerken ist ein Effizienzkiller, genauso wie der Stop-and-Go-Verkehr für den Treibstoff Ihres Fahrzeugs.

Die Kosten für die Doppelinfrastruktur und die Kosten für die Brennstoffinsuffizienz, die durch die Abhängigkeit der Solar- und Windenergie von einer steuerbaren Energiequelle entstehen, sind der Hauptgrund für den Kostenanstieg, den eine verstärkte Sonnen- und Windenergienutzung mit sich bringt.

Die Realität der Solar- und Windenergie sieht keineswegs so aus, als würde sie fossile Brennstoffe bei der Erzeugung von Elektrizität ausstechen. Sie führen aber dazu, dass Strom, der aus fossilen Brennstoffen und anderen steuerbaren Quellen (Kernkraft und Wasserkraft) gewonnen wird, teurer wird.

Aus dieser Tatsache ergibt sich eine weitere negative Konsequenz, die sich immer wieder bemerkbar macht: Die Zuverlässigkeit sinkt.

Der Grund dafür ist einfach: Um die großen Preissteigerungen abzuschwächen, die mit einer intensivierten Nutzung von Sonnen- und Windenergie einhergehen, versuchen Staaten, damit durchzukommen, dass sie die Zahl der steuerbaren Kraftwerke, die sie als Reserve betreiben, reduzieren.

Dieser Drahtseilakt gelingt in vielen Regionen der USA nicht, und das hat verheerende Folgen. Nachdem Kalifornien in den vorangegangenen Jahren mehrere Erdgaskraftwerke und Atomkraftwerke geschlossen hatte, wurde der US-Staat im Sommer 2020 von weitreichenden Stromausfällen heimgesucht. Während einer Hitzewelle gab es dort während der Abendstunden keine ausreichenden Mengen an steuerbaren Kapazitäten, und Sonnen- und Windenergie standen nicht zur Verfügung.[11]

Texas hatte Windkraft subventioniert und deren Nutzung per Gesetz angeordnet, anstatt steuerbare Kraftwerke zu bauen, zu erhalten und wetterfest zu machen. Im Winter 2021 erlebte der Staat eine massive Unterversorgung mit Windenergie, die durch schwere operative Fehler des Netzbetreibers noch verschlimmert wurden. Tagelang suchten Stromausfälle den Bundesstaat heim.[12]

Auch wenn es unser Wissenssystem anders darzustellen versucht, erweisen sich Solar- und Windkraft keineswegs als skalierbarer Ersatz für ultrakostengünstige Energie aus fossilen Brennstoffen, sondern als kostensteigernde, die Verlässlichkeit reduzierende Ergänzung – und das ohnehin auch nur im Bereich Elektrizitätserzeugung.

Das wahre Potenzial von Sonnen- und Windkraft

Aktuell geben Sonnen- und Windkraft ein schreckliches Bild ab, aber das ist kein 100-prozentiger Beleg dafür, dass keine Durchbrüche zu erwarten sind. Es bedeutet allerdings schon, dass jemand, der behauptet, etwas, was heute die Kosten steigert, die Verlässlichkeit reduziert und nur eine Ergänzung zu Strom aus fossilen Brennstoffen darstellt, würde schon bald sämtliche Energie aus fossilen Brennstoffen ersetzen und dabei die Kosten senken, besser absolut unumstößliche Beweise vorlegen sollte.

Doch leider können unser Wissenssystem und seine Vorkämpfer für Solar- und Windenergie nichts vorweisen, was dem auch nur ansatzweise entspräche. Wie es von unserem gegen menschliche Eingriffe gerichteten Wissenssystem nicht anders zu erwarten war, werden uns bloß weitere Verzerrungen aufgetischt:

1. Es wird geleugnet, wie es aktuell um Strom aus kleinen Solar- und Windanlagen tatsächlich bestellt ist.
2. Man verlässt sich auf nicht vorhandene wirtschaftliche Errungenschaften wie ultrakostengünstige Langzeitspeicher.

Es wird geleugnet, wie es aktuell um Strom aus kleinen Solar- und Windanlagen tatsächlich bestellt ist

Die Prognose, eine Solar- und Windenergierevolution stehe unmittelbar bei bevor, würde ich in Betracht ziehen, wenn der Prophezeiende die aktuellen Realitäten anerkennt und etwas sagen würde wie:

> *Dass die Regierung Sonnen- und Windkraft subventioniert und angeordnet hat, hat rund um die Welt für massive Zerstörungen gesorgt. Sonnen- und Windenergie mögen in einigen Fällen gut sein, beispielsweise für abgelegene Orte mit sehr geringem Strombedarf. Doch auf die erheblichen und dynamischen Energiebedürfnisse der ermächtigten Welt angewandt, haben sie sich bislang als Desaster erwiesen.*
>
> *Dass das Stromnetz um Infrastrukturen für verschwenderische und unzuverlässige Sonnen- und Windkraft ergänzt wurde, hat die Kosten erhöht und die Zuverlässigkeit reduziert. Wo auch immer diese Energie in dem Ausmaß zur Anwendung kommt, wie es bislang der Fall war, leiden Menschen und Industrie.*
>
> *Aber ich kann schockierende Beweise für unvorstellbare Durchbrüche vorlegen, die dazu führen, dass sich dieser destruktive Energieparasit in einen überlegenen Ersatz verwandelt. Ich weiß, Sie haben keinen Grund, das zu glauben, aber hier sind die Fakten …*

So etwas fände ich durchaus hörenswert. Dergleichen kommt uns aber nicht zu Ohren.

Stattdessen erreichen uns (ausnahmslos, soweit ich mitbekommen habe) Vorhersagen einer Solar- und Windenergierevolution, die diese Energien bereits als überlegene Konkurrenten darstellen, deren Ende nicht abzusehen sei.

Der Nachrichtendienst Bloomberg ist groß darin, derartige Prognosen unter das Volk zu bringen. 2020 erklärte er uns: »Solar- und Onshore-Windkraft sind inzwischen für mindestens zwei Drittel der Weltbevölkerung die billigsten neuen Stromquellen und werden für die beiden altgedienten fossilen Brennstoffe Kohle und Erdgas eine zunehmende Bedrohung.«[13]

Dies ist eine Verleugnung der Realität.

Bei Leugnungen dieser Art taucht stets etwas auf, was ich »Teilkostenrechnung« nenne – es werden nicht die Gesamtkosten für Solar- und Windenergie berücksichtigt. Vergessen Sie niemals, dass es beim Energiegewinnungsprozess nicht nur darum geht, auf Primärenergie zuzugreifen, sondern diese auch in nutzbare, bedarfsgerechte Energie zu transformieren.

Solar- und Windenergie sind kostensteigernde, die Verlässlichkeit reduzierende Parasiten und nicht einmal ansatzweise dazu imstande, ein Stromnetz aus eigener Kraft heraus zu unterhalten. Die Gründe dafür habe ich bereits genannt.

Der einzige Weg, um überhaupt von Kostensenkungen sprechen zu können, besteht darin, nur einen Teil der Kosten zu betrachten – also nicht die Kosten für die Hochspannungsleitungen und ganz gewiss nicht jene für das 100-prozentig kontrollierbare Stromnetz, das zur Unterstützung der unzuverlässigen Energiequellen Solar und Wind nötig ist.

Eine beliebte Methode, um zu »Teilkostenrechnungen« zu kommen, besteht darin, nur die fallenden Preise für Solaranlagen in den Blick zu nehmen. Die bereits erwähnten massiven Kosten, die dafür anfallen, intermittierenden Strom aus Solaranlagen in ein zuverlässiges und bedarfsgerechtes Elektrizitätssystem zu integrieren, werden ignoriert. Behauptungen, die auf die rückläufigen Kosten für Solaranlagen verweisen, gehen zudem häufig mit ausgesprochen fragwürdigen Prognosen einher, diese Kosten würden weiter rapide und ohne absehbares Ende sinken. Doch solche Prognosen haben sich alsbald als falsch erwiesen, nachdem enthüllt wurde, dass der Preisverfall für Sonnenkollektoren vor allem auf Sklavenarbeit und umweltschädliche Praktiken in China zurückzuführen war und dass die Kollektoren aus strategischen Gründen mit Dumping-Methoden unter Inkaufnahme von Verlusten auf den Markt gebracht worden waren. Außerdem hatte man für die Herstellung von Solaranlagen günstige Elektrizität aus Kohle und großen Wasserkraftprojekten verwendet.[14]

Das ungeheuerlichste Beispiel für den Einsatz von »Teilkostenrechnungen«, um die reale Situation von Sonnen- und Windkraft zu leugnen, ist die Behauptung, viele Industrien und Digitaltechnologien seien bereits »zu 100 Prozent erneuerbar«.

Tatsächlich stehen in jedem Stromnetz dieser Welt Sonnen- und Windkraft in einem parasitären Verhältnis zu verlässlichen Quellen wie Kohle, Erdgas, Atomstrom und Wasserkraft, die bei praktisch keiner Definition als »erneuerbar« durchgehen.

Dennoch behaupten Konzerne wie Apple, Google, Facebook und viele andere, zu 100 Prozent mit erneuerbaren Energien zu arbeiten. Das ist jedoch nichts anderes als eine Form von Energiebilanzbetrug.[15]

Nehmen wir Apple, Weltmarktführer im technologischen Bereich und ein Unternehmen, dem die Menschen aus verständlichen Gründen vertrauen.

Seit einigen Jahren behauptet Apple unter großem öffentlichem Beifall, große Anteile seines Energiebedarfs, unter anderem für seine Rechenzentren, würden mit Strom abgedeckt, der zu 100 Prozent aus erneuerbaren Energien wie Solar und Wind stamme. »Apple wird jetzt weltweit mit 100 Prozent erneuerbarer Energie versorgt«, prahlte der Konzern 2018 in einer Pressemitteilung.[16]

Sie lesen eine derartige Mitteilung und werden aus nachvollziehbaren Gründen vermutlich denken, dass alles, was Apple tut, direkt mit erneuerbaren Energien betrieben wird und es sich dabei größtenteils um Solar- und Windkraft handelt.

Doch dies ist nicht einmal ansatzweise korrekt.

Es geht schon damit los, dass die Transportenergie, die Apple nutzt, um seine fertigen Produkte zu verschiffen und auf jeder Stufe seiner gewaltigen Lieferkette Materialien zu bewegen, aus Erdöl gewonnen wurde – wie bei allen anderen auch.

Der Konzern verwendet für Industriewärme fossile Brennstoffe.

Wenn Apple davon spricht, »versorgt« zu werden, bezieht sich das Unternehmen unaufrichtigerweise ausschließlich auf das Thema Elektrizität und lässt die

Tatsache, dass es für Transportzwecke und Wärme fossile Brennstoffe einsetzt, unter den Tisch fallen.

Und selbst im Bereich Elektrizität arbeitet Apple nicht ansatzweise mit 100 Prozent erneuerbarer Energie. Mit der heutigen Technologie und den heutigen wirtschaftlichen Zwängen wäre das vollkommen unmöglich – ganz besonders in China, wo Apple den Großteil seiner Geräte fertigen lässt und wo 64 Prozent des Stroms aus Kohle stammen.[17]

Wie nahezu jedes andere internationale Technologieunternehmen der Welt bezieht auch Apple den Großteil seiner Elektrizität aus verlässlichen Quellen wie Kohle, Erdgas, Atomstrom und Wasserkraft.

Wie kann Apple dann behaupten, zu 100 Prozent auf erneuerbare Energien zu setzen?

Das Unternehmen erkauft sich bei Stromproduzenten einen betrügerischen »100 Prozent erneuerbare Energien«-Status.

Üblicherweise funktioniert das so, dass Apple die Energieversorger dafür bezahlt, dass sie Apple Solar- und Windenergie anrechnen, die andere konsumieren. Damit wird anderen die Schuld an dem Kohle-, Gas- und Atomenergieverbrauch von Apple zugewiesen.

Das ist so, als wäre Apple-Chef Tim Cook mit neun weiteren Personen auf einer Jacht, die sich zu 90 Prozent per Dieselmotor und zu 10 Prozent segelnd fortbewegt, und Cook würde behaupten, er persönlich sei ausschließlich gesegelt, während die anderen den Dieselmotor genutzt haben.

Diese Betrugsmasche bei der Energiebilanzierung ist schändlich und zerstörerisch, denn sie lässt uns glauben, es könnte Innovatoren wie Apple ohne die einzigartig kostengünstige Energie geben, die wir aus fossilen Brennstoffen beziehen.

Doch die Konsequenzen sind noch schlimmer, denn ein Großunternehmen nach dem nächsten – beispielsweise Facebook, Google, die Bank of America oder der Brauereikonzern Anheuser-Busch – behauptet mittlerweile, es arbeite zu 100 Prozent mit erneuerbaren Energien.[18]

Der Umstand, dass Versprechen einer wunderbaren Zukunft der Solar- und der Windenergie mit unverhohlenen Lügen über den geradezu peinlichen aktuellen Zustand einhergehen, ist nur ein weiterer Grund, diese zurückzuweisen.

Man verlässt sich auf wirtschaftliche Errungenschaften wie ultrakostengünstige Langzeitspeicher, die es gar nicht gibt

Mit Blick auf die unglaublichen Behauptungen, Sonne und Wind würden ihren massiven realen Problemen zum Trotz fossile Brennstoffe rasch ablösen, hatten wir von zwei Verzerrungen gesprochen. Die zweite besteht darin, die wirtschaftlichen Errungenschaften, die diese Probleme rasch lösen werden, einfach zu erfinden.

Wie ich in Kapitel 5 gezeigt habe, sind unglaublich viele Innovationen und Umsetzungen notwendig, um etwas in der Praxis kostengünstig zum Laufen zu bringen. Daran ändert sich auch kaum etwas, wenn man bereits über einen Prototyp verfügt.

Doch die Behauptungen einer bevorstehenden Revolution bei Sonnen- und Windenergie fußen immer wieder auf zwei wirtschaftlichen Errungenschaften, die überhaupt nicht existieren und nicht einmal als Prototyp laufen.

Diese beiden inexistenten wirtschaftlichen Errungenschaften sind die hypothetischen Alternativen für steuerbare Energiequellen, die ich weiter oben erwähnt habe:

1. Man verlässt sich auf ein vielfältiges, weit verzweigtes und gewaltiges Netzwerk an Solarmodulen und Windrädern.
2. Man verlässt sich auf ein vom Menschen hergestelltes Speichersystem.

Hinter einem vielfältigen, weit verzweigten und gewaltigen Netzwerk an Solarmodulen und Windrädern steckt im Grunde nichts anderes als die Idee: »Irgendwo scheint immer die Sonne, und irgendwo weht immer Wind.« Wenn wir also ausreichend viele Langstrecken-Hochspannungsleitungen, Solaranlagen und Windräder bauen, lässt sich die ganze Welt permanent mit Solar und Windkraft betreiben.

Technisch betrachtet ist das richtig. Rein theoretisch gibt es auf der Erde stets ausreichend Sonnenlicht und Wind, um unseren kompletten Strombedarf zu stillen. Doch so ein Vorhaben wäre völlig unerschwinglich, was auch der Grund dafür ist, dass niemand es auch nur ansatzweise versucht hat.

Bedenken Sie nur: Wollen Sie sich auf nicht gespeicherte Solar- und Windkraft zur Stromerzeugung verlassen, müssten Sie in jeder Ecke der Welt ein Vielfaches dessen an Solaranlagen und Windkraftanlagen bauen als das, was die Region benötigt, sodass alle füreinander einspringen können, wenn an einem Ort nur wenig Strom aus Sonne und Wind produziert wird.

Des Weiteren bräuchte man ein globales Netzwerk leistungsstarker Hochspannungsleitungen, wie es bislang nicht existiert. Dieses Netz müsste zudem alles bisher Machbare übertreffen. Doch je länger die Übertragungsstrecken, desto mehr Elektrizität geht unterwegs verloren, was wiederum die Anforderungen an die Produktion erhöht.

Es gab Bemühungen in diese Richtung, aber sie endeten in einer Katastrophe. Denken wir nur an das einstmals viel gerühmte deutsche Projekt Desertec.[19]

Bei diesem Projekt ging es darum, sich die günstigen Bedingungen der Sahara zunutze zu machen, in der Wüste große Mengen an Solarstrom zu produzieren und diese dann zu den europäischen Verbrauchern zu transportieren. Anfänglich standen deutsche Industriegrößen wie Siemens und einflussreiche Institutionen wie die Deutsche Bank hinter dem Vorhaben. Ihre »Vision« sah so aus, dass in Nordafrika bis zum Jahr 2050 100 Gigawatt an Solarkapazitäten entstehen und via Hochspannungsgleichstrom-Übertragung bis zu 20 Prozent der europäischen Stromnachfrage abdecken sollten.

Diese Vision ist inzwischen längst aufgegeben worden, weil sie absolut nicht rentabel war.[20]

Und dann haben wir eine weitere wirtschaftliche Errungenschaft, die in Behauptungen zur Zukunft von Solar- und Windenergie auftaucht, in Wirklichkeit aber gar nicht existiert. Es geht um menschengemachte Speichersysteme.

Simpel ausgedrückt steckt dahinter folgende Idee: Wir bauen so viele Solaranlagen und Windturbinen, dass wir, wenn die Sonne scheint und der Wind bläst, wesentlich mehr Elektrizität produzieren, als wir benötigen. Dieser überschüssige Strom wird in einem gewaltigen Energiespeicher gespeichert, der beispielsweise auf Elektrobatterien basiert. Mangelt es dann irgendwann an Sonne oder Wind, holen wir uns den Strom einfach von dort.

Doch unseren Bedarf an Wärme und an mobiler Energie berücksichtigt dies kaum, auch nicht all die mobile Energie, die es braucht, um die Rohstoffe für

Solaranlagen, Windräder und Batterien zu fördern und zu transportieren. Doch abgesehen davon ist diese Idee technisch durchaus schlüssig.

Mit genügend Solaranlagen, Windrädern, Batterien und weiterer Infrastruktur wäre ein derartiges System technisch machbar.

Allerdings sollten wir nicht vergessen, dass es bei Energie nicht um die Frage geht, ob etwas technisch machbar ist, sondern ob etwas wirtschaftlich betrieben werden kann. Kann es Milliarden Menschen an Tausenden von Orten kostengünstig und bedarfsgerecht mit Energie versorgen?

Würden wir über unbegrenzt Zeit und andere Ressourcen verfügen, könnten wir theoretisch alle 8 Milliarden Erdenbürger mit einem Privatflugzeug ausstatten. Das tun wir aber nicht, weil es in der Praxis zu kostspielig wäre, und zwar dermaßen kostspielig, dass unsere Zeit dafür schlicht nicht ausreichen würde.

Dasselbe gilt für die Vorstellung eines autarken Systems von Solar- und Windenergie, das auf Speicherung beruht.

Wenn Sonnenlicht und Wind geringer ausfallen als normal, müssten Batterien unsere gesamten Energiebedürfnisse abdecken, und das über Tage oder sogar über ganze Jahreszeiten hinweg.

Doch seien wir mal gnädig und sagen, Sie benötigen Speicherkapazitäten für eine Woche.

Wie weit sind Batterien davon entfernt, dies leisten zu können?

Stellen wir eine Überschlagsrechnung mit ausgesprochen optimistischen Batteriepreisen für netzgebundene Energiespeicherung an (100 Dollar pro Kilowattstunde), dann würden allein die Batterien, die man bräuchte, um am heutigen globalen Verbrauch gemessen Energie für 7 Tage zu speichern, mehr als 300 000 Milliarden Dollar kosten – und das alle 10 Jahre, denn Batterien nutzen sich mit der Zeit ab.[21]

Das macht 30 000 Milliarden Dollar im Jahr – mehr als ein Drittel des gesamten Jahreseinkommens der Welt.[22]

Ich will es noch einmal wiederholen: Die genannten Zahlen sind unglaublich optimistisch angesetzt. Realistischer wäre vielleicht eine Einschätzung, die ich 2021 mit Elon Musk geteilt habe, nachdem er behauptete, wir könnten den globalen Energiebedarf allein mit Solaranlagen und »ein paar Batterien« abdecken. Ausgehend von den Zahlen, die Musk öffentlich für den Kauf und die Installation seiner »Megapack«-Batterien genannt hatte, kam ich zu dem Ergebnis, dass allein schon Energiereserven für 3 Tage 400 000 Milliarden Dollar kosten würden – also das 4,5-Fache des globalen BIP.

Hinzu kommen die Kosten für den Bau von ausreichend Solaranlagen, Windrädern und der Übertragungsinfrastruktur, die für ein derartiges Speichersystem benötigt wird. Und die Kosten, die dafür anfallen, den heutigen Bedarf an Wärme und Mobilität mit Elektrizität zu decken – also auch den Bedarf im Schwerlastbereich, etwa bei Frachtschiffen und Flugzeugen. Prototypen, die ausschließlich mit Strom betrieben werden, gibt es keinen einzigen.

Dass Sonnen- und Windkraft fossile Brennstoffe ersetzen, ist also kein fantastischer Durchbruch, sondern eine durch und durch unaufrichtige Fantasie – eine Fantasie, die dazu dient, eine gegen menschliche Eingriffe gerichtete, energiefeindliche Politik voranzutreiben.

Die falsche Begeisterung unseres energiefeindlichen Wissenssystems für Sonne und Wind

Es heißt, Solar- und Windkraft könnten fossile Brennstoffe bei der Stromerzeugung rasch ablösen, und womöglich auch noch bei weiteren Energiearten. Wir haben gesehen, dass derartige Behauptungen keineswegs auf bahnbrechenden Neuerungen beruhen, sondern darauf, 1) zu leugnen, dass Solar- und Windenergie aktuell nur eine sekundäre, parasitäre, zerstörerische und einzig auf die Stromerzeugung beschränkte Existenz führen, und 2) sich abhängig zu machen von inexistenten wirtschaftlichen Errungenschaften wie einem globalen Netzwerk mit zahllosen Solaranlagen und Windturbinen oder rentabel arbeitenden Langzeitspeichern.

Wir wissen, dass unser Wissenssystem menschliches Eingreifen grundsätzlich ablehnt und energiefeindlich aufgestellt ist, insofern können wir auf die Motivation schließen, welche dahintersteckt, wenn das Wissenssystem das Potenzial von Sonnen- und Windenergie stark verzerrt: Das energiefreundliche Lager soll für die Agenda gegen menschliches Eingreifen und für eine Politik der Energieeliminierung gewonnen werden, die auf fossile Brennstoffe, Atomenergie und Wasserkraft abzielt.

Zwei Fakten zeigen, wie falsch die Begeisterung, die unser Wissenssystem für das Potenzial von Sonnen- und Windenergie an den Tag legt, in Wirklichkeit ist. Denn da ist zum einen die Gleichgültigkeit, mit der unser Wissenssystem auf das Leid reagiert, das man durch die Begünstigung von Sonnen- und Windkraft der nicht ermächtigten Welt aufzwingt. Und zum anderen die Gleichgültigkeit, mit der unser Wissenssystem der zunehmenden mit Naturschutz begründeten Feindseligkeit begegnet (oder sich an ihr beteiligt), die rund um den Globus zahlreiche Solar- und Windprojekte ausbremst.

Mit vermeintlicher Begeisterung über das vermeintliche Potenzial »grüner« Energie erklären die Gegner fossiler Brennstoffe der nicht ermächtigten Welt, sie sollte die Stufe fossiler Brennstoffe überspringen und gleich auf Solaranlagen und Batterien umsteigen. Auf diese Weise könnte sie ihre Bevölkerung ermächtigen, ohne dabei CO_2-Emissionen zu produzieren. Diese Idee wird als aufregend und futuristisch verkauft.

Tatsächlich gibt es bislang keine groß angelegte Ermächtigung durch Solaranlagen und Batterien, wenngleich es in dieser Richtung manchmal nette philanthropisch motivierte Spenden für sehr begrenzte Aufgaben gibt, etwa um Taschenlampen zu betreiben oder kleine Digitalgeräte zu laden. Zwar werden die real existierenden Defizite von Solar- und Windenergie immer wieder offensichtlich, doch darauf reagieren jene, die vorgeben, das Potenzial dieser Energiequellen versetze sie in Begeisterung, nur mit Gleichgültigkeit.

Nehmen wir als Beispiel das Dharnai Solar Microgrid, ein hochgelobtes Projekt in Indien, bei dem auf Sonnenenergie und Speicher gesetzt wurde.

Das indische Dorf »Dharnai weigerte sich, den Produzenten fossiler Brennstoffe in die Falle zu gehen«, jubelte Greenpeace, und die Medien feierten Dharnai als »erstes indisches Dorf, in dem der gesamte Bedarf in allen Lebensbereichen mit Solarenergie betrieben wird«.[23]

Doch die Solarenergie ließ die Menschen von Dharnai im Stich. Das System war zu schwach für die Kochherde, den Mittelpunkt im Leben der Dorfbewohner, also nutzten sie weiterhin Holz und Dung.

Und was war mit den Aufgaben, bei denen die Solarenergie theoretisch tatsächlich nützlich sein könnte, etwa der Beleuchtung? Nach wenigen Stunden waren die Batterien leer.

Als der Ministerpräsident des indischen Bundesstaates zur feierlichen Einweihung des ausschließlich mit Solarenergie betriebenen Stromnetzes eintraf, begrüßten ihn Demonstranten, die »echte« anstelle dieser »falschen Elektrizität« verlangten.

Eine Woche später wurde Dharnai an das landesweite – mit Kohle betriebene – Stromnetz angeschlossen.[24]

Hier wie an vielen anderen Orten ist »grüne« Energie an der Aufgabe gescheitert, zur Ermächtigung der armer Bevölkerung beizutragen. Für eine Bewegung, die sich für den Menschen und für Energie einsetzt, wäre das Grund genug für große Besorgnis. Aber Greenpeace und andere begeisterte Anhänger »grüner« Energie ließen sich von diesem Fehlschlag nicht erschüttern, sondern setzen sich weiterhin dafür ein, die Kohle abzuschaffen, die die Menschen in Dharnai gerettet hat.

Wenn man den ärmsten Menschen der Welt vorlügt, sie könnten sich mithilfe von Sonnen- und Windenergie selbst ermächtigen, und dann auf das daraus resultierende Leid mit Gleichgültigkeit reagiert, zeigt dies echte Feindseligkeit und Abschätzigkeit kostengünstiger Energie gegenüber. Als einziges Motiv dafür ist das energiefeindliche und menschenfeindliche Ziel unseres Wissenssystems vorstellbar, Eingriffe des Menschen in die Natur zu eliminieren.

Ein letzter Beweis dafür, dass die vermeintliche Begeisterung für Solar- und Windenergie nichts als ein Deckmantel für ein energiefeindliches Ziel ist: Die Bewegung für grüne Energie reagiert gleichgültig auf die Feindseligkeit aus dem Lager der Umweltschützer, die rund um die Welt dermaßen viele Solar- und Windprojekte stoppen, oder beteiligt sich sogar an den Protesten.

Was Solar- und Windenergie, vom Grundkonzept gegen menschliche Eingriffe aus gesehen, so reizvoll macht, ist, dass sie »grün« sind, ihr Einfluss auf die Umwelt also nur minimal sein soll.

Da Solar- und Windenergie aber in nicht konzentrierter Form vorliegen, wirken sie sich sehr wohl auf die Natur und menschliche Entwicklungsprozesse aus, und zwar in vielerlei Hinsicht wesentlich mehr, als es fossile Brennstoffe tun.

Erfahren Menschen im Rahmen der Anti-Eingriffsstrategie mehr darüber, wie es bei den ach so »grünen« Solar- und Windenergien um Landnutzung, Rohstoffabbau und Abfallentsorgung bestellt ist, regt sich an vielen Stellen Widerstand gegen derartige Vorhaben – insbesondere dann, wenn die Projekte in ihrer Nachbarschaft vorgesehen sind.

Es gibt zahlreiche Beispiele dafür, dass Menschen, die sich leidenschaftlich für Solar- und Windenergie einsetzen, diese Projekte vor der eigenen Haustür nicht haben wollen. So lehnte die Kennedy-Familie ab, dass im Rahmen des Projekts Cape Wind vor der Küste von Cape Cod ein Windpark angelegt werden sollte, und in Kalifornien protestierten Aktivisten gegen Solaranlagen in der Colorado-Wüste, weil sich diese auf das Leben von Wüstentieren auswirken würde.[25]

In den USA erhält eine Bewegung Zulauf, die gegen neue Solarfarmen und Windparks ebenso protestiert wie gegen Langstrecken-Hochspannungsleitungen.

Dieser ganze Widerstand erhöht die realen Kosten von Solar- und Windenergie und würde einen wie auch immer gearteten raschen Ausbau entsprechender Kapazitäten selbst dann verhindern, wenn dieser rentabel vonstattengehen könnte.

Und dennoch ignoriert unser Wissenssystem diesen Widerstand aus dem Lager derer, die menschliche Eingriffe ablehnen, und sagt für Solar- und Windenergie eine Revolution vorher.

Dass sich im eigenen Lager Widerstand regt, scheint die Befürworter von Sonnen- und Windkraft nicht zu kümmern. Unbeirrt drängen sie weiter darauf, rasch aus fossilen Brennstoffen auszusteigen.

Es sei noch einmal wiederholt: Es geht nicht darum, die ultrakostengünstige Energie aus fossilen Brennstoffen durch etwas Überlegeneres zu ersetzen. Nein, Ziel ist es, die starke Auswirkung dieser Energie auf die Umwelt zu verhindern. Und das bedeutet, die Energienutzung zu stoppen.

Wenn wir uns nun weitere »grüne« Alternativen ansehen, müssen wir im Hinterkopf behalten, dass unser Wissenssystem energiefeindlich ausgerichtet ist und Fakten zu grünen Alternativen stets so verzerren wird, dass sich ein Ausstieg aus fossilen Brennstoffen (ebenso wie aus der Atomenergie und der Wasserkraft) rechtfertigen lässt. Selbst wenn diese Alternativen als Ersatz beträchtliches Potenzial aufweisen sollten, wird unser Wissenssystem sich mit der Begründung dagegen sperren, ihre Auswirkungen auf die Umwelt wären zu groß.

Die Wahrheit über Biomasse

Wir haben gesehen, dass unser Wissenssystem den aktuellen Stand und die Zukunftsaussichten seiner Flaggschiffprojekte Solar und Wind als Alternativen zu fossilen Brennstoffen stark verzerrt und feindselig auf Energieformen reagiert, die verhindern könnten, dass Solar- und Windenergie kostengünstiger Ersatz werden, falls sie das Potenzial dazu hätten, was definitiv nicht der Fall ist

Ähnliche Verzerrung und Feindseligkeit gibt es auch bei der zweitwichtigsten geförderten »grünen« Alternative: Biomasse.

Biomasseenergie wird aus pflanzlichen oder tierischen Stoffen wie Alkohol, Holz, Feldfrüchten, Ernteabfällen, Gras oder Dung gewonnen.

Beim Verbrennen setzt Biomasse CO_2-Emissionen frei, gilt aber oftmals als mehr oder weniger »CO_2-neutral«, weil Biomasse vor dem Verbrennen CO_2 absorbiert.

Zusammen mit Solar- und Windkraft soll Biomasse angeblich dabei helfen können, fossile Brennstoffe abzulösen.

Die Logik dahinter ist die, dass Biomasse halbwegs ähnliche Eigenschaften wie fossile Brennstoffe aufweist, denn auch sie speichert und verdichtet Energie, unter anderem auch in flüssiger Form.

Flüssige Biomasse wird begeistert als Ersatz von *Erdöl* angepriesen, also ausgerechnet dem fossilen Brennstoff, der am schwersten zu ersetzen ist. Biomasse kann durch Raffination oder Transformation in Alkoholkraftstoffe verwandelt werden, beispielsweise in Ethanol (ungefähr 50 Prozent der Energiedichte von Ölkraftstoffen) oder Methanol (ebenfalls ungefähr 50 Prozent der Energiedichte von Ölkraftstoffen), oder in pflanzliche Ölkraftstoffe wie Biodiesel (ungefähr 100 Prozent der Energiedichte von Ölkraftstoffen).

Bestehende Motortypen, die flüssigen Treibstoff auf Ölbasis verwenden, lassen sich deutlich einfacher an Biotreibstoff anpassen als an mobile Energie aus Batterien oder Wasserstoff. Biomasse kann auch zur Stromerzeugung genutzt werden. Weil viele Länder mit den unzuverlässigen Energieformen Solar und Wind hinter den Vorgaben für die Nutzung »erneuerbarer« Energien zurückbleiben, greifen sie auf Biomasse zurück und produzieren einen Großteil ihres Stroms durch das Verbrennen von Holz (aus Wäldern).

Biomasse ist vielseitig und deutlich vielfältiger als Solar- und Windkraft, was optimistische Vorhersagen über ihre Zukunft glaubwürdig erscheinen lässt.

Sehen wir uns aber an, wie es um die Realität von Biomasse heute und im Ganzen bestellt ist und was dahintersteckt, sehen die Chancen als Ersatz fossiler Brennstoffe nicht mehr ganz so vielversprechend aus.[26]

Für beträchtliche Teile der nicht oder kaum ermächtigten Welt bedeutet »Biomasse« nichts anderes, als dass mit Holz und Dung gekocht und geheizt wird. Das geht mit beträchtlicher Luftverschmutzung in geschlossenen Räumen einher und stellt natürlich ein Problem dar.

Moderne Biomasse produziert nur einen geringen Prozentsatz der benötigten Elektrizität und einen Bruchteil der im Mobilitätsbereich erforderlichen Energie – und dies nahezu ausschließlich in Regionen, in denen Biomasse stark subventioniert oder sogar vorgeschrieben wird. In den USA beispielsweise sind Tankstellen verpflichtet, Benzin zu verkaufen, dem mindestens 10 Prozent Ethanol beigemischt sind.

Warum spielt moderne Biomasse nur eine geringe Rolle, und warum wird sie überhaupt subventioniert, wenn der Großteil der Biomasse primitive und stark umweltverschmutzende Energie ist?

Dahinter verbirgt sich dasselbe Problem, das der Mensch seit jeher mit Biomasse hatte: Sie ist nur kostengünstig, wenn man sie nicht selbst anbauen muss, und lässt sich folglich nur äußerst schlecht skalieren.

Am günstigsten ist Biomasse dann, wenn bereits vorhandene Stoffe zum Einsatz kommen, welche die Energieproduzenten nicht extra anbauen müssen. Bei ärmeren Menschen handelt es sich zumeist um bereits gewachsene Bäume und Exkremente von Tieren, bei moderner Biomasse um Rest- oder Abfallprodukte aus anderen Prozessen, beispielsweise das Öl aus Fritteusen, um Erntereste und alkoholische Abfälle.

Ich erinnere mich an ein Treffen mit einem Unternehmer, der mir vorschwärmte, dass er Biotreibstoffe vertreibe und problemlos ölbasierte Kraftstoffe schlagen könne. Ich war fasziniert und fragte ihn, was sein Rohmaterial sei. Seine Antwort: »Alkoholabfälle aus der Bierproduktion.« »Großartig«, erwiderte ich. »Allerdings hoffe ich, dass die Menschen nicht dermaßen viel Bier trinken, dass die Alkoholabfälle ausreichen, um die Welt mit Strom zu versorgen.«

Aus diesem Grund stellt natürliche Biomasse oder Restbiomasse in sehr kleinem Maßstab oftmals die kostengünstigste Option dar – und das erklärt, warum die allerärmsten Menschen darauf zurückgreifen, obwohl ihre Nutzung mit schweren Nebenwirkungen (Luftverschmutzung in geschlossenen Räumen) einhergeht und das Roden von Wäldern natürliche Schönheit zerstört.

Doch was es auf der Welt an natürlicher Biomasse oder Restbiomasse gibt, reicht nicht einmal ansatzweise aus, um den aktuellen globalen Energiebedarf zu decken. Jeder Versuch, Biomasse zu skalieren, setzt also voraus, dass ständig neue Biomasse angebaut wird, was für gewöhnlich die Aufgabe von Landwirten ist.

Neue Biomasse ist stets sehr ressourcenintensiv. Es werden all jene Ressourcen gebraucht, die in der Landwirtschaft üblich sind, etwa große Mengen an Energie, Gerätschaften, Wasser, Dünger, Zeit und Boden. Und die Kosten liegen deutlich höher als die Kosten für die Nutzbarmachung natürlich verdichteter und gelagerter fossiler Brennstoffe.

Natürlich kann man auch nicht irgendeinen Boden verwenden. Ein Kohlekraftwerk oder einen Atomreaktor können Sie praktisch überall hinstellen, aber Biomasse benötigt kostbares Ackerland.

Dass wir mithilfe von Ackerland auf dieser Welt imstande sind, ausreichend Nahrungskalorien für 8 Milliarden Menschen zu produzieren, ist bereits eine

Errungenschaft. Doch in der ermächtigten Welt verbraucht der Mensch im Durchschnitt dutzendfach mehr Maschinenkalorien als Nahrungskalorien.

Es gibt nicht einmal ansatzweise genügend Ackerland, um dort so viel Energie zu produzieren, dass die Welt damit versorgt werden könnte.

Und je mehr wir uns anstrengen, mithilfe von Ackerland Energie zu produzieren, desto mehr werden die Kosten zu einem Problem werden, weil die beispiellose Nachfrage nach geeignetem Land die Preise in die Höhe treiben wird.

Und wie ist es um die Zukunft bestellt?

Rein theoretisch könnte Biomasse eine relativ wichtige Ergänzungsrolle übernehmen. Dazu müssten jedoch zwei Durchbrüche gleichzeitig eintreten:

1. Biomasse müsste auf riesigen Flächen extrem günstigem Land produziert werden können.
2. Auf diesem extrem günstigen Land müsste eine beispiellose Pflanzdichte erreicht werden.

Indizien dafür, dass auch nur eines von diesen beiden Zielen bald erreicht wird, habe ich bislang keine gesehen. Beachten Sie jedoch: Sollte dies doch der Fall sein, wird dies aller Wahrscheinlichkeit nach mit genetischer Manipulation von Nutzpflanzen oder einem anderen »unnatürlichen Prozess« einhergehen.

Wir können uns also darauf verlassen, dass die Bewegung für »grüne« Energie und unser Wissenssystem allgemein rasch zum Widerstand gegen Biomasse aufrufen werden, falls diese jemals in nennenswertem Umfang rentabel werden sollte.

Bereits heute ist zu beobachten, dass sich immer mehr Widerstand gegen bestehende Biomasseprojekte regt, denn den Menschen wird bewusst, dass Landwirtschaft zum Zwecke der Energiegewinnung starke Auswirkungen auf die Umwelt hat, nicht zuletzt wegen des enormen Landbedarfs und der Rodung zahlloser Bäume.

Unser gegen menschliche Eingriffe gerichtetes Wissenssystem rührt die Werbetrommel für eine (auf Betrug basierende) Zukunft von Solar- und Windenergie, hat jedoch in der Praxis mit wachsender Kritik an Solar- und Windvorhaben zu kämpfen. Ganz genauso entwickeln sich die Dinge beim Thema Biomasse – und der Widerstand wird nicht weniger werden, wenn es bei der Produktion von Biomasse bahnbrechende neue Errungenschaften geben sollte.

Wieder einmal haben wir es damit zu tun, dass unser Wissenssystem in seinem Bestreben, menschliche Eingriffe zu eliminieren, die Fakten zum Potenzial einer »grünen« Alternative stark verzerrt. Sollte dieses Potenzial aber tatsächlich existieren, würde das Wissenssystem es ablehnen.

Die Wahrheit über Erdwärme

Geothermische Energie oder Erdwärme ist eine weitere Quelle grüner Energie, der unser Wissenssystem eine zentrale Rolle für den Ersatz fossiler Brennstoffe zuweist. Während die Öffentlichkeit (langsam) erkennt, welche Probleme Sonnen- und Windenergie dadurch mit sich bringen, dass sie intermittierend sind, nimmt die Zahl der Fürsprecher von Erdwärme zu.

Bei der Erdwärme nutzt man die geologischen Wärmespeicher des Planeten dafür, direkt nutzbare Wärme zu produzieren oder mit dieser Wärme Elektrizität zu erzeugen.

Das Charmante an der geothermischen Energie ist, dass sie anders als Sonnen- und Windkraft auf einen natürlichen Energiespeicher zugreift. Das macht sie für eine verlässliche Energieproduktion viel geeigneter.

Hinzu kommt, dass umfangreiche praktische Erfahrungen aus Island vorliegen, wo Erdwärme in erster Linie zum Heizen von Wohngebäuden und zum Teil auch für die Stromerzeugung genutzt wird.

Dass Erdwärme in Island so gut funktioniert, wird gerne als Beleg dafür herangezogen, dass sie überall genutzt werden könnte. (Wie üblich wird dabei die Frage übergangen, wie sich fossile Brennstoffe im Bereich der Mobilität ersetzen lassen.)

Doch dass Erdwärme vor allem in Island genutzt wird, hat einen simplen Grund: Island hat eine einzigartige Disposition dafür.

Um effizient Hitze und Strom produzieren zu können, benötigen große Erdwärmekraftwerke geologische Wärmespeicher, die relativ nah an der Erdoberfläche Hitze oder Dampf abgeben.[27] Diese Vorkommen gibt es in Island, sie sind sonst aber selten. In den meisten anderen Regionen bewegen sich die Temperaturen in der Nähe der Erdoberfläche bei 10–15 Grad Celsius.[28]

Diese geologischen Einschränkungen sind der Grund dafür, dass geothermische Energie nur stark begrenzt skalierbar ist. Heute macht Erdwärme weniger als ein Prozent der globalen Energie aus. Nach aktuellem Wissensstand ist Erdwärme nicht ansatzweise ein skalierbarer und kurzfristig nutzbarer Ersatz für fossile Brennstoffe, und das in keiner Form.[29]

Allerdings gibt es bei Erdwärme einen Prozess, der eines Tages skalierbar werden könnte: »ultratiefe« Geothermie.

Der Gedanke dahinter ist, dass man sich durch viel tieferes Bohren in die Erde, als es bei herkömmlicher Erdwärme praktiziert wird, Zugang zu stark erhitztem und unter großem Druck stehendem Wasser verschafft, das besser für die Stromerzeugung geeignet ist.

Wenn man es schafft, kostengünstig so tief zu bohren und die Hitze aufzufangen (dazu sind Geräte mit einer unglaublichen Toleranz für Temperaturen und Druck erforderlich), wäre es vorstellbar, Erdwärme an weitaus mehr Standorten verlässlich zu beziehen, als es derzeit der Fall ist.

Wir reden hier von jener Art Potenzial, die Schlagzeilen wie »Hoch aufgeladene Erdwärme könnte den Planet mit Strom versorgen« hervorbringt und Behauptungen wie: »Die in den oberen 3 Kilometern der Erdkruste enthaltene Wärme würde ausreichen, um den weltweiten Energiebedarf Tausende Male zu decken.«[30]

Vergessen wir dabei aber eines nicht: Es gibt einen Unterschied zwischen einem Prototyp und einer großflächigen wirtschaftlichen Errungenschaft.

Testprojekte für ultratiefe Erdwärme begannen im Jahr 2000, die Bohrarbeiten an der ersten Prototypquelle 2005. Das war zunächst vielversprechend, doch dann stieß man auf geschmolzenes Gestein, mit dem das Bohrgerät nicht fertigwurde, und die Bohrung wurde aufgegeben.

Bohrungen an einem zweiten Prototyp begannen 2017, 12 Jahre nach dem ersten Prototyp. Das Langzeitziel – die Betonung hier liegt auf »Langzeit« –

besteht darin, diese bislang ungenutzte Energiequelle tief unter der Oberfläche von Island anzuzapfen und die Energie über ein mehr als 1100 Kilometer langes Tiefseekabel nach Schottland zu transportieren. Das bislang längste unterseeische Kabel ist gerade einmal halb so lang und liegt in flachem Gewässer, was bedeutet: Selbst die Übertragungsmethoden bei diesem Projekt mit ultratiefer Erdwärme sind spekulativ.[31]

Offenkundig unterhalten wir uns hier nicht über etwas, das in naher Zukunft fossile Brennstoffe ergänzen, geschweige denn in größerem Stil ersetzen kann.

Und dasselbe gilt für die anderen »grünen« oder »erneuerbaren« Alternativen, von denen man hier oder da mal hört, beispielsweise Kleinwasser-, Wellen- und Gezeitenkraftwerke. Sie alle sind noch viel weiter von einem rentablen Betrieb entfernt als Erdwärme. Zwar wird mit ihnen allen seit Jahrzehnten experimentiert, doch ihr Anteil an der globalen Energie ist so niedrig, dass man ihn getrost vernachlässigen kann.[32]

Was für Solarenergie, Windkraft und Biomasse gilt, gilt auch für Erdwärme: Selbst wenn sie irgendwann einmal ultrakostengünstig werden sollte, würde sich gewiss Widerstand in unserem energiefeindlichen Wissenssystem regen, weil sie unvermeidlich stark in die Natur eingreifen würde.

Fortschrittliche Geothermie beispielsweise arbeitet wie viele Öl- und Gasbohrungen mit Fracking, um Gestein aufzubrechen und Hitze freizusetzen. Glaubt jemand, Greenpeace und der Sierra Club würden sich nicht mobilisieren, wenn sich geothermisches Fracking ausbreitet? Gibt es ein Szenario, bei dem die feindselige Haltung gegenüber menschlichen Eingriffen nicht wachsen würde, wenn die Öffentlichkeit realisiert, dass bei der Tiefengeothermie teilweise mehr als 3000 Meter tief unter die Erdoberfläche gebohrt wird?

Bei Erdwärme gilt dasselbe wie bei all den anderen »grünen Alternativen«: Es gibt keinerlei Grund anzunehmen, dass es auch nur eine von ihnen in den nächsten Jahrzehnten mit fossilen Brennstoffen wird aufnehmen können, was die Versorgung von Milliarden Menschen an Tausenden Orten mit kostengünstiger, bedarfsgerechter, vielfältig einsetzbarer Energie anbelangt. Und es gibt allen Grund zur Annahme, dass sich mit der Begründung, sie würden einen »zu starken« Einfluss auf die Umwelt nehmen, sofort Widerstand regen würde, sollte es sich als realistisch erweisen, dass solche Alternativen auch nur ansatzweise als Teilersatz fossiler Brennstoffen fungieren können.

Tatsächlich ist unser gegen menschliche Eingriffe ausgerichtetes Wissenssystem auf genau diese Weise mit den beiden vielversprechendsten Alternativen zu fossilen Brennstoffen – Wasserkraft und Atomenergie – verfahren. Nun waren beide kein kurzfristiger und vollständiger Ersatz, aber doch ausgesprochen wichtige Ergänzungen. Und zumindest Atomenergie hätte langfristig zu einem überlegeneren Ersatz werden können.

Das unterdrückte Potenzial hydroelektrischer Energie

Bei hydroelektrischer Energie nutzt man zur Stromerzeugung fallendes Wasser. Haben Sie sich jemals in einem rasch fließenden Gewässer aufgehalten, so haben Sie eine Vorstellung davon bekommen, welch immense Energie fließendes Wasser entwickeln kann. Wasserkraftwerke verwandeln einen Teil dieser Primärenergie mithilfe einer Turbine in kostengünstige und verlässliche Energie – ähnlich wie ein Windrad, nur mit dem Unterschied, dass die Wasserturbine von einer wesentlich stärkeren und beständigeren Kraft angetrieben wird.

Wasserkraft produziert mehr als 6 Prozent der Energie weltweit – und zwar in Form von Strom und größtenteils kostengünstig.[33]

So wertvoll Wasserkraft als Energiequelle auch sein mag, ihre Skalierungsmöglichkeiten sind stark eingeschränkt, weil es an geeigneten Standorten mangelt. China und Brasilien sind hier weltweit führend, und die Bewohner dieser Länder erhalten viel Strom aus hydroelektrischer Energie, was in einer trockenen Region wie Nebraska nicht möglich wäre.[34] In den USA gäbe es theoretisch Potenzial für die Gewinnung hydroelektrischer Energie, doch Bemühungen um neue Dämme scheitern am Widerstand gegen menschliches Eingreifen in die Natur und daran, dass die Bundesregierung ihr Verbot weiterer Landerschließung ausgeweitet hat.[35]

Wasserkraft ist nicht imstande, die Welt mit Elektrizität zu versorgen, geschweige denn den künftigen Bedarf an allen Arten von Energie abzudecken, aber es gibt in vielen Regionen wesentlich mehr Möglichkeiten, Wasserkraft voranzutreiben. Angesichts der Bandbreite verbliebener staubarer Flüsse schätzt die Internationale Energieagentur, dass die Wasserkraft in Afrika um 92 Prozent und in Asien um 80 Prozent gesteigert,[36] und mit Wasserkraft weltweit bis zu viermal so viel Energie produziert werden könnte.[37]

Damit kommt hydroelektrische Energie als Ersatz für fossile Brennstoffe nicht in Frage, sie stellt aber eine sehr wertvolle Ergänzung mit Wachstumspotenzial dar.

Nun wissen Sie mittlerweile, dass sich der Widerstand gegen CO_2-Emissionen meistens auf das Anti-Eingriffskonzept zurückführen lässt. Sonst könnten Sie glauben, für all jene, die sich günstige und zuverlässige Energie ohne CO_2 zu wünschen behaupten, stelle Wasserkraft eine aufregende Perspektive dar und ein bis zu viermal höheres Angebot an kostengünstiger, zuverlässiger Wasserkraft ohne CO_2-Emissionen sei doch eine begrüßenswerte Aussicht.

Aber wir wissen nun einmal, dass sich hinter dem Widerstand gegen CO_2 großteils das Anti-Eingriffskonzept verbirgt, insofern überrascht es nicht, dass die meisten Gruppen, die fossile Brennstoffe bekämpfen, auch Wasserkraft ablehnen (manchmal als »Big Hydro« bezeichnet). Dieser Bannstrahl betrifft nahezu alle hydroelektrischen Energieprojekte weltweit.

Tatsächlich richtet sich der Widerstand nicht nur gegen einen Ausbau hydroelektrischer Energie, sondern auch gegen bereits vorhandene Kapazitäten. Aktivisten, die menschliche Eingriffe ablehnen, haben in den vergangenen Jahrzehnten so viele Wasserkraftwerke schließen lassen, wie es nur ging, ganz besonders große Staudämme. Dabei ging es ihnen nach eigenen Angaben darum, Fischarten und frei fließende Gewässer vor dem bösen Einfluss des Menschen zu bewahren.[38] Der Sierra Club führt auf seiner Website eine Liste seiner Erfolge, und dazu zählen Dämme, deren Bau sie verhindern oder die sie stilllegen lassen konnten.[39]

Warum? Die beträchtliche Auswirkung von Wasserkraft auf die Natur wird als inakzeptabel erachtet. Und daran ändert auch der Umstand nichts, dass Wasserkraft die CO_2-Emissionen beträchtlich senken könnte.

So räumt der Sierra Club beispielsweise ein, dass Wasserkraft »keine Luftverschmutzung oder Verschmutzung in Form globaler Erwärmung« produziert, fährt aber fort: »Wegen der Folgen, die große Dämme auf die Tierwelt und Wassereinzugsgebiete haben, unterstützt der Club keine großflächigen Wasserkraftvorhaben.«[40]

Erneut sehen wir, dass es der Bewegung für »grüne Energie« gar nicht um Energie geht, ja nicht einmal um kostengünstige, CO_2-freie Energie. Sie will Energie und andere menschliche Werte dem Idol einer Natur opfern, die frei von menschlichen Eingriffen ist.

Innerhalb der Bewegung für »grüne Energie« scheinen die Reihen derer, die die Folgen von Wasserkraft auf die Umwelt ablehnen, nicht völlig geschlossen, denn es finden sich im »100 Prozent Erneuerbare«-Lager auch Fürsprecher hydroelektrischer Energie.

Vielleicht am bekanntesten in dieser Riege ist Professor Mark Jacobson, Umweltwissenschaftler an der Stanford University. Er macht sich für »WWS« stark, wie er es nennt, also Wind, Wasser, Sonnenlicht, wobei Wasser die Schwankungen bei der Verfügbarkeit von Sonne und Wind kompensieren soll.

Weil er auf unerhörte Weise die Wahrheit verdreht hat, ist Jacobson (völlig zu Recht) stark in die Kritik geraten. So setzte er in seinen Modellberechnungen das Elektrizitätspotenzial von Flüssen um mehr als das Zehnfache zu hoch gegenüber dem erwiesenen Potenzial an, außerdem gab er zuversichtliche Prognosen ab, die auf Technologien beruhten, die selbst als Prototyp kaum existieren (beispielsweise Flugzeuge, die mit Wasserstoff fliegen).[41]

Hier jedoch möchte ich mich auf den Punkt konzentrieren, dass Jacobson und andere vermeintliche Befürworter von Wasserkraft nichts Nennenswertes unternehmen, um der gewaltigen Schar der Wasserkraftgegner innerhalb der Bewegung für »grüne Energie« entgegenzutreten. Zwar verkündet Jacobson weiterhin, dass die Welt problemlos ihren gesamten Energiebedarf mithilfe von Wind, Wasser und Sonnenlicht decken könnte, doch die Bewegung, der er angehört, sorgt dafür, dass dies physisch unmöglich ist (ganz abgesehen davon, dass dies auch aus wirtschaftlicher Sicht ausgeschlossen ist).

Es sei noch einmal betont: Der Bewegung für »grüne Energie« geht es einzig und allein darum, das Eingreifen des Menschen in die Umwelt zu stoppen. Um dieses Ziel zu erreichen, hat sie kein Problem damit, die Realität zu verzerren.

Das unterdrückte Potenzial von Atomenergie

Um Atomenergie zu erzeugen, nimmt man ein radioaktives Material – meistens Uran oder Plutonium (wobei Thorium ebenfalls einiges Potenzial gezeigt hat) – und stimuliert es so, dass die unermessliche Menge an Energie freigesetzt wird, welche die Atomkerne zusammenhält.

Ich habe wiederholt betont, dass fossile Brennstoffe anderen Energiequellen gegenüber im Vorteil sind, weil sie von Natur aus gespeichert, verdichtet und in großen Mengen vorkommen. Doch Atomenergie besitzt all diese Vorzüge in noch weit größerem Maße.

Dank seiner erstaunlichen Energiedichte ist Erdöl der Treibstoff für Mobilität schlechthin und das wohl wertvollste Material der Welt. Die Energiekonzentration von Uran ist über *eine Million* Mal so hoch wie die von Öl und zwei Millionen Mal so hoch wie die von Kohle. Weil die derzeitige Technologie aber noch nicht weit genug ausgereift ist, bringt es Uran in der Praxis bislang »nur« auf *viele Tausend* Mal so viel Energiedichte wie Öl und Kohle.[42]

Als wäre das Potenzial nicht so schon aufregend genug, kommen die Atomenergierohstoffe in der freien Natur noch wesentlich häufiger vor als fossile Brennstoffe. Insofern ließe sich Kernkraft massiv skalieren.

Aktuell dient Kernkraft vor allem zur Stromerzeugung, aber sie ist auch in den Bereichen Mobilität, Industriewärme und Heizwärme unerhört vielseitig.

Nehmen wir nur den Bereich Schwerlasttransport. Dort, wo Atomenergie zugelassen und eingesetzt wurde, was bislang vor allem in militärischen Anwendungen der Fall war, hat sie Erstaunliches geleistet. Moderne Flugzeugträger kommen 20 Jahre ohne Betankung aus, und der gesamte Treibstoff lässt sich auf vergleichsweise kleinem Raum lagern. Auch moderne Atom-U-Boote kommen Jahrzehnte ohne Betankung aus.[43]

Kernkraft weist nicht nur Potenzial für Schwerlasttransporte auf, sondern eindeutig auch für alle möglichen Formen von Wärme, darunter sehr starke Wärme für Industriezwecke.

Bei Kernenergie wird die Kernspaltung dafür genutzt, erhebliche Mengen an Wärme zu generieren, mit der dann eine Turbine betrieben wird, die Strom erzeugt. Aber es spräche nichts dagegen, diese großen Wärmemengen nicht auch für industrielle Zwecke oder für Privathaushalte zu nutzen.

Anders als Biomasse oder Wasserkraft kennt die Kernenergie keine natürlichen Einschränkungen, was ihren Umfang anbelangt. Sie lässt sich unbegrenzt nutzen, und weil der Treibstoff so hochgradig konzentriert ist, lässt sie sich überall einsetzen und hinbringen.

Kernenergie verfügt über alle möglichen ebenso plausiblen wie attraktiven Möglichkeiten.

Dies gilt noch mehr als für die Wasserkraft. Und wenn man nicht wüsste, dass das Anti-Eingriffskonzept unseres Wissenssystems den aktuellen Widerstand gegen CO_2-Emissionen großteils anführt, würde man Atomenergie für eine aufregende Möglichkeit halten, kostengünstig Energie ohne CO_2-Emissionen zu produzieren. Da wir aber über diesen Widerstand und seinen Hintergrund Bescheid wissen, wird es Sie nicht überrascht, zu erfahren, dass die überaus lautstarken Kritiker der CO_2-Emissionen aus fossilen Brennstoffen der Fortentwicklung von Kernenergie die meisten Steine in den Weg legen.

Wie ich in Kapitel 2 beschrieben habe, hat unser gegen menschliches Eingreifen ausgerichtetes Wissenssystem Kernenergie verteufelt und quasi kriminalisiert, indem es den Sicherheitsaspekt rationalisierte. Dabei ist Kernenergie in der Theorie und der Praxis die sicherste Form von Energie.

»Sicherheit« als Motiv dafür, Kernenergie abzulehnen, ist für die Kritiker menschlichen Eingreifens nur eine Nebelkerze, die von ihrer wahren Motivation ablenken soll: ihrem Hass auf Kernenergie, der darin begründet ist, dass diese die Natur auf eine Weise beeinflusst, die aus ihrer Sicht moralisch inakzeptabel ist.

Atomenergie ist die für den Menschen ungefährlichste Energieform. Doch nach der Anti-Engriffsideologie ist sie moralisch »gefährlich«, weil sie mit »unnatürlichen«, stark energiehaltigen und radioaktiven Stoffen und Prozessen operiert.

Das beste Beispiel für die gegen menschliche Eingriffe gerichtete Mentalität, die hinter dem Widerstand gegen Kernenergie steckt, ist die tiefe Aversion gegen die harmlose Lagerung radioaktiver Abfälle, weil die Lagerung »nicht naturgemäß« (also menschengemacht) ist und »zu lange dauert«. Die Union of Concerned Scientists, eine amerikanische Vereinigung von (besorgten) Wissenschaftlern, schreibt: »Auch wenn Kernbrennstoff in einem kommerziellen Reaktor nicht mehr gebraucht wird, bleibt er viele Tausend Jahre lang gefährlich radioaktiv. Daraus resultiert ein Entsorgungsproblem, das sich für politische Entscheider zu einer großen Herausforderung entwickelt hat.«[44] Und wie sieht die Realität aus? Der Energie- und Umweltexperte Michael Shellenberger erklärt: »Würde man sämtliche atomaren Abfälle aus amerikanischen Reaktoren auf einem Footballfeld ausbreiten, wäre es gerade einmal 15 Meter hoch bedeckt. Verglichen mit dem Abfall, den jede andere Form der Stromgewinnung erzeugt, ist diese Menge quasi null.«[45] Bei derart geringen Abfallmengen können diese sicher und bezahlbar vor Ort gespeichert werden, wie es heute bereits der Fall ist. Eines Tages können sie dann hoffentlich in moderneren Reaktoren erneut als Brennstoff dienen.

Dass der Mensch »unnatürliche« Dinge erschafft, die über einen sehr langen Zeitraum hinweg Bestand haben, bereitet Kernkraftkritikern, die menschliche Eingriffe ablehnen, große Sorge. Für den Rahmen des menschlichen Wohlergehens ist das kein Problem, zählt aber nach der Norm einer vom Menschen unbeeinflussten Natur zu den allerschwersten Sünden.

Das Anti-Eingriffskonzept versucht die Menschen davon zu überzeugen, dass Kernenergie an sich unmoralisch ist. Und entsprechend der Annahme von der sensiblen Mutter Natur muss etwas, das sich derart stark auswirkt und derart »unnatürlich« ist, *unweigerlich* in eine Katastrophe münden.

»Sicherheits«-Bedenken des Anti-Eingriffskonzept führten dazu, dass die Atomindustrie im Grunde zu einer staatlich geleiteten Branche wurde, und wie bei so vielen staatlich kontrollierten Branchen sind die Preise höher als anderswo.

Eine Aktivität kann potenziell noch so kostengünstig sein, mit den entsprechenden »Sicherheits«-Anforderungen wird sie irgendwann nicht mehr wirtschaftlich sein. Stellen Sie sich vor, Sie wären ein Softwareentwickler, der für seinen Arbeitgeber 200 000 Dollar im Jahr an Wert produzieren kann, der Staat aber schreibt vor, dass Sie einen fünfköpfigen Sicherheitsdienst benötigen, dessen Mitarbeiter pro Kopf 75 000 Dollar im Jahr kosten: Es wäre für keinen Arbeitgeber sinnvoll, Sie unter Vertrag zu nehmen. In einer ähnlichen Situation befindet sich die Kernkraft. »Sicherheits«-Auflagen wie ihre würden jede Energieform völlig ausbremsen. Dass die Kernkraft die sicherste von allen Energieformen ist, ändert daran nichts.

Insofern können wir nicht sagen, was Atomstrom ohne die pseudowissenschaftliche Opposition tatsächlich kosten würde. Und wir haben keine Vorstellung davon, was Kernenergie außerhalb des Stromsektors zu leisten vermag, doch es gibt Grund zur Annahme, dass Kernkraft ohne die Kriminalisierung langfristig imstande sein könnte, kostengünstig und bedarfsgerecht Energie zu produzieren, die eine bedeutsame Ergänzung fossiler Brennstoffe darstellt und diese eines Tages möglicherweise sogar ersetzt.

Stünden wir tatsächlich infolge steigender CO_2-Werte vor einer existenziellen Katastrophe, wäre eine plausible Reaktion zwingend der rasche Ausbau der Atomstromkapazitäten mithilfe der heutigen Technologie.

Aber selbst im Best-Case-Szenario ist Kernenergie Jahrzehnte davon entfernt, zur führenden Elektrizitätsquelle weltweit aufsteigen zu können. Und dass Kernkraft im Transportbereich ähnlich gute Lösungen wie Erdöl anbieten kann, ist noch weiter entfernte Zukunftsmusik.

Wie weit ist denn die Kernkraft überhaupt davon entfernt, die Energie (sämtliche Formen) aus fossilen Brennstoffen ablösen zu können? Sollte dieses Ziel bis spätestens Ende 2050 erreicht werden, müssten ab Januar 2022 Tag für Tag vier 1-Gigawatt-Reaktoren gebaut werden.[46] Zum Vergleich waren in den vergangenen 30 Jahren im Schnitt 540 Tage nötig, um die Atomkapazitäten um 4 Gigawatt zu steigern.[47]

Tatsächlich hat man die Kernenergie derart ausgebremst, dass die Menge an weltweit produziertem Atomstrom rückläufig ist.[48] Die gegen menschliche Eingriffe gerichtete Bewegung zeigt angesichts dessen gar keine oder nur wenig Besorgnis – schlimmer noch, sie treibt diese Entwicklung sogar voran. Das zeigt, dass ihr Ziel nicht darin besteht, möglichst viel Energie mit möglichst geringen CO_2-Emissionen zu produzieren, sondern darin, menschliche Eingriffe zu verhindern, und in deren Bereich fällt nun mal auch Energie.

Nachdem wir uns nun auch die letzte theoretische Alternative zu fossilen Brennstoffen angesehen haben, können wir zwei Schlussfolgerungen ziehen.

Erstens gibt es für die unvergleichlich kostengünstige Energieproduktion, die durch fossile Brennstoffe möglich ist, in naher Zukunft keinen Ersatz, bestenfalls Ergänzungen.

Zweitens richtet sich der Einsatz unseres Wissenssystems für »grüne« Energie in Wirklichkeit gegen Energie, denn er basiert auf der Anti-Eingriffsstrategie. Das alles überstrahlende Ziel besteht darin, menschliches Eingreifen in die Umwelt zu verhindern, und weil sämtliche Energieformen mit beträchtlichen Eingriffen einhergehen, findet diese Strategie Wege, sich gegen jede Energieform zu stellen, die auch nur ansatzweise wirtschaftlich betrieben werden kann. »Pro« ist sie nur, solange es um imaginäre Lösungsansätze geht, etwa um Solar- und Windenergie mit unbegrenzten Mengen an Batterien im Rücken. Ein solch vermeintliches Potenzial ist eine Erfindung, die uns dazu bringen soll, den Widerstand gegen fossile Brennstoffe, Kernenergie und Wasserkraft zu unterstützen.

Insofern stellt die Bewegung für grüne Energie und gegen menschliche Eingriffe eine Bedrohung für unsere Zukunft dar. Um ihre tödlichen, energiefeindlichen Ziele zu erreichen, verbreitet sie tödliche Lügen.

Wir können uns darauf verlassen, dass sie auch in Zukunft den Fakt leugnen wird, dass fossile Brennstoffe auf viele Jahrzehnte hinaus die einzige Quelle ultrakostengünstiger Energie sind – bezahlbar, bedarfsgerecht, vielfältig einsetzbar und auch bei wachsender Nachfrage für Milliarden Menschen an Tausenden Orten verfügbar. Und wir können uns darauf verlassen, dass sie sich gegen alles sperren wird, was wirklich kostengünstig funktionieren würde.

Das müssen Sie unbedingt im Hinterkopf behalten, wenn Sie vom nächsten »Durchbruch« bei alternativen Energien hören. Machen Sie sich bewusst, dass dieser Durchbruch vermutlich nicht ansatzweise so weit ist, wie es das Wissenssystem darstellt. Und wäre es ein echter Durchbruch, würde unser gegen menschliche Eingriffe ausgerichtetes Wissenssystem dagegen angehen.

Die Wahrheit über die CO_2-Sequestrierung

Wir wissen nun, dass es in den nächsten Jahrzehnten keinen skalierbaren Ersatz für fossile Brennstoffe geben wird und gewiss auch nichts, was es uns ermöglichen könnte, fossile Brennstoffe vor 2050 weniger oder womöglich gar nicht mehr zu nutzen, ohne dass es großflächig zu Verwüstung und Tod kommt.

Viele der Sorgen beim Thema fossile Brennstoffe drehen sich um CO_2-Emissionen, insofern liegt die Frage nahe: Können wir nicht weiterhin fossile Brennstoffe nutzen und das Kohlendioxid irgendwie mit technischen Mitteln einfangen?

Die Antwort: nicht auf wirtschaftliche Weise.

Es gibt zwei zentrale Vorgehensweisen, die bei der sogenannten CO_2-Sequestrierung (beziehungsweise CO_2-Abscheidung und -Speicherung) vorgeschlagen werden – die direkte Sequestrierung und die indirekte.

Bei der direkten Methode wird das CO_2 unmittelbar dort eingefangen, wo der fossile Brennstoff zum Einsatz kommt, etwa in den Schornsteinen eines Kohlekraftwerks. Ein Beispiel für direkte Sequestrierung sind Kraftwerke, die mit Kohle oder Erdgas betrieben werden und die entstehenden CO_2-Emissionen unmittelbar abscheiden und speichern.

Bei der indirekten Methode wird CO_2 unabhängig vom Standort auf der Welt aus der Luft gefiltert, um Emissionen auszugleichen, die bei der Nutzung eines fossilen Brennstoffs angefallen sind. Diese Vorgehensweise findet sich bei unzähligen Versionen der »Klimakompensation«.

Sowohl die direkte als auch die indirekte Methode spielen aktuell nur eine winzige Nebenrolle, was mit grundsätzlichen Kostenproblemen bei der Skalierung zu tun hat.

2019 beliefen sich die globalen CO_2-Emissionen auf mehr als 36 Milliarden Kubiktonnen.[49] Die CO_2-Menge, die direkt oder indirekt abgeschieden wurde, betrug ein Tausendstel dieser Menge.[50]

Warum?

Der Grund ist derselbe wie bei vielen anderen Prozessen, die ich besprochen habe: Das Verfahren ist in größerem Rahmen einfach zu kostspielig.

Sehen wir uns zunächst die direkte Sequestrierungsmethode an.

In größerem Maßstab empfiehlt sich aus physikalischer Sicht eher die direkte als die indirekte Sequestrierungsmethode. Bei der direkten Methode werden CO_2-Emissionen unmittelbar am Kraftwerk oder einer anderen Quelle herausgefiltert, also dort, wo die Konzentrationen besonders hoch sind. Physikalisch betrachtet ist es viel leichter, etwas abzuscheiden, das in hoher Konzentration auftritt, als etwas, das nur in geringer Konzentration auftritt. Das werden wir sehen, wenn wir die indirekten Air-Capture-Methoden für CO_2 betrachten.

Aber selbst die direkte Sequestrierungsmethode ist nicht einmal ansatzweise kostengünstig skalierbar.

Doch in kleinem Maßstab ist sie nicht nur kostengünstig, sondern sogar rentabel – wenn CO_2 direkt bei der Emission herausgefiltert und dann einem Industrieprozess zugeführt wird, bei dem das CO_2 genutzt wird und Unternehmen dafür bezahlen.

So bezahlen Ölbohrunternehmen für abgeschiedenes CO_2, denn sie können es in den Boden injizieren und auf diese Weise die Ölproduktion erleichtern, denn der Druck von CO_2 hilft, die Fördermengen zu erhöhen.

Bei diesem Prozess stoßen wir allerdings auf einen entscheidenden Grund dafür, warum keine Skalierbarkeit gegeben ist: Die weltweite Ölförderung ist begrenzt und hat nur für einen winzigen Bruchteil dessen Verwendung, was der Mensch insgesamt an CO_2 produziert.[51]

Vorschläge zur rentablen Abscheidung von CO_2 (und dann meistens zur industriellen Nutzung) leiden allesamt unter denselben Skalierungsproblemen.

Weltweit werden nur rund 230 Millionen Tonnen CO_2 industriell genutzt, während die Menschheit Jahr für Jahr Dutzende Milliarden Tonnen CO_2 produziert.[52] Insofern gibt es keinen Ansatz, wie man auch nur ein Prozent der globalen Emissionen gewinnbringend aus der Luft filtern könnte.

Könnte man die Emissionen aber nicht mit leichtem Verlust abscheiden? Dann wäre Energie aus fossilen Brennstoffen nur ein klein wenig teurer, und die CO_2-Emissionen würden wegfallen.

Es gibt keinerlei Belege dafür, dass sich dies großflächig umsetzen ließe.

Die Frage, wie man das CO_2 speichern soll, stellt bei der direkten Sequestrierung ein großes Problem im Hinblick auf Skalierungsmöglichkeiten dar, denn CO_2 ist ein Gas, das sehr viel Platz beansprucht.

Es gibt Vorschläge, CO_2 unterirdisch zu speichern, auf dem Meeresboden oder in einer anderen Form, die stabil ist und langfristig verhindert, dass das Gas wieder austritt. Erste Experimente, CO_2 in Gesteinsformationen einzuschließen, sind erfolgreich verlaufen.[53] Aber es gibt nichts, das einen ansehnlichen Anteil unserer jährlichen Emissionen aufnehmen könnte, ohne dass die Energiekosten massiv anstiegen.

Wenn wir über Skalierungsmöglichkeiten bei der direkten Sequestrierung von CO_2 reden, türmen sich, wie wir gesehen haben, eine ganze Reihe Hindernisse auf. Noch deutlich schlimmer ist die Situation bei der indirekten Sequestrierung von CO_2.

Sämtliche Methoden indirekten Herausfilterns haben mit dem Problem der physikalischen Dichte zu kämpfen, das ich bereits angesprochen haben: Sie versuchen, das CO_2 nicht aus einem Abgasstrom herauszufiltern, wo es stark konzentriert ist, sondern aus ganz normaler Luft, wo die CO_2-Konzentration sehr gering ist.

Die physikalisch eleganteste Methode, CO_2 aus normaler Luft herauszufiltern, ist die über Pflanzen. Deshalb pflanzen viele Programme zur »Klimakompensation« auch Bäume an oder stellen Mangroven und Salzmarschen wieder her, damit zumindest theoretisch der CO_2-Anteil in der Atmosphäre sinkt, anstatt weiterhin zu steigen.

Berechnungen, die belegen sollen, wie viel CO_2 diese Programme tatsächlich abscheiden, sind äußerst fragwürdig. Und je mehr Bäume wir ohne kommerzielle

Absichten anpflanzen, desto größer wird das Risiko neuer Brandkatastrophen, bei denen große Mengen an CO_2 freigesetzt werden. (Tatsächlich wurden bereits zahlreiche Klimakompensationsprogramme durch Brände zunichtegemacht.)[54]

Wenn wir Pflanzen dafür nutzen, CO_2 indirekt aus der Atmosphäre zu filtern, steht eines außer Frage: Dieser Weg lässt sich nicht so skalieren, dass er sich auf die globale Energienutzung anwenden ließe. Selbst wenn alles perfekt liefe, könnten die globalen CO_2-Emissionen nicht durch eine globale Anpflanzoffensive wettgemacht werden.

Es fällt leicht, wohlhabenden Menschen, die sich um CO_2-Emissionen sorgen, »niedrig hängende Früchte« in Gestalt von kompensierenden Baumpflanzinitiativen anzudrehen. Bewirken tut dies wenig, und wer diese wenig effektiven Anlagen kauft, hindert eigentlich ärmere Menschen daran, sie zu erwerben.

Weil durch Pflanzungen nur so wenig CO_2 indirekt aus der Atmosphäre gefiltert wird, wächst das Interesse an »Air Capture«. Bei diesem wirtschaftlich bislang völlig ruinösen Verfahren wird das CO_2 nicht bei Kraftwerken, wo es hoch konzentriert vorläge, aus der Luft gefiltert, sondern aus ganz normaler Luft.

Dass dies Verfahren wirtschaftlich bislang völlig untragbar ist, liegt am altbekannten Problem der indirekten Abscheidung: In der normalen Atmosphäre kommt CO_2 nur in sehr geringen Konzentrationen vor, folglich müssen viel Energie und viel Geld investiert werden, um CO_2 abzuscheiden.

Um dies zu beziffern: Islands führendes direktes Sequestrierungsprojekt berechnet pro Gallone Benzin umgerechnet 10 Dollar dafür, CO_2 aus der Luft zu filtern!* (Und einiges spricht dafür, dass selbst dieser Preis subventioniert ist, zudem werden die CO_2-Emissionen nicht mitgerechnet, die beim Aufbau und Betrieb des Projekts anfallen.)[55] Natürlich wäre so etwas selbst für die meisten Menschen in der ermächtigten Welt absolut unbezahlbar, aber was sollen Menschen beispielsweise in Gambia tun, die sich um ihre allererste verlässliche Stromversorgung bemühen.

Wenn wir uns in Erinnerung rufen, dass ein gewaltiges Maß an Innovationen und Errungenschaften nötig ist, um auch nur einen einzigen vielversprechenden

* Das entspricht etwa 2,40 Euro pro Liter. (Anm. des Verlags)

Prototyp in etwas Skalierbares zu verwandeln, und dass es für die CO_2-Sequestrierung aktuell keine vielversprechenden, potenziell skalierbaren Prototypen gibt, gelangen wir zu dem Schluss: Am Horizont ist nichts zu sehen.

Natürlich ist es legitim, sich mit solchen Projekten in Zukunft zu befassen, aber wir haben keinen Grund anzunehmen, dass eine weitere Nutzung fossiler Brennstoffe nicht auch mit weiteren CO_2-Emissionen einhergehen wird.

Es wird also auf absehbare Zeit nicht nur keine echten Alternativen zur Nutzung fossiler Brennstoffe geben, sondern auch zu CO_2-Emissionen.

Die weitere Nutzung fossiler Brennstoffe: ein fundamentaler und unersetzlicher Wert

Wir haben uns sämtliche Alternativen zu fossilen Brennstoffen frei von den Verzerrungen angesehen, die uns unser gegen menschliche Eingriffe gerichtetes, energiefeindliches Wissenssystem vorsetzt. Die Faktenlage ist eindeutig: Fossile Brennstoffe – inklusive der aus ihrer Nutzung resultierenden CO_2-Emissionen – sind als Quelle für die ultrakostengünstige Energie unersetzbar, und daran hat die Welt einen dringenden und zunehmenden Bedarf.

Ultrakostengünstige Energie ermöglicht extrem produktive Fähigkeiten in der Welt und die damit einhergehende unnatürlich hohe Lebensqualität. Aus diesem Grund ist auch für die Zukunft eine fortgesetzte und sogar *stärkere* Nutzung fossiler Brennstoffe unerlässlich.

Das ganze apokalyptische Gerede über die Nebenwirkungen, die fossile Brennstoffe auf das Klima haben würden, trifft in Wirklichkeit auf die Politik zu, die sich vorgenommen hat, diese Nebenwirkungen zu eliminieren.

Und dies gilt unabhängig davon, wie sich CO_2-Emissionen auswirken, und zwar selbst dann, wenn es sich bewahrheiten sollte, dass sie sich als apokalyptisch erweisen. Dieser Aussage sollten wir allerdings sehr skeptisch gegenüberstehen und uns vor Augen führen, was wir über die Möglichkeiten der Klimabeherrschung gelernt haben, die uns fossile Brennstoffe ermöglichen, und dass unser Wissenssystem die negativen Auswirkungen fossiler Brennstoffe unablässig zur Katastrophe aufbauscht.

Gelangt eine gut informierte Person, die mit einem promenschlichen Konzept agiert, zu der Einschätzung, CO_2-Emissionen seien katastrophal oder apokalyptisch, würde sie die Situation als beispiellose Tragödie ansehen, denn dieselbe Energiequelle, die den Planeten überhaupt erst lebenswert gemacht hat, wird ihn genau zu dem Gegenteil machen.

Aber dergleichen sehen wir bei unserem Wissenssystem nicht. Stattdessen weckt das Szenario, fossile Brennstoffe loszuwerden, allüberall zügellose Begeisterung.

Eingefangen wird diese Ansicht durch den folgenden Cartoon. Er zeigt, welche Folgen ein rascher Ausstieg aus der Nutzung fossiler Brennstoffe hätte.

Abbildung 6.4: So sieht unser Wissenssystem die Vorzüge fossiler Brennstoffe: trivial und leicht ersetzbar

© Joel Pett – USA TODAY NETWORK

Der Sprecher zählt all die positiven Dinge auf, die ein Ausstieg aus der Nutzung fossiler Brennstoffe hätte: »lebenswerte Städte«, »sauberes Wasser«, »gesunde Kinder« und »grüne Arbeitsplätze«. Negative Konsequenzen werden hier nicht angeführt, denn das Mainstream-Wissenssystem erklärt uns, wir würden keine Nachteile haben, wenn wir rasch aus fossilen Brennstoffen aussteigen.

Demzufolge wäre es lohnenswert, fossile Brennstoffe auch dann abzuschaffen, wenn sie in Wirklichkeit gar keine Klimaapokalypse verursachen. Daher auch die rhetorische Frage der Person im Publikum: »Was, wenn das alles ein großer Schwindel ist und wir eine bessere Welt für nichts schaffen?«

Bis in die allerhöchsten Machtpositionen hinein findet sich die Einschätzung, fossile Brennstoffe böten keinen echten Vorteil und daher ergäben sich auch keine echten Nachteile, wenn man sie eliminiert.

Nehmen wir beispielsweise John Kerry, der als Klimabeauftragter der Biden-Regierung größten Einfluss auf die Energiepolitik hatte und sagte:

> *Sollten die Worst-Case-Szenarien zum Klimawandel, all die düsteren Prophezeiungen, niemals eintreten, welchen Schaden hätten wir dann damit angerichtet, dass wir die Entscheidung getroffen haben, zu reagieren? Wir würden unsere Luft sauberer hinterlassen. Wir würden unser Wasser sauberer hinterlassen. Wir hätten unsere Lebensmittelversorgung sicherer gemacht. Unsere Bevölkerung wäre gesünder, weil weniger Feinstaub in der Luft wäre – und es fielen weniger Kosten für die Gesundheitsversorgung an. All dies würde geschehen, wenn wir uns geirrt und reagiert hätten.*[56]

Dass Milliarden Menschen nicht ausreichend Energie zur Verfügung haben, dass es schlecht um alternative Energien bestellt ist, dass der Widerstand »grüner« Kreise gegen Alternativen stark zunimmt, je wirtschaftlicher diese werden – all dies stört Kerry genauso wenig, wie es unser Wissenssystem stört.

Führungspersönlichkeiten wie Kerry »wissen« einfach, dass es gut ist, sich gegen Dinge zu stellen, die die Natur beeinflussen, also beispielsweise auch gegen CO_2-Emissionen. Das wissen sie, weil ihr Ziel darin besteht, menschliches

Eingreifen zu verhindern, und weil sie an die Annahme von der empfindlichen Mutter Natur glauben. Demgemäß brauchen wir einfach nur aufzuhören, die Umwelt zu beeinflussen, und schon haben wir uns vor der Katastrophe geschützt. Mutter Natur wird uns schon ernähren.

Wie sehr das Anti-Eingriffskonzept unseres Wissenssystems die Realität verzerrt, lässt sich auch daran ablesen, dass seine Befürworter den grundlegenden und unersetzlichen Nutzen einer weiteren Verwendung fossiler Brennstoffe als wertlos abtun.

Dieses Wissen, dass fossile Brennstoffe von grundlegendem und unersetzbarem Nutzen sind und dass das Anti-Eingriffskonzept zu derartigen Verzerrungen bereit ist, brauchen wir, wenn wir uns damit befassen, dass eine weitere Nutzung fossiler Brennstoffe mit einer einzigen Nebenwirkung einhergeht, die möglicherweise neue und ernsthafte Probleme aufwerfen könnte: dem Anstieg der CO_2-Werte.

Wir benötigen die Erkenntnis, dass eine weitere Nutzung fossiler Brennstoffe die unglaublich lebenswerte und immer lebenswerter werdende »ermächtigte Welt« ermöglicht, die Milliarden Menschen heute genießen und weitere Milliarden Menschen genießen möchten – eine Welt, die beispiellos ist, was ihr Angebot an Nahrung, an Sicherheit (inklusive beispiellosem Schutz vor Klimagefahren) und an Möglichkeiten angeht, Erfüllung zu finden.

Wir benötigen die Erkenntnis, dass diese Welt ohne fossile Brennstoffe für Milliarden Menschen größtenteils verschwinden und für die Milliarden, die nach Ermächtigung streben, endgültig außer Reichweite rücken würde. Vorschläge, aus fossilen Brennstoffen auszusteigen, garantieren aus Sicht des menschlichen Gedeihens eine Apokalypse.

Erinnern wir uns, was uns unser Wissenssystem unter der Annahme der empfindlichen Mutter Natur lehrt: Benutzen wir Energie und wirken damit auf den natürlichen Zustand des Planeten ein, ist dies als existenzielle Bedrohung zu werten. Dabei ist es genau andersherum: Wir sollten es als existenzielle Bedrohung werten, mithilfe ultrakostengünstiger Energie *nicht* massiv auf den Planeten einzuwirken.

Während sich die Erde keineswegs in einem empfindlichen Gleichgewicht befindet, trifft dies für die moderne, auf fossilen Brennstoffen basierende Welt durchaus zu, und zwar in einem sehr realen Sinn. Wird keine ultrakostengünstige Energie mehr produziert, hören unsere Maschinen zu arbeiten auf und wir müssen versuchen, diesen von Natur aus defizitären und gefährlichen Planeten mit unseren bloßen Händen wieder in den Griff zu bekommen.

Ein aktuelles Beispiel aus der Praxis ist die Tragödie, die sich in Venezuela abspielt. Venezuela gehörte einst vor allem aufgrund seiner Ölproduktion zu den wohlhabenderen Nationen Südamerikas und verfügte über ein gut funktionierendes Strom- und Kraftstoffbetriebsnetz, was den Menschen zahlreiche Möglichkeiten eröffnete, ihr Wohlergehen zu steigern. Doch als das Land auf eine sozialistische Politik umschwenkte, führte dies unter anderem zu einem Kollaps des Energiesystems. Als plötzlich all die Maschinen, die das Leben der Venezolaner unterstützt hatten, nicht mehr liefen, kamen Werte wie sauberes Wasser, reichlich Lebensmittel, bedarfsgerechte Wärme, die zuvor in großer Menge vorhanden zu sein schienen, größtenteils abhanden. Millionen Menschen flohen aus dem Land, und verloren durchschnittlich 11 Kilo, weil sie am Verhungern waren.

»Wir leben wieder im Mittelalter«, sagte ein Bewohner von Caracas.[57] Und warum leben die Menschen wieder wie im Mittelalter? Weil sie zur Natur zurückgekehrt sind. Sie haben sich auf ein natürlicheres Produktivitätsniveau zurückentwickelt. In einem solchen Leben verbringt man fast seine gesamte Zeit damit, das Allernötigste zusammenzubekommen. Zeit für anderes bleibt kaum.

Wenn wir nicht ins Mittelalter zurückfallen wollen, müssen wir bei sämtlichen Entscheidungen im Hinterkopf behalten, welchen grundlegenden Wert fossile Brennstoffe für die Lebensqualität auf unserer Welt haben.

Außerdem dürfen wir nicht vergessen, dass unser gegen menschliche Eingriffe gerichtetes Wissenssystem gefährlich ist und den wahren Wert fossiler Brennstoffe völlig verzerrt darstellt, um nur ein Ziel zu erreichen: Eingriffe des Menschen zu verhindern.

Der fundamentale, unersetzbare Wert fossiler Brennstoffe ist als Kontext ebenso wichtig wie die Tatsache, dass unser Wissenssystem die Realität verzerrt, wenn wir uns im nächsten Kapitel mit etwas befassen, was unser Wissenssystem zu einer katastrophalen oder apokalyptischen Bedrohung für unsere Zukunft erklärt hat: steigende CO_2-Werte.

Teil 3

Klima-Nebenwirkungen

7

Die ungeheure Macht der Klimabeherrschung durch fossile Brennstoffe

Wie man steigende CO_2-Werte bewertet

Nehmen wir eine Standortbestimmung vor.

Zweck dieses Buch ist es, Ihnen etwas zu bieten, was unser gegen menschliches Einwirken gerichtetes, energiefeindliches Wissenssystem nicht gewährleistet: eine umfassende Bewertung der Situation, wenn fossile Brennstoffe weiterhin genutzt werden, wobei sämtliche Pluspunkte und negativen Nebenwirkungen gleichermaßen betrachtet werden sollen – und das aus der Perspektive menschlichen Gedeihens.

In Teil 2 haben wir gesehen, dass unser Wissenssystem zwar die Vorteile einer fortgesetzten Nutzung fossiler Brennstoffe als trivial und leicht ersetzbar abtut, die ultrakostengünstige Energie, die uns dank dieser zur Verfügung steht, jedoch von *grundlegender* Bedeutung für die erstaunliche, unnatürliche Lebensqualität unserer Welt ist. Nicht nur wird es in den kommenden Jahrzehnten keine Alternativen geben, die fossile Brennstoffenergie *ersetzen* können, sondern es wird noch mehr davon benötigt, um die Welt für eine größere Gruppe von Menschen in einen lebenswerteren Ort zu verwandeln.

Wir haben herausgefunden, dass die Vorzüge ultrakostengünstiger Energie aus fossilen Brennstoffen nicht nur die Nebenwirkungen mehr als wettmachen, sondern auch die negativen Auswirkungen reduzieren und/oder im Lauf der Zeit neutralisieren. Wir können also damit rechnen, dass die Nebenwirkungen fossiler Brennstoffe mit der Zeit weniger und nicht mehr werden.

Eine eventuelle Einschränkung ist bei diesen Erwartungen dennoch zu erwähnen, und die besteht in den CO_2-Emissionen, die bei der Nutzung fossiler Brennstoffe anfallen und negative Auswirkungen auf das Klima haben könnten. Diese Emissionen sammeln sich 1) mit der Zeit (im Gegensatz zu anderen Emissionen, die sich rasch auflösen) und lassen sich 2) nicht mit aktuell existierenden oder in naher Zukunft zu erwartenden Methoden günstig reduzieren.

Insofern ist es von zentraler Bedeutung, beim Blick in die Zukunft die CO_2-Nebenwirkungen einzubeziehen, die eine weitere Nutzung fossiler Brennstoffe mit sich bringt. Genau dies wollen wir in diesem Textabschnitt tun, allerdings vor dem Hintergrund menschlichen Wohlergehens und nicht des Anti-Einwirkungskonzepts. Wie wir wiederholt gesehen haben, hat Letzteres unser Wissenssystem dazu getrieben, die Vorzüge fossiler Brennstoffe zu ignorieren und ihre Nebenwirkungen zu Katastrophen hochzuspielen. In beider Hinsicht hat das Wissenssystem, um sein Ziel zu erreichen, die Realität und den Stand der Forschung stark verzerrt.

Unser Wissenssystem erklärt uns, steigende CO_2-Werte würden die Lebensqualität unserer Welt völlig zerstören, und bläut uns dies mit einer solchen Vehemenz ein, dass vier von zehn Amerikanern der Behauptung zustimmen, die Wahrscheinlichkeit, dass die globale Erwärmung der Menschheit den Garaus bereiten wird, liege bei über 50 Prozent.[1]

Wie wir aber wissen, leugnet dasselbe Wissenssystem, das uns erklärt, dass steigende CO_2-Werte die Lebensqualität unserer Welt zerstören werden, die Tatsache, dass die beispiellose Lebensqualität von eben jenen fossilen Brennstoffen abhängt, die es abschaffen will. Und wir wissen, dass dasselbe Wissenssystem, das uns erklärt, dass steigende CO_2-Werte die Lebensqualität unserer Welt zerstören werden, seit 50 Jahren behauptet, irgendeine Nebenwirkung fossiler Brennstoffe werde die Lebensqualität unserer Welt zerstören, seien es nun erschöpfte Ressourcen, Umweltverschmutzung, Abkühlung, Erwärmung oder was auch immer.

Wir kennen aber auch den Grund für diese Verzerrungen, die unser Wissenssystem betreibt: das Anti-Eingriffsgrundkonzept.

Unser Wissenssystem gibt nicht zu, dass gemäß dem *Standard menschlichen Wohlergehens* die Lebensqualität unserer Welt dank fossiler Brennstoffe gestiegen ist, denn *unser Wissenssystem arbeitet nicht mit diesem Standard*, sondern mit dem der Eliminierung menschlichen Eingreifens. Das führt dazu, dass die wunderbare Welt, die fossile Brennstoffe erschaffen haben, ihrer Auswirkung auf die Natur wegen von unserem Wissenssystem als unmoralisch betrachtet wird.

Und unser Wissenssystem stellt weiter falsche Katastrophenprognosen auf, weil 1) unsere unnatürlich lebenswerte Welt, an dem Standard, menschliche Eingriffe zu eliminieren, gemessen, eine Katastrophe ist, und weil es 2) unter der Voraussetzung des Prinzips der »empfindlichen Mutter Natur« agiert. Dies führt zu der Annahme, dass die beträchtlichen Auswirkungen, die fossile Brennstoffe auf die Natur haben, definitiv ein (inexistentes) »empfindliches Gleichgewicht« zerstören – und uns gleich mit.

Die Tatsache, dass das Anti-Eingriffskonzept unser Wissenssystem zu systematischen Verzerrungen verleitet, bedeutet allerdings nicht, dass wir alle Bedenken beiseitelegen können, wenn die CO_2-Werte infolge der fossilen Brennstoffnutzung steigen, sondern, dass wir sicherstellen müssen, steigende CO_2-Werte dem menschlichen Wohlergehen gemäß und nicht dem Anti-Eingriffsansatz gemäß zu bewerten.

Ich hatte es in Kapitel 3 bereits angerissen und werde hier ausführlicher darauf eingehen: Um nach der Richtlinie menschlichen Wohlergehens eine angemessene Bewertung steigender CO_2-Werte vornehmen zu können, müssen drei entscheidende Variablen berücksichtigt werden – Variablen, die unser Wissenssystem entweder ignoriert oder verzerrt:

1. die Summe aller Vorzüge, die fossile Brennstoffe für das menschliche Wohlergehen bieten (das war der Schwerpunkt in Teil 2);
2. die Vorzüge fossiler Brennstoffe bei der Klimabeherrschung – Vorzüge, die mit steigenden CO_2-Werten einhergehen und zahlreiche negative Folgen für das Klima neutralisieren oder überwiegen könnten (Schwerpunkt dieses Kapitels);
3. die Auswirkungen steigender CO_2-Werte auf das Klima im Hinblick auf das menschlichen Wohlergehens, inklusive aller negativen, neutralen und positiven Auswirkungen (Schwerpunkt der Kapitel 8 und 9).

Wie sich die fossile Brennstoffnutzung insgesamt auf das menschliche Wohlergehen auswirkt

In Teil 2 haben wir uns sämtliche Vorzüge fossiler Brennstoffe angesehen. Das Fazit lautete: Der Vorteil einer weiteren Nutzung fossiler Brennstoffe besteht darin, dass auch in Zukunft kostengünstige, zuverlässige, vielfältig einsetzbare und global verfügbare Energie zur Verfügung steht und diese unseren von Natur aus defizitären und gefährlichen Planeten für Milliarden Menschen in einen wirklich lebenswerten Ort verwandelt. Wir benötigen diese Energie auch, um den Planeten für weitere Milliarden Menschen lebenswert zu machen.

Bei sonst gleichen Bedingungen *sollten wir also stark bestrebt sein, die globale Nutzung fossiler Brennstoffe drastisch zu erhöhen sowie alle bereits vorhandenen und vorgeschlagenen Einschränkungen aus dem Weg zu räumen, die über vernünftige Umweltschutzanordnungen hinausgehen.*

Nur eine einzige hypothetische Situation würde es rechtfertigen, die Nutzung fossiler Brennstoffe zu beschneiden oder schlimmstenfalls sogar rasch ganz einzustellen, und die träfe ein, wenn steigende CO_2-Werte, die aus den Emissionen fossiler Brennstoffe resultieren, derart katastrophale oder apokalyptische Klimaveränderungen in Gang brächten, dass es sich lohnte, die Katastrophe in Kauf zu nehmen, zu der Nutzungseinschränkungen fossiler Brennstoffe garantiert führen würden, oder die Apokalypse, die ein rascher Ausstieg aus fossilen Brennstoffen auslösen würde.

Die Nutzung fossiler Brennstoffe einzuschränken bedeutet für zahlreiche Menschen Energieentzug, und dieser wiederum, dass Millionen Menschen verhungern oder an Unterernährung sterben, die sonst nicht sterben würden. Es bedeutet, dass Milliarden von Menschen weiterhin mit Holz oder Dung heizen und kochen müssen. Es bedeutet, dass Milliarden von Menschen wesentlich weniger Möglichkeiten offenstehen, sich an sinnvoller Arbeit, ihren Familien, ihren Leidenschaften und an der Natur zu erfreuen. Und es bedeutet, dass sich das Fortschrittstempo für alle verlangsamt, folglich werden Sie oder Ihre Liebsten früher sterben müssen, weil die bestmögliche medizinische Behandlungsmöglichkeit noch nicht entwickelt werden konnte.

Und all das gilt bereits für eine bloße Einschränkung der Nutzung fossiler Brennstoffe. Ein rascher *Ausstieg* aus fossilen Brennstoffen hingegen, zu dem sich zahlreiche Länder offiziell verpflichtet haben, würde, sollte er tatsächlich umgesetzt werden, eine Regression ermächtigter Nationen zur Folge haben. Sie würden von einem Ort der Sicherheit und des Nahrungs- und Chancenreichtums in Armut, Anfälligkeit und Leid zurückfallen, auf ein tieferes Niveau als das Venezuelas.

Rufen wir uns in Erinnerung, welche Haltung unser Wissenssystem zum Ausstieg aus fossiler Brennstoffnutzung einnimmt: Er wäre in jedem Fall lohnenswert, selbst dann, wenn steigende CO_2-Werte keine Probleme bereiten würden.

Dabei wäre die richtige Einstellung, dass die Nutzung fossiler Brennstoffe zu beschränken (ganz zu schweigen davon, sie völlig einzustellen) für Milliarden Menschen derart verheerend wäre, dass es nahezu unmöglich ist, sich klimabezogene Probleme vorzustellen, die diesen Schritt rechtfertigen würden. Dies gilt umso mehr, weil die Gefahren für das Klima drastisch zurückgegangen und nicht angestiegen sind, als die Nutzung fossiler Brennstoffe und die CO_2-Werte zunahmen.

Noch schwieriger wird es, wenn die nächste Variable, die unser Wissenssystem ignoriert, ins Spiel kommt.

Wie die Klimabeherrschung von steigenden CO_2-Werten profitiert

Wie sich steigende CO_2-Werte auf das Klima auswirken, lässt sich nicht isoliert betrachten. Die Auswirkungen sind ein Effekt anhaltender Nutzung fossiler Brennstoffe, und wie ich in den Kapiteln 2 und 4 angedeutet habe und in diesem Kapitel ausführen werde, bedeutet die Nutzung fossiler Brennstoffe auch einen Zuwachs an Fähigkeiten, um Klimagefahren in den Griff zu bekommen.

Inwieweit Auswirkungen auf das Klima negativ oder positiv sind, hängt davon ab, wie es um unsere Klimabeherrschungskapazitäten bestellt ist. An Orten beispielsweise, wo es keinerlei Klimabeherrschung gibt, ist Schnee ein äußerst gefährliches Phänomen, das Lebensmittelvorräte vernichtet und zu Krankheit und Tod beiträgt. An Orten mit Klimabeherrschung hingegen – wie beispielsweise in Park City, Utah – stellt Schnee nicht nur eine viel geringere Gefahr, sondern sogar einen massiven Vorteil dar.

Unsere Fähigkeit, das Klima zu beherrschen, beeinflusst auch das Ausmaß negativer Klimafolgen. So ist ein Tag, an dem null Grad herrschen, für die meisten Zwecke an den meisten Orten kein guter Tag, stehen dort aber moderne Gebäude, die gut isoliert und mit fossilen Brennstoffen beheizt sind, ist diese Temperatur schlimmstenfalls eine Unannehmlichkeit. Und an nicht ermächtigten Orten kann sie den raschen Tod bedeuten.

Insofern können wir die Frage, wie die Folgen steigender CO_2-Werte für das Klima zu bewerten sind, gar nicht korrekt beurteilen, wenn wir uns nicht vorher klarmachen, welche Fähigkeiten in Sachen Klimabeherrschungskapazitäten vorhanden sind. Und dann wissen wir, welche Auswirkungen auf das Klima ernst zu nehmen sind und welche nicht.

Die Klimaauswirkungen steigender CO_2-Werte, ohne die Voreingenommenheit gegen Eingriffe

Haben wir ein Verständnis für die Vorzüge gewonnen, die steigende CO_2-Werte für die Klimabeherrschung mit sich bringen, müssen wir uns dasselbe Verständnis natürlich auch für die negativen klimatischen Auswirkungen –

auf die Temperaturen, Stürme, Dürren, Flächenbrände und so weiter – erarbeiten.

Und hierbei handelt es sich um eine Frage, die unser Wissenssystem anerkennt, ja, von der es geradezu besessen scheint. Doch eine angemessene Antwort setzt voraus, dass man aus der Perspektive menschlichen Gedeihens an diese Frage herangeht.

Demzufolge werden menschliche Eingriffe nicht als etwas von Natur aus Unmoralisches behandelt, wie es beim Anti-Eingriffskonzept der Fall ist, dessen Ziel ja die völlige Abschaffung menschlicher Eingriffe ist.

Um diese Frage zu beantworten, darf man nicht nur für negative oder neutrale Klimaauswirkungen offen sein, sondern muss es genauso auch für positive sein – zum Beispiel, dass es an gefährlich kalten Plätzen wärmer wird oder dass die Pflanzen besser gedüngt werden (CO_2 ist Pflanzennahrung).

Mit dem Rahmen menschlichen Wohlergehens zu arbeiten bedeutet darüber hinaus, dass menschliche Eingriffe in das Klima nicht automatisch als selbstzerstörerische Schritte des Menschen gelten, wie es uns die Anti-Eingriffsstrategen mit ihrer Grundannahme von der sensiblen Mutter Natur einreden, sondern es verlangt, den Fakten zu folgen und herauszufinden, in welcher Größenordnung sich die negativen, neutralen oder positiven Folgen derzeit bewegen.

Ich glaube, dass alle, die die Nebenwirkungen von fossilem CO_2 innerhalb des Rahmens menschlichen Wohlergehens bewerten, die Behauptungen unseres Wissenssystems, es drohe eine apokalyptische Klimagefahr, in Bausch und Bogen zurückweisen werden. Sie dürften zu derselben Schlussfolgerung kommen wie ich, nämlich dass der Beitrag, den fossile Brennstoffe zur Klimabeherrschung leisten, derart gewaltig ist und die tatsächlich zu erwartenden negativen Folgen von CO_2 derart begrenzt sind, dass eine Klimaapokalypse unmöglich ist – dass hingegen das mit Abstand wahrscheinlichste Szenario ein *anhaltender Rückgang der Klimagefahren, einhergehend mit all den weiteren Vorzügen, die die Nutzung fossiler Brennstoffe mit sich bringt*, ist. Und sie werden zu dem Schluss gelangen, dass die angekündigte Klimaapokalypse genauso wie die Katastrophenvorhersagen früherer Zeiten nicht auf einer objektiven, dem Menschen zugewandten Wissenschaft beruht, sondern auf einer durch die Anti-Eingriffsideologie verzerrten Wissenschaft.

Das gefährliche, vielfältige und dynamische globale Klimasystem

Steigen die CO_2-Werte, geht das mit Vorteilen für die Klimabeherrschung (siehe dieses Kapitel) und die Auswirkungen auf das Klima (siehe Kapitel 8 und 9) einher. Wenn wir diese wollen, müssen wir zunächst klären, was Klima grundsätzlich ist und wie es funktioniert.

Heutige Klimadiskussionen sind zumeist von einem sehr schlampigen Umgang mit klimabezogener Terminologie geprägt (dazu gehören auch Begrifflichkeiten wie »das Klima« und »Klimawandel«) und sind tendenziell von der Mutter-Natur-Empfindlichkeits-Hypothese durchtränkt, die uns lehrt, das Klima sei von Natur aus sicher und stabil, bis der Mensch kommt und es ruiniert.

Nehmen wir uns diese Punkte vor und sehen wir uns zunächst ein paar klare Begriffe an, die wichtig sind, wenn man unterschiedliche Aspekte des Klimas und unser Verhältnis zu ihm identifizieren will.

Diese Begriffe sind:

- *Atmosphäre:* das Gasgemisch rund um die Erde, das durch das Gravitationsfeld der Erde an Ort und Stelle gehalten wird. Die Atmosphäre besteht vor allem aus Stickstoff (78 Prozent) und Sauerstoff (21 Prozent) sowie deutlich geringeren Mengen an Argon (0,94 Prozent) und Kohlendioxid (0,04 Prozent). Die Atmosphäre ist ein faszinierendes fließendes System, das von der Sonnenhitze beeinflusst wird und mit den Weltmeeren sowie dem Pflanzenleben auf der Erdoberfläche interagiert. Aus dem Zusammenspiel entstehen rund um den Globus allc möglichen Arten lokaler Wetterbedingungen.
- *Wetter:* die atmosphärischen Bedingungen, die in einem bestimmten Gebiet zu einem bestimmten Zeitpunkt herrschen (insbesondere Temperaturen und Niederschlag).
- *Klima:* die langfristigen Wettertrends (normalerweise über einen Zeitraum von 30 Jahren hinweg) in einer bestimmten Region; beispielsweise welche

Temperaturspannen dort auftreten und wie häufig und in welcher Stärke es zu Niederschlägen kommt.

- *Klimazonen:* die Summe der verschiedenen Klimaregionen der Welt, von den heißesten Regionen Afrikas bis zu den kältesten Teilen der Antarktis sowie von den feuchtesten Regionen der Erde bis zu den trockensten.
- *Globaler Klimawandel:* eine signifikante Veränderung der globalen Klimazonen und der verschiedenen Unterzonen, beispielsweise eine bedeutsame Zu- oder Abnahme der Durchschnittstemperaturen rund um den Globus. Sprechen Wissenschaftler über »Klimawandel«, meinen sie den globalen Klimawandel. Ein klassisches Beispiel dafür ist der Auftakt beziehungsweise das Ende einer Eiszeit. So lagen bei der bislang letzten Eiszeit die Durchschnittstemperaturen 6 Grad Celsius niedriger als in der »Zwischeneiszeit«, in der wir uns aktuell befinden.[2]
- *Menschengemachte Klimafolgen:* eine durch menschliche Aktivität verursachte Einwirkung auf einen beliebigen Teil des globalen Klimas oder des Klimasystems insgesamt. Wenn wir über die Folgen steigender CO_2-Werte sprechen, ziehe ich »Einwirkung des Menschen auf das Klima«, »menschengemachte Klimafolgen« oder »Klimafolgen« Begriffen wie »Klimawandel« unbedingt vor. Der Begriff »Klimawandel« lässt offen, ob die Veränderungen durch den Menschen verursacht werden oder nicht. Außerdem benenne ich lieber die Größenordnung der »Klimafolgen«, spreche also von »mild« oder »katastrophal«, anstatt einfach nur über »Klimawandel« zu reden und dabei völlig offen zu lassen, ob man über sanfte oder verheerende Veränderungen spricht. Das beste Beispiel ist hier der beliebte, aber nichtssagende Refrain »Klimawandel ist real«.
- *Treibhausgase:* ein beliebter Begriff für eine Klasse von Gasen, die Infrarotstrahlung absorbieren und auf der Erde die Abgabe von Wärme in die Atmosphäre verlangsamen. Das mit Abstand wichtigste vom Menschen produzierte Treibhausgas ist Kohlendioxid (CO_2). Um der Einfachheit willen verwende ich in diesem Buch den Begriff »CO_2-Emissionen« als Synonym für »steigende CO_2-Werte« und »Treibhausgasemissionen« als Synonym für »steigende Treibhausgaswerte«.

- *Klimabeherrschung:* die Fähigkeit des durch Maschinenarbeit ermächtigten Menschen, Klimagefahren zu neutralisieren (beispielsweise Stürme durch Sturmwarnsysteme sowie den Bau robuster Gebäude) und/oder Klimavorteile zu verstärken (indem etwa starke Niederschläge in einem Reservoir gesammelt und später genutzt werden).

Nachdem wir diese Begrifflichkeiten geklärt haben, wollen wir drei Eigenschaften des globalen Klimas festlegen, die unser Wissenssystem verschleiert oder leugnet, wenn es das Klima nach dem Konzept der empfindlichen Mutter Natur darstellt: Das globale Klima ist von Natur aus 1) gefährlich, 2) vielfältig und 3) dynamisch. Dies zu verstehen ist unerlässlich, wenn man das Thema künftige Klimabeherrschung verstehen und begreifen will, welche Klimafolgen steigende CO_2-Werte künftig haben werden.

Gefährlich

Für gewöhnlich wird über »das Klima« vage und voller Zuneigung gesprochen, als wäre es ein sicheres Phänomen.

So beschreibt John Kerry die Atmosphäre als etwas, das ohne menschliche Einwirkung »die Wärme der Sonne einfängt und die Oberfläche der Erde auf eine ideale, lebenserhaltende Temperatur erwärmt«.[3]

Doch wie ich bereits in Kapitel 4 gesagt habe und später in diesem Kapitel weiter ausführen werde, ist das Klima für das menschliche Leben immer eine massive natürliche Bedrohung. In jeder globalen Klimazone kommen gefährliche Temperaturen, Dürren, Flächenbrände, Stürme, Fluten und dergleichen vor. Die Tatsache, dass vom Klima natürliche Gefahren ausgehen, hat für das Verständnis von Klimabeherrschung und Klimafolgen wichtige Implikationen.

1. *Wie sehr uns Klimabeherrschung heute hilft, sollten wir nicht als gegeben akzeptieren.* Dass man das Klima als sicher beschreiben kann, zeigt, welche unnatürliche Klimasicherheit wir dank der Klimabeherrschung genießen,

Und wenn es die Klimabeherrschung ist, die uns vor den massiven natürlichen Klimagefahren schützt, bedeutet dies, dass die Klimabeherrschung auch in Zukunft in erheblichem Ausmaß potenziell menschengemachte Klimagefahren zu neutralisieren vermag.

2. *Wir müssen sorgfältig darauf achten, Klimagefahren nicht zu Unrecht menschlichem Einwirken zuzuschreiben.* Da das Dogma besagt, das Klima sei von Natur aus sicher, ist es nämlich üblich, alle unerwünschten Klimaphänomene auf menschliches Einwirken zurückzuführen. Räumen wir jedoch ein, dass massive Klimagefahren ein naturgegebenes Phänomen sind, sind wir offen für die Möglichkeit, dass ein bestimmtes unerwünschtes Klimaphänomen nicht von uns verursacht wurde.
3. *Wir sollten den globalen Klimawandel, der potenziell auf menschliches Einwirken hin zustande kommt, nicht als Veränderung von »sicher« zu »gefährlich« ansehen, sondern als eine Veränderung von »gefährlich« zu »gefährlich«.* Man lehrt uns, »Klimawandel« als etwas Binäres zu betrachten, nach dem Motto: Wir hatten ein gutes Klima, haben es aber in ein schlechtes verwandelt. Berücksichtigen wir jedoch die naturgegebenen Gefahren des globalen Klimas, verstehen wir, dass signifikante Einwirkungen des Menschen keineswegs aus einem an sich sicheren globalen Klima ein unnatürlich gefährliches Klima machen, sondern dass der Mensch ein gefährliches globales Klima in ein anderes gefährliches globales Klima verwandelt. Das neue Klimasystem könnte alles in allem gefährlicher sein oder weniger gefährlich. Von vorneherein annehmen sollten wir weder das eine noch das andere.

Vielfältig

Über »das« Klima als einheitliches Phänomen zu reden ist weitverbreitet, etwa wenn Sätze fallen wie »Wir haben das Klima ruiniert« oder »Wir haben das Klima zerstört«.

Wenn designierte Experten liebevoll das »Holozän« diskutieren, die über 11 000 Jahre seit der letzten Eiszeit währende Zeitspanne, in der die Menschheit zu Wohlstand gelangte, stellen sie das Klima häufig als einheitliches Phänomen dar. Es ist bezeichnend, dass sie den modernen Wohlstand (den es in dieser Form erst seit ungefähr 200 Jahren gibt) auf ein 11 000 Jahre zurückliegendes »natürliches« Phänomen zurückführen, dabei lässt es sich direkt auf ein 200 Jahre altes, menschengemachtes Phänomen zurückführen: die explosionsartig gewachsene Nutzung fossiler Brennstoffe. Doch die verurteilen sie und wollen sie zerstören.

»Genau wie wir sind auch unsere Feldfrüchte an das Holozän angepasst«, sagt Bill McKibben, »also die 11 000 Jahre währende Phase stabilen Klimas, die wir nun hinter uns lassen.«[4]

McKibben stellt »das Holozän« als durchgängig erstrebenswerten Zustand für den Anbau von Nutzpflanzen und vieler anderer Dinge dar. Globaler Klimawandel bedeutet bei dieser Betrachtungsweise die Transformation eines durchgehend wünschenswerten Zustands in einen durchgehend unerwünschten Zustand.

Tatsächlich ist das globale Klima aber enorm divers und weist zu jedem Zeitpunkt eine Fülle erwünschter und unerwünschter atmosphärischer Bedingungen zugleich auf.

So ist das Holozän kein bestimmtes Klima, in dem irgendjemand gelebt hätte, sondern ein *Sammelbegriff für ein Klimasystem, das eine überaus diverse Spanne von Klimazonen abdeckt, in denen Menschen gelebt haben.* Allein die Vereinigten Staaten beherbergen alle nur vorstellbaren Klimazonen vom polaren Alaska über das wüstenreiche Kalifornien bis hin zu den Sümpfen Floridas.

Dass Klima dermaßen vielfältig ist, ist für unser Verständnis von Klimabeherrschung und Klimafolgen sehr wichtig.

1. *Wir sollten nicht unterschätzen, wie groß die Spanne an Klimazonen ist, die durch Klimabeherrschung lebenswert gemacht werden können.* Gedeihen wir bislang in einer großen Spannweite von Klimazonen, bedeutet dies, dass wir auch in Zukunft viele verschiedene Varianten lokaler und globaler Klimaveränderungen handhaben können.
2. *Wie auch immer der Mensch auf das Klima einwirkt, die Folgen werden vielfältig sein und unterschiedliche Klimazonen auf unterschiedliche Weise*

betreffen – bei einigen zum Positiven, bei anderen zum Negativen hin. Die Vorstellung, menschengemachte Klimafolgen wären durchgehend schlecht, basiert nicht auf wissenschaftlichen Erkenntnissen, sondern auf der Hypothese von der empfindlichen Mutter Natur. Es ist völlig unmöglich, dass menschliche Eingriffe in ein derart diverses System wie das globale Klima durch die Bank negativ sein können, auch wenn sie größtenteils negativ oder positiv sein könnten.

Dynamisch

Bei Debatten über den »Klimawandel« wird zumeist angenommen, dass das Klima stabil ist, bis der »Klimawandel« daherkommt und das Klima destabilisiert. So sahen wir, dass beispielsweise Bill McKibben das Holozän als »Phase stabilen Klimas« bezeichnete.

Zeigt sich in den statistischen Kurven zu den Klimazonen der Welt kein signifikanter allgemeiner Trend, können Klimaforscher mit Fug und Recht von einer »Phase stabilen Klimas« sprechen. Das ändert nichts daran, dass *das globale Klima, wie es die Menschen erleben, stets hochgradig dynamisch und niemals stabil ist.*

Der Grund dafür ist, dass Klima von Haus aus etwas Dynamisches ist.

Das Wetter innerhalb einer bestimmten Klimazone ändert sich von Tag zu Tag, von Monat zu Monat, von Jahr zu Jahr. Die Temperaturen schwanken um viele Grad, die Niederschlagsmengen variieren stark, es gibt größere Stürme und kleinere Stürme und so weiter.

Dass Klima in sich dynamisch ist, hat zwei wichtige Folgen:

1. *Wir sollten die Fähigkeit der Klimabeherrschung nicht unterschätzen, mit dynamischen Veränderungen umzugehen.* Dass die Menschheit trotz einer dynamischen Vielfalt an Klimagefahren aufblühen kann, bedeutet, dass wir auch in Zukunft mit einer breiten Spanne dynamischer Gefahren fertigwerden können.

2. *Menschliches Einwirken auf ein bestimmtes Klima innerhalb des globalen Klimas versetzt dieses Klima nicht von einem »stabilen« in einen »instabilen« Zustand, sondern eher von einer auf eine Weise dynamischen in eine auf andere Weise dynamische Spannbreite.* Eine Stadt wie Chicago erlebt im Laufe eines Jahres Temperaturen, die sich über eine Spanne von Dutzenden von Graden erstrecken. Eine Erwärmung um 1 Grad Celsius bedeutet nicht, dass Chicago nun »warm« ist, sondern dass die Temperaturen in Chicago bei einer einheitlichen Verteilung der Erwärmung nicht mehr von 28 Grad minus bis 35 Grad plus reichen, sondern von minus 27 Grad bis 36 Grad Celsius plus.

Klima ist nicht nur in sich dynamisch, sondern auch über die Zeit hinweg. Auch ohne menschliche Einwirkung durchläuft das Klima über lange Zeiträume hinweg dramatische Veränderungen. Vor rund 12 000 Jahren lebten die Menschen in einer Eiszeit, und das Gebiet, das heute Kanada ist, wurde von einem stellenweise 3 Kilometer dicken Eispanzer bedeckt. Und vor gerade einmal 20 000 Jahren lag der Meeresspiegel 100 Meter tiefer als heute.[5]

Auf örtlicher Ebene kann sich das Klima auch ohne menschliche Einwirkungen sehr rasch ändern. So gibt es paläoklimatologische Beweise, wonach zwischen dem 9. und dem 14. Jahrhundert in Europa eine Wärmephase herrschte, der eine Abkühlung folgte, die häufig als »Kleine Eiszeit« bezeichnet wird.[6]

Dass Klima im Verlauf der Zeit dynamisch ist, hat ebenfalls zwei wichtige Folgen:

1. *Wir können nicht annehmen, dass sämtliche Veränderungen des globalen Klimas zwingend auf menschengemachte CO_2-Emissionen zurückzuführen sind.* Wir wissen, dass andere, nicht menschliche Faktoren zu Klimaveränderungen beitragen, also müssen wir offen für die Möglichkeit sein, dass sie und nicht menschengemachte CO_2-Emissionen eine bestimmte Veränderung verursachen. Werden Veränderungen tatsächlich CO_2 zugerechnet, benötigen wir eine eindeutige kausale Erklärung, warum CO_2 sie ausgelöst hat und nicht andere Faktoren.

2. *Bei Prognosen sollte man bedenken, dass sich das Klima nur schwer modellieren und prognostizieren lässt.* Zahlreiche Faktoren tragen zu Klimaveränderungen bei, und das globale Klima ist ein unglaublich komplexes System, sodass es schwerfällt, Ursache und Wirkung sauber zu modellieren und genaue Prognosen zu treffen. Hören wir von Modellberechnungen und Vorhersagen, sollten wir nach Belegen für die Präzision fragen und welches Verständnis ihr zugrunde liegt, um zutreffende Modellberechnungen und Vorhersagen zu ermöglichen.

Wir verstehen nun einige wesentliche Grundzüge des Klimas und wissen, dass das globale Klima nicht sicher, einheitlich und stabil ist, sondern gefährlich, divers und dynamisch. Damit sind wir für die Beantwortung der beiden Fragen, die in diesem Teil des Buches gestellt werden, besser gerüstet. Sie lauten:

1. Wie gut ist die mit fossilen Brennstoffen betriebene Klimabeherrschung im Umgang mit den Klimagefahren, die uns Sorge bereiten – etwa Extremtemperaturen, Dürren, Flächenbrände, Stürme und Überflutungen? (Auf diese Frage gehe ich im weiteren Verlauf des Kapitels ausführlich ein.)
2. Wie wirken sich steigende CO_2-Werte aller Wahrscheinlichkeit nach auf unser von Natur aus gefährliches, vielfältiges und dynamisches Klima aus? Negativ, neutral oder positiv? (Auf diese Frage gehe ich in den Kapiteln 8 und 9 ein.)

Was kann Klimabeherrschung mit fossilen Brennstoffen leisten?

Wie gut lassen sich die Klimagefahren mithilfe fossiler Brennstoffe beherrschen? Diese Frage ist entscheidend, wenn wir die aktuelle Bedeutung von Klimagefahren für das menschliche Wohlergehen einschätzen wollen, die sich durch steigende CO_2-Werte ergeben. Und trotzdem zieht unser Wissenssystem diese Frage überhaupt nicht in Betracht.

Achten Sie einmal darauf: Haben Sie jemals in einer Mainstream-Diskussion über den »Klimawandel« gehört, dass sich jemand besorgt über die Möglichkeit geäußert hätte, dass die Restriktion fossiler Brennstoffnutzung die Klimagefährdung verstärken könnte, weil dann auch für die Klimabeherrschung weniger fossile Brennstoffe zur Verfügung stehen würden? Ich jedenfalls nicht.

Unser Wissenssystem blendet die real bestehende Möglichkeit, mithilfe fossiler Brennstoffe das Klima zu regulieren, auf zweierlei Weise aus.

Zum einen trivialisiert es Klimabeherrschung als bloße »Anpassung« – und die wird von unseren designierten Experten als verachtenswert und oberflächlich angesehen.

In seinem 1992 erschienenen Buch *Earth in the Balance* [auf Deutsch: *Wege zum Gleichgewicht: Ein Marshallplan für die Erde*] machte sich Al Gore über die Vorstellung lustig, wir könnten uns effektiv an steigende CO_2-Werte anpassen. Das spiegle »eine Art Faulheit [wider], ein arrogantes Vertrauen in unsere Fähigkeit, noch rechtzeitig reagieren zu können, um unsere Haut zu retten«.[7]

Eine eventuelle Anpassung wird so sehr abgetan, dass es als absolut akzeptabel gilt, Zukunftsprognosen abzugeben, die die menschliche Anpassung als Faktor ausdrücklich beiseitelassen. Mainstream-Einschätzungen zu künftigen Klimaschäden – und darunter sind Prognosen, die sogar das US-Umweltministerium verwendet – sprechen von einer Zukunft, in der es den Menschen nicht gelingen wird, sich an eine schrittweise wärmer werdende Umwelt anzupassen. Dies reicht bis zu absurden Vorhersagen, es werde in nördlichen Städten wie Chicago massenhaft Hitzetote geben, wenn sie sich auf das Niveau bestimmter Städte im Süden des Landes erwärmen – dabei zeigen die (anpassungsfähigen) Städte des Südens längst, dass das nicht zutrifft.[8]

Blendet man die Möglichkeit, sich an das Klima anzupassen, also das Klima zu beherrschen, aus oder trivialisiert sie, dann ist das so, als würde man über die Gefahren von Kinderlähmung sprechen, ohne dabei zu berücksichtigen, dass es eine Impfung gegen Kinderlähmung gibt.

Und wie sieht die zweite Methode aus, mit der unser Wissenssystem das Thema Klimabeherrschung durch fossile Brennstoffe übergeht? Wenn »Anpassung« überhaupt irgendein Wert beigemessen wird, dann steht dieser nicht im

Zusammenhang mit Energie, ganz zu schweigen mit fossilen Brennstoffen. In Bezug auf das Klima wird Energie als etwas bewertet, das ausschließlich über negatives Potenzial verfügt: Entweder sie schadet dem Klima (durch ihre CO_2-Emissionen), oder sie vermag nichts zu tun.

Dass das Mainstream-Wissenssystem Klimabeherrschung mittels fossiler Brennstoffe ungerechtfertigterweise verwirft, begründet es damit, dass *jeder Anpassungsversuch hinter der überwältigend negativen menschlichen Einwirkung auf das Klima zurückbleibt.*

Der Ökonom Paul Krugman, der mit dem Nobelpreis ausgezeichnet wurde, schreibt:

> *Es wird Generationen dauern, bis sämtliche Konsequenzen des Klimawandels zum Tragen kommen, aber auf dem Weg dorthin wird es bereits zahlreiche zeitlich und lokal begrenzte Katastrophen geben. Apokalypse wird das neue Normal sein – und genau das spielt sich aktuell direkt vor unserer Nase ab. … Die Gefahren des Klimawandels sind schon lange keine Zukunftsmusik mehr.*[9]

Wenn die »Anpassung« bereits heute von steigenden CO_2-Werten überrannt wird, ist die Annahme nur vernünftig, dass unsere Fähigkeiten der Klimabeherrschung in Zukunft noch weniger imstande sein werden, die Folgen in den Griff zu bekommen, denn weiter steigende CO_2-Werte werden noch deutlich schlimmere Konsequenzen haben. Wie Krugman schreibt: »Wir können den Schaden längst sehen, er ist aber nur ein kleiner Vorgeschmack auf den Horror, der vor uns liegt.«[10]

Doch die Idee, dass das Klima gefährlich ist und immer gefährlicher wird und wir mit unseren Klimabeherrschungsmethoden nicht dagegen ankommen, ist völlig falsch.

Wie ich in Kapitel 2 gezeigt habe, nehmen die CO_2-Konzentrationen seit 170 Jahren zu, sind die globalen Temperaturen um durchschnittlich 1 Grad Celsius gestiegen und die Klimagefahren in demselben Zeitraum drastisch zurückgegangen.

Klimagefahren lassen sich am besten abschätzen, indem man die Anzahl der Klimatoten zählt. In diese Statistik fließen Menschen ein, die aufgrund von extremen Temperaturen, Dürren, Flächenbränden, Stürmen und Überflutungen gestorben sind. (Die zweitbeste Orientierungsziffer sind Klimaschäden. Darauf gehe ich im weiteren Verlauf des Kapitels ein.) Und die Anzahl der Klimatoten ist im vergangenen Jahrhundert (dem einzigen Zeitraum, für den wir vernünftige Daten haben) *um 98 Prozent gesunken.*

Brechen wir das konkret herunter: Die Todesrate der 1920er-Jahre entspricht nach heutigen Maßstäben 1,77 Millionen Menschen jährlich, die durch klimabedingte Katastrophen sterben. Tatsächlich jedoch starben in den 2010er-Jahren durchschnittlich nur 18 000 Menschen im Jahr infolge klimabedingter Katastrophen.

Die Wahrscheinlichkeit, in einem gegebenen Jahr durch eine klimabedingte Katastrophe zu sterben, liegt bei etwa drei zu einer Million. Die durchschnittliche Wahrscheinlichkeit, in einem Verkehrsunfall ums Leben zu kommen, ist 42-mal so hoch (diese liegt etwa bei 115 zu einer Million).

Dass die Anzahl der Klimatoten so stark eingebrochen ist, auch wenn unser Wissenssystem es leugnet, hat zwei Konsequenzen:

1. Der Umstand, dass steigende CO_2-Werte mit einem dramatischen Rückgang der Klimatoten korrelieren, mag darauf hindeuten, dass die vermeintlich wissenschaftlichen Behauptungen, die die designierten Experten zum Anstieg von CO_2 und zu den damit einhergehenden furchtbaren und langfristigen Folgen für das Klima abgegeben haben, stark verzerrt sein könnten, genauso wie jene, die designierte Experten in der Vergangenheit zu schrecklichen Klimafolgen aufgestellt haben. Ob das zutrifft, werden wir uns in den Kapiteln 8 und 9 ansehen.

Abbildung 7.1: Die Nutzung fossiler Brennstoffe nimmt zu, die Zahl der Klimatoten bricht ein

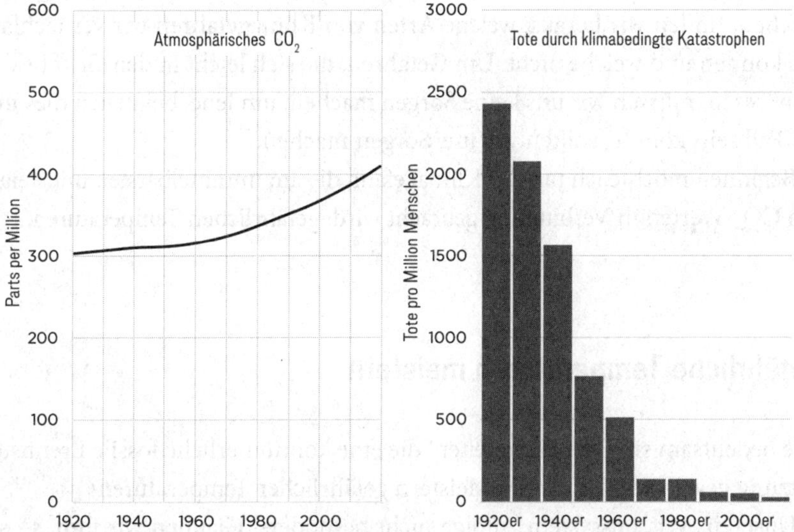

Quellen: Scripps Institution of Oceanography; EM-DAT; World Bank Data; Maddison Project Database

2. Klimabeherrschung dank fossiler Brennstoffe ist eine außerordentlich mächtige Kraft und kann massive natürliche Klimagefahren wettmachen. Ultrakostengünstige Energie aus fossilen Brennstoffen betreibt Maschinen, die beispiellosen Klimaschutz bewirken – von Baumaschinen, die wetterfeste Gebäude errichten, über Heizmaschinen, die bei Kälte Wärme produzieren, Kältemaschinen, die bei Wärme Kälte produzieren, und Bewässerungsmaschinen, die Dürren lindern, bis hin zu Kraftfahrzeugen, die es uns ermöglichen, im Notfall Gebiete zu verlassen.

In Wahrheit ist die Klimabeherrschung mithilfe fossiler Brennstoffe unerhört mächtig.

Um unterschiedliche künftige Klimafolgen von Temperaturanstiegen bis zu einem möglichen Anstieg des Meeresspiegels bewerten zu können, müssen wir allerdings verstehen, wie viel Klimabeherrschung durch fossile Brennstoffe *bei jeder einzelnen Art von Klimagefahr* erzielt wird.

Wenn wir uns die Auswirkung steigender CO_2-Werte auf das Klima genauer ansehen, finden wir heraus, welche Arten von Klimagefahren wir vernachlässigen können und welche nicht. Um Gefahren, die sich leicht in den Griff bekommen lassen, müssen wir uns keine Sorgen machen, um jene, bei denen dies nicht der Fall sein könnte, sollten wir uns Sorgen machen,

Beginnen möchte ich mit der Klimagefahr, die am unmittelbarsten mit steigenden CO_2-Werten in Verbindung gebracht wird: gefährlichen Temperaturen.

Gefährliche Temperaturen meistern

Wie bedeutsam sind die Fähigkeiten, die eine kontinuierliche fossile Brennstoffnutzung gewährleistet, für das Meistern gefährlicher Temperaturen?

Unserem Wissenssystem zufolge nicht besonders. Glauben wir ihm, so sind gefährliche – vor allem hohe – Temperaturen eine verheerende Gefahr, die bereits jetzt unsere kümmerlichen »Anpassungs«-Fähigkeiten übersteigt.

In Wahrheit aber sind gefährliche Temperaturen – die übrigens in erster Linie auf zu viel Kälte und nicht auf zu viel Hitze zurückgehen – eine viel kleinere Gefahr denn je. Und das hat mit zwei Faktoren zu tun: Klimabeherrschung dank fossiler Brennstoffe und einem mäßigen Anstieg der Temperaturen.

Entgegen der üblichen Darstellung befindet sich das globale Klima ohne menschliche Eingriffe keineswegs in einem empfindlichen Gleichgewicht, das ein Temperaturanstieg um einige Grad komplett ruinieren könnte. Denn die meisten Klimazonen bewegen sich in einer dynamischen Spannbreite häufig gefährlicher Temperaturen – wobei die Gefahren am unteren Ende der Spanne zumeist größer sind als am oberen Ende.

Nachfolgend finden Sie eine Grafik, die die Temperaturspannen von 1919 und 2019 in New York zeigt.

Wir sehen, dass die Spanne von 2019 nur leicht höher liegt, was etwas wärmere Tiefsttemperaturen und etwas höhere Höchsttemperaturen bedeutet. Der Anstieg bei den unteren Temperaturen ist größer als der bei höheren Temperaturen. Die Gründe dafür werde ich in Kapitel 9 erörtern.

Dessen ungeachtet gilt: Sowohl 1919 als auch 2019 mussten sich die Menschen mit einer großen Spannbreite von gefährlichen Temperaturen auseinandersetzen.

Abbildung 7.2: So erleben New Yorker eine globale Erwärmung um 1 Grad Celsius

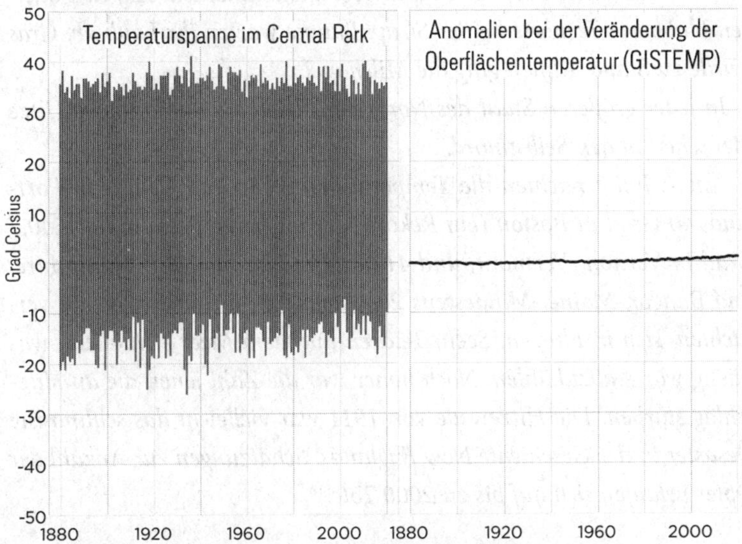

Quellen: NOAA National Centers for Environmental Information; NASA Goddard Institute for Space Studies

Bevor die Menschen über Maschinen verfügten, die mit fossilen Brennstoffen betrieben wurden und ihnen halfen, mit gefährlichen Klimabedingungen umzugehen, wurden sie von naturgegebenen gefährlichen Temperaturen überwältigt, sowohl von Hitze wie auch (und insbesondere) von Kälte.

Obwohl die CO_2-Werte beispielsweise 1911 bei angeblich sicheren 298 Parts per Million lagen, war dieses Jahr von Hitzewellen gekennzeichnet, die besonders tragisch waren, weil noch keine Klimaanlagen existierten.

Eine Geschichte der New England Historical Society fängt die Tragödie gut ein. Sie trägt die Überschrift »Die Hitzewelle von 1911 war so tödlich, dass die Menschen verrückt wurden«:

> *Im Juli 1911 tötete eine Hitzewelle in New England Tausende und brachte viele um ihren Verstand. …*
>
> *Während elf höllischer Tage fielen Pferde auf den Straßen tot um, und Säuglinge erwachten nicht mehr aus ihrem Schlummer. In Providence Harbor schwitzten Boote Pech und begannen zu lecken. Auf den Straßen blubberte Teer wie heißer Sirup. Bäume warfen ihr Laub ab, Gras wurde zu Staub, Kühen ging die Milch aus.*
>
> *In jeder größeren Stadt des Nordostens trieb die unerbittliche Hitze Menschen in den Selbstmord.*
>
> *Am 4. Juli erreichten die Temperaturen 39,5 Grad Celsius in Portland, 40 Grad in Boston (ein Rekord, der bis heute Bestand hat), 40,5 Grad in Vernon, Vermont, und 41 Grad in Nashua, New Hampshire, und Bangor, Maine. Mindestens 200 Menschen ertranken, als sie versuchten, sich in Flüssen, Seen, Teichen und dem Meer – in allem, was flüssig war – abzukühlen. Noch höher war die Zahl jener, die an Hitzschlag starben. Die Hitzewelle von 1911 war vielleicht das schlimmste Desaster in der Geschichte New Englands. Schätzungen zur Anzahl der Opfer belaufen sich auf bis zu 2000 Tote.*[11]

Noch schlimmer standen die Dinge in Europa. In Frankreich erlagen mehr als 40 000 Menschen einer Hitzewelle, darunter Tausende von Säuglingen.[12]

In der (angeblich zu heißen) ermächtigten Welt von heute ist diese Art Hitzetod unvorstellbar, denn wir setzen mit fossilen Brennstoffen betriebene Maschinen ein, um Vorrichtungen zur Isolierung herzustellen, und arbeiten mit modernen Klimaanlagen, die mit fossilen Brennstoffen betrieben werden. Hinzu kommt die ganze moderne medizinische Versorgung (betrieben mit fossilen Brennstoffen), die bei hitzebedingten Notfällen lindernd und heilend einzugreifen vermag.

In der nicht ermächtigten Welt hingegen stellen hitzebedingte Todesfälle auch heute noch ein großes Problem dar. Auch aus diesem Grund ist Ermächtigung eine moralischer Notwendigkeit.

Doch entgegen der Meinung, Erwärmung würde für die nicht ermächtigte Welt tödlich sein, könnte sie tatsächlich bei dem mit Abstand größten Temperaturproblem helfen, nämlich der Kälte.

So gefährlich sehr hohe Temperaturen auch sein mögen, sehr niedrige Temperaturen stellen seit jeher eine weitaus größere Gefahr dar und werden dies auch weiterhin tun. Selbst in Indien ist die Zahl der Kältetoten deutlich höher als die der Hitzetoten.[13]

Aus einer Studie über die 2 letzten Jahrzehnte geht hervor, dass die Anzahl von Menschen, die an Kälte gestorben sind, um ein Vielfaches höher ist als die Anzahl derer, die an Hitze gestorben sind.[14]

Vor der Ermächtigung in der Moderne brachten Kältewellen jedes Jahr zahlreiche Menschen um, indem sie ihr Immunsystem schwächten. War die Kälte besonders stark, kann man im Grunde von Massenmord sprechen.

1708/09 brach der Große Frost über Europa herein, ließ Seen und Flüsse und den Boden bis in ein Meter Tiefe zufrieren. Er dauerte 3 Monate. Das Vieh starb scharenweise, und den Menschen erging es kaum besser. In einer einzigen Nacht starben in Schweden 2000 Soldaten, während in Frankreich durch die Kälte und die darauffolgende Hungersnot schätzungsweise 600 000 Menschen ums Leben kamen.[15]

In der ermächtigten Welt von heute sind solche Ereignisse unvorstellbar, denn mit fossilen Brennstoffen betriebene Maschinen beschützen uns, indem sie uns in die Lage versetzen, extreme Temperaturen zu bewältigen.

Das außerordentlich hohe Niveau der Temperaturbeherrschung, das die ermächtigte Welt dank der fossilen Brennstoffe inzwischen erreicht hat, wirkt sich entscheidend auf die Einschätzung des zukünftigen Temperaturanstiegs aus.

Doch zuerst einmal muss die nicht ermächtigte Welt ermächtigt werden, damit auch sie sich den signifikanten Bedrohungen stellen kann, die mit den von Natur aus überall vorkommenden gefährlichen Temperaturen einhergehen.

Alsdann sollte man davon ausgehen können, dass die Erwärmung durch die steigenden CO_2-Werte an sich schon zu einem Sinken der Klimatotenzahlen führt, zumindest bis zu einem bestimmten, beträchtlich wärmeren Punkt – eben weil Kälte eine so viel größere Gefahr darstellt als Hitze. Dies gilt umso mehr, wenn wir berücksichtigen, dass die Aufwärmung des Planeten dazu neigt, sich in kälteren Regionen und zu kälteren Zeiten (im Winter und nachts) zu konzentrieren – also genau dort und dann, wenn die Gefahr, durch Kälte zu sterben, am größten ist. Mehr dazu in Kapitel 9.

Steigen die Temperaturen, weil die CO_2-Werte zunehmen, besteht rein theoretisch eine einzige Möglichkeit, wie dies zum Problem werden könnte – nämlich dann, wenn die Temperaturen endlos steigen und plötzlich außer Kontrolle geraten. Sollte es für ein derartiges Szenario Beweise geben (eine Frage, mit der ich mich in Kapitel 9 befasse), gäbe das in der Tat Anlass zu Besorgnis. Für den Augenblick will ich nur wiederholen: Die CO_2-Werte steigen seit 170 Jahren, und in diesem Zeitraum betrug die Erwärmung ein Grad Celsius. Folglich sind die heutigen CO_2-Werte nicht einmal ein Zehntel so hoch wie während des historischen planetaren Hochs – und diese Zeiten zählen zu den lebensfreundlichsten Abschnitten in der Geschichte des Planeten.

Hören wir Behauptungen, die Welt »überhitze« und im Vergleich zu den präindustriellen Zeiten sei ein Temperaturanstieg um 2 Grad Celsius zu erwarten (also nur ein Grad mehr als heute), sind wir mit Sicherheit gerade Zeuge davon, wie das Idiom von der empfindsamen Mutter Natur im Rahmen des Anti-Eingriffskonzepts wieder einmal dazu führt, die mit fossilen Brennstoffen betriebene Klimabeherrschung abzulehnen. In einer Welt, die das Klima immer besser beherrschen kann, wäre eine derartige Erwärmung für sich genommen komplett zu vernachlässigen, denn sie würde die Anzahl der Kältetoten aller Wahrscheinlichkeit nach stärker reduzieren, als die Zahl der Hitzetoten ansteigt. Dass unser Wissenssystem die Möglichkeit, Temperaturen in den Griff zu bekommen, konsequent leugnet, müssen wir bei Behauptungen »katastrophaler« zukünftiger Temperaturveränderungen im Hinterkopf behalten. In einem solchen Fall ist die Wahrscheinlichkeit groß, dass hier Klimabeherrschung geleugnet wird, denn sonst wäre eine Katastrophe nicht plausibel.

Sehen wir uns nun weitere Klimagefahren an. Lassen Sie uns mit der klimabedingten Gefahr beginnen, die historisch betrachtet am tödlichsten war: Dürre.

Dürre meistern

Wie hilfreich wird der weitere Einsatz von fossilen Brennstoffen sein, wenn es darum geht, Gefahren zu meistern, die künftig durch Dürre zustande kommen?

Wenn wir unserem Wissenssystem glauben, nicht besonders. Ihm zufolge war die Bedrohung durch Dürre noch nie so groß und übersteigt schon heute unsere kümmerlichen »Anpassungs«-Fähigkeiten.

Die Datenlage allerdings zeigt, dass die Menschen in der ermächtigten Welt besser vor Dürren geschützt sind, als es je zuvor in der Menschheitsgeschichte der Fall gewesen ist. Und selbst in der nicht ermächtigten Welt genießen die Menschen beispiellosen Schutz vor Dürren.

Dürrebedingte Tote waren einst die größte Gruppe unter den Klimatoten. Weltweit, also in der ermächtigten genauso wie in der nicht ermächtigten Welt, ist die Zahl jedoch im Verlauf der vergangenen 100 Jahre um unfassbare *99 Prozent* gesunken – und Lücken in den Daten sprechen dafür, dass der Rückgang in Wirklichkeit sogar noch höher ausgefallen sein könnte.[16]

Woran liegt das?

Es liegt daran, dass das Klima, geht es um Dürren, von Natur aus weitaus gefährlicher ist, als man es uns wissen lässt. Und es liegt daran, dass unsere Fähigkeiten, mithilfe fossiler Brennstoffe das Klima zu meistern, unvergleichlich viel bedeutsamer sind, als man es uns weismachen möchte. Dadurch haben wir bislang die massive Gefahr natürlicher Dürren ebenso in den Griff bekommen wie die Gefahr menschengemachter Dürren.

Obwohl das »natürliche« globale Klima als Nährstofflieferant dargestellt wird, der im Gleichgewicht ist und in ausreichenden Mengen Regen bietet, gibt es praktisch in jeder Klimazone dynamische und häufig unzureichende Niederschläge.

Dies führt zu Dürren, mit denen nicht ermächtigte Menschen nur schwer oder gar nicht zurechtkommen.[17]

Denken Sie nur an die Dürrezeiten, mit denen es die nicht ermächtigte Bevölkerung einst zu tun hatte. Von 1876 bis 1878 beispielsweise suchte eine lähmende Dürre dreizehn Provinzen in China heim. Die Lage war so schlimm, dass ganze Seen und Flüsse austrockneten. Zwischen 9 Millionen und 13 Millionen Menschen starben. Ein Beobachter schrieb: »Opfer stachen auf menschliche Leichname ein, gruben Tote aus, um sich von ihnen zu ernähren, tauschten sogar gegen Leichname ihrer eigenen Kinder Essen ein und brachten Menschen um, um an Essen für den Überlebenskampf heranzukommen. 40–50 Prozent der Bevölkerung sind des Hungertods gestorben.«[18]

Abbildung 7.3: Verstärkte Nutzung fossiler Brennstoffe, deutlich weniger Dürretote

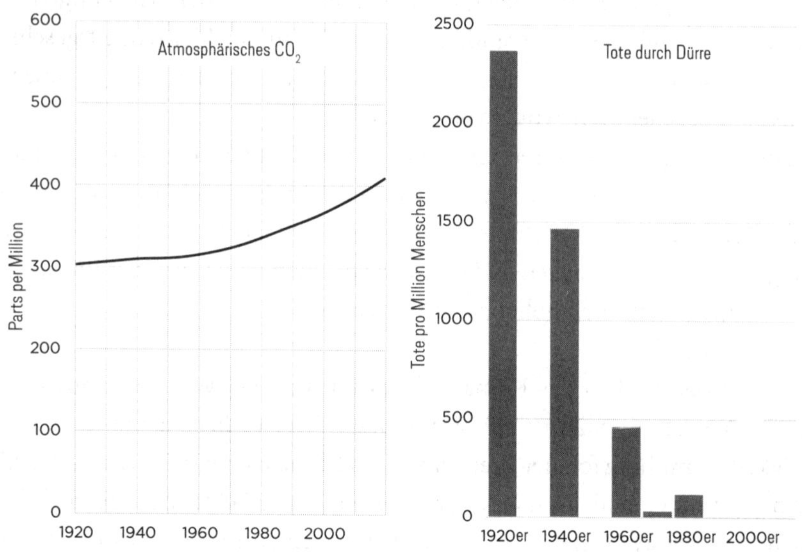

Quellen: Scripps Institution of Oceanography; EM-DAT; World Bank Data; Maddison Project Database

Dergleichen ist heute in der ermächtigten Welt nicht vorstellbar, ja nicht einmal in der nicht ermächtigten Welt. Weshalb?

Weil die ermächtigte Welt mit fossilen Brennstoffen betriebene Maschinen verwendet, mit denen sie die von Natur aus massive Dürregefahr meistern und der nicht ermächtigten Welt erheblich helfen kann.

Der beste Weg, Dürren mithilfe solcher Maschinenarbeit zu meistern, ist die Bewässerung.

Aus historischer Sicht ist mangelnde Wasserversorgung eine der tödlichsten Bedrohungen – und ist es in weiten Teilen der nicht ermächtigten Welt bis heute. Ohne ausreichend Wasser geht die Ernte ein, und die Menschen hungern.

Und hier kommen Bewässerungssysteme ins Spiel.

Bewässertes Land hat im Schnitt *mehr als dreimal* so hohe Erträge wie Land, das nur mit Niederschlägen versorgt wird. Manchmal kann sich die Bewässerung beim Wassertransport auf die Schwerkraft verlassen, wenn nicht, ist die künstliche Bewässerung sehr energieintensiv. Und dann ist es meistens Energie aus fossilen Brennstoffen, die das Wasser bewegt.[19]

Bewässerungssysteme arbeiten mit Geräten, die entweder elektrisch (meist auf fossilen Brennstoffen beruhend) oder mit Diesel betrieben werden, und erhöhen auf diese Weise sowohl die Wasserversorgung der Feldfrüchte selbst als auch ihre Verlässlichkeit.

Darüber hinaus kommen bei der Herstellung von Bewässerungssystemen unzählige Maschinen zur Anwendung, die mit fossilen Brennstoffen betrieben werden, sei es im Bergbau, in den Hochöfen oder in der Fertigung. Fossile Brennstoffe treiben ebenso Bewässerungsmaschinen an wie Maschinen für die notwendige Infrastruktur und machen die ermächtigte Welt auch dann zu einem unnatürlich guten Wirt für Feldfrüchte, wenn sich die Natur von ihrer unerbittlichsten Seite zeigt.

Bei der Bekämpfung von Dürren gibt es noch eine weitere Einsatzmöglichkeit für Maschinen mit fossilem Brennstoffantrieb, die ganz besonders für die nicht ermächtigte Welt von Nutzen ist: Transporte im Rahmen von Hilfsmaßnahmen.

Kommt es heute in einem armen Teil Afrikas oder Asiens zu schweren Ernteausfällen, können wir unser fossil betriebenes Transportsystem dafür nutzen, Lebensmittel von Orten mit Höchstproduktion an Orte zu bringen, die von der Dürre besonders in Mitleidenschaft gezogen wurden.

So stellten beispielsweise die USA 2017 knapp 170 Millionen Dollar an Dürrehilfe für Äthiopien und Kenia bereit. Ein Großteil des Geldes diente dazu, eine infrastrukturschwache Region im Osten Äthiopiens mit großen Mengen an Lebensmitteln zu versorgen. Um die Region zu erreichen, waren mit fossilen Brennstoffen betriebene Schwertransporte erforderlich.[20]

Geht die Nutzung fossiler Brennstoffe weiter und nimmt zu, wird man auch die Dürre weiterhin und immer besser beherrschen können.

Dürrebeherrschung ist ein derart mächtiges Werkzeug, dass es extrem schwerfällt, sich Klimaauswirkungen infolge steigender CO_2-Werte vorzustellen, die die Fähigkeiten einer ermächtigten Welt, sich vor Dürre zu schützen, übersteigen.

Das gilt umso mehr, wenn man berücksichtigt, dass eine weitere, zunehmende Nutzung fossiler Brennstoffe dazu dienen kann und wird, die ultimative Waffe zur Dürrebekämpfung zu verbessern: Entsalzung.

Bei der Entsalzung wird Meereswasser in Wasser umgewandelt, das getrunken und/oder für landwirtschaftliche Zwecke genutzt werden kann.

Die Sorek-Entsalzungsanlage in Israel arbeitet beispielsweise mit Umkehrosmose, einer Filtermethode, bei der eine Membran das Salz aus dem Meerwasser herausfiltert. Die Anlage deckt 10 Prozent des israelischen Trinkwasserverbrauchs und etwa 20 Prozent des landesweiten Wasserbedarfs ab.[21]

Welche Möglichkeiten Entsalzung eröffnet, hat vielleicht am besten der Comedian und Podcast-Host Joe Rogan erfasst. Als Behauptungen laut wurden, Kalifornien gehe das Wasser aus, sagte er: »Wir wohnen direkt am Ozean. Über was zur Hölle redet ihr also? Seht euch all das Wasser an. Wenn ihr darüber hinwegfliegt, dauert das einen ganzen Tag. Die Welt ist blau. Es gibt mehr Wasser als nicht Wasser. Wir haben ein Salzproblem, wir haben kein Wasserproblem. Saugt das Salz aus dem Wasser und es gibt eine gottverdammte Party.«[22]

Dank des massiven weltweiten Einsatzes fossiler Brennstoffe wird diese Party immer größer.

Auch wenn dieser Fakt gemeinhin ignoriert oder geleugnet wird: Bei der Abwägung, inwieweit sich steigende CO_2-Werte künftig negativ auf das Thema Dürre auswirken könnten, dürfen wir das mächtige Instrument Dürrebeherrschung durch fossile Brennstoffe nicht vergessen. Hören wir von »katastrophalen« Dürren, die uns in Zukunft drohen, wird aller Wahrscheinlichkeit nach wieder einmal die Klimabeherrschung geleugnet.

Wie sollten wir über Klimaschäden nachdenken?

Bevor ich bewerte, wie es um die fossil betriebene Klimabeherrschung bei Flächenbränden, Stürmen und Überflutungen bestellt ist, muss ich nach den klimabedingten Todesfällen eine weitere Art der Klimagefahr ansprechen, nämlich Klimaschäden.

Die größte Gefahr bei Flächenbränden sind nicht so sehr die Todesfälle, sondern vielmehr die Schäden, die sie an unserem Besitz – unserem Zuhause, unseren Tieren oder unseren Ernteerträgen – anrichten.

Auch bei Stürmen und Überflutungen spielen Schäden eine beträchtliche Rolle. Meiner Ansicht nach gibt es fünf zentrale Tatsachen, die wir bei der Bewertung klimabedingter Schäden im Hinterkopf behalten sollten. Für gewöhnlich werden sie von unserem Wissenssystem geleugnet, weil es insgesamt leugnet, welche Macht Klimabeherrschung mithilfe fossiler Brennstoffe zu entfalten vermag.

1. **Schäden sind ein wichtiger Aspekt, aber nicht so wichtig wie Tote.** Sachschäden können erheblich sein, aber im Gegensatz zum Tod kann man sich von ihnen erholen, indem ermächtigte Orte ihre extremen produktiven Fähigkeiten für den Wiederaufbau und Reparaturen einsetzen oder nicht ermächtigten Orten beim Neuaufbau helfen.

   Spricht unser Wissenssystem heute über Klimagefahren, geht es meistens um Schäden, nicht um Tote. Wie ich zeigen werde, liegt das auch daran, dass sich Daten leicht so verzerren lassen, dass man behaupten kann, Klimaschäden würden aufgrund der Nutzung fossiler Brennstoffe auf unheilvolle Weise zunehmen. Fossile Brennstoffe hingegen für einen Anstieg der Klimatoten verantwortlich zu machen lässt sich mithilfe manipulierter

Daten nur schwer bewerkstelligen. Es ist eine Schande, aber die Front derer, die von einer Klimakatastrophe sprechen, ignoriert fast geschlossen den Fakt, dass die Anzahl der Klimatoten rasch abnimmt, anstatt ihn zu berücksichtigen und in ihre Überlegungen zu integrieren.

2. **Schäden sollten prozentual zum Vermögen oder Einkommen veranschlagt werden, nicht in absoluten Zahlen.** Häufig wird behauptet, die Schäden durch Flächenbrände, Stürme oder Überflutungen würden in absolut messbaren Zahlen zunehmen. Demnach haben beispielsweise Flächenbrände 2020 mehr Immobilienwert vernichtet als 1920.

   Das versteht sich aber von selbst, denn 2020 gab es wesentlich mehr wertvolle Immobilien als 1920.

   Was wir wirklich wissen möchten, ist, wie viel Vermögenswert im Vergleich zu dem zerstört wurde, was vorhanden und im Entstehen war.

   Spreche ich also über Schäden durch Flächenbrände, Stürme und Überflutungen, dann nehme ich als grobes Maß den Prozentsatz, den sie vom BIP ausmachen. Solange Klimaschäden sich auf einen niedrigen Prozentsatz des BIP belaufen, sind sie nicht katastrophal und schon gar nicht apokalyptisch.

3. **Steigende Schäden hinzuzunehmen kann eine vernünftige und sichere Entscheidung sein.** Wird der Mensch produktiver und wohlhabender, kann es eine rationale Entscheidung sein, an einem Ort zu leben, an dem ein größerer Teil unseres Vermögens bedroht ist. Vielleicht möchten wir lieber näher an Wäldern leben, auch wenn dort das Feuerrisiko höher ist, oder wir wollen näher an der Küste leben, auch wenn dort die Gefahren durch Stürme und Überflutungen höher sind.

   Derartige Risiken können in einer ermächtigten Welt, in der zerstörtes Eigentum mithilfe von Maschinenarbeit rasch wiederaufgebaut werden kann, rational angegangen werden. Anders ist es in der nicht ermächtigten Welt, wo ein einziger Sturm ein ganzes Lebenswerk zunichtemachen kann, das auf manueller Arbeit beruht. (Unabhängig davon, dass dann die ermächtigte Welt enorm beim Wiederaufbau hilft.)

Wir sehen also, dass selbst dann, wenn die Statistiken wachsende Schäden anzeigen, dies nicht unbedingt ein Zeichen für unzulängliche Klimabeherrschung sein muss. Es kann sogar auf eine bessere Klimabeherrschung hindeuten.

4. **Dass die Schäden zunehmen, kann an staatlichen Rettungsmaßnahmen liegen.** Schadenszuwachs lässt sich rational erklären, die Politik reagiert jedoch, wie ich finde, häufig irrational und unterstützt katastrophenanfällige Gebiete mit großen finanziellen Mitteln. Ein Beispiel dafür sind problematische Orte wie New Orleans, die vom Staat Katastrophenhilfe erhalten. Mit diesem Wissen im Hinterkopf beschließen dann viele Menschen, sich in Risikogebieten anzusiedeln, obwohl dies eigentlich keinen Sinn ergibt. Aber ihnen ist bewusst, dass im Fall der Fälle jemand anderes die Rechnung übernimmt.

   Wenn wir uns Zahlen zu Katastrophenschäden ansehen, müssen wir bedenken, dass ein Großteil Letzterer womöglich gar nicht auf mangelnde Klimabeherrschung zurückzuführen ist, sondern auf politische Maßnahmen und Rettungsprogramme.

5. **Eine gegen menschliche Einwirkung und Klimabeherrschung gerichtete Politik kann zu einer Zunahme der Schäden führen.** Wie alle Formen produktiver Aktivität macht auch die Klimabeherrschung ein Einwirken auf die Natur erforderlich.

   So setzt Dürrebeherrschung voraus, dass eine Bewässerungsinfrastruktur entwickelt wird und zur Beherrschung der Temperaturen Häuser gebaut und Gasleitungen gelegt werden.

   Eine Politik, die sich gegen menschliches Einwirken richtet und die Produktion fossiler Brennstoffe sowie zahlreiche weitere Entwicklungen beschneidet, kann auch dazu dienen, Klimaschutz unterschiedlicher Ausprägung zu beschneiden. Werden beispielsweise Holzschlag und das Ausdünnen von Unterholz verboten, kann das Flächenbrände begünstigen, und ein Verbot von Dämmen kann Überflutungen verschlimmern.

   Wir leben in einer Zeit, die sich gegen menschliche Einflussnahme auf die Natur richtet. Betrachtet man in solchen Zeiten Klimaschäden, sollten wir stets Ausschau nach politischen Maßnahmen halten, die gegen menschliche Einwirkung an sich gerichtet sind und die Klimaschäden künstlich steigern, indem sie Klimabeherrschung verhindern.

Dies gilt insbesondere für Schäden, die aus Flächenbränden resultieren. Aufgrund solcher politischer Maßnahmen nehmen diese Schäden auch an Orten beträchtlich zu, wo sie sinken könnten.

Flächenbrände meistern

Wenn wir weiterhin fossile Brennstoffe einsetzen, wie hilfreich werden sie dabei sein, künftige Flächenbrände zu meistern?

Wieder einmal antwortet unser Wissenssystem »nicht besonders« und stellt Flächenbrände als eine Gefahr dar, die hinsichtlich der Todesfälle, aber insbesondere auch der Sachschäden größer ist denn je. Dagegen kämen unsere kümmerlichen »Anpassungs«-Fähigkeiten bereits heute nicht mehr an.

Zunächst zum Thema Todesfälle. Flächenbrände spielen als Todesursache praktisch keine Rolle. An den Folgen eines Flächenbrands stirbt unter 100 Millionen Menschen weltweit gerade mal ein einziger – etwa genauso wie im Falle eines Blitzschlags.

Aber die Schäden werden doch immer schlimmer – oder? Australien (2019) und Kalifornien (2020 und 2021) erlebten gewaltige Flächenbrände. Diese ermächtigten Orte waren ganz offenkundig nicht in der Lage, diese Brände zu »meistern«, denn die Feuer gerieten außer Kontrolle, richteten massive Sachschäden an und wirkten sich zwar nur kurzfristig, aber äußerst negativ auf die Luftqualität aus.

Insofern scheint es sich bei Flächenbränden um eine Gefahr zu handeln, die uns aufgrund der steigenden CO_2-Werte bereits heute überfordert – und in Zukunft deutlich schwerwiegendere Probleme mit sich zu bringen droht.

Doch die Realität sieht so aus, dass an den meisten Orten dieser Welt das Flächenbrandrisiko sinkt – wärmerer Planet und längere Brandsaison hin oder her.

Die Ursache lässt sich direkt zu den Fähigkeiten zurückverfolgen, die uns fossile Brennstoffe zur Beherrschung von Flächenbränden verleihen, und das fängt mit der Brandbekämpfung an. Die Probleme Kaliforniens und Australiens gehen nicht auf menschliche Unfähigkeit zurück, Flächenbrände zu meistern, sondern auf eine gegen menschliches Einwirken gerichtete Politik, die es für *gesetzeswidrig* erklärt, Flächenbrände zu meistern.[23]

Eines ist klar: Sehr viele Flächenbrände sind naturgegebenen Ursprungs. Auch wenn es gerne so hingestellt wird, als stünden Planet und Klima »von Natur aus« in einem empfindlichen Gleichgewicht und würden uns niemals gefährden – auch nicht mit Feuer oder ungesunder, rauchgeschwängerter Luft –, stellen weitverbreitete Flächenbrände und gefährliche Rauchentwicklung ein massives natürliches Phänomen dar.

Nehmen wir beispielsweise Kalifornien. Bevor die Europäer nach Amerika kamen, gingen Schätzungen zufolge 4,4 Millionen Hektar kalifornisches Land jährlich in Rauch auf. Dieser Durchschnitt liegt über dem, was im Schreckensjahr 2020 brannte – und 16-mal höher als 2019.[24] Die Sichtverhältnisse und die Luftqualität bei Bränden in Kalifornien waren früher deutlich schlimmer. So liest man in einem Bericht aus dem Jahr 1898: »Von den Hunderten von Menschen, die jedes Jahr die pazifischen Hänge Kaliforniens aufsuchen, um die Berge zu sehen, bekommen nur wenige mehr zu sehen als das, was unmittelbar vor ihnen liegt, dazu Dunst und Rauch.«[25]

Heutzutage sind weite Teile der Welt vor Flächenbränden und daraus resultierenden Schäden viel besser geschützt. Und das liegt daran, dass uns fossile Brennstoffe erlauben, Flächenbrände zu meistern.

Dabei sind vor allem drei Methoden wichtig: die Reduktion des Volumens von Flächenbränden, die Errichtung von Feuerbarrieren und intelligente Brandbekämpfung.

Das Volumen von Flächenbränden reduzieren

Die zentrale Aufgabe beim Meistern von Flächenbränden besteht darin, die Brandlast zu reduzieren.

Mit Brandlast ist die Menge an brennbarem Holz innerhalb eines bestimmten Gebiets gemeint. Je höher die Brandlast, desto anfälliger ist ein Gebiet für einen gefährlichen Flächenbrand.

Seit Jahrhunderten praktizieren Menschen, die in der Nähe von Wäldern leben, »kontrolliertes Abbrennen«, um auf diese Weise die Brandlast zu regeln. Sie legen vorsätzlich Feuer, die die überschüssige Brandlast verringern sollen, bevor diese so groß wird, dass sie gewaltige Schäden anzurichten vermag.

Frühere Bemühungen in diese Richtung verdienen unseren Respekt, aber heute können wir mit fossilen Brennstoffen betriebene Maschinen einsetzen, um wesentlich zielgerichteter kontrolliert abzubrennen. Wir können Feuerschneisen erschaffen, die eine unkontrollierte Ausbreitung von Bränden verhindern. Wir können genau festlegen, wo abgebrannt werden soll. Und wir können per Flugzeug oder mithilfe von Satellitenaufnahmen den Erfolg der Maßnahmen bewerten.

Mit fossilen Brennstoffen betriebene Maschinenarbeit ist nicht nur beim kontrollierten Abbrennen hilfreich, sondern auch beim Holzeinschlag. Dabei wird Holz, das Flächenbrand auslösen könnte, in Holz oder Hackschnitzel umgewandelt, was zur Stromerzeugung verwendet werden kann.

Wir können Unterholz auch mechanisch roden, indem wir Traktoren mit Mulchern und anderen Vorrichtungen einsetzen.

Eine korrekte Verwendung dieser mit fossilen Brennstoffen durchgeführten Brandlast-Reduktionsmethoden senkt die Gefahr von Flächenbränden drastisch. Doch dafür muss man bereit sein, auf die Natur einzuwirken – und an den Orten mit den größten Flächenbrandproblemen mangelt es an dieser Bereitschaft.

Barrieren errichten

Wir können die Flächenbrandgefahr reduzieren, indem wir die Brandlast von Wäldern minimieren. Außerdem können wir mit fossilen Brennstoffen betriebene Maschinenarbeit dafür einsetzen, zwischen Wäldern und dem Mensch und natürlich auch zwischen einem Waldabschnitt und einem anderen Barrieren zu errichten.

Sind Mensch und Wald oder ein Waldgebiet und ein anderes durch ausreichend Barrieren getrennt, fehlt einem Feuer der Treibstoff.

Aber auch hier gilt dasselbe wie für kontrolliertes Abbrennen und Holzeinschlag: Der Bau von Barrieren setzt die Bereitschaft voraus, die Natur nicht in ihrem jetzigen Zustand zu belassen, sondern auf sie einzuwirken.

Direkte Brandbekämpfung

Mit fossilen Brennstoffen betriebene Maschinen können dazu beitragen, die Brandlast zu reduzieren und Barrieren zu bauen, die gefährliche Brände verhindern. Darüber hinaus verwenden wir zur Brandbekämpfung auch Materialien aus fossilen Brennstoffen. Beispielsweise kommen beim Wassertransport mit viel Energie ausgestattete fossil betriebene Maschinen wie Laster und Flugzeuge zum Einsatz, während feuerfeste, aus Erdöl gewonnene Materialien wie Nomex das Feuerwehrpersonal schützen.

Direkte Brandbekämpfung ist nur dann effektiv, wenn sie Teil einer größeren Strategie zur Brandbeherrschung ist, die auch die Reduzierung der Brandlast und/oder den Bau von Barrieren umfasst.

Flächenbrandbeherrschung ist ein enorm wirksames Werkzeug – so wirksam, dass bei richtiger Anwendung eine Klimaveränderung, in der Flächenbrandgefahren die Menschen überwältigen könnten, nur noch schwer vorstellbar ist. Reduzieren wir die Brandlast und errichten Barrieren, können Brände keine erheblichen Ausmaße annehmen.

Dass die Vorstellung von Flächenbränden heute Angst und Schrecken verbreitet, liegt an der gegen menschliches Einwirken und gegen Klimabeherrschung gerichteten Politik.

Im Rahmen einer solchen Politik sind jene Maßnahmen am schlimmsten, die mit Brandlast zu tun haben. Anstatt Brandlast zu meistern, lassen es Orte wie Kalifornien und Australien zu, dass die Brandlast ein Ausmaß erreicht, das nicht einmal primitive, nicht ermächtigte Kulturen zulassen würden.

Kalifornien und Australien lehnen, inspiriert und angeführt von der Bewegung gegen menschliche Einwirkung, kontrolliertes Abbrennen, Waldrodung und selbstverständlich auch Abholzen als »unnatürlich« ab. Infolgedessen werden die Wälder zu tickenden Zeitbomben.

Die wachsende Brandlast eines Waldes sollte man sich als hochgradig destruktive Form von Energieproduktion vorstellen. Lässt man zu, dass die Brandlast steigt, verwandelt man einen Wald letztlich in eine Todesmaschine, derer wir mit unseren aktuellen Möglichkeiten der Brandbekämpfung nur sehr schwer Herr werden können. Würden wir unsere Vorrichtungen zur Brandlastreduzierung hingegen richtig einsetzen, wären unsere Brandbekämpfungsmaschinen keineswegs überfordert.

Auch das Errichten von Barrieren lehnt die gegen menschliche Einwirkung gerichtete Doktrin ab, denn dazu ist es erforderlich, Bäume zu »töten« und baumbewachsene Gebiete in »unnatürlich« baumlose Gebiete zu verwandeln.

Mehrere weitere Aspekte spielen einer Anti-Klimabeherrschungspolitik, die Brandlasten ansteigen lässt und Brandbarrieren ablehnt, in die Karten:

- exzessive Brandbekämpfung: Zu viele Feuer werden sofort nach dem Ausbrechen gelöscht, anstatt sie kontrolliert brennen zu lassen. Auf diese Weise nimmt die Brandlast zu.
- menschengemachte Brandereignisse: Ein Blitzschlag kann durchaus einen Brand auslösen, aber die verheerendsten Feuer gehen heutzutage großteils auf den Menschen zurück. Nahezu 85 Prozent aller Flächenbrände werden – sei es vorsätzlich oder unbeabsichtigt – von Menschen verursacht.[26]
- Menschen leben zu dicht an schlecht verwalteten und feueranfälligen Wäldern.[27]
- schlecht gewartete Stromleitungen: In Kalifornien gab es seit dem Jahr 2000 auf insgesamt 500 000 Hektar Land Brände, die von Stromleitungen ausgegangen waren. Das ist fünfmal so viel wie im Zeitraum zwischen 1980

und 2000. (Ein Hauptgrund für dieses Problem ist, dass Geld nicht in die Verbesserung der Sicherheit und die Wartung der Stromleitungen floss, für die es beantragt wurde, sondern in Kaliforniens kostspielige Vorhaben zur Erzeugung grüner Energie.)[28]

Trotz aller Fehlmaßnahmen, trotz der gegen menschliche Eingriffe und Klimabeherrschung gerichteten Politik, die Brände unnötigerweise kostspielig und tödlich werden lässt, setzt sich bei den Flächen, die weltweit von Bränden bedroht sind, der Abwärtstrend fort. Daran lässt sich ablesen, dass Flächenbrandbeherrschung mithilfe von fossilen Brennstoffen ein enorm mächtiges Werkzeug darstellt.[29]

Die Idee, signifikante Klimaveränderungen würden unvermeidlich dazu führen, dass immer mehr Flächenbrände die Menschheit heimsuchen und außer Kontrolle geraten, ist absurd, denn schließlich kann die ermächtigte Welt Flächenbrände mithilfe fossiler Brennstoffe meistern, die Brandlast reduzieren und Barrieren errichten, die eine Ausbreitung der Brände verhindert. Hinter der Weigerung, das Klima in den Griff zu bekommen, steckt einmal mehr die Hypothese von der empfindsamen Mutter Natur. Dabei ist es unvorstellbar, dass irgendein Szenario für die Spezialisten der Flächenbrandbeherrschung zu einem katastrophalen Problem werden könnte.

Überdies kann, falls nötig, die ermächtigte der nicht ermächtigten Welt bei künftigen Schwierigkeiten mit Flächenbränden zur Seite springen und ihre Fähigkeiten bei der Flächenbrandbeherrschung einbringen.

Wenn uns Behauptungen zu Ohren kommen, es drohten in der Zukunft katastrophale Flächenbrände, sollten wir uns daran erinnern, dass wir imstande sind, diese zu beherrschen, unser Wissenssystem dies aber ablehnt. Ohne diese Weigerung, Flächenbrände zu meistern, würden sich die angekündigten Flächenbrände aller Wahrscheinlichkeit nach nicht zu einer Katastrophe auswachsen.

Stürme meistern

Wenn wir weiterhin fossile Brennstoffe einsetzen, wie hilfreich werden sie dabei sein, künftige Gefahren durch Stürme zu meistern?

Wie üblich antwortet unser Wissenssystem: »Nicht besonders.« Ihm zufolge stellen Stürme eine Gefahr dar, die größer ist als je zuvor und bereits heute unsere kümmerlichen »Anpassungs«-Fähigkeiten übersteigt.

Die Daten, die uns vorliegen, allerdings zeichnen ein anderes Bild.

Die Bevölkerung in der ermächtigten Welt ist heute besser vor Stürmen geschützt, als sie es je in der Menschheitsgeschichte gewesen ist, und auch der nicht ermächtigten Welt kommt ein ungewöhnlich hohes Maß an Schutz zu.

Die absolute Zahl der Toten durch Stürme ist um 55,8 Prozent zurückgegangen, seit sie in den 1970er-Jahren ihren bisherigen Hochstand erreicht hatte. Damals forderte ein gewaltiger Sturm in der nicht ermächtigten Welt (genauer gesagt im heutigen Bangladesch) 200 000 Menschenleben.[30] Eine Grafik zeigt die Anzahl der Sturmopfer in G7-Ländern im Vergleich zur Welt insgesamt und verdeutlicht damit, dass die aktuellen Werte niedrig sind – generell, vor allem aber in der ermächtigten Welt.

Abbildung 7.4: Je stärker die Nutzung fossiler Brennstoffe, desto weniger Sturmopfer

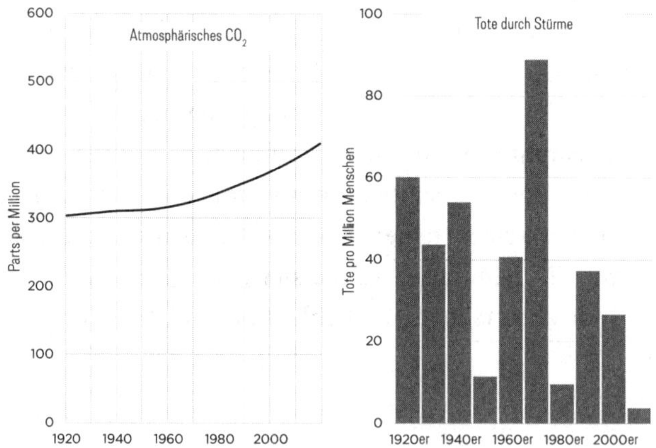

Quellen: Scripps Institution of Oceanography; EM-DAT; World Bank Data; Maddison Project Database

Warum sind die Menschen weltweit so gut vor Stürmen geschützt, und warum sind es die Menschen in ermächtigten Ländern am besten?

Das natürliche Klima bringt wesentlich mehr Gefahren durch Stürme mit sich, als man es uns beibringt, doch unsere Fähigkeiten, mithilfe fossiler Brennstoffe das Klima zu meistern, sind außergewöhnlich, auch wenn sie gerne abgetan werden. Sie übertreffen sowohl die massive Sturmgefahr, die von der Natur ausgeht, als auch sämtliche Sturmgefahren, die vom Menschen provoziert wurden.

Abbildung 7.5: Je größer der Fortschritt dank fossiler Brennstoffe, desto weniger Sturmgefahr

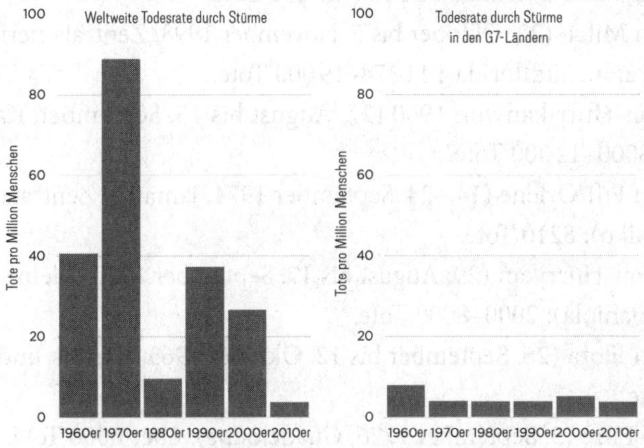

Quellen: Scripps Institution of Oceanography; EM-DAT; World Bank Data; Maddison Project Database

Zwar möchte man uns weismachen, dass sich das »natürliche« Klima in einem empfindlichen Gleichgewicht befindet und uns niemals mit tödlichen Stürmen heimsuchen würde, wenn wir sie nicht mit CO_2 gegen uns aufgebracht hätten, doch auf diesem Globus herrscht von Natur aus eine massive Sturmgefahr, die die nicht ermächtigten Völker lange immer wieder überwältigte.

Lange bevor der Mensch in größerem Stil CO_2-Emissionen verursachte, töteten Stürme in der nicht ermächtigten Welt Hunderte oder Tausende von Menschen. Allein 1839 starben bei einem Zyklon in Indien insgesamt 300 000 Menschen.

Oder nehmen Sie die Hurrikans im Atlantik. Sie gehören zu den tödlichsten Stürmen überhaupt. Wir hören immer wieder, dieser oder jener Hurrikan sei beispiellos, sehen wir uns aber die Liste der tödlichsten Atlantik-Hurrikans an, erkennen wir, dass die meisten in einer Zeit stattfanden, als die CO_2-Emissionen noch nicht besonders bedeutsam waren. Und sie alle fanden in nicht ermächtigten Regionen statt, etwa der Hurrikan Mitch, der 1998 in Zentralamerika mehr als 11 000 Menschenleben forderte.

1. Der Große Hurrikan von 1780 (9.–20. Oktober, Kleine Antillen, Puerto Rico, Hispaniola und Bermuda): 22 000–27 501 Tote.
2. Hurrikan Mitch (22. Oktober bis 5. November 1998, Zentralamerika, Halbinsel Yucatán, Südflorida): 11 374–19 000 Tote.
3. Galveston-Hurrikan von 1900 (27. August bis 15. September, Karibik und Texas): 8000–12 000 Tote.
4. Hurrikan Fifi/Orlene (14.–24. September 1974, Jamaika, Zentralamerika und Mexiko): 8210 Tote.
5. San-Zenon-Hurrikan (29. August bis 17. September 1930, Kleine Antillen und Hispaniola): 2000–8000 Tote.
6. Hurrikan Flora (26. September bis 12. Oktober 1963, Karibik und Florida): 7193 Tote.
7. Pointe-à-Pitre (5. September 1776, Guadeloupe): über 6000 Tote.
8. St.-Lucia-Hurrikan von 1780 (13. Juni 1780, Puerto Rico und St. Lucia): 4000–5000 Tote.
9. Neufundland-Hurrikan (29. August bis 9. September 1775, North Carolina, Virginia und Neufundland): 4000–4163 Tote.
10. Okeechobee-Hurrikan (6.–20. September 1928, Kleine Antillen, Puerto Rico und Florida): 4075 Tote.[31]

Derartige Opferzahlen sind heute in der ermächtigten Welt unvorstellbar, was wieder einmal an Klimabeherrschung dank fossiler Brennstoffe liegt.

Beispielsweise ermöglicht uns, wie in Kapitel 4 erwähnt, mit fossilen Brennstoffen betriebene Maschinenarbeit, stabile, widerstandsfähige Gebäude zu errichten.

Auch Frühwarnsysteme hängen von fossil betriebenen Maschinen ab, ob es sich nun um Raketen handelt, die Satelliten ins All schießen, um Beobachtungsflugzeuge oder um Hochleistungsrechner.

Und wir nutzen ebensolche Maschinen, um gefährdete Gebiete gegebenenfalls zu evakuieren oder um Hilfsgüter in Regionen zu transportieren, die von Stürmen heimgesucht wurden.

Diese Maschinen verwandeln die ermächtigte Welt in einen Ort, an dem das Sterberisiko deutlich geringer ist, und sie kommen auch der nicht ermächtigten Welt zu Hilfe. Maschinen, die Stürme vorhersagen können, Maschinen, die bei Evakuierungen helfen, und Maschinen, die beim Wiederaufbau eingesetzt werden können, dienen alle dazu, die nicht ermächtigte Welt im Umgang mit Stürmen zu unterstützen.

Als Zyklon Kenneth 2019 Ostafrika bedrohte, halfen die Frühwarnsysteme der ermächtigten Welt den Bewohnern Afrikas dabei, sich vorzubereiten. Schulen und Flughäfen wurden geschlossen, und nationalen Hilfsorganisationen wurden rasch Ressourcen zur Verfügung gestellt. Ohne diese Frühwarnsysteme wäre die Bevölkerung überrascht worden, denn wie UNICEF-Sprecher Daniel Timme erklärte, sind Zyklone in dieser Region »sehr, sehr selten. Die Bevölkerung ist also an derartige Ereignisse nicht gewöhnt und deshalb weniger resilient.«[32]

Der drastische Rückgang der Sturmopfer ist der wichtigste Aspekt der Sturmbeherrschung, aber auch das Thema Sturmschäden lohnt eine genauere Betrachtung.

Es heißt, Sturmschäden würden rasch zunehmen, uns schon jetzt über den Kopf wachsen und noch viel schlimmer werden.

Doch das ist eine Halbwahrheit: In absoluten Zahlen gemessen nehmen die Sturmschäden zu, aber wenn wir die Fakten bedenken, die ich an anderer Stelle in diesem Kapitel angeführt habe, erkennen wir, dass die Sturmschäden keineswegs schlimmer werden.[33]

Hinsichtlich des Anteils am BIP hat sich bei den Sturmschäden nichts geändert, obwohl mehrere Faktoren, die nicht im Zusammenhang mit steigenden CO_2-Werten stehen, Sturmschäden in die Höhe getrieben haben.

Sturmschäden nehmen auch dadurch zu, dass sich Menschen bewusst dazu entscheiden, in sturmgefährdeten Regionen zu leben. Wer beispielsweise das Wetter in Miami liebt, ist viel eher imstande, sich Hurrikanschäden zu leisten, als es Menschen früherer Generationen waren.

Irrationale politische Maßnahmen vermehren Sturmschäden ebenfalls, indem sie den Steuerzahler, falls er sich entschließt, in einer sturmgefährdeten Region zu leben, dazu zwingen, eine Sturmversicherung abzuschließen.

Selbst wenn die steigenden CO_2-Werte Stürme gefährlicher machen sollten (damit befassen wir uns in Kapitel 9) und rationale ebenso wie irrationale Gründe die Sturmschäden in die Höhe treiben, ist das Verhältnis von Sturmschäden zum BIP unverändert geblieben. Das zeigt, wie wirksam die Sturmbeherrschung ist.

In Wirklichkeit ist Sturmbeherrschung ein derartig mächtiges Werkzeug, dass wir Stürme sogar in einen Vorteil verwandeln können.

Stellen Sie sich einen gewöhnlichen Sturm vor. Was heute ein gewöhnlicher Sturm ist, hätte vor 300 Jahren problemlos das Zuhause eines Menschen zerstören können. In der ermächtigten Welt mit ihren modernen, stabilen Gebäuden und ihrem Hochwasserschutz jedoch kann ein Gewitter einfach eine romantische Kulisse sein (und ist es häufig auch).

Die Fähigkeiten der ermächtigten Welt, Stürme in den Griff zu bekommen (und der nicht ermächtigten Welt dabei zu helfen), sind derart groß, dass Stürme schon eine ganz andere Qualität als heute erreichen müssten, damit eine zunehmende Sturmaktivität sich zu einem echten Problem auswächst, von einer Katastrophe ganz zu schweigen. Selbst wenn sich die Häufigkeit der Stürme verdoppeln oder verdreifachen würde, würde das nicht ansatzweise ausreichen. Damit Stürme katastrophale Ausmaße annehmen, müssten sie um ein Vielfaches intensiver sein als die schlimmsten Stürme, die wir aktuell erleben. Erst dann würden unsere Kapazitäten nicht mehr ausreichen.

Und wenn es dazu nicht kommt, können wir davon ausgehen, dass eine weitere und zunehmende Nutzung fossiler Brennstoffe ebenso zu einer anhaltenden und gesteigerten Sturmbeherrschung wie auch zu einem beispiellosen Schutz vor Stürmen führt.

Befassen wir uns mit Prognosen über sturmbedingte Schäden und Tote, müssen wir im Hinterkopf behalten, was für eine gewaltige Wirksamkeit mit fossilen Brennstoffen betriebene Sturmbeherrschung entfalten kann. Und wir müssen bedenken, dass sich unser Wissenssystem gegen Sturmbeherrschung konsequent wehrt und folglich diese Ablehnung bei Aussagen, Stürme würden »in einem katastrophalen Ausmaß« zunehmen, wahrscheinlich eine Rolle spielt.

Sehen wir uns als Nächstes an, welche Vorzüge eine weitere Nutzung fossiler Brennstoffe für die Klimabeherrschung zu bieten hätte, wenn es um das geht, was viele für die besorgniserregendste Klimagefahr halten: Hochwasser und Überflutungen durch den Anstieg des Meeresspiegels.

Den Meeresspiegelanstieg und Hochwasser meistern

Wie hilfreich werden fossile Brennstoffe dabei sein, künftige Gefahren durch Hochwasser und steigende Meeresspiegel zu meistern?

Die Antwort unseres Wissenssystems lautet natürlich: »Nicht besonders«. Denn ihm zufolge stellen Hochwasser inklusive Überflutungen aufgrund gestiegener Meeresspiegel eine größere Gefahr denn je dar und lassen schon heute unsere kümmerlichen »Anpassungs«-Fähigkeiten weit hinter sich.

Dieses Muster kennen wir nun. Unser Wissenssystem stellt ein Problem, das mit dem Klima zu tun hat, so dar, als ob sich die Lage erheblich verschlimmern würde, dabei wird sie aus Sicht des menschlichen Gedeihens besser.

Aber das gilt doch gewiss nicht für Überflutungen, dieses Problem, das eng mit dem viel beklagten Anstieg des Meeresspiegels (und den vermeintlich immer schlimmer werdenden Stürmen) zusammenhängt, nicht wahr? Hier sollten sich die Gegebenheiten nun wirklich verschlimmern und wir auf verheerende Folgen zusteuern, denn mit einem Anstieg des Meeresspiegels können unsere Anpassungsfähigkeiten einfach nicht fertigwerden – oder?

Nein, das ist falsch. Die Zahlen zu Klimagefahren zeigen, dass die ermächtigte Welt heute besser als je zuvor in der Menschheitsgeschichte vor Überflutungen geschützt ist und dass auch die nicht ermächtigte Welt viel sicherer ist als früher.

Die folgende Grafik vergleicht die Todesraten infolge von Hochwasser in den energiereichen G7-Staaten mit denen der restlichen Welt.

Wenn wir die globalen Daten zurate ziehen, stellen wir fest, dass die Anzahl der Hochwasseropfer seit den 1930er-Jahren, als der bislang höchste Wert gemeldet wurde, um mehr als 99 Prozent gesunken ist.[34]

Woran liegt das? Wieder einmal bringt die Klimabeherrschung via fossile Brennstoffe enorme Vorteile mit sich, die aber ignoriert werden. In diesem Fall geht es um Vorteile solchen Ausmaßes, dass sie natürliche Hochwassergefahren ebenso wie zusätzliche (eventuell) menschengemachte Gefahren aus dem Spiel nehmen.

Entgegen der Darstellung des »natürlichen« Klimas als einem Phänomen, das – wenn es in seinem empfindlichen Gleichgewicht nicht gestört ist – mit zuverlässigen Meeresspiegeln aufwartet, können dynamische Veränderungen des Wasserspiegels dazu führen, dass die meisten Gebiete in der Nähe vom Meer, von großen Seen oder Flüssen überschwemmt werden können. Nicht ermächtigte Menschen sind kaum imstande, sich eine Infrastruktur aufzubauen, die in irgendeiner Form Schutz vor solchen Überflutungen bietet oder die Möglichkeit, sich davon zu erholen.

Nicht ermächtigte Generationen in der Vergangenheit litten unter Überschwemmungen, die sich in der heutigen nicht ermächtigten Welt nicht mehr vorstellen lassen.

Abbildung 7.6: Je größer der Fortschritt dank fossiler Brennstoffe, desto geringer die Hochwassergefahr

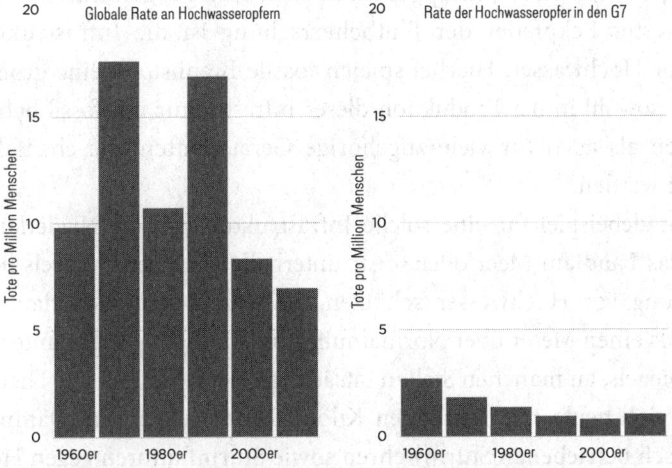

Quellen: Scripps Institution of Oceanography; EM-DAT; World Bank Data; Maddison Project Database

Europa wurde 1362 von einer Sturmflut heimgesucht, die bis zu 100 000 Menschen getötet haben soll, und bei der Flutkatastrophe 1931 in Zentralchina starben manchen Schätzungen zufolge fast 4 Millionen Menschen.[35]

Ein Zeitungsbericht beschrieb diese Flut in China so:

> *Über eine Länge von 1600 Kilometern sind die Wasser dieser gewaltigen Wasserstraße über die Ufer getreten und haben das Land auf einer Breite von 80 Kilometern überflutet. 31 Millionen Menschen stehen aktuell kurz vor dem Hungertod. Ihre Häuser und ihre Ernten sind zerstört. Gebäude wurden unterspült, stürzen ein und reißen Bewohner in den Tod.*[36]

Wir reden hier davon, dass eine einzige Überflutung Dutzende Millionen Menschen so schwer in Mitleidenschaft zog, dass sie kurz vor dem Hungertod standen oder verhungerten.

Derartige Opferzahlen und Schäden sind heute nicht mehr vorstellbar, dafür ist die ermächtigte Welt in ihrer Flutbeherrschung und auch darin, der nicht ermächtigten Welt im Katastrophenfall zu helfen, zu gut geworden.

Wichtigster Eckpfeiler der Flutbeherrschung ist die Infrastruktur zum Schutz vor Hochwasser. Hierbei spielen fossile Brennstoffe eine große Rolle, und zwar sowohl in der Produktion dieser Infrastruktur mit fossil betriebenen Maschinen als auch für viele zugehörige Gerätschaften, die ebenfalls fossil betrieben werden.

Ein Paradebeispiel für eine solche Infrastruktur sind die Niederlande, die, obwohl das Land am Meer oder sogar unterhalb des Meeresspiegels liegt, ihre Bevölkerung vor Hochwasser schützen. 50 Prozent der Niederlande liegen weniger als einen Meter über Normalnull, rund ein Achtel sogar unterhalb des Meeresspiegels, an manchen Stellen tatsächlich fast 7 Meter.[37] Die Niederlande schützen sich heute mit Tausenden Kilometern von Deichen, Dämmen und elektronisch betriebenen Sturmwehren sowie Sturmfluttoren gegen Hochwasser. Weite Teile des Systems sollen auch Fluten abhalten können, wie sie theoretisch nur einmal alle 10 000 Jahre auftreten.

Es gibt nichts, was andere Länder davon abhält, ähnlich vorzugehen, sie müssen nur entschlossen genug sein und über das entsprechende Geld verfügen. Je günstiger Maschinenarbeit ist, desto leichter können sie rund um den Globus Systeme errichten, die sie vor Hochwasser schützen.

Die aktuelle Hochwasserbeherrschung ist ein derart mächtiges Werkzeug, dass mehr als 100 Millionen Menschen unterhalb des Hochwasserstands leben können.[38]

Und was ist mit den Flutschäden?

Im Verhältnis zum BIP sind Sachschäden durch Hochwasser in den USA seit Beginn des 20. Jahrhunderts rückläufig.[39]

Die Zahlen gehen zurück, obwohl auch hier die üblichen – rationalen wie irrationalen – Faktoren am Werk sind und die Flutschäden in die Höhe treiben.

Wie Menschen beschließen, sich in sturmanfälligeren Gebieten niederzulassen, beschließen sie auch – oftmals rational begründet –, in flutanfälligeren Gebieten zu leben (hierbei handelt es sich häufig um ein und dasselbe Gebiet).

Viele Menschen lieben das Wasser (dazu zähle ich auch). Je mehr Ressourcen wir besitzen, desto eher können wir es uns erlauben, uns in einer Region anzusiedeln, wo es zu Überflutungen kommen könnte. Wir wissen, dass wir a) durch Evakuierungen dem Tod entgehen können und dass wir uns b) einen Wiederaufbau leisten können.

Das hat dazu geführt, dass die Anzahl von Menschen, die in flutgefährdeten Gebieten leben, stark angestiegen ist.[40]

Der Staat hat ebenfalls dazu beigetragen, dass immer mehr Menschen in hochwassergefährdeten Gebieten leben können, denn seine Versicherungspolitik macht dies finanziell nahezu risikolos. Durch seine Hochwassersubventionen befreit er uns von der Aufgabe, uns um Flutschäden zu kümmern, und selbst von der Aufgabe, für angemessene Hochwasserschutz-Infrastrukturen zu sorgen.

Abbildung 7.7: Flutschäden im Verhältnis zum BIP

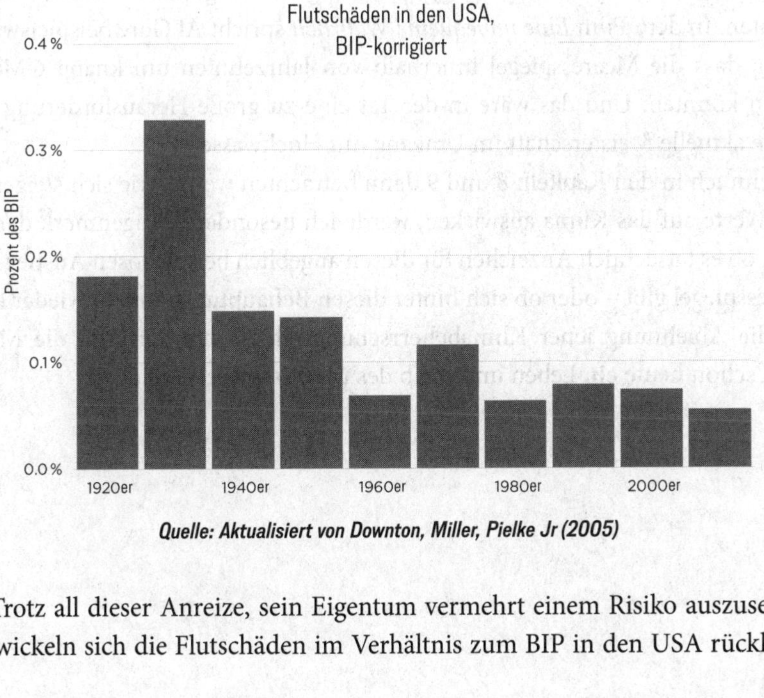

Quelle: Aktualisiert von Downton, Miller, Pielke Jr (2005)

Trotz all dieser Anreize, sein Eigentum vermehrt einem Risiko auszusetzen, entwickeln sich die Flutschäden im Verhältnis zum BIP in den USA rückläufig (die USA zählen zu den wenigen Orten mit verlässlichen Daten zu Flutschäden). Das spricht dafür, dass der Mensch mit zunehmendem Wohlstand sein Eigentum besser schützen kann.

Im Umgang mit Hochwassergefahren sind wir heute so geschickt, dass wir uns unterhalb des Meeresspiegels und in den am stärksten von Überflutungen gefährdeten Gebieten ansiedeln können. Das ist das Gegenteil einer »Klimakrise«: eine Klimarenaissance.

Wenn die ermächtigte Welt sogar ein Leben unterhalb des Meeresspiegels ermöglicht – eine Fähigkeit, die sie im Übrigen zugunsten der nicht ermächtigten Welt einsetzen kann –, müsste ein Anstieg der Meeresspiegel weitaus größer ausfallen und sich rascher vollziehen als alles, was wir in den vergangenen 170 Jahren steigender CO_2-Werte erlebt haben, um zu einem echten, geschweige denn katastrophalen Problem zu werden.

Im Gegensatz zu einigen anderen hypothetischen Klimagefahren könnte ein rapider Meeresspiegelanstieg unsere derzeitigen Fähigkeiten wirklich überschreiten. In dem Film *Eine unbequeme Wahrheit* spricht Al Gore beispielsweise davon, dass die Meeresspiegel innerhalb von Jahrzehnten um knapp 6 Meter steigen könnten. Und das wäre in der Tat eine zu große Herausforderung für unsere aktuelle Meisterschaft im Umgang mit Hochwasser.

Wenn ich in den Kapiteln 8 und 9 dann betrachten werde, wie sich steigende CO_2-Werte auf das Klima auswirken, werde ich besonderes Augenmerk darauf legen, ob es tatsächlich Anzeichen für diesen angeblich beispiellosen Anstieg der Meeresspiegel gibt – oder ob sich hinter diesen Behauptungen nicht wieder einmal die Ablehnung jener Klimabeherrschungsfähigkeiten verbirgt, die Menschen schon heute ein Leben unterhalb des Meeresspiegels erlauben.

Zunehmende Klimabeherrschung erkennen in einer Welt, die Klimabeherrschung ablehnt

In diesem Kapitel geht es darum zu verstehen, welche Klimabeherrschungsfähigkeiten mit den Nebenwirkungen der fossilen Brennstoffnutzung einhergehen, sodass klar wird, inwieweit eventuelle Nebenwirkungen gemeistert werden können. Eines haben wir bislang bei jeder Form von Klimagefahr beobachtet: Unser Wissenssystem stellt all jene, die das Klima meistern wollen, als schwache und schon jetzt überforderte Truppe dar, die sich um das schlapp herabhängende Banner der »Anpassung« versammelt. Dabei stellt die mit fossilen Brennstoffen betriebene Klimabeherrschung eine Streitmacht von enormer Kraft dar, die bislang massive natürliche Klimagefahren ebenso gezähmt hat wie alles, was der Mensch an Klimagefahren verursacht hat. Damit künftige Klimagefahren etwas auslösen, das an eine Katastrophe herankommt, müssten sich die negativen Auswirkungen auf das Klima schon radikal von allem unterscheiden, was seit dem Ansteigen der CO_2-Werte vor 170 Jahren geschehen ist.

Besser noch: Wir sind nicht nur fähig, Klimagefahren in jeder Form in den Griff zu bekommen, sondern es gibt noch einen weiteren entscheidenden Aspekt der Klimabeherrschung, den wir uns merken sollten, wenn wir uns mit der künftigen Auswirkung fossiler Brennstoffe auf das Klima beschäftigen: unsere Fähigkeit, *Herr über unseren Wohnort zu sein.*

Fossile Brennstoffe verleihen uns in einem noch nie da gewesenen Ausmaß die Fähigkeit zu wählen, wo und insbesondere in welcher Klimazone wir leben wollen. In früheren Zeiten war ein Wohnortwechsel ein langwieriger und gefährlicher Prozess. Heute können wir ins Auto, in einen Zug oder ein Flugzeug steigen und praktisch von heute auf morgen umziehen. Und dabei reisen wir nicht ins Unbekannte. Wir können im Internet recherchieren, wo wir leben möchten, und wir können unterschiedliche Orte besichtigen, bevor wir eine endgültige Entscheidung treffen.

Sogar Prognosen zu einem raschen Klimawandel rechnen mindestens in Spannen von Jahrzehnten und nicht in Monaten oder Jahren. Das heißt, wenn einem bestimmten Standort eine große, neue Klimagefahr droht, bleibt Zeit zum

Umziehen. Und obwohl ein Umzug von Privathaushalten und Unternehmen eine kostspielige Angelegenheit ist, reden wir hier nicht über unbezahlbare Kosten. Menschen ziehen ständig und aus allen möglichen Gründen um, auch wegen des Klimas. Bedenken Sie nur, wie rasch in Regionen wie China moderne Städte entstanden sind oder wie schnell sich Amerika zwischen 1850 und 1950 von einem Land mit einer überwiegend ländlichen Bevölkerung in ein Land mit überwiegend städtischer Bevölkerung verwandelt hat, während Dutzende Millionen neuer Einwohner hinzukamen.[41]

Wenn wir also darüber nachdenken, welche klimatischen Folgen die Weiterverwendung fossiler Brennstoffe und das entsprechende Ansteigen der CO_2-Werte hat, müssen wir nicht nur die gewaltige und bislang alles überwiegende Fähigkeit berücksichtigen, nahezu jede Klimazone auf der Erde in den Griff zu bekommen (siehe das vorige Kapitel), sondern auch die *Mobilität*, die es uns ermöglicht, mit der Zeit in jede andere Klimazone auf der Erde zu ziehen.

Außerdem sollten wir beachten, dass eine anhaltende Nutzung fossiler Brennstoffe auch die Klimabeherrschung verbessert, weil mehr Menschen mehr Zeit und mehr Maschinenarbeit zur Verfügung steht, um noch bessere Methoden zu entwickeln, um Herr über Klima und Wohnort zu sein.

Es gibt eine Möglichkeit der Klimabeherrschung, die wirklich gefährlichen Erwärmungen entgegenwirken könnte, sollten diese irgendwann in der Zukunft tatsächlich eintreten, nämlich Technologien zur Abkühlung des gesamten Globus. In diesem Zusammenhang spricht man häufig von »Geoengineering«.

So wird derzeit damit experimentiert, kleine Partikel in die obere Atmosphäre zu sprühen, die die Sonnenlichtmenge, die auf die Erde fällt, leicht reduzieren.

Im Grunde würde man auf diese Weise eine Abkühlung imitieren, wie sie große Vulkanausbrüche erwiesenermaßen verursachen. Als beispielsweise 1991 der Pinatubo ausbrach, reduzierte er die Menge an Sonnenlicht, die die Erdoberfläche erreichte, um 2,5 Prozent. Schätzungen zufolge sanken die Temperaturen daraufhin 18 Monate lang um 0,5 Grad Celsius. 0,5 Grad Celsius entspricht der Hälfte der globalen Erwärmung seit 1850!

Kleine Partikel direkt in die obere Atmosphäre zu sprühen würde denselben Mechanismus – ohne die Luftverschmutzung – bewirken, der mit einem

Vulkanausbruch einhergeht. Dies wäre eine zeitlich begrenzte und umkehrbare Maßnahme (die Partikel lösen sich nach einer gewissen Zeit auf) mit geringen Kosten für die Umsetzung und steht im Gegensatz zu den heute propagierten Maßnahmen für einen Ausstieg aus fossilen Brennstoffen, die Zerstörung und Massensterben nach sich ziehen würden, ohne dass der Planet dabei auf absehbare Zeit abkühlt. Nur wenn sich alle in selbstzerstörerischer Absicht auf diese Vorgehensweise einließen, würde die Erwärmung des Planeten gestoppt.

Ich erwähne diese Art globaler Abkühlung nicht, um für sie zu werben. Sie wäre ohnehin nur gerechtfertigt, wenn es wirklich ein ernsthaftes globales Erwärmungsproblem gäbe und wenn diese Technologie funktionieren würde. Es geht mir vielmehr darum zu verdeutlichen, was für ein mächtiges Werkzeug Klimabeherrschung sein kann.

Was Klimabeherrschung, die mit fossilen Brennstoffen betrieben wird, möglich macht, ist enorm und mitten in der Entwicklung. Daran müssen wir denken, wenn wir uns ansehen, in welcher Form sich fossile Brennstoffe künftig auf das Klima auswirken – nicht zuletzt auch deshalb, weil sich unser Wissenssystem gegen Klimabeherrschung systematisch verwehrt. Das geht so weit, dass wir gar nicht mitbekommen, dass wir uns in einer Klimarenaissance befinden.

Wieder und wieder haben wir gesehen, dass unser Wissenssystem die überwältigende Macht der mit fossilen Brennstoffen betriebenen Klimabeherrschung herunterspielt, abtut oder völlig leugnet.

Die Klimabeherrschung wird mit einer solchen Hartnäckigkeit abgelehnt, dass das dominierende Wissenssystem regelmäßig hypothetische Klimaszenarien ersinnt, die man völlig problemlos meistern könnte, und Katastrophen daraus strickt.

Nehmen wir eine Behauptung, die für viele Schlagzeilen gesorgt hat: Das Ansteigen der Meeresspiegel werde »der Wissenschaft« zufolge 187 Millionen Menschen zu obdachlosen Klimaflüchtlingen machen. Erstmals widerlegt hat diese Behauptung meines Wissens der Statistiker Bjørn Lomborg.

2019 schrieb die *Washington Post* über das Ansteigen des Meeresspiegels, der Anstieg »könnte sogar noch schlimmer ausfallen, als wir erwartet haben«.[42]

Die Lage würde sich so verschlimmern, dass bis zu 187 Millionen Menschen ihr Zuhause verlieren könnten.

Bloomberg News diskutierte über Städte, die »vom ansteigenden Ozean verschlungen werden«.[43]

Der Bestseller *Die unbewohnbare Erde* von David Wallace-Wells griff diese Behauptung auf, um das Argument zu unterstützen, dass wir rasch aus fossilen Brennstoffen aussteigen sollten.

»Grundlage« dieser Behauptungen war eine Arbeit aus dem Jahr 2011. Darin hieß es, sollten sich extreme Prognosen bestätigen, *müssten 187 Millionen Menschen umziehen, vorausgesetzt, der Anstieg des Meeresspiegels fiele dramatisch aus und niemand unternähme etwas, um sich an diesen Anstieg anzupassen.*

Man muss den Autoren der Arbeit zugutehalten, dass sie ausdrücklich schreiben, dass Menschen »sich proaktiv anpassen« und dass »eine derartige Anpassung die möglichen Auswirkungen stark reduzieren kann«. In diesem Fall »verschwindet das Problem der Umweltflüchtlinge nahezu vollständig«, heißt es sogar. Weiter steht dort: »Hauptfolge eines starken Anstiegs des Meeresspiegels sind größere Investitionen in Schutz-Infrastruktur.« Und ganz ausdrücklich: »Es ist falsch, bei einem starken Anstieg des Meeresspiegels automatisch von einer Bevölkerungsverdrängung auf globaler Ebene auszugehen.«[44]

Die Schlussfolgerung lautet: Geht man von einer als realistisch betrachteten Anpassung aus, würde ein extrem hohes Meeresspiegelszenario bedeuten, dass in 80 Jahren 305 000 Menschen gezwungen wären, umzuziehen![45]

Zum Vergleich: Jedes Jahr ziehen 1,6 Millionen Amerikaner ins Ausland.[46]

Bei objektiver Berichterstattung hätte die Schlagzeile in der Zeitung also lauten müssen: »Selbst hochspekulativer Anstieg des Meeresspiegels stellt ermächtigte Welt kaum vor Probleme.«

Stattdessen haben Nachrichteninstitutionen, denen wir vertrauen, die jedoch Teil des gegen menschliches Einwirken gerichteten Wissenssystems sind, die Zahl von 187 Millionen Klimaflüchtlingen aus dem Kontext gerissen und so hingestellt, als handle es sich um einen wissenschaftlich belegten Fakt. Dabei hatten die Autoren im Grunde deutlich gesagt, dass dies nicht passieren werde, weil die Menschen sich anpassen.

Eine hypothetische und meisterbare Veränderung wurde auf diese Weise zu einer Katastrophe aufgeblasen, die definitiv eintreffen wird und unsere Kräfte übersteigt.

In Verbindung damit, dass alle Vorteile fossiler Brennstoffe geleugnet wurden, führte diese Katastrophengewissheit zu der Behauptung, es drohten 187 Millionen Vertriebene, und zog die Forderung nach sich, rasch aus fossilen Brennstoffen auszusteigen.

Wenn Klimabeherrschung ebenso geleugnet wird wie die Vorzüge fossiler Brennstoffe, verleitet uns dies zu der Annahme, es bestehe keine Gefahr, wenn wir aus fossilen Brennstoffen aussteigen und dadurch Menschen *ent*mächtigen, sehr wohl aber, wenn Menschen durch die Nutzung fossiler Brennstoffe *er*mächtigt werden.

Und es sind nicht nur die Vermittler und Bewerter des Wissenssystems, die verlässlichen Medienquellen und die Regierungssprecher, die Klimabeherrschung ablehnen, nein, diese Ablehnung zieht sich durch das komplette Wissenssystem. Der angesehene Weltklimarat IPCC beispielsweise, dem die zentrale Rolle zukommt, das Wissen zum Klima zu synthetisieren, übergeht Klimabeherrschung in großem Stil. Ein ganz besonders belastendes Indiz: Die Zustandsberichte des IPCC sind viele Tausend Seiten lang, aber an nicht einer Stelle wird dort erwähnt, dass die Zahl der klimabedingten Toten massiv zurückgegangen ist. Was für ein Versäumnis! Das ist so, als würde man über Nebenwirkungen von Impfstoffen berichten, ohne zu dokumentieren, wie sehr die Anzahl der an Infektionskrankheiten Gestorbenen dank der Impfungen zurückgegangen ist.

Bevor die moderne, gegen menschliches Einwirken gerichtete Umweltbewegung aufkam, waren sich führende Denker der Tatsache bewusst, dass das Klima von Natur aus gefährlich ist und dass fossile Brennstoffe ein Werkzeug zum Klimaschutz und zur Verbesserung des Klimas sind. Ralph Waldo Emerson beispielsweise bezeichnete Kohle als »tragbares Klima«:

> *Jeder Korb bedeutet Macht und Zivilisation. Denn Kohle ist tragbares Klima. Sie trägt die Tropenhitze nach Labrador und zum Polarkreis. Und sie ist das Mittel, um sich selbst dorthin zu transportieren, wo auch immer sie gebraucht wird.*[47]

Heutzutage können – oder wollen – die designierten Experten im Gegensatz zu Emerson nicht anerkennen – obwohl die Möglichkeiten doch sehr viel besser geworden sind –, in welchem Ausmaß fossile Brennstoffe zur Klimabeherrschung beitragen.

Klimabeherrschung dank fossiler Brennstoffe stellt ein mächtiges Instrument das, dessen Wirksamkeit immer weiter ausgebaut werden wird. Und Klimabeherrschung wird in gewaltigem und zunehmendem Ausmaß geleugnet. Beide Fakten sind entscheidend, wenn wir beleuchten, wie sich steigende CO_2-Werte auf das Klima auswirken.

Dass fossile Brennstoffe eine umfassende und zunehmende Klimabeherrschung ermöglichen, bedeutet, dass wir bei einer weiteren Nutzung fossiler Brennstoffe praktisch alle Klimafolgen meistern können. Es sei denn, es träten negative Klimafolgen in bislang völlig beispiellosem Ausmaß auf, etwa ein rascher und unaufhaltsamer Temperaturanstieg, Stürme, die um ein Vielfaches stärker wären als aktuell, oder ein Anstieg des Meeresspiegels um Dutzende Zentimeter pro Jahrzehnt.

Dass eben diese Klimabeherrschung aber geleugnet oder abgelehnt wird, hat zur Konsequenz, dass jedes Mal, wenn unser Wissenssystem von einer Klimakatastrophe oder einer Apokalypse spricht, diese Aussage in vielen – beziehungsweise in den meisten, wenn nicht in allen – Fällen bedeutet, dass sie nicht auf tatsächlichen Hinweisen für eine Katastrophe oder Apokalypse beruht, sondern auf einer Prognose, die negative Folgen für das Klima vorhersagt, ohne die enorme Wirksamkeit der mit fossilen Brennstoffen betriebenen Klimabeherrschung miteinzubeziehen.

Mit diesem Wissen im Hinterkopf können wir uns nun ansehen, wie sich steigende CO_2-Werte auf das Klima auswirken, und beurteilen, ob uns tatsächlich Katastrophales oder Apokalyptisches droht oder ob es sich bei derartigen Behauptungen nur um weitere Verzerrungen handelt, die unser Wissenssystem mit seiner Anti-Eingriffs- und Anti-Klimabeherrschungsideologie unter das Volk bringt.

8

Das Problem der systembedingten Klimaverzerrung

Die voraussichtlichen Auswirkungen steigender CO_2-Werte

Machen wir uns bewusst, an welchem Punkt wir gerade sind.

In diesem Abschnitt geht es darum, den Anstieg der CO_2-Werte zu bewerten. Bei der Diskussion über eine weitere Nutzung fossiler Brennstoffe sind steigende CO_2-Werte die einzige Nebenwirkung, die eine Einschränkung fossiler Brennstoffnutzung hypothetisch rechtfertigen könnte – und zwar selbst dann, wenn man den Gesamtkontext aus Sicht des menschlichen Wohlergehens hinzuzieht. Dazu sind drei wichtige Variablen zu bedenken.

Variable 1 sind die häufig geleugneten positiven Aspekte, die fossile Brennstoffe zum menschlichen Wohlergehen beisteuern. In Teil 2 haben wir gesehen, wie *fundamental* die ultrakostengünstige Energie, die wir aus fossilen Brennstoffen beziehen, für die nicht von Natur aus gegebene hohe Lebensqualität unserer Welt ist. Nicht nur mangelt es in den kommenden Jahrzehnten an Alternativen, die fossile Brennstoffe ersetzen könnten, sondern die Nachfrage nach fossilen Brennstoffen wird auch deshalb zunehmen, weil die Welt für mehr Menschen lebenswert gemacht werden soll. Folglich müssten fossile Brennstoffe schon eine katastrophale Auswirkung auf das Klima haben, damit eine Einschränkung ihrer Nutzung in irgendeiner Form gerechtfertigt werden könnte. Und sie müsste schon wahrlich apokalyptisch sein, will man die garantierte Apokalypse rechtfertigen, die es mit sich brächte, rasch aus der Nutzung fossiler Brennstoffe auszusteigen.

Variable 2 ist der häufig geleugnete vielfältige Nutzen, den eine mit fossilen Brennstoffen betriebene Klimabeherrschung bei steigenden CO_2-Werten entfalten wird. Dieser Nutzen könnte alle negativen Auswirkungen auf das Klima neutralisieren und mehr als wettmachen. Im vorangegangenen Kapitel haben wir gesehen, wie enorm dieser Nutzen ist. Nichts, was den Klimafolgen ähnelt, die wir in den vergangenen 170 Jahren beobachtet haben (einem Zeitraum, in dem die CO_2-Werte ja ebenfalls gestiegen sind), könnte eine Welt vor ernsthafte Probleme stellen, die in der Ermächtigung immer weiter vorankommt.

Damit künftige CO_2-Werte ein katastrophales, geschweige denn apokalyptisches Niveau erreichen, müsste ein künftiger Anstieg des CO_2 schon völlig neuartige Folgen für das Klima mit sich bringen, beispielsweise einen sich rasch beschleunigenden und nicht aufzuhaltenden Temperaturanstieg, Stürme, die um ein Vielfaches stärker sind als die stärksten Stürme der Vergangenheit, und einen Meeresspiegelanstieg um Dutzende Zentimeter pro Jahrzehnt.

Das bringt uns zur dritten Variable, die auch das Thema von diesem und dem folgenden Kapitel ist: den Folgen, die steigende CO_2-Werte für das Klima haben, aus der Perspektive menschlichen Wohlergehens betrachtet. Wir befassen uns jeweils mit den negativen, neutralen und positiven Folgen. Wir möchten sie verstehen und vor allem herausfinden, ob irgendwelche von ihnen ein solches Ausmaß erreichen können, dass wir es für ratsam halten, über eine Nutzungsbeschränkung fossiler Brennstoffe ernsthaft nachzudenken – in dem Wissen, dass wir der Lebensqualität unserer Welt damit garantiert Schaden zufügen.

(Hinweis: Wie bereits im vorigen Kapitel erwähnt, dient die Formulierung »steigende CO_2-Werte« als Sammelbegriff für sämtliche auf »Treibhausgase« bezogene Nebenwirkungen fossiler Brennstoffe, die die Temperatur der Atmosphäre in die Höhe treiben. CO_2 ist das mit großem Abstand wichtigste Treibhausgas, das bei der Nutzung fossiler Brennstoffe freigesetzt wird. So verbleibt es beispielsweise viel länger in der Atmosphäre als Methan. Die Menge an CO_2-Emissionen ist so viel größer als die von Methan, dass die Meinung vorherrscht, dass CO_2 viel stärker zur Erwärmung beiträgt.)

Verstehen wir die Folgen, die steigende CO_2-Werte auf das Klima haben, können wir auch die Frage beantworten, wie sich aus der Perspektive menschlichen Wohlergehens steigende CO_2-Werte voraussichtlich auf das globale Klima auswirken.

Lassen Sie mich die Frage noch einmal ausführlicher stellen, damit ihre volle Bedeutung ganz klar ist.

> *Wenn das CO_2 in der Atmosphäre aufgrund der vom Menschen produzierten CO_2-Emissionen auf unterschiedliche Niveaus ansteigt, welche Folgen für 1) die Temperaturen, 2) die Niederschlagsmuster und 3) die Meeresspiegel rund um die Welt sind zu erwarten? Wie werden sich diese Veränderungen auf abgeleitete klimabezogene Phänomene wie Dürre auswirken (beeinflusst von Temperaturen und Niederschlagsmustern), Flächenbrände (beeinflusst von Temperaturen und Niederschlagsmustern) und Hochwasser (beeinflusst von Meeresspiegeln und Niederschlagsmustern)?*
>
> *Weiter: Wie wirken sich steigende CO_2-Werte auf das Pflanzenleben und die Ozeane aus (etwa in Form von »Ozeanversauerung«)? Hierbei handelt es sich streng genommen zwar nicht um »Klimafolgen«, aber um potenziell signifikante Umweltfolgen, die mit steigenden CO_2-Werten im Zusammenhang stehen. Der Effizienz wegen füge ich sie dem Sammelbegriff »Klimafolgen« hinzu.*
>
> *Und schließlich: Haben steigende CO_2-Werte zusätzliche signifikante Konsequenzen für die Umwelt wie beispielsweise das massive Artensterben, von dem immer wieder die Rede ist?*

All dies gehört für mich zu der Frage dazu: »Wie wirken sich steigende CO_2-Werte aus der Perspektive menschlichen Gedeihens voraussichtlich auf das globale Klima aus?«

Wichtig in diesem Zusammenhang ist das Wort »voraussichtlich«, denn angesichts unseres derzeitigen Wissens über das Klima wäre es unvernünftig, verlässliche Prognosen zu erwarten.

Bei einigen Fragen zu möglichen Prognosen können wir indes belastbare Antworten erwarten. Gemeint sind Aspekte, bei denen die Fachleute die entscheidenden Beziehungen von Ursache und Wirkung 100-prozentig verstehen und quantifizieren können.

Ein Beispiel: Gibt man allen Raketenwissenschaftlern einen Satz Parameter zum Start einer Rakete von der Erde, dann werden sie alle zu demselben Ergebnis kommen, was die grundlegende Flugbahn anbelangt. Die Physik von Raketenflugbahnen ist bekannt und wurde durch zahlreiche reale Experimente bestätigt.

Im Idealfall wären Klimaforschung und Klimaprognosen so weit fortgeschritten, dass wir verlässliche Antworten bekämen, die auf einem vollständigen Wissen um die Mechanismen von Ursache und Wirkung basieren und uns sagen, wann und in welchen Stadien zunehmender CO_2-Werte welche speziellen Klimafolgen eintreten werden.

Leider ist das bei Klimaprognosen bisher nicht der Fall.

Dies liegt vor allem daran, dass das globale Klima – gelinde gesagt – hochgradig komplex ist – um ein Zigfaches komplexer als der Abschuss einer Rakete. Die Klimabedingungen, die zu einem beliebigen Zeitpunkt herrschen, unterliegen sehr vielen Variablen, die wir nicht bis ins letzte Detail begreifen und/oder quantifizieren können – etwa dem komplexen Wechselspiel der Wolken mit dem Sonnenlicht und der Infrarotstrahlung der Erdoberfläche, den großen Energiepuffern, die die Weltmeere bieten, den Sonnenwinden, dem »Eiern« der Erde, den Veränderungen von Wasserdampf, Ozonwerten, Albedo (die Reflexionsstrahlung der Erdoberfläche), kosmischer Strahlung, der Pflanzendichte, Meeresströmungen, vulkanischer Aktivität und natürlich den Werten von CO_2 und weiteren Treibhausgasen.

Zum jetzigen Zeitpunkt verstehen wir diese Mechanismen und ihre Wechselwirkung noch nicht so gut, dass wir verlässliche Klimaprognosen abgeben könnten.

Geht es um die Auswirkungen von CO_2 auf das Klima, haben die Wissenschaftler mit einem weiteren Problem zu kämpfen, nämlich der vergleichsweise schlechten Qualität der Daten, die uns zur Verfügung stehen.

Hätten die Klimaforscher exakte Temperatur- und Niederschlagsdaten für jeden Ort über einen Zeitraum von mehreren Hundert Millionen Jahren und wüssten genau, wie es währenddessen um sämtliche Klimavariablen (inklusive CO_2-Werte) bestellt war, hätten sie das beste Rüstzeug, um zu begreifen und zu quantifizieren, wie sich CO_2 im Detail auf das Klima auswirkt.

Doch unsere historischen Daten zu Temperaturen, Niederschlagsmustern und ähnlichen Faktoren sind recht begrenzt.

Nehmen wir beispielsweise die Frage nach der Durchschnittstemperatur der Erde. Man kann sie heute vor allem über zwei Ansätze schätzen: 1) Man versucht, eine repräsentative Stichprobe von Oberflächenthermometern rund um den Globus zu nehmen, und 2) man vermisst mithilfe von Satelliten einen bestimmten Abschnitt der Atmosphäre, die »untere Troposphäre«.

Aber selbst für die letzten 100 Jahre liegen aus weiten Teilen der Welt nur sehr begrenzt Temperaturmessungen vor, von der Zeit davor ganz zu schweigen. (Die mit Abstand besten Daten liegen uns aus den Vereinigten Staaten vor.) Umfassende globale Temperaturdaten aus Satellitenbeobachtungen existieren erst seit 1979.

Zwar verfügen wir noch über weitere Methoden, Temperaturen vergangener Zeiten zu bestimmen, etwa mithilfe von Baumringen, doch die sind nicht ansatzweise so präzise wie Thermometer oder Satellitendaten – und selbst sie sind nicht immer präzise.

Dass qualitativ hochwertige historische Klimadaten fehlen, erschwert die Aufgabe, sich ein verlässliches Bild davon zu machen, auf welche Weise Variablen wie CO_2 in der Vergangenheit im Wechselspiel mit anderen Variablen funktioniert haben.

So schwierig es auch sein mag, das Klima vorherzusagen, es bedeutet nicht, dass keine signifikanten Prognosen abgegeben werden können – ganz im Gegenteil. Wir wissen viel über die Physik des Klimas, inklusive CO_2, und selbst mit unvollkommenen Daten ist es möglich, Signal und Rauschen zu unterscheiden.

Die Schwierigkeiten beim Erstellen von Klimaprognosen bedeuten allerdings, dass wir nicht nach »sicheren«, sondern nach »wahrscheinlichen« Antworten suchen und berücksichtigen sollten, dass Personen, die verantwortungsbewusst Klimaprognosen erstellen, einräumen, in welchen Bereichen Unwissen und Unsicherheit herrscht.

Der finale Aspekt der Frage, wie sich aus der Perspektive menschlichen Wohlergehens steigende CO_2-Werte voraussichtlich auf das globale Klima auswirken, ist eben diese Perspektive menschlichen Wohlergehens. Den Ansatz, den das Anti-Eingriffskonzept verfolgt und der jedwede Einwirkung auf das Klima prinzipiell als negativ verurteilt, weil sie gegen den Standard verstößt, menschliche Einwirkung zu eliminieren, müssen wir unbedingt ablehnen. Stattdessen sollten wir den Standard menschlichen Wohlergehens nutzen und ergebnisoffen nicht nur nach negativen Folgen suchen, sondern auch nach positiven und neutralen.

Nachdem ich nun die zentrale Frage erklärt habe, die wir beantworten müssen, um zu begreifen, wie sich fossile Brennstoffe auf das Klima auswirken (»Wie wirken sich steigende CO_2-Werte aus der Perspektive menschlichen Wohlergehens voraussichtlich auf das globale Klima aus?«), möchte ich mich der ersten Frage zuwenden, die wir beantworten müssen, um die zentrale Frage beantworten zu können: Woher bekommen wir das erforderliche Fachwissen?

Wie (wenig) vertrauenswürdig ist das moderne Wissenssystem bei Klimafragen?

Wir benötigen Fachwissen, um, soweit überhaupt möglich, eine Prognose abgeben zu können, wie sich steigende CO_2-Werte auf das Klima auswirken. Über dieses Fachwissen verfügen nur Fachleute, die sich mit diesem Feld seit Jahren befassen.

Wie gelangen wir an dieses Wissen?

Im Verlauf des Buches habe ich wiederholt gesagt: Eigentlich sollten wir derartiges Wissen von unserem Wissenssystem erhalten, also jenen Institutionen und Personen, von denen wir erwarten, dass sie wahrheitsgemäß forschen, synthetisieren, vermitteln und bewerten.

Doch wir sind immer wieder darauf gestoßen, dass die Anti-Eingriffsideologie das Mainstream-Wissenssystem und insbesondere das Verhalten seiner Vermittler und Bewerter entscheidend verzerrt. Das führt dazu, dass die grundlegenden Vorzüge fossiler Brennstoffe für das menschliche Wohlergehen konsequent ignoriert und die bislang beherrschbaren Nebenwirkungen fossiler Brennstoffe zur Katastrophe hochgespielt werden. In den Kapiteln 2 und 4 haben wir gesehen, was diese Schwarzmalerei unter anderem mit sich bringt: Die Nebenwirkungen fossiler Brennstoffe auf die Umwelt werden hemmungslos ins Negative verzerrt. Und die kleine Gruppe von Fachleuten mit den negativsten Ansichten wird in den Status designierter Experten erhoben. Im vorangegangenen Kapitel haben wir gesehen, dass das allgegenwärtige Leugnen der Möglichkeit, das Klima zu beherrschen, alle Katastrophenvorhersagen, die unser Wissenssystem verbreitet, suspekt klingen lässt.

Unser Wissen über Wesen und bisheriges Auftreten des Mainstream-Wissenssystems sollte dazu führen, dass wir allem, was ein beliebiger Vermittler (etwa die *New York Times*) über die Klimakonsequenzen steigender CO_2-Werte zu sagen hat, mit Skepsis begegnen sollten.

Andererseits deuten einige Faktoren darauf hin, dass wir unserem Wissenssystem doch in vielen Aspekten, was die Klimafolgen steigender CO_2-Werte angeht, vertrauen können.

Einer dieser Faktoren ist, dass das *moderne Klimawissenssystem* viele Merkmale aufweist, die mit einem gut funktionierenden Wissenssystem einhergehen.

Das moderne Wissenssystem greift beim Thema Klima auf Forschungseinrichtungen aus aller Welt zurück, die angeblich unvoreingenommen Klimaforschung betreiben.

Alle 6, 7 Jahre erstellt der IPCC (Intergovernmental Panel on Climate Change, »Zwischenstaatlicher Ausschuss für Klimaänderungen« oder kurz Weltklimarat) eine Synthese der aktuellen Klimaforschung. Dabei wird auch die Wahrscheinlichkeit unterschiedlicher Szenarien beleuchtet. In den USA gibt es noch die Klimabilanz National Climate Assessment, in der die Ergebnisse zusammengefasst werden, die für die Vereinigten Staaten am wichtigsten sind.

Diese Organisationen erarbeiten ausführliche Berichte sowie Resümees (etwa die »Zusammenfassung für politische Entscheidungsfindung« – »Summary for Policymakers« des IPCC).

Sollte beispielsweise die *New York Times* das beste Fachwissen zu den Auswirkungen steigender CO_2-Werte auf das Klima nicht ordnungsgemäß wiedergeben, kann man also durchaus annehmen, dass es andere Quellen tun werden, beispielsweise die »Zusammenfassung für politische Entscheidungsfindung« des Weltklimarats oder die öffentlichen Mitteilungen anderer wissenschaftlicher Organisationen.

Und da praktisch jede wissenschaftsbezogene Einrichtung, mit der wir in Kontakt kommen, behauptet, dass sich die steigenden CO_2-Werte extrem negativ auf das Klima auswirken, können wir durchaus annehmen, dass dieses dominierende Narrativ aller Wahrscheinlichkeit nach zutrifft – wobei wir hinzufügen möchten, dass es wahrscheinlich häufig von Übertreibungen durchzogen ist.

Ein finaler Punkt, der dafürspricht, dass wir unserem Klimawissenssystem und seinen Aussagen grundsätzlich vertrauen können, ist die Beobachtung, dass es unter den Forschenden keinen generellen Dissens zu geben scheint. Würde unser Wissenssystem die wissenschaftlichen Fakten zu den CO_2-Klimafolgen in ähnlichem Maße verzerren, wie es in der Vergangenheit bei anderen Nebenwirkungen fossiler Brennstoffe der Fall war, würden sich dann nicht viele Forscher aus diesem Feld zu Wort melden und Protest einlegen? Und würden wir das nicht registrieren?

Doch so vernünftig die Erwartung auch sein mag, dass unser Klimawissenssystem wissenschaftliche Fragen alles in allem akkurat beantwortet – es ist eindeutig nicht der Fall.

Das Anti-Eingriffskonzept hat unser Wissenssystem dazu gebracht, Katastrophen herbeizureden und die relevanten wissenschaftlichen Erkenntnisse stark zu verzerren. Und ganz genauso verzerrt es bis zum heutigen Tag nachweislich wissenschaftliche Fakten im gesamten Klimawissenssystem.

In den nächsten Abschnitten dokumentiere ich massive, systemweite Verzerrungen bei der Bewertung, die das Klimawissenssystem zu den Auswirkungen von CO_2 auf das Klima vornimmt – Verzerrungen in der Forschung, beim Synthetisieren und beim Verbreiten.

Unterteilen lassen sich diese Verzerrungen in zwei große Kategorien: »Leugnung der CO_2-Vorteile« und »absichtliche Übertreibung«.

Die Verzerrung namens »Leugnung der CO_2-Vorteile«

In Kapitel 7 haben wir uns viele Beispiele dafür angesehen, wie unser Wissenssystem Klimabeherrschung leugnet. So wird bestritten, dass ermächtigte Menschen für hochgradig wirksamen Klimaschutz sorgen und sich auf diese Weise vor allen möglichen Klimagefahren schützen können.

Doch dies ist nur ein Beispiel für ein allgemeineres Phänomen, nämlich für die Verzerrung namens »Leugnung der CO_2-Vorteile«, die ich in den Kapiteln 1 bis 4 dokumentiert habe: Man leugnet, dass etwas Vorteile hat, und konzentriert sich ausschließlich auf die negativen Auswirkungen. Dieses Vorgehen konnten wir beobachten, als unser Wissenssystem und seine designierten Experten fossilen Brennstoffen sämtliche Vorteile absprachen.

Die Verzerrung »Leugnung der CO_2-Vorteile« betrifft nicht nur die Vorteile fossiler Brennstoffe an sich, sondern auch den Nutzen, den steigende CO_2-Werte mit sich bringen können.

CO_2 ist sowohl ein Gas, das wärmt, als auch eines, das als Dünger fungiert.

Wenn man auch nur eine Minute nüchtern darüber nachdenkt, welche Folgen ein Anstieg eines solchen Gases haben könnte, kommt man rasch zu der Einsicht, dass damit zumindest ein paar signifikante positive Folgen einhergehen sollten – sei es, dass sich gefährlich kalte Orte erwärmen oder das Pflanzenwachstum davon profitiert, dass die Atmosphäre mehr Pflanzennahrung enthält.

Und dennoch schafft es unser Wissenssystem nicht, diese CO_2-Vorzüge ernsthaft in Betracht zu ziehen.

Damit meine ich nicht bloß, dass Wissensvermittler wie die *New York Times* oder die *Washington Post* dies nicht tun, sondern dass es das gesamte System nicht tut – von der Forschungsfinanzierung über die Synthetisierung durch den Weltklimarat bis hin zur Verbreitung durch die *New York Times*.

Das ungeheuerlichste Beispiel für das systematische Leugnen von CO_2-Vorzügen ist der ausführlich dokumentierte »Düngeeffekt«. Nimmt die Menge an CO_2 in der Atmosphäre zu – beispielsweise, wenn wir fossile Brennstoffe verbrennen –, wachsen Pflanzen bekanntlich besser, weil CO_2 Pflanzennahrung ist.

Mit Stand 2021 lag der CO_2-Wert bei 420 Parts per Million, was 0,042 Prozent der Atmosphäre entspricht. Fällt der Wert unter 120–150 Parts per Million, sterben die meisten Pflanzen. Da letztlich alle Tiere von Pflanzen abhängig sind (Fleischfresser ernähren sich von Pflanzenfressern), hätten derart niedrige CO_2-Werte apokalyptische Folgen. An den Wünschen der Pflanzen gemessen sind die heutigen CO_2-Werte ziemlich niedrig.

Bei ansonsten gleichen Verhältnissen ist eine Zunahme von CO_2 für Pflanzen von Vorteil, und das gilt für Werte bis zu mehreren Tausend Parts per Million.

Zahllose Experimente unter kontrollierten Bedingungen haben gezeigt, dass mehr CO_2 das Pflanzenwachstum verbessert. Kontrollierte Bedingungen heißt in diesem Zusammenhang, dass alles außer dem CO_2-Anteil konstant gehalten wurde.[1]

Tatsächlich werden derartige Experimente jeden Tag aufs Neue durchgeführt: Betreiber von Gewächshäusern zahlen Geld dafür, die CO_2-Menge in der Luft zu verdreifachen, um auf diese Weise bessere Ernteerträge zu erzielen.

Die Wissenschaftler Sherwood und Craig Idso haben dokumentiert, dass die Ernteerträge wichtiger Pflanzen höher ausfielen, wenn die Pflanzen 300 Parts per Million CO_2 mehr als normalerweise in der Atmosphäre enthalten ausgesetzt waren.

Abbildung 8.1: Der Düngeeffekt in Aktion

© Foto mit freundlicher Genehmigung von Craig Idso, Center for the Study of Carbon Dioxide and Global Change

Das obige Bild zeigt Sherwood Idso und dokumentiert, was mit ein und derselben Pflanze bei unterschiedlichen CO_2-Konzentrationen geschieht. Es verdeutlicht auf beeindruckende Weise, wie signifikant zusätzliches CO_2 in der Atmosphäre das Wachstum von Pflanzen ankurbeln kann.

Doch nicht nur bei kontrollierten Experimenten zeigt sich der Düngeeffekt, sondern auch bei steigenden CO_2-Werten in einem unübersehbaren »Global Greening«. Allein in den vergangenen 2 Jahrzehnten sind auf der Welt zusätzliche Grüngebiete entstanden, die dem Umfang sämtlicher Regenwälder des Amazonasbeckens entsprechen.[2]

Selbst wenn die negativen Folgen steigender CO_2-Werte die Vorzüge des »Global Greening« überwiegen sollten, hatten sie doch offenkundig massive positive Folgen. Allein der Nutzen für das Pflanzenwachstum dürfte sich auf Tausende Milliarden Dollar belaufen. Diese positiven Auswirkungen verdienen es zweifelsohne, dass man sie ausführlich untersucht und analysiert.

Und trotzdem leugnet unser Wissenssystem systematisch, dass CO_2 beim Pflanzenwachstum positive Wirkungen entfaltet. Das betrifft auch die Wurzeln unseres Wissenssystems: die Forschungsentscheidungen.

Abbildung 8.2: Mehr CO_2, mehr Pflanzenwachstum

Bäume	mittlerer Anstieg in %	Anzahl der Studien
westliche Balsampappel	124.0 %	5
Weihrauch-Kiefer	60.9 %	67
Roteiche	58.5 %	8
Rotahorn	39.3 %	16

Obst	mittlerer Anstieg in %	Anzahl der Studien
Cantaloupe-Melone	8.3 %	4
Tomate	32.4 %	54
Süßkirsche	59.8 %	8
Erdbeere	42.8 %	4

Gemüse	mittlerer Anstieg in %	Anzahl der Studien
Karotten	77.8 %	5
Mais	32.1 %	60
Erbsen	58.5 %	54
Sojabohnen	47.9 %	290
Süßkartoffeln	35.8 %	8
Kartoffeln	36.9 %	56

Getreide	mittlerer Anstieg in %	Anzahl der Studien
Gerste	40.3 %	84
Reis	33.3 %	428
Weizen	38.5 %	490

Quelle: CO_2 Science Plant Growth Database

Der legendäre, inzwischen verstorbene Physiker Freeman Dyson hat erzählt, wie die US-Regierung von vorneherein davon abgebracht werden sollte, die Auswirkungen von CO_2 auf Pflanzen zu untersuchen:

Im Jahr 1978 entwarf das amerikanische Energieministerium einen »Umfassenden Plan zur Erforschung und Bewertung der Auswirkungen von Kohlendioxid«. Dieser gab vor, wie in den nächsten 37 Jahren offizielle Debatten über Kohlendioxid laufen sollten. In einem Memorandum, in dem ich gegen das Vorhaben protestierte, schrieb ich:

»Der Frage, wie sich eine Zunahme von Kohlendioxid direkt auf das Pflanzenwachstum und interspezifische Konkurrenz auswirkt, wird nur wenig Aufmerksamkeit geschenkt. Der Plan ist so aufgestellt, als wäre Klimawandel die einzige ernst zu nehmende Auswirkung, die Kohlendioxid auf die Aktivitäten des Menschen hat. Vergleicht man die nicht klimabezogenen mit den klimabezogenen Auswirkungen von Kohlendioxid, so

könnten die nicht klimabezogenen 1) sicherer, 2) unmittelbarer, 3) leichter zu beobachten und 4) potenziell mindestens genauso ernst zu nehmen sein.

... Unser Forschungsplan sollte diese Themen in den Mittelpunkt stellen und nicht als bloßes Nebenthema von Klimastudien behandeln.«

Mein Protest fand kein Echo, und der Plan setzte sich durch. Das führte dazu, dass die Experten für computergestützte Klimamodelle, die den Plan entwickelt haben, die öffentliche Wahrnehmung von Kohlendioxid dominieren.[3]

Was Dyson erlebt hat, spiegelt im Kleinen ein größeres Phänomen: Finanzielle Mittel fließen nahezu ausschließlich in Forschung, die negative – vorzugsweise extrem negative – Auswirkungen von CO_2 nachweist.

Wissenschaftliche Forschung wird heutzutage größtenteils staatlich finanziert. Um diese rechtfertigen zu können, müssen die Regierungsvertreter den Eindruck haben, dass sie für ihre Wählerschaft oder für ihre eigene Agenda einen Wert hat.

Und die Wertvorstellungen von Wählerschaft und gewählten Amtsträgern sind stark von der Anti-Eingriffsagenda beeinflusst, die dafür sorgt, dass Eingriffe in das Klima moralisches Unbehagen und Angst vor Katastrophen auslösen.

Ein Rückblick in die Geschichte zeigt, dass Amtsträger CO_2-Forschung insofern förderten, als sie es mit einer Krise zu tun zu haben glaubten, bei der »zur Rettung des Planeten« ein massives Eingreifen des Staats erforderlich sei. Wenig Wert hingegen maßen sie der Untersuchung der positiven CO_2-Auswirkungen zu, nicht zu reden von deren Publikation. Heute gilt das umso mehr, weil wir es mit einer massiven Lobby von Umweltaktivisten und »grüner Energie« zu tun haben, deren subventionierte und mit einem Auftrag verbundene Existenz davon abhängt, dass sich CO_2 katastrophal auf das Klima auswirkt.

Insofern herrscht die Tendenz vor, negative und keine positive oder zumindest neutrale Forschung zu CO_2-Auswirkungen zu finanzieren.

Negativ verzerrte Forschungsfinanzierung führt im Mainstream-Wissenssystem dazu, dass Positives geleugnet und Negatives überbetont wird (mehr dazu im nächsten Abschnitt), und zwar selbst dann, wenn alles zu 100 Prozent gerecht finanziert wird. Das liegt daran, dass ehrliche Menschen fehlen, die die positiven Auswirkungen von CO_2 untersucht haben oder die negativen Seiten von CO_2 weniger negativ einschätzen. (Im nächsten Abschnitt werden wir sehen, dass es so etwas wie 100-prozentig gerecht nicht gibt, wenn es um die negativen Seiten steigender CO_2-Werte geht.)

Wird Forschung dahin gehend verzerrt, dass die Vorzüge fossiler Brennstoffe ignoriert werden, zieht der Rest des Wissenssystems nach, also auch die Synthetisierung (der Weltklimarat spielt das extrem signifikante Potenzial des Global Greening für das menschliche Wohlergehen herunter) und Vermittlung (in der jüngsten vom Weltklimarat veröffentlichten »Zusammenfassung für politische Entscheidungsfindung« werden die Vorzüge des Global Greening nicht mit einem einzigen Wort erwähnt).[4]

Auf die Form von Verzerrung, bei der die Vorzüge geleugnet werden, stoßen wir auch dann, wenn es um die Vorzüge steigender CO_2-Werte geht.

Historisch betrachtet haben sich die meisten Menschen eine wärmere Welt gewünscht.

Im nächsten Kapitel werden wir sehen, dass die durch CO_2 verursachte Erwärmung dazu führt, dass die Welt wärmer wird, und zwar a) in nördlichen Breitengraden (also an den sehr kalten Orten), b) eher im Winter als im Sommer (also zu den Zeiten, wenn die Menschen es lieber wärmer haben) und c) eher nachts als tags (siehe b).

Wenn wir von einem Temperaturanstieg erwarten, dass wir uns häufiger mit Hitzewellen auseinandersetzen müssen, sollten wir von ihm genauso erwarten, dass wir weniger Kälteprobleme haben. Vergessen wir nicht, das kältebedingte Todesfälle heute um ein Vielfaches häufiger als hitzebedingte Todesfälle sind.

Es liegt an der Anti-Eingriffsgrundeinstellung, dass wir eine menschengemachte Erwärmung heutzutage automatisch als etwas Schlechtes betrachten. Als jedoch Wissenschaftler und andere führende Denker den »Treibhauseffekt« entdeckten, herrschte eine andere Haltung vor. Einer seiner Entdecker, Svante Arrhenius, sprach davon, dass höhere CO_2-Emissionen ein extrem nützliches Nebenprodukt der Energienutzung wären. Sie würden einige der kältesten Regionen der Welt erwärmen und beispiellosen Nutzen für die Landwirtschaft mit sich bringen. So erklärte Arrhenius1896:

> *Durch Einwirkung des erhöhten Kohlensäuregehalts der Luft hoffen wir, allmählich in den Genuss von Zeiten mit gleichmäßigeren und besseren klimatischen Verhältnissen zu kommen, besonders in den kälteren Gebieten der Erde – Zeiten, in denen die Erde um ein Vielfaches höhere Ernten hervorzubringen vermag, zum Nutzen der sich rasch vermehrenden Menschheit.*[5]

Ein Artikel von 1913 steigerte Arrhenius' Optimismus noch:

> *Wird das Kohlendioxid um das Zweieinhalb- bis Dreifache erhöht, würde die Temperatur auf der ganzen Welt um 3–9 Grad Celsius steigen – und Grönland würde ein Klima aufweisen, das für Landwirtschaft geeignet ist. Der umfangreiche Boden Kanadas läge in einem gemäßigten Klima, wie es in Missouri heute vorzufinden ist. Im Peace River Valley wird Mais wachsen. In den Obstgärten von Arkansas und Virginia werden Orangen gedeihen. Die Bewohner der Vorstädte Chicagos könnten unter ihren eigenen Feigenbäumen sitzen und in ihren eigenen von Weinreben gesäumten Lauben. Baumwolle wird in Iowa ein Hauptprodukt sein, an den Ufern des Golf werden Bananen wachsen. Und Sibirien wird zum größten Agrarland der Welt aufsteigen.*[6]

Ist Ihnen etwas aufgefallen? Hier ist die Rede von einer Erwärmung von 3–9 Grad Celsius, also drei- bis neunmal so stark wie das, was bislang eingetreten ist – und trotzdem verbreitet der Autor Optimismus!

Der entscheidende Punkt hier ist, dass eine Erwärmung nicht in jeder Hinsicht eine gute Sache ist, denn wir müssen auch an Hitzewellen und insbesondere steigende Meeresspiegel denken. Sie bringt aber unendlich viele positive Aspekte mit sich, und die sollten berücksichtigt werden.

Unser Klimawissenssystem zieht diese nicht ernsthaft in Betracht. Die Vorzüge der Erwärmung werden in der Klimaforschung nur ganz selten thematisiert, in den IPCC-Sachstandsberichten nahezu vollständig ignoriert und in den »Zusammenfassungen für politische Entscheidungsfindung« vollständig ignoriert. Dasselbe gilt für praktisch alle anderen Quellen, die »Wissen« zum Klima verbreiten.

Wenn ein Klimawissenssystem die Möglichkeit ausschließt, dass CO_2 massive Vorzüge in Sachen Pflanzenwachstum und Erwärmung bietet, ist diesem System nicht zu trauen. Und der Auslöser für diese Reaktion ist selbstverständlich das Anti-Eingriffskonzept, das sämtliche signifikanten menschlichen Eingriffe als prinzipiell unmoralisch erachtet (im Einklang mit dem Ziel, menschliche Einwirkung zu eliminieren) sowie als notwendigerweise selbstzerstörerisch (gemäß der Annahme vom empfindlichen Gleichgewicht der Natur). Deshalb werden CO_2-Emissionen unbeirrbar als unmoralisch und selbstzerstörerisch betrachtet – als etwas, das keine echten Vorzüge mit sich bringen kann.

Wie immer ist das Anti-Eingriffskonzept nicht nur der Antrieb für das systematische Leugnen der positiven Auswirkungen, sondern auch für die Übertreibung der negative Auswirkungen.

Die Verzerrung namens »absichtliche Übertreibung«

Bringt die gegen menschliche Einwirkung gerichtete Agenda unser Klimawissenssystem dazu, die nützlichen Folgen fossiler Brennstoffe für das Klima zu leugnen, gibt es guten Grund anzunehmen, dass sie das Klimawissenssystem auch dazu bringt, die negativen Folgen fossiler Brennstoffe für das Klima zu übertreiben.

In Kapitel 2 haben wir gesehen, dass designierte Klimaexperten in den vergangenen Jahrzehnten nicht nur Klimabeherrschung leugneten, sondern auch maßlos übertrieben, wenn es um den Einfluss von steigenden CO_2-Werten auf die Erwärmung und den Anstieg der Meeresspiegel ging.

Finden derartige Übertreibungen auch heute noch statt?

Das lässt sich in vielen Situationen schwer erkennen, insbesondere dann, wenn die Person, die verzerrt und übertreibt, davon selbst nichts weiß. Woher sollen wir beispielsweise wissen, ob das Anti-Eingriffskonzept mit seiner Annahme von der empfindsamen Mutter Natur einen Klimaspezialisten dazu verleitet, unbewusst ein »heißeres« Modell zu entwerfen, als es der Fall gewesen wäre, wenn er unter dem Einfluss der Wildpotenzial-Annahme mit dem Fokus auf dem menschlichen Fortkommen gestanden hätte?

Unbewusste Übertreibungen sind schwer zu entdecken, aber es gibt zahlreiche dokumentierte Fälle, bei denen unser Klimawissenssystem *vorsätzlich übertrieben* hat.

Im folgenden Abschnitt zeige ich vier Methoden absichtlicher Übertreibung, mit denen unser Wissenssystem die Klimafolgen steigender CO_2-Werte drastisch verzerrt und negativ einschätzt:

1. Wer Zweifel an der Klimakatastrophe äußert, wird abgestraft.
2. Konsens, dass sich CO_2 auf das Klima auswirkt, wird gleichgesetzt mit einem Konsens, dass die Auswirkungen auf das Klima massiv negativ sind (der 97-Prozent-Trugschluss).
3. Zusammenfassungen von Berichten werden absichtlich übertrieben.
4. Designierte Experten übertreiben um des Effekts willen vorsätzlich.

Wer Zweifel an der Klimakatastrophe äußert, wird abgestraft

Von der Forschung über die Synthetisierung bis hin zur Verbreitung ein Motor für absichtliche Übertreibung im gesamten Mainstream des Klimawissenssystems besteht darin, »Klimaskeptiker« abzustrafen. Sie werden zwar als »Klimaskeptiker« bezeichnet, es handelt sich jedoch um Personen, die daran zweifeln, dass tatsächlich eine Klimakatastrophe heraufzieht.

Diese Bestrafung ist tief verwurzelt in der Art und Weise, wie sich die Klimaforscher heute zusammensetzen. Denn Klimaforschung wird zum absoluten

Großteil von Regierungen finanziert, die sich am Weltklimarat beteiligen – jener Institution, deren gesamter Sinn und Zweck darin besteht, negative Klimafolgen von CO_2 zu dokumentieren und das globale politische Handeln dementsprechend auszurichten.

Was geschieht mit denen, die glauben, die Auswirkungen von CO_2 seien nicht schwerwiegend genug, um die Nutzung fossiler Brennstoffe einzuschränken – ganz zu schweigen von jenen, die die Auswirkungen von CO_2 sogar tendenziell positiv bewerten?

Solche Leute gelten als Störenfriede, die hinderlich sind, wenn es darum geht, die Öffentlichkeit auf die Klimakatastrophe aufmerksam zu machen und zum Handeln zu bewegen. Und dementsprechend werden sie auch behandelt. Sie werden öffentlich verleumdet, und ihnen werden Forschungsgelder und Beförderungen verwehrt.

Viele herausragende Klimawissenschaftler wurden als »Klimawandelzweifler« oder sogar als »Klimawandelleugner« verleumdet, obwohl sie durchaus auch die Ansicht vertreten, CO_2 wirke sich erwärmend auf das Klima aus. Sie sind nur der Meinung, dass die negativen Folgen stark übertrieben und/oder die mit der Erwärmung einhergehenden Vorzüge fossiler Brennstoffe stark untertrieben werden.

Zu diesen »Zweiflern« zählen:

- Richard Lindzen, ein preisgekrönter Klimaforscher, der, bevor er als umstritten galt, als einer der klügsten Köpfe seines Fachs angesehen wurde. Lindzen glaubt an eine milde Erwärmung. 2016 sagte er: »Alle Wissenschaftler sind sich darin einig, dass es heute vermutlich wärmer ist, als am Ende der Kleinen Eiszeit. Nahezu alle Wissenschaftler sind sich einig, dass es zu einer gewissen Erwärmung kommt, fügt man CO_2 hinzu. Vielleicht aber nur sehr wenig Erwärmung. Aber es ist reine Propaganda, das zu übersetzen als: Es ist gefährlich und wir müssen CO_2 reduzieren.«[7]
- Judith Curry, ebenfalls eine preisgekrönte Klimaforscherin, die lange an der Georgia Tech lehrte, bis sie 2017 in den Ruhestand ging. Sie begründete ihren Schritt so: »Ein zentraler Grund war, dass ich nicht mehr wusste, was ich

den Studierenden und den Postdocs sagen sollte, wie sie mit der VERRÜCKTHEIT umgehen sollten, die auf dem Gebiet der Klimawissenschaft herrscht. Forschung und andere berufliche Aktivitäten machen sich professionell nur noch dann bezahlt, wenn sie in bestimmte Richtungen gelenkt werden – Richtungen, die ein politisch aufgeladenes akademisches Establishment abgenickt hat. Das gilt für Fördermittel ebenso wie für die Frage, ob man seine Arbeiten leicht publiziert bekommt, ob man renommierte Posten erhält, in prestigeträchtige Ausschüsse und Gremien berufen wird, professionell anerkannt wird und so weiter.«[8]

- Patrick Michaels, ebenfalls ein preisgekrönter Klimaforscher.* Er hat lange Jahre als Professor an der University of Virginia geforscht und war Präsident der American Association of State Climatologists. Michaels hat sehr ausführlich über seine Ansicht geschrieben, dass fossile Brennstoffe einen »lauwarmen«, also langsamen und milden Anstieg verursachen, wurde aber allgemein als »Leugner« angegriffen.

In der Öffentlichkeit beobachten wir, dass jeder, der die Klimakatastrophe infrage stellt, zur Zielscheibe von Verleumdungen wird, und Currys Äußerungen zeigen uns, dass Opposition auf persönlicher Ebene dazu führen kann, dass Fördermittel und Beförderungen ausbleiben.

In einem Klimawissenssystem, in dem Debatten nicht gerade ermutigt werden, kann es den Arbeitsplatz oder Forschungsmittel kosten, wenn man eine Ansicht äußert, die von den Katastrophenwarnungen abweicht. Noch schlimmer aber ist es, wenn man zu Forschungsergebnissen gelangt, die das Katastrophenszenario nicht bestätigen.

Aus all dem resultiert ein Klimawissenssystem, das aufgrund seiner Orientierung absichtlich alles übertreibt, was die Forschenden über die negativen Auswirkungen steigender CO_2-Werte vermuten. Vertritt jemand die Ansicht, die Folgen seien weniger (oder nicht) negativ, jagt man ihn davon, oder seine Meinung findet kein Gehör.

---

* Er ist 2022 verstorben. (Anm. des Verlags)

Und was die Sache noch schlimmer macht: Die Ansichten derer, die nach all dem übrig bleiben, werden noch weiter verzerrt und übertrieben.

Der Konsens, dass sich CO_2 auf das Klima auswirkt, wird gleichgesetzt mit dem Konsens, dass die Auswirkungen auf das Klima massiv negativ sind (der 97-Prozent-Trugschluss)

Um die wahrscheinlichen Auswirkungen steigender CO_2-Werte von der Warte menschlichen Wohlergehens aus abzuschätzen, braucht es präzise Angaben, wie stark die jeweiligen positiven und negativen Folgen voraussichtlich ausfallen.

So macht es beispielsweise einen enormen Unterschied aus, ob man vorhersagt, dass eine CO_2-Zunahme sich als milde Erwärmung niederschlägt (was eine Kombination aus Positivem und Negativem bedeuten könnte), oder ob man vorhersagt, dass sich eine CO_2-Zunahme sehr negativ auf das Klima auswirken wird, beispielsweise in Form rasch steigender Meeresspiegel.

Leider bemühen sich viele unserer Institutionen und designierten Experten, Maßnahmen gegen die Nutzung fossiler Brennstoffe voranzutreiben. Zu diesem Zweck setzen sie einen (zumeist) tatsächlich real vorhandenen Konsens über ein paar Klimaauswirkungen mit einem nicht vorhandenen Konsens über extrem negative Klimaauswirkungen gleich.

Das bekannteste Beispiel dafür ist die weitverbreitete und vorsätzlich vage gehaltene Behauptung: »97 Prozent der Klimaforscher sind sich einig, dass der Klimawandel real ist.«

Solchen Aussagen liegen Übersichtsstudien zur Klimaforschung zugrunde. Dabei wird eine Vielzahl von Arbeiten untersucht und quantifiziert, wie viele dieser Arbeiten ausdrücklich oder implizit behaupten, dass der Mensch in irgendeiner Form Einfluss auf das Klima nimmt.

Der wichtigste Punkt ist hier, dass diese Übersichtsstudien nie einen weitverbreiteten Konsens über stark negative Auswirkungen feststellen. Entweder sind sich die Übersichtsarbeiten einig, dass der Mensch in nicht näher spezifizierter Weise Einfluss nimmt, oder sie geben den Anstieg der CO_2-Werte bestenfalls als

»Hauptgrund« (mehr als 50 Prozent) der milden Erwärmung von 1 Grad Celsius an, die wir bislang erlebt haben.

Doch wenn über die Übersichtsstudien berichtet und aus ihnen zitiert wird, heißt es meistens, 97 Prozent der Klimawissenschaftler seien sich einig, dass sich fossile Brennstoffe stark negativ auf das Klima auswirken.

Den »97 Prozent«-Refrain wendete beispielsweise John Kerry an, ehemaliger US-Außenminister und unter Präsident Biden Sonderbeauftragter für Klimaschutz, als er der Bevölkerung Indonesiens in einer wegweisenden Rede riet, mit fossilen Brennstoffen Schluss zu machen – und das, obwohl dies Land dank zunehmender Nutzung fossiler Brennstoffe seinen Wohlstand erheblich steigern konnte. Kerry sagte:

> *Die Wissenschaft des Klimawandels springt uns an wie eine Szene aus einem 3D-Film. Sie warnt uns, ja zwingt uns, zu handeln. Und niemand sollte glauben, die Wissenschaft sei sich nicht absolut sicher. Wir sind felsenfest davon überzeugt, dass die Wissenschaft richtigliegt. 97 Prozent der Klimaforscher bestätigen, dass ein Klimawandel im Gange ist und dass menschliches Tun der Auslöser dafür ist. Diese Wissenschaftler und Wissenschaftlerinnen sind sich einig, was die Ursachen dieser Veränderungen und was die potenziellen Auswirkungen anbelangt. Sie sind sich einig, dass sich die Welt verändern wird, wenn wir den Pfad, den wir jetzt eingeschlagen haben, weiterhin beschreiten – und sie wird sich auf drastische Weise zum Schlechteren hin verändern.*[9]

Haben Sie bemerkt, wie Kerry von »97 Prozent der Klimaforscher bestätigen, dass ein Klimawandel im Gange ist und dass menschliches Tun der Auslöser dafür ist« weitergeht zu »Sie stimmen überein, dass sich die Welt verändern wird, wenn wir den Pfad, den wir jetzt eingeschlagen haben, weiter beschreiten – und sie wird sich auf dramatische Weise zum Schlechteren verändern«?

Kerry arbeitet hier mit Taschenspielertricks: Dass übereinstimmend die Meinung gilt, dass sich steigende CO_2-Werte auf das Klima auswirken, nutzt er, um zu Unrecht seine Behauptung zu untermauern, steigende CO_2-Werte würden sich stark negativ auswirken. Doch damit nicht genug, er nutzt dies dafür, seine gegen fossile Brennstoffe gerichtete Politik zu untermauern, die er im eigenen Land und im Ausland durchsetzen will – eine Politik, die gewiss nicht von 97 Prozent der Klimaforscher unterstützt wird.

(Eine ausführliche Auflistung würde den Rahmen dieses Buches sprengen, aber es gibt zahlreiche weitere Falschdarstellungen, was die »97 Prozent aller Klimaforscher« anbelangt. Die Behauptungen haben dazu geführt, dass zahlreiche Wissenschaftler, die mit in diesen Topf geworfen wurden, sich öffentlich dagegen zur Wehr gesetzt haben.)[10]

Nimmt man den Konsens, etwas wirke sich in irgendeiner Form auf das Klima aus, und bläht ihn zu einem Konsens auf, etwas wirke sich stark negativ auf das Klima aus, haben wir es mit einer besonders ungeheuerlichen Form absichtlicher Übertreibung zu tun. Es entsteht ein übertrieben negativer Eindruck davon, was die meisten Klimaforscher tatsächlich denken.

Es folgt ein weiterer Grund, warum es im Wesen unseres Klimawissenssystems liegt, die negativen Auswirkungen steigender CO_2-Werte zu übertreiben.

In Zusammenfassungen von Berichten wird absichtlich übertrieben

Ein weiteres zweifelsfrei belegtes Beispiel dafür, dass unser Wissenssystem absichtlich übertreibt, ist, dass negative Ergebnisse von Klimafolgenberichten in den Zusammenfassungen vorsätzlich hochgespielt werden.

Das wichtigste Exempel dafür ist die bereits genannte »Zusammenfassung für politische Entscheidungsfindung«, die den umfangreichen »Sachstandsberichten« des IPCC zur Seite gestellt wird.

Ich hatte es bereits gesagt: Der IPCC, der Weltklimarat, ist meiner Auffassung nach eine essenziell voreingenommene Organisation, die sich systematisch der Aufgabe verschrieben hat, fossile Brennstoffe als Katastrophe darzustellen. Vorzüge fossiler Brennstoffe werden ignoriert, die negativen Nebenwirkungen deutlich übertrieben.

Die Schwarzmalerei setzt sich fort, wenn die Ergebnisse der Berichte in der breiten Öffentlichkeit in Umlauf gebracht werden. Dabei wird der Inhalt der ohnehin voreingenommenen Berichte zusätzlich drastisch verzerrt.

Ein zentrales Werkzeug ist die Zusammenfassung für politische Entscheidungsfindung des Weltklimarats. Sie filtert aus dem mehrere Tausend Seiten umfassenden Bericht, den so gut wie niemand liest, die vermeintlich zentralen Erkenntnisse heraus.

Im Laufe der Jahre haben sich zahlreiche Personen, die an der Erstellung der Sachstandsberichte mitgewirkt haben, beklagt, dass diese Zusammenfassungen negative Schlussfolgerungen der Berichte drastisch übertreiben.

Einer dieser Kritiker ist der bekannte Klimaökonom Richard Tol. Der Energie- und Umweltexperte Michael Shellenberger hat Tols Weltklimarat-Saga gründlich überprüft.

Shellenberger sagt, Tol habe den Auftrag gehabt, eine »Zusammenfassung für politische Entscheidungsfindung« zu entwerfen. In einer ersten Fassung wurde betont, wie wichtig es sei, die wirtschaftliche Entwicklung armer Länder voranzutreiben, aber das wurde herausgestrichen, weil Europas Nationen und vor allem der Weltklimarat das Hauptaugenmerk darauf legen wollten, die Emissionen von Treibhausgasen zu senken.

> *Tol zufolge besagte die zentrale Botschaft eines früheren Entwurfs: »Bei vielen der stärker beunruhigenden Auswirkungen des Klimawandels handelt es sich in Wirklichkeit um Symptome von Missmanagement und Unterentwicklung.« Vertreter europäischer Nationen forderten jedoch, dass der Schwerpunkt des Berichts auf einer Reduzierung der Emissionen zu liegen habe, nicht auf der wirtschaftlichen Entwicklung. Daraufhin erklärte Tol: »Der Weltklimarat ist zum Teil eine wissenschaftliche Organisation, zum Teil eine politische.« Als politische Organisation »ist es ihre Aufgabe zu rechtfertigen, warum die Treibhausgasemissionen gesenkt werden müssen«. Erstellt wurde die Zusammenfassung während eines einwöchigen Treffens in Yokohama. »Einige der Delegierten sind Gelehrte, andere nicht«, so Tol. »Der irische Delegierte beispielsweise denkt, dass*

> *ungebremster Klimawandel uns ›auf den Highway zur Hölle‹ führt. Das bezieht sich meines Wissens eher auf einen AC/DC-Song als auf eine wissenschaftliche Arbeit.«*

Das endgültige Produkt war nach Tols Auffassung eine Aneinanderreihung von Übertreibungen, weshalb er sein Amt niederlegte.

> *2 Jahre später setzte sich der IPCC über Tols Proteste hinweg und verabschiedete eine »Zusammenfassung für die politische Entscheidungsfindung«, die deutlich apokalyptischer ausfiel, als es die wissenschaftlichen Fakten zuließen. »Der IPCC wechselte von ›nicht ohne Risiken, aber machbar‹ zu ›wir werden alle sterben‹«, sagte Tol. »Es war ein Wechsel von einer aus meiner Sicht ziemlich zutreffenden Einschätzung der jüngsten Entwicklungen in der Fachliteratur zu … den vier Reitern der Apokalypse … Pest, Tod, Hunger und Krieg, sie waren alle versammelt«*
>
> *Weil der Weltklimarat entschieden hatte, die »Zusammenfassung für die politische Entscheidungsfindung« von Übertreibern schreiben zu lassen, warf Tol hin. »Ich fand das schlicht unglaublich«, sagte er. »Ich habe den Vorsitzenden Chris Field informiert und mich zurückgezogen, ohne großes Aufheben darum zu machen.«*[11]

Unser Klimawissenssystem sollte auch den letzten Rest an Glaubwürdigkeit verlieren, wenn es die ohnehin voreingenommenen Synthesen einer ohnehin voreingenommenen Forschung so zusammenfasst, dass die Voreingenommenheit noch verstärkt wird.

Designierte Experten übertreiben vorsätzlich und effektvoll

Es gibt noch eine letzte Methode des absichtlichen Übertreibens, auf die ich eingehen möchte: Fachleute, auch Wissenschaftler, übertreiben vorsätzlich, um einen bestimmten Effekt zu erzielen.

1996 schrieb der Klimaforscher Stephen Schneider von der Stanford University eine einflussreiche Arbeit, die sich mit den moralischen Grundlagen befasste, aufgrund derer Beweise für einen katastrophalen Klimawandel übertrieben wurden. Darin findet sich der folgende Abschnitt:

> *Einerseits sind wir als Wissenschaftler allesamt moralisch der wissenschaftlichen Methode verpflichtet, was bedeutet, wir sollen die ganze Wahrheit sagen, nur die Wahrheit und sonst nichts. Folglich müssen wir sämtliche Zweifel benennen, die Vorbehalte, alle Wenn und Aber. Andererseits sind wir aber nicht nur Wissenschaftler, sondern auch Menschen. Und wie die meisten Menschen würden wir es gerne sehen, dass die Welt ein besserer Ort wird. Und das bedeutet in diesem Zusammenhang, dass unsere Arbeit das Risiko eines potenziell verheerenden Klimawandels reduzieren soll. Damit das gelingt, müssen wir relativ breit aufgestellt Unterstützung finden und die Vorstellungskraft der Öffentlichkeit stimulieren. Das wiederum erfordert, jede Menge mediale Aufmerksamkeit zu erregen. Also müssen wir Schreckensszenarien anbieten, vereinfachte, dramatische Erklärungen abgeben und möglichst wenig über die Zweifel sprechen, die uns eventuell umtreiben. Wir finden uns häufig in einer »doppelten ethischen Zwickmühle« wieder, aus der wir uns nicht mithilfe irgendeiner Formel befreien können. Jeder einzelne von uns muss entscheiden, wo für ihn das richtige Gleichgewicht zwischen Effektivität und Ehrlichkeit liegt. Ich kann nur hoffen, dass beides für ihn gleichermaßen wichtig ist.*[12]

Ich bin völlig anderer Meinung, was die Aussage angeht, Wissenschaftler müssen entscheiden, wo für sie das richtige Gleichgewicht zwischen Effektivität und Ehrlichkeit liegt – umso mehr, wenn unter Effektivität auch fällt, »vereinfachte, dramatische Aussagen« zu machen und »möglichst wenig über die Zweifel [zu] sprechen, die uns eventuell umtreiben«.

Was Schneider hier als Effektivität propagiert, bedeutet, dass Wissenschaftler das, was sie glauben, absichtlich übertreiben – und das bedeutet nichts anderes, als dass sie die Öffentlichkeit absichtlich in die Irre führen und zu Entscheidungen verleiten, die die Nutzung fossiler Brennstoffe auf unangemessene und tödliche Weise einschränken.

Doch so etwas wie eine »unangemessene« Einschränkung fossiler Brennstoffe gibt es nicht für Schneider und andere, die nach dem Anti-Eingriffsgrundsatz unterwegs sind, denn sie streiten ab, dass fossile Brennstoffe überhaupt einen positiven Wert haben. Und wenn fossile Brennstoffe keinerlei positiven Wert haben, warum dann nicht das Negative überbetonen, wenn man damit die Menschen dazu bringt, das Richtige zu tun? Um »den Planeten zu retten«, kann man sich ruhig über berufliche Moralvorstellungen hinwegsetzen – zumindest dann, wenn man den Planeten vor dem bösen Einfluss fossiler Brennstoffe zu retten glaubt.

Paul R. Ehrlich verrät folgende Haltung, wenn er schreibt: »Im Umgang mit elektronischen Medien müssen Wissenschaftler direkt und prägnant sein, und es lässt sich stundenlang über die Ungewissheiten reden, die mit globaler Erwärmung assoziiert werden. Aber eine Aussage wie ›Pumpen wir die Atmosphäre voll Treibhausgas, könnten flächendeckend die Lebensmittel knapp werden‹ ist wissenschaftlich absolut zutreffend und weckt die Aufmerksamkeit der Öffentlichkeit.«[13]

Ist eine derartige Aussage wirklich »wissenschaftlich absolut zutreffend«? Und was ist mit der Tatsache, dass ohne Treibstoffe, die notwendigerweise Treibhausgase freisetzen, Millionen oder sogar Milliarden von Menschen an Hunger gestorben wären? Und was mit dem Fakt, dass Ehrlichs Vorschlag, rasch aus der Nutzung fossiler Brennstoffe auszusteigen, zu demselben Ergebnis geführt hätte, wäre er befolgt worden?

All diese Methoden, mit denen der Mainstream die Aussagen des Klimawissenssystems absichtlich übertreibt, werfen eine Frage auf: Warum regt sich kein Widerstand bei den zahlreichen Wissenschaftlern, die wissen, dass der Mainstream des Klimawissenssystems die negativen Folgen steigender CO_2-Werte vorsätzlich aufbauscht?

Dafür gibt es zwei Gründe, und sie hängen zusammen: Das Anti-Eingriffskonzept und die dadurch verursachte Ignoranz gegenüber dem Wert von Energie.

Da die meisten Wissenschaftler dieses Konzept weitgehend übernommen haben, scheint es nur angebracht, dass der übergeordnete moralische Schwerpunkt darauf liegt, den Einfluss des Menschen auf das Klima zu reduzieren. Darüber, welchen Schaden dies am menschlichen Wohlergehen anrichtet, wird nicht weiter nachgedacht. Und weil das Anti-Eingriffskonzept zu einem Wissenssystem führt, das hinsichtlich der Vorzüge fossiler Brennstoffe und der Klimabeherrschung alle im Dunkeln lässt, hat es den Anschein, als würde es uns nichts kosten, die Nutzung fossiler Brennstoffe zu beschneiden oder ganz zu stoppen.

Wenn gewisse designierte Experten um des Effekts willen vorsätzlich übertreiben, gilt das also nicht als tödliche Unaufrichtigkeit, die Milliarden Menschen entmächtigen könnte, sondern als moralisch vielleicht geschmacklose Übertreibung in der noblen Absicht, CO_2-Emissionen aus der Welt zu schaffen. Dasselbe gilt für absichtlich übertriebene Zusammenfassungen von Berichten oder Behauptungen wie »97 Prozent aller Klimaforscher sind sich einig«.

Übertreibt jemand die Realität im Namen einer »guten Sache«, warum sollte man da seinen Status aufs Spiel setzen und dagegen angehen? Den meisten Wissenschaftlern fällt kein Grund ein, warum sie so handeln sollten, aber ich hoffe, dass die Menschen, die dieses Buch lesen, erkennen, dass es einen dringenden Grund gibt, einen Grund, der über Leben und Tod entscheidet. Denn die Vorzüge fossiler Brennstoffe sind von zentraler Bedeutung für die Lebensqualität auf unserem Planeten.

Vier Arten von vorsätzlicher Verzerrung, dazu das Leugnen der Vorzüge von CO_2 sowie der Klimabeherrschung – insgesamt bedeutet dies, dass wir unserem Klimawissenssystem nicht trauen können. Schließlich handelt es sich nicht um vereinzelte Probleme, sondern um eine systematische Verzerrung.

Dies hat zwei Implikationen.

Erstens gibt es allen Grund zu der Annahme, dass Behauptungen, es drohe eine Klimakatastrophe, wenn nicht gar Klimaapokalypse, nicht auf wissenschaftlichen Fakten beruhen, sondern dass es sich dabei in Wahrheit um ein totales Übertreiben vor dem Hintergrund des Anti-Eingriffskonzepts handelt. Es wird fälschlich vorhergesagt, dass eine Nebenwirkung katastrophale Wirkung entfalten wird. Zu diesem Zweck wird die Negativität wild übertrieben und unsere Fähigkeit, die Folgen zu meistern, ignoriert.

Zweitens: Wollen wir echtes Verständnis dafür entwickeln, wie sich steigende CO_2-Werte auf das Klima auswirken und inwieweit sie tatsächlich potenziell katastrophale Auswirkungen haben könnten, müssen wir die Mainstream-Kanäle des Klimawissenssystems ablehnen und uns fachlich vertrauenswürdige Quellen suchen, die möglichst wenig durch die Anti-Eingriffsagenda verzerrt sind.

Aber wie sollen wir dabei vorgehen?

Wie man nur minimal verzerrte Expertenmeinungen in voller Bandbreite findet

Die beste Methode, echtes Expertenwissen zum Thema Klima zu finden, das durch das Anti-Eingriffskonzept nur minimal verzerrt wurde, besteht meiner Meinung nach darin, dass man sich Quellen innerhalb und außerhalb des Mainstreams heraussucht, die am wenigsten unter Druck stehen, vorsätzlich wissenschaftliche Erkenntnisse verzerren zu müssen, um den Feldzug gegen fossile Brennstoffe voranzutreiben.

Auch bestimmte Abschnitte des IPCC-Sachstandsberichts fallen in die Kategorie wenig verzerrter Mainstream-Quellen. Ich sage »bestimmte Abschnitte«, denn grundsätzlich sind diese Berichte durchaus eher gegen menschliches Eingreifen eingestellt, von den vorsätzlich unaufrichtigen Zusammenfassungen ganz zu schweigen.

Doch jene Abschnitte der IPCC-Berichte, die sich mit genauer umrissenen wissenschaftlichen Fragen befassen, sind deutlich objektiver als ihre Zusammenfassungen für die Öffentlichkeit – vor allem dann, wenn es um Prognosen geht und beispielsweise Niederschlagstrends in dieser oder jener Region über einen bestimmten Zeitraum hinweg betrachtet werden. Und sie haben den Vorteil, dass sie auf eine breite Spanne von Arbeiten und Gelehrten aus unterschiedlichen Subspezialisierungen der Klimaforschung zugreifen.

Eine weitere wertvolle Quelle für wenig verzerrtes Klimafachwissen aus dem Mainstream sind Lehrbücher. Darunter fallen für mich sowohl Lehrbücher im eigentlichen Sinne als auch andere Materialien ohne Interessenvertretung.

Die Anti-Einwirkungsagenda wird Denkweise und Kommunikation der Autoren aller Wahrscheinlichkeit nach etwas verzerrt haben, aber die Autoren bemühen sich zumindest, Themen präzise zu erläutern. Und dazu gehört es auch, darzulegen, wie überzeugt sie von unterschiedlichen Behauptungen sind.

Ausschnitte aus Sachstandsberichten und Lehrbüchern vermitteln meiner Ansicht nach einen vergleichsweise realistischen Eindruck davon, was in den Forschungseinrichtungen des Mainstreams gedacht wird. Auf jeden Fall vermitteln sie ein wesentlich besseres Bild als die Mainstream-Medien oder die Zusammenfassungen, die der Weltklimarat für politische Entscheidungsfindung erstellt.

Und was ist mit den echten Expertenmeinungen, die vom Mainstream-Wissenssystem ausgeschlossen wurden?

Hierfür müssen wir die Arbeiten hervorragend ausgebildeter Klimawissenschaftler lesen, die als Außenseiter oder »Zweifler« gelten.

Ich betone »hervorragend ausgebildet«, denn bei Kritik am Mainstream läuft man durchaus Gefahr, »Zweiflern« ins Netz zu gehen, die sich in einem bestimmten Feld nur oberflächlich auskennen.

Es hilft, Einschätzungen von Personen zu lesen, die als äußerst sachkundige Stimmen zum Thema Klimaforschung gelten oder galten, nun aber dem Katastrophengerede kritisch gegenüberstehen. Wie bereits erwähnt fallen Richard Lindzen, Judith Curry und Patrick Michaels in diese Kategorie.

Lesen Sie wenig verzerrtes Mainstream-Material und dazu die fundiertesten Kritiken am Mainstream. Auf diese Weise erhalten Sie die ganze Bandbreite minimal verzerrter Positionen zu der Frage, wie sich der CO_2-Anstieg auf das Klima auswirkt – Informationen, die uns der Mainstream des Klimawissenssystems vorenthält.

Um diese Bandbreite zu verstehen und bewerten zu können, welche Positionen am Wahrscheinlichsten sind, ist es überaus hilfreich, sich mit möglichst vielen Debatten zwischen den unterschiedlichen Positionen zu befassen.

Diskussionen unter sachkundigen Fachleuten zu verfolgen ist für Außenstehende eines der besten Werkzeuge, um die unterschiedlichen Positionen bewerten zu können.

Je ausführlicher die Fachleute darlegen, warum sie nicht einer Meinung sind, desto leichter wird es, herauszuarbeiten, in welchen Bereichen Übereinstimmung herrscht – etwa bei einem Punkt, auf den ich im nächsten Kapitel eingehen werde, dass sich nämlich der Treibhauseffekt von CO_2 verlangsamt, anstatt sich zu beschleunigen, und mit jedem weiteren CO_2-Molekül schwächer wird.

Ein weiterer Nutzen dieser Debatten liegt darin, dass je ausführlicher die Fachleute ihre abweichenden Meinungen erläutern, desto mehr Zusammenhänge sichtbar werden, die bei einer anderen Betrachtungsweise vielleicht nicht aufgefallen wären. So habe ich mich beispielsweise mit Argumenten von Fachleuten befasst, die Klimamodelle kritisierten, und lernte auf diese Weise einige Einschränkungen dieser Berechnungen kennen. Gleichzeitig habe ich Aussagen der Befürworter dieser Modelle gelesen und dadurch Argumente für den Nutzen dieser Modelle kennengelernt, mit denen sich viele Kritiker nicht befassen.

Ein dritter positiver Aspekt der Debatten ist folgender: Je mehr Fachleute erklären, warum sie anderer Meinung sind, desto leichter fällt es, qualitative Unterschiede der Argumente festzustellen – und zu erkennen, wo sich unterschiedliche Grundkonzepte auf die Qualität auswirken.

Indem es »Zweifler« abstraft, bemüht sich unser Wissenssystem systematisch, Debatten im Keim zu ersticken, doch das gelingt ihm nicht vollständig.

Gelegentlich gibt es echte Debatten, bei denen die Positionen stark voneinander abweichen. Sie sind sehr aufschlussreich, und viele davon finden Sie auf YouTube. Ich halte sie für lehrreich, und sie helfen mir, ein Gefühl dafür zu entwickeln, wie sich die unterschiedlichen Positionen unter Druck bewähren.

Neben den eigentlichen Debatten gibt es einige Formen von Quasidebatten, bei denen es sich ebenfalls lohnt, sie zu verfolgen.

Bloggen ist eine dieser Formen. Häufig läuft es so, dass eine prominente Katastrophenkritikerin wie Judith Curry etwas postet (ihr Blog heißt Climate Etc.), und wenn die Leserschaft groß genug ist, reagiert der Borderline-Katastrophen-Blog RealClimate.

Eine weitere Form der Quasidebatte sind konkurrierende kritische Artikel aus unterschiedlichen Positionen zu anderen Positionen. So veröffentlicht beispielsweise RealClimate eine Kritik zu Ansichten der »Zweifler«, und der Blog Watts Up with That? übt Kritik an Ansichten der Schwarzmaler.

Haben wir eine gewisse Bandbreite minimal verzerrter Expertenpositionen versammelt, soweit möglich inklusive der Debatten, verfügen wir über den Grundstock für die Aufgabe, eine qualifizierte Schlussfolgerung für die Frage zu ziehen, wie sich der Anstieg von CO_2 voraussichtlich auswirken wird.

Im nächsten Schritt geht es darum, das Rohmaterial möglichst akkurat zu bewerten und ein gutes Gespür dafür zu entwickeln, wie die Wahrheit aussieht.

Fragen und Standards zur Bewertung von Klimabehauptungen

Eine Bandbreite an minimal verzerrten Expertenpositionen zu finden ist der Schlüssel, wenn wir eine Antwort auf die Frage bekommen wollen: »Wie wirkt sich aus Sicht des menschlichen Gedeihens der Anstieg von CO_2 voraussichtlich auf das globale Klima aus?«

Doch das reicht nicht. Viele unterschiedliche Ansichten zu kennen bedeutet nicht dasselbe, wie die wahrscheinlichen Auswirkungen zu kennen. Wir brauchen einen Weg, auf dem wir herausfinden können, welche Ansichten zutreffen und welche signifikante Verzerrungen der Realität sein könnten.

Wir benötigen Standards, die uns bei der *Beurteilung* widersprüchlicher Behauptungen zum Klima helfen, sodass wir erkennen können, welche Ansichten die größten Chancen auf Richtigkeit haben.

Ich arbeite mit Bewertungsstandards aus zwei miteinander verwandten Kategorien – Standards für ein angemessenes Basiskonzept und Standards für objektive Erklärungen.

Beginnen möchte ich mit den Standards für ein angemessenes Basiskonzept.

Wir haben wiederholt gesehen, wie das Anti-Eingriffskonzept Bewertungen und Zukunftsprognosen grundsätzlich verzerrt – beispielsweise die Prognose zu den voraussichtlichen Auswirkungen der ansteigenden CO_2-Werte. Es ist also ausgesprochen aufschlussreich zu wissen, ob ein bestimmter Fachmann oder eine bestimmte Ressource seine/ihre Klimaprognosen auf dem Anti-Eingriffskonzept aufbaut.

Um das Basiskonzept einer Person für gültig oder ungültig erklären zu können, müssen wir uns als Richtlinie die Ziele oder Bewertungsmaßstäbe dieser Person ansehen. Agiert ein Fachmann nach dem Anti-Eingriffskonzept, so haben wir gesehen, dass er jegliche Art menschlichen Eingreifens in das Klima als böse ansieht, und zwar selbst dann, wenn diese Einwirkung neutral oder sogar gut für den Menschen ist. Er neigt dann auch dazu, um des Effekts willen vorsätzlich die menschenfeindlichen Auswirkungen des CO_2-Anstiegs zu übertreiben.

In dem Maße, in dem jemand auf das Ziel hinarbeitet, menschliches Einwirken zu eliminieren, erachte ich seine wissenschaftlichen Behauptungen als höchstwahrscheinlich verzerrt. Ich sehe mich dann nach anderen Stimmen um, die nach anderen Maßstäben operieren.

Es folgen ein paar Fragen, die mir dabei helfen, herauszufinden, ob jemand auf das Ziel hinarbeitet, menschliches Einwirken zu eliminieren.

- Legt die Person den Schwerpunkt darauf, wie sich ein CO_2-Anstieg auf den Menschen auswirkt, oder auf Effekte für die restliche Natur, die vom Menschen sehr weit weg sind?
- Behandelt die Person sowohl potenziell negative als auch potenziell positive Effekte des CO_2-Anstiegs oder ausschließlich die negativen?
- Sorgt sich die Person um das Bedürfnis von Milliarden Menschen, Zugang zu bezahlbarer, zuverlässiger Energie zu bekommen, oder reagiert sie gleichgültig?
- Behandelt die Person eine Reduzierung der CO_2-Emissionen als möglicherweise lohnenswerte politische Maßnahme, die aber durchaus sehr reale negative Aspekte mit sich bringt, oder präsentiert sie uns diese Politik als alternativlos?
- Erkennt die Person an, dass sich die Welt in einem außerordentlich positiven Gesamtzustand befindet, wozu auch der beispiellose Schutz des Menschen vor

dem Klima gehört? Oder behauptet sie, dass entweder das eine oder sogar beides nicht zutrifft?

Der bereits erwähnte Freeman Dyson ist ein Beispiel dafür, wie jemand zeigt, dass er an promenschlichen Zielen und Standards arbeitet. Er sagte: »Dass China und Indien zu reichen Ländern werden, ist nach meiner festen Überzeugung das Wichtigste, was derzeit in der Welt geschieht. Es handelt sich um eine echte Revolution, wenn das Gravitationszentrum der ganzen Weltbevölkerung in der Mittelschicht liegt. Das ist eine wunderbare Sache.«

Andersherum gilt: Wer die heutige Welt als schlechten Ort ansieht, zeigt, dass er nicht nach einem promenschlichen Standard agiert.

Der zweite Standard für die Bewertung des Basiskonzeptes sind Annahmen zur Beziehung zwischen Mensch und der restlichen Natur.

Agiert ein Fachmann gemäß der Annahme, die Natur befinde sich in einem empfindlichen Gleichgewicht und dürfe nicht gestört werden (bis hin zu der Ansicht, wonach der Mensch ein Parasit und Umweltverschmutzer ist), wird er, wie wir gesehen haben, mit deutlich signifikanteren und negativeren Folgen eines bestimmten menschlichen Handelns rechnen, als es die Fakten vermuten lassen.

Zu beobachten war das in den wilden Prognosen, die in den vergangenen 50 Jahren zu den Nebenwirkungen fossiler Brennstoffe abgegeben wurden – sei es nun, dass die Ressourcen knapp würden, die Umwelt völlig im Schmutz versinken werde oder dass sich der Planet global abkühlen oder erwärmen würde.

Je stärker jemand davon ausgeht, dass Mutter Natur – unsere Ernährerin – keine Eingriffe duldet, desto größer ist die Wahrscheinlichkeit, dass er in seinen Prognosen die negativen Klimafolgen übergewichtet. Jedes Anzeichen dafür ist also ein Alarmsignal.

Hier sind ein paar Fragen, mithilfe derer ich herausfinde, ob jemand unter der Agenda der empfindlichen Mutter Natur (und dem Glauben, der Mensch sei ein Parasit und Umweltverschmutzer) arbeitet:

- Bezeichnet die Person unberührte Teile der Natur als »empfindlich« oder »zerbrechlich« oder aber als »stabil«?

- Glorifiziert die Person das vom Menschen unbeeinflusste Klima?
- Behandelt die Person den Menschen als von Natur aus kurzsichtig und unvermeidlich selbstzerstörerisch veranlagt?
- Ignoriert die Person den positiven Einfluss des Menschen auf die Natur?

Ist in irgendeiner Form die Rede davon, dass viel zu viele Menschen auf dem Planeten leben, haben wir es mit einem Hinweis auf beide Elemente des gegen menschliche Einwirkung ausgerichteten Grundkonzepts zu tun.

So schrieb beispielsweise der designierte Experte Michael Mann: »Wir überschreiten die Belastbarkeit [des Planeten] vermutlich schon heute um den Faktor 8.«[14]

Derartige Aussagen zeigen, wie tief diese Person die Annahme von der empfindlichen Mutter Natur in sich aufgesogen hat und wie kaltschnäuzig sie den Wert menschlichen Lebens missachtet. Wenn jemand beiläufig über Milliarden Menschen redet, als sei ihre Existenz nichts Positives, kann das niemand sein, der für das menschliche Wohlergehen unterwegs ist.

Betrachte ich unterschiedliche Aussagen zum Klima, wende ich ebenso Bewertungsmaßstäbe für das Basiskonzept dahinter an wie solche für objektive Erklärungen.

Mit »objektive Erklärungen« meine ich Erklärungen, die dem Leser oder Zuhörer genügend Indizien an die Hand geben, um der Schlussfolgerung des Experten zustimmen zu können.

Meiner Erfahrung nach haben objektive Erklärungen zum Klima Seltenheitswert. Dies hängt größtenteils damit zusammen, dass das Lager der Katastrophenredner versucht, Fragen und Debatten zu unterdrücken und darauf hinzuarbeiten, dass man sich vermeintlichen Autoritäten unterwirft.

Stoßen wir aber auf eine Quelle, die eine Sachlage objektiv erklärt, haben wir viel mehr Grund dazu, ihr recht zu geben. Und weil uns überhaupt eine Erklärung vorliegt, lässt sich auch viel einfacher bewerten, ob sie recht hat.

Es folgen vier Standards für objektive Erklärungen, mit denen ich Klimabehauptungen auf den Prüfstand stelle:

1. **Beruft sich der Autor nicht einfach nur auf seine oder eine andere Autorität, sondern erklärt klar und deutlich anhand von Beweisen, wie er zu seiner Meinung gelangt ist?** Ich nehme nur solche Quellen ernst, die ihre Beweise klar und deutlich offenlegen. Beruft der Autor sich auf eine Autorität und präsentiert keine Beweise, unterstelle ich ihm, dass seine Absicht nicht darin besteht, die Wahrheit verständlich zu verbreiten.
2. **Geht der Autor mit Terminologie, Größenordnungen und Wahrscheinlichkeiten präzise und nicht schlampig um?** Will man verstehen, wie sich der CO_2-Anstieg auf das Klima auswirkt, sind präzise Terminologie, Größenordnungen und Wahrscheinlichkeiten Pflicht. Arbeiten Fachleute mit schwammigen, ungenauen Begriffen wie »Klimawandel«, misstraue ich ihnen.

   Sprechen sie von »menschengemachtem Klimawandel« oder »anthropogenem Klimawandel« sowie von bestimmten Auswirkungen auf Temperaturen oder andere Aspekte des Klimas und erklären, wie viel Vertrauen sie in diese Angaben setzen, sind sie weitaus glaubwürdiger.
3. **Unterscheidet der Autor zwischen dem, was bekannt, und dem, was unbekannt ist, und zwar sowohl für sich persönlich als auch in seinem Gebiet?** Dass jemand sorgfältig denkt, lässt sich beispielsweise daran ablesen, dass er sich selbst darüber klar ist – und dies anderen gegenüber auch ebenso klar kommuniziert –, was er zuversichtlich weiß, und für welche Behauptungen er zwar Beweise, aber nicht unbedingt zwingende Beweise hat, und in welchem Punkt er überfragt ist.

   Zwei Fragen zu den Behauptungen, die Fachleute aufstellen, finde ich in diesem Zusammenhang hilfreich:
   - Gehen sie darauf ein, dass für unterschiedliche Behauptungen unterschiedliche Beweismengen vorliegen, oder behandeln sie ihre Behauptungen allesamt als praktisch hieb- und stichfest? Letzteres können wir beobachten, wenn alle Behauptungen zum Klima – von »CO_2 bewirkt ein gewisses Maß an Erwärmung« bis »Wir stehen vor einer existenziellen Bedrohung« – als unstrittiger und nachgewiesener Bestandteil der etablierten Klimawissenschaft behandelt werden.

- Erkennen sie die Grenzen ihres eigenen Wissens an, oder legen sie bei sämtlichen Themen dasselbe Maß an Selbstbewusstsein an den Tag? Letzteres ist bei bestimmten Klimaforschern zu beobachten, wenn diese inbrünstig erklären, Sonnen- und Windenergie könnten alles leisten, was auch fossile Brennstoffe leisten.

4. **Setzen Sie sich aufrichtig mit abweichenden Standpunkten auseinander und sprechen diese offen an, anstatt ihnen auszuweichen, sie zu verteufeln oder Nebelkerzen zu werfen?** Da Fragen und Debatten sehr viel über die Stärken unterschiedlicher Positionen enthüllen, gilt es darauf zu achten, ob Fachleute kritische Fragen beantworten können und ob sie Gegenargumenten klar und überzeugend begegnen.

   Hier kommen Fragen, die ich hilfreich finde, wenn es um Fachleute geht:

- Wie gehen sie mit intelligenten Leuten um, die anderer Meinung sind als sie? Erkennen sie deren Ansichten an, oder tun sie diese Personen als unmoralisch oder dumm ab?
- Reagieren sie auf Kritik höflich und effektiv, oder sind sie vor allem damit beschäftigt, die Motive und die Denkfähigkeit ihrer Kritiker anzugreifen?
- Geben sie abweichende Meinungen akkurat wieder, oder ziehen sie sie durch den Dreck?
- Sind sie willens, mit wirklich nachdenklichen, sachkundigen Personen zu debattieren, die eine andere Meinung vertreten, oder reagieren sie lieber mit Aussagen wie »die Debatte ist vorbei«?

Diese Standards zur Validierung von Basiskonzept und objektiven Erklärungen haben mir geholfen, zu erkennen, welche Bandbreite zwischen Zustimmung und Ablehnung Fachleute haben, deren Denken offensichtlich nicht durch das Anti-Eingriffskonzept verzerrt wurde.

Vor allem jedoch haben sie mir zu extrem großer Überzeugung in der Frage verholfen, ob es wirklich katastrophale oder sogar apokalyptische Ereignisse zu befürchten gibt, wenn wir bei dem durch fossile Brennstoffe verursachten CO_2-Anstieg auch die Vorteile der Klimabeherrschung berücksichtigen. Meine Schlussfolgerung lautet: Nicht im Geringsten. Sämtliche Behauptungen zu bevorstehenden Katastrophen und Apokalypsen basieren darauf, dass unsere Fähigkeit, das Klima zu meistern, geleugnet beziehungsweise abgelehnt wird und dass unser gegen menschliche Einwirkung gerichtetes Wissenssystem den Blick auf die Klimafolgen verzerrt.

> Wenn wir die Gesamtzusammenhänge berücksichtigen, stellen wir fest, dass eine Klimaapokalypse unmöglich ist, eine Katastrophe unvorstellbar und eine verstärkte Nutzung fossiler Brennstoffe – eine fossile Zukunft – moralisch der einzige Weg in die Zukunft ist.

9

Steigende CO_2-Werte: der Gesamtkontext

Eine kontextbezogene, promenschliche Bewertung, wie sich der CO_2-Anstieg vermutlich auf das Klima auswirkt

Machen wir uns klar, wo wir gerade stehen.

Sinn und Zweck dieses Abschnitts besteht darin, den Anstieg der CO_2-Werte zu bewerten – die absolut einzige Nebenwirkung fossiler Brennstoffe, die es rein theoretisch rechtfertigen könnte, ihre künftige Nutzung zu beschneiden. Die Bewertung berücksichtigt den Gesamtkontext und arbeitet mit der Perspektive menschlichen Wohlergehens.

Dazu ist es nötig, drei Variablen einzubeziehen, die unser Wissenssystem, wie wir gesehen haben, komplett außen vor lässt.

1. Die generellen Vorteile einer weiteren Nutzung fossiler Brennstoffe für das menschliche Wohlergehen, die wir in Teil 2 kennengelernt haben, sind auch in Zukunft von zentraler Bedeutung für die Lebensqualität unserer Welt.

Doch unser gegen menschliches Eingreifen ausgerichtetes, energiefeindliches Wissenssystem leugnet diese Vorzüge.

2. Die Vorteile einer weiteren Nutzung fossiler Brennstoffe für die Klimabeherrschung sind so enorm, dass eine Klimakatastrophe nur dann eintreten könnte, wenn die Auswirkungen auf das Klima sich komplett von allem unterscheiden, was wir in den vergangenen 170 Jahren an steigenden CO_2-Werten erlebt haben. Solche Auswirkungen wären ein rascher, sich beschleunigender und nicht zu bremsender Temperaturanstieg, Stürme, die um ein Mehrfaches stärker sind als die schwersten bisher bekannten Stürme, sowie Meeresspiegel, die in jedem Jahrzehnt um viele Zentimeter ansteigen. Trotzdem leugnet unser gegen menschliches Eingreifen ausgerichtetes, energiefeindliches Wissenssystem, dass Klimabeherrschung mithilfe fossiler Brennstoffe möglich ist.
3. Die Klimafolgen eines CO_2-Anstiegs müssen genau erfasst werden, und zwar aus Sicht des menschlichen Wohlergehens und einschließlich aller negativen, neutralen und positiven Folgen. Statt sich darum zu bemühen, stellt unser gegen menschliches Eingreifen ausgerichtetes, energiefeindliches Wissenssystem die Folgen wild verzerrt dar, leugnet die signifikanten Vorzüge steigender CO_2-Werte und übertreibt absichtlich die negativen Auswirkungen.

Um uns von den Verzerrungen zu befreien, die unser Klimawissenssystem bei seinem Vorgehen gegen jedwedes menschliches Einwirken einsetzt, müssen wir uns bessere Quellen suchen (eine Bandbreite der am wenigsten verzerrten Expertenquellen im Mainstream und jenseits des Mainstreams) und sie nach strengen Richtlinien evaluieren (darunter die eines angemessenen Basiskonzepts und der objektiven Erklärung).

Nachdem ich diese Quellen gesucht, gefunden und nach den genannten Richtlinien bewertet habe, möchte ich in diesem Kapitel meine aktuellen Überlegungen zur Auswirkung eines CO_2-Anstiegs auf das globale Klima vorstellen – also auf ein System, das – wie wir nicht vergessen sollten – von Natur aus gefährlich, vielfältig und dynamisch ist. Dabei werde ich mich vor allem darauf konzentrieren, ob der

CO_2-Anstieg Folgen hat, die unsere enormen Fähigkeiten in Sachen Klimabeherrschung so weit übersteigen könnten, dass es gerechtfertigt wäre, die Nutzung fossiler Brennstoffe in irgendeiner Form einzuschränken, obwohl ihr Wert dringend benötigt wird.

Ich werde mich bemühen, an meine Behauptungen dieselben Standards objektiver Erklärungen anzulegen, die ich bei anderen anwende. Das heißt unter anderem:

- Ich werde mich nicht einfach auf Autoritäten berufen, sondern die Fakten, auf denen meine Ansichten beruhen, auf eindeutige Weise erklären.
- Ich werde mit Terminologie, Größenordnungen und Wahrscheinlichkeiten nicht schlampig, sondern präzise umgehen.
- Ich werde abgestuft zwischen Bekanntem und Unbekanntem unterscheiden, sowohl innerhalb der Klimaforschung als auch bei mir persönlich.
- Und ich werde mich aufrichtig mit abweichenden Standpunkten auseinandersetzen und sie offen ansprechen, anstatt ihnen auszuweichen, sie zu verteufeln oder Nebelkerzen zu werfen.

Es ist unmöglich, dass die Erde unbewohnbar wird

Nachdem ich mich mit einer Reihe Klimaexperten befasst habe, lautet meine zentrale Erkenntnis: Nach allem, was wir über historische Temperaturen und CO_2-Werte auf der Erde wissen, ist es völlig unmöglich, dass ein CO_2-Anstieg die Erde unbewohnbar machen wird, so weitverbreitet diese These auch sein mag.

Unserem Wissenssystem zufolge ist es aber durchaus realistisch, dass steigende CO_2-Werte rund um die Welt nicht nur eine andere und schlimmere Vielfalt an gefährlichen, dynamischen Klimazonen herbeiführen, sondern sogar eine Welt mit Klimazonen, in denen Menschen kaum oder überhaupt nicht leben können. Das erklärt apokalyptische Buchtitel wie *Die unbewohnbare Erde.*

Die Grundidee dahinter ist die: »Beispiellose« CO_2-Werte führen zu immer rascheren und nicht zu verhindernden Temperatursprüngen, bis die Erde schließlich ein Ort ist, an dem unser Körper – genauso wie der vieler anderer Lebewesen (darunter unsere Feldfrüchte) – mit der Hitze nicht mehr zurechtkommt.

Die Plausibilität dieser Idee hängt von der Behauptung ab, die CO_2-Werte würden ein »beispielloses« Niveau erreichen. Wir sollen den Eindruck bekommen, dass wir mit den geheimnisvollen Kräften, aus denen sich das globale Klima zusammensetzt, »Gott spielen«, indem wir die Konzentration des wärmenden CO_2-Moleküls in einem noch nie da gewesenen Ausmaß erhöhen, was bereits jetzt zu beispiellosen Temperaturen führt.

Tatsächlich jedoch geht überhaupt nichts »Beispielloses« vor sich, weder bei den CO_2-Konzentrationen in der Atmosphäre noch bei den Durchschnittstemperaturen auf der Erde.

Das ist nicht nur meine Meinung, sondern der einstimmige Konsens aller, die sich mit der Geschichte des Klimas auf diesem Planeten auch nur annähernd auskennen.

Tatsache ist, dass ein Blick auf die allgemein akzeptierten Fakten zur Entwicklung von Klima und Leben auf diesem Planeten unweigerlich zeigt, dass ein CO_2-Anstieg unmöglich dazu führen kann, dass der Planet unbewohnbar wird. Als nämlich die CO_2-Konzentrationen ein Niveau hatten, das wir auch dann nicht erreichen würden, wenn wir es wollten, war der Planet ein unglaublich vorteilhafter Lebensraum für wesentlich weniger anpassungsfähige Organismen, die sehr viel mit uns gemein hatten.

Zu dieser Schlussfolgerung haben mich vier grundlegende Wahrheiten über die Klimageschichte gebracht:

1. Das globale Klima nähert sich einem historischen Tiefstand, was CO_2 und Temperaturen anbelangt.
2. Wir verfügen über keinen Mechanismus, der die CO_2-Werte kurzfristig auch nur auf ein Viertel ihres historischen Hochstandes bringen könnte.
3. In früheren Zeiten blühte das Leben auf der Erde auch bei deutlich höheren CO_2-Werten und Temperaturen.

4. Die planetare Erwärmung ist nicht wirklich global, sondern konzentriert sich auf die kälteren Regionen der Erde.

Was CO_2 und Temperaturen anbelangt, nähert sich das globale Klima einem historischen Tiefstand

Im Zusammenhang mit CO_2 und Temperaturen fallen immer wieder Begriffe wie »beispiellos« und »Rekord«. Das ist aber irreführend, wenn es nicht in den Zusammenhang gestellt wird, dass CO_2-Werte und Temperaturen aktuell deutlich niedriger liegen, als sie es über weite Teile der Erdgeschichte hinweg gewesen sind.

Die folgende Grafik zeigt historische CO_2- und Temperaturwerte und macht deutlich, dass es in der Vergangenheit enorme historische Klimaveränderungen gab, darunter auch CO_2- und Temperaturveränderungen, häufig in gegensätzliche Richtungen, was Beleg dafür ist, dass CO_2 anders als häufig dargestellt keineswegs der alles entscheidende Klimatreiber ist. (CO_2 kann aber ein bedeutsamer Treiber sein und ist meiner Meinung nach aktuell auch einer.) Aus der Perspektive der Erdgeschichte betrachtet, ist der heutige CO_2-Wert sehr niedrig (er liegt bei weniger als einem Zehntel seines historischen Hochstands), und dasselbe gilt für die Temperaturen (die durchschnittlich um 14 Grad Celsius höher lagen).

Insofern stimmt es nicht, dass wir Neuland betreten und die Erde heißer als je zuvor sein wird.

Aber sieht es in absehbarer Zukunft nicht anders aus? Nein, auf keinen Fall, und das liegt am nächsten Fakt.

Wir verfügen über keinen Mechanismus, der die CO_2-Werte kurzfristig auch nur auf ein Viertel ihres historischen Hochstandes bringen könnte

Die auf fossilen Brennstoffen basierende Zivilisation hat den CO_2-Anteil in der Atmosphäre seit 1850 von knapp unter 0,03 Prozent (280 Parts per Million) auf knapp über 0,04 Prozent (420 Parts per Million) steigen lassen.

Zahlreichen Schätzungen zufolge lag der bisherige Hochstand von CO_2 bei über 6000 Parts per Million – nahezu das Fünfzehnfache des heutigen Werts.[1]

Abbildung 9.1: CO_2 und Temperaturen waren in der Vergangenheit deutlich höher, aber es gibt keinen konsistenten Zusammenhang

Geologische Geschichte: CO2-Konzentrationen und Temperaturschwankungen

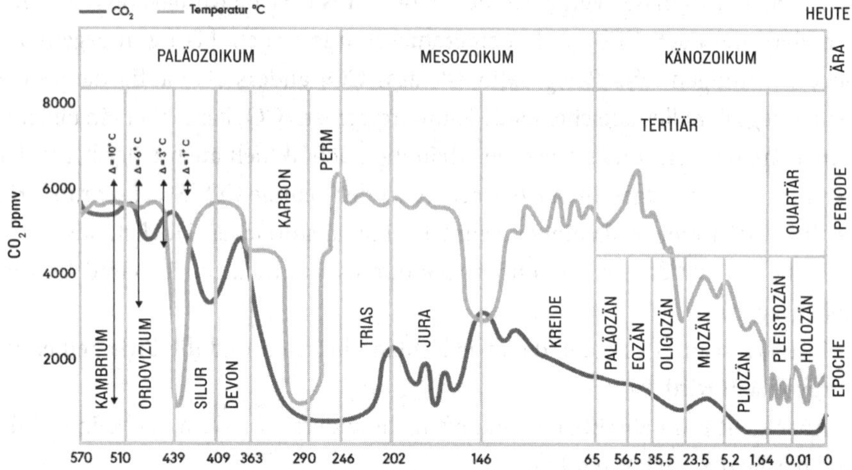

Quellen: Nasif Nahle (2009); C. R. Scotese (2002); W. F. Ruddiman (2011); Pagani et al. (2005)

Um auch nur auf 1500 Parts per Million zu kommen, einem Viertel des Hochstands, müssten wir bis weit ins 22. Jahrhundert hinein die Emissionen steigern – also weit über den Zeitpunkt hinaus, an dem wir damit rechnen können, über ultrakostengünstige und emissionsfreie Atomenergie zu verfügen.[2]

Insofern gibt es in naher Zukunft keinerlei Mechanismus, der den CO_2-Wert auf ein Niveau treiben könnte, das auch nur ansatzweise in der Nähe des historischen Durchschnitts liegt – ganz zu schweigen davon, deutlich über das Niveau hinauszugehen, auf dem über Millionen von Jahren hinweg Leben auf der Erde gedieh.

In früheren Zeiten gedieh das Leben auf der Erde auch bei deutlich höheren CO_2-Werten und Temperaturen

Phasen mit hohen CO_2-Konzentrationen und Temperaturen zählen zu den Abschnitten der Erdgeschichte mit dem höchsten evolutionären Fortschritt und der größten Lebensvielfalt.

Ein offenkundiger Grund dafür ist der Düngeeffekt: Pflanzenfressende Dinosaurier wurden nur deshalb so groß und konnten Pflanzen fressen, weil in der Atmosphäre ausreichend Düngemittel vorhanden waren, damit die erforderliche Pflanzenwelt auch entstehen konnte.

Dinosaurier konnten damals also leben, schön und gut, aber auch irgendetwas, was uns ähnlich sah?

Ja, unsere Vorfahren in der Evolution lebten damals.

Wie kann das angehen? Es war doch 14 Grad Celsius wärmer, war es da nicht zu heiß?

Das führt uns zu einem abschließenden Klimafakt, der auf kriminelle Weise totgeschwiegen wird.

Die planetare Erwärmung ist nicht wirklich global, sondern konzentriert sich auf die kälteren Regionen der Erde

Der Begriff »globale Erwärmung« vermittelt den Eindruck, die Temperaturen würden gleichmäßig verteilt über den Globus steigen.

Wer von uns in wärmeren Klimazonen lebt, hört extreme Prognosen von beispielsweise von einem Temperaturanstieg von 4 Grad Celsius und denkt sich: »Wow, wie furchtbar wäre das im Sommer.«

Aber so funktioniert Erwärmung nicht.

Das Aufwärmen und Abkühlen des Planeten konzentriert sich auf kältere Orte und kältere Zeiten.[3]

Wenn es wärmer auf dem Planeten wird, dann wird es wärmer

- auf die nördliche Polarregion konzentriert,
- im Winter und
- in der Nacht.

Wir reden also über Orte und Zeiten, an denen es die Menschen grundsätzlich gerne wärmer hätten.

Eine wärmere Welt ist eine tropischere Welt. In früheren Zeiten mit deutlich höheren CO_2-Werten und höheren Temperaturen wuchsen in der Arktis und der Antarktis Palmen.

Und der Mensch ist eine tropische Spezies.

Wir haben uns im Herz der Tropen entwickelt, und unser Körper hält es in kälteren Regionen nur dank technologischer Entwicklungen wie Kleidung und Unterkünften aus.

Wird eine tropischere Welt für den Menschen unbewohnbar sein? Nein, das ist unmöglich.

Wenn wir also an die Auswirkungen steigender CO_2-Werte und das Ausmaß möglicher Erwärmung denken, müssen wir uns klarmachen, dass wir es weltweit mit einem Übergang vom beherrschbaren aktuellen Klima zu einem beherrschbaren tropischeren Klima und nicht zu einer glühend heißen Wüste zu tun haben, wie es häufig dargestellt wird.

Das schränkt die Schädlichkeit der klimatischen Entwicklung drastisch ein. Die einzige legitime Sorge, was die Auswirkungen menschlichen Handelns auf das künftige Klima anbelangt, ist nicht, dass der Planet unbewohnbar wird, sondern dass das Tempo dieser Verschiebung zu einem tropischeren globalen Klima hin angesichts unserer derzeitigen Infrastrukturinvestitionen zu großen Störungen führen würde. Und das betrifft nicht zuletzt die Küstenstädte.

Apokalypsen jedweder Form sind damit ausgeschlossen. Es bliebe höchstens noch die hypothetische Möglichkeit eines abrupten Wandels mit katastrophalen Kosten – wenn etwa der Anstieg des Meeresspiegels dazu führen würde, dass größere Teile der Weltbevölkerung über einen Zeitraum von ein paar Jahrzehnten hinweg aus den heutigen Küstengebieten wegziehen müssten. Das wäre zwar schlimm, aber nichts im Vergleich dazu, wenn wir durch einen raschen Ausstieg aus fossilen Brennstoffen die produktiven Fähigkeiten der Menschheit und ihre Lebensqualität zerstören.

Auf welche Geschwindigkeit und welche Art von Veränderung sollten wir infolge des CO_2-Anstiegs gefasst sein? Können diese Veränderungen die Fähigkeiten einer immer stärker ermächtigten Welt, das Klima zu beherrschen, tatsächlich so weit übersteigen, dass eine Katastrophe droht?

Um das zu beantworten, müssen wir den zentralen Mechanismus, durch den ein CO_2-Anstieg auf das Klima einwirkt, ganz genau begreifen: den sogenannten Treibhauseffekt.

Der abnehmende und milde Treibhauseffekt

Als »Treibhauseffekt«, ein Erwärmungseffekt, wird der Schlüsselmechanismus bezeichnet, über den ein CO_2-Anstieg auf das Klima einwirkt. Diesen Effekt zu verstehen ist von zentraler Bedeutung, wenn man eine Antwort auf die Frage finden will, was ein Anstieg der CO_2-Werte für das Klima bedeutet und warum CO_2 den Planeten nicht schon früher auf ein gefährliches Temperaturniveau aufgeheizt hat.

Es sei darauf hingewiesen, dass sich steigende CO_2-Werte ausschließlich durch eine atmosphärische Erwärmung auswirken. Denn manchmal will man uns weismachen, CO_2 hätte einen direkten Einfluss auf Dürren oder Stürme, doch das stimmt nicht. Es hat höchstens einen indirekten Einfluss, indem es für mehr Wärme in der Atmosphäre sorgt und diese Wärme dann den Verlauf von Dürren oder Stürmen beeinflussen kann.

Der Treibhauseffekt betrifft eine bestimmte Klasse von Molekülen: Wasserdampf (H_2O), Kohlendioxid (CO_2) und Methan (CH_4). Diese Moleküle haben die Eigenschaft, *vorübergehend* Infrarotstrahlung zu absorbieren, und Infrarotstrahlung ist eine elektromagnetische Strahlung, die die Atmosphäre aufheizt.

Relevant ist das deshalb, weil Sonnenlicht beim Aufprall auf die Erde teilweise in Hitzeenergie in Form von Infrarotstrahlung umgewandelt wird, welche die Erdoberfläche dann abstrahlt. Sie steigt durch die Atmosphäre auf und entweicht in den Weltraum.

Ohne Infrarot absorbierende Gase würde die Infrarotstrahlung, die wir als Hitze wahrnehmen, *direkt* in den Weltraum entweichen. Doch aufgrund dieser Gase braucht die Infrarotstrahlung länger zum Entweichen, was dazu führt, dass die Atmosphäre etwas wärmer ist, als es sonst der Fall wäre.[4]

Dieser Effekt, der das Abstrahlen von Hitze aus der Atmosphäre verlangsamt, wird umgangssprachlich als »Treibhauseffekt« bezeichnet und basiert auf einer Analogie zu dem Phänomen, dass das Glas in einem Treibhaus die Pflanzen wärmt. Diese Analogie ist nicht unproblematisch, aber der Einfachheit halber bleibe ich bei dem Begriff »Treibhauseffekt«.

Um den Treibhauseffekt zu verstehen, kann man als nützliche Analogie Bekleidung nehmen. Kleidung sorgt dafür, dass Sie Ihre Körperwärme verlangsamt in die Sie umgebende Atmosphäre abgeben. Eine Vermehrung von Treibhausgasen in einem System können Sie sich so vorstellen, als würden Sie weitere Schichten von Kleidung anlegen: Je mehr Treibhausgase Sie bei sonst gleichen Bedingungen hinzufügen, desto länger wird sich die neu erzeugte Wärme halten (egal, ob diese Hitze von einem menschlichen Körper ausgeht oder ob es Hitze ist, die von der Erde reflektiert wird).

Ein bekleideter Mensch fühlt sich deutlich wärmer als ein unbekleideter Mensch, und so ist es auch bei der Erde. Dank des Treibhauseffekts ist die Erdoberfläche mehrere Grad wärmer, als sie es sonst wäre.

Wichtig ist in diesem Zusammenhang, dass der Treibhauseffekt nicht auf CO_2 beschränkt ist, denn tatsächlich hat Wasserdampf in der Atmosphäre aktuell den größten Anteil am Treibhauseffekt. Wasserdampf ist ein wesentlich potenteres Treibhausgas als CO_2.

Forscher haben Schätzungen angestellt, wie es theoretisch um die Temperaturverhältnisse an der Erdoberfläche ohne den Treibhauseffekt bestellt wäre, der, wie gesagt, größtenteils auf das natürliche Auftreten von Wasserdampf in der Atmosphäre zurückgeht. Die Berechnungen haben ergeben, dass die Oberfläche um 33 Grad Celsius kälter wäre als jetzt, was eine permanente Ultraeiszeit bedeuten würde, in der nur wenig Leben existieren könnte.

In Wahrheit stellen Treibhausgase – zumindest bis zu einem gewissen Punkt – dringend benötigte Kleidung für eine Erde dar, die in einem mehr als nur kalten Universum existiert. John Tyndall, einem der Entdecker des Treibhauseffekts, gefiel der Vergleich mit der Kleidung offenbar auch, denn er sagte über Wasserdampf und andere Treibhausgase: »Dieser wässrige Dampf stellt eine Decke dar, die für das Pflanzenleben Englands notwendiger ist als Kleidung für den Menschen.«[5]

Mit welcher Art Treibhauseffekt können wir speziell durch den CO_2-Anstieg rechnen?

Um diese Frage zu beantworten, müssen wir den *Verlauf* des Treibhauseffekts kennen, also wissen, wie sich die erwärmende Wirkung von CO_2, verändert, wenn der Atmosphäre mehr CO_2 zugeführt wird?

Es gibt Phänomene, die linear verlaufen. Wäre der Treibhauseffekt durch CO_2 einer dieser Fälle, würde jedes zusätzliche CO_2-Molekül die Atmosphäre genauso stark erwärmen, wie es jedes CO_2-Molekül bisher getan hat.

Bei einigen Phänomen verläuft die Kurve allerdings superlinear, das heißt, sie steigt immer steiler an. Wäre der Treibhauseffekt superlinear, würde jedes CO_2-Molekül, das Sie dem System hinzufügen, mehr Wirkung entfalten als das vorangegangene. Und die meisten populärwissenschaftlichen Abhandlungen zum Treibhauseffekt erwecken den Eindruck, es handle sich um eine superlineare Entwicklung.

Es gibt aber auch Phänomene, bei denen sich die Kurve abschwächt oder immer steiler absinkt. In unserem Fall würde das bedeuten, dass jedes CO_2-Molekül, das Sie dem System hinzufügen, für *weniger Erwärmung* sorgt als das vorangegangene.

Wer über das Thema Treibhauseffekt spricht, sollte wissen, um welche Art von Verlauf es sich handelt. Ich habe unzählige Nichtwissenschaftler getroffen, die den Treibhauseffekt von CO_2 für eine tödliche Bedrohung halten, aber keine zehn von ihnen hätten mir sagen können, in was für einer Kurve er verläuft.

Die meisten glauben, dieser Effekt laufe immer rascher ab. Sie hören eine Prognose, in der von einem Anstieg um beispielsweise 2 Grad Celsius die Rede ist, und glauben, es werde immer rascher heißer, bis die Erde ein Feuerball wird.

Im Mainstream der Klimaforschung (wie auch bei den meisten Kritikern des Mainstreams) ist man sich jedoch einig, dass es sich beim Treibhauseffekt um einen *abnehmenden, logarithmischen Effekt* handelt.[6]

Die folgende Grafik zeigt, wie die Funktion allgemein akzeptierten Schätzungen zufolge aussieht.

Abbildung 9.2: Der abnehmende direkte Treibhauseffekt mit mildem Verlauf

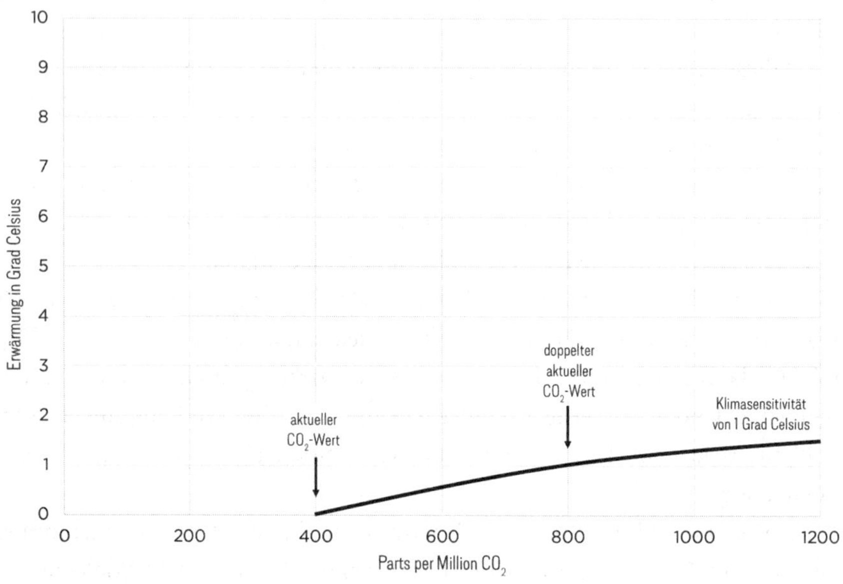

Der Hauptgrund dafür, dass der Treibhauseffekt abnimmt, ist die sogenannte Sättigung. Wir erinnern uns: Treibhausgase absorbieren vorübergehend Infrarotstrahlung, die von der Erdoberfläche abgestrahlt wird, doch es wird in einem gegebenen Zeitraum immer nur eine bestimmte Menge absorbiert.

Vielleicht kann man sich das so vorstellen, dass man mehrere Sonnenbrillen übereinander aufsetzt. Die erste Brille blockiert sehr viel Licht, sodass nur noch wenig Helligkeit bleibt. Brille Nummer zwei blockiert sehr viel vom verbliebenen, ohnehin bereits reduzierten Licht – aber insgesamt weniger als die Brille davor. Für die dritte Brille bleibt ohnehin nicht mehr viel Licht und so weiter. So wie jede zusätzliche Sonnenbrille weniger Licht »absorbiert«, absorbiert jedes zusätzliche Molekül CO_2 weniger Wärme.

Den meisten Schätzungen zufolge bedeutet der Treibhauseffekt von CO_2, dass die Temperatur um 1 Grad Celsius ansteigt, wenn sich die Menge an CO_2 in der Atmosphäre verdoppelt.[7]

Aus der Perspektive des menschlichen Gedeihens ist dies ein milder Effekt und keine Erwärmung, die Anlass zur Sorge geben würde. Dies gilt insbesondere vor dem Hintergrund, dass die Menschheit seit 1850 den CO_2-Wert noch nicht einmal verdoppelt hat und dieser Fall selbst bei Berechnungen für Szenarien mit extrem hohen Emissionen erst in der zweiten Hälfte dieses Jahrhunderts eintritt.[8]

Bedenkt man die Vorzüge einer Erwärmung und eines Greenings, spricht tatsächlich sogar vieles für einen solchen Erwärmungsgrad durch CO_2.

Für sich genommen sollte der Treibhauseffekt von CO_2 im geläufigen Sinne überhaupt keinen Anlass zur Besorgnis geben.

Warum aber hören wir dann von nahezu allen Wissenschaftlern so viel über die Gefahren des »Treibhauseffekts«?

Weil unser Wissenssystem grundsätzlich gegen menschliche Einwirkung eingestellt ist, weil es Klimafakten verzerrt und weil es möchte, dass wir das große Vertrauen, das wir der These vom CO_2-Treibhauseffekt schenken, auf ein Phänomen übertragen, das um einiges spekulativer ist und bei dem wesentlich weniger Übereinstimmung herrscht.

Der gesteigerte Treibhauseffekt, der aber begrenzt, beherrschbar und spekulativ ist

Der Treibhauseffekt ist ein abnehmender Effekt, der für sich genommen nicht ausreicht, uns in Zukunft einen besorgniserregenden Temperaturanstieg erwarten zu lassen.

Behauptungen, wonach die Erwärmung deutlich rascher vonstattengehen wird, als es der Treibhauseffekt vermuten lässt, basieren auf einem *erheblich gesteigerten* Treibhauseffekt.

Hauptmechanismus bei dieser Theorie ist folgender: Der Treibhauseffekt, den CO_2 in der Atmosphäre entfaltet, sorgt dafür, dass dort viel mehr Wasserdampf entsteht, und der könnte die Temperaturen deutlich stärker ansteigen lassen, als es CO_2 alleine schafft. Diese verstärkende Interaktion wird als *positive Rückkopplungsschleife* bezeichnet.

Genauso gibt es im Klima aber auch negative Rückkopplungsschleifen. Ein Beispiel dafür sind Wolken, die durch eine Zunahme von Wasserdampf in der Atmosphäre entstehen und das einfallende Sonnenlicht blockieren, was wiederum dazu führt, dass die Erde abkühlt.

Je signifikanter eine Erwärmungsprognose ist, desto stärker geht man davon aus, dass steigende CO_2-Werte mit signifikanten nettopositiven Rückkopplungsschleifen einhergehen und die Erde deshalb weitaus beträchtlicher aufwärmen, als es beim Treibhauseffekt alleine der Fall wäre.

Die Idee, dass positive Rückkopplungsschleifen den Treibhauseffekt verstärken, nennt man den »gesteigerten« oder »zusätzlichen« Treibhauseffekt.

Ich beziehe mich hier in erster Linie auf einen »signifikant gesteigerten« Treibhauseffekt, denn bei Klimasorgen geht es um dieses Szenario.

Bei den positiven Rückkopplungsschleifen, die angeblich zu einem signifikant gesteigerten Treibhauseffekt beitragen, gilt es drei zentrale Punkte zu bedenken: 1) Sie sind durch den abnehmenden Charakter des Treibhauseffekts begrenzt. 2) Sie sind selbst dann beherrschbar, wenn eine extreme Erwärmung prognostiziert wird. 3) Die Extremprognosen sind in hohem Maße spekulativ und werden sich voraussichtlich nicht bewahrheiten.

Begrenzt

Behauptungen über positive Rückkopplungsschleifen stehen im Zusammenhang mit dem Begriff »Klimasensitivität«.

Der Wert der »Klimasensitivität« oder »CO_2-Klimasensitivität«, wie ich lieber sage, birgt die Antwort auf die Frage, wie sehr die Temperatur ansteigt, wenn sich der CO_2-Gehalt in der Atmosphäre verdoppelt, beispielsweise vom präindustriellen Wert von 280 Parts per Million auf künftige 560 Parts per Million.

In seiner konservativsten Schätzung geht der Weltklimarat aktuell davon aus, dass sich mit jeder Verdopplung der CO_2-Menge in der Atmosphäre die Durchschnittstemperatur um 2 Grad Celsius erhöht, wobei die Höchstschätzung bei 5 Grad Celsius liegt.[9]

Bitte beachten Sie, dass die Messung der Klimasensitivität ja den abnehmenden Charakter des Treibhauseffekts miterfasst. Doch ob nun 2 oder 5 Grad oder irgendetwas dazwischen, um dasselbe Ausmaß an Erwärmung zu erreichen, benötigt man laut Weltklimarat doppelt so viel CO_2.

Demnach wird selbst in den extremeren Vorhersagen zu Temperaturanstiegen mehr CO_2 in abnehmendem Ausmaß zur Erwärmung führen, da jedes neue Molekül CO_2 weniger Erwärmung verursacht als das vorangegangene.

Beherrschbar

Selbst wenn wir den begrenzten, abnehmenden Charakter des signifikant gesteigerten Treibhauseffekts mit unserer begrenzten Fähigkeit, CO_2 auszustoßen, kombinieren, würden sogar die extremsten Temperaturanstiegsprognosen zu einem Szenario führen, das wir meistern könnten.

Nehmen wir beispielsweise die extrem hohe Schätzung, der gemäß die Temperaturen bei jeder CO_2-Verdopplung um 5 Grad Celsius steigen, was ich im Übrigen für völlig willkürlich halte und von der Anti-Eingriffsagenda ausgehen dürfte. Warum das so ist, werde ich gleich erklären.

Sollte diese Prognose zutreffen und der CO_2-Wert irgendwann nach der Jahrhundertmitte tatsächlich 560 Parts per Million erreichen, dann wäre es mit einiger

Verzögerung irgendwann 5 Grad Celsius wärmer als zu Beginn der industriellen Revolution – also 4 Grad wärmer als heute. (Was ein weiterer Anstieg von CO_2 bewirken könnte, dazu komme ich gleich.)

Abbildung 9.3: Unterschiedliche Schätzungen zur CO_2-Klimasensitivität

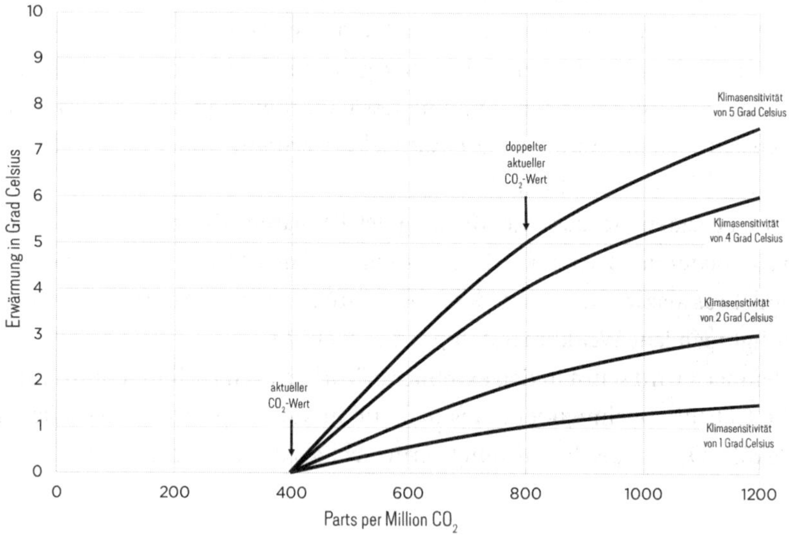

Dabei ist nicht zu vergessen, dass diese Erwärmung größtenteils in kälteren Regionen zu kälteren Zeiten stattfinden würde und in Äquatornähe deutlich geringer wäre.

Um einen weiteren Anstieg der Durchschnittstemperatur um 5 Grad zu erreichen und die Welt in einen noch tropischeren Ort zu verwandeln, müsste der CO_2-Wert um weitere 560 Parts per Million ansteigen. Und dies wäre auch im extremsten Szenario des Weltklimarats frühestens im fortgeschrittenen 22. Jahrhundert der Fall. Doch selbst dann wäre es immer noch kühler als zu den üppigsten Zeiten der Erdgeschichte.

Etwas wie »außer Kontrolle geratene Überhitzung« gibt es nicht, denn die Abnahme des Treibhauseffekts (und auch des spekulativen, signifikant gesteigerten) bedeutet, dass weiter hinzukommendes CO_2 immer weniger bewegt.

Bei einem derartigen Szenario hätten wir Zeit genug, um sämtliche Probleme zu meistern – zumindest diejenigen, die die Temperaturen betreffen. (Die anderen Klimafolgen werden ich später behandeln.) Und würden wir den Bannstrahl aufheben, mit dem die CO_2-freie Kernkraft belegt ist, könnten wir das Potenzial dieser Technologie für sämtliche Arten von Maschinen noch rechtzeitig entwickeln. Dabei meine ich noch nicht einmal Technologien zur Abkühlung des globalen Klimas, obwohl diese mit hoher Wahrscheinlichkeit im Lauf der nächsten 100 Jahre realisierbar werden.

Selbst ein extrem gesteigerter Treibhauseffekt mit einer Klimasensitivität von 5 Grad Celsius wäre also, was die Temperaturen angeht, zu meistern.

Hochgradig spekulativ

Doch es gibt wenig bis keinen Grund, an einen extrem gesteigerten Treibhauseffekt durch CO_2 zu glauben, und drei gute Indizien sprechen dafür, dass hier die Anti-Eingriffsideologie verzerrend eingreift:

1. Selbst schwarzmalende Organisationen wie der Weltklimarat räumen ein, dass extreme CO_2-Klimasensitivität hochgradig spekulativ ist.
2. Die Temperaturdaten sprechen für eine deutlich mildere CO_2-Klimasensitivität.
3. Klimaforscher werden auf alle möglichen Weisen dazu gedrängt und verführt, extreme Prognosen abzugeben.

Selbst schwarzmalende Organisationen wie der Weltklimarat räumen ein, dass extreme CO_2-Klimasensitivität hochgradig spekulativ ist

Klimaschwarzmaler geben gerne Prognosen ab, die auf unrealistisch hohen Emissionsszenarien beruhen. Dazu verdoppeln sie die »beste Einschätzung« des Weltklimarats und arbeiten mit einer durchschnittlichen CO_2-Klimasensitivität, die bei jenseits von 3 Grad Celsius legt.

Selbst der Weltklimarat räumt ein, dass der tatsächliche Wert deutlich niedriger sein könnte. Im aktuell sechsten Sachstandsbericht wird eine Spanne von 2–5 Grad pro Verdopplung als »sehr wahrscheinlich« bewertet.

Diese Abweichung zu den meisten früheren Sachstandsberichten ist verdächtig, denn dort war von einer Spanne zwischen 1,5 und 4,5 Grad Celsius die Rede. Verdächtig ist das insofern, weil bereits frühere Modellrechnungen eine stärkere Erwärmung prognostizierten, als tatsächlich eintrat.[10] Wie kann es also sein, dass die neuesten Modelle einen noch stärkeren Anstieg vorhersagen? Dass die Prognosen erhöht wurden, zeigt, dass Modelle und ihre Entwerfer eher zu extremen Szenarien neigen als zu einem besseren Verständnis des Klimasystems.

Beachten Sie bitte, dass das untere Ende der Langzeitspanne, die der Weltklimarat angibt, 1,5 Grad Celsius beträgt. Und das unterscheidet sich nicht groß von dem nicht gesteigerten Treibhauseffekt und seiner CO_2-Klimasensitivität von 1 Grad Celsius.

Damit räumt der Weltklimarat ein, dass er nicht an einen signifikant gesteigerten Treibhauseffekt glaubt und schon gar nicht an die Steigerung um mehr als das Dreifache, die für eine Sensitivität von 5 Grad nötig wäre.

Tatsächlich ist es so, dass den aktuellen Klimaforschern das kausale Verständnis fehlt, das für aussagekräftige Klimaprognosen nötig wäre.

Diese Realität versteckt sich häufig hinter Klimamodellen, die voller Überzeugung eine signifikante Erwärmung vorherzusagen scheinen. Die zu katastrophischen Übertreibungen neigenden Nachrichteninstitutionen und Politiker greifen diese Prognosen dann auf und verbreiten sie eiligst weiter.

Seit Jahrzehnten bittet die Politik Klimamodellierer, die Zukunft vorherzusagen. Und diese arbeiten mit unglaublich komplexen Computerprogrammen und leistungsstarken Rechnern daran, das Klima der Zukunft zu simulieren.

Klimamodelle wirken überzeugend, weil sie ein Modell der Vergangenheit abbilden, das an früheren Daten sehr nahe dran ist, weshalb wir glauben, sie würden auf einem klaren Kausalverständnis des Klimas basieren. Aber die starke Nähe zur Vergangenheit basiert auf »Ausgleichsrechnungen« und »Postdiktion«.

Es ist eine Binsenweisheit für Modellentwerfer, dass sie für jedes beliebige Datenmuster die »Kurven anpassen« können, sofern sie über eine ausreichend ausgefeilte Gleichung oder eine ausreichend ausgefeilte Software verfügen.

Klimamodellierer können die Parameter und Werte in ihren Modellen hin- und herschieben, bis die Modelle eine Temperatur-»Postdiktion« ausspucken, die zu den bisherigen Temperaturdaten passt. Das können sie nicht nur, sondern tun es auch, und zwar selbst dann, wenn das Modell nicht auf einem realen, prädiktiven kausalen Verständnis beruht.

Die Fähigkeit, »nachherzusagen«, bedeutet keineswegs, dass ein Modell die Zukunft vorhersagen kann – genauso wenig wie ein Wirtschaftsmodell, das Postdiktion mit der Vergangenheit betreibt, die Zukunft treffend vorhersagt und Ihnen zu großem Reichtum verhelfen wird.

Die folgende Grafik zeigt berühmte moderne Klimamodelle für die unterste Schicht der Atmosphäre. Zusammengestellt hat sie John Christy von der University of Alabama in Huntsville, der per Satellit erhobene Temperaturmessungen sammelt. Christy wollte mit dieser Grafik zeigen, dass die meisten dieser Modelle die zu erwartende Erwärmung deutlich übertreiben.

Zwar haben viele dieser Modelle keine deutlich höhere Erwärmung vorhergesagt, doch es fällt auf, wie radikal sie alle voneinander abweichen. Wirkliches Vertrauen erweckt keine dieser Prognosen.

Abbildung 9.4: Die radikal unterschiedlichen Prognosen von Klimamodellen

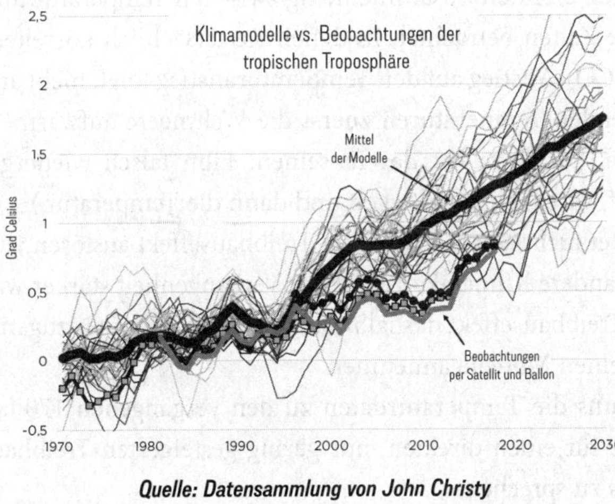

Quelle: Datensammlung von John Christy

Für jene, die an eine dramatische Erwärmung glauben oder andere davon überzeugen möchten, ohne handfeste Beweise vorlegen zu müssen, ist die große Bandbreite an Modellen eine unschätzbare Hilfe. Sie können sich die Modelle herauspicken, die auf extremen Annahmen zu positiven Rückkopplungsschleifen basieren und eine dramatische Zukunft vorhersagen.

Doch es sei noch einmal gesagt: Selbst wenn diese extremen Prognosen wahr werden sollten, könnte die Menschheit sie meistern.

Allerdings lese ich aus den Fakten heraus, dass die CO_2-Klimasensitivität deutlich milder ausfällt.

Die Temperaturdaten sprechen für eine deutlich mildere CO_2-Klimasensitivität

Wenn ich mir die unterschiedlichen Argumente zur CO_2-Klimasensitivität ansehe, überzeugen mich vor allem jene, die auf die – kurzfristige ebenso wie langfristige – Entwicklung von Temperaturen und CO_2-Konzentrationen im Verlauf der Geschichte verweisen und damit eine geringere Sensitivität begründen.

Sehen wir uns die historischen Daten noch einmal an.

Es gibt keinen direkten Zusammenhang zwischen Temperatur und CO_2. Und wenn man die Zeiten betrachtet, in denen sie tatsächlich korrelieren, erkennt man, dass der CO_2-Anstieg auf den Temperaturanstieg folgt, nicht andersherum, weil die steigenden Temperaturen zuerst die Weltmeere aufwärmen und dann CO_2 freisetzen. (Al Gore hat das in seinem Film falsch wiedergegeben und behauptet, erst wäre CO_2 angestiegen und dann die Temperatur.)

Dies bedeutet nicht, dass CO_2 keinen Treibhauseffekt auslösen würde, durchaus aber, dass andere Klimafaktoren in der Vergangenheit stärker waren als CO_2 und dass der Treibhauseffekt deshalb wahrscheinlich weniger zugenommen hat, als es die extremen Modelle annehmen.

Sehen wir uns die Temperaturdaten zu den vergangenen 170 Jahren an, so scheinen diese für einen direkten, nur gering gesteigerten Treibhauseffekt von 1 Grad Celsius zu sprechen.

Ein Grund dafür ist, dass die Emissionen in den vergangenen Jahrzehnten zwar zugenommen haben, wir aber keine dementsprechende Erwärmung beobachten.

Abbildung 9.5: Historische Daten zu Temperatur und CO_2 sprechen für eine geringe CO_2-Klimasensitivität

Geologische Geschichte: CO_2-Konzentrationen und Temperaturschwankungen

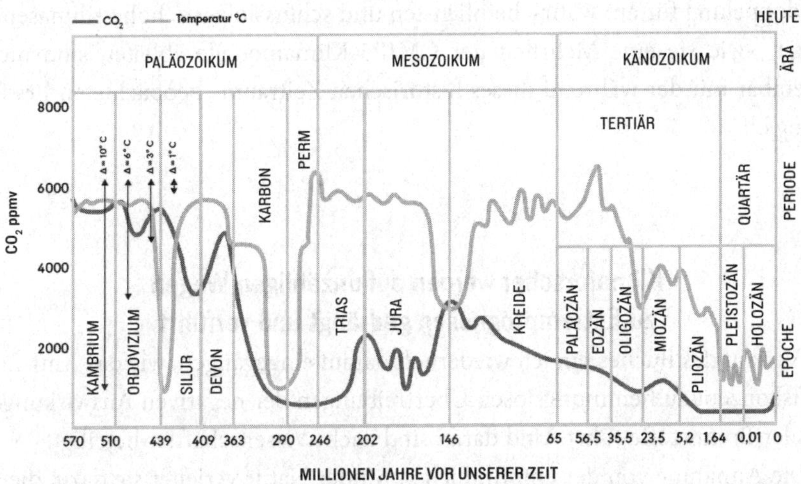

Quellen: Nasif Nahle (2009); C. R. Scotese (2002); W. F. Ruddiman (2011); Pagani et al. (2005)

Ein weiterer Aspekt ist, dass es im frühen 20. Jahrhundert eine signifikante Erwärmung gab, die sich nicht durch den CO_2-Anstieg erklären lässt, denn dieser fiel gemäß allen heutigen Sensitivitätsschätzungen zu gering aus, um einen signifikanten Unterschied auszumachen. Die Wahrscheinlichkeit ist also groß, dass es neben der menschengemachten Erwärmung auch eine natürliche Erwärmung gab. Dies ergibt durchaus Sinn, denn die gemeinhin als Kleine Eiszeit bezeichnete präindustrielle Phase war ein ungewöhnlich kühler Abschnitt des Holozän, auf den erwartungsgemäß eine Phase signifikanter natürlicher Erwärmung folgt.

Aus all diesen Gründen haben für mich Schätzungen weitaus mehr Plausibilität, die von einer geringeren CO_2-Klimasensitivität ausgehen. Das ändert aber nichts daran, dass die höheren Schätzungen, sollten sie sich bewahrheiten, gemeistert werden können, was die Temperaturen und – wie ich zeigen werde – auch die anderen Klimafolgen anbelangt.

Überzeugend finde ich eine Einschätzung der Klimasensitivität, zu der die Klimaforscher Nicholas Lewis und Judith Curry mithilfe von Temperaturdaten gekommen sind, die ins 19. Jahrhundert zurückreichen. Sie halten bei der Klimasensitivität einen Wert zwischen 1,05 Grad und 2,7 Grad Celsius pro CO_2-Verdoppelung für am wahrscheinlichsten und schlussfolgern, hohe Klimasensitivität, »wie sie eine Mehrheit der CMIP5-Klimamodelle ableitet, sind nicht vereinbar mit der während dieses historischen Zeitraums beobachteten Erwärmung«.[11]

Klimaforscher werden auf unzähligen Wegen zu Extremprognosen gedrängt und verführt

Im Verlauf des Buches bin ich wiederholt darauf eingegangen, wie das Anti-Eingriffskonzept zu hemmungslosen Übertreibungen der negativen Auswirkungen fossiler Brennstoffe führt. Und daran sind auch Wissenschaftler beteiligt.

Die Annahme von der empfindlichen Mutter Natur verleitet sie dazu, die zu erwartenden negativen Konsequenzen zu überschätzen.

Ihrem Ziel treu, menschliches Einwirken auf die Natur ganz abzuschaffen, übertreiben sie Letztere effektvoll, sodass menschenfreundlich eingestellte Leute politischen Schritten zustimmen, die menschenfeindlich sind und menschliche Eingriffe eliminieren.

Unser Klimawissenssystem (ebenso wie seine Forschungsfinanzierung) hat bisher die Klimabeherrschung geleugnet, die Vorteile von CO_2 bestritten und die Nebenwirkungen übertrieben. Und das System hat reichlich Anlass, Prognosen zu Erwärmungen eher groß zu zeichnen, unter anderem deshalb, weil sich die gewaltigen Geldbeträge, die heute in die Klimaforschung fließen, umso besser rechtfertigen lassen, je höher die prognostizierte Erwärmung ausfällt.

Dieser Hintergrund verstärkt die Vermutung, dass zwar der Treibhauseffekt real ist, der extrem gesteigerte Treibhauseffekt aber nicht. Und selbst wenn er es wäre, könnte man ihn in den Griff bekommen.

Anlass zur Beunruhigung bestünde nur dann, wenn die Erwärmung durch den Treibhauseffekt das extreme Ende der Prognosen erreichte und diese Erwärmung eine Klimafolge nach der anderen nach sich zöge.

Sehen wir uns allerdings die zugehörigen Fakten zu dieser Möglichkeit an, fällt das Kartenhaus rasch in sich zusammen.

Welche Klimafolgen wird die Erwärmung sonst noch haben?

Die Erwärmung kann sich nur dann zu einem Problem mit Katastrophenpotenzial auswachsen, wenn sie extrem negative Klimakonsequenzen nach sich zieht, beispielsweise Stürme, die frühere Stürme an Heftigkeit erheblich übertreffen.

Da sich in den vergangenen Jahrzehnten die Prognosen zu einer dramatischen globalen Erwärmung nicht bewahrheitet haben, verlagerte sich das Hauptaugenmerk auf andere vermeintliche Klimafolgen.

Bei der Betrachtung, wie sich CO_2 über die Erwärmung hinaus auf das Klima auswirkt, sollten wir nicht vergessen, dass diese Auswirkungen, wenn überhaupt, nur durch Erwärmung zustande kommen. Steigt der CO_2-Anteil in der Atmosphäre, löst dies außer dem von mir bereits angesprochenen Düngeeffekt und der »Ozeanversauerung« direkt nichts weiter aus. Auf die Versauerung der Weltmeere gehe ich im weiteren Verlauf des Kapitels noch ein.

Welche Konsequenzen hat die Erwärmung also für das Klima?

Glücklicherweise stehen uns dazu Aufzeichnungen aus den vergangenen 170 Jahren zur Verfügung, denn die Atmosphäre erwärmt sich seit 170 Jahren, und in dieser Zeit (insbesondere in den letzten 100 Jahren) wurden verlässliche Daten zu der Entwicklung von Dürren, Flächenbränden, Stürmen, Hochwasser und dem Anstieg der Meeresspiegel erhoben.

Unser Wissenssystem erklärt uns, dass selbst eine geringe Erwärmung höllische Folgen für das Klima hat. Wenn das stimmt, müssten wir dramatische Trends beim Auftreten unerwünschter Klimaphänomene beobachten.

Sehen wir uns also an, wie sich Dürren, Flächenbrände, Stürme und Hochwasser entwickelt haben. Das Thema Anstieg der Meeresspiegel spare ich mir für das nächste Unterkapitel auf, weil der Trend da weniger eindeutig ist und deshalb eine tiefergehende Analyse erforderlich ist.

Für unsere Betrachtung lehrreich sind ausführliche Berichte des Weltklimarats, die dann am besten sind, wenn sie aufzeichnen, was tatsächlich geschehen ist (und nicht prognostizieren, was geschehen könnte).

Hier sind ein paar Zitate aus »AR6«, dem 2021 veröffentlichten »Sechsten Sachstandsberichts« des Weltklimarats:

- zu Dürren: »Es ist wenig glaubhaft, dass die Entwicklungen bei meteorologisch bedingten Dürren in den meisten Regionen etwas mit menschlicher Einwirkung zu tun haben. …«
- zu Stürmen (Anmerkung: *tropischer Wirbelsturm = Hurrikan*): »Die meisten Meldungen über langfristige (multidekadische bis 100-jährige) Entwicklungen, was die Häufigkeit von tropischen Zyklonen oder den intensitätsbezogenen Kennzahlen anbelangt, sind wenig glaubhaft. …«
- zu Hochwasser: »Es ist wenig glaubhaft, Veränderungen … Eingriffen des Menschen zuzurechnen. …«[12]

Wenn die Erwärmung bisher keine signifikanten negativen Veränderungen bei Dürren oder Stürmen ausgelöst hat, spricht auch nichts dafür, dass sie schlagartig extrem negative, geschweige denn katastrophale Veränderungen verursachen wird. Dies gilt auch dann, wenn die Temperatur viel mehr ansteigt, als wir bislang Grund hatten anzunehmen. Was Hochwasser anbelangt, so gibt es eine gewisse Plausibilität dafür, dass sich Veränderungen zum extrem Negativen ergeben könnten, denn ein durch Erwärmung verursachter rascher Anstieg des Meeresspiegels könnte die Überschwemmungsgefahr erhöhen. (Auf die Beweislage gehe ich im nächsten Abschnitt ein.)

Hinter der Vorstellung, Erwärmung sei etwas durchweg Negatives und ziehe lauter weitere durchweg negative Klimafolgen nach sich, steckt ganz offenkundig die Anti-Eingriffsagenda. Es ist absolut undenkbar, dass ein Anstieg der Temperaturen und damit einhergehende Klimafolgen zu 100 Prozent negativ sein könnten. Generell ist eine höhere Temperatur ja wünschenswert (vor allem in kälteren Regionen), alsdann führt eine größere Erwärmung zu mehr Wasserdampf in der Atmosphäre, was grundsätzlich ebenfalls erstrebenswert ist, und zu guter Letzt hat mehr Pflanzennahrung in der Atmosphäre natürlich zahlreiche wünschenswerte Konsequenzen.

Würde der Planet wärmer und feuchter werden, wären stärkere Stürme zu erwarten, allerdings ist selbst dies sehr fraglich. Da eine Erwärmung eher in Richtung der Pole stattfindet, vermuten einige Wissenschaftler, dass der Energieunterschied zwischen den verschiedenen Regionen der Welt geringer wird und in der Folge die Sturmintensität abnimmt.

Jedenfalls gibt es keine physikalische Grundlage für die Annahme, dass Stürme doppelt oder dreimal oder wie auch immer so stark werden, wie sie es müssten, um unsere Fähigkeiten der Klimabeherrschung hinter sich zu lassen. Laut einer Mainstream-Schätzung zum Beispiel treten Stürme mit 5 Prozent mehr Stärke und 25 Prozent geringerer Häufigkeit auf. Und das ist eine Entwicklung, die problemlos zu meistern wäre.[13]

Vergessen wir nicht, dass die Welt in früheren Zeiten, als die CO_2-Werte und Temperaturen auf einem Niveau lagen, an das wir auch mit allergrößter Anstrengung nicht herankämen, ein üppiger Ort war. Wir haben also wenig Grund, zu fürchten, dass eine leichte Verschiebung in Richtung tropischeres Klima unter dem Strich eindeutig, geschweige denn extrem negativ wäre. Der einzige echte »Grund« für solche Schwarzmalerei findet sich im Anti-Eingriffsgrundkonzept, denn das bringt unser Wissenssystem dazu, dogmatisch alles, was das Klima beeinflusst, als moralisch verwerflich und zwingend selbstzerstörerisch zu betrachten.

Und dieses Konzept verzerrt auch eine weitere vermeintliche Folge des CO_2-Anstiegs, die mittlerweile in aller Munde ist und über die ich bislang jedoch noch nicht gesprochen habe: ein massenhaftes Artensterben katastrophalen Ausmaßes.

Steigende CO_2-Werte würden ein »sechstes Massensterben« verursachen, erklärt man uns. Und dieses würde so verheerend werden, dass wir buchstäblich nicht mehr leben können.

Bedenkt man, dass bei früheren Massensterben Phänomene involviert waren, die gewaltige Mengen an Licht und Wärme blockierten, beispielsweise der riesige Asteroid, der im heutigen Mexiko vor 66 Millionen Jahren einen Krater von rund 180 Kilometern Durchmessern und 20 Kilometern Tiefe schuf, liegt die Messlatte schon unglaublich hoch, wenn man behauptet, ein Anstieg der Temperaturen und eines wachstumsfördernden Gases würde ein Massensterben verursachen.

Und was sagt der Weltklimarat zum bisherigen Verlauf dieses Trends? Nun, der IPCC sagt, dass es bislang gar keinen Trend gibt, wonach steigende CO_2-Werte ein Massensterben auslösen: »Es ist grundsätzlich sehr wenig glaubhaft, dass sich das beobachtete Artensterben auf die jüngste Klimaerwärmung zurückführen lässt.«[14]

In der heutigen Welt findet sich eine beispiellose Vielfalt an Arten.

Logisch betrachtet gibt es keinen Grund anzunehmen, dass wir, wenn wir weiterhin fossile Brennstoffe verwenden, ein Artenschwinden in Gang bringen würden, das für den Menschen katastrophale Folgen hätte.

Wie ich in Kapitel 4 gezeigt habe, verfügen wir dank fossiler Brennstoffe über die nötigen Ressourcen inklusive Land, um die Natur zu erhalten. Sind wir hingegen von Biomasse zur Gewinnung von Treibstoff abhängig oder müssen, wie in Kapitel 6 erörtert, großflächig Solar- und Windparks anlegen, sind wir viel weniger imstande, die Natur zu erhalten, wenn wir dies für wünschenswert erachten.

Für die meisten Arten ist es kein Problem, wenn sich die Temperaturen um einige wenige Grad verschieben. Schon heute überstehen Arten starke Temperaturschwankungen, und viele sind ohnehin in wärmeren Zeiten entstanden.

Und außerdem gilt: Je mehr CO_2 die Atmosphäre enthält, desto mehr Rohstoffe für Pflanzen gibt es und desto mehr Leben kann insgesamt existieren.

Wenn in der Vergangenheit Arten *explosionsartig* zunahmen, geschah dies nicht zufällig in Phasen mit deutlich höheren CO_2-Werten und Temperaturen, denn beide Faktoren sind grundsätzlich sehr vorteilhaft für das Leben.

Bei der Vorstellung, eine wärmere und tropischere Welt bedeute zwingend, dass es zu einem Massensterben der Arten kommt, handelt es sich wieder einmal um eine Verzerrung durch die Anti-Eingriffsagenda. Sie sorgt für unsere Annahme, dass es in irgendeiner Form in eine Katastrophe münden *muss*, wenn die Menschen dafür sorgen, dass es wärmer wird und mehr Pflanzennahrung gibt.

Wissenschaftlich betrachtet gibt es keinen Grund, sich vor unkontrollierbaren Dürren, Flächenbränden, Stürmen oder Artensterben zu fürchten. Was vernünftigerweise an Erwärmung infolge steigender CO_2-Werte zu erwarten ist, reicht dafür nicht aus.

Somit bleibt nur noch eine Konsequenz aus der Entwicklung des Klimas, die sich rein theoretisch zur Katastrophe auswachsen könnte: steigende Meeresspiegel.

Wie stark werden die Meeresspiegel ansteigen?

Ein Anstieg der Meeresspiegel ist die letzte Klimafolge, die uns potenziell vor große Probleme stellen könnte. (Im nächsten Abschnitt gehe ich auf die »Versauerung« der Meere ein, aber so viel vorweg: Das ist kein Klimathema, sondern hängt mit der Chemie der Ozeane zusammen.)

Zwei Punkte sprechen dafür, dass ein Anstieg der Meeresspiegel eine plausible Gefahr darstellt.

Zum ersten spielt hier logischerweise die Erwärmung eine Rolle, denn mit steigenden Temperaturen dehnt sich das Meerwasser aus. Und je wärmer der Planet ist, desto weniger Eis gibt es generell auf Landmassen wie der Antarktis, was ebenfalls zu höheren Meeresspiegeln führt. Zu vielen Zeitpunkten der Erdgeschichte war der Planet praktisch eisfrei und die Meeresspiegel waren dementsprechend viel höher.

Zweitens ging man beim Bau küstennaher Infrastrukturen häufig davon aus, dass sich der Meeresspiegel nicht besonders ändern würde. Geht ein Anstieg des Meeresspiegels dann aber schnell vonstatten, könnte dies zu großen Problemen führen.

Doch dank fossiler Brennstoffe ist der Mensch imstande, Schwankungen des Meeresspiegels zu meistern. So leben Millionen Menschen in den Niederlanden bereits unterhalb des Meeresspiegels, und die Menschen haben schon seit vielen Generationen Zeit genug, um gegebenenfalls umzuziehen. Um zu einer Katastrophe zu werden, müsste der Meeresspiegel schon mehrere Dutzend Zentimeter pro Jahrzehnt steigen.

Ist ein derartiger Anstieg des Meeresspiegels aber überhaupt möglich?

Sehen wir uns die bisherigen Entwicklungen an, und zwar zunächst über einen Zeitraum von 20 000 Jahren hinweg.

Entgegen dem vorherrschenden Glauben, der Meeresspiegel würde mit beispielloser Geschwindigkeit steigen, hat sich der Anstieg in Wirklichkeit erheblich verlangsamt.

Abbildung 9.6: *Wikipedia* räumt ein, dass der Meeresspiegel heute im Vergleich zu früher langsam ansteigt

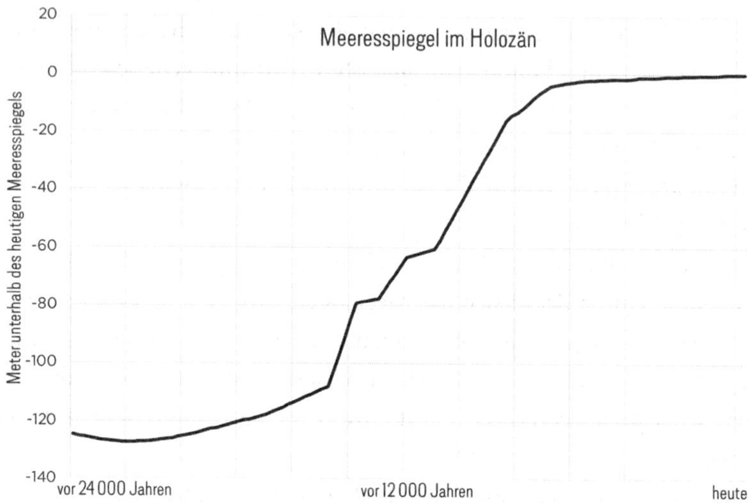

Quelle: Aus Robert A. Rohde, Global Warming Art

Vor 8000 bis 16 000 Jahren erlebten unsere Vorfahren einen sehr raschen Anstieg des Meeresspiegels. (Und obwohl sie keinerlei nennenswerte technischen Fähigkeiten besaßen, sind sie nicht ausgestorben. Natürlich hatten sie auch keine küstennahe Infrastruktur, die in Gefahr geraten konnte, aber allein das zeigt schon, dass die Behauptung, ein Anstieg des Meeresspiegels werde die Menschheit ausrotten, absurd ist.)

Gemessen an jüngeren historischen Statistiken steigt der Meeresspiegel so langsam, dass dieser Anstieg praktisch nicht existiert, denn er wird in Millimetern pro Jahrzehnt und nicht in Dutzenden Zentimetern gemessen.

Wie groß genau er ist, lässt sich nicht mit letzter Gewissheit sagen, weil unterschiedliche Messmethoden unterschiedliche Ergebnisse hervorbringen. Aber selbst nach den hoch angesetzten Messungen des Weltklimarats sprechen wir über 3,2 Millimeter im Jahr seit 1993, was 3,2 Zentimetern pro Jahrzehnt oder 32 Zentimetern im Jahrhundert entspricht. Das ist weit entfernt von Dutzenden Zentimetern pro Jahrzehnt.

Möglicherweise fragen Sie sich jetzt, warum Sie dann hören, dass aufgrund des Klimawandels an bestimmten Orten – Miami ist so ein Beispiel – die Meeresspiegel rapide ansteigen.

Der Grund liegt darin, dass unser gegen menschliches Einwirken gerichtetes Wissenssystem lokale Faktoren, die für einen lokalen Anstieg des Meeresspiegels sorgen, vorsätzlich so missdeutet, als würde ein CO_2-Anstieg eine globale Entwicklung auslösen.

Wenn wir uns die Gezeitenmessungen aus aller Welt anschauen, die uns den besten aktuell verfügbaren Überblick über langfristige Meeresspiegeltrends liefern, sehen wir, dass manche Meere dramatisch ansteigen, andere wieder dramatisch zurückgehen und wieder andere fast gleichbleiben.

Das liegt daran, dass der Einfluss globaler Erwärmung auf die Meeresspiegel im Vergleich zu örtlichen Faktoren bislang nur eine zweitrangige Rolle spielt.

Zu den örtlichen Faktoren, die sich auf die Meeresspiegel auswirken, gehören:

- postglaziale Landhebungen: Landmassen, die zuvor von schweren Eismassen bedeckt waren, steigen auf, nachdem das Eis geschmolzen ist.

- Änderungen der Meeresströmungen: Strömungen bewegen unterschiedliche Mengen von »Wassermassen«. Je nach ihrer Stärke können die Strömungen mehr oder weniger Wasser in Richtung Küste drücken, was zu einem Anstieg des örtlichen Meeresspiegels führen kann.
- Erschließung: Auf einer Insel wie Manhattan können Bauaktivitäten Abwärtsdruck auf das Land ausüben.

Abbildung 9.7: Veränderungen des Meeresspiegels sind größtenteils örtlich, nicht global

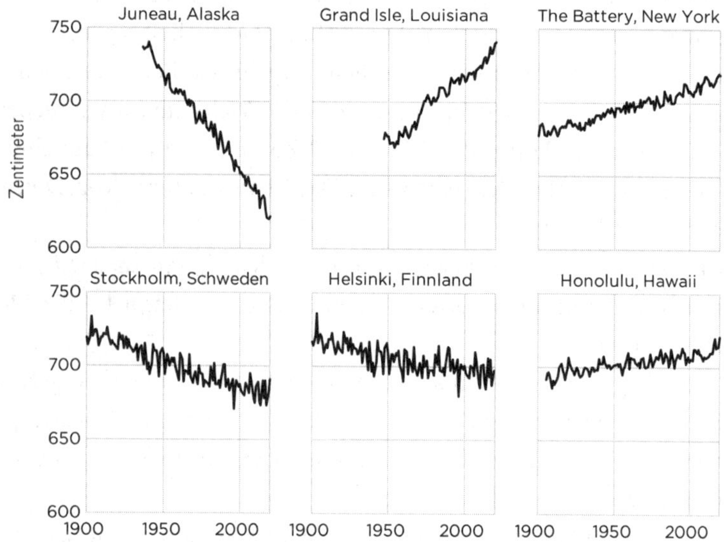

Quelle: Permanent Service for Mean Sea Level (PSMSL)

An diesen Faktoren gemessen bewegen sich die aktuellen globalen Trends im Durchschnitt ungefähr so schnell vorwärts wie ein Gletscher.

Unverantwortliche Berichterstatter picken sich absichtlich Standorte wie Miami heraus, wo örtliche Faktoren dazu führen, dass der örtliche Meeresspiegel vergleichsweise rasch ansteigt, und schieben die Schuld dann dem vermeintlich verheerenden globalen Anstieg des Meeresspiegels zu.

Doch die Realität sieht anders aus: Obwohl CO_2-Werte seit 170 Jahren steigen, haben sich die Meeresspiegel in diesem Zeitraum nur langsam erhöht. Gibt es irgendeinen Grund zu glauben, dass sie von 30 Zentimetern pro Jahrhundert plötzlich zu etwas Furchteinflößendem wie mehreren 30 Zentimeter pro Jahrzehnt ansteigen?

Sehen wir uns an, was der Weltklimarat – immerhin eine Quelle, die zahlreiche Anreize hat, Probleme aufzublähen – dazu zu sagen hat. 2019 schätzte er in einem Bericht, dass der Meeresspiegel bei einem Szenario mit Extrememissionen bis zum Jahr 2100 um knapp 85 Zentimeter steigen wird.[15]

Wahrscheinlich handelt es sich um eine Übertreibung, aber nehmen wir für einen Augenblick an, sie würde sich bewahrheiten. In einer ermächtigten Welt – einer Welt, in der schon heute über 100 Millionen Menschen ihr Zuhause unterhalb des Meeresspiegels haben – wäre dies absolut zu meistern. Und falls notwendig, könnte man die gewaltige Produktivität, die fossile Brennstoffe ermöglichen, auf die Aufgabe ansetzen, Bevölkerungszentren umzusiedeln.

In denselben IPCC-Berichten heißt es, wenn wir rasch aus der Nutzung fossiler Brennstoffe aussteigen, würde der Meeresspiegel trotzdem um weitere 43 Zentimeter ansteigen, was mit den Prozessen zusammenhängt, die durch die Erwärmung bereits in Gang gekommen sind.[16] Wir werden uns also in jedem Fall mit einem Anstieg des Meeresspiegels auseinandersetzen müssen, und ohne fossile Brennstoffe können wir das nicht effektiv tun.

Wenn der Weltklimarat von einigen Dutzend Zentimetern pro Jahrhundert spricht, warum wird dann das Schreckgespenst »Anstieg des Meeresspiegels« an die Wand gemalt? Warum ist in Al Gores Dokumentation *Eine unbequeme Wahrheit* die Rede von 6 Metern?

Gores Behauptung basierte auf dem hypothetischen Szenario: »Was, wenn Grönland zerbricht und auftaut oder wenn halb Grönland und die halbe Westantarktis zerbrechen und auftauen?[17] Präsentiert wurde dieses Szenario, als stünde es kurz bevor, aber selbst bei extremen Prognosen zur Taugeschwindigkeit würde es Jahrhunderte oder Jahrtausende dauern, bis es Realität werden würde.

Dergleichen tun unser Wissenssystem und seine designierten Experten gerne: Sie nehmen eine dramatisch wirkende Eisschmelze oder das »Kalben«

von Gletschern und lassen uns glauben, das Ableben der Gletscher stünde kurz bevor.

Aber das Abschmelzen und Kalben von Gletschern gehört zu jährlichen Zyklen, in denen das Eis zu- und abnimmt. Langfristig betrachtet stellt die Gletscherschmelze ein äußerst langsames Dahinschwinden des Eises dar. Und selbst bei den höchsten und unwahrscheinlichsten Temperaturanstiegsschätzungen liefe die Gletscherschmelze noch immer sehr langsam ab – nur eben etwas weniger langsam als bisher.

Es gibt schlichtweg keine Beweise dafür, dass der Meeresspiegel in einem Ausmaß ansteigen wird, mit dem wir nicht fertigwerden.

Das Gerede von einem katastrophalen Meeresspiegelanstieg ist nur eine weitere Verzerrung, die unser gegen menschliches Einwirken gerichtetes Wissenssystems betreibt. Der Mensch soll nicht mehr in die Natur eingreifen, und um das zu erreichen, versucht das Wissenssystem uns zu überzeugen, dass unser Einwirken auf die Natur zur Katastrophe führen wird – selbst dann, wenn es offenkundig nicht stimmt.

»Ozeanversauerung«: die nächste »Katastrophe«, das gewohnte Muster

Nachdem ich mich mit allen wesentlichen Klimagefahren befasst habe, die angeblich aus dem Anstieg der CO_2-Werte resultieren, kann ich voller Überzeugung behaupten: Es gibt nichts, was für eine Klimakatastrophe spricht.

Und mit derselben Überzeugung kann ich sagen: *Solange wir ein Wissenssystem und designierte Experten haben, die gegen jedwedes menschliche Einwirken auf die Natur ankämpfen,* werden uns immer wieder neue Katastrophen angekündigt, und dazu gehören auch Varianten alter Szenarien.

Diese neuen Ankündigungen werden dieselben Verzerrungen enthalten wie all jene, die ich bislang widerlegt habe. Sie werden 1) die fundamentalen Vorzüge fossiler Brennstoffe ignorieren, 2) die Vorzüge fossiler Brennstoffe im Zusammenhang mit Umweltbeherrschung ignorieren und 3) die negativen Auswirkungen fossiler Brennstoffe hemmungslos übertreiben.

Bei den nächsten Katastrophen, die man uns in Aussicht stellt, sollten wir also auf derartige Verzerrungen achten.

Doch wir sind nun in der Lage, alle neuen Umwelt- oder Klimaprobleme in einen signifikanten Kontext von Kenntnissen zu stellen.

Dieser Kontext umfasst unter anderem folgende Fakten:

1. Das globale Klima ist von Natur aus gefährlich, divers und dynamisch.
2. Ein CO_2-Anstieg kann den Planeten unmöglich unbewohnbar machen, denn selbst bei deutlich höheren Temperaturen und CO_2-Konzentrationen gedieh das Leben in der Vergangenheit.
3. Umweltbeherrschung mithilfe fossiler Brennstoffe ist ein machtvolles Werkzeug für den Umgang mit allen möglichen Herausforderungen, natürlichen oder menschengemachten, die im Zusammenhang mit der Umwelt auftreten könnten.

Ausgestattet mit all diesen Kenntnissen über Umwelt- und Klimathemen und dem Wissen um die Verzerrungen, zu denen das Anti-Eingriffskonzept führt, sind wir vorzüglich dafür gerüstet, neue Thesen zum Thema Klima korrekt bewerten zu können.

Wenden wir unser Know-how auf die finale und relativ neue Katastrophe an, die uns angekündigt wird und mit der ich mich in diesem Buch befassen möchte. Zwar handelt es sich streng genommen nicht um eine Klimakatastrophe, sie wird aber in diesen Topf geworfen: gemeint ist die katastrophale »Ozeanversauerung«.

Genau wie all die anderen vorhergesagten Katastrophen wird auch die »Ozeanversauerung« als katastrophales oder apokalyptisches Phänomen bezeichnet, welches den Ausstieg aus der fossilen Brennstoffnutzung fordert.

Bei der Ozeanversauerung handle es sich um den »tödlichen Zwilling der globalen Erwärmung«, sagt Bill McKibben: »Dass wir bereits heute die Weltmeere um 30 Prozent saurer gemacht haben, als sie es von sich aus wären, ist Grund genug, aus fossilen Brennstoffen auszusteigen, und zwar selbst dann, wenn dies keinerlei Auswirkungen auf das Klima hätte.«[18]

Bevor wir uns die spezifischen Beweise für eine »Versauerung« der Ozeane ansehen, wollen wir anwenden, was wir über Umweltbeherrschung und über die Verzerrungsaktionen unseres gegen menschliches Eingreifen gerichteten Wissenssystems gelernt haben. Daraus ergeben sich, was die Wahrheit angeht, vier starke Erwartungen:

1. Das Leben auf diesem Planeten blühte auch, als die CO_2-Niveaus noch wesentlich höher waren. Welche Veränderungen auch immer den Ozeanen widerfahren, es handelt sich um einen Übergang von einem Zustand, in dem eine große Bandbreite an Leben gedeihen kann, in einen anderen Zustand, in dem ebenfalls eine große Bandbreite an Leben gedeihen kann.
2. Unser Wissenssystem wird das Tempo der Veränderungen und ihre Folgen hemmungslos ins Negative verzerren.
3. Keine denkbare negative Veränderung der Ozeane wird so signifikant ausfallen, dass sie die Vorzüge übersteigt, die CO_2 für das landbasierte Leben hat – und schon gar nicht die Vorzüge der globalen Ermächtigung.
4. Die Fähigkeit, die Ozeane zu meistern, ist signifikant, wird aber abgetan.

Ein Blick auf den Stand der Dinge wird zeigen, dass all diese Punkte zutreffen.

Das Leben auf diesem Planeten blühte auch, als die CO_2-Niveaus noch wesentlich höher waren. Welche Veränderungen auch immer den Ozeanen widerfahren, es handelt sich um einen Übergang von einem Zustand, in dem eine große Bandbreite an Leben gedeihen kann, in einen anderen Zustand, in dem ebenfalls eine große Bandbreite an Leben gedeihen kann

»Versauerung« der Ozeane bedeutet, dass die CO_2-Konzentrationen in den Weltmeeren ansteigen und den pH-Wert senken.

Der pH-Wert wird auf einer Skala von 0 bis 14 gemessen, wobei 7 »neutral« ist, alles unter 7 als »sauer« und alles über 7 als »basisch« oder »alkalisch« gilt.[19]

Ist die Rede von »Ozeanversauerung«, sollte man eigentlich erwarten, dass die aktuellen pH-Werte deutlich unter 7 liegen. Tatsächlich jedoch geht der Mainstream in seinen Schätzungen davon aus, dass der durchschnittliche pH-Wert unserer Weltmeere aktuell bei etwa 8,1 liegt und in präindustriellen Zeiten bei 8,2 gelegen hat, also deutlich im alkalinen Bereich.

Was wir hier sehen, ist also eine sehr langsame »Neutralisierung« der Ozeane, aber keine »Versauerung«. Versauerung ist in diesem Zusammenhang ein völlig unwissenschaftlicher Begriff, der dazu dienen soll, uns Angst einzujagen.

Genauso wie die Auswirkung des CO_2-Anstiegs auf das Klima wird auch die Ozeanneutralisierung als beispiellos und folglich gefährlich dargestellt.

Berücksichtigen wir allerdings, dass die CO_2-Konzentrationen in der Atmosphäre derzeit nicht einmal ein Zehntel ihres historischen Hochstands betragen und dass damals das Leben zu Lande und zu Wasser trotzdem florierte, können wir davon ausgehen: In welcher Weise auch immer sich die Ozeane verändern, es handelt sich um einen Übergang von einem Zustand, in dem eine große Bandbreite an Leben gedeihen kann, in einen anderen Zustand, in dem ebenfalls eine große Bandbreite an Leben gedeihen kann.

Und wie sich herausstellt, ist es genau so.

Die Ozeane sind riesig und divers, sie reichen von tropischen, flachen, riffdurchzogenen Gewässern bis hin zu eiskalten Polargewässern, die Tausende Meter tief sind. Viele der heute in den Meeren lebenden Spezies entwickelten sich vor Hunderten Millionen Jahren, als die CO_2-Werte ebenso wie die Temperaturen deutlich höher lagen.[20]

Realistische Schätzungen dazu, wie sich der durchschnittliche pH-Wert des Ozeans künftig entwickelt, gehen nicht systematisch von negativen Folgen für die Artenvielfalt aus. Denn einige Arten profitieren sogar davon, wenn sich der Rückgang im schmalen Zeitfenster eines Laborexperiments abspielt.[21]

Welche Veränderungen auch immer die Zukunft mit sich bringen mag, unsere Ozeane werden also weiterhin eine breite Spanne an Meereslebewesen beherbergen können.

Unser Wissenssystem verzerrt Tempo und Folgen der Veränderungen hemmungslos ins Negative

Welche Veränderungen bringt eine Neutralisierung der Ozeane mit sich? Da unser Wissenssystem bisher alle Auswirkungen von CO_2 ungehemmt ins Negative verzerrt, können wir davon ausgehen, dass es ähnlich agieren wird, wenn es um das Tempo und die Folgen der Veränderungen geht. Und genau so ist es.

Nimmt das CO_2 in der Atmosphäre weiter zu, würde dies die Ozeane leicht neutraler (beziehungsweise weniger alkalisch) machen, aber der pH-Wert würde auf keinen Fall in die Nähe von 7 oder sogar in den sauren Bereich fallen.

Realistische Veränderungen des pH-Werts um eine Größenordnung von 0,1, 0,2 oder 0,3 sind relativ klein im Vergleich zu den Änderungen, denen sich Meereslebewesen regelmäßig aussetzen müssen. Bei Auftriebsphänomenen beispielsweise (auch »Upwelling« genannt) steigen gewaltige Wassermassen aus großer Tiefe an die Meeresoberfläche auf. Dabei kann es zu drastischen Veränderungen von pH-Wert und Temperatur kommen, denen ein Organismus ausgesetzt ist. Empirische Experimente zeigen, dass viele Arten von dieser Art Veränderung sogar profitieren.[22]

Veränderungen beim pH-Wert der Ozeane sind ähnlich zu verstehen wie Veränderungen der Durchschnittstemperatur an Land: Wir reden nicht darüber, dass ein Wechsel von einem statischen Zustand zu einem anderen stattfindet, sondern darüber, dass sich innerhalb einer großen Bandbreite vergleichsweise kleine Verschiebungen abspielen.

Es ist völlig unmöglich, dass die Veränderungen, über die wir hier sprechen, die Ozeane sterben lassen. Und tatsächlich zählen einige Gewässer mit den niedrigsten pH-Werten zu den fruchtbarsten Gewässern der Welt.[23]

Die Angst vor einem globalen Ozeansterben kann nur von dem Dogma herkommen, dass es sich bei den Ozeanen um Nährstofflieferanten mit einem empfindlichen Gleichgewicht handelt – um ein störanfälliges System, in dem entweder alles im perfekten Gleichgewicht lebt oder stirbt.

Sehen wir uns die Fakten zu der Frage an, wie sich eine Ozeanneutralisierung auswirkt, stoßen wir auf die Wahrheit …

Keine mögliche negative Veränderung der Ozeane wird so signifikant ausfallen, dass sie die Vorzüge übersteigt, die CO_2 auf das landbasierte Leben hat, und schon gar nicht die Vorzüge der globalen Ermächtigung

Erinnern wir uns, dass unser Wissenssystem keinerlei Interesse an dem Düngeeffekt zeigte, den der CO_2-Anstieg mit sich bringt und der rund um die Welt zu mehr biologischem Material führt und das Pflanzenwachstum massiv ankurbelt – und damit auch unsere Versorgung mit Nahrung.

Besteht hingegen eine Möglichkeit, dass steigende CO_2-Werte eine im Ozean auftretende Lebensform in irgendeiner Form negativ beeinflussen, wie es bei der Ozeanneutralisierung der Fall ist, dann ist das Interesse groß und das Geschrei laut.

Aus Sicht menschlichen Wohlergehens hingegen ergibt es deutlich mehr Sinn, landbasiertes Leben maritimem Leben vorzuziehen.

Überlegen Sie mal: Welche Werte stehen auf dem Spiel, wenn bestimmte Formen maritimen Lebens in Mitleidenschaft gezogen werden? Eine Sache wäre die Wildfischerei, eine weitere Sache der Tourismus in Regionen, wo Korallenriffe beschädigt oder vernichtet werden.

Fischerei und Tourismus in Riffgebieten sind Werte, aber sie sind keine Werte in einer Größenordnung, wie es das »Global Greening« durch zunehmendes CO_2 darstellt. Ganz zu schweigen davon, dass Milliarden Menschen Gelegenheit erhalten, zu überleben und zu gedeihen, denn das wäre der Wert, den wir daraus ziehen, dass wir weiterhin fossile Brennstoffe nutzen.

Rufen wir uns in Erinnerung, was Bill McKibben sagte: Die »Versauerung« des Ozeans an sich ist »Grund genug, aus fossilen Brennstoffen auszusteigen«.[24] McKibben ist bereit, die Welt zu entmächtigen und in die Armut zu stürzen und alle Menschen zu gefährden, nur damit die Ozeane nicht vom Menschen beeinflusst werden. Das ist ein Musterbeispiel für die mörderische Anti-Eingriffsagenda.

Unser Wissenssystem arbeitet mit wilden Verzerrungen, was die Folgen der Ozeanneutralisierung anbelangt, aber nicht nur das, denn es leugnet die Existenz des Phänomens, das immer wieder und in jedem Bereich negative Entwicklungen wettmacht: die mit fossilen Brennstoffen betriebene Umweltbeherrschung.

Die Fähigkeit, die Ozeane zu meistern, ist signifikant, wird aber abgetan

Sollte der sinkende pH-Wert in irgendeiner Form maritimes Leben bedrohen, das uns wichtig ist, sollten wir darüber nachdenken, wie wir unsere Intelligenz und unsere Fähigkeiten dafür einsetzen können, die Konditionen des Ozeans zu verbessern – sei es, indem wir direkt auf den pH-Wert einwirken oder indem wir pH-Probleme durch andere Vorzüge für den Ozean wettmachen.

Doch unabhängig davon, ob es echten Anlass zur Besorgnis gibt, sollten wir, wenn sich der pH-Wert in den Meeren ändert, unsere Fähigkeiten der Beherrschung dafür einsetzen, die Ozeane so zu gestalten, dass sie deutlich ergiebiger für menschliche Zwecke sind.

Aber wie oft hört man von Versuchen, die Weltmeere zu verbessern?

Die Annahme von der empfindlichen Mutter Natur lässt uns glauben, dass dies unmöglich sei, tatsächlich verfügen die Weltmeere aber über enormes, brachliegendes Verbesserungspotenzial. Der Zukunftsforscher Robert Zubrin erklärt: »Der überwiegende Teil des Meeres und damit der Erde ist noch immer eine Wüste. Marikultur im offenen Meer zu entwickeln könnte dies radikal ändern und für Mensch und Tier gleichermaßen enorme neue Nahrungsressourcen erschaffen.«[25]

Ein lehrreiches Beispiel dafür, wie groß das Potenzial ist, das in den Weltmeeren schlummert, kommt aus Kanada. Dort führte 2012 in British Columbia der Stamm der Haida gemeinsam mit dem Unternehmer Russ George ein Experiment durch, bei dem es darum ging, das Meer fruchtbarer zu machen.[26] Der Stamm gründete ein Unternehmen und schüttete über 100 Tonnen Eisensulfat ins offene Meer vor der kanadischen Pazifikküste. Die Absicht dahinter war, dass das Eisensulfat Plankton zum Blühen bringen und reichlich Nahrung für Lachse generieren sollte. Das Experiment erwies sich als überraschend erfolgreich: Die Menge an Plankton in der Region wuchs, und die Anzahl der Lachse im örtlichen Fraser River und dem nordöstlichen Pazifik nahm explosionsartig zu.

Wüssten Sie nicht längst, dass führende Kritiker fossiler Brennstoffe mit dem Anti-Eingriffskonzept arbeiten und dass dieses heftigen Widerstand gegen alles leistet, was der Mensch an Nutzbringendem in der Natur bewirkt, wären Sie überrascht, welches Maß an Hass diesem Experiment zur Verbesserung der

Ozeane entgegenschlug. Aber mittlerweile dürften Sie damit gerechnet haben. Zubrin schreibt: »Anstatt Applaus für ihren Vorstoß zu erhalten, wurden die Haida und Mr. George zur Zielscheibe eines Hasses, der auf sie aus allen Ecken der Gemeinschaft jener einprasselte, die globale Erwärmung als Vorwand dafür nutzen möchten, die Freiheit des Menschen zu beschneiden.«[27] Er zitiert einige Kritiker, darunter Naomi Klein, die schreibt:

> *Wenn man Mr. Georges Bericht über die Mission Glauben schenken darf, tauchte durch seine Aktion in einem Gebiet von der Größe Massachusetts eine Algenblüte auf, die sehr viele Meerestiere anzog, darunter auch Wale, die man »zu Dutzenden« zählen konnte. … Ich fing an mich zu fragen: Waren die Orkas, die ich (bei einem Urlaub kurz zuvor) gesehen hatte, vielleicht auf dem Weg zu dem All-you-can-eat-Meeresfrüchtebuffet und taten sich an der Pracht gütlich, die George verursacht hatte? Diese Möglichkeit … gibt einen Einblick in die beunruhigenden Folgen des Geoengineering: Sobald wir anfangen, vorsätzlich in die irdischen Klimasysteme einzugreifen – sei es, indem wir die Sonne verdunkeln oder die Ozeane düngen –, können alle natürlichen Ereignisse eine unnatürliche Färbung annehmen. Eine Präsenz, die sich wie ein wundersames Geschenk anfühlt, wirkt plötzlich unheimlich, als würde die ganze Natur hinter den Kulissen manipuliert.*[28]

Wovon spricht Klein hier? Von etwas, das einen Überfluss an Lachsen und anderen Meereslebewesen auslöste – also doch genau das, was wir schützen sollen, indem wir eine »Versauerung« der Meere vermeiden. Aber ihre Aussage zeigt, dass sie gar keinen Ozean will, in dem es vor Leben nur so wimmelt. Nein, sie wünscht sich einen Ozean, der vom Menschen unberührt ist. Und als Befürworterin eines raschen Ausstiegs aus der fossilen Brennstoffnutzung ist sie bereit, für einen Ozean und einen Planeten ohne menschliche Eingriffe das Leben von Milliarden Menschen zu ruinieren.

Dass fossile Brennstoffe in die Katastrophe führen – sei es in einem der Szenarien, die ich bereits widerlegt habe, oder in einem von denen, die künftig gewiss noch auf der Bildfläche erscheinen werden –, ist mindestens in weiten Teilen eine betrügerische Behauptung. Das größte Indiz dafür besteht darin, dass der »Lösungsvorschlag« lautet, rasch aus fossilen Brennstoffen auszusteigen. Wer sich ein wenig mit Energie auskennt und trotzdem für die Vermeidung einer Katastrophe den Verzicht auf fossile Brennstoffe empfiehlt, dem geht es nicht wirklich darum, die Menschen vor einer Katastrophe zu retten, sondern darum, unbeeinflusste Natur vor der »Katastrophe« menschlichen Einwirkens und menschlichen Wohlergehens zu bewahren.

Der Weg in die Klimazukunft: Volle Kraft voraus!

Zu Beginn dieses Kapitels habe ich erklärt, die Nutzung fossiler Brennstoffe einzuschränken sei nur dann gerechtfertigt, wenn der CO_2-Anstieg, der aus der Nutzung fossiler Brennstoffe resultiert, wirklich katastrophale Folgen für das globale Klima hätte, denn allein schon eine reduzierte Nutzung fossiler Brennstoffe würde sich katastrophal auf das menschliche Wohlergehen auswirken.

Streichen wir die massiven Verzerrungen unseres gegen menschliches Einwirken gerichteten Wissenssystems und den Fakt, dass es die Möglichkeiten der Klimabeherrschung leugnet, und betrachten wir dann, welche Folgen steigende CO_2-Werte für das Klima voraussichtlich haben werden, stellen wir fest: Es spricht nichts für eine Klimakatastrophe und erst recht nichts für eine Apokalypse. Tatsächlich müssen wir ohne die tiefe Voreingenommenheit, die das Anti-Eingriffskonzept an den Tag legt, zu dem Schluss gelangen, dass sehr viel dafürspricht, dass steigende CO_2-Werte letzten Endes *eine positive Sache sein werden,* weil sie einen massiven Düngeeffekt haben und weil einige der kältesten Orte der Welt weniger kalt sein werden.

Sicher können wir uns nicht sein, dass sie sich unter dem Strich als etwas Positives erweisen werden, aber es besteht wohl kein Zweifel daran, dass die Menschheit, lässt sie eine wachsende globale Nutzung fossiler Brennstoffe ebenso zu wie die Klimabeherrschung, auch weiterhin erstaunlich gut vor dem

Klima geschützt sein wird und dass ihre Sicherheit auch bei steigenden CO_2-Werten wahrscheinlich zunimmt.

Und selbst wenn sich die Klimagefahren an einigen Orten erhöhen sollten (was dann mit hoher Wahrscheinlichkeit mit fehlender Klimabeherrschung zusammenhängt), können wir sicher sein, dass dies sowohl für die Menschen vor Ort wie auch überall sonst ein geringer Preis dafür sein wird, dass sie das alles in allem sehr viel lebenswertere Leben führen können, das durch die fortwährende Nutzung fossiler Brennstoffe auf einzigartige Weise ermöglicht wird.

Insofern spricht das moralische Argument definitiv für eine fossile Zukunft – für eine vermehrte Nutzung fossiler Brennstoffe, und zwar ohne wie auch immer geartete Einschränkungen bei den CO_2-Emissionen.

Wenn ich im nächsten Kapitel darauf eingehe, mit welchen Nebenwirkungen Regierungen sich befassen sollten, gebe ich vor, dass Regierungen nur dann aktiv werden sollten, wenn eine Nebenwirkung 1) in signifikanter Weise schädlich ist und sie 2) in vernünftigem Rahmen vermeidbar ist.

CO_2-Emissionen sind weder das eine noch das andere.

Wenn es um das Kriterium »in signifikanter Weise schädlich« geht, so ist nicht einmal nachgewiesen, dass CO_2-Emissionen für sich genommen überhaupt schädlich sind. Rechnet man die enormen Vorteile der Klimabeherrschung mit, die CO_2-Emissionen erlauben, steht unter dem Strich, dass wir deutlich besser vor den Gefahren des Klimas geschützt sind. Und was das Kriterium »in vernünftigem Rahmen vermeidbar« anbelangt, so wurde schlüssig nachgewiesen, dass CO_2-Emissionen sich nicht in vernünftigem Rahmen vermeiden lassen, denn das würde die Aussichten von Milliarden Menschen, zu überleben und voranzukommen, ruinieren.

CO_2-Emissionen sind ein Nebenprodukt, das anfällt, wenn Menschen Maschinen nutzen, um Werte zu generieren, die ihnen Nahrung, Schutz und Erfüllung gewähren.

Jedes emittierte CO_2-Molekül lässt sich darauf zurückführen, dass ein Mensch zum Erreichen seiner Ziele Maschinen genutzt hat.

Aktuell gibt es rund 6 Milliarden Menschen, deren Energieverbrauch weniger als ein Drittel dessen beträgt, was ein durchschnittlicher Amerikaner verbraucht.

Und darunter befinden sich rund 3 Milliarden Menschen, die weniger Strom verbrauchen als ein durchschnittlicher amerikanischer Kühlschrank.[29]

Für das menschliche Gedeihen ist es notwendig, dass die CO_2-Emissionen ansteigen.

Selbst in der ermächtigten Welt lassen sich massive direkte und indirekte Vorzüge erzielen, wenn die CO_2-Emissionen nicht eingeschränkt werden. Dies gilt für die überwiegende Mehrheit der Menschen, die auf ein Wohlstandsniveau aufsteigen, wie es heute nur den wohlhabendsten Kreisen vorbehalten ist, und es gilt für all die indirekten Vorzüge, die entstehen, wenn mehr Energie und mehr Maschinenarbeit eingesetzt werden und dadurch jede Menge Zeit frei wird. Beschränkungen bei den CO_2-Emissionen würden beispielsweise den medizinischen Fortschritt verlangsamen, was zahllose Todesfälle nach sich zöge, die ansonsten hätten vermieden werden können.

Ist ein Nebenprodukt wie CO_2 unter dem Strich nachweislich nicht negativ, spricht sogar vieles dafür, dass es sich unter dem Strich positiv auswirkt; jedenfalls ist ausgeschlossen, dass es wirklich katastrophal ist, weil die Negativfolgen mithilfe der Vorzüge gehandhabt werden können, gibt es keinen Grund, seine Nutzung einzuschränken. Doch dafür gibt es jeden Grund, mit Volldampf voraus in die Zukunft zu gehen.

Das sind fantastische Nachrichten, denn es bedeutet, dass all die positiven Möglichkeiten, die ich in diesem Buch erörtert habe, in der Tat erreichbar sind und die Zerstörung, die angeblich unverzichtbar ist, wenn wir uns vor steigenden CO_2-Werten schützen wollen, in keiner Weise notwendig ist.

Wenn der Schatten über den CO_2-Emissionen verschwindet, der verheißt, dass sie eine Klimakatastrophe herbeiführen könnten, eröffnet sich der Menschheit die Möglichkeit, eifrig auf eine *globale Ermächtigung der Menschen* hinzuarbeiten – mit dem Ziel einer Welt, in der alle über kostengünstige Energie verfügen und in ihrem Leben vorankommen können. Infolgedessen würden mehr und mehr Menschen nur einen Bruchteil ihrer Zeit dafür aufwenden müssen, sich gesunde Nahrungsmittel leisten zu können. Mehr Menschen würde sauberes Trinkwasser zur Verfügung stehen. Mehr Frühchen würden mit Brutkästen versorgt werden können. Mehr Menschen würden über

Klimaanlagen verfügen. Mehr Menschen würden die Natur genießen können. Mehr Menschen würde die Tragödie erspart bleiben, dass ihr Neugeborenes oder ihr Kleinkind stirbt. Mehr Menschen würden die Gelegenheit bekommen, Bildung zu erlangen und ihr Leben so zu gestalten, wie sie es möchten. Mehr Menschen würden die Chance erhalten, ihre kostbare Zeit auf der Erde erfüllend zu gestalten.

Fällt der dunkle Schatten des Glaubens fort, CO_2-Emissionen würden eine Klimakatastrophe verursachen, ist nichts von der früheren und derzeitigen Zerstörung erforderlich, die im Namen »des Klimas« angerichtet wurde beziehungsweise wird. Und dies gilt ebenso für die weitaus größeren Zerstörungen, die in Vorbereitung sind. Wir brauchen keine mörderischen internationalen Abkommen, die Länder dazu verpflichten, ihren CO_2-Ausstoß zu reduzieren. Wir brauchen keine Einschränkungen der CO_2-Emissionen auf nationaler, bundesstaatlicher und lokaler Ebene. Es muss kein armes Land daran gehindert werden, sein volles Potenzial zu entfalten. Wir brauchen keine flächendeckenden Stromausfälle in Kalifornien und Texas zu erdulden. Wir brauchen keine Unternehmen, die betrügerische und ohnehin unmöglich einhaltbare Versprechungen der »Klimaneutralität« abgeben. Wir müssen die Heizkosten nicht auf ein Niveau senken, das dazu führt, dass im Winter noch mehr Menschen erfrieren. Es muss nicht sein, dass Klimaanlagen unbezahlbar gemacht werden. Es müssen nicht Hunderte Millionen Menschen, insbesondere Kinder, unnötig leiden und unter moralischen Druck geraten, weil ihnen mit dem Schreckgespenst Klimaapokalypse Angst eingejagt wird.

Noch einmal: Die Tatsache, dass eine glänzende fossile Zukunft möglich ist und dass das von der Lobby gegen fossile Brennstoffe geforderte Massenleid unnötig ist, ist eine wundervolle Nachricht. Doch leider kommt diese Nachricht mit zwei Einschränkungen daher: Nur, weil eine glänzende fossile Zukunft möglich ist, heißt das nicht, dass sie auch kommen wird. Und nur, weil massenhaftes Leid und Sterben infolge einer gegen fossile Brennstoffe gerichteten Politik unnötig sind, heißt das noch lange nicht, dass dieser Weg nicht trotzdem eingeschlagen wird.

Und das bringt mich zu den abschließenden beiden Kapiteln dieses Buches, in denen ich folgende Fragen beantworte:

1. Was ist politisch erforderlich, um eine glänzende fossile Zukunft zu ermöglichen?
2. Wie können wir Unterstützung für diese Politik generieren, wenn doch so große Teile der Welt darauf aus sind, die Nutzung fossiler Brennstoffe zu beenden?

Teil 4

Eine florierende fossile Zukunft

10

Maximierung des Wohlergehens durch Energiefreiheit

Eine florierende fossile Zukunft ist möglich, aber kein Selbstläufer

Der primäre Zweck dieses Buches ist es, Ihnen zu helfen, eine Antwort auf die über Leben und Tod entscheidende Frage zu finden, wie künftig mit fossilen Brennstoffen umzugehen ist, und Ihnen dafür etwas an die Hand geben, was uns unser gegen menschliche Einwirkung gerichtetes, energiefeindliches Wissenssystem vorenthält: eine umfassende Bewertung der Vorzüge und Nebenwirkungen einer weiteren Nutzung fossiler Brennstoffe aus dem Blickwinkel menschlichen Wohlergehens.

In Teil 2 haben wir festgestellt, dass im Gegensatz zur Auffassung unseres Wissenssystems, das die Vorzüge einer anhaltenden Nutzung fossiler Brennstoffe als trivial und leicht ersetzbar darstellt, fossil erzeugte ultrakostengünstige Energie von grundlegender Bedeutung für die unnatürliche und fantastische Lebensqualität unserer Welt ist. Sie ist in den nächsten Jahrzehnten nicht nur nicht durch Alternativen zu ersetzen, sondern wir werden sie zunehmend benötigen, damit wir die Lebensqualität von mehr Menschen steigern können.

In Teil 3 hat unsere Nachforschung ergeben, dass bei der Nutzung fossiler Brennstoffe der CO_2-Anstieg die einzige Nebenwirkung ist, die zumindest theoretisch eine Nutzungseinschränkung rechtfertigen könnte. Blenden wir aber aus, dass unser Wissenssystem die Klimabeherrschung leugnet und Klimafolgen verzerrt, ist der CO_2-Anstieg unter dem Strich nicht einmal negativ. Es ist unvorstellbar, dass die Nachteile anwachsender CO_2-Werte den Nutzen fossiler Brennstoffe für die Klimabeherrschung übersteigen könnten, von sämtlichen Vorzügen fossiler Brennstoffe gar nicht zu reden.

Unter Berücksichtigung des Gesamtkontextes lautet unsere Bewertung einer weiteren Nutzung fossiler Brennstoffe folgendermaßen: Fossile Brennstoffe sind von grundlegendem und unersetzlichem Wert für das künftige Wohlergehen der Menschen, sie sollten also nicht nur weiterverwendet werden wie bisher, sondern auch in zunehmendem Maße. Der Nutzung sollten keinerlei Grenzen gesetzt werden, und das Gleiche gilt für die CO_2-Emissionen.

Wie ich bereits am Ende des vorigen Kapitels erklärt habe, ist das eine wunderbare Nachricht. Die Nutzung fossiler Brennstoffe hat die Welt für Milliarden Menschen in einen Ort mit unnatürlich hoher Lebensqualität verwandelt und kann, wenn sie noch intensiviert wird, diese Lebensqualität weiterhin steigern und für mehr Menschen verfügbar machen. Da wir ein Verständnis für die beherrschbaren (und mit höherer Wahrscheinlichkeit vorteilhaften) Nebenwirkungen von CO_2 entwickelt haben, können wir ohne Schuldgefühle stärker als bislang auf Energie aus fossilen Brennstoffen setzen und die Welt in einen Ort verwandeln, der für immer mehr Menschen immer lebenswerter wird.

Zwei große Hindernisse stehen dieser florierenden fossilen Zukunft im Weg: die Notwendigkeit einer dramatischen Kurskorrektur der Politik und die Notwendigkeit, eine Welt zu überzeugen, die fest entschlossen ist, aus fossilen Brennstoffen auszusteigen. Bevor ich mich mit diesen beiden Hindernissen befasse, lassen Sie mich einige Aspekte einer florierenden fossilen Zukunft hervorheben, die ich – und Sie hoffentlich auch - als ganz besonders motivierend empfinde.

Da ich Sie bitten möchte, für diese Zukunft zu kämpfen, möchte ich, dass absolut klar wird, warum diese Zukunft es wert ist, und hebe zu diesem Zweck vier aufregende Fortschrittsbereiche hervor, die durch eine steigende Nutzung fossiler Brennstoffe angetrieben werden.

Milliarden jüngst ermächtigter Menschen befreien sich selbst aus der Armut

Der Anteil der Weltbevölkerung, der mit weniger als 2 Dollar pro Tag auskommen muss, ist seit 1980 von 42 Prozent auf unter 10 Prozent gefallen. Diese wunderbare Entwicklung ist das Ergebnis stetig steigender und um sich greifender Produktivität, die durch vermehrte Maschinenarbeit mithilfe fossiler Brennstoffe vorangetrieben wird, wodurch ungeheuer viel Zeit für geistige Arbeit frei wird. Doch wir sind noch lange nicht am Ende unserer Fortschrittsmöglichkeiten angelangt. Denn nicht nur müssen 10 Prozent der Bevölkerung weiterhin mit weniger als 2 Dollar pro Tag auskommen (und frühzeitig sterben), sondern die überwiegende Mehrheit der Menschheit lebt bis heute auf einem Niveau, das die meisten Leser dieses Buches vermutlich als »pure Armut« bezeichnen würden: 5 Milliarden Menschen fristen ihr Leben mit weniger als 10 Dollar pro Tag.

Eine verstärkte Nutzung fossiler Brennstoffe wird es allen Menschen und insbesondere den Ärmsten der Armen ermöglichen, produktiver und wohlhabender zu sein.

Gleichzeitig wird der anhaltende umweltschutztechnologische Fortschritt dafür sorgen, dass ärmere Menschen für ihre Befreiung aus der Armut fossile Brennstoffe in einer Weise nutzen können, welche die Umwelt immer weniger belastet.

Dies bedeutet mehr erste Glühbirnen, mehr erste Kühlschränke, mehr lohnenswerte erste Arbeitsplätze und mehr erste Jahre, in denen viele Menschen mit einem stets gefüllten Magen, mit verlässlich sauberem Trinkwasser und in wetterunabhängigem Komfort leben können.

Der Fortschritt in der Welt dauert an und beschleunigt sich

In Kapitel 4 habe ich die »Aufwärtsspirale der Ermächtigung« erläutert: Unsere auf fossilen Brennstoffen beruhende Produktivitätsfähigkeit treibt den Fortschritt voran, indem sie Zeit und maschinelle Arbeitskapazität für Innovationen freisetzt, und diese verbessern unsere auf fossilen Brennstoffen beruhende Produktivitätsfähigkeit, wodurch noch mehr Zeit und Maschinenarbeit für Innovationen freigesetzt wird, und so weiter und so fort.

Es ist schwierig, sich zu einem bestimmten Zeitpunkt klarzumachen, welche Bedeutung ein bestimmtes Ausmaß an Innovationen langfristig haben wird.

Jeder kleine Innovationsbeitrag erhöht die Fortschrittsrate – und bei der Fortschrittsrate ist es ähnlich wie bei Zinsen: Sie *summiert* sich.

Zur Verdeutlichung möchte ich auf eine Statistik zurückgreifen: Wenn das Wirtschaftswachstum der Vereinigten Staaten seit 1870 nur einen einzigen Prozentpunkt pro Jahr niedriger gewesen wäre, würden heute die Mexikaner einen besseren Lebensstandard genießen als die Amerikaner.[1]

Eine Ausweitung des Gebrauchs fossiler Brennstoffe wird die Aufwärtsspirale rund um die Welt beschleunigen. Und das führt in den produktivsten Gegenden der ermächtigten Welt zu vielen positiven Errungenschaften, aber vor allem zu enorm viel Zeit und Maschinenarbeit für medizinische Innovationen, die unsere Aussichten auf ein hohes Alter bei bester Gesundheit erhöhen werden.

Ein rascherer Ermächtigungskreislauf bedeutet auch ein rascheres Vorankommen in der Klimabeherrschung, sodass wir effektiver mit gefährlichen Temperaturen, Dürren, Flächenbränden, Stürmen und Hochwasser umgehen können.

Wir werden fähig, besser mit Problemen jeglicher Art umzugehen

Eine verstärkte Nutzung fossiler Brennstoffe verschafft uns reichlich Zeit und Rüstzeug, um uns den vielen vor uns liegenden Herausforderungen zu stellen – und die werden zweifelsohne viel größer sein als die Veränderungen des Klimas.

Zu den Herausforderungen, die mir am meisten Sorge bereiten, zählen antibiotikaresistente Bakterien, wachsende Staatsdefizite und die Zunahme diktatorisch regierter Nationen.

Ein großartiger Aspekt der ermächtigten Welt ist ihr grundsätzliches und anpassungsfähiges Vermögen, sich derartigen Herausforderungen zu stellen.

Das haben wir bei Covid-19 gesehen, als es der ermächtigten Welt gelang, innerhalb von weniger als einem Jahr gleich mehrere Impfstoffe zu entwickeln. Der Moderna-Impfstoff wurde mithilfe modernster Computer sogar an einem einzigen Wochenende entwickelt.[2]

Eine Welt, die dank fossiler Brennstoffe immer weiter ermächtigt wird, kann sich sowohl bekannten als auch noch unbekannten Herausforderungen stellen.

Beispielsweise wird die Überwindung bakterieller Antibiotikaresistenz von Forschern mit herausragenden Kapazitäten auf dem Gebiet des maschinellen Lernens abhängen. Für den Abbau massiver Verschuldung wird eine auf fossiler Basis gesteigerte Produktivität nötig sein (und natürlich eine Reduktion der Staatsausgaben). Und zum Schutz vor Diktaturen benötigen freie Nationen eine so kostengünstige Energie wie nur irgend möglich, damit sie eine beispiellose Produktivität entfesseln und weltweit führende Verteidigungsstrategien auf die Beine stellen können.

Die Evolution und den Fortschritt im Bereich der Energie vorantreiben, inklusive Alternativen zu fossilen Brennstoffen

Weiten wir die Nutzung fossiler Brennstoffe aus, verschaffen wir uns die nötige Zeit und maschinelle Arbeitskapazität zur Optimierung unserer Energieproduktion. Das gilt für fossile Brennstoffe, aber auch – und das ist vielleicht am aufregendsten – für nukleare Prozesse.

Zu den vielversprechendsten neuen Technologien zählen nukleare Mikroreaktoren, die leicht handhabbar und so klein sind, dass sie ein Sattelschlepper transportieren kann. Ihre Anwendungsmöglichkeiten sind vielfältig, und sie könnten Industrieprojekte an abgelegenen Standorten mit Elektrizität versorgen oder Gebiete, die von Naturkatastrophen heimgesucht wurden, rasch wieder mit Strom beliefern.[3] Ein Szenario, das mich besonders begeistert, sind atombetriebene Schiffe, die alle Küsten dieser Welt ansteuern könnten, um die dortige Bevölkerung auf Jahre hinaus mit Elektrizität zu versorgen. Und dann gibt es noch den »Heiligen Gral« der Energie, die Kernfusion. Ließe sie sich kommerziell anwenden, könnte sie die Ermächtigung der Menschheit auf eine völlig neue Ebene heben.

Es kursiert die Vorstellung, wir müssten erst fossile Brennstoffe loswerden, um dann alternative Energien voranzubringen, doch es ist genau anders herum: Mit fossilen Brennstoffen gelangen wir zu der Zeit und maschinellen Arbeitskapazität, die erforderlich sind, um alternativen Energien zu Wettbewerbsfähigkeit und letztlich Überlegenheit zu verhelfen.

Ein rascher Abbau der Armut, eine Beschleunigung des Fortschritts, eine Vergrößerung der Problemlösungsfähigkeiten, ein Anziehen des Tempos in der Energieevolution – ich hoffe diese Beispiele für eine florierende fossile Zukunft motivieren Sie, alles in Ihren Kräften Stehende zu tun, um sich für diese Zukunft stark zu machen.

Wenn dem so ist, sollten Sie sich unbedingt klarmachen, dass es für diesen Kampf nicht nur nötig ist, die Welt von ihrer festen Überzeugung abzubringen, aus fossilen Brennstoffen aussteigen zu müssen (mehr dazu im nächsten Kapitel), sondern auch eine völlig neue politische Richtung einzuschlagen. Und damit meine ich nicht nur, dass sämtliche Maßnahmen, den CO_2-Ausstoß einzuschränken oder auf null zu bringen, gestoppt werden müssen.

Zwar wäre es schon ein ausgesprochen positiver Schritt, die Restriktionen zur CO_2-Emission aufzuheben, aber um das Potenzial einer florierenden fossilen Zukunft voll auszuschöpfen, sind viel weitreichendere Änderungen innerhalb der Politik nötig.

Eine neue und bessere Politik brauchen wir ganz besonders, um den Weg für drei zentrale Aspekte einer florierenden fossilen Zukunft zu ebnen – Aspekte, die die derzeitige Politik verhindert: die Ermächtigung der nicht ermächtigten Welt, das Fördern von Alternativen und der korrekte Umgang mit Nebenwirkungen.

- **Ermächtigung der nicht ermächtigten Welt:** Zwar leben heute Milliarden Menschen in einer ermächtigten Welt, in der mit fossilen Brennstoffen betriebene Maschinenarbeit in beispiellosem Ausmaß für Nahrung, Schutz und Möglichkeiten sorgt, Erfüllung zu finden, doch weitere Milliarden Menschen leben nicht in einer derartigen Welt. Welche politischen Entscheidungen hindern diese Milliarden Menschen daran? Welche Änderungen können zu einer *globalen* Ermächtigung der Menschheit führen? Die Antworten auf diese Fragen sind wichtig.
- **Förderung von Alternativen:** Es ist wichtig, herauszufinden, wie man der Nutzung fossiler Brennstoffe zur Freiheit verhelfen und gleichzeitig das Potenzial von Alternativen wie Kernkraft fördern kann, sodass sie dort, wo es heute sinnvoll ist, als Ersatz und in den kommenden Generationen womöglich als überlegene Variante fungieren können.
- **Korrekter Umgang mit Nebenwirkungen:** CO_2-Emissionen sollten nicht begrenzt werden, aber für andere Nebenwirkungen, welche die Nutzung fossiler Brennstoffe mit sich bringt, sollte es durchaus Einschränkungen geben – etwa in Situationen (beispielsweise in China), wo eine Regierung eine erhebliche, aber großteils vermeidbare Luftverschmutzung zulässt. Es ist entscheidend, sich klarzumachen, welche Politik eine Regierung im Umgang mit Luft, Wasser und Land verfolgen sollte. Diese Politik sollte die Umweltverschmutzung auf vernünftige Weise eindämmen, ohne die Bürger um die Vorzüge der Energie zu bringen.

Im weiteren Verlauf dieses Kapitels werde ich Grundsätze aufzeigen, welche alle Regierungen in der Welt zum Erreichen einer florierenden fossilen Zukunft befolgen sollten, sowie prioritäre Richtlinien, die in kürzester Zeit zu bestmöglichen Veränderungen führen können.

Freiheit ist fundamental

Ein guter Ausgangspunkt für die Frage, welche politischen Maßnahmen zu einer florierenden fossilen Zukunft führen, ist ein Blick auf jene Länder, denen es aktuell am besten gelingt, größtmöglichen Nutzen aus fossilen Brennstoffen und anderen Energieformen zu ziehen und mit den negativen Nebenwirkungen rational umzugehen. »Rational« heißt in diesem Zusammenhang, dass sie negative Nebenwirkungen weder ignorieren noch auf eine Weise reduzieren, die mehr Schaden anrichtet als Gutes bewirkt.

Ganz vorne bei den Ländern, die gute Arbeit in Sache Energie leisten, spielt das Land mit, in dem ich glücklicherweise lebe – die Vereinigten Staaten von Amerika. In weiten Teilen der USA steht den Menschen günstige, bedarfsgerechte, vielfältig einsetzbare Energie aus fossilen Brennstoffen zur Verfügung, dazu beträchtliche Mengen an bezahlbarer, zuverlässiger Elektrizität aus Wasserkraft und Kernkraft. Die Luftqualität ist teilweise besser als irgendwo sonst auf der Welt. Außerdem sind wir mit weitem Vorsprung die Nummer eins in der Welt, wenn es um Energieinnovation geht. Wir führen die Entwicklung vieler Dinge an, ob es nun um den ersten Bohrturm geht, modernes Fracking, moderne Wasserkraft, Lithium-Ionen-Akkus oder Atomkraftwerke.

Was macht die Energiepolitik der USA so förderlich für das menschliche Wohlergehen und den Energiefortschritt?

Grundsätzlich *Freiheit. Die Freiheit, Energie zu produzieren – wobei diese Freiheit dadurch definiert ist, dass sie dort aufhört, wo sie andere auf unzulässige Weise gefährdet.*

Freiheit ist deshalb so wichtig, weil sie die allertiefste Wurzel des Produktionsvermögens freilegt, und die ist noch grundlegender als kostengünstige Maschinenarbeit: den logisch denkenden menschlichen Verstand.

Ich habe in diesem Buch betont, dass wir auf einem Planeten leben, der von Natur aus defizitär und gefährlich ist, und dass die naturgegebenen produktiven Kapazitäten unseres Körpers sehr gering sind.

Um unsere produktiven Fähigkeiten zu verstärken und zu erweitern, benötigen wir kostengünstige Energie und Maschinenarbeit – je kostengünstiger (bezahlbarer, zuverlässiger, vielfältiger einsetzbar und besser skalierbar), desto besser.

Deshalb sind kostengünstige Energie und Maschinenarbeit für das menschliche Gedeihen von grundlegender Bedeutung.

Aber was führt zu kostengünstiger Energie und Maschinenarbeit?

Eine noch fundamentalere Ursache: *die Urteilskraft des Verstandes*. Sie ermöglicht uns neue Erkenntnisse, unter anderem auch, wie sich Energie und Maschinenarbeit kosteneffizienter herstellen lassen.

Mithilfe dieser Urteilskraft seines Verstandes kann der Mensch herausfinden, wie sich aus Wärme Bewegung erzeugen lässt (die Grundlage der »Wärmekraftmaschinen«, die die Zivilisation voranbringen), wie sich zu geringen Kosten Öl finden lässt, wie man einen Flugzeugantrieb so kostengünstig herstellt, dass weite Bevölkerungskreise fliegen können, wie man Kohle effizienter und sauberer verbrennt und wie man Erdgas zuverlässig Tag für Tag und rund um die Uhr zur Verfügung stellt.

Wir können Energie nur dann gut nutzen, wenn sich der menschliche Verstand kostengünstige Energieproduktionswege *ausdenkt* und diese Ideen dann *in die Realität umsetzt*.

Er kann sich kostengünstige Wege zur Energieproduktion und -nutzung allerdings nur dann ausdenken und sie umsetzen, wenn er *Zeit* dafür hat.

Denken Sie mal nach: Warum waren die Vereinigten Staaten in der innovativen Erdöl- und Erdgasförderung schon immer ganz weit vorne – von der Geburtsstunde der Ölindustrie im Jahr 1859 an bis zur Fracking-Revolution, die zuvor nutzlose Gesteinsschichten in enorme Reservoirs Leben spendender, kostengünstiger Energie verwandelt?

Der Grund dafür ist Freiheit - in diesem Fall die Freiheit, über unterirdische Mineralvorkommen zu verfügen und sie zu erschließen. In den meisten Ländern erhebt der Staat Anspruch auf alles, was unterhalb der Erdoberfläche liegt. Wenn jemand also einen Einfall hat, wie man kostengünstig nach Öl suchen oder bohren könnte, darf er seine Idee nicht selbst umsetzen, weder auf dem eigenen Land noch auf dem eines anderen, sondern benötigt die Erlaubnis des Staates – und der steht, historisch betrachtet, neuen Methoden nicht besonders offen gegenüber.

Nach amerikanischem Gesetz dürfen Sie eine Methode entwickeln, kostengünstig Öl zu suchen und zu fördern, und diese dann in die Tat umsetzen –

vorausgesetzt, sie können andere freie Menschen zur Mitarbeit bewegen, seien es Landbesitzer, Investoren oder Mitarbeiter. Und wenn Ihre Ideen Wert produzieren, ist es Ihnen erlaubt, diesen Wert zu behalten und davon zu profitieren.

Eine solche Freiheit maximiert die Anzahl guter Ideen, die ersonnen und umgesetzt werden – und genauso ist es auch in der Computerindustrie, in der Branche für medizinisches Gerät und in der Mobilfunkindustrie.

Wollen wir, dass möglichst viele Menschen in den Genuss von Energie gelangen, müssen alle die Freiheit haben, Energie produzieren zu können – also die Freiheit, möglichst kostengünstige Energiegewinnungswege zu erkennen und umzusetzen.

Selbstverständlich gibt uns Energiefreiheit ebenso wenig wie jede andere Freiheit das Recht, zu tun, was wir wollen, ohne Rücksicht auf unsere Mitmenschen zu nehmen. Energiefreiheit muss gesellschaftlich so *definiert* werden, dass andere nicht unzulässig gefährdet werden.

In den kommenden Abschnitten skizziere ich vier Aspekte der Energiefreiheit, die die Regierungen weltweit übernehmen oder optimieren sollten, wenn wir möglichst vielen Menschen eine florierende Zukunft bescheren wollen. Es sind: Handelsfreiheit, Entwicklungsfreiheit, Konkurrenzfreiheit und die Freiheit vor Gefährdung.

Jeder dieser Freiheiten wird überall in der Welt stark eingeschränkt und bekämpft. Das liegt daran, dass die Anti-Einwirkungsagenda und andere freiheitsfeindliche Vorstellungen breite Akzeptanz finden.

Richtig verstanden und erweitert, birgt jede dieser Freiheiten ein gewaltiges Potenzial, das menschliche Wohlergehen zu fördern.

Schutz der Handelsfreiheit

Vielleicht haben Sie sich im Verlauf dieses Buches gefragt: Warum ist die nicht ermächtigte Welt eigentlich nicht ermächtigt? Warum ist der Energieverbrauch von Milliarden Menschen nur so gering?

Wir wissen doch, dass kostengünstige Maschinenarbeit die produktiven Fähigkeiten der Menschen in der ganzen Welt erheblich verstärken und erweitern kann. Warum kommt sie nicht überall zum Einsatz? Warum fehlt sie in weiten Teilen Afrikas und Asiens?

Natürlich sind diese Regionen sehr arm, aber die jüngere Geschichte hat gezeigt, dass es möglich ist, bettelarme Menschen durch profitorientierte Investitionen der wohlhabenden, ermächtigten Welt rasch zu ermächtigen. Legen Investoren ihr Geld in Werken und Industrieanlagen nicht ermächtigter Orte und in die für deren Betrieb nötige Energie an, so kann das die Produktivität um den Faktor 10 oder 100 steigern – und zwar zum Nutzen aller Beteiligten.

Warum geschieht das dann nicht überall?

Meistens liegt es daran, dass die *Handelsfreiheit* nicht überall geschützt wird. Mit »Handelsfreiheit« meine ich die *Freiheit, Werte zu tauschen in einem Staat, der vertraglich festgelegte Vereinbarungen durchsetzt und schützt.*

Sämtliche Formen moderner Energieproduktion erfordern, dass Menschen in großem Ausmaß Handel treiben.

Damit beispielsweise ein modernes Stromnetz funktionieren kann, muss sein Inhaber mit Kunden verhandeln, die ihm Elektrizität abkaufen, mit Arbeitern, die das Stromnetz aufbauen und betreiben, mit Unternehmen, die die Kraftwerke herstellen, mit Firmen, die Treibstoff herstellen, und mit den Besitzern der Grundstücke, durch die Stromleitungen geführt werden müssen.

Bei all diesen Tauschgeschäften werden langfristige Verpflichtungen eingegangen, und das setzt *Verträge* zwischen den jeweiligen Parteien voraus – Verträge, die *durchsetzbar* sind (wer unterzeichnet, muss sich daran halten) und gesetzlich *geschützt* werden (von außen kann kein Einfluss auf die vertragliche Vereinbarung genommen werden).

Kann ein Stromnetzbetreiber keinen langfristigen Handel mit seinen Kunden treiben, können beispielsweise Kunden die Zahlungen aussetzen, ohne dass dies Folgen hat, oder können Drittparteien das von den Kunden bezahlte Geld unter Beschlag nehmen, funktioniert das Ganze nicht. Und dasselbe gilt für die Belegschaft und die Lieferanten des Betreibers. Ohne langfristige vertragliche Regelungen kann der Betrieb nicht funktionieren.

Wie groß die Freiheit ist, im Rahmen von Vertragswerken langfristige Vereinbarungen einzugehen, hängt von einem allgemeinen System der Eigentumsrechte und der Rechtsstaatlichkeit ab.

Eigentumsrechte sind die Grundlage von Verträgen. Im System der Eigentumsrechte haben alle ein Recht auf ihr Eigentum (und dazu zählt auch die eigene Arbeitskraft). Dieses Recht enthält das Recht, sein Eigentum durch klar definierte Verträge einzutauschen, die ein Staat durchsetzt und schützt, der das Prinzip der Rechtsstaatlichkeit befolgt und der nicht willkürlichen Launen von Bürokraten oder Diktatoren unterliegt.

Seit es Handelsfreiheit inklusive durchsetzbarer und geschützter Verträge gibt, war es für Investoren rentabel (kostengünstig), in Maschinenarbeit zu investieren, die die Fähigkeiten ehemals manueller Arbeiter verstärkt und erweitert. Dass beispielsweise im vergangenen halben Jahrhundert Milliarden Menschen ermächtigt wurden, hing von erheblichen – allerdings keineswegs idealen – Verbesserungen der Handelsmöglichkeiten an Orten wie China und Indien ab.

Die am weitesten verbreitete Form rentabler Investition in Ermächtigung ist die Investition in Fabrikation. Das Grundmodell dafür sieht so aus, dass eine Firma ein bestimmtes Produkt herstellt und beschließt, in einer armen Region der Welt Produktionsstätten zu errichten, bei denen die entscheidenden Elemente Maschinen und Energie sind.

Das Unternehmen investiert in diese Anlagen und gelegentlich auch in eine unterstützende Energieinfrastruktur, beispielsweise neue Kraftwerke oder Stromleitungen. Außerdem bezahlt es der Belegschaft (häufig deutlich) mehr als das, was diese Menschen bis dahin mit manueller Arbeit (üblicherweise in der Landwirtschaft) verdient haben.

Maschinenarbeit macht die einstmals manuellen Arbeiter viel produktiver, als sie es ohne sie hätten sein können. Das bedeutet Gewinn für das Unternehmen und höhere Löhne für die Belegschaft.

Produktivität und Löhne steigen, und vormals arme Individuen können mehr von dem erwerben, was an Produkten oder Dienstleistungen verfügbar ist: Nahrung, Kleidung, Unterkunft, Freizeitvergnügen, medizinische Versorgung oder Bildung. Produktivität und Löhne steigen, und die Menschen können mehr Zeit und andere Ressourcen darauf verwenden, sich neue Kenntnisse anzueignen, innovativer und produktiver zu werden. Wir sehen hier wieder die Aufwärtsspirale der Ermächtigung in Aktion.

Der Energie- und Umweltexperte Michael Shellenberger erzählt eine denkwürdige Geschichte, die zeigt, wie sich diese Aufwärtsspirale bei Produktionsinvestitionen auswirken kann. In der Geschichte geht es um eine junge indonesische Frau namens Suparti.

> *Suparti arbeitete gemeinsam mit ihren Eltern und Geschwistern auf dem Feld. »Verglichen mit den anderen Häusern der Gemeinde waren wir arm. Unser Haus war aus Bambus und hatte vier Räume. Strom oder Fernsehen besaßen wir nicht. Wir kochten mit Reishülsen.«*
>
> *Suparti zog in die Stadt, um dort Gelegenheiten zu suchen, mit Maschinenarbeit Geld zu verdienen.*
>
> *Nach einem ersten Job in einer Spielzeugfabrik fand sie eine Stelle in einer Schokoladenfabrik. Ihre erste Aufgabe bestand darin, Schokolade in Formen zu gießen und sie zu verpacken. Dann wurde sie befördert und brachte Schokolade und andere Vorräte mit einem Trolley in andere Werkräume. Schließlich wies man ihr einen Schreibtisch zu, an dem sie Produktlabel, Plastikhüllen und Aufdrucke zur Haltbarkeit sowie Barcodes für Einzelhändler druckte …*
>
> *Seit sie begonnen hat, in der Stadt zu arbeiten, hat sich ihr Lohn mehr als verdreifacht. Als Fabrikarbeiterin konnte sie sich einen Flachbildfernseher kaufen, einen Motorroller und mit 25 Jahren sogar ein eigenes Zuhause.*
>
> *Supartis Geschichte ist typisch für Indonesien und andere Regionen in der Welt.*
>
> *Rund um die Welt entscheiden sich junge Frauen seit Hunderten von Jahren, sich auf den Weg zu machen. Sie ziehen vom Land in die Stadt, aber nicht, weil die städtischen Gegenden so traumhaft sind, sondern weil sie deutlich mehr Möglichkeiten für ein besseres Leben bieten. …*

> *In den 1960er-Jahren war [Indonesien] so arm, wie es viele subsaharische Nationen heute sind. …*
>
> *Es hat es geschafft, so viele Betriebsstätten anzulocken, dass die Wirtschaft in Gang kam. Zwischen 1967 und 2017 stieg das Pro-Kopf-Jahreseinkommen von 54 Dollar auf 3800 Dollar.*[4]

Die wundervolle Ermächtigung von Suparti und Hunderten Millionen anderer Menschen dank ausländischer Produktionsinvestition ist von der Handelsfreiheit der betreffenden Unternehmer abhängig, und dazu gehören auch die Durchsetzung und der Schutz von Verträgen, Eigentumsrechten und Rechtsstaatlichkeit.

Ohne Handelsfreiheit könnte der Aufstieg von unendlich vielen Menschen wie Suparti nicht stattfinden.

Für diese Bewohner der nicht ermächtigten Welt ist fehlende Handelsfreiheit das größte Hindernis auf dem Weg zu Ermächtigung.

Ich erinnere mich an ein Gespräch mit dem Spitzenmanager eines der größten Energieunternehmen der Welt. Ich fragte ihn, was der Schlüssel zur Ermächtigung Afrikas sei.

»Ganz einfach«, erwiderte er. »Ausländische Investoren müssen mit ihren Investitionen Geld verdienen können. Wir müssen also all die unterschiedlichen Inputs, die in die Herstellung von Energie einfließen, vertraglich erwerben können und sicher sein, dass sie nicht jederzeit beschlagnahmt oder sabotiert werden können. Und um kostengünstig und zuverlässig Strom anbieten zu können, brauchen wir echte Zahlungsverträge. Da uns dieses Vertrauen an vielen Orten fehlt, werden wir dort auch nicht aktiv.«

Solange sich der weitverbreitete Mangel an Handelsfreiheit nicht ändert, wird die Ermächtigung in den ärmsten Teilen der Welt selbst dann nur marginal zunehmen, wenn die Preise für fossile Brennstoffe sinken, denn die Energie- und auch Elektrizitätsproduktion mithilfe fossiler Brennstoffe ist für Unternehmer unter solchen Bedingungen kein verlässliches Geschäft.

Das Thema Ermächtigung wird allzu oft so behandelt, als ginge es um Wohltätigkeit: Armen Leuten fehlt es rund um die Welt an Energie, also müssen reiche

Leute sie ihnen geben. Sie müssen Stromnetze und Kraftwerke bauen, damit die Armen Licht, Handys und Klimaanlagen bekommen.

Doch damit Verbraucher Energie in signifikanter Menge für sich in Anspruch nehmen können, müssen zunächst einmal Produzenten in signifikanter Menge Energie verbrauchen. Erst dann kann man so produktiv werden, dass man sich Licht, Handy und Klimaanlage selbst leisten kann – und nicht davon abhängig ist, diese Dinge als Geschenk aus dem Ausland zu erhalten.

Und um als Produzent Energie in signifikanten Mengen einsetzen zu können, ist Handelsfreiheit nötig.

Von höchster politischer Priorität bei der Aufgabe, die nicht ermächtigte Welt zu ermächtigen, ist es, Institutionen in der nicht ermächtigten Welt zu erschaffen, die die Handelsfreiheit schützen – Verträge, Eigentumsrechte, Rechtsstaatlichkeit.

Leider stellt sich das Mainstream-Wissenssystem in großem Stil gegen die Handelsfreiheit. Das hat drei Gründe.

Erstens führt sein Ziel, den menschlichen Einfluss zu eliminieren, im besten Fall zu Desinteresse, im schlimmsten Fall zu Feindseligkeit gegenüber Ermächtigung. Und je klarer wird, dass arme Menschen für ihre Ermächtigung fossile Brennstoffe einsetzen werden, desto weniger Interesse besteht daran, die für diese Ermächtigung notwendigen Institutionen zu schaffen.

Zweitens lassen sich aufgrund der Tatsache, dass dem Kapitalismus viel Ablehnung entgegenschlägt, nur schwer Fortschritte beim Einwerben von Verträgen, Eigentumsrechten und Rechtsstaatlichkeit erzielen, denn all dies wird zu Recht mit dem Kapitalismus in Verbindung gebracht.

Drittens stellt für den weitverbreiteten Kulturrelativismus Freiheit – und dazu gehören auch Verträge, Eigentumsrechte und Rechtsstaatlichkeit – keinen universellen Wert, sondern ein »westliches« Vorurteil dar, das diejenigen, die es besitzen, nicht für andere einfordern sollten. Beachten Sie in diesem Zusammenhang, dass sich führende Philanthropen wie Bill Gates bei all ihren hochgelobten Bemühungen um die Armen der Welt nie zum Thema Freiheit äußern. Der Begriff ist derart tabu in Diskussionen über Armut, dass ich zum Thema Freiheit einmal einen Vortrag mit dem Titel »Das F-Wort« hielt. Ich bin jemand, der an den universellen Wert von Freiheit als politische Voraussetzung für menschliches

Denken, menschliche Produktivität und menschliches Wohlergehen glaubt, insofern finde ich die Vorstellung, Freiheit sei nur etwas für ein paar wenige Menschen, ganz besonders störend. Bei Gesprächen mit Menschen aus ärmeren Regionen der Welt habe ich die Erfahrung gemacht, dass sie die Vorstellung ebenfalls stört, Freiheit und Fortschritt seien für sie nicht das Richtige.

Solange nicht mehr Menschen bereit sind, sich für Freiheit – insbesondere Handelsfreiheit – in der nicht ermächtigten Welt einzusetzen, wird diese weitgehend und tragischerweise nicht ermächtigt bleiben.

Schutz der Entwicklungsfreiheit

Entwicklungsfreiheit ist ein zweiter wesentlicher Aspekt der Energiefreiheit und muss drastisch ausgeweitet werden, um das menschliche Wohlergehen zu maximieren.

Entwickeln bedeutet, unsere Umwelt in signifikantem Ausmaß von einer Form in eine andere zu verwandeln (intelligent auf sie einzuwirken).

Genauso wie mit Handel hat jede Form von Energieproduktion auch mit Entwicklung zu tun.

Dazu zählen:

- der Abbau von Rohstoffen aus dem Erdboden, sei es die Primärenergie selbst (beispielsweise Öl, Kohle oder Gas) oder sämtliche Materialien, die für energieproduzierende Maschinen benötigt werden (beispielsweise Eisen, Sand, Seltene Erden und Öl für die Anfertigung von Windrädern);
- der Bau gewaltiger Einrichtungen zur Energieverarbeitung und -erzeugung, von Ölraffinerien bis hin zu Kernkraftwerken;
- der Bau von Infrastruktur für den Langstreckentransport von Energie, von Hochspannungsleitungen für Strom bis hin zu Pipelines für Erdöl.

Menschen können sich nur in dem Maße in die Produktion kostengünstiger Energie und damit in moderne Produktionsformen einbringen, wie sie die Freiheit besitzen, sich an der Entwicklung zu beteiligen, die für Energieproduktion erforderlich ist.

Ohne Entwicklungsfreiheit lässt sich Energie nicht oder zumindest nicht kostengünstig produzieren.

Als beispielsweise Aktivisten, die menschliche Einwirkung ablehnen, den Bau von Erdgaspipelines im Nordosten der Vereinigten Staaten stoppten, mussten Menschen, die kostengünstige und verlässliche Strom- und Heizenergie hätten haben können, mit ansehen, wie die Preise explodierten und Heizwärme knapp wurde. 2018 wurde dies so schlimm, dass die Neuenglandstaaten, die eigentlich in der Nähe von einigen der weltbesten Gasfeldern liegen, Gastanker aus Russland kommen lassen mussten, damit die Lichter nicht ausgingen![5]

Existiert Entwicklungsfreiheit, kann sich der Mensch mit seinem Einfallsreichtum daranmachen, sich die kostengünstigsten Wege zur Energieproduktion auszudenken und diese umzusetzen. Erdöl, Kohle, Erdgas, Kernkraft, Wasserkraft, Geothermie, Biomasse, Solarenergie, Windenergie – alles, was wir heutzutage an Energieproduktionsmöglichkeiten haben, erforderte zunächst einmal, dass Menschen ausreichend freie Zeit für intensive Entwicklungsarbeit hatten.

Wie die Handelsfreiheit hängt auch die Entwicklungsfreiheit von Eigentumsrechten ab.

Eigentumsrechte erlauben es Menschen (dazu zähle ich freiwillige Zusammenschlüsse einzelner Personen, etwa in Form von Unternehmen), Ressourcen zu erwerben und zu besitzen (auch Land) und diese Ressourcen nach eigenem Gutdünken zu nutzen, also auch für produktive Zwecke wie Energieproduktion oder für Freizeitzwecke oder für den Zweck, die Schönheit der Natur zu genießen. Personen, die andere beim Kauf von Land überbieten, sind oft Leute, die den produktivsten Nutzen aus diesem Land ziehen – ob es sich um Energieproduktion oder um einen schönen Park handelt, für den die Menschen gerne Eintritt bezahlen. Insofern kann dank der Eigentumsrechte Land dort erschlossen werden, wo es am wertvollsten ist, in der Form, die am wertvollsten ist, und durch Menschen, die die besten Fähigkeiten dazu haben.

Dank ihrer Historie, was Eigentumsrechte angeht, gehören die Vereinigten Staaten bei innovativen Entwicklungen zur Weltspitze, und darunter sind auch innovative Methoden, Erdöl und Erdgas aus dem Boden zu holen. Dank der »Schiefergasrevolution« sind die USA zum weltgrößten Produzenten von Öl und Erdgas aufgestiegen. Möglich wurde das nur, weil Personen und Unternehmen das Recht hatten, unterirdische Mineralien zu besitzen, und deshalb in innovative Methoden investierten, um diese Mineralien zu fördern.

Wie steht es um die Entwicklungsfreiheit bei Land in staatlichem Besitz? Zunächst einmal stellt sich grundsätzlich die Frage, auf wie viel Land ein Staat Besitzanspruch erheben sollen dürfte. In den USA gehören Washington und den Bundesstaaten 40 Prozent des Lands.

Staatliche Landkontrolle verhindert unermesslich viel Produktivität und Vergnügen, beispielsweise die Möglichkeit ärmerer Menschen, sich an Land mit einer reicheren Fauna und Flora zu erfreuen. Es wird zwar oft behauptet, alles, was Menschen wollen, seien mehr Parkplätze, aber das Gegenteil trifft zu. Nahezu alle Menschen wünschen sich Natur und sind auch bereit, dafür zu bezahlen.

Zudem führt staatliche Landkontrolle zu gewaltigen Problemen für dieses Land. Als Beispiel sei das Missmanagement von Wäldern genannt, was in der jüngeren Vergangenheit in Kalifornien zu Flächenbränden und unnötigen Schäden geführt hat. Denn tatsächlich ist staatliches Missmanagement schuld daran, dass die Wälder von Kalifornien die mit Abstand größte Umweltgefahr in den USA darstellen und Millionen Menschen Gefahren und Umweltverschmutzung in einem Maß aussetzen, das zu einer sofortigen Schließung geführt hätte, wäre ein privatwirtschaftliches Unternehmen dafür verantwortlich gewesen.

Doch auch für den staatlichen Landbesitz hat die Entwicklungsfreiheit Geltung. Die Nutzung staatlichen Bodens sollte nach dem Prinzip menschlichen Wohlergehens geregelt werden, nach welchem die meisten Menschen mit ihrem eigenen Land verfahren, und nicht nach dem Anti-Eingriffskonzept.

Angenommen, der Staat hat die Aufgabe, ein Stück Land zu erhalten, das von besonderer Schönheit ist, dann sollte er dieses Land den Menschen zugänglich machen, damit sie es genießen können. Dort hingegen, wo menschlicher Genuss nicht in bedeutsamer Weise eingeschränkt wird, sollte der Staat industrielle Entwicklung zulassen und fördern.

Auf »öffentlichem Land« sollte die Erschließung aller Arten von Mineralien zugelassen sein, auch vor der Küste. Das lässt sich sicher und auf eine Weise durchführen, die nicht verhindert, dass wir die Ozeane oder die Landschaften genießen. (Eine fragwürdige Ausnahme stellen hier Solaranlagen und Windräder dar, denn sie erzeugen so wenig Energie, dass sie in Gebieten, wo möglichst viel Strom durch Solar- und Windenergie erzeugt werden soll, das Landschaftsbild regelrecht verschandeln.)

Entwicklungsfreiheit wird in erster Linie dadurch erzielt, dass die Eigentumsrechte geschützt werden. Sie hilft dem Menschen, jegliche Formen von Energieproduktion zu maximieren, sei es mittels fossiler Brennstoffe oder mittels anderer Energieträger.

Leider hat die Anti-Eingriffsbewegung rund um den Globus dafür gesorgt, dass diese Freiheit radikal eingeschränkt ist.

Das 20. Jahrhundert erlebte den Aufstieg dieser Bewegung, während parallel dazu in weiten Teilen der Welt Regierungen die Eigentumsrechte stärker kontrollierten. Eigentumsrechte wurden zunächst schrittweise und schließlich völlig einem angeblich »höheren« Aspekt untergeordnet – dem Schutz unbeeinflusster Natur vor der Erschließung durch den Menschen.

In jedem Wirtschaftszweig bremsen heute politische Richtlinien, die gegen Eigentumsrechte und Entwicklung gerichtet sind, das Wohlergehen und den Fortschritt aus.

Nehmen wir einen beliebigen modernen Produzenten aus einer beliebigen Branche. Ob er nun ein neues Wohngebäude errichten, ein Kohlebergwerk eröffnen, ein Atomkraftwerk hochziehen, eine Fabrik bauen oder nach Öl bohren möchte – er kann sich nicht darauf verlassen, dass eine eindeutige, objektive Rechtslage sein Recht auf Entwicklung schützt. Stattdessen muss er sich mit umfassenden Umweltgesetzen und nahezu allmächtigen Regulierern auseinandersetzen, die jedes Projekt, das ihrer Meinung nach nicht »grün« genug ist, untersagen können. Der Produzent kann mit nahezu 100-prozentiger Gewissheit davon ausgehen, dass er es mit einem Labyrinth aus Umweltbürokraten,

Kontrollen, Klagen, Anhängern des Sankt-Florians-Prinzips* und Aktivistenorganisationen zu tun bekommt. Jeder Schritt in diesem Labyrinth kostet Zeit und Geld, und es ist keineswegs garantiert, dass das Projekt zu einem erfolgreichen Abschluss kommen wird. Wichtige Industrieprojekte sind gescheitert, weil der sich angeblich in Privatbesitz befindende Lebensraum von speziellen Arten von Ratten, Fröschen und Insekten geschützt werden sollte. Solche Fälle wird es auch künftig geben.[6]

Angesichts des vorherrschenden Wirtschaftsklimas überrascht es, dass in den USA und anderen Staaten, die von der Anti-Eingriffsbewegung durchdrungen sind, überhaupt Projekte vorangetrieben werden. Fragen Sie einmal den Verantwortlichen eines Industrieprojekts, mit wie viel Widerstand er sich auseinandersetzen muss, um jenen Treibstoff zu raffinieren, der unser Fahrzeug antreibt, um jenes Gas per Fracking zu fördern, das unser Zuhause beheizt, um jene Kohlekraftwerke oder Reaktoren zu bauen, die dafür sorgen, dass der Strom nicht ausfällt. Sie werden staunen, wie unmenschlich viel Ausdauer unsere industriellen Produzenten besitzen – eine Ausdauer, auf die wir uns nicht verlassen können und auch nicht sollten.

Inzwischen hat sich entwicklungsfeindliche Politik in der ermächtigten Welt genauso ausgebreitet wie in der nicht ermächtigten.

Wenn sich diese Politik zugunsten der Entwicklungsfreiheit umkehren ließe, würde dies eine Ära enormer Energieproduktion, Produktivität und Prosperität einläuten. Entwicklungsfeindliche politische Maßnahmen, die umgekehrt werden müssen, gibt es dutzendweise. Zwei mit besonders großer Wirkung sind

1. entwicklungsfeindliche Initiativen, die sich gegen die nicht ermächtigte Welt richten, und eine
2. Politik, die gegen menschliches Einwirken gerichtet ist.

* Wörtlich: »NIMBY« = »not in my backyard«, auf deutsch »nicht in meinem Hinterhof/Garten«. (Anm. des Verlags)

Alle entwicklungsfeindlichen Angebote für die nicht ermächtigte Welt sind einzustellen

Sehr viel zum Schutz der Entwicklungsfreiheit erreicht man, wenn man der selbstgerechten Plage namens »nachhaltige Entwicklung« den Saft abdreht, denn auf diesem Weg überzieht die ermächtigte Welt die nicht ermächtigte Welt mit einer gegen menschliche Einwirkung und gegen Entwicklung gerichteten Politik.

»Nachhaltige Entwicklung« ist ein grobes Synonym für »Entwicklung ohne menschliche Einwirkung« – und damit ein Widerspruch in sich.

Entwicklung geht stets mit signifikanter Einwirkung einher. Wer versucht, Einwirkungen zu minimieren, minimiert Entwicklung. Und in der Praxis ist es genau das, was die Befürworter »nachhaltiger Entwicklung« im Energiesektor betreiben.

Diese Bewegung vertritt die Auffassung, fossile Brennstoffe, Kernkraft, Wasserkraft und die durch diese Energieformen ermöglichte moderne industrielle Entwicklung – etwa Agrarindustrie – seien »nicht nachhaltig«, weil sie sich zu stark auf den Planeten auswirken und deshalb die Menschheit unvermeidlich in den Untergang führen würden. Kurzum: Wir haben es wieder mit der Annahme der empfindlichen Mutter Natur zu tun.

Auch für Befürworter »nachhaltiger Entwicklung« ist es kein Kinderspiel, ermächtigte Nationen dazu zu bringen, dass sie sich auf Rückschritte einlassen und die moderne, auf Maschinenarbeit beruhende Zivilisation aufgeben. Was sie aber tun können und auch erfolgreich tun, ist, die nicht ermächtigte Welt dazu zu bewegen, nicht ermächtigt zu bleiben und dieser menschenfeindlichen Doktrin zu folgen.

Die beiden immens einflussreichen Forscher Paul R. Ehrlich und John Holdren beispielsweise lehnten in den 1970er-Jahren Pläne für eine Ausweitung der Agrarindustrie mit der Begründung ab, diese setze auf fossile Brennstoffe. Sie schrieben:

> *In den meisten Plänen weniger entwickelter Nationen zur Modernisierung des Landwirtschaftssektors findet sich die Forderung, energieintensive Praktiken einzuführen, wie sie in Nordamerika und Westeuropa üblich sind – eine deutlich stärkere Nutzung von Düngemitteln und*

> *anderen Agrarchemikalien, Traktoren und ähnlichem Gerät, Bewässerungssystemen und unterstützenden Transportnetzwerken. All das erfordert einen großen Einsatz fossiler Brennstoffe.*[7]

Sie plädierten stattdessen dafür, »wesentlich stärker auf menschliche Arbeitskraft zu setzen und sich vergleichsweise wenig abhängig von schwerem Gerät und künstlich hergestellten Düngemitteln und Pestiziden zu machen«. Das ist nichts anderes als ein nicht ermächtigtes Leben. Ein derartiges Leben, so die Autoren, »verursacht eindeutig weniger Umweltschäden als die energieintensive westliche Landwirtschaft«. Dabei unterließen sie es offensichtlich, die Umwelt von Menschen zu erwähnen, in der es sich kaum überleben lässt, wenn Bauern ihre Arbeit von Hand durchführen.

Die entwicklungsfeindlichen Vorstellungen der Bewegung für »nachhaltige Entwicklung« waren extrem einflussreich. Als Beispiel derartiger Ideen sank die staatliche Kreditvergabe für die moderne Landwirtschaft zwischen 1980 und 2005 von 20 Prozent der Entwicklungshilfe auf 3 Prozent.[8]

Die entwicklungsfeindliche Bewegung für »nachhaltige Entwicklung« fügt der nicht ermächtigten Welt massiven Schaden zu. Und das liegt größtenteils daran, dass die nicht ermächtigten Nationen anfällig für Druck aus der ermächtigten Welt sind.

Nicht ermächtigte Länder sind zumeist a) arm und werden b) von diktatorischen Regierungen beherrscht. Zudem legen ihre Staatschefs häufig eine außerordentliche Gier nach ausländischem Geld an den Tag und drücken alle politischen Schritte durch, die dafür erforderlich sind.

Führend bei der Unterstützung armer Nationen sind die Weltbank und die Vereinten Nationen. Sie geben oder leihen armen Nationen Geld für spezielle Projekte und fordern im Gegenzug ein bestimmtes Verhalten ein.

Von den 1950er- bis in die 1970er-Jahre hinein unterstützten diese Institutionen auch Entwicklungsprojekte mit kostengünstigen Energieformen wie Wasserkraft und fossilen Brennstoffen. In den vergangenen Jahrzehnten aber drängten sie arme Nationen dazu, auf »nachhaltige« Entwicklung mithilfe erneuerbarer Energien (Biomasse, Solar, Wind) zu setzen.

In der Praxis bedeutet dies keine oder nur wenig Entwicklung.

Wir sollten endlich aufhören, die nicht ermächtigte Welt mit Forderungen nach »nachhaltiger Entwicklung« zu strangulieren, und stattdessen ihre Entwicklungsfreiheit fördern.

Hier kommt eine Gefahr für die freie Welt hinzu: Wenn sich ihre Institutionen weigern, in der ermächtigten Welt Projekte zu fördern, die auf fossile Brennstoffe setzen, springen oftmals weniger freie Nationen ein und schließen die Lücke. Mit seiner »Belt & Road«-Initiative liegt China auf diesem Gebiet ganz weit vorne. Im Rahmen dieses Projekts baut China rund um die Welt Kohlekraftwerke und Industrieanlagen und erkauft sich damit zugleich ein großes Mitspracherecht bei der Nutzung dieser Anlagen.

Schluss mit der Anti-Eingriffspolitik

Was Entwicklung angeht, so verfügen wir über bessere technische Möglichkeiten als je zuvor, dennoch geht die Entwicklung derzeit deutlich langsamer voran als noch vor 100 Jahren.

So wurde beispielsweise das Empire State Building innerhalb von nur einem Jahr und 45 Tagen gebaut – und wir reden über die frühen 1930er-Jahre.[9]

Werden Eigentumsrechte respektiert, können Produzenten mit erstaunlicher Geschwindigkeit Entwicklungen vorantreiben. Werden sie aber durch eine *Anti-Eingriffspolitik* gebremst, findet Entwicklung nur noch im Schneckentempo statt.

Nehmen wir den Bau von Pipelines – ein Prozess, der, so könnte man meinen, von Natur aus langsam vonstattengeht.

Ende der 1870er-Jahre baute ein kleiner Betrieb des Unternehmers Byron Benson innerhalb von 3 Monaten eine 210 Kilometer lange Pipeline durch eine gebirgige Region – und das, obwohl die technischen Mittel, die ihm zur Verfügung standen, im Vergleich zu heute unfassbar primitiv waren.[10]

Möglich war das nur, weil die amtierende Regierung die Aufgabe hatte, die Eigentumsrechte eines jeden zu schützen – ob es sich nun um einen Entwickler handelte, der eine Pipeline bauen wollte, oder um ein Opfer potenzieller Verschmutzung durch diese Pipeline.

Wie wirksam diese Politik war, lässt sich daran ablesen, dass es im Vorfeld Bedenken gab, dass diese Pipeline platzen könnte. Doch wie sich herausstellte, gab es keine Beweise für diese Bedenken, deshalb ließ man nicht zu, dass sie die Entwicklung aufhielten. Und was die »Umweltbelastung« für andere Spezies anging, so war das die Sache der Landbesitzer. Jeder konnte sich Land kaufen und damit anfangen, was er wollte, sei es eine Pipeline bauen oder ein Haus, um die Natur zu genießen, oder alles zusammen. Niemand konnte einem vorschreiben, was man auf dem eigenen Grund und Boden zu tun oder zu lassen hatte. Unternehmen mit neuen Projekten kauften Land auf oder erwarben Landnutzungsrechte von anderen, um dann, soweit es ihre Fähigkeiten zuließen, Fabriken, Eisenbahnstrecken, Ölraffinerien und natürlich Pipelines zu bauen.

Diese Politik hatte weitreichende Folgen: Wenn eine Person über Eigentum verfügte und damit wirklich nach Belieben umgehen konnte, gab es *keine Kluft zwischen Idee und Umsetzung*. Ich nenne dieses Phänomen »Energie in Gedankengeschwindigkeit«, oder allgemeiner: »Industrie in Gedankengeschwindigkeit«.

Damals dauerte es 3 Monate, eine Pipeline zu bauen. Heutzutage kann es schon schwer sein, in diesem Zeitraum die Erlaubnis zum Eröffnen eines Yogastudios zu erhalten. Hochmoderne Industrieprojekte, für die man nicht mehrere Jahre veranschlagen muss? Unvorstellbar. Der Grund dafür ist Anti-Eingriffspolitik.

Eine »Genehmigung« ist die Erlaubnis, etwas zu entwickeln. Falls es so etwas überhaupt gibt, sollte dies Verfahren dazu dienen, andere Personen und deren Eigentum vor echten, nachweisbaren Gefährdungen zu schützen. Aber die heutigen Genehmigungsprozesse basieren auf der gegen menschliche Entwicklung gerichteten Vorstellung, Entwicklung an sich sei falsch.

Will man heute ein Projekt umsetzen, und sei es auf dem eigenen Grund und Boden, muss man nachweisen, wie sich das Projekt auf alle Spezies und Subspezies der Region auswirkt. Was zu viel ist, obliegt dem Urteil von Bürokraten, die dem Anti-Eingriffskonzept anhängen.

Setzen wir der gegen menschliche Entwicklung gerichteten Politik ein Ende und stellen Entwicklungsfreiheit wieder her, werden wir *Energie – und industrielle Aktivität – in Gedankengeschwindigkeit* erreichen.

Schutz der Wettbewerbsfreiheit

Die Freiheit, bei der Energieproduktion mithalten zu können, ist eine dritte Säule der Energiefreiheit, und auch sie müssen wir erheblich stärken, um das menschliche Wohlergehen zu maximieren. Um Energie möglichst kostengünstig herzustellen, reicht es nicht, einem oder einer Handvoll Unternehmen freie Hand bei der Entwicklung, Produktion und beim Handeln zu lassen. *Sämtliche potenziellen Hersteller* müssen frei konkurrieren und versuchen können, für unterschiedliche Verbraucher kostengünstig Energie zu erzeugen.

Wettbewerbsfreiheit sorgt dafür, dass wir zu jedem Zeitpunkt und an jedem beliebigen Ort Zugang zur kostengünstigsten Energieproduktion haben, die jemand ersinnen und umsetzen konnte.

Dass fossile Brennstoffe heute eine derart dominierende Stellung einnehmen, liegt daran, dass sie in den meisten Situationen die – oft mit großem Abstand – kostengünstigste Option darstellen.

Anders als gemeinhin vermutet, kam es dazu nicht, weil irgendjemand irgendwann einmal beschlossen hat, dass alle fossile Brennstoffe verwenden sollten. »Beschlossen« haben dies Milliarden Energieverbraucher, die auf der Suche nach dem besten Geschäft waren, sowie Millionen kollaborierender oder konkurrierender Energieproduzenten, die für sich feststellten, dass Prozesse, die mit fossilen Brennstoffen betrieben werden, Energiekonsumenten den besten Wert zum günstigsten Preis liefern.

Dieselbe Wettbewerbsfreiheit, die es ermöglichte, dass fossile Brennstoffe heute diese dominante Rolle einnehmen, wird dafür sorgen, dass sie verbessert werden und, auf lange Sicht gesehen, im Zuge der *Energieevolution* ersetzt werden.

Herrscht Wettbewerbsfreiheit, wird sich die jeweils beste Option durchsetzen. Was die jeweils beste Option darstellt, verändert sich, weil diese davon abhängig ist, wie sich 1) die Preise für die dazugehörigen Faktoren ändern und 2) das Wissen entwickelt, wie man diese Faktoren am besten miteinander kombiniert, um Energie zu erzeugen.

Energieevolution ist ein ständiger Begleiter der Wettbewerbsfreiheit. Das gilt selbst dann, wenn es den Anschein hat, als würden wir über Generationen hinweg »dieselbe« Energieform verwenden. Nehmen wir Erdöl. In den USA kommt es seit mehr als 160 Jahren zum Einsatz, aber heutzutage stammt es aus anderen Quellen als früher und wird mithilfe besserer Prozesse hergestellt.

Wenn wir das Phänomen der Energieevolution verstehen, wird uns klar, warum es nicht stimmt, dass die Nutzung fossiler Brennstoffe »nicht nachhaltig« ist, sondern ein im Wandel begriffener Prozess – und das ist sogar besser als nachhaltig.

Die Sorge, etwas könnte »nicht nachhaltig« sein, läuft auf die Frage hinaus: »Wenn wir Energie weiterhin so produzieren und verbrauchen wie heute, geht sie uns dann nicht irgendwann aus?« Streng genommen lautet die Antwort darauf: »Ja, natürlich geht sie uns irgendwann aus.« Wenn wir dieselbe Sache wieder und wieder auf dieselbe Weise tun, wird es irgendwann eng mit den Ressourcen. Suchen wir beispielsweise an immer denselben Stellen nach den immer gleichen Rohstoffen für Solarpanele, dann werden die Rohstoffe dahinschwinden. Holen wir das Eisen für die Stahlherstellung immer von ein und demselben Ort, werden die Vorräte irgendwann erschöpft sein.

Doch dass sich ein Verhalten nicht endlos fortsetzen lässt, bedeutet nicht, dass es nicht nachhaltig im Sinne von kurzfristig und irrational ist. *Wirklich langfristiges Verhalten besteht darin, stets das zu einem jeweiligen Zeitpunkt Beste zu tun. Worin das Beste besteht, ändert sich mit der Zeit.*

Bei Metallen beispielsweise sieht das langfristige Verhalten so aus, dass man stets nach der besten Form von Metall sucht und sie nutzt. Vielleicht ist das 500 Jahre lang Stahl und dann etwas völlig anderes. Und vielleicht kommen das Eisenerz und der Kohlenstoff für diesen Stahl 20 Jahre lang von einem Ort und dann die nächsten 20 Jahre von einem ganz anderen. Das ist nicht von Belang. Solange die Politik die Wettbewerbsfreiheit unterstützt und es möglich macht, dass wir zu jedem Zeitpunkt das beste Metall verwenden können, wird sich die Metallproduktion zu ihrem Vorteil entwickeln.

Stellen wir uns vor, heute würde jemand fordern: »Wir sollten überhaupt kein Metall mehr verwenden, denn es ist nicht erneuerbar«, und Hochhäuser sollten stattdessen aus »erneuerbarem« Holz gebaut werden. Die meisten Menschen würden vermutlich denken, dass das nicht viel Sinn ergibt. Es gibt keinen Grund, endlos an einem minderwertigen Material festzuhalten, bloß weil es »erneuerbar« oder »nachhaltig« ist. Dasselbe gilt für Energie.

Wir nutzen heutzutage Erdöl, weil es noch immer die kostengünstigste Option darstellt. Wenn das nicht mehr der Fall ist, wird Öl nicht länger Teil einer sich weiterentwickelnden Energieproduktion sein. Es ist um Längen besser, zuzulassen, dass sich im Rahmen der Wettbewerbsfreiheit mit der Zeit bessere Alternativen abzeichnen, als jetzt schlechtere Alternativen per Dekret anzuordnen.

Der Schlüssel zu immer kostengünstigerer Energie in jedweder Form besteht darin, den Produzenten im Wettbewerb freie Hand zu lassen. Auf diese Weise können sie mit der Zeit neue und bessere Methoden der Energiegewinnung erarbeiten.

Doch leider steht die Wettbewerbsfreiheit genauso wie die anderen Freiheiten im Energiebereich unter Beschuss. Da ist zum einen die Anti-Eingriffsagenda, die bemüht ist, fossile Brennstoffe, Kernkraft und Wasserkraft aus dem Rennen zu nehmen, und zum anderen das freiheitsfeindliche Phänomen, das als »zentrale Planung« schöngefärbt wird, obwohl eine viel treffendere Bezeichnung »staatlich vorgeschriebene Produktion« wäre.

»Zentrale Planung« im Energiesektor bedeutet, dass die Produzenten nicht frei sind, konkurrierende Pläne zu entwickeln und umzusetzen, sodass sich die besten Pläne durchsetzen können. Stattdessen plant eine Handvoll Staatsdiener, welche Energieformen verfolgt werden dürfen und wie das vonstattenzugehen hat. Diese Form von »Planung« führt nahezu unweigerlich zu Resultaten, die irgendwo zwischen hochgradig ineffizient (die US-Post) und völlig destruktiv (Venezuela) rangieren.

In der heutigen Zeit geht die staatlich vorgegebene Energieproduktion mit dem Anti-Eingriffskonzept einher, und das führt zu einer doppelten Katastrophe: Die Produktion wird vom Staat diktiert, was ohnehin schon Ignoranz und Ineffizienz bedeutet, aber in diesem Fall werden vorsätzlich auch noch die produktivsten Optionen ausgeschlossen (fossile Brennstoffe, Kernkraft, große Wasserkraftprojekte) und dafür die unzuverlässigen Energieformen Solar und Wind begünstigt (die ihrerseits wieder von dem Widerstand ausgebremst werden, den die Anti-Eingriffsbewegung gegen Entwicklungsvorhaben ins Feld führt).

Für eine rasche Ausweitung der Wettbewerbsfreiheit hätte der Staat zwei Maßnahmen mit großer Hebelwirkung zur Verfügung. Er könnte

1. alle staatlichen Präferenzen streichen, allen voran die »grünen«, und
2. dort, wo er ein Monopol besitzt, den menschenfreundlichen Standard der Kosteneffizienz anwenden.

Alle staatlichen Präferenzen streichen, allen voran die »grünen«

Regierungen können und sollten rationale Standards beschließen, die einen gewissen Schutz vor Gefährdungen bieten (siehe dazu den Abschnitt »Die Freiheit, vor Gefährdung geschützt zu sein, muss ordentlich gewahrt werden«).Sie sollten aber ihre Macht nicht dazu einsetzen, speziellen Energieformen eine Sonderbehandlung zukommen zu lassen, egal, ob es sich um Öl, Kohle, Gas, Kernkraft, Solarenergie oder Windkraft handelt. Dies gilt ebenso für Auflagen wie für Subventionen, Kreditbedingungen oder Sonstiges.

Wann immer eine Regierung eine Energiequelle bevorzugt, führt das unvermeidlich dazu, dass kostengünstigere Energieformen abgestraft werden (die sich ohne Vorzugsbehandlung des Staates durchsetzen würden) und weniger kostengünstige belohnt werden (die sich ohne Vorzugsbehandlung des Staates nicht durchsetzen würden).

Die ungeheuerlichste Form staatlicher Vorzugsbehandlung, die von der Anti-Eingriffsagenda ausgeht, ist die quasireligiöse Präferenz, die »grünen« oder

»erneuerbaren« Energien entgegengebracht wird. So bevorzugen Staaten Sonnen- und Windkraft, weil diese sich angeblich nicht so stark auf die Umwelt auswirken wie andere Energieformen.

Doch diese Kriterien sind keine wissenschaftlichen oder wirtschaftlichen, sondern letztlich religiöse Kriterien und haben bei einem Staat nichts zu suchen. Nur haben Staaten auch auf diesem Weg die vielversprechende Kernkraft ausgebremst, und so fällt Kernkraft, obwohl sie die sicherste und sauberste Energieform überhaupt ist, weder in die Kategorie »grün« noch »erneuerbar«.

Wo der Staat ein Monopol besitzt, sollte der menschenfreundliche Standard der Kosteneffizienz angewendet werden

Selbst in Ländern, in denen keine »zentrale Planung« vorherrscht, gibt es keine uneingeschränkte Wettbewerbsfreiheit.

Nehmen wir die vergleichsweise freien Vereinigten Staaten: Auch dort werden signifikante Bereiche der Energielandschaft vom Staat kontrolliert – ganz besonders das Stromnetz, das größtenteils aus staatlichen Monopolen besteht.

Besitzt die Regierung, wie es bei Strom der Fall ist, ein Monopol, sollte dennoch so viel Wettbewerbsfreiheit wie möglich zum Zuge kommen. Genauer gesagt sollte die Regierung im Rahmen ihrer Möglichkeiten das tun, was bei Wettbewerbsfreiheit die Aufgabe der vielen Produzenten wäre – sie sollte versuchen, auf lange Sicht Energie möglichst kostengünstig zu produzieren.

Entscheidungen im Zusammenhang mit dem Stromnetz sollten mit so etwas wie »Langzeit-Systemkosten-Analysen« getroffen werden. Das bedeutet, dass man die Gesamtkosten für unterschiedliche Optionen auf lange Sicht betrachtet, die mutmaßlichen Bedürfnisse der Stromnutzer berücksichtigt und dann die besten Optionen auswählt.

Derartige Analysen führen zumeist zu höchst zuverlässigen und widerstandsfähigen Kraftwerken wie Kohle- oder Kernkraftwerken, zuweilen aber auch zu Erdgasanlangen. Weil Gas allerdings nicht vor Ort gelagert werden kann und genau zum benötigten Zeitpunkt per Pipeline geliefert werden muss, ergibt es in der Regel keinen Sinn, ausschließlich auf Gas zu setzen.

Leider basieren Stromnetzentscheidungen derzeit nicht auf solchen Langzeit-Systemkosten-Analysen, sondern sind so angelegt, dass sie die Nutzung von Sonnen- und Windenergie maximieren, auch wenn dies zulasten von Bezahlbarkeit und Zuverlässigkeit geht.

Als in Kalifornien 2020 während einer Hitzewelle nachmittags Sonne und Wind gleichzeitig nachließen, fiel in weiten Teilen des Landes der Strom aus. Doch gefährlicherweise hatte der Staat bei seiner Stromproduktion die Priorität auf »grüne« Energie gelegt und verstärkt auf Solar- und Windkraft gesetzt.

2021 kam es in Texas zu verheerenden Stromausfällen, als die Stromproduktion, die ebenfalls die Priorität auf Solar- und Windkraft gelegt hatte, bei sehr kaltem Wetter nicht funktionierte. Das lag daran, dass zu wenig in zuverlässige Kraftwerke investiert worden war (beziehungsweise man ihnen Mittel entzogen hatte, die stattdessen in Windenergie gesteckt wurden), dass zu wenig Gelder dafür aufgewendet worden waren, um Kraftwerke winter- und wetterfest zu machen (auch die Mittel hierfür flossen in die Windkraft), und dass sehr niedrige Temperaturen häufig auch wenig Wind und Sonnenlicht bedeuten.

Geht ein staatliches Monopol mit vorsätzlicher, von »grünem« Denken geprägter Missachtung für Kosteneffizienz einher, führt das unweigerlich zur Katastrophe.

Aus diesem Grund benötigen wir in den USA ebenso wie auf der ganzen Welt die größtmögliche Wettbewerbsfreiheit, die wir bekommen können. Es darf absolut keine gebetsmühlenartige Bevorzugung unzuverlässiger Energie geben. Produzenten müssen unter allen Umständen um Kosteneffizienz konkurrieren, und die Verbraucher müssen bestimmen, wer sich durchsetzt.

Würden die Regierungen auf der ganzen Welt konsequent die Wettbewerbsfreiheit und mit ihr die Handels- und Entwicklungsfreiheit ausweiten, würden wir Ermächtigung und Fortschritt in einem solchen Ausmaß erleben, dass der Fortschritt in den wunderbaren letzten 40 Jahren dagegen langsam wirkt.

Die Freiheit, vor Gefährdung geschützt zu sein, muss ordentlich gewahrt werden

Der finale Schlüsselaspekt von Energiefreiheit ist jener Grundsatz, der die Grenzen der Energiefreiheit definiert.

Der Zweck von Energiefreiheit liegt darin, Menschen die Fähigkeit zu geben, für ihr Wohlergehen zu sorgen. Aus diesem Grund muss Energiefreiheit sorgfältig definiert werden, sodass ihre Ausübung nicht das Gegenteil des Gewünschten erreicht und andere Mitmenschen in echte *Gefahr* geraten.

Bei Energieproduktion ist Gefährdung immer ein Thema, denn bei Energie spielen stets 1) potenziell gefährliche Kräfte und 2) potenziell gefährliche Materialien eine Rolle.

- *Potenziell gefährliche Kräfte:* Je mehr Energie wir produzieren, desto mehr Kraft generieren wir dabei. Kräfte groß angelegter Energieproduktion können großen Schaden anrichten, wenn sie außer Kontrolle geraten. Gasleitungen können explodieren, Solarzellen können in Brand geraten, bei Reaktoren kann es zu einer Kernschmelze kommen, um nur einige Beispiele zu nennen.
- *Potenziell gefährliche Materialien:* Bei allen Energieformen spielen Abbau und Nutzung von Materialien eine Rolle, denn sie könnten uns gefährden. Durch Kohle oder Holz verursachte Luftverschmutzung kann Atemwegserkrankungen verursachen. Bei vielen Formen der Energieproduktion wird mit Flusssäure gearbeitet, die zu Verätzungen bis auf die Knochen führen kann. Seltene Erden, wie sie in Solarpanelen, Windrädern und Batterien eingesetzt werden, können nur unter extremen Gefahren geschürft werden, und bei ihrer Weiterverarbeitung fallen große Mengen schädlicher Nebenprodukte an.

Weil Energie von Natur aus Gefahren birgt, ist die Freiheit, nicht gefährdet zu werden, ein wichtiger Bestandteil der Energiefreiheit.

Ich werde in diesem Abschnitt die Basiselemente dessen umreißen, was aus meiner Sicht der richtige, auf dem menschlichen Wohlergehen gründende Ansatz für die Gewährleistung eines angemessenen Schutzes ist. Ich werde dies mit der heutigen Vorgehensweise vergleichen, die vom Anti-Einwirkungskonzept geprägt ist und die für sich alleine schon eine enorme Gefahr für das menschliche Leben darstellt.

Das kontroverse Thema Fracking soll mir als Beispiel dafür dienen, die Unterschiede zwischen den Haltungen von Prosperitätskonzept und Anti-Eingriffskonzept zum Thema Schutz vor Gefährdung aufzuzeigen. Fracking (oder »Hydraulic Fracturing«, »hydraulisches Aufbrechen«) zählt zu den wichtigsten Technologien der Erdöl- und Erdgasförderung aus dichtem Schiefergestein. Zwar kommen Erdöl und Erdgas dort in enormen Mengen vor, doch bislang war es nicht möglich, sie zu geringen Preisen zu fördern. Der Einfachheit halber verwende ich den Begriff »Fracking« als Sammelbegriff für alle wichtigen Schiefergas-Technologien.

Dass Fracking so sehr ins Rampenlicht gerückt ist, liegt weniger an der Energierevolution, die diese Technologie ermöglicht hat, als an Skrupeln, dass Fracking Menschen gefährdet. Die *Gasland*-Dokumentarfilme von Josh Fox haben diese Bedenken wohl am bekanntesten gemacht – Bedenken, die nahezu komplett darauf zurückgehen, dass das Anti-Eingriffslager die Freiheit, nicht gefährdet zu werden, pervertierte.

Schutz vor Energiemissbrauch

Am einfachsten lässt sich das Freiheitsrecht auf Schutz vor Gefährdung umsetzen, indem man Gesetze verabschiedet (und durchsetzt), die einen *Missbrauch* der Energieproduktion verhindern.

Spreche ich von Missbrauch, meine ich nachweislich und signifikant schädliche Aktionen, die dadurch entstehen, dass eine Form von Energieproduktion missbräuchlich genutzt wird. »Missbrauch« ist nicht dasselbe wie »Nebenwirkungen«, denn bei Letzteren handelt es sich um unbeabsichtigte Auswirkungen einer normalen Nutzung. Nebenwirkungen können positiv oder negativ sein.

Gasexplosionen, eine Ölpest, brennende Batterien oder Solaranlagen sind beispielsweise Fälle missbräuchlicher Nutzung der Energieproduktion. Hingegen war der meiste Kohlerauch im 19. Jahrhundert nicht auf einen Missbrauch von Kohle zurückzuführen, sondern eine negative Auswirkung der Kohlenutzung.

Die richtige Politik für den Umgang mit Energiemissbrauch besteht darin, Gesetze gegen den Missbrauch zu verabschieden und umzusetzen und dabei gegebenenfalls den zivil- oder den strafrechtlichen Weg einzuschlagen.

Das klingt nach etwas, auf das sich heutzutage alle verständigen können sollten, doch leider heißen viele Aktivisten und politische Entscheider diese Vorgehensweise nicht gut. Sie arbeiten mit etwas, was ich als »Gebrauch = Missbrauch«-Fehlschluss bezeichne. Sie führen missbräuchliche Nutzung einer Technologie als Beweis dafür an, dass eine Technologie überhaupt nicht genutzt werden sollte.

Bei *Gasland* beispielsweise geht es ausschließlich darum, angeblichen Missbrauch von Fracking aufzudecken (nahezu alle Vorwürfe wurden mittlerweile widerlegt) und davon ausgehend ein Frackingverbot zu fordern.

Einzelfälle von Missbrauch beweisen nicht, dass eine Technologie nicht genutzt werden sollte, sondern nur, dass sie nicht missbraucht werden sollte.

Jede Technologie kann missbräuchlich verwendet werden. 2021 beispielsweise wurde bekannt, dass bei der Produktion von Polysilizium mutmaßlich Sklavenarbeit zum Einsatz kam. Polysilizium spielt eine Rolle bei der Herstellung von Solarzellen, einem Markt, der von China dominiert wird. Das bedeutet aber nicht, dass die ganze Produktion von Solarenergie unterbunden werden sollte.

Mit dem »Gebrauch = Missbrauch«-Fehlschluss lässt sich jede Technologie angreifen. In der Praxis dient er hauptsächlich dazu, gegen sämtliche Formen kostengünstiger Energie anzugehen. So dienen Atomunfälle beispielsweise als Rechtfertigung für die Forderung, komplett die Finger von Kernenergie zu lassen.

Damit wir in eine florierende fossile Zukunft eintreten können, ist es unerlässlich, dass Regierungen nicht länger dem »Gebrauch = Missbrauch«-Irrglauben anhängen.

Schutz vor gefährlichen Nebenwirkungen

Im Gegensatz zum Umgang mit Gefahren, die aus Nebenwirkungen erwachsen können, ist der Umgang mit der Gefährdung durch Energiemissbrauch eine relativ simple Angelegenheit. Deshalb befasse ich mich in diesem Abschnitt mit Ersterem.

Es sei noch einmal wiederholt, dass bei der normalen Nutzung einer x-beliebigen Technologie Nebenwirkungen auftreten können. So ist im heutigen Kontext CO_2 eine Nebenwirkung bei jedweder Nutzung von fossilen Brennstoffen (sowie der Nutzung aller anderen Energieformen auch, denn die gesamte Energienutzung geht mit einer signifikanten Nutzung fossiler Brennstoffe einher).

Aus meiner Sicht gibt es zwei Kriterien, die erfüllt sein müssen, damit eine Nebenwirkung als echte Gefährdung eingestuft werden kann und ein Eingreifen des Staates erforderlich wird.

Sie muss 1) nachweislich und signifikant schädlich und 2) auf vernünftige Weise zu verhindern sein.

Die heutige, vom Anti-Eingriffslager diktierte Schutzpolitik verstößt auf krasse Weise gegen beide Kriterien.

Gefährdungskriterium 1: nachweislich und signifikant schädlich

»Nachweislich« heißt, es lässt sich belegen, dass eine ganz bestimmte Aktivität die Gesundheit und Sicherheit von Menschen gefährdet und dass andere mögliche Ursachen nicht in Frage kommen.

Bekommt jemand beispielsweise in der Nähe von Windrädern Kopfschmerzen, ist das Windrad nur dann »nachweislich« schädlich, wenn sich nachweisen lässt, dass die Kopfschmerzen einzig und allein von dem Windrad hervorgerufen werden und es keinen anderen Grund für sie geben kann.

»Signifikant« heißt, das Ausmaß beziehungsweise das Risiko eines Schadens muss über das normale Risiko hinausgehen, dem wir alle ausgesetzt sind. Sollte beispielsweise eine Nebenwirkung das Sterberisiko nachweislich um eins zu einer Milliarde erhöhen, sollte es vom Gesetz her nicht als schädlich gelten.

Die Anti-Eingriffspolitik verstößt bei angeblichen Gefährdungen jedoch regelmäßig gegen das Kriterium »nachweislich und signifikant schädlich« – und ganz besonders dann, wenn fossile Brennstoffe involviert sind. Diese Politik arbeitet mit drei Fehlschlüssen: mit falschen Zuschreibungen, dem »Künstlich = Böse«-Trugschluss und dem Irrglauben, ein Schaden sei dosisunabhängig.

Trügerische Falschzuschreibungen

Im Kontext der Energieproduktion bedeutet Falschzuschreibung, dass der Energieproduktion negative Phänomene angekreidet werden, die diese jedoch gar nicht verursacht hat.

Beispielsweise gibt es in *Gasland* die berühmte Szene, in der Josh Fox zeigt, wie Menschen das Wasser aus ihrem Wasserhahn anzünden – ein Phänomen, das, was nur wenige wissen, regelmäßig auftritt und fast immer damit zusammenhängt, dass viele Wasserquellen von Natur aus Methan enthalten.[11] Doch natürlich vorkommendes Methan wird häufig fälschlicherweise als Folge von Fracking betrachtet, ebenso wie zahlreiche Grundwasserprobleme, die in Wirklichkeit auf die natürliche Verschmutzung von Wasserquellen zurückzuführen sind.

Eine ausgefeiltere Form von Falschzuschreibungen sind renommierte Studien, die auf der Grundlage spekulativer Modelle erstellt wurden. So werden die aktuellen Klimadiskussionen von spekulativen Modellen ohne nachgewiesene Vorhersagefähigkeit beherrscht, und dasselbe gilt für Diskussionen über Umweltverschmutzung. Regulierungsbehörden greifen häufig auf Modelle zurück, die nicht nachweisbare Zusammenhänge zwischen winzigen Mengen an Partikelemissionen und Gesundheitsproblemen behaupten.

In diesem Zusammenhang sollte man auf Erklärungen nach dem Schema »X verursacht Y« achten, beispielsweise »Kohle verursacht Asthma«. Dabei handelt es sich bestenfalls um übertriebene Vereinfachungen, häufig aber um vollkommen falsche Aussagen. Bei komplexen Systemen wie dem menschlichen Körper und der Umwelt, in der die Menschen leben, sind Ursache und Wirkung nur schwer nachweisbar. Geht es also um einen Fall, bei dem ein negativer Effekt mit voller Überzeugung einer spezifischen Ursache zugeschrieben wird, sollten wir unbedingt nachfragen: »Könnten Sie erläutern, wie Sie das beweisen können? Wie wissen Sie, dass *ausschließlich* Kohle der Auslöser für die Asthmaerkrankung gewesen sein kann, und sonst definitiv nichts?«

Im Fall von Kohle und Asthma müsste jede Erklärung, die eine Verbindung von Letzterem zu Ersterem herstellt, berücksichtigen, warum die Asthmazahlen gestiegen sind, obwohl die Luftverschmutzung durch Kohle und andere Quellen rückläufig war.[12]

Selbstverständlich gibt es negative Kausalzusammenhänge zwischen bestimmten Emissionsmengen fossiler Brennstoffe und der menschlichen Gesundheit, aber sie sollten nachgewiesen und nicht fälschlich zugeschrieben werden.

Mit Falschzuschreibungen wird zwar überall auf der Welt gearbeitet, insbesondere aber in der ermächtigten Welt. Das liegt größtenteils daran, dass viele Wissenssysteme mit der gegen menschliche Einwirkung gerichteten Annahme von der empfindlichen Mutter Natur operieren. Sie führt zu der grundsätzlichen Erwartungshaltung, dass signifikante menschliche Eingriffe unweigerlich selbstzerstörerische Folgen haben. Wollen wir das Potenzial fossiler Brennstoffe und anderer Energieformen ganz ausschöpfen und die Ermächtigung der Welt weiter vorantreiben, muss endlich Schluss sein mit Falschzuschreibungen.

Der »Künstlich = Böse«-Trugschluss

Bei diesem Irrglauben herrscht die Annahme vor, dass alles, was der Mensch produziert hat, was also »künstlich« ist, von Haus aus gefährlich sei.

Einer der größten Vorwürfe gegen das Fracking lautet zum Beispiel, dass dabei Chemikalien zum Einsatz kommen. Das ist eigentlich eine lustige Formulierung, schließlich nutzt alles in unserer Welt Chemikalien. Die Welt *besteht* aus chemischen Elementen.

Mit diesem Vorwurf wird impliziert, dass Fracking mit »künstlichen«, *vom Menschen hergestellten* Chemikalien arbeitet. Es wird unterstellt, dass »vom Menschen gemacht« gefährlich bedeutet.

Aber es ist einfach nicht wahr, dass »natürliche« Substanzen sicher sind und vom Menschen hergestellte Substanzen gefährlich. Die Umweltverschmutzung bei der Kohlekraft geht beispielsweise auf »natürliche« Bestandteile dieser organischen, pflanzenbasierten Treibstoffe zurück, etwa auf Schwefel, Stickstoff und Schwermetalle. Arsen und Zyanid sind natürliche Substanzen, viele natürlich wachsende Pflanzen sind giftig.

Nur weil etwas im Labor hergestellt wurde, ist das kein Grund, Angst davor zu haben. Und genauso wenig sollte der Fakt, dass etwas *nicht* vom Menschen hergestellt wurde, uns ein Gefühl der Sicherheit geben. Bei jeder Substanz müssen wir ihr Wesen und ihre Dosierung im Zusammenhang mit dem menschlichen Leben betrachten.

Der »Künstlich = Böse«-Trugschluss spielt bei jedem Angriff auf Energie eine Rolle. Hier sind ein paar Beispiele:

- Vom Menschen produziertes CO_2 gilt als katastrophal, weil es vom Menschen produziert wurde.
- Läuft irgendwo Öl aus, und seien es nur geringe Mengen, wird das Ende der Welt verkündet.
- Radioaktive Strahlung in völlig unbedenklichen Mengen gilt als böse, wenn sie vom Menschen verursacht wurde.
- Atomabfälle gelten als unerträglich, weil sie vom Menschen verursacht wurden.
- Harmlose Mengen an Partikelemissionen gelten als tödlich, weil sie vom Menschen verursacht wurden. Und wenn die Mengen tatsächlich schädlich sind, geht man davon aus, dass ihre Wirkung viel schlimmer ist, als es tatsächlich der Fall ist.

Und noch etwas: Es ergibt überhaupt keinen Sinn, gegen Dinge voreingenommen zu sein, die von Menschen hergestellt wurden, denn sie wurden *vorsätzlich* von einem menschlichen Geist entwickelt und sollten eigentlich dazu dienen, das menschliche Wohlergehen zu mehren. Selbstverständlich können vom Menschen hergestellte Dinge schlecht sein, aber es ist schon pervers, Menschengemachtes per se als böse hinzustellen. Wenn man vom Menschen Gemachtes an sich ablehnt, ist man auch gegen *vom Menschen Erdachtes* negativ eingestellt. Man ist also gegen den menschlichen Geist, dessen eigentlicher Zweck darin besteht, Wege zu ersinnen, wie wir unsere Umwelt so verändern können, dass sie unsere Bedürfnisse erfüllen.

Und gegen vom Menschen Erdachtes ist auch das Anti-Eingriffsprinzip: Indem es menschliches Einwirken ablehnt, lehnt es auch den menschlichen Geist – und letztlich das menschliche Leben – ab.

Weil das Anti-Eingriffsprinzip allgegenwärtig ist, ist es der »künstlich = Böse«-Irrglaube ebenfalls. Wie sämtliche Trugschlüsse, die menschliches Eingreifen ablehnen und menschliches Handeln als gefährlich ansehen, müssen die Regierungen diesen Irrglauben ablehnen, wenn wir in Zukunft das menschliche Wohl voranbringen wollen.

Der Irrglaube vom dosisunabhängigen Schaden

Der Irrglaube vom dosisunabhängigen Schaden ist ein weiterer gegen menschliche Einwirkung gerichteter Trugschluss und bringt unser Wissenssystem und die politischen Entscheider dazu, irrtümlich Nebenwirkungen als nachweislich und signifikant schädlich abzustempeln.

Bei diesem Irrglauben geht es um die Behauptung, eine von Menschen herbeigeführte Sache, die ab einer bestimmten Dosis schädlich ist, sei bei jeder Dosis schädlich. Dabei macht es keinen Unterschied, ob es sich um Strahlung handelt, um Schwefeldioxid oder um Kunstdünger.

Tatsächlich jedoch ist jedes natürliche Phänomen – und dazu zählt jede Art von Substanz – bis zu einer bestimmten Schwelle sicher oder sogar nützlich, von einer bestimmten Schwelle an aber gefährlich.

Paracelsus erklärte bereits vor über 500 Jahren: »Alle Dinge sind Gift, und nichts ist ohne Gift. Allein die Dosis macht, dass ein Ding kein Gift sei.«[13]

Ein einfaches Beispiel dafür sind Medikamente. Ein Hormon, ein Schwermetall oder ein komplexes organisches Molekül kann in der richtigen Dosierung Leben retten oder schwere Krankheitssymptome behandeln. Falsch dosiert aber kann dasselbe Hormon, Schwermetall oder komplexe organische Molekül Schaden zufügen oder sogar den Tod bedeuten. Dasselbe gilt für sämtliche Substanzen, aus denen unser Körper besteht – sogar für reines Wasser.

Sprechen wir über gefährliche Phänomene, über »Gifte«, »Schadstoffe« oder »schädliche Strahlung«, müssen wir immer im Hinterkopf behalten, dass die Gefahr erst ab einer bestimmten Dosis existiert. Wann immer jemand ein Phänomen unabhängig von der Dosierung als intrinsisch gefährlich behandelt – und das ist bei »Chemikalien« oder »Strahlung« häufig der Fall –, bedient er den Irrglauben vom dosisunabhängigen Schaden. Mithilfe dieses Irrglaubens lässt sich praktisch alles verbieten – und sei es Sonnenlicht, denn das ist in einer bestimmten Dosis zwar überlebenswichtig, kann aber ab einem bestimmten Punkt auch sehr gefährlich sein.

Besonders hinterlistig wurde dieser Irrglaube für den Widerstand gegen Atomenergie mobilisiert. Einer der wichtigsten Schritte und ein Schritt, der Kernkraft praktisch kriminalisiert, ist die sogenannte lineare Dosiswirkungskurve, die, wie der Name vermuten lässt, besagt, dass es bei Strahlungen keine sicheren Grenzen gibt und wir deshalb immer größere und kostspieligere Anstrengungen unternehmen sollten, Strahlung zu vermeiden. Dies gilt auch für Strahlungswerte, die überhaupt nicht schädlich sind oder sogar nützlich sein könnten.

Auch hinter dem Irrglauben des dosisunabhängigen Schadens steht das Anti-Eingriffsprinzip. Das Ziel, menschliche Eingriffe zu eliminieren, führt dazu, jede Nebenwirkung als unmoralisch zu betrachten. Wie sie sich tatsächlich auf die menschliche Gesundheit auswirkt, spielt keine Rolle. Die Annahme von der empfindlichen Mutter Natur führt ohnehin zu der Erwartung, dass jede Nebenwirkung der Gesundheit der Menschen großen Schaden zufügt.

Die Regierungen dieser Welt sollten den Irrglauben vom dosisunabhängigen Schaden ebenso aufgeben wie die lineare Dosiswirkungskurve, die Kernkraft kriminalisiert. Dann – und erst dann – kann Energiefortschritt sein wahres Potenzial erreichen.

Fassen wir noch einmal zusammen: Damit eine Nebenwirkung als »Gefährdung« eingestuft werden kann, muss diese Nebenwirkung *nachweislich und signifikant schädlich* sein – ein Status, der oftmals zu Unrecht Aspekten der Energieproduktion zugewiesen wird, und zwar mithilfe falscher Zuschreibungen, dem »Künstlich = Böse«-Irrglauben und dem Irrglauben vom dosisunabhängigen Schaden. Ob nun allein oder im Zusammenspiel – diese Trugschlüsse bringen Regierungen dazu, gefährliche Nebenwirkungen zu erfinden oder die Gefahr von Nebenwirkungen maßlos zu übertreiben.

Gefährdungskriterium 2: vernünftig vermeidbar

Wenn es sich bei einer Nebenwirkung nicht um eine nachweisbare und signifikante Bedrohung handelt, verletzt sie auch das Freiheitsrecht auf Schutz vor Gefährdung nicht.

Doch selbst wenn eine Nebenwirkung nachweislich und in signifikantem Ausmaß Schaden anrichtet, verstößt sie gegen das Freiheitsrecht auf Schutz vor Gefährdung nur dann, *wenn sie das Kriterium erfüllt, »in vernünftigem Maß vermeidbar« zu sein.*

»In vernünftigem Maß vermeidbar« bedeutet, dass sich etwas vermeiden lässt, ohne für die meisten oder alle Menschen an anderer Stelle größeren Schaden zu bewirken.

Ich hatte es bereits gegen Ende von Kapitel 9 erörtert: Selbst wenn die Auswirkungen von CO_2 unter dem Strich nachweislich negativ wären (was bislang nicht nachgewiesen wurde), würden Milliarden Menschen unter einem Verbot von CO_2 leiden. Sie wären in ihren Überlebens- und Fortschrittsfähigkeiten eingeschränkt, da sie keine Maschinenarbeit einsetzen könnten, um das Klima zu meistern und Nahrung, Unterkunft, Sanitäranlagen, medizinische Versorgung und unzählige weitere Werte zu produzieren.

Die Politik gibt bis 2050 das Ziel »Netto-Null« vor. Um insgesamt in vernünftigem Maß vermeidbar zu sein, müssten CO_2-Emissionen schon mit wahrlich apokalyptischen Nebenwirkungen einhergehen. Zum Glück für 8 Milliarden Menschen und ihre Zukunftsaussichten ist dem aber nicht so.

Welche Nebenwirkungen gelten denn als in vernünftigem Maß vermeidbar? Die Antwort auf diese Frage hängt von der Gefahr ab, die von der jeweiligen Nebenwirkung ausgeht, und davon, inwieweit wir fähig sind, Energie auch ohne diese Nebenwirkung zu produzieren. Als der Mensch beispielsweise das Feuer erfand, konnte er sich oder seine Nachbarn kaum vor Rauchentwicklung schützen. Und für sich genommen war dieser Rauch nachweisbar schädlich. Aber angesichts aller für das Leben erforderlichen Aspekte gehörte der Rauch untrennbar zum außergewöhnlichen Nutzen von Feuer dazu.

Insofern verstieß der Rauch eines Feuers nicht gegen das Recht, vor Gefährdung geschützt zu sein.

Das Freiheitsrecht, vor Gefährdung geschützt zu sein, existiert stets in einem *Kontext*, und dieser Kontext ist die umfassendere Freiheit, nach einem blühenden Leben zu streben.

Glücklicherweise sorgen fossile Brennstoffe durch die Aufwärtsspirale der Ermächtigung dafür, dass Zeit und Maschinenarbeit für innovative Zwecke frei werden (ich hatte in Kapitel 4 darüber gesprochen). Menschen machen sich dies zunutze, um kostengünstigere Energie mit weniger Nebenwirkungen hervorzubringen. Wird eine Nebenwirkungsreduktion kostengünstiger, werden immer geringere Nebenwirkungen in vernünftigem Maß vermeidbar. In der nicht ermächtigten Welt beispielsweise ist es bis heute nicht in großem Stil vernünftig vermeidbar, in geschlossenen Räumen ohne die Verwendung von Dung und ohne Rauchentwicklung durch offene Feuer auszukommen. Doch in der ermächtigten Welt ist das absolut möglich.

Würden Regierungen ihre Hausaufgaben machen und Nebenwirkungen nur dann als gefährlich einstufen, wenn diese in vernünftigem Maß vermeidbar sind, würden sie zwei großartige Ergebnisse erzielen: *Die Energieproduktion wäre wieder frei und könnte ihr Wachstum steigern, und Umweltverschmutzungen und Gefahren würden schrittweise reduziert.*

Leider nutzt unser Anti-Eingriffswissenssystem nur selten das Kriterium »in vernünftigem Maß vermeidbar«, sondern die Politik versucht implizit – und gelegentlich auch explizit –, schädliche Nebenwirkungen um jeden Preis zu vermeiden.

Das können wir bei den Bemühungen beobachten, alle Emissionen von Kraftwerken und Fahrzeugen möglichst auf null zu reduzieren. Dabei wird kaum ein Gedanke an die Frage verschwendet, zu welchen Schäden es führt, wenn Energie und Maschinen teurer werden.

Die Motivation für die Vorgehensweise, etwas um jeden Preis vermeiden zu wollen, liefert das Anti-Eingriffsprinzip.

Man lehrt uns zu glauben, dass jeder Eingriff in die Natur an sich unmoralisch ist und dass es insofern jeden Einsatz lohnt, dieses unmoralische Einwirken aufzuhalten. Betrachtet man das Thema allerdings aus dem Blickwinkel menschlichen Wohlergehens, so ist die Methode, etwas um jeden Preis zu unterbinden, absurd. Das wäre so, als würde man erklären, dass es falsch sei, auf den Körper einzuwirken, und man sich deshalb nicht impfen lassen solle, weil dies zu »körperlichen Veränderungen« führe.

Gehen Sie intelligent vor, ist es eine gute Sache, auf den eigenen Körper einzuwirken. Dazu gehört auch, ihn maßvoll negativen Nebenwirkungen auszusetzen, die unleugbar mit enormen Vorzügen verknüpft sind – und es aus diesem Grund nicht vernünftig wäre, sie zu vermeiden. Ganz genauso verhält es sich mit unseren Einwirkungen auf die restliche Natur.

Die Gefährdungsrichtlinien müssen einer radikalen Reform unterzogen werden. Sie sollten die Kriterien 1) »nachweislich und signifikant schädlich« und 2) »in vernünftigem Maß vermeidbar« erfüllen. Folglich muss die Politik den »Gebrauch = Missbrauch«-Trugschluss ebenso ablehnen wie Falschzuweisungen, den »Künstlich = Böse«-Trugschluss, den Irrglauben vom dosisunabhängigen Schaden sowie den, man müsse Schaden um jeden Preis verhindern.

Diese Veränderungen sollten dringend weltweit eintreten.

Zwei politische Prioritäten ziehen eine besonders große Wirkung nach sich:

1. das Entkriminalisieren von Kernkraft und
2. das Etablieren lokaler Umweltschutzstandards.

Kernkraft entkriminalisieren

Neben der zunehmenden Kriminalisierung von CO_2-Emissionen ist der ungeheuerlichste Verstoß gegen eine angemessene Gefährdungspolitik die Kriminalisierung der Atomkraft. Ich habe wiederholt gesagt, dass Atomkraft die vielversprechendste Alternative zu fossilen Brennstoffen und die sicherste aller relevanten Energiequellen ist. Dennoch ist es seit den 1980er-Jahren in den USA praktisch unmöglich, neue Reaktoren zu bauen.

Wie ich in Kapitel 6 erörtert habe, liegt dies in erster Linie daran, dass Vorkämpfer gegen menschliche Einwirkung beim Thema »Sicherheit« für Kernkraft pseudowissenschaftliche Standards erwirken konnten, die jegliche Aktivität in diese Richtung ruinös teuer machen.

Der Schlüssel zur Entkriminalisierung von Kernkraft besteht darin, für sämtliche Energieformen einheitliche Sicherheitsstandards festzulegen. Es ergibt keinen Sinn, bei Atomenergie Sicherheitsstandards anzulegen, die 1000-mal so streng sind wie bei Wasserkraft oder Erdgas.

Die Sicherheitsstandards müssen auf den Grundsätzen »nachweislich und signifikant schädlich« und »in vernünftigem Maß vermeidbar« basieren. Das heißt, Schluss mit der linearen Dosiswirkungskurve und mit »ALARA« (»as low as reasonably achievable«, also »so niedrig wie vernünftig erreichbar«). In der Praxis ist ALARA unfassbar unvernünftig und zieht sinnlos hohe Kosten nach sich, die uns dazu treiben, auf deutlich gefährlichere nicht atomare Energie zu setzen.

Würden die Sicherheitsstandards für die Kernkraft auf diesen Grundsätzen basieren, dürften wir mit unglaublichen Innovationen rechnen, denn dann hätten kluge Köpfe aus aller Welt endlich die Freiheit, das Atompotenzial für das menschliche Wohlergehen voll auszuschöpfen.

Lokale Umweltschutzstandards

Genauso wie die Gesetze zur Gefährdung nicht in Stein gemeißelt sein sollten, weil sich die Bedeutung von »in vernünftigem Maß vermeidbar« mit der Zeit verändert, sollten sie auch vom jeweiligen Ort abhängig sein, denn die Menschen auf der Welt haben oft völlig unterschiedliche Lebensweisen. Und dazu gehören folgende Kategorien:

- *Wohlstand:* Menschen aus dem Silicon Valley können für Umweltschutz mehr bezahlen als Menschen aus Simbabwe.
- *Bevölkerung:* Je geringer die Bevölkerungsdichte, desto mehr Emissionen sind ohne negative Folgen pro Person möglich.
- *Topografie:* Bestimmte Gebiete wie das San-Fernando-Tal im Großraum Los Angeles sind für Luftverschmutzung anfällig, andere wie etwa der US-Bundesstaat Nebraska hingegen nicht.
- *Industrialisierung:* An bestimmten Standorten sind die Menschen für ihren Lebensunterhalt von der Schwerindustrie abhängig, etwa in den Raffineriegebieten von Texas, und nehmen höhere Emissionen eher hin, als es in anderen Regionen der Fall ist.

Aufgrund dieser Variablen kann es sein, dass eine Aktivität in einer Region unter dem Strich mehr nutzt als schadet, dieses Verhältnis in einer anderen Region aber genau umgekehrt ist – und dass Nebenwirkungen, die in einer Region vernünftig vermeidbar sind, an anderer Stelle ganz und gar nicht vermieden werden können.

Nehmen wir nur das Beispiel Kohle.

Bei der Kohle ist es so, dass die Emissionen sehr stark schwanken, und zwar je nachdem, wie fortschrittlich der Umweltschutz ist.

Dies bedeutet jedoch nicht, dass alle überall gezwungen sein sollten, die modernsten (und kostspieligsten) Umweltschutztechnologien zu verwenden. So haben wir gesehen, wie in China kostengünstige Kohle wesentlich zum spektakulären Anstieg der Lebenserwartung beigetragen hat. Und so weit wäre es niemals gekommen, wären die Chinesen von Anfang an gezwungen gewesen, die fortschrittlichsten Kohlekraftwerke mit modernster Umweltschutztechnologie zu nutzen. (Es sei aber auch gesagt, dass es sich bei China um eine Diktatur handelt, die keine Bürgerrechte respektiert. Es gibt zahllose Beispiele dafür, dass Chinas Industrialisierung Menschen unangemessen und unnötig Umweltverschmutzung ausgesetzt hat.) Hätten die Chinesen amerikanische Standards zur Luftverschmutzung einhalten müssen, wären Hunderte Millionen Chinesen um ihre Ermächtigung gebracht worden und hätten Jahre an Lebenszeit verloren. Während Chinas Produktivität und seine Ressourcen ebenso wie die Kohletechnologie voranschreiten, sollten sich auch die Standards in Hinsicht auf die Gefährdung weiterentwickeln.

Was können wir in den USA tun, um schnellstmöglich angemessenen örtlichen Umweltschutzstandards den Weg zu ebnen? Wir können aufhören, das Umweltministerium EPA einheitliche Standards anordnen zu lassen für Orte mit stark abweichenden Niveaus von Wohlstand, Bevölkerungsdichte, Topografie und Industrialisierung.

Fassen wir noch einmal zusammen. In diesem Kapitel habe ich die vier miteinander verwobenen Aspekte der Energiefreiheit präsentiert, die für eine florierende fossile Zukunft unerlässlich sind. Außerdem habe ich gezeigt, dass eine gegen menschliches Einwirken gerichtete Politik mitsamt freiheitsfeindlichen politischen Maßnahmen all diese Kriterien auf drastische Weise in Mitleidenschaft zieht. Diese vier Aspekte sind die Handelsfreiheit, die Entwicklungsfreiheit, die Wettbewerbsfreiheit und das Freiheitsrecht auf Schutz vor Gefährdung.

Regierungen in aller Welt sollten sich von der Anti-Eingriffsagenda abwenden, auf menschliches Wohlergehen setzen und diese Freiheiten ausweiten. Dann können und werden all die Möglichkeiten einer florierenden fossilen Zukunft, die ich am Anfang des Kapitels aufgeführt habe, real werden. Die Armut in der Welt wird rasch gelindert, der Fortschritt geht weiter und beschleunigt sein Tempo, der Menschheit gelingt es immer besser, mit Problemen aller Art umzugehen – und auch auf dem Gebiet der Energie werden Evolution und Fortschritt anhalten.

Eine solche Welt – eine Welt, die auf globales menschliches Wohlergehen zusteuert – ist tatsächlich möglich, wenn die Welt irreführende Richtlinien zurückweist und sinnvolle übernimmt.

Doch wie können wir die Welt davon überzeugen, die richtigen politischen Maßnahmen zu ergreifen, wo sie doch stur in die absolut falsche Richtung rennt – auf die Apokalypse eines Ausstiegs aus fossilen Brennstoffen zu?

Es ist durchaus möglich, ob Sie es glauben oder nicht. Und Sie als Einzelperson können einen riesigen Unterschied machen.

11

Neuausrichtung der Debatte und mit »100« argumentieren

Die Bewegung zur Abschaffung fossiler Brennstoffe ist nur scheinbar unaufhaltsam

Zu Beginn des Buches habe ich geschrieben:

> *»In diesem Buch werde ich versuchen, Sie von etwas zu überzeugen, was Ihnen verrückt erscheinen mag. Mir jedenfalls erschien es früher definitiv ein verrückter Gedanke zu sein.*
>
> *Die Idee, von der ich Sie gerne überzeugen würde: Wenn Sie die Welt in einen besseren Ort verwandeln wollen, können Sie kaum etwas Sinnvolleres tun, als sich für die* Nutzung von mehr fossilen Brennstoffen *stark zu machen – für das Verbrennen von mehr Öl, mehr Kohle und mehr Erdgas.*
>
> *Fast überall hört man, dass die Nutzung von noch mehr fossilen Brennstoffen die Welt zerstören wird. Mein Argument hingegen wird sein, dass diese die Welt zu einem deutlich besseren Ort machen werden,*

> *einem Ort, an dem weitere Milliarden Menschen Gelegenheit bekommen, zu* gedeihen. *Und das bedeutet, dass sie sich aus der Armut befreien können, die Möglichkeit haben, ihre Träume zu verfolgen und (das klingt am verrücktesten von allem) eine* qualitativ bessere Umwelt *zu erleben und* durch das Klima weniger gefährdet *zu sein.*«

Anfangs ist Ihnen all das vielleicht verrückt vorgekommen, aber inzwischen ergibt es hoffentlich wesentlich mehr Sinn. Ich wünsche mir, dass die Möglichkeit einer florierenden fossilen Zukunft, die durch eine weltweite Ausweitung der Energiefreiheit erreicht wird, eine ebenso große Inspiration für Sie ist wie für mich. Und ich hoffe, dass Sie dazu motiviert sind, mit all Ihren Kräften für diese Zukunft zu kämpfen.

Es kann aber auch sein, dass die Aussicht auf eine fossile Zukunft Sie nicht nur inspiriert, sondern Ihnen auch Angst macht und ein Gefühl der Hoffnungslosigkeit vermittelt, schließlich macht sich die Welt gerade auf den Weg zu einem tödlichen Ausstieg aus fossilen Brennstoffen und findet dafür enorm, ja geradezu überwältigend viel Unterstützung.

Mit einigen wenigen Ausnahmen verpflichten sich die Nationen rund um die Welt dazu, innerhalb der nächsten Jahrzehnte ganz auf fossile Brennstoffe zu verzichten. Präsident Joe Biden hat den USA das Ziel vorgegeben, bis 2035 bei der Erzeugung von Strom »Netto-Null« zu schaffen, für alle anderen Energiearten soll es spätestens 2050 so weit sein. Das wichtigste Mittel, um dieses Ziel zu erreichen, sind die unzuverlässigen Energieformen Solar- und Windkraft.[1] Doch die Biden-Regierung ist keineswegs die einzige, die einen Ausstieg aus fossilen Brennstoffen anstrebt, sondern die USA zählen tatsächlich zu den letzten von knapp 200 Staaten, die das Pariser Abkommen unterzeichnet haben. In dem Abkommen sagen die Länder zu, die globale Erwärmung bei 0,5–1 Grad Celsius zu deckeln (ein Wert, der 1,5–2 Grad über den präindustriellen Zeiten liegt). Und das stellt praktisch eine »Netto-Null«-Verpflichtung dar.

Damit unsere Welt auch in Zukunft über ein hohes Maß an Lebensqualität verfügt, ist es aber unerlässlich, weiterhin auf einzigartig kostengünstige, bedarfsgerechte, vielfältig einsetzbare und global skalierbare Energie aus fossilen Brennstoffen zu setzen. Insofern käme es einer Apokalypse gleich, konsequent bis zum Ende aus der Nutzung fossiler Brennstoffe auszusteigen. Selbst eine teilweise Umsetzung würde weltweitem Leid und Massensterben Vorschub leisten, ganz zu schweigen davon, dass positives Potenzial für neue Ebenen des Wohlergehens zerstört würden.

Was dieser tödliche Weg an Rückhalt erfährt, wirkt überwältigend, weil das Vorgehen vom globalen Mainstream-Wissenssystem unterstützt wird, und dieses bekräftigt jeden Tag aufs Neue das Ziel, aus fossilen Brennstoffen auszusteigen, mitsamt den Verzerrungen, auf denen die Argumentation fußt.

Nehmen Sie nur die Medien.

Jeden Tag bombardieren uns die Medien damit, die Nutzung fossiler Brennstoffe rasch aufzugeben. Begleitet wird das von »Nachrichten«, welche die beiden zentralen verzerrten Narrative zur Untermauerung dieser Politik verstärken:

1. Fossile Brennstoffe verursachen einen katastrophalen Klimawandel.
2. Erneuerbare Energien treten rasch an die Stelle fossiler Brennstoffe.

Je nachdem, wann Sie diesen Text lesen, werden Sie furchteinflößende Geschichten aus verlässlichen Quellen hören, Geschichten über »unvorgesehene« Temperaturen, Dürren, Flächenbrände, Stürme und Hochwasser. Hinzu kommen neue »Studien«, die behaupten, es werde noch viel schlimmer werden. Begleitet wird das Ganze von Mut machenden Erzählungen darüber, wie erneuerbare Energien mehr als bereit sind, fossile Brennstoffe abzulösen, wenn die Politik doch nur die nötige Beherztheit aufbrächte.

Das permanente Plädoyer der Medien für einen Ausstieg aus fossilen Brennstoffen ist schon schlimm genug, doch noch schlimmer ist das Bildungswesen – ganz besonders dann, wenn es darum geht, lähmende, irrationale Angst vor einer Klimaapokalypse zu schüren.

Die Bildungssysteme in der ganzen Welt hören nicht auf, den »Klimawandel« – eine Umschreibung für katastrophale oder apokalyptische klimatische Veränderungen – zu einem zentralen Thema zu machen. In den USA steht in zwei Dritteln der Staaten »durch Menschen verursachter Klimawandel« auf dem Lehrplan.[2]

Und zu welchem Prozentsatz kommen die Vorzüge fossiler Brennstoffe – unter anderem für die Klimabeherrschung – zu Wort? Weniger als zu einem Prozent, würde ich vermuten.

Diese »Erziehung« in Sachen Klimakatastrophe führt dazu, dass eine Generation in Angst aufwächst.

2020 gaben 71 Prozent der Millennials und 67 Prozent der Generation Z in einer Umfrage zu Protokoll, der Klimawandel habe ihrer Ansicht nach ihre geistige Gesundheit beeinträchtigt.[3]

In Australien ergab eine Umfrage an Highschools und Universitäten bei vier von fünf Studierenden, dass der Klimawandel sie »etwas« oder »stark« beunruhigt.[4]

Tatsächlich sind Klimagefahren ein geringeres Problem als je zuvor, aber wie tief die Indoktrinierung geht, fasst ein Teilnehmer der Umfrage zusammen: »Ich habe wirklich Angst, dass der Klimawandel mich und meine gesamte Familie töten wird. Ich meine das nicht als Witz, die ganzen letzten 9 Monate habe ich in jeder Sekunde an nichts anderes gedacht. Mir wird richtig schlecht davon, ich esse nicht, ich schlafe nicht, ich habe jeden Tag Panikattacken. Es ist 1:00 Uhr nachts, und ich kann nicht schlafen, weil ich vor Angst ganz erstarrt bin.«[5]

Eine Generation, die in Furcht vor dem Klimawandel lebt, ist prädestiniert dafür, Gesetzen zuzustimmen, die fossile Brennstoffe verbieten, also »Lösungen«, die dafür sorgen, dass die Angst verschwindet.

Doch nicht nur die Medien und Bildungssysteme drängen darauf, aus der Nutzung fossiler Brennstoffe auszusteigen, auch aus der Wirtschaft werden umfassende und rasch zunehmende Forderungen nach einem Ausstieg aus fossilen Brennstoffen und entsprechendem staatlichem Druck auf privatwirtschaftliche Unternehmen laut.

Dass sich Betriebe dafür einsetzen, fossile Brennstoffe nicht länger zu nutzen, liefert den Gegnern fossiler Brennstoffe gewaltige Munition, denn die enormen Ressourcen und die Glaubwürdigkeit der weltgrößten Konzerne werden für den Zweck eingespannt, gegen fossile Brennstoffe gerichtete Propaganda zu verbreiten und entsprechende Maßnahmen zu bewerben. Um das zu verdeutlichen, nehmen wir als Beispiel Jeff Bezos, für mich einer der größten Produzenten aller Zeiten. Er hat »der Bekämpfung des Klimawandels« 10 Milliarden Dollar Unterstützung zugesagt, Geld, das in überwältigendem Maß »grünen« Gruppen (und Kernkraftgegnern) wie dem Natural Resources Defense Council und dem World Wildlife Fund zukommen wird. Beide haben von Bezos bereits 100 Millionen Dollar an Fördermitteln erhalten.[6]

Was mich am meisten an dieser Unternehmensbewegung gegen fossile Brennstoffe beunruhigt, ist die »ESG«-Bewegung. Sie drängt Firmen, sich nicht nur für den Verzicht auf fossile Brennstoffe einzusetzen, sondern sich auch – unabhängig von der Gesetzeslage – verbindlich dazu zu verpflichten.

»ESG« steht für »Environmental, Social and Governance«, (frei übersetzt: »Umwelt, Soziales und gute Unternehmensführung«). Was den Umweltaspekt anbelangt, bedeutet »gut«, den Weg hin zu einem raschen Ausstieg aus fossilen Brennstoffen einzuschlagen.

ESG hat Börsen genauso übernommen wie Finanzinstitute. Diese belohnen beziehungsweise bestrafen Unternehmen nun je nachdem, wie gut sie die ESG-Vorgaben einhalten – was in erster Linie bedeutet, wie sehr sie sich beeilen, keine fossilen Brennstoffe mehr zu nutzen.

Reedereien werden belohnt, wenn sie versprechen, künftig (wie auch immer) ohne Öl auszukommen. Digitalunternehmen werden nach ihren Versprechen eingestuft, irgendwie nur noch Strom aus erneuerbaren Quellen zu nutzen. Lebensmittelhersteller werden für das Versprechen belohnt, irgendwie »klimaneutral« zu werden.

Und Mineralölunternehmen werden belohnt, wenn sie versprechen, sich rasch in Nichtmineralölunternehmen zu verwandeln.

ESG belohnt Betriebe nicht nur für ihre Versprechen, aus fossilen Brennstoffen auszusteigen, sondern auch dafür, dass sie eine gegen fossile Brennstoffe gerichtete Politik unterstützen. Und es bestraft sie für den Fall, dass sie sich für freie Nutzung fossiler Brennstoffe stark machen sollten.

Auf diese Weise werden die weltgrößten Konzerne als Propagandisten und Lobbyisten für einen Ausstieg aus fossilen Brennstoffen eingebunden.

Was das gesamte Wissenssystem inklusive Medien, Bildungswesens und Wirtschaftswelt an alles durchdringender und tief verwurzelter Propaganda für einen Ausstieg aus fossilen Brennstoffen auffährt, ist dermaßen pessimistisch, dass bei

Umfragen in zahlreichen Ländern häufig mehr als die Hälfte der Befragten erklärte, es sei sehr wahrscheinlich oder ziemlich wahrscheinlich, dass der Klimawandel die menschliche Rasse auslöscht.[7]

Angesichts all dessen scheint eine freie, florierende fossile Zukunft völlig außer Reichweite zu liegen, was gleichzeitig bedeutet, dass eine Zukunft ohne Ermächtigung praktisch unvermeidlich scheint.

Wenn ich »Zukunft ohne Ermächtigung« sage, meine ich nicht, dass die gesamte Welt auf fossile Brennstoffe verzichten wird. Da die grundlegenden Vorzüge fossiler Brennstoffe gewaltig sind und diese Energiequelle in naher Zukunft absolut unersetzbar ist, werden zahlreiche Nationen nicht von der Klippe springen und aus fossilen Brennstoffen aussteigen. China beispielsweise errichtet rund um die Welt Hunderte von Kohlekraftwerken – viele davon dienen dazu, »grüne« Solaranlagen und Windturbinen zu bauen, die dann in die USA und andere Länder verkauft werden.[8]

Es wird also nicht so weit kommen, dass die gesamte Welt auf fossile Brennstoffe verzichtet.

Doch der mächtige Feldzug unseres Wissenssystems für einen globalen Ausstieg aus fossilen Brennstoffen wird nicht ohne Folgen bleiben, wenn sich nichts ändert. Drei erschreckende Szenarien einer Zukunft ohne Ermächtigung sind denkbar: 1) eine unilaterale Entmächtigung, 2) ein Ermächtigungsverzicht aufgrund von Anreizen und 3) eine weitverbreitete Unterermächtigung.

Mit *unilaterale Entmächtigung* meine ich ein Szenario, bei dem zahlreiche ermächtigte Orte – vermutlich in Nordamerika oder Europa – die Nutzung fossiler Brennstoffe im Namen des »Kampfes gegen den Klimawandel« signifikant zurückfahren. Doch die restliche Welt zieht nicht mit.

In der Praxis bedeutet dies, dass in einigen Ländern die Energiekosten und folglich auch sämtliche anderen Kosten explodieren werden. Nationale Unternehmen verlieren an Konkurrenzfähigkeit, die Arbeitsplätze werden knapper, die Einkommen werden sinken. Und es ist durchaus möglich, dass die Wirtschaft kollabiert. Außerdem sorgt ein immer größerer Anteil unzuverlässiger Elektrizität dafür, dass die Stromnetze weniger verlässlich sind, denn der Stromanteil aus verlässlichen Quellen schrumpft drastisch.

Unter der Biden-Regierung zählen die USA zu den führenden Kandidaten für diese unilaterale Entmächtigung.

Während einige Länder sich selbst unilateral entmächtigen, springen andere Länder nur zu gerne ein. Das sieht man an China, das bereits in gewaltigem Maßstab Industrieproduktion aus den USA und Europa übernommen hat. Warum musste die Arbeit ausgelagert werden? Weil die »grüne« Politik ein rentables Arbeiten unmöglich gemacht hatte.

Ich habe dieses Buch auch deshalb geschrieben, weil ich verhindern möchte, dass die USA und andere freie Nationen einen Weg einschlagen, der zu einseitiger Entmächtigung führt.

Unter den Ländern, die über diesen Schritt nachdenken, befinden sich die freiesten Nationen, wohingegen Länder wie China und Russland, die gewiss nicht mitmachen werden, zu den weltgrößten Unterdrückern zählen und nach globaler Dominanz streben.

Aus diesem Grund hielte ich es für eine wirklich existenzielle Bedrohung, sollten die USA sich zu einer unilateralen Entmächtigung entschließen – eine Bedrohung für unsere Lebensstandards und für unsere nationale Sicherheit.

Das zweite Szenario, das ich sehe, ist *Ermächtigungsverzicht aufgrund von Anreizen.* Damit ist gemeint, dass es ermächtigte Nationen nicht ermächtigten Nationen mit Anreizen schmackhaft machen, keine fossilen Brennstoffe zu nutzen, was zur Folge hat, dass diese Länder keine Ermächtigung erreichen. Wie ich in Kapitel 10 dokumentiert habe, läuft dies häufig unter dem Schlagwort »nachhaltige Entwicklung«. Zu den nicht ermächtigten Staaten zählen zahlreiche Diktaturen, und deren Herrscher dürften nur allzu bereit sein, ihre Nutzung fossiler Brennstoffe nicht zu steigern, wenn sie dafür in irgendeiner Weise belohnt werden. Das geht unvermeidlich zulasten des Fortschritts (wie es bei Diktaturen stets der Fall ist).

Ermächtigungsverzicht aufgrund von Anreizen ist eine ganz besonders perverse Politik, denn sie bringt zahllose Menschen um Möglichkeiten, die wir in der ermächtigten Welt für selbstverständlich halten.

Ein solcher Verzicht bedroht darüber hinaus die Sicherheit der freien Welt. Wie ich bereits im vorangegangenen Kapitel geschildert habe, entstehen nämlich Lücken, die China füllen könnte, wenn die freie Welt den Entwicklungsmöglichkeiten die Unterstützung entzieht, die auf fossilen Brennstoffen beruhen.

Das dritte Szenario, das ich mir vorstellen kann, ist *weitverbreitete Unterermächtigung*. Dieses Phänomen existiert bereits und dürfte sich auf absehbare Zeit wesentlich verschlimmern: Die Freiheit fossiler Brennstoffverwendung und die Energiefreiheit insgesamt werden schrittweise durch Auflagen und Verbote beschnitten. Für Milliarden Menschen wird Energie kostspieliger, weniger zuverlässig und weniger vielfältig verwendbar.

Da Energie der Motor aller Wirtschaftsbereiche ist, wird weitverbreitete Unterermächtigung auf globaler Ebene Wohlergehen und Fortschritt verhindern.

Zusammengenommen werden diese Phänomene – einseitige Entmächtigung, Ermächtigungsverzicht aufgrund von Anreizen und weitverbreitete Unterermächtigung – jeden einzelnen Menschen auf dieser Welt in Mitleidenschaft ziehen. Und am stärksten betroffen werden die Ärmsten sein.

Das ist der Weg, auf den uns das globale Wissenssystem führen will, wenn es den Ausstieg aus fossilen Brennstoffen fordert.

Doch dazu muss es nicht kommen.

Warum ich optimistisch bin

Lassen Sie mich die Dinge, bevor ich sie zum Besseren wende, erst einmal schlimmer machen.

Diese ganze Anti-fossile-Brennstoff-Dynamik geschieht *trotz* der jahrzehntelangen Bemühungen der wohlhabenden und mächtigen Hersteller fossiler Brennstoffe und ihrer politischen Verbündeten, sich gegen die Richtlinien zur Abschaffung fossiler Brennstoffe zur Wehr setzen.

Im Allgemeinen gelten die Hersteller fossiler Brennstoffe als Branche mit ungeheuer großem Einfluss. Das klingt logisch, denn schließlich reden wir über eine der größten Industrien in der Welt, einen Wirtschaftszweig, der bis dato sehr viel Geld verdient hat und überaus fähige Leute angelockt hat – darunter auch Menschen mit exzellenten politischen Verbindungen.

Doch die Hersteller fossiler Brennstoffe sind gescheitert, obwohl sie über gewaltige Ressourcen und Kapazitäten verfügen, obwohl es ihnen nicht an Motivation fehlt, gegen einen Ausstieg aus fossilen Brennstoffen anzukämpfen, und obwohl sie diesen Kampf schon seit Jahrzehnten führen – genauso wie ihre zahlreichen Bündnispartner in der Politik (in den USA zählen dazu weite Teile der Republikanischen Partei).

Wenn also nicht einmal die einflussreiche Industrie und ihre Verbündeten gegen die übermächtige Bewegung zur Abschaffung fossiler Brennstoffe ankommen, wie kann ich da als Einzelperson etwas tun?

Meine Antwort lautet: »Und wie Sie das können!« Wenn die Argumente in diesem Buch etwas geschafft haben, was andere zuvor nicht geschafft hatten, Sie nämlich von einer fossilen Zukunft zu überzeugen, dann haben Sie den Beweis dafür. Dieses Buch und mein sonstiges Eintreten für fossile Brennstoffe basieren auf einem anderen Überzeugungsansatz, einem deutlich effektiveren, als man ihn bei traditionellen Befürwortern fossiler Brennstoffe findet. Ich nenne ihn »Neuausrichtung der Debatte und mit ›100‹ argumentieren«.

Arbeiten genügend von uns mit diesem Ansatz, können wir den Trend definitiv umkehren und zu einer florierenden fossilen Zukunft beitragen.

Warum bin ich optimistisch, dass man erfolgreich für eine glänzende fossile Zukunft kämpfen kann? Meine Zuversicht beruht auf meinen eigenen Erfahrungen und der Beobachtung, dass andere, die auf ähnliche Weise von traditionellen Methoden abwichen, erfolgreich damit waren.

Immer wieder hat sich gezeigt, dass die Art und Weise, wie ich für fossile Brennstoffe und Energiefreiheit eintrete, Menschen überzeugen kann, an denen zuvor alles abgeprallt ist, was die Öl- und Kohlebranche und andere traditionelle Befürworter fossiler Brennstoffe zu sagen hatten.

Ich habe zahlreiche Rückmeldungen wie diese erhalten:

> *Hätten Sie mir als 18-Jährigem erklärt, ich würde 4 Jahre später ein Buch loben, das den Titel* The Moral Case for Fossil Fuels *trägt, hätte*

> *ich Sie möglicherweise für verrückt erklärt. Zum damaligen Zeitpunkt war ich durch und durch progressiver Umweltschützer. Trotzdem stehe ich hier und heute, 22 Jahre alt, völlig überwältigt von einem Buch, das behauptet, fossile Brennstoffe seien das Lebensblut unserer modernen Existenz.*

Ich habe als Niemand begonnen, praktisch ohne finanzielle Mittel. Doch weil mein Ansatz so überzeugend ist, konnte ich

- eines der meistverkauften und einflussreichsten Bücher der vergangenen 10 Jahre zum Thema Energie schreiben,
- Videos produzieren, in denen ich für fossile Brennstoffe eintrete und die von Dutzenden Millionen Menschen gesehen wurden,
- mehr als hundert Kongressbüros bei der Aufgabe beraten, sich für fossile Brennstoffe stark zu machen, und
- an allerersten Adressen – von führenden Hochschulen (Harvard, Yale, Stanford) bis hin zu Google – sprechen, von denen die meisten wohl nicht erwarten würden, dass man dort etwas Positives über fossile Brennstoffe hören würde.

Mein Vertrauen in meine Vorgehensweise beruht auch darauf, dass andere einen ähnlichen Weg eingeschlagen haben – Menschen wie Michael Shellenberger, Bjørn Lomborg oder Robert Bryce – und ebenfalls einen Einfluss erreichen konnten, der die gut finanzierten, aber größtenteils unwirksamen (und ich würde sagen, häufig sogar kontraproduktiven) Anstrengungen der Öl- und Kohlebranche weit in den Schatten stellt.

Ich bin der Ansicht, dass der von mir gewählte Ansatz sehr effektiv eingesetzt werden kann, und zwar nicht nur von Vollzeitexperten und -autoren, sondern auch von Menschen, die nicht viel Zeit zum Studieren und Überzeugen haben. Insbesondere glaube ich, dass sich die Strategie »Neuausrichtung der Debatte und mit ›100‹ argumentieren« auch für Sie als schlagkräftig erweisen könnte.

Sie erfordert nicht viel Zeit, sondern nur ein Verständnis dafür, weshalb die Bewegung zur Abschaffung fossiler Brennstoffe so erfolgreich und das herkömmliche Vorgehen der Befürworter fossiler Brennstoffe so erfolglos ist und inwiefern sich meine Methode davon unterscheidet.

Der Schlüssel zum Erfolg der Gegner fossiler Brennstoffe: der Debatte die Grundrichtung vorgeben und mit »100« argumentieren

Traditionelle Ansätze, fossile Brennstoffe zu bewerben, scheitern. Welche neuen Methoden haben die besten Erfolgsaussichten? Um das zu verstehen, müssen wir begreifen, warum die Bewegung gegen fossile Brennstoffe derzeit so erfolgreich ist. Den zentralen Grund dafür habe ich ausführlich in diesem Buch dargelegt – das Lager derer, die menschliche Eingriffe in die Natur ablehnen, hat das Anti-Eingriffskonzept zum dominanten Grundkonzept unseres Wissenssystems gemacht. Das führte unweigerlich zu Forderungen, unsere wichtigste Quelle kostengünstiger Energie zu eliminieren, denn sie ist zugleich diejenige, die sich am stärksten auf die Umwelt auswirkt: fossile Brennstoffe.

Aber um der Bewegung für den Ausstieg aus fossilen Brennstoffen entgegentreten zu können, ist es hilfreich, genauer zu verstehen, wie sie vorgeht.

Ich habe den Begriff »mit 100 argumentieren« als Bild dafür geprägt, wie der Ausstieg aus fossilen Brennstoffen vorangetrieben wird und wie Bewegungen im Allgemeinen ihre Strategien durchsetzen.

Bis 100 zu argumentieren bedeutet, dass man 1) das moralische Ziel festlegt, um das herum eine bestimmte gesellschaftliche Debatte geführt wird, und 2) argumentiert, dass die eigene Strategie der effektivste Weg ist, um es zu erreichen.

Jedes Argument bis 100 setzt sich aus drei Elementen zusammen:

- dem Element »100«: einem moralischen Ziel, das man erreichen möchte,

- dem Element »minus 100«: einem moralischen Übel, von dem man wegkommen möchte, sowie
- einer oder mehreren Maßnahmen, mit der/denen man sich auf die 100 zu- und sich von der »minus 100« wegbewegt.

Ein klassisches Beispiel dafür, wie man bis 100 argumentiert, sind die Argumente, die Martin Luther King Jr. in den 1960er-Jahren für Reformen anführte, um die Politik der Rassendiskriminierung zu beenden.

Kings berühmter Traum von einer Gesellschaft, in der die Menschen nicht nach ihrer Hautfarbe, sondern nach ihrem Charakter beurteilt werden, stellte ein inspirierendes moralisches Ziel dar, also eine 100. Das Gegenteil – eine Gesellschaft, die die Menschen nicht nach ihrem Charakter beurteilt, sondern nach ihrer Hautfarbe – symbolisierte die »minus 100«. King argumentierte, das Gesetz Civil Rights Act von 1964 und damit einhergehende politische Maßnahmen würden uns der 100 näherbringen (zur Beurteilung der Menschen nach ihrem Charakter) und uns von der »minus 100« (der Beurteilung der Menschen nach ihrer Hautfarbe) wegbringen. Und damit trieb er seine politischen Ziele ausgesprochen effektiv voran.

Abbildung 11.1: Über Hautfarbe mit »100« argumentieren

Mit »100« argumentieren erfordert häufig, dass man die bestehenden Extreme (100 und minus 100) in einer Diskussion *neuausrichtet.*

So hat meiner Meinung nach Steve Jobs die Computerdebatten in den 1970er- und 1980er-Jahren erfolgreich in eine neue Richtung gelenkt. Vor Jobs ging es in erster Linie um technische Leistungen, während die Nutzererfahrung zweitrangig war. Dann kam Jobs und erklärte, man werde von nun an die technischen Details nicht mehr in den Vordergrund rücken.[9]

Bei dieser Debatte stand 100 für gute und minus 100 für schlechte technische Leistungen.

Für Jobs dagegen bestand das Ziel (die 100) darin, alle Menschen durch leicht verwendbare leistungsstarke Rechner zu ermächtigen, während minus 100 für Computer stand, die von den meisten Menschen nicht verwendet werden konnten – unabhängig von der Frage, ob sie technisch leistungsstark waren oder nicht.

Indem Jobs die Debatte neu ausrichtete und die 100 beziehungsweise minus 100 anders definierte, konnte er Macs und andere Apple-Geräte mit Konkurrenzprodukten vergleichen und wirksam mit der 100-Marke argumentieren.

Ein aktuelles Beispiel für die Neuausrichtung einer Debatte und die 100-Argumentationsstrategie liefert ein sehr umstrittenes Thema. Dass ich es hier anspreche, bedeutet weder, dass ich es gutheiße, noch dass ich es verurteile. Ich meine die Art und Weise, wie Donald Trump 2016 die Debatten über Amerikas Zukunft in eine neue Richtung lenkte.

Bevor Trump seine Präsidentschaftskandidatur anmeldete, dominierte das Thema wirtschaftliche Gleichheit die Debatten um Amerikas Zukunft. Eine gerechtere Gesellschaft war 100, vermehrte wirtschaftliche Ungleichheit die minus 100.

Anstatt seine Politik innerhalb dieses Rahmens zu vertreten, definierte Trump die 100 und die minus 100 um und stellte Amerikas Großartigkeit in den Mittelpunkt.

Für Trump war Amerikas Großartigkeit die 100 und Amerikas Abstieg die minus 100. Trumps berühmtester Wahlkampfslogan »Make America Great Again« war ein 100-Argument für seine politische Agenda – seine Politik würde Amerika auf diese 100 bringen. Diese Methode setzte Trump bei den meisten seiner eigenen politischen Ziele konsequent ein.

Ob das Thema nun Einwanderung war, Außenpolitik, das Gesundheitswesen oder die Wirtschaft, er argumentierte stets damit, dass seine Politik Amerika wieder zu Größe verhelfen werde.

Wir verstehen nun, wie man einer Debatte mithilfe der 100-Argumentationsstrategie eine neue Richtung gibt, und können uns ansehen, wie wirksam die Gegner menschlicher Eingriffe diese Methode beim Thema fossile Brennstoffe angewendet haben.

Seit den 1970er-Jahren haben die Gegner menschlicher Eingriffe die Energiedebatte schrittweise in eine neue Richtung gelenkt, fort von einer 100 und minus 100 mit dem Fokus auf Energiekosten und -sicherheit (beides große Themen in einem Jahrzehnt, in dem der Mittlere Osten mit Lieferengpässen drohte und Benzinknappheit zu starken Störungen führte). Bei der heutigen Energiedebatte geht es im Grunde gar nicht um Energie, sondern um Klimafolgen. Die 100 bedeutet hier die Abschaffung der CO_2-Emissionen und die minus 100 ihre Steigerung.

Wie in Kapitel 3 erörtert, stellt das Ziel, CO_2-Emissionen zu eliminieren, heutzutage weltweit *das* moralische Ziel der politischen Diskussionen schlechthin dar, ob als »Ende des Klimawandels«, als »Netto-Null«, als »klimaneutral« oder als »zu 100 Prozent Erneuerbare« formuliert.

Abbildung 11.2: Neuausrichtung der Debatte von Gleichheit hin zu Amerikas Großartigkeit

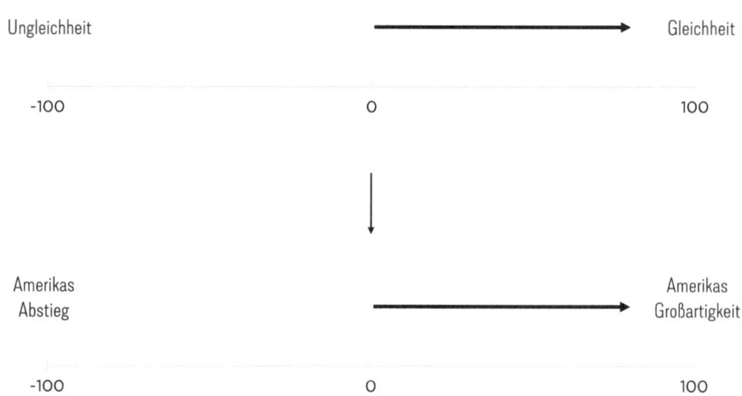

Nachdem es der Bewegung gegen menschliche Eingriffe gelungen ist, die Energiedebatte erfolgreich auf die Abschaffung der CO_2-Emissionen zu konzentrieren und mittlerweile unser Wissenssystem zu dominieren, attackiert sie fossile Brennstoffe nun mit einer nicht abreißenden Maßnahmenflut. Diese Maßnahmen reichen vom Green New Deal, der Kohlenstoffsteuer, einem Moratorium für Bohrvorhaben oder neue Vorschriften bis hin zur verbindlichen Nutzung von

Sonnen- und Windenergie. Sie sollen uns zur 100 bringen (keine CO_2-Emissionen mehr) und weg von den minus 100 (steigende CO_2-Emissionen).

Will man sich die Beziehung zwischen dem Ziel, CO_2-Emissionen zu eliminieren, und dem Ansturm politischer Maßnahmen gegen fossile Brennstoffe verdeutlichen, stellt man sich am besten eine Hydra vor. Diese Gestalt aus der griechischen Mythologie ließ sich nicht besiegen, indem man ihr den Kopf abschlug, denn es wuchsen ihr nur umso mehr neue Köpfe nach. Um die Hydra zu besiegen, musste man sie ins Herz treffen.

Bei den Gegnern fossiler Brennstoffe ist das Herz der Hydra das moralische Ziel, CO_2-Emissionen zu eliminieren, während die Köpfe die unzähligen politischen Schritte sind, die sich gegen fossile Brennstoffe richten.

Das moralische Ziel, CO_2-Emissionen zu eliminieren, wiederum bildet den Kopf einer anderen Hydra – der Anti-Eingriffsagenda.

Wie ich in diesem Buch ausführlich dargelegt habe, ist das Ziel, CO_2-Emissionen zu eliminieren, nicht isoliert erreichbar, sondern hängt von dem gesamten Anti-Eingriffskomplex ab, in dessen Kern sich das moralische Ziel verbirgt, menschliche Eingriffe an sich zu eliminieren. Häufig wird das Ganze versteckt hinter einer schwammigen Umweltterminologie (»den Planeten retten«, »die Umwelt schützen«) und der Annahme von der empfindlichen Mutter Natur.

Inwieweit das Ziel, CO_2-Emissionen zu eliminieren, erreicht werden kann, hängt auch von bestimmten Verzerrungen ab, zu denen das Anti-Eingriffskonzept führt. Namentlich:

1. CO_2-Emissionen verursachen eine Klimaapokalypse.
2. Der Wert, den wir heute aus fossilen Brennstoffen beziehen, ist im Vergleich zu den negativen Auswirkungen trivial.
3. Alles, was wir an Wert aus fossilen Brennstoffen ziehen, lässt sich rasch durch erneuerbare Energien ersetzen.

Kurzum: Die aktuellen, sehr erfolgreichen Bemühungen, fossile Brennstoffe zu eliminieren, hängen von dem moralischen Ziel (100) ab, menschliche Eingriffe zu eliminieren, von dem dahinterstehenden Anti-Eingriffskonzept und von bestimmten, auf diesem Rahmen basierenden Verzerrungen.

Abbildung 11.3: Die aktuelle Energiedebatte

Vor diesem Hintergrund leuchtet es ein, dass sich der aktuelle Kurs nur auf eine einzige Weise ändern lässt: Wir müssen der Debatte eine neue Richtung geben und mit der 100-Strategie argumentieren. Wir müssen ebenso das moralische Ziel infrage stellen und ändern, wie auch das Anti-Eingriffskonzept und die darauf basierenden spezifischen Verzerrungen. Dann müssen wir für eine stärkere Nutzung fossiler Brennstoffe im Rahmen einer Politik der Energiefreiheit argumentieren, einer Politik, die auf dem neuen moralischen Ziel basiert.

Doch die meisten Befürworter fossiler Brennstoffe haben in der Vergangenheit etwas getan, was ich als »mit 0 argumentieren« bezeichne.

Der Fehler der Befürworter fossiler Brennstoffe: Sie argumentieren mit 0

Wenn man mit 0 argumentiert, *erkennt man das moralische Ziel der anderen Seite an, beanstandet aber ihre spezifischen Maßnahmen* zum Erreichen dieses Ziels als nicht praktikabel.

Dieses Vorgehen beschreibt die Methode der meisten traditionellen Befürworter fossiler Brennstoffe perfekt.

Unter den Schlagworten »klimaneutral«, »Netto-Null« oder »Stoppt den Klimawandel« räumen die Befürworter fossiler Brennstoffe ein, dass es ein legitimes Ziel ist, CO_2-Emissionen zu eliminieren – und zwar sowohl explizit als auch implizit.

Denn manchmal handelt es sich nicht nur um ein Zugeständnis, sondern das Ziel wird ausdrücklich unterstützt. Und das ist immer häufiger der Fall. So haben sich die beiden riesigen internationalen Ölkonzerne Shell und BP verpflichtet, spätestens 2050 klimaneutral zu werden.[10] Immer mehr Unternehmen, die mit fossilen Brennstoffen arbeiten, bekunden den Wunsch, klimaneutral zu werden, und haben entsprechende Versprechen und Erklärungen unterzeichnet. (Sie alle sind irreführend und nicht umsetzbar, wie ich in Kapitel 6 erklärt habe.)

Doch selbst wenn Unternehmen nicht ausdrücklich erklären, CO_2-Emissionen eliminieren zu wollen, tun sie es stillschweigend, indem sie nicht dagegen angehen. Besteht das höchste moralische Ziel der Welt darin, Ihren Industriezweig abzuschaffen, und Sie setzen sich nicht zur Wehr, dann stimmen Sie diesem Ziel zu.

Befürworter fossiler Brennstoffe räumen nicht nur ein, dass das Ziel, CO_2 und damit auch fossile Brennstoffe zu eliminieren, moralisch gerechtfertigt ist, sie erklären auch immer wieder zentrale Elemente des Anti-Eingriffskonzeptes, welches dieses Ziel fördert, für gültig und verstärken folglich diese Elemente.

Wiederholt bekunden Befürworter fossiler Brennstoffe ihre Absicht, »unsere Auswirkungen auf die Umwelt zu minimieren«, und unterstützen damit unter der Hand die Absicht, menschliche Eingriffe zu eliminieren, weil sie nicht zwischen produktiven und zerstörerischen Eingriffen in die Natur unterscheiden. Dabei macht die produktive Einflussnahme auf die Natur den Kern dessen aus, was fossile Brennstoffe tun.

Und wenn Befürworter fossiler Brennstoffe regelmäßig von »empfindlichen Ökosystemen« sprechen, machen sie sich die Annahme von der empfindlichen Mutter Natur zu eigen.[11]

Und auch die Verzerrungen im Dienst der Eliminierung von CO_2-Emissionen akzeptieren die Befürworter fossiler Brennstoffe immer wieder. Das gilt sogar für Unternehmen aus der Branche.

Das wichtigste Zugeständnis, das viele Unterstützer machen, ist die Idee einer Klimakatastrophe oder -apokalypse und die Katastrophensprache, die sie übernehmen (etwa »Klimawandel ist eine existenzielle Bedrohung«), anstatt sie zu hinterfragen. Doch noch häufiger benutzen sie eine Sprache, die den Klimawandel zwar nicht als Katastrophe, aber als zentrales Problem darstellt (etwa »Klimawandel ist real«, »Klimawandel stellt eine ernste Bedrohung dar«).

Wenn man das Thema Klimakatastrophe gar nicht erst anspricht, kommt dies ebenfalls einem Zugeständnis gleich. Historisch betrachtet, war dies die häufigste Antwort der Produzenten fossiler Brennstoffe auf das Problem.

Bevor ich mich dem Studium des Energiethemas widmete, fand ich die Vermeidungspolitik hinsichtlich einer Auseinandersetzung mit Klimakrisenthesen kontraproduktiv. Sie bestärkte mich nur in der Überzeugung, dass die Klimakrise ein ernstes Problem darstellt.

Dass die fossile Brennstoffindustrie beim Thema Klima zu all diesen Zugeständnissen bereit war, zeigt, wie sehr sie sich die Anti-Eingriffsideologie zu eigen gemacht hat. Würde sie sich nach den Richtlinien für menschliches Wohlergehen agieren, würde sie voller Stolz darauf verweisen, wie viel sie zur Klimabeherrschung beiträgt und zu welchem beispiellosen Schutz vor Klimagefahren dies bereits geführt hat.

Da aus Sicht des Anti-Eingriffsdenkens die Rolle der Industrie bei Klimathemen aber nur negativ sein kann, entschuldigen sich die Unternehmen oder gehen dem Thema aus dem Weg.

Dass die Hersteller fossiler Brennstoffe ihren Beitrag zur Klimabeherrschung nicht feiern, gehört zu einem zweiten Fehler, mit dem sie das Ziel verstärken, CO_2-Emissionen zu eliminieren: Sie sprechen nicht darüber, welchen positiven Beitrag Energie aus fossilen Brennstoffen für das menschliche Wohlergehen geleistet hat. Ich habe es ausführlich in diesem Buch behandelt: Die Vorzüge sind so signifikant, dass sie die ganze Welt zu einem deutlich lebenswerteren Ort machen.

Zwar haben die Hersteller fossiler Brennstoffe in den vergangenen Jahren häufiger über den Wert ihrer Arbeit gesprochen, aber längst nicht in dem Maße, wie es nötig wäre, um den alles durchdringenden Lügen entgegenzuwirken, mit denen unser Wissenssystem auf die Vorzüge fossiler Brennstoffe reagiert.

Solange die Öffentlichkeit kein Gefühl dafür bekommt, wie fundamental und einzigartig die Vorzüge fossiler Brennstoffe sind, wird es den Anschein haben, als würde es uns wenig oder sogar überhaupt nichts kosten, CO_2-Emissionen zu eliminieren.

Zu alledem machen die Hersteller fossiler Brennstoffe immer öfter ein drittes Zugeständnis gegenüber den anti-eingriffsbedingten Verzerrungen, die dem Ziel zuarbeiten, CO_2-Emissionen zu eliminieren. Sie gestehen ein, erneuerbare Energien könnten fossile Brennstoffe ersetzen.

Häufig geschieht das stillschweigend, etwa wenn die Hersteller fossiler Brennstoffe ihre (trivialen) Aktivitäten im Bereich »erneuerbare Energien« ins Rampenlicht rücken oder nicht bereit sind, sich zur Überlegenheit fossiler Brennstoffe zu äußern. Dasselbe gilt, wenn Politiker, die eigentlich für die Verwendung von fossilen Brennstoffen sind, bei Energiediskussionen so tun, als würden sich fossile Brennstoffe nicht von anderen Energiearten abheben.

Doch die Zugeständnisse werden immer expliziter, insbesondere bei Unternehmen, die sich öffentlich darauf festgelegt haben, bestimmte Ziele in der Eliminierung von Emissionen zu erreichen.

So gibt es einen kostspieligen Werbespot von BP, in dem der Mittlere Westen der USA als Ort dargestellt wird, der mit seinem permanenten Wind bestens für Windräder geeignet ist, wohingegen Erdgas als bloße Absicherung behandelt wird, die nur selten benötigt wird. Dabei ist Erdgas in Wirklichkeit eine unerlässliche Lebensversicherung, während die Windräder nur verschwenderische Dreingaben sind.

Man kann sich kaum etwas vorstellen, was der irreführenden Aussage, »erneuerbare können fossile Brennstoffe ersetzen«, besser in die Karten spielt, als wenn führende Hersteller fossiler Brennstoffe Propaganda aus dem Lager für erneuerbare Energien verbreiten.

Befürworter fossiler Brennstoffe erkennen also das moralische Ziel an, CO_2-Emissionen zu eliminieren, das Anti-Eingriffskonzept, auf dem dieses Ziel basiert, und häufig auch die Verzerrungen, die von dem Anti-Eingriffskonzept ausgehen und die dieses Ziel unterstützen. Alles in allem haben sie den roten Teppich für ein endloses Argumentieren nach dem oben beschriebenen Muster »mit 100« ausgerollt – nur eben zugunsten der Eliminierung fossiler Brennstoffe. Und genau das haben sie auch bekommen.

Auch wenn sie den Gegnern fossiler Brennstoffe grundsätzlich recht gegeben haben, lehnten sich die Befürworter fossiler Brennstoffe seit jeher vehement gegen jeden einzelnen Schritt auf und finden an allem etwas zu bekritteln. Emissionshandel und Green New Deal? Zu teuer. Einschränkungen bei der Landnutzung? Kostet Arbeitsplätze. Schließung eines Kohlebergwerks? Trifft die jeweilige Gemeinde zu sehr.

Wir haben es hier mit dem klassischem »Argumentationsmuster mit 0« zu tun: »Ich bin einverstanden mit Ihrem Ziel, aber diese spezielle Vorgehensweise ist nicht praktikabel.«

Greifen wir noch einmal die Hydra-Metapher auf: Befürworter fossiler Brennstoffe behandeln die Hydra, die fossile Brennstoffe eliminieren will, nicht als Hydra, sondern als eine Reihe individueller Kobras, mit denen man sich der Reihe nach befassen kann. Aber hinter diesen Angriffen steht eine gemeinsame Ursache, die nicht aufhören wird, wenn man mit 0 argumentiert, ganz im Gegenteil. Tatsächlich pumpen die Befürworter fossiler Brennstoffe nur noch mehr Blut ins Herz der Hydra. Und so wachsen der Hydra immer weitere Köpfe.

Selbstverständlich haben die Befürworter fossiler Brennstoffe viele einzelne Kämpfe gegen viele einzelne Hydraköpfe gewonnen. Aber der Krieg geht weiter, und er läuft gut für die Seite, die fossile Brennstoffe eliminieren möchte.

Für die Befürworter fossiler Brennstoffe ist der Krieg immer schwerer geworden, während die Gegenseite immer rascher Siege einfährt.

Woran liegt das? Je mehr man nach der 0-Strategie argumentiert, desto mehr werden das Ziel der CO_2-Emissionsabschaffung, die Anti-Eingriffsagenda und die Tendenz zu Verzerrungen verstärkt, desto dringender wird in den Augen der Öffentlichkeit der Handlungsbedarf und desto schwerer fällt es den Befürwortern fossiler Brennstoffe, ihren Widerstand gegen die vorgeschlagenen Ansätze zu rechtfertigen.

Wer mit 0 argumentiert, vertritt – mal ausdrücklich, mal stillschweigend – die Haltung, dass fossile Brennstoffe ein *notwendiges Übel* sind, auf das wir *vorübergehend* zurückgreifen müssen. Ja, wir wollen sie eliminieren, vor allem wegen ihrer CO_2-Emissionen, aber sie in naher Zukunft zu eliminieren ist nicht praktikabel.

Doch diese Haltung ergibt keinen Sinn, denn wenn etwas wirklich so böse ist, dass es die Welt zerstören könnte, kann es auch nicht wirklich notwendig sein.

Und je mehr eine Klimakatastrophe, je mehr die Banalität fossiler Brennstoffe und je mehr die Ersetzbarkeit fossiler Brennstoffe durch erneuerbare Energien eingeräumt wird, desto weniger notwendig erscheint dieses Übel. Die naheliegende Schlussfolgerung lautet: Wer die Nutzung fossiler Brennstoffe gutheißt, ist bloß ein »Leugner« und »Verzögerer«, leugnet, wie zutiefst teuflisch fossile Brennstoffe sind, und verschleppt politische Maßnahmen, die die Situation bessern würden.

Die 0-Argumentation funktioniert nur zugunsten derjenigen, die fossile Brennstoffe eliminieren wollen.

Das wirft die Frage auf, warum sie bei Befürwortern fossiler Brennstoffe dann so weitverbreitet ist.

Meiner Ansicht nach gibt es dafür drei Gründe.

Der erste ist der, dass die meisten Befürworter fossiler Brennstoffe im Grunde selbst im Rahmen des Anti-Eingriffsdenkens agieren – und je jünger sie sind, desto eher neigen sie dazu. Wer im Großen und Ganzen mit dem bestehenden Rahmen übereinstimmt, wird wahrscheinlich nicht die Neuausrichtung vornehmen, die es braucht, um bis 100 zu argumentieren.

Der zweite Grund ist der, dass sich die meisten Befürworter fossiler Brennstoffe nur begrenzt bewusst sind, was für ein mächtiges Werkzeug das eigene philosophische Grundkonzept darstellt. Gemeinhin gilt Philosophie als ein theoretisches Gebiet, mit dem sich Menschen aus praxisnahen Feldern wie der Wirtschaft oder der Politik nicht zu befassen brauchen.

Die ersten drei Teile dieses Buches sollten sich mehr als ausführlich mit den obigen Gründen befasst haben.

Aber es gibt noch einen dritten Grund für die 0-Argumentation, der klar und deutlich widerlegt werden muss: nämlich die Idee, dass es extrem schwierig ist, für ein Publikum das philosophische Grundkonzept zu ändern, und eine Neuausrichtung und 100-Argumentation folglich unmöglich ist, und das Beste, was man sich noch erhoffen kann, die 0-Argumentation ist.

Dieses Argument klingt zunächst plausibel, erweist sich aber glücklicherweise als völlig falsch. Denn meine Erfahrung zeigt, dass einer Debatte eine neue Richtung zu geben nicht nur möglich, sondern sogar überraschend einfach ist.

Ist eine Neuausrichtung tatsächlich möglich?

Es sollte mittlerweile klar geworden sein, dass eine Neuausrichtung der Energiedebatte weg von dem Ziel, CO_2-Emissionen zu eliminieren, und dem Anti-Eingriffsgrundkonzept, auf dem es fußt, hin zu dem Ziel, das menschliche Wohlergehen zu fördern, und dem diesem Ziel zugrunde liegenden menschenfreundlichen Konzept eine sehr gute Sache wäre, denn so würde eine 100-Argumentation für eine stärkere Nutzung fossiler Brennstoffe möglich werden.

Aber das wirft die Frage auf, inwieweit es überhaupt möglich ist, die Debatte neu auszurichten. Viele Kommunikationsexperten halten es für unmöglich, ja letztlich kontraproduktiv, das einer Debatte zugrunde liegende Grundkonzept zu hinterfragen, wenn sehr weit verbreitete Ideen im Spiel sind.

Das ist auch plausibel, denn wenn ein Grundkonzept fest genug verankert ist, wird der Versuch, zu einem speziellen Thema Argumente beizutragen, die dieses Denkmuster völlig infrage stellen, für gewöhnlich scheitern.

So ist es eine Binsenweisheit, dass man nicht versuchen sollte, Menschen in religiösen Dingen von etwas anderem zu überzeugen, da diese zu ihrem Denkfundament gehören, was sich in der Regel nur sehr schwer ändern lässt. Will beispielsweise ein Politiker eine katholische Gruppe von seiner Wirtschaftspolitik überzeugen, würde er nicht sagen: »Meine Politik steht in völligem Widerspruch zum Katholizismus, also sollten Sie Ihren katholischen Glauben ablegen und meine Politik übernehmen.« Er wird nach einem Weg suchen, seine Position in Einklang mit dem katholischen Glauben zu bringen.

Dasselbe grundsätzliche Argument könnte man auch zum Thema Energie vorbringen. Die Menschen glauben an das Ziel, CO_2-Emissionen zu eliminieren und ganz allgemein »den Planeten zu retten« – und sie glauben, dass sich die Erde in einem empfindlichen Gleichgewicht befindet.

Dann lassen Sie uns doch diese Ideen einfach akzeptieren und versuchen, damit zu arbeiten, indem wir Argumente gegen bestimmte, gegen fossile Brennstoffe gerichtete politische Maßnahmen anführen und darauf achten, dass sie nicht das Denkkonzept infrage stellen, das dieser Haltung zugrunde liegt. Sprechen wir stattdessen lieber über Arbeitsplätze, Steuergelder, den sozialen Beitrag der Industrie oder darüber, wie dumm eine bestimmte Politik ist. Anders gesagt: Gehen wir mit der 0-Argumentation vor.

Noch einmal: Diese Vorgehensweise ist durchaus plausibel, denn bestimmte eingefahrene Vorstellungen lassen sich nur sehr schwer ändern, und es kann dementsprechend schwer sein, bestimmten Debatten eine neue Richtung zu geben.

Auch ich habe lange Zeit geglaubt, dass es außerordentlich schwierig sei, die Debatte über fossile Brennstoffe neu auszurichten.

Ich war zu meinen moralischen Argumenten für eine fossile Zukunft durch das Denkkonzept, das sich am menschlichen Wohlergehen orientiert, gelangt, aber mir war unklar, inwieweit es mir bei meiner Überzeugungsarbeit von Nutzen sein könnte.

Der Verdacht, dass die Neuausrichtung einfacher sein würde als gedacht, beschlich mich, nachdem mein Buch *The Moral Case for Fossil Fuels* erschienen war, dessen Thesen ich im ersten Kapitel kurz umrissen habe.

Damals dachte ich, dieses Denkkonzept könne durchaus nützlich sein, aber wie nützlich, war mir noch schleierhaft. Das änderte sich, als ich immer wieder Rückmeldungen von Lesern erhielt, die vor allem das Grundkonzept des Buches hervorhoben.

Besonders aufschlussreich in dieser Hinsicht waren Rückmeldungen von Menschen, die sich als »Liberale« oder »Umweltschützer« betrachteten.

So schrieb mir ein Leser: »Ich bin seit jeher Demokrat und ein starker Befürworter Obamas. Mir gefiel vor allem, auf welche Basis Sie die Themen mithilfe eines klaren Standards (Leben und Wohlergehen des Menschen) stellten und dabei sowohl die Risiken als auch die Vorzüge fossiler Brennstoffe und ihrer Alternativen abwägten.«

Neben dem schriftlichen Lob über den Denkansatz, der meinem Buch zugrunde liegt, bestärkten mich meine Erfahrungen bei Vorträgen in seinem Wert.

Bei den Hunderten von Reden, die ich über dieses Buch gehalten habe, probierte ich aus, wie weit ich die Debatte vom Anti-Eingriffskonzept weg- und zum Plädoyer für menschliches Wohlergehen hinlenken konnte. Und ich fand heraus, dass die Ergebnisse umso besser waren, je stärker ich die Debatte neu ausrichtete.

Mir wurde also klar, dass eine Neuausrichtung der Debatte nicht unbedingt eine extreme Schwierigkeit darstellen musste. Extrem schwer ist sie erst dann, wenn die Ideen der aktuell dominierenden Denkweise wirklich fest in den Köpfen der Menschen verankert sind, und das heißt, dass diese sie 1) explizit gutheißen und dass sie 2) zu ihrer Identität gehören.

In anderen Fällen – und glücklicherweise zählt das Anti-Eingriffskonzept dazu – operieren die Menschen mit einem Grundkonzept, das sie nie ausdrücklich bis zu Ende durchdacht haben, das nicht zentral zu ihrer Identität beiträgt und zu dem ihnen noch nie eine eindeutige Alternative aufgezeigt wurde.

Herrscht eine Denkweise stillschweigend, ohne dass sie einen nennenswerten Beitrag zur Identität liefert, und sind keine Alternativen bekannt, lässt sie sich häufig infrage stellen und vergleichsweise leicht verändern.

Und wenn es darum geht, das Anti-Eingriffskonzept infrage zu stellen und durch das auf menschliches Wohlergehen ausgerichtete Konzept zu ersetzen, ist dies meiner Erfahrung nach bei sehr vielen Menschen der Fall,

Neuausrichtung der Debatte mithilfe des auf das menschliche Gedeihen ausgerichteten Konzepts

Dass sich das Grundkonzept, mit dem Menschen arbeiten, rasch infrage stellen und verändern lässt, habe ich zuerst bei der Frage nach ihren Bewertungsmethoden bemerkt.

Dass heutzutage nur die wenigsten Menschen beim Thema fossile Brennstoffe, ihren Vorzügen und Nebenwirkungen, den Gesamtkontext betrachten, habe ich in diesem Buch wiederholt angesprochen. Sie betrachten nur die negativen Auswirkungen fossiler Brennstoffe (und verzerren sie wild) und ignorieren ihre grundlegenden Vorzüge.

Die Vorurteile können so tief sitzen, dass es unmöglich erscheint, etwas dagegen zu unternehmen.

Doch eines Tages unternahm ich einen Versuch, der mich vom Gegenteil überzeugte. Ich bemühte mich, Einzelgespräche so zu führen, dass ich die Person auf glaubwürdige Weise fragte, ob sie prinzipiell bereit sei, den Gesamtkontext zu berücksichtigen.

Meine Frage lautete: »Stimmen Sie zu, dass wir den Gesamtkontext betrachten sollten, wenn wir uns mit fossilen Brennstoffen beschäftigen? Ich meine damit, dass wir sowohl die Vorzüge wie auch die negativen Auswirkungen sämtlicher Energiequellen betrachten müssen und nicht nur die negativen Auswirkungen fossiler Brennstoffe und die Vorzüge von Sonnen- und Windenergie?«

Und was haben die Menschen ihrer Meinung nach geantwortet?

Sie sagten Ja, und sehr viele nach ihnen ebenso.

Doch nicht nur das, sondern sobald das Gespräch *nach dem Grundsatz* einer umfassenden Betrachtung stattfand, waren auch andere Leute viel stärker als sonst dazu bereit, den Gesamtkontext und folglich die üblicherweise ignorierten Vorzüge fossiler Brennstoffe zu betrachten.

Wenn jemand ausdrücklich einer Idee – beispielsweise den Gesamtkontext zu betrachten – zustimmt, ist die Wahrscheinlichkeit größer, dass er sie auch in die Praxis umsetzt. (In seinem bekannten Buch *Influence* über die Kraft der Überzeugung spricht Robert Cialdini vom Grundsatz der »Integrität«.)*

Warum ist es so wichtig, den Gesamtkontext zur Basis einer Debatte zu machen, obwohl sich die Menschen so fest an ihr Grundkonzept zu klammern scheinen, bei dem sie ausschließlich die negativen Auswirkungen fossiler Brennstoffe betrachten?

Weil in diesem Fall (wie in vielen weiteren Fällen) das Grundkonzept implizit und unhinterfragt übernommen wurde. Es wurde nicht nach reiflicher Überlegung explizit beschlossen.

Niemand glaubt wirklich, dass es in Ordnung sei, ausschließlich die negativen Auswirkungen einer Angelegenheit zu betrachten und alle positiven Aspekte zu ignorieren.

---

* Cialdini, Robert B.: *Influence, New and Expanded: The Psychology of Persuasion,* Harper Business 2021; auf Deutsch: *INFLUENCE – Wie man (andere) überzeugt. Nützliche Erkenntnisse der Psychologie,* HarperCollins, New York 2023. (Anm. des Verlags)

Indem ich das Thema explizit machte und klipp und klar die positive Alternative anbot, den Gesamtkontext zu betrachten, war die Mehrheit dafür. (Ein Tipp: Jemanden positiv dazu zu bewegen, sich den Gesamtkontext anzusehen, ist meiner Erfahrung nach wesentlich wirksamer, als diese Person zu dem Eingeständnis zu drängen, sie habe mit ihrer einseitigen Betrachtung der negativen Auswirkungen voreingenommen gehandelt.)

Nachdem ich in Einzelgesprächen entdeckt hatte, dass ich mithilfe des Gesamtkontextes Gesprächen eine neue Richtung geben konnte, stellte ich fest, dass dies auf »Gespräche« in sämtlichen Medien ebenfalls zutraf – in Interviews, Artikeln, Podcasts und natürlich auch in Büchern.

Was für eine aufregende Entdeckung! Sie bedeutete, dass ich etwas relativ Einfaches tun konnte (ich konnte jemanden dazu bewegen, den Gesamtkontext miteinzubeziehen), woraufhin das Gespräch eine Richtung nahm, die es meinem Gegenüber deutlich leichter machte, meine Einschätzung zu fossilen Brennstoffen zu verstehen und zu übernehmen.

Mit dieser Methode konnte ich also erfolgreich Debatten über fossile Brennstoffe neu ausrichten – die Frage war nur, wie weit ich damit kommen würde. Würde ich auch an den grundlegenderen Überzeugungen rütteln können, und würde ich – vor allem – das Ziel etablieren können, das menschliche Wohlergehen voranzutreiben?

Ja, stellte sich glücklicherweise heraus.

Die gesamte Anti-Eingriffsideologie setzt sich aus größtenteils impliziten, unhinterfragten Ansichten zusammen. Dass sie sich überhaupt so lange halten konnte, hängt damit zusammen, dass sich die meisten Leute das eigentliche Wesen dieser Ansichten und das, was es an positiven Alternativen zu ihnen gibt, nicht explizit bewusst gemacht haben.

Im Unterschied zu dem bisherigen Ziel, menschliche Eingriffe zu eliminieren, ist das wichtigste Ziel für die Neuausrichtung der Energiedebatte, das menschliche Wohlergehen zu fördern.

Werden die Alternativen gut genug erklärt, entscheiden sich die meisten Menschen glücklicherweise für Letzteres.

Und ein Schlüsselelement für eine solche Erklärung ist, sicherzustellen, dass das Nichtabschaffen von CO_2-Emissionen mit einer lebenswerten Umwelt für den Menschen assoziiert wird.

Achten Sie sorgfältig darauf, klarzumachen, dass menschliches Wohlergehen für uns bedeutet, über einen wundervollen Lebensraum mit guter Luft- und Wasserqualität und ausreichendem Schutz vor Klimagefahren zu verfügen, dass aber eine Umwelt, in die der Mensch nicht eingreift, eine schreckliche Umwelt ist.

Auch wichtig in diesem Zusammenhang ist, zu betonen, dass es sich bei der Verbesserung des menschlichen Gedeihens um ein *langfristiges Ziel* handelt. Gegner menschlicher Eingriffe verbreiten nämlich gerne den Irrglauben, Einfluss auf seine Umwelt zu nehmen würde auf lange Sicht zwingend Selbstzerstörung für den Menschen bedeuten.

Ist das Ziel, das menschliche Wohlergehen zu steigern, klar – genauer gesagt das die Umwelt wertschätzende, langfristige Ziel, das menschliche Wohlergehen zu steigern –, und ist es klar, dass das Ziel, menschliche Eingriffe zu eliminieren, auf lange Sicht die Umwelt für den Menschen zerstört, müssen die meisten Menschen nicht lange überlegen, welches Ziel sie bevorzugen.

Eine weitere essenzielle Neuausrichtung – von der Betrachtung der Natur als empfindlichem Gleichgewicht zur Betrachtung der Natur als Wildnis mit Potenzial – erfordert eine ganz besonders verständliche Darlegung beider Alternativen.

Die Annahme, dass sich Mutter Natur in einem empfindlichen Gleichgewicht befindet, weist einen zentralen Schwachpunkt auf, und wenn ihre Bedeutung und die Bedeutung ihrer Alternative, der Prämisse vom Wildnispotenzial, klar und deutlich vermittelt werden, wird rasch offenkundig, dass diese Annahme falsch ist.

Weist man die Menschen darauf hin, dass der Planet eine Wildnis mit unendlich viel Potenzial ist, in die der Mensch in großem Stil und intelligent eingreifen muss, erkennen die meisten Menschen praktisch von allein, wie zutreffend diese Annahme ist. Bei meinen Überzeugungsexperimenten habe ich festgestellt, dass ich mit den richtigen Worten die Debatte rasch neu ausrichten konnte, sie also von der Prämisse »Mutter Natur ist empfindlich« weg- und zur Prämisse vom Wildnispotenzial hinzulenken vermochte.

Bei Einzelgesprächen hat sich meiner Erfahrung nach die folgende Art Frage als sehr wirksam erwiesen: »Würden Sie zustimmen, dass der Planet in seinem natürlichen, von Menschen nicht beeinflussten Zustand kein sehr guter Ort zum Leben ist, weil es so schwer ist, unsere grundlegendsten Bedürfnisse zu befriedigen, und weil das Klima und andere Spezies derart viele massive natürliche Gefahren darstellen?« Die meisten Menschen werden dies bejahen. Und dann frage ich nach: »Würden Sie zustimmen, dass wir stark auf den Planeten Einfluss nehmen müssen, um auf hohem Niveau leben und gedeihen zu können?« Auch das werden die meisten bejahen.

Insbesondere die Vorstellung, dass der Mensch mithilfe fossiler Brennstoffe positiv auf die Umwelt einwirkt und die Sicherheit und die Sauberkeit verbessert, hat sich meiner Erfahrung nach als wirkungsvoll erwiesen. Das liegt daran, dass sie so offenkundig richtig ist, aber niemals thematisiert wird.

So frage ich beispielsweise im Einzelgespräch: »Würden Sie zustimmen, dass menschliche Eingriffe in die Umwelt in vielen Fällen gut sind? Zum Beispiel, wenn wir leistungsstarke Bewässerungssysteme bauen, um Dürren zu bekämpfen, bei denen früher Hunderttausende jährlich ums Leben kamen, wohingegen es heutzutage nur noch ganz wenige sind? Oder wenn wir von Natur aus schmutziges Wasser mithilfe leistungsstarker Aufbereitungssysteme in unnatürlich sauberes Wasser verwandeln?«

Wenn die Bedeutung der Annahme, Mutter Natur sei empfindlich, und die Bedeutung ihres genauen Gegenteils explizit gemacht werden, erweist sich Erstere als letztlich doch nicht so allmächtig.

Die Debatte grundsätzlich auf das menschliche Wohlergehen auszurichten ist zu 100 Prozent möglich, und dazu gehört auch, das menschliche Wohlergehen voranzubringen, eine unmissverständliche Umweltterminologie zu verwenden, die Prämisse vom Wildnispotenzial zu nutzen sowie eine gesamtkontextuelle Bewertungsmethode heranzuziehen.

Ist die Debatte nun auf das menschliche Wohlergehen konzentriert, ist es nicht nur möglich, für eine fossile Zukunft »mit 100« zu argumentieren, sondern sogar eine unglaublich kraftvolle Erfahrung.

Die unbestreitbare Kraft von fundamentalen Wahrheiten im richtigen Rahmen

Insofern die Energie-, Umwelt- und Klimadebatte ordnungsgemäß auf das Ziel ausgerichtet ist, das menschliche Wohlergehen und alles, was damit einhergeht, zu fördern, wird – das sagen mir meine Erfahrung und die Logik – das Unmögliche möglich und Menschen sind plötzlich offen für die unerwartete Schlussfolgerung, für die ich mich in diesem Buch stark mache und von der ich hoffe, dass ich auch Sie dafür zumindest erwärmen konnte: Wenn wir wollen, dass das menschliche Leben weltweit floriert, müssen wir mehr fossile Brennstoffe verwenden, nicht weniger.

Hat die Debatte insbesondere zu fossilen Brennstoffen die richtige Ausrichtung, lautet die zentrale Frage, die es zu beantworten gilt, um über das weitere Vorgehen zu entscheiden: Wie sehen aus der Perspektive des menschlichen Wohlergehens die Vorzüge und die Nebenwirkungen aus, wenn wir in unserer von Natur aus mangelbehafteten und gefährlichen Welt weiterhin massiv fossile Brennstoffe nutzen?

Angesichts dieser Fragestellung muss man sich vier grundlegende Wahrheiten vor Augen führen, um zu erkennen, dass die Antwort lautet, dass eine Fortsetzung der massiven Nutzung fossiler Brennstoffe die Welt für viel mehr Menschen wesentlich lebenswerter machen wird.

1. Die beispiellos kostengünstige Energie, die wir aus fossilen Brennstoffen beziehen, macht die Welt für Milliarden Menschen nicht nur zu einem unnatürlich lebenswerten Ort, sondern auch unnatürlich sicher vor dem Klima. (Siehe Kapitel 4)
2. Für Milliarden Menschen, die immer noch keine kostengünstige Energie haben, ist die Welt ein wenig lebenswerter Ort. (Siehe Kapitel 4 und 5)
3. Die Fähigkeit fossiler Brennstoffe, Milliarden Menschen weiterhin kostengünstig mit Energie zu versorgen ebenso wie erstmals Milliarden Menschen, die noch nicht darüber verfügen, kann durch keine Kombination alternativer Energien ersetzt werden, insbesondere nicht durch die unzuverlässigen Energieformen Solar- und Windkraft. (Siehe Kapitel 5 und 6)

4. Die CO_2-Emissionen fossiler Brennstoffe haben zu einer langsamen, nicht nur beherrschbaren, sondern häufig sogar nutzbringenden Erwärmung ebenso wie zu signifikantem »Global Greening« beigetragen – also nichts, was nach einer Krise aussieht – und werden es auch weiterhin tun. (Siehe Kapitel 7, 8 und 9)

Solange die Debatte über fossile Brennstoffe noch kein angemessenes Fundament hat, stellt jede dieser grundlegenden Wahrheiten eine Art Kombination aus »noch nicht bedacht« und »unvorstellbar« dar.

Hat sie dies jedoch, so wird jede dieser grundlegenden Wahrheiten 1) extrem schwer zu leugnen sein, 2) sich extrem stark auf den Umgang des Mainstreams mit fossilen Brennstoffen auswirken und 3) den Blick auf fossile Brennstoffe extrem verändern.

Meiner Erfahrung nach vollzieht sich dies praktisch folgendermaßen.

Die beispiellos kostengünstige Energie, die wir aus fossilen Brennstoffen beziehen, macht die Welt für Milliarden Menschen nicht nur zu einem unnatürlich lebenswerten Ort, sondern auch unnatürlich sicher vor dem Klima

Wenn die Debatte die richtige Grundlage hat und man sich sämtliche Auswirkungen, die fossile Brennstoffe auf das menschliche Wohlergehen in unserer von Natur aus defizitären und gefährlichen Welt haben, aus dem Blickwinkel des menschlichen Wohlergehens ansieht, lässt sich das oben Gesagte schwerlich leugnen.

Allerdings sind ein paar Erklärungen erforderlich, beispielsweise für

- die unnatürlich hohe, wundervolle und zunehmende Lebensqualität der Welt (die Hockeyschläger des menschlichen Wohlergehens);
- den unnatürlich hohen, wundervollen Schutz der Welt vor Klimagefahren (rückläufige Todesopfer von Klimakatastrophen);

- die Rolle kostengünstiger Energie und »Maschinenarbeitskraft« für die Lebensqualität der Welt – und dafür, dass sie unsere Fähigkeiten erweitern und verstärken, für Nahrung, Schutz und Erfüllung zu sorgen;
- die beispielloses Kosteneffizienz fossiler Brennstoffe als einziger Quelle, die preiswerte, bedarfsgerechte, vielfältig einsetzbare und global skalierbare Energie liefert.

Diese Punkte zu erläutern ist nicht schwer, und ist dies geschehen, sind sie extrem schwer zu leugnen. Warum? Weil die meisten Menschen bereits das meiste wissen, was sie brauchen, um diese Punkte zu validieren. Dies Wissen war nur durch die Anti-Eingriffsagenda außer Kraft gesetzt worden.

Sobald wir Welt und Klima aus dem Blickwinkel des menschlichen Wohlergehens betrachten, braucht es wahrlich nicht viel Geschichtswissen, um sich klarzumachen, dass die Welt niemals lebenswerter war.

Sobald wir erkennen, wie außerordentlich lebenswert unsere Welt ist, interessieren uns die Gründe dafür. Und welchen Anteil kostengünstige Maschinenarbeit und kostengünstige Energie daran haben, ist ziemlich offensichtlich. Dass die Welt ein so großartiger Ort ist, verdanken wir dem Umstand, dass all diese Maschinen all diese Arbeiten für uns erledigen.

Und sobald man sich nur ein paar Daten zu der Frage vornimmt, woher die Welt unterschiedliche Arten von Energie erhält und woher nicht, wird klar, dass – zumindest aktuell – fossile Brennstoffe eine einzigartig kostengünstige Energiequelle darstellen.

Die genannten Punkte sind nicht nur völlig unbestreitbar und offensichtlich entscheidend, wenn man sie gut genug erklärt, sondern sorgen auch dafür, dass der Umgang des Mainstreams mit fossilen Brennstoffen erheblich diskreditiert wird, denn das Mainstream-Wissenssystem leugnet diese Punkte oder ignoriert sie sogar unverhohlen.

Das Mainstream-Wissenssystem stellt die Welt als unnatürlich wenig lebenswert, kostengünstige Energie als trivial und fossile Brennstoffe als nur eine unter zahlreichen Energiequellen dar. Erkennt ein aufrichtiger Mensch, dass all diese

Punkte offenkundig falsch sind, wird er zu Recht allem anderen, was er vom Mainstream vorgesetzt bekommt, Argwohn entgegenbringen.

Ist die Debatte also korrekt ausgerichtet und wurden bestimmte Wahrheiten klar und deutlich dargelegt, ist es also so gut wie unbestreitbar (und für das Mainstream-Wissenssystem in hohem Maß diskreditierend), dass die beispiellos kostengünstige Energie aus fossilen Brennstoffen die Welt für Milliarden Menschen in einen unnatürlich lebenswerten Ort verwandelt, an dem wir überdies noch unnatürlich sicher vor Klimagefahren sind.

Und sobald jemand begreift, welch grundlegenden Anteil fossile Brennstoffe an der unnatürlich hohen Lebensqualität unserer Welt haben, verändert allein dies schon den Blick auf fossile Brennstoffe. Dann ist die massive Nutzung fossiler Brennstoffe nicht mehr etwas, was die Lebensqualität unnatürlich beeinträchtigt, sondern etwas, das sie unnatürlich verbessert.

Eine korrekt ausgerichtete Debatte macht es also möglich und in hohem Maße wirksam, anderen grundlegende Wahrheiten über fossile Brennstoffe und menschliches Wohlergehen mitzuteilen, die 1) extrem schwer zu leugnen sind, die 2) den Umgang des Mainstreams mit fossilen Brennstoffen extrem diskreditieren und die 3) die Haltung einer Person gegenüber fossilen Brennstoffen extrem verändern können. Dieses Muster greift auch bei den anderen drei grundlegenden Wahrheiten über fossile Brennstoffe.

Für Milliarden Menschen, die immer noch keine kostengünstige Energie haben, ist die Welt ein wenig lebenswerter Ort

Sobald deutlich geworden ist, welchen Anteil die beispiellos kostengünstige Energie aus fossilen Brennstoffen daran hat, dass die Lebensqualität heute derart unnatürlich hoch ist, steht außer Frage, dass Milliarden weiterer Menschen in den Genuss dieser kostengünstigen Energie kommen sollten. Wir haben es hier erneut mit einem Fall zu tun, bei dem praktisch jeder Mensch die relevanten Fakten kennt (»Milliarden Menschen werden arm bleiben, solange sie keine energieintensiven Maschinen nutzen«), doch das Anti-Eingriffskonzept hat sie blind dafür gemacht.

Und auch hier wieder diskreditiert die Erkenntnis einer unstrittigen Wahrheit das Mainstream-Wissenssystem: Unser Wissenssystem äußert sich praktisch niemals besorgt darüber, dass es Menschen an Energie mangeln könnte. Und das zeigt, dass es nicht vertrauenswürdig ist.

Sind die erste und die zweite grundlegende Wahrheit etabliert, ist klar: Die ultrakostengünstige Energie aus fossilen Brennstoffen verwandelt unsere Welt zwar in einen wunderbaren Ort, doch leider können Milliarden Menschen daran größtenteils nicht teilhaben.

Insofern ist es aus moralischen Gründen dringend erforderlich, dass die Energieproduktion drastisch hochgefahren wird. Es geht um die Ermächtigung der Menschen.

Die Ermächtigung der Menschen zu erweitern stellt völlig zu Recht ein starkes moralisches Ziel dar, das eine 100-Argumenation verdient hat.

Bedenkt man die Einzigartigkeit fossiler Brennstoffe und dass sie in Zukunft noch deutlich mehr werden leisten müssen, ist es nicht weit bis zum nächsten Punkt: Fossile Brennstoffe sind auf absehbare Zeit hinaus nicht ersetzbar.

Die Fähigkeit fossiler Brennstoffe, Milliarden Menschen weiterhin kostengünstig mit Energie zu versorgen ebenso wie erstmals Milliarden Menschen, die noch nicht darüber verfügen, kann durch keine Kombination alternativer Energien ersetzt werden, insbesondere nicht durch die unzuverlässigen Energieformen Solar- und Windkraft

Sobald eindeutig geklärt ist, dass fossile Brennstoffe aktuell als einzige Energiequelle ultrakostengünstig Energie bereitstellen können, dass deutlich mehr Energie benötigt wird und dass das Mainstream-Wissenssystem beide Fakten leugnet, erscheint die Vorstellung, Sonnen- und Windenergie könnten fossile Brennstoffe komplett ablösen, sehr wenig plausibel.

Es reichen ein paar wenige Fakten wie die folgenden, und praktisch niemand wird mehr bestreiten können, dass fossile Brennstoffe auf absehbare Zeit nicht ersetzt werden können:

- Fossile Brennstoffe machen 80 Prozent der globalen Energieproduktion aus, und ihr Anteil wächst weiterhin stark, insbesondere in China und anderen Entwicklungsländern.
- Fossile Brennstoffe kommen nicht nur in der Stromerzeugung zum Einsatz, sondern auch bei mobiler Energie und industrieller Prozesswärme, also in Bereichen, in denen ein Umsteigen deutlich schwerer ist als bei der Elektrizität.
- Selbst wenn man sich auf die Stromerzeugung beschränkt, können die unzuverlässigen und parasitären Energien Sonnen- und Windkraft fossile Brennstoffe und andere zuverlässige Energiequellen nicht ersetzen. Sie führen bloß dazu, dass an vielen Stellen neue Kosten entstehen.
- Atomkraft ist die einzige Energiequelle, die wie fossile Brennstoffe natürlich gespeichert wird, natürlich verdichtet wird und in natürlichem Übermaß vorhanden ist. Dass es noch Generationen dauern wird, bis sie global kostengünstig arbeiten kann, liegt in erster Linie daran, dass die Bewegung gegen menschliche Eingriffe die Atomkraft kriminalisiert hat.

Sind diese Punkte verstanden, leidet das Ansehen des Mainstream-Wissenssystems noch mehr, da seine Voreingenommenheit und die Tatsache ersichtlich werden, dass sein Widerstand gegen sämtliche Formen kostengünstiger Energie von einer grundsätzlichen Energiefeindlichkeit herstammt.

Ist klar geworden, dass fossile Brennstoffe auch für die Zukunft einzigartig kostengünstig sind, wird das Szenario eines Ausstiegs aus fossilen Brennstoffen zu einer furchteinflößenden und ausgesprochen fragwürdigen Lösung. Und die Bewegung, die sich dafür einsetzt, ohne den dabei entstehenden verheerenden Schaden einzuräumen? Sie steht im besten Fall ebenfalls ausgesprochen fragwürdig da, obwohl sie doch bislang als Organisation galt, die auf wissenschaftlichen Erkenntnissen fußt und für uns Menschen nur das Beste im Sinn hat.

Die CO_2-Emissionen fossiler Brennstoffe haben zu einer langsamen, nicht nur beherrschbaren, sondern häufig sogar nutzbringenden Erwärmung ebenso wie zu signifikantem »Global Greening« beigetragen – also nichts, was nach einer Krise aussieht –, und werden es auch weiterhin tun

Wenn man darüber spricht, dass fossile Brennstoffe CO_2-Emissionen verursachen, wird dieses Thema oft so hingestellt, als hätten wir überhaupt keine Ahnung davon und als wäre es ausschließlich hoch spezialisierten Fachleuten vorbehalten.

Tatsächlich jedoch begreifen die meisten Menschen sehr gut, warum CO_2-Emissionen zu einer langsamen, beherrschbaren und in vielerlei Hinsicht nützlichen Erwärmung beitragen werden.

Beginnen wir mit den Möglichkeiten der Klimabeherrschung: Zunächst einmal weist man darauf hin, dass die Klimagefahren von Natur aus zweifelsohne enorm sind, schildert dann aber die enormen Fähigkeiten der Klimabeherrschung, die dank fossiler Brennstoffe möglich sind. Daraus resultiert die grundlegende Erwartung, dass eine Klimakatastrophe ausgesprochen unwahrscheinlich ist, ganz zu schweigen von einer Klimaapokalypse. Dies gilt umso mehr, wenn man sich vor Augen führt, dass die Menschheit bereits seit 170 Jahren zu einer Erhöhung der CO_2-Emissionen beiträgt, dass die Erwärmung in diesem Zeitraum nur 1 Grad Celsius betrug und dass die Anzahl von Klimatoten in diesem Zeitraum um 98 Prozent gesunken ist. Herrscht erst einmal die Überzeugung, dass sich durch fossile Brennstoffe das Klima beherrschen lässt, ist das Wissenssystem diskreditiert, weil es diese Möglichkeit abstreitet.

Sobald man sich den Planeten nicht mehr als empfindliche Mutter Natur vorstellt, die auf sämtliche menschliche Einwirkungen negativ reagiert, leuchtet die Tatsache ein, dass eine Erwärmung häufig positive Konsequenzen hat. Es ist klar, dass im schlechtesten Fall viele Menschen davon profitieren, wenn es wärmer wird – und dass offenkundig etwas mit unserem Wissenssystem nicht stimmt, wenn es 99 Prozent der Zeit immer nur auf negative Dinge hinweist.

Dasselbe gilt für »Global Greening«, auch hier ist der Ansatz völlig logisch, wenn man den Gedanken erst einmal verinnerlicht hat – und es ist absolut falsch von unserem Wissenssystem, diesen Punkt zu ignorieren.

Und die zentralen Fakten zu der Tatsache, dass die Erwärmung langsam voranschreitet und insofern absolut in den Griff zu bekommen ist, sind in der Regel nicht schwer zu vermitteln:

- Im Vergleich zur planetaren Vergangenheit sind die aktuellen CO_2-Werte und Temperaturen sehr niedrig. Es ist unmöglich, dass wir die sehr viel höheren CO_2-Werte erreichen, die in einer wesentlich tropischeren und vor Leben nur so strotzenden Zeit herrschten.
- Der Planet hat sich innerhalb von 170 Jahren um 1 Grad Celsius erwärmt.
- Die Meeresspiegel steigen sehr viel langsamer als noch zur Zeit unserer Vorfahren, und diese besaßen praktisch überhaupt keine Möglichkeiten, sich vor dem Klima zu schützen.

Diese Fakten sind allesamt unstrittig, dennoch leugnet sie das Wissenssystem vehement oder verzerrt sie, was es langsam, aber sicher in Verruf bringen wird.

Ist neben den anderen drei grundlegenden Wahrheiten auch die Wahrheit über die CO_2-Emissionen verinnerlicht, verändert sich das Bild radikal: Dass die ohnehin gewaltige Nutzung fossiler Brennstoffe weiter gesteigert wird, ist jetzt nicht mehr »selbstverständlich« katastrophal, sondern offenkundig wichtig für die Welt.

Dies gilt nicht nur auf der theoretischen Ebene, sondern hat sich meiner Erfahrung nach immer wieder auch in der Praxis bestätigt. Ich habe festgestellt, dass ich selbst mit einer 1-stündigen Rede viel bewirke, wenn ich die Debatte zu Beginn in eine neue Richtung lenke und die oben genannten grundlegenden Wahrheiten vergleichsweise kurz erläutere. Am Ende finden viele Zuhörer die Schlussfolgerung, dass für das menschliche Wohlergehen mehr und nicht weniger Öl, Kohle und Erdgas erforderlich sind – etwas, was sie anfangs für absurd gehalten hätten –, plausibel oder sogar sehr überzeugend.

Fassen wir zusammen: Richtet man die Debatte neu aus, vom Anti-Eingriffskonzept weg und zum grundsätzlichen Einsatz für das menschliche Wohlergehen hin, verwendet die 100-Argumentation und nutzt dabei die vier grundlegenden Wahrheiten über fossile Brennstoffe und menschliches Wohlergehen, kann man viele Menschen, die bis dahin einer gesteigerten Nutzung fossiler Brennstoffe überhaupt nichts abgewinnen konnten, zu der Erkenntnis verhelfen, dass eine vermehrte Nutzung tatsächlich unbestreitbar von Vorteil wäre. Diesen Weg haben neben mir auch andere äußerst erfolgreich gewählt, und Sie können unsere Arbeit ebenfalls strategisch unterstützen, indem Sie mithilfe dieser Methode bei Ihren Mitmenschen einen Meinungsumschwung herbeiführen.

Die wachsende Bewegung der Energiehumanisten

Dank meiner Erfolge mit der Neuausrichtung der Debatte um fossile Brennstoffe und Energiefreiheit dank der 100-Argumentation bin ich überzeugt, dass diese Vorgehensweise der Schlüssel für eine florierende fossile Zukunft ist.

Meine Zuversicht wurde auch durch den Erfolg anderer Energiebefürworter bekräftigt, von denen einige, aber nicht alle, durch mich inspiriert wurden. Sie betreiben eine Form von Neuausrichtung, argumentieren mit 100 und nicht mit 0, wie es bis dahin üblich war. Damit haben sie deutlich bessere Chancen im Kampf gegen die Bewegung, die fossile Brennstoffe abschaffen will, und für eine verstärkte Nutzung fossiler Brennstoffe und mehr Energiefreiheit.

Was ich mit ähnlich denkenden Energieverfechtern an Grundaspekten gemeinsam habe, ist, dass wir 1) größten Wert auf das menschliche Leben legen, 2) kostengünstiger Energie einen zentralen Wert zuschreiben, und 3) Vorzüge und Nebenwirkungen gegeneinander abwägen. Ich nenne diejenigen unter uns, die sich in diesen drei Punkten einig sind, »Energiehumanisten«.

Zu ihnen gehören unter anderem:

- Der ausgesprochen einflussreiche Michael Shellenberger, Autor von *Apokalypse – niemals! Warum der Klima-Alarmismus uns krank macht*. Michael war einst ein Umweltaktivist, der sich für »erneuerbare« Energien stark machte. Er kritisiert besonders die menschenfeindliche Gesinnung und die falschen Annahmen der Gegner fossiler Brennstoffe und setzt auf einen menschenfreundlichen und realitätsnahen Ansatz, mit dessen Hilfe er dem Klimakatastrophengeschrei den Wind aus den Segeln nimmt und für eine stärkere Energienutzung (vor allem mehr Kernkraft) und mehr Entwicklung plädiert. In den vergangenen Jahren ist er extrem effektiv geworden und erarbeitet sich durch seine moralische Seriosität und seine treffenden Analysen zunehmenden Respekt.

- Bjørn Lomborg (auch bekannt als »der skeptische Umweltschützer«), Statistiker und Autor (jüngstes Werk: *Klimapanik: Warum uns eine falsche Klimapolitik Billionen kostet und den Planeten nicht retten wird*). Er hat sich Respekt durch seinen Versuch verschafft, sehr genau zu quantifizieren, wie groß die Bedrohung der Menschheit durch vom Menschen verursachte Auswirkungen auf das Klima ist, und diese Auswirkungen mit anderen Bedrohungen der Menschheit zu vergleichen. Seine Argumente, dass die Auswirkungen des Klimawandels keineswegs katastrophal sind und daher nicht von höchster Priorität sein sollten, lassen sich nur schwer widerlegen.
- Robert Bryce, Journalist, Energieexperte und Autor von mehreren einflussreichen Büchern zum Thema Energie (beispielsweise *Power Hungry*), der regelmäßig für das *Wall Street Journal* schreibt. Er konzentriert sich auf den moralischen Imperativ für eine gesteigerte Energienutzung, insbesondere in den ärmsten Regionen der Welt. Seine Abwägungen, inwieweit fossile Brennstoffe und Alternativen tatsächlich imstande sind, den Energiebedarf der Welt zu stillen, sind hervorragend.
- Life:Powered, eine Gruppe, die stark durch meine Arbeit inspiriert wurde. Sie agiert bei Energiethemen explizit aus dem Blickwinkel menschlichen Wohlergehens und hat insbesondere in Texas die Energiepolitik vehement beeinflusst.

Meine Ansichten weichen häufiger von denen anderer Energiehumanisten ab, aber ich glaube, dass wir alle zusammen die Denkweise der Menschen über Energie verbessern, und zwar in dreierlei Hinsicht:

1. Wir verbessern die konzeptionellen Rahmenbedingungen, innerhalb derer Energie-, Umwelt- und Klimathemen diskutiert werden.
2. Wir treten für den wichtigen Wert ein, die Ermächtigung der Menschen voranzutreiben.
3. Wir machen klar, dass man weder ein Klimaschwarzmaler sein noch sich für den Ausstieg aus fossilen Brennstoffen einsetzen muss, nur weil man glaubt, dass sich das Handeln des Menschen auf das Klima auswirkt.

Je prominenter die Energiehumanisten werden, desto mehr Menschen kommen mit einer besseren Denkweise zu Energie und zumindest mit ein paar grundlegenden Fakten in Berührung, die für eine florierende fossile Zukunft im Rahmen einer Politik der Energiefreiheit sprechen.

Dass der Erfolg der Energiehumanisten zunimmt, zeigt Ihnen den Weg, auf dem Sie viel bewirken können: Sie können die Debatte neu ausrichten und mit der 100-Strategie argumentieren, indem Sie landauf, landab unsere Arbeit *teilen*.

Die grenzenlose Macht des Teilens

Bewegungen, die für einen Wandel plädieren, werden häufig mit öffentlichen Fürsprechern assoziiert, die dieser Bewegung ihr Leben widmen und sich schriftlich und mündlich ausführlich zu Wort melden. Solche Personen sind von zentraler Bedeutung für die Bewegung, aber genauso wichtig sind Menschen, die dieser Bewegung zwar nicht ihr ganzes Leben widmen und dementsprechend weniger stark im Rampenlicht stehen, aber eifrig wichtiges Material weitergeben.

Das Verbreiten von Material wird als Einflussmöglichkeit völlig unterschätzt.

Es ist bewundernswert, wenn Sie sich offen für eine Sache einsetzen (und natürlich wünsche ich mir das), aber dank Internet steht uns allen praktisch eine kostenlose Druckerpresse und Videoreproduktion zur Verfügung, die wir ständig und überall nutzen können, sei es für Material, das wir selbst erstellt haben, oder zum Teilen von Material anderer.

Da Sie nun wissen, wie wirkungsvoll es ist, eine Debatte neu auszurichten und mit 100 zu argumentieren, können Sie diese Instrumentarien noch mit der Macht des Teilens kombinieren. Auf diese Weise verfügen Sie über enormen Einfluss, ohne zu viel Zeit dafür aufwenden zu müssen: Teilen Sie einfach das, was an meiner Arbeit und der anderer Energiehumanisten das Beste ist, mit möglichst vielen Menschen, womit ich dasjenige meine, was am besten dazu geeignet ist, der Energiedebatte im Sinne der 100-Argumentation eine neue Richtung zu geben.

Teilt man die richtige Ressource mit der richtigen Person, kann dies ein dauerhaftes Umdenken bewirken. So erhielt ich beispielsweise von meinem Leser James folgende Nachricht:

> *Bevor ich Ihre Arbeit kennenlernte, habe ich mehr oder weniger an die Bewegung gegen fossile Brennstoffe geglaubt. Während meiner Ausbildung im sehr liberalen, vom Umweltschutzgedanken geprägten Vermont hat mir niemand die Pros fossiler Brennstoffe gezeigt, sondern einzig die Kontras. Zeitsprung zu gestern: Ich habe erstmals mein »Ich liebe fossile Brennstoffe«-T-Shirt in der Schule getragen.*

Direkt habe ich mit James nie gesprochen, sondern er hat von meiner Arbeit über einen Dritten erfahren, der sie ihm empfohlen hatte. Diese Person hatte einen enormen Einfluss, und zwar einfach nur dadurch, dass sie meine Arbeit an jemanden weitervermittelte, der potenziell offen für sie war.

Die richtige Ressource kann bei der richtigen Person aber nicht nur ein Umdenken auslösen, sie kann auch dazu führen, dass diese Person die Ressource an ihre Mitmenschen weiterleitet.

Und wer weiß schon im Vorhinein, wer gute Ressourcen entdeckt und was diese Person damit anstellt.

Ich beobachte immer häufiger, dass das Miteinanderteilen von Ressourcen neue Energiehumanisten hervorbringt.

Diejenigen, die meine Arbeit weitergegeben haben, sind ganz gewöhnliche Menschen und haben in unterschiedlichen Bereichen neue Energiehumanisten inspiriert.

Hier sind ein paar Beispiele:

- Der Ökonom Saifedean Ammous, eine Bitcoin-Koryphäe und Autor (*Der Bitcoin-Standard*), setzt sich aus moralischen Gründen öffentlich für eine fossile Zukunft ein und hat sein Ökonomiebuch um ein großes Kapitel zum Thema Energie ergänzt.
- Adam Anderson, CEO des Ölfeldausrüsters Innovex, schlug mit einem offenen Brief Wellen, in dem er sich aus moralischen Gründen für Öl und Erdgas stark machte. Sein Adressat war The North Face. Der Hersteller von Outdoorbekleidung hatte sich nämlich geweigert, Innovex-Jacken zu verkaufen, auf die sein Logo gedruckt worden war, und dies damit begründet, dass die Förderung von Öl und Gas gegen die moralischen Standards von North Face verstoße. Andersons Antwort war so gut formuliert, dass sie vom *Wall Street Journal* bis hin zu *Newsweek* vielfach aufgegriffen wurde. North Face wusste darauf nicht schlüssig zu antworten.
- Der indische Energie- und Umweltforscher Vijay Jayaraj hat für eine Vielzahl von Publikationsorganen eindringliche Artikel und Essays darüber verfasst, dass für Indien und andere Nationen fossile Brennstoffe der Schlüssel dazu sind, der Energiearmut und damit der Armut insgesamt zu entkommen.

Es ist schon erstaunlich, dass der simple Akt, Ressourcen von Energiehumanisten weiterzugeben, bereits ausreichen kann, andere Menschen zu überzeugen und womöglich ihrerseits zu Energiehumanisten zu machen.

Wenn Sie sich fragen, wo und wie Sie selbst mit dem Teilen anfangen könnten, möchte ich Ihnen völlig unbescheiden mein eigenes Material ans Herz legen.

Ein Großteil meiner Arbeit der vergangenen 14 Jahre zielte darauf ab, herauszufinden, wie man Gesinnungsgenossen mithilfe gut formulierter und verteilbarer Materialien innerhalb relativ kurzer Zeit zu Einfluss verhilft.

Mein Ziel ist es, all denen, die meiner Meinung sind, praktisch unbegrenzte Möglichkeiten an die Hand zu geben, um andere zu beeinflussen. Dies habe ich dadurch realisiert, dass ich *Materialien zur Verfügung stelle, die eine sachgemäße*

Neuausrichtung der betroffenen Themen vornehmen und die 100-Argumentation anwenden.

Unter *www.alexepstein.com/fossilfuture* finden Sie eine ausführliche Liste kostenloser Materialien, darunter viele kurz gehaltene, die Sie weitergeben können. Sie alle argumentieren im Rahmen des Grundansatzes für menschliches Gedeihen moralisch für eine fossile Zukunft.

Und damit Sie die vielen, täglich auftretenden konkreten Fragen und Überlegungen zu fossilen Brennstoffen besser weitergeben können, habe ich die Website *www.energytalkingpoints.com* ins Leben gerufen. Dort finden Sie Hunderte von Diskussionspunkten – »Talking points« –, die alle auf dem richtigen Grundkonzept basieren und stichhaltig, leicht teilbar sowie reichlich mit Quellen versehen sind.

Teilen Sie nur gute Sachen. Das klingt zwar albern, hat aber die beste Hebelwirkung.

Mundpropaganda ist die klassische Methode, um etwas weiterzugeben. Erzählen Sie anderen, dass Sie eine Person oder eine Ressource überzeugend fanden, und ermutigen Sie Ihre Gesprächspartner, sich das selbst anzusehen. Das ist ebenso einfach wie wirksam.

Auch soziale Medien sind unglaublich effizient, wenn es um das Teilen von Materialien geht. Meine Lieblingsplattform ist Twitter* (ich bin dort als @AlexEpstein aktiv), denn dort versammeln sich die einflussreichsten Personen. Außerdem kann selbst dann, wenn jemand Unbekanntes teilt, die richtige Botschaft zum richtigen Zeitpunkt viral gehen.

Aber auch auf jeder anderen großen Internetplattform können Sie viele mitdenkende Menschen erreichen, die sich als offen für die Ansichten der Energiehumanisten erweisen könnten.

Es gibt eine weitere, ebenfalls außerordentlich effektive und kostenlose Methode, die Arbeit der Energiehumanisten unter das Volk zu bringen: Empfehlen Sie uns bei Ihren Lieblingssendungen. Einige meiner medialen Auftritte, die am meisten bewirkt haben, gingen darauf zurück, dass Hörer oder Zuschauer

* Im Juli 2023 hat Elon Musk die Plattform Twitter in X umbenannt. (Anm. des Verlags)

sagten: »Ihr müsst unbedingt mal Alex Epstein einladen.« Zu diesen Auftritten zählen der bei der YouTube-Show *Rubin Report* oder jener bei der *Adam Carolla Show*. Simple Hinweise aus dem Publikum hatten dazu geführt, dass ich Hunderttausende erreichen konnte.

Fanden Sie dieses Buch besonders eindringlich und überzeugend? Dann hoffe ich, Sie sprechen mit anderen Menschen darüber. Ich habe auch deshalb 3 Jahre lang an einem neuen Buch über fossile Brennstoffe gearbeitet, weil ich die ultimative gemeinsam nutzbare Ressource erschaffen wollte.

Und sollten Sie über die Mittel verfügen, dieses Buch für andere zu erwerben, hoffe ich, dass Sie dies auch tun.

Teilen Sie dieses Buch mit Freunden, Familie und Kollegen, aber Sie können auch auf *www.alexepstein.com/fossilfutureeducation* gehen und dort Exemplare für Schüler und Lehrkräfte an Highschools und Colleges spenden, die ausdrücklich darum gebeten haben.

Diesen Dienst hatte ich bereits bei *The Moral Case for Fossil Fuels* angeboten. Und ich habe buchstäblich Tausende von Anfragen aus dem Lehrkörper und der Schülerschaft erhalten, darunter auch aus Orten, von denen ich es niemals erwartet hätte. So bat beispielsweise eine Lehrkraft um ein Exemplar, die in Kalifornien Umweltwissenschaften unterrichtet.

Folgende Nachricht erhielt ich von einem Lehrer, dem ich ein Exemplar zugeschickt hatte:

> *Ich möchte Ihnen dafür danken, mir ein kostenloses Exemplar von* The Moral Case for Fossil Fuels *zugeschickt zu haben. Ich unterrichte Staatskunde und Ökonomie und habe die Grundideen des Buches bereits in meinem Unterricht eingesetzt und die Schüler gebeten, sowohl die Vorzüge als auch die Nachteile fossiler Brennstoffe zu beschreiben. In meiner Schule gibt es einen Lehrer für Naturwissenschaften, der sich stets sehr vehement gegen die These ausgesprochen hat, dass fossile Brennstoffe eine gute Sache für den Menschen sind, aber dank Ihres Buches konnte ich erfolgreich mit ihm diskutieren.*

Wenn Sie über die nötigen Ressourcen und die entsprechende Neigung verfügen, gibt es einen weiteren Weg, der Debatte eine neue Richtung zu geben und mit 100 zu argumentieren: Unterstützen Sie meine Arbeit. Ich betreibe ein Programm namens »Accelerator«. Alles, was hier an Spenden eingeht, stecke ich in Projekte, die dazu beitragen, dem Einfluss meiner Arbeit Nachdruck zu verleihen – eine Kombination aus Forschung und Entwicklung (mit der Absicht, die Qualität und die Überzeugungskraft meiner Inhalte zu verbessern) sowie Werbung (beispielsweise Onlineanzeigen). Wenn Sie möchten, können Sie unter *www.alexepstein.com/accelerate* dazu beitragen.

Was auch immer Sie an Zeit und Ressourcen beisteuern, es kann Enormes bewirken, wenn Sie meine Arbeit und die anderer Energiehumanisten mit jedem Publikum teilen, zu dem Sie Zugang haben.

Das Energiethema ist allgegenwärtig und geht üblicherweise in Verbindung mit dem Begriff »Klimawandel« einher, deshalb besteht auch überall Bedarf und Notwendigkeit, die Debatte in eine neue Richtung zu lenken und mit der 100-Strategie für eine glänzende fossile Zukunft sowie Energiefreiheit zu argumentieren.

Mit »überall« meine ich jede Branche, jede Region dieser Welt, jedes Hobby und jede Gemeinschaft.

Es ist egal, in welcher Branche Sie arbeiten, wo Sie leben, welchen Leidenschaften Sie sich hingeben und welchen Gruppen Sie angehören: Sie können einen immensen und dringend nötigen Unterschied ausmachen, wenn Sie erkennen, wie wirkungsvoll die Kraft der Neuausrichtung und das Argumentieren mit 100 ist, und Sie dann eifrig die besten Ressourcen teilen.

Die Vorteile, ein Energiechampion zu sein?

Da sich dieses Buch die Methode zu eigen macht, den Gesamtkontext zu betrachten, kann ich mich nicht dafür einsetzen, die Diskussion über fossile Brennstoffe und Energiefreiheit zu verändern, ohne auf die Sorgen einzugehen, die Sie berechtigterweise beschleichen könnten. Welche Nachteile hat es, wenn Sie auf einen Wandel hinarbeiten?

Und eine dieser Sorgen könnte der Widerstand sein, mit dem Sie rechnen müssen.

Da wir heute in einer »Cancel Culture« leben, könnten einige Leser durchaus in Schwierigkeiten geraten, wenn sie die Ideen aus diesem Buch propagieren.

Machen Sie sich Sorgen über die Folgen, die dies für Sie in der Öffentlichkeit haben könnte? Dann teilen Sie gutes Material ausschließlich privat.

Doch genauso sollten Sie sich eines bewusst machen: Wenn Sie die Stimme erheben, wird es viele Menschen geben, die sich für Ihre Meinung interessieren und Sie unterstützen werden – umso mehr, wenn Sie eine klare und überzeugende Basis für die Betrachtung fossiler Brennstoffe liefern. Auf diese Weise heben Sie sich von den Menschen ab, die um ihres Status willen einfach nur beliebte Floskeln nachplappern.

Wenn ich meinen Blickwinkel aufrichtig darlege und zeige, wie ich zu meinen Schlussfolgerungen gelangt bin, weckt das meiner Meinung nach in erster Linie nicht Feindseligkeit, sondern Interesse und Erstaunen, ob es sich bei meinen Gesprächspartnern nun um den Uber-Fahrer, den Zahnarzt oder um Verkaufspersonal in einem Möbelgeschäft handelt.

Ob nun bewusst oder unterbewusst, viele Menschen stört es, dass sie sich keine eigenen Gedanken zum Thema machen dürfen, weil sie Gefahr laufen, als »Klimaleugner« oder sonstige Umweltbösewichte abgestempelt zu werden. Hören diese Menschen von Ihnen eine durchdachte Betrachtung, werden sie Ihnen dafür sehr dankbar sein.

Es ist unglaublich erfüllend, in den Herzen und Köpfen der Menschen einen echten Wandel herbeizuführen, und auch Sie können das 100-prozentig schaffen, wenn Sie meine Empfehlungen befolgen. Vielleicht finden Sie sogar ein paar großartige neue Freunde, wenn Sie Ihre Sichtweise zu fossilen Brennstoffen weitergeben.

Vielleicht treibt Sie auch die Frage um: Wie viel kann ich angesichts meiner begrenzten Zeit und Mittel tatsächlich verändern?

Auf diese Frage habe ich drei Antworten:

Für die erste Antwort möchte ich das Gesagte noch einmal wiederholen und unterstreichen: Wenn Sie das richtige Material teilen, können Sie enorm viel bewirken. Sie werden im Grunde zu einer Art geistigem Magnet, der eine Sogwirkung auf den Geist anderer Menschen ausübt, die dann wiederum denselben Sog auf den Geist anderer ausüben – und so weiter.

Die zweite Antwort lautet, dass Energie ein Thema mit überaus großer Hebelwirkung ist, sodass jede noch so kleine Wirkung ins Gewicht fällt. Dazu gehört alles, was Sie unternehmen können, um schlechte politische Entscheidungen aufzuhalten oder zu verhindern.

Da die Kosteneffektivität der Energie darüber entscheidet, wie kosteneffektiv alles ist, bewirkt jeder Cent, den Öl weniger kostet, sehr viel. Jedes Projekt, dem die Genehmigung nicht verweigert wird, jede vom Gericht abgewiesene Klage aus dem Lager der Gegner fossiler Brennstoffe, jeder »100 Prozent erneuerbar«-Beschluss, der abgelehnt wird, jede neue Möglichkeit, in der nicht ermächtigten Welt fossile Brennstoffe einzusetzen, macht einen sehr großen Unterschied aus.

Und wenn drittens genügend Menschen denken, dass moralische Gründe für eine fossile Zukunft sprechen, stehen wir sehr viel dichter vor einem Gezeitenwandel, als Sie es vielleicht vermuten. Das liegt an einem letzten Nutzeffekt, den es hat, aus moralischen Gründen für eine fossile Zukunft zu argumentieren: *Sie können ein moralisches Monopol zerschlagen.*

Um die Entwicklung der Kultur zu beeinflussen, *brauchen wir nicht jede einzelne Person umzustimmen versuchen.* Nein, unser Ziel ist viel einfacher: *Wir müssen das Monopol brechen, das die moralischen Argumente für einen Ausstieg aus fossilen Brennstoffen derzeit innehaben.*

Die Bewegung für die Abschaffung fossiler Brennstoffe ist eine unglaublich fragile Angelegenheit, denn sie basiert nur auf dem unhaltbaren Anti-Eingriffskonzept, das ein menschenfeindliches Ziel verfolgt (menschliche Einflussnahme auf die Natur insgesamt und CO_2-Emissionen im Speziellen zu eliminieren), einen falschen und menschenfeindlichen Blick auf den Planeten hat (die Annahme von der empfindlichen Mutter Natur) und eine durch und durch irrationale Bewertungsmethode anwendet (die Vorzüge werden ignoriert und die Nebenwirkungen zu Katastrophen aufgeblasen).

Dass die Gegner fossiler Brennstoffe derart mächtig sind, liegt einzig und allein daran, dass sie ein *moralisches Monopol* besitzen, ihre moralische Haltung also als die einzig zulässige gilt. Und was über ein moralisches Monopol verfügt, zieht immer ungeheuer viele Opportunisten an, die Status (und Geld) erringen wollen, indem sie sich mit einer unumstritten guten Sache gemeinmachen.

Wird dieses Monopol jedoch zerschlagen, verstreuen sich die opportunistischen Anhänger in sämtliche Himmelsrichtungen. Ich habe es immer wieder beobachten können: Sobald eine neue, moralisch von sich überzeugte Alternative auf den Tisch kommt, verlieren die moralischen Argumente für einen Ausstieg aus fossilen Brennstoffen rapide an Durchschlagskraft.

Spreche ich beispielsweise an Colleges vor, und Aktivisten tauchen auf, die gegen fossile Brennstoffe kämpfen, aber ebenso Befürworter meiner Ansichten, so verhalten sich die Aktivisten ungewöhnlich still. Sie sind es nicht gewohnt, ihr moralisches Monopol zu verlieren. Ist es erst einmal gänzlich verschwunden, können sie nur noch mit mageren Argumenten aufwarten.

Ein weiteres Beispiel dafür, welche Macht das Durchbrechen eines moralischen Monopols hat, ist, wenn die Leute damit rausrücken: »Wissen Sie, ich bin nicht voll und ganz Ihrer Meinung, dass wir mehr fossile Brennstoffe nutzen sollten, aber Sie haben ein paar gute Argumente.«

Bei einem Interview mit dem beliebten YouTube-Talkshow-Moderator Dave Rubin beispielsweise war dieser nicht zu 100 Prozent von meinen Ansichten überzeugt (ich hoffe, ich kann ihn mit diesem Buch noch weiter auf meine Seite bringen), doch er sagte, ich habe irgendwie recht, und gab meine Argumentation gegenüber Dritten ziemlich akkurat wieder.

Eine Person aus dem Publikum stellte bei einer von Rubins Veranstaltungen unter Beweis, wie mächtig die Macht der Überzeugung sein kann, wenn es darum geht, den Menschen zu vermitteln, dass die moralischen Argumente für eine fossile Zukunft zumindest überzeugend sind. Dieser Mann sagte über mich:

> *Selbstverständlich glaube ich an den wissenschaftlichen Konsens und all das, aber es war wirklich interessant, ihm zuzuhören, denn mir fiel kein Gegenargument ein. Er leugnet ja den Klimawandel nicht. Er betrachtet*

> *das Ganze aus einer interessanten Sicht, aus dem Blickwinkel einer Kosten-Nutzen-Analyse, und beleuchtet, welchen Nutzen wir aus fossilen Brennstoffen ziehen und welchen aus erneuerbaren Energien. Ich habe mir ein paar weitere Videos angesehen und keine schlüssige Entkräftung gehört, was verrückt ist, denn was er sagt, steht im klaren Widerspruch zu dem, was alle anderen sagen.*[12]

Interessant ist seine Bemerkung: »Er leugnet ja den Klimawandel nicht.« Dieser Mann bricht also aus den falschen Alternativen aus, die uns das Mainstream-Wissenssystem vorlegt. Entweder glauben Sie an den Klimawandel, und dann glauben Sie auch an die Klimakatastrophe, den Ausstieg aus fossilen Brennstoffen und sogar 100 Prozent erneuerbare Energien, oder aber Sie sind ein »Klimaleugner« und finden fossile Brennstoffe deshalb okay. Der Mann hat erkannt, dass es auch einen anderen Ansatz gibt, den er als »Kosten-Nutzen-Analyse« bezeichnet und bei dem man abwägt, wie sich fossile Brennstoffe auf das Klima auswirken, und den Gesamtkontext aus dem Blickwinkel menschlichen Wohlergehens abklopft. Dabei ergibt sich, dass sich fossile Brennstoffe in der Tat auf das Klima auswirken, dass dies aber nicht zwingend negativ ist. Und selbst wenn es negativ ist, kann es durchaus sein, dass die Vorzüge der fossilen Brennstoffe diese negativen Seiten überwiegen.

Wenn ich und andere Energiehumanisten bekannter werden und weiter daran arbeiten, die Debatte in eine neue Richtung zu steuern, wird diese falsche Dichotomie, auf der das moralische Monopol der Gegner fossiler Brennstoffe ruht, aufbrechen. Ihre Bewegung beansprucht zu Unrecht ein wissenschaftliches Monopol. Und wenn dies zerbricht, wird diese Bewegung diejenigen, die sich für fossile Brennstoffe stark machen, nicht mehr als »Klimaleugner« verunglimpfen können. Es wird deutlich werden, dass diejenigen, die diesen Begriff ins Feld führen, Klimabeherrschung leugnen und aus menschenfeindlichen Gründen darauf aus sind, der Welt Energie vorzuenthalten.

Ist das moralische Monopol der Gegner fossiler Brennstoffe zerschlagen, werden wesentlich mehr Menschen bereit sein, sich moralische Argumente für eine fossile Zukunft anzuhören. Viele, die aktuell nicht bereit sind, über das Thema auch nur nachzudenken, werden sich gezwungen fühlen, dies zu tun – oder auf ein anderes, »einfaches« Thema auszuweichen. Es wird keine einfache Antwort mehr auf fossile Brennstoffe geben, denn sehr viele von uns werden sagen: Wer fossile Brennstoffe ablehnt, lehnt eine lebenswerte Welt für 8 Milliarden Menschen ab.

Und dazu, das moralische Monopol aufzubrechen, verhilft die Realität.

Schon heute sehen wir klare Indizien dafür, dass mit der Politik, die die Gegner fossiler Brennstoffe betreiben, irgendetwas nicht stimmt. Während ich dieses Buch schreibe, wird meine Wahlheimat Kalifornien von Stromausfällen heimgesucht, die ihre Ursache darin haben, dass sich der Bundesstaat zu sehr auf unzuverlässige Sonnen- und Windenergie verlassen hat.

Rund um die Welt gibt es Volksbewegungen gegen die höheren Energiepreise, die die »grüne« Politik verursacht hat. Ein Beispiel sind die »Gelbjacken« in Frankreich.

Gleichzeitig setzen Länder wie China und Indien, die es mit dem Thema Energie ernst meinen, stärker auf fossile Brennstoffe und werden das auch künftig tun. Das entlarvt die Lüge, grüne Energie werde fossile Brennstoffe rasch ablösen.

Schon bald werden die Ereignisse immer deutlicher zeigen, dass es absolut destruktiv ist, fossile Brennstoffe abzulehnen.

Wenn genügend Menschen der Debatte eine neue Richtung geben und sich der 100-Argumentation für eine fossile Zukunft anschließen, wird die Wahrheit rasch ans Licht kommen. Irgendwann wird ein Kipppunkt erreicht sein, und in diesem Augenblick wird ein echtes, aufrichtiges Gespräch über die Vorzüge und Nebenwirkungen von fossilen Brennstoffen einsetzen.

Hat dieses Gespräch begonnen, werden die Anti-Eingriffsagenda und ihre menschenfeindliche Faktenverzerrung keine Chance mehr gegen den Einsatz für das menschliche Wohlergehen und dessen sorgfältige, menschenfreundliche Bewertung der Fakten haben.

Früher oder später – mit Ihrer Hilfe früher – werden Milliarden Menschen erkennen, was ich vor 14 Jahren das erste Mal erkannt habe: Für eine Welt, die 8 Milliarden Menschen ernährt, die sicher ist und voller Möglichkeiten, in der zum allerersten Mal überhaupt globales Wohlergehen für alle Menschen vorstellbar ist, benötigen wir mehr und nicht weniger Öl, Kohle und Erdgas.

Danksagung

Meine Überzeugung war meine Hauptmotivation für ein neues Buch über fossile Brennstoffe. *The Moral Case for Fossil Fuels* hatte zwar eine große Wirkung, aber ich war mir sicher, dass man noch viel deutlicher und verständlicher dafür plädieren konnte, die weltweite Nutzung fossiler Brennstoffe künftig auszuweiten.

Um dieser Überzeugung gerecht zu werden, bat ich zwei Menschen um Beistand für dieses Buch, denn ich wusste, dass es mit ihnen zusammen besser werden würde, als wenn ich es allein schreiben würde: Onkar Ghate und Steffen Henne.

Onkar ist ein brillanter Philosoph, mit dem ich am Ayn Rand Institute zusammengearbeitet habe. Er hat damals mein Denken über Energiefragen und über das Verhältnis von Energie und Umwelt geprägt. Als ich beschloss, ein neues Buch zu schreiben, das einen viel höheren Grad an Klarheit erreichen sollte, hoffte ich, Onkar als philosophischen Berater für das Projekt gewinnen zu können. Glücklicherweise stimmte er zu, und das Ergebnis übertraf all meine Erwartungen. 2 Jahre lang hat er mich ausführlich begleitet und mir Feedback gegeben. Dank ihm sind jede Idee und jedes einzelne Kapitel in diesem Buch besser geworden.

Steffen ist der perfekte Mann für Recherchen. Ohne sein enzyklopädisches Wissen zu allem, was mit Energie, Umwelt und Klima zu tun hat, wüsste ich nicht einmal halb so viel wie jetzt. Zu jedem Thema in diesem Buch hat er enorm viel beigesteuert und zahllose Fehler korrigiert.

Viele weitere Menschen haben ebenfalls an der Qualität dieses Buches mitgewirkt.

Don Watkins hat bei jedem einzelnen Schritt geholfen, von den ersten Recherchen bis zum abschließenden Lektorat. Alex Hrin hat eine frühe und eine späte

Fassung des Manuskripts gelesen und mir beide Male ausgesprochen nützliche Empfehlungen gegeben. Mit dem Philosophen Greg Salmieri, der mir bereits bei *The Moral Case for Fossil Fuels* sehr viel geholfen hat, habe ich in der Frühphase von *Fossile Zukunft* viele Themen durchgespielt, und er gab mir beim Redigieren einige sehr wichtige Rückmeldungen. Chad Morris hat Teil 1 des Ursprungsmanuskripts harsch kritisiert, und dieses dringend nötige Feedback habe ich zum Anlass genommen, diesen Teil völlig umzuschreiben.

David Epstein, mein Vater und ein Fachmann für das Visualisieren von Daten, hat bei den Grafiken in diesem Buch viel geholfen. Und Helen Healy, meine Lektorin bei Portfolio, gab mir beim Überarbeiten des Manuskripts wertvolle Anregungen. Außerdem hat sie Großartiges dabei geleistet, dieses Projekt auf Kurs zu halten – und das trotz einiger Herausforderungen (mehrere gingen darauf zurück, dass ich zu optimistisch war, was den Zeitplan anbelangte).

Drei Personen spielten eine wichtige Rolle dabei, dass dieses Buch Realität werden konnte: Businesscoach Scott Hallman, der mich überzeugte, ein neues Buchprojekt in Angriff zu nehmen, mein Agent Wes Neff, der mich überzeugte, ein völlig neues Buch über fossile Brennstoffe zu schreiben, und Portfolios Verlagschef Adrian Zackheim, der begeistert einwilligte, das Buch zu erwerben.

Fossile Zukunft war ein 3 Jahre dauerndes, unglaublich anspruchsvolles Projekt, das mich zwischenzeitlich frustrierte, weil ich die Wahrheit nicht so überzeugend vermitteln konnte, wie sie es meiner Meinung nach verdient hatte. Ich bin dankbar, dass mich Freunde und andere mir teure Menschen moralisch unterstützt, an mich geglaubt und mich ermutigt haben. Dies gilt vor allem für meine Verlobte Cassandra Berres, die besser als jeder andere meine Vision für dieses Projekt begriff und mir jederzeit Energie gab. Danke auch an unseren Hund Sherlock, der zahllose Stunden zusammengerollt zu meinen Füßen lag und mich ermutigte, während ich mich durch die schwierigsten Phasen dieses Projekts kämpfte. Besonderer Dank gilt auch meinen großartigen und ausgesprochen produktiven Freunden Jesse McCarthy, Keith Schacht, Brian Amerige, Dennis Farrier, Johnny Saba und Steve Karafiath, die mir in diesem Projekt leidenschaftlich und klug den Rücken stärkten. Ich danke auch meinen Eltern David und Ruth, meinen Schwestern Lizzie, Katherine und Marianne sowie meinem Schwager Bob. Sie haben mich von Anfang bis Ende ermutigt. Marianne, die eine großartige Grafikdesignerin ist, danke ich zudem dafür, dass sie mir mit vielen optischen Elementen des Buches geholfen hat, insbesondere dem Buchumschlag.

Und schließlich möchte ich den Accelerators danken, den äußerst effektiven Verantwortlichen vom Center for Industrial Progress. Sie spielten eine wichtige Rolle dabei, das ziemlich massive Forschungs- und Entwicklungsbudget dieses Projekts durch die finanziellen Schwierigkeiten zu lotsen, die der pandemiebedingte Lockdown von 2020 mit sich brachte. Ihnen habe ich es zu verdanken, dass ich keine Kosten scheuen musste und viele brillante Menschen hinzuziehen konnte, um die unzähligen Themen, mit denen sich dieses Buch befasst, gründlich durchdenken und vermitteln zu können. Ich hoffe, sie sind mit ihrer Investition genauso zufrieden, wie ich es bin.

Endnoten

Alle hier aufgeführten Links waren bei Redaktionsschluss online zugänglich. Möglicherweise haben Seitenbetreiber in der Zwischenzeit Links hinter einer Paywall versteckt. Dies liegt nicht im Verantwortungsbereich von Autor und Verlag. Für Links, die nach der Veröffentlichung von den Seitenbetreibern gelöscht oder verändert wurden, übernehmen Autor und Verlag keine Verantwortung. Manche verlorenen Links können mithilfe der Wayback Machine im Internet Archive aufgefunden werden: *https://archive.org/web/*. Alle Endnoten in diesem Buch wurden weitgehend im englischen Originalzustand belassen.

An die Leser von *The Moral Case for Fossil Fuels*

1 World Bank Group, Development Research Group: »Poverty Headcount Ratio at $1.90 a Day (2011 PPP) (% of population)«, Weltbank, *data.worldbank.org/indicator/SI.POV.DDAY.*

2 Met Office Hadley Centre Observations Datasets: »HadCRUT5«, *metoffice.gov.uk/hadobs/hadcrut5.* Die Zahl der Menschen, die jährlich infolge des Klimas gestorben sind (durch Temperaturextreme, Dürrezeiten, Hochwasser, Stürme, Brände …), gemessen als Anteil pro Million, fiel um 98 Prozent – von durchschnittlich 247 pro Jahr während der 1920er-Jahre auf 2,5 pro Jahr während der 2010er-Jahre. Die Daten zu Katastrophentoten stammen von EM-DAT, CRED/UCLouvain, Brüssel, – *emdat.be* (D. Guha-Sapir).

Die Schätzungen für die Bevölkerungszahlen der 1920er-Jahre stammen von der Maddison-Datenbank 2010 des Groningen Growth and Development Centre, Faculty of Economics and Business der Universität Groningen (bei nicht angegebenen Jahren wurde unterstellt, dass die Bevölkerung gleichmäßig gewachsen ist), *rug.nl/ggdc/historicaldevelopment/maddison/releases/maddison-database-2010.*

Die Schätzungen für die Bevölkerungszahlen der 2010er-Jahre stammen von der World Bank Group, insbesondere der United Nations Population Division [»Abteilung für Bevölkerungsfragen der Vereinten Nationen«], World Population Prospects: 2019 Revision, Volkszählungen und anderen statistischen Veröffentlichungen nationaler Statistikbehörden, Eurostat: Demographic

Statistics, United Nations Statistical Division, Population and Vital Statistics Report, U.S. Census Bureau: International Database, Secretariat of the Pacific Community: Statistics and Demography Programme. Siehe: »Population, Total«, *data.worldbank.org/indicator/SP.POP.TOTL.*

3 Matthew Smith: »Most People Expect to Feel the Effects of Climate Change, and Many Think It Will Make Us Extinct« in: YouGovAmerica, 16. September 2019, *today.yougov.com/topics/science/articles-reports/2019/09/16/global-climate-change-poll.*

4 Mark Fischetti: »We Are Living in a Climate Emergency, and We're Going to Say So« in: *Scientific American,* 12. April 2021, *scientificamerican.com/article/we-are-living-in-a-climate-emergency-and-were-going-to-say-so.*

5 Matt McGrath: »Climate Change: Net Zero Targets Are ›Pie in the Sky‹« in: BBC News, 1. April 2021, *bbc.com/news/science-environment-56596200*; Climate Action Tracker: »Russian Federation«, *climateactiontracker.org/countries/russian-federation*; Olga Tanas und Dina Khrennikova: »Putin Sticks to Weak Climate Target as Other Nations Aim Higher« in: Bloomberg, 21. April 2021, *bloomberg.com/news/articles/2021-04-21/putin-hints-at-raising-climate-target-on-eve-of-biden-s-summit*; sowie Nathaniel Taplin: »How to Add Gas to U.S.-China Climate Cooperation« in: *The Wall Street Journal,* 25. April 2021, *wsj.com/articles/how-to-add-gas-to-u-s-china-climate-cooperation-11619402874.*

6 BP, Energy Economics: »Statistical Review of World Energy – All Data, 1965–2020«, 2021, *bp.com/en/global/corporate/energy-economics/statistical-review-of-world-energy.html.* 2020 betrug Chinas Primärenergieverbrauch von Kohle, Öl und Erdgas mehr als 84 Prozent. Siehe auch Alex Epstein: »How the Biden Administration Threatens Energy Security« in: Energy Talking Points (Blog), *energytalkingpoints.com/biden-energy-security.*

7 Daniel Yergin: *The Prize: The Epic Quest for Oil, Money and Power*, New York, Simon & Schuster 1991 [auf Deutsch: *Der Preis. Die Jagd nach Öl, Geld und Macht,* Frankfurt a. M., S. Fischer 1991].

8 Adam Anderson und Steve Rendle: »Virtues of Low Cost and Reliable Energy« (Brief), *https://ipanm.org/wp-content/uploads/2020/12/North-Face-Oil-and-Gas-Response.pdf*; sowie Chris Wright: »Thank You, North Face«, 4. Juni 2021, YouTube-Video, 3:30 Minuten, *www.youtube.com/watch?v=GH0UjtGCgU4.*

9 Vijay Jayaraj: »An Open Letter to John Kerry from People Living in Energy Poverty«, Townhall, 17. April 2021, *townhall.com/columnists/vijayjayaraj/2021/04/17/untitled-n2588091*; sowie NJ Ayuk: »Africa Can, and Should, Decide How to Harness Its Natural Resources Especially with Gas« in: SocialNews.XYZ, 1. März 2021, *socialnews.xyz/2021/03/01/africa-can-and-should-decide-how-to-harness-its-natural-resources-especially-with-gas-by-nj-ayuk.*

Teil 1: Das Grundgerüst. Kapitel 1: Die Vorzüge ignorieren

1 Robert Bryce: *A Question of Power: Electricity and the Wealth of Nations,* New York, PublicAffairs 2020, Seite 73; und »Statistical Review of World Energy – All Data, 1965–2020«, BP, 2021, *bp.com/en/global/corporate/energy-economics/statistical-review-of-world-energy.html.*

2 BP: »Statistical Review of World Energy – 1965–2020«.

3 Die Zahl der Menschen weltweit, die jedes Jahr infolge des Klimas gestorben sind (durch Extremtemperaturen, Dürre, Überschwemmungen, Stürme, Brände …), gemessen als Anteil pro Million, fiel um 98 Prozent – von durchschnittlich 247 pro Jahr während der 1920er-Jahre auf 2,5 pro Jahr während der 2010er-Jahre. Daten zu Katastrophentoten stammen von EM-DAT, CRED/UC, Louvain, Brüssel, *emdat.be* (D. Guha-Sapir).

Die Schätzungen für die Bevölkerungszahlen der 1920er-Jahre stammen von der Maddison-Datenbank 2010 des Groningen Growth and Development Centre, Faculty of Economics and Business der Universität Groningen (bei nicht angegebenen Jahren wurde unterstellt, dass die Bevölkerung gleichmäßig gewachsen ist), *rug.nl/ggdc/historicaldevelopment/maddison/releases/maddison-database-2010.*

Die Schätzungen für die Bevölkerungszahlen der 2010er-Jahre stammen von: der Weltbank, der Abteilung für Bevölkerungsfragen der Vereinten Nationen, World Population Prospects (Revision 2019), Volkszählungen und anderen statistischen Veröffentlichungen nationaler Statistikbehörden, Eurostat (Demographic Statistics), United Nations Statistical Division, Population and Vital Statistics Report, U.S. Census Bureau: International Database, Secretariat of the Pacific Community: – Statistics and Demography Programme; sowie aus »Population, Total« in: *data.worldbank.org/indicator/SP.POP.TOTL.*

4 Kathryn Hall: »Kathryn's Story«, Gambia News (Blog), März 2011, *gambia-property.blogspot.com/2011/03/power-up-gambia.html.*

5 William Nordhaus: »Projections and Uncertainties About Climate Change in an Era of Minimal Climate Policies« in: *American Economic Journal: Economic Policy* 10, Nr. 3, August 2018, Seite 333–360, *10.1257/pol.20170046.*

6 Die Anzahl von Menschen weltweit, die jährlich infolge des Klimas gestorben sind (durch Extremtemperaturen, Dürre, Überschwemmungen, Stürme, Brände …), gemessen als Anteil pro Million, fiel um 98 Prozent – von durchschnittlich 247 pro Jahr während der 1920er-Jahre auf 2,5 pro Jahr während der 2010er-Jahre. Die Daten zu Katastrophentoten stammen von: EM-DAT, CRED/UCLouvain, Brüssel, *emdat.be*; »The Keeling Curve«, Scripps Institution of Oceanography, *keelingcurve.ucsd.edu*; »HadCRUT5«, Met Office Hadley Centre Observations Datasets, *metoffice.gov.uk/hadobs/hadcrut5.*

7 Michael Crichton: »Why Speculate?«, Rede auf dem International Leadership Forum, La Jolla, Kalifornien, 26. April 2002, *web.archive.org/web/20070714204136/http://www.michaelcrichton.net/speech-whyspeculate.html.*

8 Michael Shellenberger: *Apocalypse Never, Why Environmental Alarmism Hurts Us All*, New York, HarperCollins 2020, Seite 256 [auf Deutsch: *Apokalypse – niemals!*, München, Langen-Müller 2022].

9 IPCC: »AR6 Climate Change 2021: The Physical Science Basis«, Cambridge, Cambridge University Press 2021, *ipcc.ch/report/ar6/wg1/#FullReport.*

10 Philip R. Reilly: »Eugenics and Involuntary Sterilization: 1907–2015« in: *Annual Review of Genomics and Human Genetics*, Vol. 16, August 2015, Seite 351–368, *doi.org/10.1146/annurev-genom-090314-024930.*

11 U.S. Energy Information Administration: *History of Wind Power, eia.gov/energyexplained/wind/history-of-wind-power.php*; »A Brief History of Solar Panels«, smithsonianmag.com/

sponsored/brief-history-solar-panels-180972006/; sowie BP: »Statistical Review of World Energy – All Data, 1952–2020«, *https://www.bp.com/content/dam/bp/business-sites/en/global/corporate/pdfs/energy-economics/statistical-review/bp-stats-review-2020-full-report.pdf.*

12 Ebd.; »The History of Solar«, U.S. Department of Energy, *eere.energy.gov/solar/pdfs/solar_timeline.pdf*; sowie »History of U.S. Wind Energy«, U.S. Department of Energy, Office of Energy Efficiency and Renewable Energy, *http://energy.gov/eere/wind/history-us-wind-energy.*

13 BP: »Statistical Review of World Energy – All Data, 1952–2020«, *https://www.bp.com/content/dam/bp/business-sites/en/global/corporate/pdfs/energy-economics/statistical-review/bp-stats-review-2020-full-report.pdf.*

14 Ebd.; David Wojick: »China loves coal far more than Wind«, Heartland Institute, 11. Januar 2021, *heartland.org/news-opinion/news/china-loves-coal-far-more-than-wind.*

15 Muyu Xu und Chen Aizhu: »UPDATE 1-China's 2020 Crude Oil Imports Hit Record on Stockpiling, New Refineries« in: Reuters, 14. Januar 2021, *reuters.com/article/china-economy-trade-crude-idUSL1N2JP07X*; Reuters Staff: »China's Coal Consumption Seen Rising in 2021, Imports Steady« in: Reuters, 3. März 2021, *reuters.com/article/china-coal-idUSL3N2L12A9*; David Stanway: »China's New Coal Power Plant Capacity in 2020 More Than Three Times Rest of World's: Study« in: Reuters, 3. Februar 2021, *reuters.com/article/us-china-coal-idUSKBN2A308U*; sowie U.S. Energy Information Administration, Electric Power Annualin: »Table 3.7: Net Generation by State by Sector, 2020 and 2019«, Oktober 2021, *eia.gov/electricity/annual.*

16 Global Energy Monitor: »Global Coal Plant Tracker, Coal Plants by Country (MW)«, *globalenergymonitor.org*; und U.S. Energy Information Administration, Electric Power Annual, Table 3.7.

17 Ein moderner Mähdrescher schafft 150 bis 200 Hektar am Tag bei Erträgen von 50 Scheffel pro Hektar, wobei 1 Scheffel Mehl für etwa 70 Laibe Brot reicht. Selbst optimistisch geschätzt, kommt ein moderner menschlicher Arbeiter auf weniger als 10 Scheffel am Tag. All Aboard 2009 Wheat Harvest: »The Answers to Your Wheat Harvest Questions«, *allaboardharvest.com/2009/07/02/the-answers-to-your-wheat-harvest-questions*; Zachary Larson: »USDA Shows 2020 US Crop Yields Up, PA Down«, Pennsylvania State University, 3. Februar 2021, *extension.psu.edu/usda-shows-2020-us-crop-yields-up-pa-down*; National Festival of Breads: »Wheat Facts«, *nationalfestivalofbreads.com/nutrition-education/wheat-facts*; sowie Gregory Clark: »Productivity Growth Without Technical Change in European Agriculture Before 1850« in: *Journal of Economic History* 47, Nr. 2, Juni 1987, Seite 419–432, *jstor.org/stable/2122239.*

18 Der durchschnittliche Lebensmittelkonsum in den USA beläuft sich auf knapp 2500 Kilokalorien täglich oder 3,8 Gigajoule pro Jahr. Der Pro-Kopf-Energieverbrauch betrug 2019 in den USA 288,4 Gigajoule. Sarah Rehkamp: »A Look at Calorie Sources in the American Diet«, U.S. Department of Agriculture, Economic Research Service, Dezember 2016, *ers.usda.gov/amber-waves/2016/December/a-look-at-calorie-sources-in-the-american-diet*; sowie BP: »Statistical Review of World Energy – 1965–2020«.

19 BP: »Statistical Review of World Energy – 1965–2020«.

20 Robert Bryce: *A Question of Power: Electricity and the Wealth of Nations*, New York, PublicAffairs 2020, Seite 73.

21 International Energy Agency, SDG7: »Data and Projections, Access to Electricity«, Paris 2020, *iea.org/reports/sdg7-data-and-projections/access-to-electricity.*

22 International Energy Agency, SDG7: »Data and Projections, Access to Clean Cooking«, International Energy Agency, Paris 2020, *iea.org/reports/sdg7-data-and-projections/access-to-clean-cooking.*

23 Robert Bradley Jr.: »Howlin' Wolf: Paul Ehrlich on Energy (Part I: Demeaning Julian Simon; Energy as Desecrator; Doom from Depletion)« in: MasterResource (Blog), 13. März 2010, *masterresource.org/2010/03/howlin-wolf-paul-ehrlich-on-energy-part-i-demeaning-julian-simon-energy-as-desecrator-doom-from-depletion.*

24 Philip Shabecoff: »Global Warming Has Begun, Expert Tells Senate« in: *The New York Times,* 24. Juni 1988, *nytimes.com/1988/06/24/us/global-warming-has-begun-expert-tells-senate.html.*

25 Nobel Prize: »All Nobel Peace Prizes«, *nobelprize.org/prizes/lists/all-nobel-peace-prizes.*

26 Rosanne Skirble: »Environmental Writer Turns Words into Action« in: *Voice of America,* 18. April 2010, *voanews.com/a/environmental-writer-turns-words-into-action-91461014/162888.html.*

27 Anis Shivani: »Facing Cold, Hard Truths About Global Warming« in: *The Boston Globe,* 30. Mai 2010, *archive.boston.com/ae/books/articles/2010/05/30/facing_cold_hard_truths_about_global_warming.*

28 Climate One: »Amory Lovins«, *climateone.org/people/amory-lovins*; sowie Rocky Mountain Institute: »Amory Lovins«, *rmi.org/people/amory-lovins.*

29 Andrew Freedman: »More Than 11 000 Scientists from Around the World Declare a ›Climate Emergency‹« in: *The Washington Post,* 5. November 2019, *washingtonpost.com/science/2019/11/05/more-than-scientists-around-world-declare-climate-emergency.*

30 »Global economic growth has been accompanied by increased life expectancy and income in much of the world; however, in addition to environmental degradation and pollution, many regions remain characterised by significant poverty and severe inequality in income distribution and access to resources ...« in IPCC: »Special Report Global Warming of 1.5°C«, Kap. 1, Seite 53, *www.ipcc.ch/sr15/.*

31 Elana Schor: »Gore Calls for End of Using Fossil Fuels for Electricity in US by 2018« in: *The Guardian,* 17. Juli 2008, *theguardian.com/world/2008/jul/17/algore.energyefficiency.*

32 »Al Gore's Speech on Renewable Energy« in: NPR, 17. Juli 2008, *www.npr.org/2008/07/17/92638501/al-gores-speech-on-renewable-energy#:~:text=But%20this%20strategic%20challenge%20is,is%20achievable%2C%20affordable%20and%20transformative.*

33 U.S. Energy Information Administration: »Annual Energy Outlook 2021, Reference Case Projections Tables, Table 9. Electricity Generating Capacity«, 3. Februar 2021, *eia.gov/outlooks/aeo/tables_ref.php.*

34 Gayathri Vaidyanathan: »Nuclear Power Must Make a Comeback for Climate's Sake« in: *Scientific American,* 4. Dezember 2015, *www.scientificamerican.com/article/nuclear-power-must-make-a-comeback-for-climate-s-sake.*

35 Tom Phillips: »Avatar Director James Cameron Joins Amazon Tribe's Fight to Halt Giant Dam« in: *The Guardian,* 18. April 2010, *theguardian.com/world/2010/apr/18/avatar-james-cameron-brazil-dam.*

Kapitel 2: Die Nebenwirkungen zur Katastrophe hochspielen

1 NASA: »GISS Surface Temperature Analysis (GISTEMP v4)«, *data.giss.nasa.gov/gistemp.*
2 Philip Shabecoff: »Swifter Warming of Globe Foreseen« in: *The New York Times,* 11. Juni 1986, *nytimes.com/1986/06/11/us/swifter-warming-of-globe-foreseen.html.*
3 »GISS Surface Temperature Analysis (GISTEMP v4)«. Die dekadische durchschnittliche Temperaturanomalie in den »NASA Gisteam Land-Ocean Temperature Index data« stieg unter Berücksichtigung von Jahresmitteln in den 1990er-Jahren gegenüber den 1980er-Jahren um 0,136 Grad Celsius und in den 2000er-Jahren gegenüber den 1990er-Jahren um 0,208 Grad Celsius.
4 United Nations: »Only 11 Years Left to Prevent Irreversible Damage from Climate Change, Speakers Warn During General Assembly High-Level Meeting«, 28. März 2019, *un.org/press/en/2019/ga12131.doc.htm.*
5 Peter James Spielmann: »U.N. Predicts Disaster If Global Warming Not Checked« in: Associated Press, 30. Juni 1989, *apnews.com/bd45c372caf118ec99964ea547880cd0*; sowie *www.climatecommission.govt.nz/public/Submissions-2021/mail-submissions-3.pdf.*
6 Paul R. Ehrlich: *The Machinery of Nature,* New York, Simon & Schuster 1986, Seite 274.
7 Indur M. Goklany: *Wealth and Safety: The Amazing Decline in Deaths from Extreme Weather in an Era of Global Warming,* 1900–2010, Los Angeles, Reason Foundation 2011, *reason.org/files/deaths_from_extreme_weather_1900_2010.pdf.*
8 Ebd.
9 John P. Holdren und Paul R. Ehrlich: »Overpopulation and the Potential for Ecocide« in: *Global Ecology: Readings Towards a Rational Strategy for Man*, San Diego, Harcourt Bruce Jovanovich 1971.
10 Deborah Shapley: »The Genesis Strategy« in: *The New York Times,* 18. Juli 1976, *nytimes.com/1976/07/18/archives/the-genesis-strategy-a-chilling-prospect.html.*
11 Geoff Chambers: »Guardian Archive (4): The Missing Years« in: Geoffchambers's Blog (Weblog), 3. Januar 2014, *geoffchambers.wordpress.com/2014/01/03/guardian-archive-4-the-missing-years.*
12 Peter Gwynne: »Global Cooling« in: *Newsweek*, 28. April 1975, *scribd.com/doc/225798861/Newsweek-s-Global-Cooling-Article-From-April-28-1975.*
13 Walter Sullivan: »International Team of Specialists Finds No End in Sight to 30-Year Cooling Trend in Northern Hemisphere« in: *The New York Times,* 5. Januar 1978, *nytimes.com/1978/01/05/archives/international-team-of-specialists-finds-no-end-in-sight-to-30year.html.*
14 Bernard Dixon: »In Praise of Prophets« in: *New Scientist* 51, Nr. 769, 16. September 1971, Seite 606.
15 Paul Ehrlich und Anne Ehrlich: *The End of Affluence,* Riverside, MA, Rivercity Press 1974, Seite 49.
16 Donella H. Meadows et al.: *The Limits to Growth*, New York, New American Library 1972, Seite 56–58 [auf Deutsch: *Die Grenzen des Wachstums,* Stuttgart, Deutsche Verlags-Anstalt 1972].
17 Diese Statistiken können in gewissem Ausmaß manipuliert werden, denn manchmal geben Staaten oder Unternehmen irreführende Zahlen an. Sie stellen aber die beste Information dar,

die uns zur Verfügung steht. In der Vergangenheit war die prognostizierte Verfügbarkeit eher zu niedrig angesetzt.

18 Michael C. Lynch: *The Peak Oil Scare and the Coming Oil Flood*, Santa Barbara, CA, Praeger 2016, Tabelle 15.4; sowie Bundesanstalt für Geowissenschaften und Rohstoffe: »Coal« in: »Energy Resources«, 2020, *bgr.bund.de/EN/Themen/Energie/Kohle/kohle_node_en.html.*

19 U.S. Energy Information Administration: »How Much Shale (Tight) Oil Is Produced in the United States?«, *www.eia.gov/tools/faqs/faq.php?id=847&t=6#:~:text=The%20U.S.%20Energy%20 Information%20Administration,resources%20in%20the%20United%20States.*

20 Marian L. Tupy: »How Humanity Won the War on Famine« in: Human Progress, 16. August 2018, *humanprogress.org/how-humanity-won-the-war-on-famine.*

21 Peter Collier: »An Interview with Ecologist Paul Ehrlich« in: *Mademoiselle*, April 1970, Seite 292.

22 Hannah Waters: »Why Didn't the First Earth Day's Predictions Come True? It's Complicated« in: *Smithsonian Magazine,* 22. April 2016, *smithsonianmag.com/science-nature/why-didnt-first-earth-days-predictions-come-true-its-complicated-180958820.*

23 »Ecology, the New Mass Movement«, *Life,* 30. Januar 1970, Seite 22.

24 »Dr. Ehrlich, Outspoken Ecologist, to Speak«, *Redlands Daily Facts*, 6. Oktober 1970, *newspapers.com/clip/36289639/dr-erlich.*

25 World Bank: »Access to Clean Fuels and Technologies for Cooking (% of Population)«, *data.worldbank.org/indicator/EG.CFT.ACCS.ZS.*

26 World Nuclear Association: »Safety of Nuclear Power Reactors«, zuletzt aktualisiert am 23. August 2024, *world-nuclear.org/information-library/safety-and-security/safety-of-plants/safety-of-nuclear-power-reactors.aspx.*

27 Paul Ciotti: »Fear of Fusion: What If It Works?« in: *Los Angeles Times,* 19. April 1989, *latimes.com/archives/la-xpm-1989-04-19-vw-2042-story.html*; sowie Kas Thomas: »Armory Lovins: Energy Analyst and Environmentalist« (Interview) in: *Mother Earth News*, November/Dezember 1977, *motherearthnews.com/renewable-energy/amory-lovins-energy-analyst-zmaz77ndzgoe.*

28 World Nuclear Association: »Nuclear Power in the USA«, letzte Änderung 5. Mai 2024, *world-nuclear.org/information-library/country-profiles/countries-t-z/usa-nuclear-power.aspx.*

29 James E. Hansen: »Climate Change Is Here – and Worse Than We Thought« in: *The Washington Post,* 3. August 2012, *washingtonpost.com/opinions/climate-change-is-here—and-worse-than-we-thought/2012/08/03/6ae604c2-dd90-11e1-8e43-4a3c4375504a_story.html.*

30 Center for American Progress: »Activist Bill McKibben Speaks on Climate Change and Making a Difference«, 16. April 2009, *americanprogress.org/issues/green/news/2009/04/16/5951/activist-bill-mckibben-speaks-on-climate-change-and-making-a-difference.*

31 Bill McKibben: »Recalculating the Climate Math« in: *New Republic,* 22. September 2016, *newrepublic.com/article/136987/recalculating-climate-math.*

32 Bill McKibben: *The End of Nature,* New York, Random House 2006, Seite 124 und 128 [auf Deutsch: *Das Ende der Natur*, München, Piper 1992].

33 Anis Shivani: »Facing Cold, Hard Truths About Global Warming« in: *The Boston Globe,* 30. Mai 2010, *archive.boston.com/ae/books/articles/2010/05/30/facing_cold_hard_truths_about_global_warming/.*

34 BP: »Statistical Review of World Energy 2020«, 2021, *bp.com/content/dam/bp/business-sites/en/global/corporate/pdfs/energy-economics/statistical-review/bp-stats-review-2020-full-report.pdf*; sowie World Bank, Development Research Group: »Poverty Headcount Ratio at $1.90 a Day (2011 PPP) (% of Population)«, *data.worldbank.org/indicator/SI.POV.DDAY.*

35 Paul Ehrlich und Richard Harriman: *How to Be a Survivor,* New York, Ballantine Books 1975, Seite 72.

36 Bill McKibben: »A Special Moment in History« in: *The Atlantic,* Mai 1998, *theatlantic.com/magazine/archive/1998/05/a-special-moment-in-history/377106.*

37 John P. Holdren: »Too Much Energy, Too Soon, a Hazard« in: *Windsor Star,* 11. August 1975, *news.google.com/newspapers?id=IjU_AAAAIBAJ&sjid=jFEMAAAAIBAJ&pg=3972,2528093.*

38 Kas Thomas: »Amory Lovins: Energy Analyst and Environmentalist« in: *Mother Earth News,* November/Dezember 1977, *motherearthnews.com/renewable-energy/amory-lovins-energy-analyst-zmaz77ndzgoe.aspx.*

39 Amory B. Lovins: »Energy Strategy: The Road Not Taken?« in: *Foreign Affairs,* Oktober 1976, *foreignaffairs.com/articles/26604/amory-b-lovins/energy-strategy-the-road-not-taken.*

40 U.S. Energy Information Administration: »Annual Coal Report 2020«, *www.eia.gov/coal/annual*; U.S. Natural Gas Electric Power Price, *www.eia.gov/dnav/ng/hist/n3045us3m.htm*; sowie Electricity Data Browser: »Average Retail Price of Electricity«, *www.eia.gov/electricity/data/browser/.*

Kapitel 3: Das Anti-Eingriffskonzept

1 UN Environmental Programme: »Making Peace with Nature: A Scientific Blueprint to Tackle the Climate, Biodiversity and Pollution Emergencies«, 2021, *unep.org/resources/making-peace-nature.*

2 Bill McKibben: *The End of Nature,* New York, Random House 2006, Seite 162 [auf Deutsch: *Das Ende der Natur*, München, Piper 1992].

3 Ebd., Seite 183.

4 David M. Graber: »Mother Nature as a Hothouse Flower: *The End of Nature* by Bill McKibben« in: *Los Angeles Times,* 22. Oktober 1989, *latimes.com/archives/la-xpm-1989-10-22-bk-726-story.html.*

5 Robert Zubrin: »The Truth About DDT and *Silent Spring*« in: *The New Atlantis,* 27. September 2012, *thenewatlantis.com/publications/the-truth-about-ddt-and-silent-spring.*

6 Bill McKibben: *Eaarth: Making a Life on a Tough New Planet,* New York, Henry Holt 2010, Seite xii.

7 National Aeronautics and Space Administration: »Human Activity in China and India Dominates the Greening of Earth, NASA Study Shows«, 11. Februar 2019, *nasa.gov/feature/ames/human-activity-in-china-and-india-dominates-the-greening-of-earth-nasa-study-shows*; National Aeronautics and Space Administration: »Carbon Dioxide Fertilization Greening Earth, Study Finds«, 26. April 2016, *www.nasa.gov/feature/goddard/2016/carbon-dioxide-fertilization-greening-earth*;

Qi Zhao et al.: »Global, Regional, and National Burden of Mortality Associated with Non-Optimal Ambient Temperatures from 2000 to 2019: A Three-Stage Modeling Study« in: *The Lancet 5,* Ausgabe 7, E415–E425, 1. Juli 2021, *doi.org/10.1016/S2542-5196(21)00081-4.*

8 Paul Ciotti: »Fear of Fusion: What If It Works?« in: *Los Angeles Times,* 19. April 1989, *www.latimes.com/archives/la-xpm-1989-04-19-vw-2042-story.html.*

9 Ebd.

10 Ebd.; sowie Kas, Thomas: »Amory Lovins, Energy Analyst and Environmentalist« in: *Mother Earth News,* November/Dezember 1977, *motherearthnews.com/renewable-energy/amory-lovins-energy-analyst-zmaz77ndzgoe.*

11 »I = PAT« in: *Wikipedia, en.wikipedia.org/wiki/I_%3D_PAT.*

Teil 2: Die Vorzüge. Kapitel 4: Eine Welt, die dank fossiler Brennstoffe unnatürlich lebenswert ist

1 »Highlights from Ignorance Survey in the UK« in: *Gapminder,* 3. November 2013, *gapminder.org/news/highlights-from-ignorance-survey-in-the-uk.*

2 William Cummings: »›The World Is Going to End in 12 Years if We Don't Address Climate Change‹, Ocasio-Cortez Says« in: *USA Today,* 22. Januar 2019, *usatoday.com/story/news/politics/onpolitics/2019/01/22/ocasio-cortez-climate-change-alarm/2642481002.*

3 Ein moderner Mähdrescher schafft 150 bis 200 Hektar am Tag bei Erträgen von 50 Scheffel pro Hektar, wobei jeder Scheffel Mehl für etwa 70 Laibe Brot ausreicht. Selbst optimistisch geschätzt, kommt ein moderner menschlicher Arbeiter auf weniger als 10 Scheffel am Tag. All Aboard 2009 Wheat Harvest: »The Answers to Your Wheat Harvest Questions«, *allaboardharvest.com/2009/07/02/the-answers-to-your-wheat-harvest-questions*; Zachary Larson: »USDA Shows 2020 US Crop Yields Up, PA Down«, Pennsylvania State University, 3. Februar 2021, *extension.psu.edu/usda-shows-2020-us-crop-yields-up-pa-down*; National Festival of Breads: »Wheat Facts«, *nationalfestivalofbreads.com/nutrition-education/wheat-facts*; sowie Gregory Clark: »Productivity Growth Without Technical Change in European Agriculture Before 1850« in: *Journal of Economic History* 47, Nr. 2, Juni 1987, Seite 419–432, *jstor.org/stable/2122239.*

4 Mark P. Mills: »The Cloud Begins with Coal«, Heartland Institute, 1. August 2013, *web.archive.org/web/20191217032725/heartland.org/publications-resources/publications/the-cloud-begins-with-coal.*

5 Carlo M. Cipolla: *Before the Industrial Revolution: European Society and Economy, 1000–1700,* 3. Ausgabe, New York, W. W. Norton 1994, Seite 22.

6 Ebd., Seite 128.

7 United Nations Development Programme: »Statistical Update 2018: Human Development Indices and Indicators«, 1. Januar 2018, *hdr.undp.org/en/content/human-development-indices-indicators-2018-statistical-update.*

8 New York City Water Board: »Rates & Regulations«, *nyc.gov/site/nycwaterboard/rates/rates-regulations.page.*
9 200 Hektar am Tag und etwa 50 Scheffel pro Tag (siehe Endnote 3 in Kapitel 4).
10 Indur M. Goklany: *Policy Analysis: Humanity Unbound: How Fossil Fuels Saved Humanity from Nature and Nature from Humanity,* Washington, DC, Cato Institute, 20. Dezember 2012, Seite 3, *cato.org/sites/cato.org/files/pubs/pdf/pa715.pdf.*
11 Gregg Easterbrook: »Forgotten Benefactor of Humanity« in: *The Atlantic,* Januar 1997, *theatlantic.com/magazine/archive/1997/01/forgotten-benefactor-of-humanity/306101.*
12 William Crookes: »Presidential Address to the British Association for the Advancement of Science« in: *Chemical News 78,* 1898), Seite 125.
13 Essential Chemical Industry: »Ammonia«, zuletzt überarbeitet am 18. Oktober 2016, *essentialchemicalindustry.org/chemicals/ammonia.html.*
14 Copenhagen Consensus Center: »Florence Phiri, Zambia«, *copenhagenconsensus.com/copenhagen-consensus-climate/florence-phiri-zambia.*
15 Qi Zhao et al.: »Global, Regional, and National Burden of Mortality Associated with Non-Optimal Ambient Temperatures from 2000 to 2019: A Three-Stage Modeling Study« in: *The Lancet* 5, Ausgabe 7, E415–E425, 1. Juli 2021, *doi.org/10.1016/S2542-5196(21)00081-4.*
16 Keith Lockitch: »Climate Vulnerability and the Indispensable Value of Industrial Capitalism«, Ayn Rand Institute, September 2009, *ari.aynrand.org/issues/science-and-industrialization/environmental-issues/climate-vulnerability-and-the-indispensable-value-of-industrial-capitalism.*
17 Timothy Taylor: »Air Pollution: World's Biggest Health Hazard« in: Conversable Economist (Weblog), 1. April 2014, *conversableeconomist.blogspot.com/2014/04/air-pollution-worlds-biggest-health.html.*
18 Ausgehend von 60 Millionen *British thermal units* (Btu) pro Haushalt und bei kaltem US-Klima und einem Preis von etwa 11 Dollar pro Million Btu Erdgas. Siehe U.S. Energy Information Administration: »Residential Energy Consumption Survey (RECS), 2015 RECS Survey Data«, *www.eia.gov/consumption/residential/data/2015/.*
19 »The Cost of Staying Cool This Summer« in: Sense (Weblog), 24. Juni 2019, *blog.sense.com/the-cost-of-staying-cool-this-summer.*
20 Michael Shellenberger: »Why I Believe Climate Change Is Not the End of the World« in: *Quillette,* 8. Juli 2020, *quillette.com/2020/07/08/why-i-believe-climate-change-is-not-the-end-of-the-world.*
21 Martin L. Primack: »Farm Fencing in the Nineteenth Century« in: *The Journal of Economic History* 29, Nr. 2, Economic History Association, Cambridge University Press 1969, Seite 287–291, *jstor.org/stable/2115927.*
22 Marian L. Tupy: »The Romantic Idea of a Plentiful Past Is Pure Fantasy« in: *Human Progress,* 13. Februar 2019, *humanprogress.org/the-romantic-idea-of-a-plentiful-past-is-pure-fantasy.*
23 Hunter Oatman-Stanford: »A Filthy History: When New Yorkers Lived Knee-Deep in Trash« in: *Collectors Weekly,* 24. Juni 2013, *collectorsweekly.com/articles/when-new-yorkers-lived-knee-deep-in-trash.*
24 Weltgesundheitsorganisation: »Sanitation«, 14. Juni 2019, *who.int/news-room/fact-sheets/detail/sanitation.*

25 Joe Roberts: »Utility Bills 101: Utilities Tips, Average Costs, Fees, and More«, *move.org/utility-bills-101.*
26 Global Health, Division of Parasitic Diseases and Malaria: »Elimination of Malaria in the United States (1947–1951)«, Centers for Disease Control and Prevention, letzte Änderung am 23. Juli 2018, *stacks.cdc.gov/view/cdc/100616/cdc_100616_DS1.pdf.*
27 Ebd.
28 Grumman/Butkus Associates: »G/BA 2017 Hospital Benchmarking Report Released«, *mailchi.mp/grummanbutkus.com/othzpxiqzw*; sowie U.S. Energy Information Administration: »Energy Characteristics and Energy Consumed in Large Hospital Buildings in the United States in 2007«, 17. August 2012, *www.eia.gov/consumption/commercial/reports/2007/large-hospital.php.*
29 »The Dark Compass«, *Dracula,* Staffel 1, Episode 3, BBC One, Mini Series, 2020, *www.bbc.co.uk/programmes/m000cszb*; im deutschen Original-Audio aus Folge 3 ab ca. 10:30 Minuten.
30 Stephen Mosley: »Public Perception of Smoke Pollution in Victorian Manchester« in: *Technologies of Landscape: From Reaping to Recycling,* Hrsg. David E. Nye, Amherst, University of Massachusetts Press 1999, Seite 163.
31 William Stanley Jevons: *The Coal Question: An Inquiry Concerning the Progress of the Nation, and the Probable Exhaustion of Our Coal Mines,* London, Macmillan 1865, Seite vii.
32 Ebd., Seite viii.
33 U.S. Environmental Protection Agency: »Air Emissions Inventories, Air Pollutant Emissions Trends Data, Criteria Pollutants State Tier 1 for 1990–2020«, *www.epa.gov/air-emissions-inventories/air-pollutant-emissions-trends-data.*
34 Weltbank: »Life Expectancy at Birth, Total (Years) – China«, *data.worldbank.org/indicator/SP.DYN.LE00.IN?locations=CN.*
35 Thomas Helblin: »Externalities: Prices Do Not Capture All Costs«, Internationaler Währungsfonds, *imf.org/external/pubs/ft/fandd/basics/external.htm.*

Kapitel 5: Die einzigartige und zunehmende Kosteneffizienz fossiler Brennstoffe

1 Katherine Harmon Courage und *Quanta Magazine:* »An Unexpected Ally in the War with Bacteria« in: *The Atlantic,* 15. März 2020, *theatlantic.com/science/archive/2020/03/could-artificial-intelligence-fix-antibiotic-resistance/607978.*
2 IndexMundi»: World Jet Fuel Consumption by Year«, *indexmundi.com/energy/?product=jet-fuel*; International Energy Agency (IEA): »Global Aviation Fuel Consumption, 2013–2021«, letztes Update 2. Dezember 2020, *www.iea.org/data-and-statistics/charts/global-aviation-fuel-consumption-2013-2021.*
3 Mark P. Mills: »The ›New Energy Economy‹: An Exercise in Magical Thinking«, Manhattan Institute, 26. März 2019, *manhattan-institute.org/green-energy-revolution-near-impossible.*
4 BP: »Statistical Review of World Energy 2021«, *bp.com/en/global/corporate/energy-economics/statistical-review-of-world-energy.html.*

5 Ebd.

6 Nathaniel Taplin: »How to Add Gas to U.S.-China Climate Cooperation« in: *The Wall Street Journal,* 25. April 2021, *wsj.com/articles/how-to-add-gas-to-u-s-china-climate-cooperation-11619402874*; David Wojick: »China Loves Coal Far More Than Wind« in: The Heartland Institute, 11. Januar 2021, *heartland.org/news-opinion/news/china-loves-coal-far-more-than-wind*; Muyu Xu und Chen Aizhu: »UPDATE 1-China's 2020 Crude Oil Imports Hit Record on Stockpiling, New Refineries« in: Reuters, 13. Januar 2021, *reuters.com/article/china-economy-trade-crude-idUSL1N2JP07X*; Muyu Xu und Shivani Singh: »China's 2020 Coal Output Rises to Highest Since 2015, Undermining Climate Pledges«, 17. Januar 2021, *www.mining.com/web/chinas-2020-coal-output-rises-to-highest-since-2015-undermining-climate-pledges/.*

7 Elizabeth Chu und D. Lawrence Tarazano, U.S. Patent and Trademark Office: »A Brief History of Solar Panels« in: *Smithsonian Magazine, smithsonianmag.com/sponsored/brief-history-solar-panels-180972006/*; U.S. Energy Information Administration: »Wind Explained, History of Wind Power«, *www.eia.gov/energyexplained/wind/history-of-wind-power.php*; Cole Gustafson: »History of Ethanol Production and Policy«, North Dakota State University, *ag.ndsu.edu/energy/biofuels/energy-briefs/history-of-ethanol-production-and-policy.*

8 Amy Remeikis: »›Change Is Coming‹: Al Gore Says Economics Will Break Fossil Fuel Dinosaurs« in: *The Guardian,* 6. Juni 2019, *theguardian.com/us-news/2019/jun/07/change-is-coming-al-gore-says-economics-will-break-fossil-fuel-dinosaurs.*

9 Al Gore: »The Climate for Change« in: *The New York Times,* 9. November 2008, *www.nytimes.com/2008/11/09/opinion/09gore.html.*

10 »Weekend Update«, *Saturday Night Live,* NBC, 9. Dezember 2000.

11 246 Wh/kg für die Batterie des Model 3, siehe George Bower: »Tesla Model 3 2170 Energy Density Compared to Bolt, Model S P100D« in: InsideEVs, 7. Februar 2019, *insideevs.com/news/342679/tesla-model-3-2170-energy-density-compared-to-bolt-model-s-p100d*; Benzin: 47,5 MJ/kg = 13 194 Wh/kg, siehe Safet Satara: »Four Battery Technology Solutions That Could Shape Our Future« in: TopSpeed, 8. Mai 2019, *topspeed.com/cars/warp-coils-seem-closer-to-reality-than-a-battery-with-energy-density-of-gasoline-ar185365.html*; sowie »All-Electric Vehicles«, *fueleconomy.gov/feg/evtech.shtml.*

12 John U. Nef: »An Early Energy Crisis and Its Consequences« in: *Scientific American* 237, Nr. 5, November 1977, Seite 140–151, *jstor.org/stable/24953925.*

13 Bernie Sanders: »The Green New Deal« in: Bernie, *berniesanders.com/issues/green-new-deal.*

14 Fred Lambert: »Elon Musk Is Frustrated by Media Coverage of Tesla Battery Day: ›It's Sad‹« in: *Electrek,* 28. September 2020, *electrek.co/2020/09/28/elon-musk-media-coverage-tesla-battery-day-sad.*

15 Internationale Energieagentur: »Data and Statistics«, *web.archive.org/web/20191205010331/www.iea.org/data-and-statistics/data-tables*; sowie BP: »Statistical Review of World Energy 2021«, *bp.com/en/global/corporate/energy-economics/statistical-review-of-world-energy.html.*

16 Michael Cembalest und J. P. Morgan: »Eye on the Market, Annual Energy Paper«, Mai 2021, *am.jpmorgan.com/content/dam/jpm-am-aem/global/en/insights/eye-on-the-market/prior_ep_extracts_amv.pdf*; sowie U.S. Department of Energy: »Hydrogen Production Cost from PEM

Electrolysis – 2019«, 3. Februar 2020, *hydrogen.energy.gov/pdfs/19009_h2_production_cost_pem_electrolysis_2019.pdf.*
17 U.S. Department of Energy, Office of Energy Efficiency & Renewable Energy: »Purchasing Energy-Efficient Residential Furnaces«, *www.eia.gov/consumption/residential/data/2015/hc/php/hc6.6.php.*
18 U.S. Department of Energy, Office of Energy Efficiency & Renewable Energy: »Hydrogen Storage«, *www.energy.gov/eere/fuelcells/hydrogen-storage.*
19 Internationale Energieagentur: »Data and Statistics«, *web.archive.org/web/20191205010331/www.iea.org/data-and-statistics/data-tables.*
20 U.S. Energy Information Administration: *International Energy Outlook 2016,* »Chapter 8: Transportation Sector Energy Consumption«, Mai 2016, *www.eia.gov/outlooks/ieo/pdf/transportation.pdf.*
21 Ebd.
22 Ebd.
23 IEA: »Aviation«, Paris 2020, *www.iea.org/energy-system/transport/aviation.*
24 Diesel Technology Forum: »About Clean Diesel: Trucking«, *www.dieselforum.org/about-clean-diesel/trucking*; sowie U.S. Department of Energy: »Alternative Fuels Data Center«, *afdc.energy.gov/fuels/prices.html.*
25 U.S. Energy Information Administration: »Energy for Growing and Harvesting Crops Is a Large Component of Farm Operating Costs«, 17. Oktober 2014, *www.eia.gov/todayinenergy/detail.php?id=18431.*
26 Michael C. Lynch: *The Peak Oil Scare and the Coming Oil Flood,* Santa Barbara, CA, Praeger 2016, Tabelle 15.4; sowie Bundesanstalt für Geowissenschaften und Rohstoffe: »Energy Resources, Coal«, *www.bgr.bund.de/EN/Themen/Energie/Kohle/kohle_node_en.html.*
27 U.S. Energy Information Administration: »How Much Shale Gas Is Produced in the United States?«, zuletzt geändert am 19. September 2024, *www.eia.gov/tools/faqs/faq.php?id=907*; sowie U.S. Energy Information Administration: »How Much Shale (Tight) Oil Is Produced in the United States?«, zuletzt geändert am 28. März 2024, *www.eia.gov/tools/faqs/faq.php?id=847.*
28 U.S. Department of Energy, Office of Fossil Energy and Carbon Management: »Gas Hydrates R&D Program«, *energy.gov/fe/science-innovation/oil-gas-research/methane-hydrate.*

Kapitel 6: Alternative Energien: Verzerrung versus Realität

1 »World's Leading Energy Scientists Reach Unprecedented Agreement: 100% Clean Renewable Energy Globally Is Best, Cheapest and Achievable by 2030–2035« in: RethinkX, *rethinkx.com/joint-declaration*; sowie Global 100% RE Strategy Group: »Joint Declartion«, *global100restrategygroup.org/wp-content/uploads/2021/02/Joint-Declaration-of-the-Global-100-RE-Strategy-Group-210208.pdf.* [Hier aus der deutschen Fassung zitiert: *energiewende-2030.de/wp-content/uploads/2021/02/Gemeinsame-Erklaerung-der-Global-100-RE-Strategy-Group.pdf.*]

2 BP: »Statistical Review of World Energy«, *bp.com/en/global/corporate/energy-economics/statistical-review-of-world-energy.html.*
3 Oliver Milman: »›Coal Is on the Way Out‹: Study Finds Fossil Fuel Now Pricier Than Solar or Wind« in: *The Guardian*, 25. März 2019, *theguardian.com/environment/2019/mar/25/coal-more-expensive-wind-solar-us-energy-study.*
4 Diane Cardwell: »Solar and Wind Energy Start to Win on Price vs. Conventional Fuels« in: *The New York Times*, 23. November 2014, *nytimes.com/2014/11/24/business/energy-environment/solar-and-wind-energy-start-to-win-on-price-vs-conventional-fuels.html.*
5 Eurostat: »Main Tables: Energy«, *ec.europa.eu/eurostat/statistics-explained/index.php?title=Energy_statistics_-_an_overview*; sowie U.S. Energy Information Administration: »2019 Average Monthly Bill – Residential«, *www.eia.gov/electricity/sales_revenue_price/pdf/table5_a.pdf.*
6 Diese Schätzung des US-Energieministeriums berücksichtigt nicht die Materialanforderungen für den gesamten Lebenszyklus, sondern konzentriert sich nur auf die Generatoren, also das Kraftwerk selbst. Ein Kohlekraftwerk erfordert zusätzliches Material für den Abbau des Brennstoffs und die Logistik, ein Erdgaskraftwerk Pipelines und so weiter. Es ist aber unstrittig, dass die sogenannten erneuerbaren Technologien sehr materialintensiv sind und dass sie diese Materialien immer wieder benötigen, weil sie für gewöhnlich sehr viel rascher ermüden als herkömmliche Kraftwerke.
7 Mark P. Mills: »Mines, Minerals, and ›Green‹ Energy: A Reality Check«, Manhattan Institute, 9. Juli 2020, *manhattan-institute.org/mines-minerals-and-green-energy-reality-check.*
8 AG Energiebilanzen E.V.: »Evaluation Tables on the Energy Balance for the Federal Republic of Germany 1990 to 2019«, September 2020, *ag-energiebilanzen.de/10-1-Evaluation-Tables-on-the-Energy-Balance.html.*
9 Siehe Abbildung 6.3; Bundesnetzagentur SMARD, *https://www.smard.de/home.*
10 Zwischen Januar 2015 und Januar 2021 ging die installierte Kohlekapazität in Deutschland von 47,4 Gigawatt auf knapp unter 44 Gigawatt zurück. Siehe Bundesnetzagentur SMARD Strommarktdaten: »Electricity Generation, Installed Generation Capacity«, *smard.de/en/downloadcenter/download-market-data*; sowie Jesper Starn: »Germany's Looming Power Supply Gap Will Likely Be Filled by Gas« in: Bloomberg, 27. Mai 2021, *bloomberg.com/news/articles/2021-05-27/germany-s-looming-power-supply-gap-will-likely-be-filled-by-gas.*
11 Alex Epstein: »Talking Points on California Blackouts« in: Energy Talking Points (Weblog), *energytalkingpoints.com/california-blackouts.*
12 Alex Epstein, »Talking Points on the Texas Electricity Crisis« in: Energy Talking Points (Weblog), *energytalkingpoints.com/texas-electricity-crisis*; sowie Brent Bennett: »Forget About What Broke: The Texas Blackout Was Inevitable« in: Life:Powered, 3. März 2021, *lifepowered.org/forget-about-what-broke-the-texas-blackout-was-inevitable.*
13 Brian Eckhouse: »Solar and Wind Cheapest Sources of Power in Most of the World« in: Bloomberg, 28. April 2020, *bloomberg.com/news/articles/2020-04-28/solar-and-wind-cheapest-sources-of-power-in-most-of-the-world.*
14 Institute for Energy Research: »Biden's New Problem: Rising Solar Panel Prices«, 2. Juni 2021, *instituteforenergyresearch.org/renewable/solar/bidens-new-problem-rising-solar-panel-prices*; sowie Michael Shellenberger: »China Helped Make Solar Power Cheap Through Subsidies,

Coal and Allegedly, Forced Labor« in: *Forbes,* 19. Mai 2021, *forbes.com/sites/michaelshellenberger/2021/05/19/china-made-solar-cheap-through-coal-subsidies—forced-labor-not-efficiency.*

15 Urvi Parekh: »Achieving Our Goal: 100% Renewable Energy for Our Global Operations«, Tech@Facebook, 15. April 2021, *tech.fb.com/renewable-energy*; Apple: »Apple Now Globally Powered by 100 Percent Renewable Energy«, Pressemitteilung, 9. April 2018, *apple.com/newsroom/2018/04/apple-now-globally-powered-by-100-percent-renewable-energy/* [deutsche Version: *www.apple.com/de/newsroom/2018/04/apple-now-globally-powered-by-100-percent-renewable-energy/*]; sowie Google: »100% Renewable Is Just the Beginning«, Dezember 2016, *sustainability.google/progress/projects/announcement-100.*

16 Apple, ebd.

17 BP: »Statistical Review of World Energy 2021«.

18 Parekh Urvi Parekh: »Achieving Our Goal: 100% Renewable Energy for Our Global Operations«, Tech@Facebook, 15. April 2021, *tech.fb.com/renewable-energy*; sowie Urs Hölzle: »100% Renewable Is Just the Beginning«, Dezember 2016, *sustainability.google/progress/projects/announcement-100.*

19 Reuters: »Project to Power Europe with Sahara Sun Gains Momentum« in: *The New York Times,* 24. August 2009, *nytimes.com/2009/08/25/business/global/25sahara.html.*

20 Selwa Calderbank: »Desertec Abandons Sahara Solar Power Export Dream« in: Euractiv, 31. Mai 2013, *euractiv.com/section/trade-society/news/desertec-abandons-sahara-solar-power-export-dream*; sowie Beverly Mitchell: »Desertec Solar Power Project Abandoned by Shareholders« in: Inhabitat, 16. Oktober 2014, *inhabitat.com/desertec-solar-power-project-abandoned-by-shareholders.*

21 BP: »Statistical Review of World Energy 2021«. Der globale Energieverbrauch beträgt 583,9 Exajoule jährlich oder ≈ 3.108 Terawattstunden pro Woche (1 Exajoule ≈ 278 Terawattstunden).

22 U.S. Energy Information Administration: »Battery Storage in the United States: An Update on Market Trends«, Juli 2020, *www.eia.gov/analysis/studies/electricity/batterystorage/pdf/battery_storage.pdf.* In diese Zahl fließen nur die reinen Kosten für produzierte Batterien ein, ohne Installation, Betriebskosten oder Wartung. Die amerikanische Energy Information Administration schätzt die Gesamtkosten für Energiespeicher in den USA auf über 500 Dollar pro Kilowattstunde. Die durchschnittlichen Kosten pro Einheit an Energiekapazität sind zwischen 2015 und 2017 um 61 Prozent gefallen, von 2153 Dollar pro Kilowattstunde auf 834 Dollar pro Kilowattstunde.

23 Bjørn Lomborg: *False Alarm,* New York, Basic Books 2020 [auf Deutsch: *Klimapanik,* München, FBV 2022].

24 Gayathri Vaidyanathan: »Coal Trumps Solar in India« in: *Scientific American,* 19. Oktober 2015, *scientificamerican.com/article/coal-trumps-solar-in-india.*

25 Janet Wilson: »Solar Surges in the California Desert. So Why Are Environmentalists Upset?« in: *The Desert Sun,* 3. Januar 2020, *desertsun.com/story/news/environment/2020/01/03/solar-surges-california-desert-environment-trump/2665799001.*

26 Internationale Energieagentur: »Bioenergy«, *iea.org/fuels-and-technologies/bioenergy.*

27 National Renewable Energy Laboratory: »Geothermal Electricity Production Basics«, *nrel.gov/research/re-geo-elec-production.html.*

28 National Renewable Energy Laboratory: »Geothermal Heat Pump Basics«, *nrel.gov/research/re-geo-heat-pumps.html.*
29 »Publications« in: Orkustofnun, *web.archive.org/web/20100621001910/nea.is/the-national-energy-authority/publications*; sowie BP: »Statistical Review of World Energy 2021«.
30 Julia Rosen: »Supercharged Geothermal Energy Could Power the Planet« in: *New Scientist,* 17. Oktober 2018, *newscientist.com/article/mg24032000-300-supercharged-geothermal-energy-could-power-the-planet.*
31 »The Iceland Deep Drilling Project« in: Orkustofnun, *orkustofnun.is/en/natural_resources/geothermal_energy*; sowie *web.archive.org/web/20101105193034/http://www.nea.is/geothermal/the-iceland-deep-drilling-project/;* sowie *www.sciencedirect.com/science/article/abs/pii/S0375650504000732*; und *iddp.is/2019/09/23/saga-report-no-12/; iddp.is/wp-content/uploads/2017/02/IDDP-2-Completion-websites-IDDP-DEEPEGS2.pdf.*
32 U.S. Energy Information Administration: »Hydropower Explained, Wave Power«, *www.eia.gov/energyexplained/hydropower/wave-power.php*; U.S. Energy Information Administration: »Hydropower explained, Tidal Power«, *www.eia.gov/energyexplained/hydropower/tidal-power.php*; U.S. Department of Energy, Office of Energy Efficiency & Renewable Energy: »U.S. Hydropower Market Report Januar 2021«, *energy.gov/sites/prod/files/2021/01/f82/us-hydro power-market-report-full-2021.pdf.*
33 BP: »Statistical Review of World Energy 2021«.
34 U.S. Energy Information Administration, Electric Power Annual: »Table 3.1.B. Net Generation from Renewable Sources: Total (All Sectors), 2009–2019«, *www.eia.gov/electricity/annual/html/epa_03_01_b.html*; U.S. Department of Energy, Office of Energy Efficiency and Renewable Energy: »Hydropower Resource Assessment and Characterization«, *energy.gov/eere/water/hydropower-resource-assessment-and-characterization*; sowie Sarah Gibbens: »The U.S. Commits to Tripling Its Protected Lands: Here's How It Could Be Done« in: *National Geographic,* 28. Januar 2021, *nationalgeographic.com/environment/article/biden-commits-to-30-by-2030-conservation-executive-orders.*
35 PBS: »Building the Hoover Dam« in: American Experience, *pbs.org/wgbh/americanexperience/features/building-hoover-dam.*
36 Internationale Energieagentur: *Technology Roadmap: Hydropower,* Paris, Corlet 2012, Seite 18, *ieahydro.org/media/2ea12794/2012_Hydropower_Roadmap.pdf.*
37 Ebd.; sowie BP: »Statistical Review of World Energy 2021«. Diese Annahme geht von einem technischen Potenzial in Höhe von rund 15 000 Terawattstunden pro Jahr und von aktuell mehr als 4000 Terawattstunden aus, die jährlich mit Wasserkraft produziert werden.
38 The Years Project: »Years of Living Dangerously« in: National Geographic Channel, *theyears project.com/watch/exclusives*; sowie *www.youtube.com/@Years.*
39 Reed McManus: »Down Come the Dams« in: *Sierra Magazine,* Mai/Juni 1998, *vault.sierraclub.org/sierra/199805/lol.asp#down.*
40 Nick Cain: »The Planet Newsletter: Power Play«, *Sierra Magazine,* April 2001, *vault.sierraclub.org/planet/200104/energy_types.asp.*
41 Christopher Clack et al.: »Evaluation of a Proposal for Reliable Low-Cost Grid Power with 100% Wind, Water, and Solar« in: *Proceedings of the National Academy of Sciences* 114, Nr. 26,

Juni 2017, Seite 6722–6727, *doi.org/10.1073/pnas.1610381114*; Michael Cembalest: »Renewable Rap Battle: A Scathing Critique of Mark Jacobson's 100% Renewable Grid Proposal« in: Eye on the Market, April 2018, *privatebank.jpmorgan.com/content/dam/jpm-wm-aem/global/pb/en/insights/eye-on-the-market/renewable-rap-battle-a-scathing-critique-of-mark-jacobsons-100-renewable-grid-proposal.pdf.*

42 Internationale Atomenergie-Organisation: »Nuclear Power Advantages«, *web.archive.org/web/20040112022232/iaea.org/Publications/Booklets/Development/devnine.html.*

43 »Nimitz-Class Aircraft Carrier« in: *Wikipedia*, *en.wikipedia.org/wiki/Nimitz-class_aircraft_carrier#cite_note-USN_Info-23.*

44 Union of Concerned Scientists: »Nuclear Waste«, 22. April 2016, *ucsusa.org/resources/nuclear-waste.*

45 Michael Shellenberger: »Stop Letting Your Ridiculous Fears of Nuclear Waste Kill the Planet« in: *Forbes*, 19. Juni 2018, *forbes.com/sites/michaelshellenberger/2018/06/19/stop-letting-your-ridiculous-fears-of-nuclear-waste-kill-the-planet/#a11ebb5562e2.*

46 BP: »Statistical Review of World Energy 2021«. Laut BP betrug der Verbrauch an fossilen Brennstoffen 2018 11 743,6 Millionen Tonnen Öl-Äquivalent ≈ 136 500 000 Gigawattstunden. 1 Gigawatt Kapazität bei nahezu maximalem Kapazitätsfaktor ≈ 8,760 Gigawattstunden pro Jahr → 15 582 Gigawattstunden Reaktorkapazität → verteilt über 3650 Tage (10 Jahre) → 4,2 Gigawatt pro Tag.

47 BP: »Statistical Review of World Energy 2021«. Die Kernkraftkapazitäten haben zwischen 1989 und 2018 um 756 399 Gigawattstunden zugenommen. Das entspricht bei den obigen Annahmen 86,34 Gigawatt Kapazität, also 2,878 Gigawatt an Kapazität pro Jahr.

48 U.S. Energy Information Administration: »U.S. Nuclear Capacity and Generation Expected to Decline as Existing Generators Retire«, 12. Mai 2017, *www.eia.gov/todayinenergy/detail.php?id=31192.*

49 »CO_2 Emissions 2020« in: Global Carbon Atlas, *globalcarbonatlas.org/en/CO_2-emissions.*

50 40 Millionen Tonnen/Jahreskapazität. Siehe Internationale Energieagentur: »Carbon Capture, Utilisation and Storage«, *www.iea.org/fuels-and-technologies/carbon-capture-utilisation-and-storage.*

51 Es gibt optimistische Schätzungen, wonach in den USA über einen Zeitraum von mehreren Jahrzehnten insgesamt 20 Milliarden Tonnen CO_2 zur Steigerung der Erdöl-Fördermengen benötigt werden könnten. Das entspricht aber nur einem Bruchteil dessen, was die USA in demselben Zeitraum an Emissionen produzieren (aktuell sind es 6,5 Milliarden Tonnen jährlich). Gleichzeitig wäre eine deutliche Erhöhung der Ölproduktion notwendig, zudem stammt das CO_2, das heute genutzt wird, größtenteils aus natürlichen Quellen und nicht aus abgeschiedenen Emissionen. Siehe Institute for 21st Century Energy, U.S. Chamber of Commerce: »CO_2 Enhanced Oil Recovery«, *globalenergyinstitute.org/sites/default/files/020174_EI21_EnhancedOilRecovery_final.pdf.*

52 Internationale Energieagentur: »Putting CO_2 to Use«, September 2019, *iea.org/reports/putting-CO_2-to-use*; *globalcarbonproject.org/carbonbudget/19/highlights.htm.*

53 Zahra Hirji: »Iceland Experiment Successfully Turns CO_2 Emissions into Rock« in: Inside Climate News, 9. Juni 2016, *insideclimatenews.org/news/09062016/iceland-study-ccs-carbon-capture-storage-climate-change-iceland-CO_2-rock.*

54 Winston Choi-Schagrin: »Wildfires Are Ravaging Forests Set Aside to Soak Up Greenhouse Gases« in: *The New York Times,* 23. August 2021, *nytimes.com/2021/08/23/us/wildfires-carbon-offsets.html.*
55 »Climework's Solution Is Part of Microsoft's Plan to Reach Negative Emissions« in: Climeworks, 29. Januar 2021, *climeworks.com/news/this-negative-emission-plan-by-microsoft-marks-an-important*; sowie »The World's Largest Climate-Positive Direct Air Capture Plant: Orca!« in: Climeworks, *climeworks.com/orca-4000ton-dac-facility,* sowie Fabienne Muff: »Direct Air Capture and Storage in Iceland« in: Carbon Removed, *carbonremoved.com/carbon-removal-projects/direct-air-capture-and-storage-iceland.* Dort heißt es: »Einen gewaltigen Nachteil dieses Projekts stellen leider die Kosten dar. Wie alle Technologien, die sich in der Frühphase befinden, zählt Direct Air Capture aktuell zu den kostspieligsten Methoden, CO_2 aus der Atmosphäre zu entfernen, aber wir wissen, das wird sich mit ausreichend Unterstützung ändern. Wir haben beschlossen, diese Methode finanziell zu unterstützen, weil sie mit der Zeit günstiger und wirtschaftlicher werden wird.«
56 John Kerry: »Remarks on Climate Change«, Rede in Jakarta, Indonesien, 16. Februar 2014, *https://2009-2017.state.gov/secretary/remarks/2014/02/221704.htm.*
57 Lorena Arroyo: »Denuncian ONGs: Apagón Deja al Menos 43 Pacientes Muertos en Venezuela« in: *Univision Noticias,* 12. März 2019, *univision.com/noticias/america-latina/denuncian-ongs-apagon-deja-al-menos-43-pacientes-muertos-en-venezuela;* sowie Maria Lorente: »Venezuela Returns to ›Middle Ages‹ During Power Outages« in: Yahoo! News, 28. März 2019, *https://web.archive.org/web/20190329021233/news.yahoo.com/venezuela-returns-middle-ages-during-power-outages-143506671.html.*

Kapitel 7: Die ungeheure Macht der Klimabeherrschung durch fossile Brennstoffe

1 Anthony Leiserowitz et al.: »Climate Change in the American Mind: May 2017«, Yale Program on Climate Change Communication, 5. Juli 2017, *climatecommunication.yale.edu/publications/climate-change-american-mind-may-2017.*
2 Nora McGreevy: »Scientists Project Precisely How Cold the Last Ice Age Was« in: *Smithsonian Magazine,* 28. August 2020, *smithsonianmag.com/smart-news/ice-age-temperature-science-how-cold-180975674.*
3 John Kerry: »Remarks on Climate Change«, Rede in Jakarta, Indonesien, 16. Februar 2014, *https://2009-2017.state.gov/secretary/remarks/2014/02/221704.htm.*
4 Bill McKibben: »Global Warming's Terrifying New Math«, *Rolling Stone,* 19. Juli 2012, *rollingstone.com/politics/news/global-warmings-terrifying-new-math-20120719.*
5 »How Does Present Glacier Extent and Sea Level Compare to the Extent of Glaciers and Global Sea Level During the Last Glacial Maximum (LGM)?« in: U.S. Geological Survey, *usgs.gov/faqs/how-does-present-glacier-extent-and-sea-level-compare-extent-glaciers-and-global-sea-level.*

6 »Sea Ice Triggered the Little Ice Age« in: *Science Daily, sciencedaily.com/releases/2020/09/2009 17105354.htm*; E. A. Ilyashuk, O. Heiri, B. P. Ilyashuk et al.: »The Little Ice Age Signature in a 700-Year High-Resolution Chironomid Record of Summer Temperatures in the Central Eastern Alps« in: *Climate Dynamics 52,* 2019, Seite 6953–6697, *doi.org/10.1007/s00382-018-4555-y.*

7 Albert Gore Jr.: *Earth in the Balance: Ecology and the Human Spirit,* New York, Rodale 2006 [auf Deutsch: *Wege zum Gleichgewicht: Ein Marshallplan für die Erde*, Frankfurt am Main, Fischer 1994].

8 *Fourth National Climate Assessment, Volume II: Impacts, Risks, and Adaption in the United States,* U.S. Global Research Program, Washington, DC, 2018, Seite 1358, *nca2018.globalchange.gov.*

9 Paul Krugman: »Apocalypse Becomes the New Normal« in: *The New York Times,* 2. Januar 2020, *nytimes.com/2020/01/02/opinion/climate-change-australia.html.*

10 Ebd.

11 Hunter Douglas: »The 1911 Heat Wave Was So Deadly It Drove People Insane« in: New England Historical Society, aktualisert 2021, *newenglandhistoricalsociety.com/the-1911-heat-wave-was-so-deadly-it-drove-people-insane.*

12 Ch. de Sait Sauveur: »En 1911, Paris Suffoquait Déjà Sous la Canicule« in: *Le Parisien,* 29. Juni 2019, *leparisien.fr/societe/en-1911-paris-suffoquait-deja-sous-la-canicule-29-06-2019-8106210.php.*

13 Bjørn Lomborg: *False Alarm,* New York, Basic Books 2020 [auf Deutsch: *Klimapanik*, München, FBV 2022].

14 Antonio Gasparrini et al.: »Mortality Risk Attributable to High and Low Ambient Temperature: A Multicountry Observational Study« in: *The Lancet* 386, Nr. 9991, 25. Juli 2015, Seite 369–735, *doi.org/10.1016/S0140-6736(14)62114-0*; sowie Francesco Sera et al.: »Air Conditioning and Heat-Related Mortality« in: *Epidemiology* 31, Nr. 6, November 2020, Seite 779–787, *doi.org/10.1097/EDE.0000000000001241.*

15 »Great Frost of 1709« in: *Wikipedia, en.wikipedia.org/wiki/Great_Frost_of_1709*; sowie Stephanie Pain: »1709: The Year That Europe Froze« in: *New Scientist,* 4. Februar 2009, *newscientist.com/article/mg20126942-100-1709-the-year-that-europe-froze.*

16 Indur M. Goklany: *Wealth and Safety: The Amazing Decline in Deaths from Extreme Weather in an Era of Global Warming, 1900–2010,* Los Angeles, Reason Foundation 2011, Seite 3, *reason.org/files/deaths_from_extreme_weather_1900_2010.pdf*; Indur M. Goklany: *Policy Analysis: Humanity Unbound: Fossil Fuels Saved Humanity from Nature and Nature from Humanity,* Washington, DC, Cato Institute, 20. Dezember 2012, Seite 3, *cato.org/sites/cato.org/files/pubs/pdf/pa715.pdf.*

17 Indur M. Goklany: *Wealth and Safety: The Amazing Decline in Deaths from Extreme Weather in an Era of Global Warming, 1900–2010,* Los Angeles, Reason Foundation 2011, Seite 3, *reason.org/files/deaths_from_extreme_weather_1900_2010.pdf.*

18 Kathryn Edgerton-Tarpley: »Pictures to Draw Tears from Iron« in: MIT Visualizing Cultures, *visualizingcultures.mit.edu/tears_from_iron/tfi_essay01.html*; sowie De'er Zhang und Youye Liang: »A Long Lasting and Extensive Drought Event over China in 1876–1878« in: *Advances in Climate Change Research,* Vol. 1, Nr. 2, November 2010, Seite 91–99, *www.sciencedirect.com/science/article/pii/S1674927810500212.*

19 Indur M. Goklany: *Policy Analysis: Humanity Unbound: Fossil Fuels Saved Humanity from Nature and Nature from Humanity,* Washington, DC, Cato Institute, 20. Dezember 2012, Seite 3, *cato.org/sites/cato.org/files/pubs/pdf/pa715.pdf.*

20 »U.S. Expands Food, Health Aid to Ethiopia, Kenya Amid Crisis« in: Reuters, 3. August 2017, *reuters.com/article/us-usa-africa-famine/u-s-expands-food-health-aid-to-ethiopia-kenya-amid-crisis-idUSKBN1AJ21J.*

21 »Sorek Desalination Plant« in: Water Technology, *water-technology.net/projects/sorek-desali nation-plant.*

22 »Joe Rogan: Triggered (2016) – Transcript«, *Scraps from the Loft,* 19. August 2017, *scrapsfromtheloft.com/2017/08/19/joe-rogan-triggered-2016-full-transcript.*

23 V. K. Arora und J. R. Melton: »Reduction in Global Area Burned and Wildfire Emissions Since 1930s Enhances Carbon Uptake by Land« in: *Nature Communications,* Vol. 9, Nr. 1326, 201, Seite 1–10, *doi.org/10.1038/s41467-018-03838-0*; Michael Shellenberger: »Forget the Amazon Hype, Fires Globally Have Declined 25% Since 2003 Thanks to Economic Growth« in: *Forbes,* 30. August 2019, *forbes.com/sites/michaelshellenberger/2019/08/30/forget-the-hype-forest-fires-have-declined-25-since-2003-thanks-to-economic-growth.*

24 Michael Shellenberger: »California Has Always Had Fires, Environmental Alarmism Makes Them Worse Than Necessary« in: *Forbes,* 10. September 2020, *forbes.com/sites/michaelshellen berger/2020/09/10/why-environmental-alarmism-makes-forest-fires-worse.*

25 Scott L. Stephens, Robert E. Martin und Nicholas E. Clinton: »Prehistoric Fire Area and Emissions from California's Forests, Woodlands, Shrublands, and Grasslands« in: *Forest Ecology and Management* 251, Juni 2007, Seite 205–216, *nature.berkeley.edu/stephenslab/wp-content/uploads/2015/04/Stephens-et-al.-CA-fire-area-FEM-2007.pdf.*

26 Karen C. Short: »Spatial Wildfire Occurrence Data for the United States 1992–2015«, U.S. Department of Agriculture, *fs.usda.gov/rds/archive/catalog/RDS-2013-0009.4*; Jennifer K. Balch et al.: »Human-Started Wildfires Expand the Fire Niche Across the United States« in: *PNAS* 114, Nr. 11, 27. März 2017, Seite 2946–2951, *doi.org/10.1073/pnas.1617394114*; sowie Tess Joosse: »Human-Sparked Wildfires Are More Destructive Than Those Caused by Nature« in: *Science,* 8. Dezember 2020, *science.org/news/2020/12/human-sparked-wildfires-are-more-destructive-those-caused-nature.*

27 Bjørn Lomborg: »Welfare in the 21st Century: Increasing Development, Reducing Inequality, the Impact of Climate Change, and the Cost of Climate Policies« in: *Technological Forecasting and Social Change,* Vol. 156, Juli 2020, *doi.org/10.1016/j.techfore.2020.119981.*

28 Chuck DeVore: »How Refusing to Wisely Manage California's Resources Led to Incessant Blackouts« in: *The Federalist,* 7. September 2020, *thefederalist.com/2020/09/07/how-refusing-to-wisely-manage-californias-resources-led-to-incessant-blackouts.*

29 Bjørn Lomborg: »Welfare in the 21st Century: Increasing Development, Reducing Inequality, the Impact of Climate Change, and the Cost of Climate Policies« in: *Technological Forecasting and Social Change,* Vol. 156, Juli 2020, *doi.org/10.1016/j.techfore.2020.119981.*

30 Indur M. Goklany: *Wealth and Safety: The Amazing Decline in Deaths from Extreme Weather in an Era of Global Warming, 1900–2010,* Los Angeles, Reason Foundation 2011, Seite 3, *reason.org/files/deaths_from_extreme_weather_1900_2010.pdf.*

31 »List of Deadliest Atlantic Hurricanes« in: *Wikipedia, en.wikipedia.org/wiki/List_of_deadliest_Atlantic_hurricanes.*

32 Kate Pound Dawson: »E. Africa, Recovering from Cyclone Idai, Braces for New Storm« in: *Voice of America,* 24. April 2019, *www.voanews.com/a/east-africa-recovering-from-cyclone-idai-braces-for-new-storm-kenneth/4889943.html.*

33 Jessica Weinkle et al.: »Normalized Hurricane Damage in the Continental United States 1900–2017« in: *Nature Sustainability* Vol. 1, 2018, Seite 808–813, *nature.com/articles/s41893-018-0165-2*; Roger Pielke: »Economic ›Normalisation‹ of Disaster Losses 1998–2020: A Literature Review and Assessment« in: *Environmental Hazards,* Vol. 20, Nr. 2, 5. August 2020, Seite 93–111, *doi.org/10.1080/17477891.2020.1800440*; sowie Roger Pielke: »Tracking Progress on the Economic Costs of Disasters Under the Indicators of the Sustainable Development Goals« in: *Environmental Hazards,* Vol. 18, Nr. 1, Oktober 2018, Seite 1–6, *doi.org/10.1080/17477891.2018.1540343.*

34 Indur M. Goklany: *Wealth and Safety: The Amazing Decline in Deaths from Extreme Weather in an Era of Global Warming, 1900–2010,* Los Angeles, Reason Foundation 2011, Seite 3, *reason.org/files/deaths_from_extreme_weather_1900_2010.pdf.*

35 Evan Andrews: »The World's Most Catastrophic Floods, in Photos« in: History, zuletzt aktualisiert am 18. September 2020, *history.com/news/worlds-most-catastrophic-floods-in-photos.*

36 »Central China Flood Horror« in: *Daily News* (Perth, WA), 21. August 1931, *trove.nla.gov.au/newspaper/article/83891142.*

37 Vanessa McKinney: »Sea Level Rise and the Future of the Netherlands« in: *ICE Case Studies,* Vol. 212, Mai 2007, *mandalaprojects.com/ice/ice-cases/dutch-sea.htm*; sowie »Is the Netherlands Below Sea Level?« in: Netherlands Tourism, *netherlands-tourism.com/netherlands-sea-level.*

38 Bjørn Lomborg: *False Alarm,* New York, Basic Books 2020 [auf Deutsch: *Klimapanik,* München, FBV 2022].

39 Roger Pielke: »Everything You Hear About Billion-Dollar Disasters Is Wrong« in: *Forbes,* 7. November 2019, *forbes.com/sites/rogerpielke/2019/11/07/everything-you-hear-about-billion-dollar-disasters-is-wrong/#4612e0102fea.*

40 Allein in den USA ist die Küstenbevölkerung seit den 1960er-Jahren um mehr als 80 Prozent gewachsen. Siehe »Coastal Areas«, United States Census Bureau, 23. Juli 2020, *census.gov/topics/preparedness/about/coastal-areas.html.*

41 »Urban and Rural Populations in the United States« in: Our World in Data, *ourworldindata.org/grapher/urban-and-rural-populations-in-the-united-states.*

42 Editorial Board: »Opinion: Sea-Level Rise Could Be Even Worse Than We've Been Led to Expect« in: *The Washington Post,* 30. Mai 2019, *washingtonpost.com/opinions/sea-level-rise-could-be-even-worse-than-weve-been-led-to-expect/2019/05/30/7eb5a7f8-7d9f-11e9-8ede-f4abf521ef17_story.html.*

43 Bobby Magill: »Miami, Other Coastal Cities May Drown in 80 Years, Study Says« in: Bloomberg Law, 20. Mai 2019, *news.bloomberglaw.com/environment-and-energy/miami-other-coastal-cities-may-drown-in-80-years-study-says.*

44 Bjørn Lomborg: *False Alarm,* New York, Basic Books 2020 [auf Deutsch: *Klimapanik,* München, FBV 2022]; sowie Robert J. Nicholls et al.: »Sea-Level Rise and Its Possible Impacts Given a

›Beyond 4°C World‹ in the Twenty-First Century« in: *Philosophical Transactions of the Royal Society,* Vol. 369, Januar 2011, Seite 161–181, *doi.org/10.1098/rsta.2010.0291.*

45 Bjørn Lomborg: *False Alarm,* New York, Basic Books 2020 [auf Deutsch: *Klimapanik,* München, FBV 2022].

46 Riordan Frost: »Who Is Moving and Why? Seven Questions About Residential Mobility« in: Joint Center for Housing Perspectives of Harvard University, 4. Mai 2020, *jchs.harvard.edu/blog/who-is-moving-and-why-seven-questions-about-residential-mobility.*

47 Ralph Waldo Emerson: »Wealth«, *emersoncentral.com/texts/the-conduct-of-life/wealth.*

Kapitel 8: Das Problem der systembedingten Klimaverzerrung

1 Craig D. Idso: *The State of Earth's Terrestrial Biosphere: How Is It Responding to Rising Atmospheric* CO_2 *and Warmer Temperatures?,* Tempe, AZ, Center for the Study of Carbon Dioxide and Global Change, 2012, *co2science.org/education/reports/greening/TheStateofEarthsTerrestrialBiosphere.pdf.*

2 Abby Tabor: »Human Activity in China and India Dominates the Greening of Earth, NASA Study Shows« in: NASA Ames, aktualisiert am 11. Februar 2019, *nasa.gov/feature/ames/human-activity-in-china-and-india-dominates-the-greening-of-earth-nasa-study-shows*; sowie Ranga Myeni: »Carbon Dioxide Fertilization Greening Earth, Study Finds« in: NASA Earth, aktualisiert am 26. April 2016, *nasa.gov/feature/goddard/2016/carbon-dioxide-fertilization-greening-earth.*

3 Indur M. Goklany: *Carbon Dioxide: The Good News,* Global Warming Policy Foundation, Report 18, London, 2015, *thegwpf.org/content/uploads/2015/10/benefits1.pdf.*

4 IPCC: »Summary for Policymakers« in: *Climate Change 2021: The Physical Science Basis. Contribution of Working Group I to the Sixth Assessment Report of the Intergovernmental Panel on Climate Change,* Cambridge University Press 2021, *ipcc.ch.*

5 Svante Arrhenius: *Worlds in the Making: The Evolution of the Universe,* New York, Harper & Brothers 1908, Seite 63 [zitiert aus der deutschen Übersetzung: *Das Werden der Welten,* Leipzig, Akademische Verlagsgesellschaft 1908, *https://archive.org/details/daswerdenderwelt00arrhuoft/page/57/mode/1up.* Das schwedische Original *Världarnas utveckling* stammt aus dem Jahr 1906].

6 Tony Heller: »The Nobel Prize in Economic Ignorance« in: Real Climate Science (Weblog), 15. November 2019, *realclimatescience.com/2019/11/the-nobel-prize-in-economic-ignorance.*

7 Marc Morano: »MIT Climate Scientist Dr. Richard Lindzen Mocks 97% Consensus: ›It Is Propaganda‹« in: Climate Depot (Weblog), 15. Februar 2016, *climatedepot.com/2016/02/15/mit-climate-scientist-dr-richard-lindzen-mocks-97-consensus-it-is-propaganda.*

8 Judith Curry: »JC in Transition« in: Climate Etc. (Weblog), 3. Januar 2017, *judithcurry.com/2017/01/03/jc-in-transition.*

9 John Kerry,: »Remarks on Climate Change«, Rede in Jakarta, Indonesien, 16. Februar 2014, *https://2009-2017.state.gov/secretary/remarks/2014/02/221704.htm.*

10 Climate Discussions NEXUS: »The In-Depth Story Behind a Climate Fraud« in: YouTube, 9. Mai 2019, 16:15, *youtu.be/ewJ6TI8ccAw.*
11 Michael Shellenberger: *Apocalypse Never,* New York, HarperCollins, New York 2020 [auf Deutsch: *Apokalypse - niemals! Warum uns der Klima-Alarmismus krank macht*, München, Langen-Müller 2022].
12 Jonathan Schell: »Our Fragile Earth« in: *Discover,* Oktober 1989, Seite 45–48. [Stephen Schneider wird in dieser Quelle von Schell zitiert. (Anm. d. Verlags auf Nachfrage beim Verfasser)]
13 Paul Ehrlich und Anne Ehrlich: *Betrayal of Science and Reason,* Washington, DC, Island Press 1996, Seite 207.
14 Michael E. Mann (@MichaelEMann): »We probably already exceed the planets carrying capacity by a factor of eight«, Twitter, 29. Januar 2019, 7:34 p.m., *twitter.com/MichaelEMann/status/1090 407949770674176.*

Kapitel 9: Steigende CO_2-Werte: der Gesamtkontext

1 »Nach besten Schätzungen belief sich vor 540 Millionen Jahren die CO_2-Konzentration in der globalen Atmosphäre mit großem Spielraum auf 7000 Parts per Million.« Zitiert nach Patrick Moore: The Positive Impact of Human CO_2 Emissions on the Survival of Life on Earth, Winnipeg, Manitoba, CAN, Frontier Centre for Public Policy, Juni 2016, *fcpp.org/wp-content/uploads/2016/ 06/Moore-Positive-Impact-of-Human-CO₂-Emissions.pdf.*
2 IPCC AR5, Annex II: Climate System Scenario Tables, Table AII.2.1c: Anthropogenic Total CO_2 Emissions, PgC yr–1, Table AII.4.1: CO_2 Abundance (ppm), columns RCP8.5, 2013, *www.ipcc.ch/site/assets/uploads/2017/09/WG1AR5_AnnexII_FINAL.pdf.*
3 National Oceanic and Atmospheric Administration: »Climate Change Rule of Thumb: Cold Things Warming Faster Than Warm Things«, *climate.gov/news-features/blogs/beyond-data/ climate-change-rule-thumb-cold-things-warming-faster-warm-things.*
4 Richard S. Lindzen: »Some Coolness Concerning Global Warming« in: *Bulletin of the American Meteorological Society,* Vol. 71, Nr. 3, März 1990, Seite 288–299, *jstor.org/stable/26227522.*
5 Richard: »Climate Change Part 3: Role of Water Vapor 1851« in: UPS Battery Center, 8. März 2018, *upsbatterycenter.com/blog/climate-change-water-vapor.*
6 Gunnar Myhre et al.: »New Estimates of Radiative Forcing Due to Well-Mixed Greenhouse Gases« in: *Geophysical Research Letters,* Vol. 25, Nr. 14, Juli 1998, Seite 2715–2718, *doi.org/10. 1029/98GL01908.*
7 »The Basics of Climate Change« in: The Royal Society, *royalsociety.org/topics-policy/projects/ climate-change-evidence-causes/basics-of-climate-change.*
8 Global Monitoring Laboratory, National Oceanic and Atmospheric Administration: »Trends in Atmospheric Carbon Dioxide«, *esrl.noaa.gov/gmd/ccgg/trends/gr.html*; sowie Scripps Institution of Oceanography: The Keeling Curve: »Chart: Atmospheric CO_2«, *keelingcurve. ucsd.edu/wp-content/plugins/sio-bluemoon/graphs/RCP6_scenario.png.*

9 IPCC: »AR6 Climate Change 2021: The Physical Science Basis«, Cambridge, Cambridge University Press 2021, *ipcc.ch/report/ar6/wg1/#FullReport.*
10 Ebd.; IPCC, The Working Group I: »Contribution to the Fifth Assessment Report of the Intergovernmental Panel on Climate Change, Summary for Policymakers«, Seite 16, *www.ipcc.ch/site/assets/uploads/2018/02/WG1AR5_SPM_FINAL.pdf*; sowie Ross McKitrick: »New Confirmation That Climate Models Overstate Atmospheric Warming« in: Climate Etc. (Weblog), *judithcurry.com/2020/08/25/new-confirmation-that-climate-models-overstate-atmospheric-warming.*
11 Nicholas Lewis und Judith Curry: »The Impact of Recent Forcing and Ocean Heat Uptake Data on Estimates of Climate Sensitivity« in: *Journal of Climate,* Vol. 31, Nr. 15, August 2018, Seite 6051–6071, *journals.ametsoc.org/view/journals/clim/31/15/jcli-d-17-0667.1.xml.* [CMIP steht für »Coupled Model Intercomparison Project«, ein Projekt, bei dem sich internationale Klimamodellierer auf standardisierte Simulationen verständigten, um die Modelle vergleichen zu können. (Anm. des Verlags)]
12 IPCC: »AR6 Climate Change 2021: The Physical Science Basis«, Cambridge, Cambridge University Press 2021, *ipcc.ch/report/ar6/wg1/#FullReport.*
13 Tom Knutson: »Global Warming and Hurricanes« in: Geophysical Fluid Dynamics Laboratory, 9. August 2021, *gfdl.noaa.gov/global-warming-and-hurricanes.*
14 IPCC: »AR5 Climate Change 2014: Impacts, Adaptation, and Vulnerability«, 2014, *ipcc.ch/report/ar5/wg2.*
15 IPCC: »Special Report on the Ocean and Cryosphere in a Changing Climate«, 25. September 2019, *unep.org/resources/report/ipcc-special-report-ocean-and-cryosphere-changing-climate.*
16 Ebd.
17 *An Inconvenient Truth,* Regie: Davis Guggenheim, Drehbuch: Al Gore, veröffentlicht 2006, *imdb.com/title/tt0497116/characters/nm0330722* [auf Deutsch: *Eine unbequeme Wahrheit*].
18 Bill McKibben: »Climate Change Is ›Greatest Challenge Humans Have Ever Faced‹, Author Says« in: NPR's Fresh Air, Interview von Dave Davies, 16. April 2019, *npr.org/2019/04/16/713829853/climate-change-is-greatest-challenge-humans-have-ever-faced-author-says.*
19 U.S. Geological Survey: »pH Scale«, *usgs.gov/media/images/ph-scale-0.*
20 Bärbel Hönisch et al.: »The Geological Record of Ocean Acidification« in: *Science,* Vol. 335, Nr. 1058, März 201, Seite 1–8, *instaar.colorado.edu/~marchitt/reprints/hoenischscience12.pdf.*
21 Center for the Study of Carbon Dioxide and Global Change: »Ocean Acidification Database, Results and Conclusions« in: CO_2 Science, *co2science.org/data/acidification/results.php.*
22 Ebd.; Caitlyn Kennedy: »Ocean Acidification, Today and in the Future« in: Climate.gov, 3. November 2010, *climate.gov/news-features/featured-images/ocean-acidification-today-and-future*; Patrick Moore: »Ocean ›Acidification‹ Alarmism in Perspective« in: Frontier Centre for Public Policy, November 2015, *fcpp.org/wp-content/uploads/2015/11/Moore-Ocean-Acidification-Alarmism.pdf.*
23 Patrick Moore: »Ocean ›Acidification‹ Alarmism in Perspective« in: Frontier Centre for Public Policy, November 2015, *fcpp.org/wp-content/uploads/2015/11/Moore-Ocean-Acidification-Alarmism.pdf.*
24 Bill McKibben: »Climate Change Is ›Greatest Challenge Humans Have Ever Faced‹, Author Says« in: NPR's Fresh Air, Interview von Dave Davies, 16. April 2019, *npr.*

org/2019/04/16/713829853/climate-change-is-greatest-challenge-humans-have-ever-faced-author-says.

25 Robert Zubrin: »The Pacific's Salmon Are Back – Thank Human Ingenuity« in: *National Review Online,* 22. April 2014, *nationalreview.com/2014/04/pacifics-salmon-are-back-thank-human-ingenuity-robert-zubrin.*

26 Ebd.

27 Robert Zubrin, »The Greens' Attack on Mariculture« in: *National Review Online,* 3. Januar 2013, *nationalreview.com/2013/01/greens-attack-mariculture-robert-zubrin.*

28 Ebd.

29 Robert Bryce: *A Question of Power: Electricity and the Wealth of Nations,* New York, PublicAffairs 2020, Seite 73.

Kapitel 10: Maximierung des Wohlergehens durch Energiefreiheit

1 Don Watkins: *RooseveltCare: How Social Security Is Sabotaging the Land of Self-Reliance,* The Ayn Rand Institute 2014.

2 Catherine Clifford: »How the Moderna COVID-19 mRNA Vaccine Was Made So Quickly« in: CNBC Make It, 3. Juli 2021, *cnbc.com/2021/07/03/how-moderna-made-its-mrna-covid-vaccine-so-quickly-noubar-afeyan.html.*

3 Office of Nuclear Energy, U.S. Department of Energy: »What Is a Nuclear Microreactor?«, 26. Februar 2021, *energy.gov/ne/articles/what-nuclear-microreactor.*

4 Michael Shellenberger: *Apokalypse Never,* New York, HarperCollins, New York 2020 [auf Deutsch: *Apokalypse - niemals! Warum uns der Klima-Alarmismus krank macht*, München, Langen-Müller 2022].

5 Steven Senne: »Anti-Pipeline Proponents Help Sell Putin's Gas« in: *Houston Chronicle,* 30. Januar 2018, *houstonchronicle.com/opinion/editorials/article/Anti-pipeline-proponents-help-sell-Putin-s-gas-12538082.php.*

6 Louis Sahagun: »This Rat Is Foiling Developers'› Plans to Capitalize on a Weaker Endangered Species'› Act« in: *Los Angeles Times,* 23. August 2019, *latimes.com/environment/story/2019-08-21/endangered-species-kangaroo-rat-california-developers.*

7 Paul Ehrlich, John P. Holdren und Anne Ehrlich: *Ecoscience: Population, Resources, Environment,* San Francisco, W. H. Freeman 1977, Seite 923.

8 Michael Shellenberger: *Apocalypse Never,* New York, HarperCollins, New York 2020 [auf Deutsch: *Apokalypse - niemals! Warum uns der Klima-Alarmismus krank macht*, München, Langen-Müller 2022].

9 »About the Empire State Building«, *esbnyc.com/about.*

10 Alex Epstein: »A Tale of Three Pipelines (Part I: Remembering Tide-Water Pipe Line)« in: MasterResource (Weblog), 21. Dezember 2011, *masterresource.org/epstein-alex/three-pipelines-i-tide-water.*

11 Colorado Oil & Gas Association, »COGA's the Truth About ›GasLand‹«, 17. Juni 2011, *web.archive.org/web/20151015221514/coga.org/FactSheets/FactSheetGasLand.pdf.*

12 U.S. Centers for Disease Control and Prevention: »Asthma in the US«, Mai 2011, *archive.cdc.gov/#/details?url=https://www.cdc.gov/vitalsigns/asthma/index.html.*
13 »Paracelsus (1493–1534)« in: Toxipedia, 12. November 2013, *asmalldoseoftoxicology.org/paracelsus.*

Kapitel 11: Neuausrichtung der Debatte und die »100« argumentieren

1 White House: »Executive Order on Tackling the Climate Crisis at Home and Abroad«, Exec. Order No. 14008, 27. Januar 2021, *whitehouse.gov/briefing-room/presidential-actions/2021/01/27/executive-order-on-tackling-the-climate-crisis-at-home-and-abroad.*
2 Susan Shain und Veronica Penney: »Getting Climate Studies into Schools« in: *The New York Times,* 2. September 2020, *nytimes.com/2020/09/02/climate/schools-climate-curriculum.html.*
3 Bill McKibben: »How to Combat Climate Depression« in: *The New Yorker,* 30. April 2020, *newyorker.com/news/annals-of-a-warming-planet/how-to-combat-climate-depression*; sowie SWNS: »Majority of Young Adults Say Climate Change Influences Their Decision to Have Children or Not« in: Medium (Weblog), 20. April 2020, *swns-research.medium.com/majority-of-young-adults-say-climate-change-influences-their-decision-to-have-children-or-not-da5ffc67d276.*
4 »New Survey by ReachOut and Student Edge Reveals Number of Students Anxious About Climate Change« in: reachout.com, 30. September 2019, *about.au.reachout.com/blog/new-survey-by-reachout-and-student-edge-reveals-number-of-students-anxious-about-climate-change.*
5 Judith Curry: »The Toxic Rhetoric of Climate Change« in: Climate Etc. (Weblog), 14. Dezember 2019, *judithcurry.com/2019/12/14/the-toxic-rhetoric-of-climate-change.*
6 Karen Weise: »Jeff Bezos Commits $10 Billion to Address Climate Change« in: *The New York Times,* 17. Februar 2020, *nytimes.com/2020/02/17/technology/jeff-bezos-climate-change-earth-fund.html*; sowie Annie Palmer: »Jeff Bezos Names First Recipients of His $10 Billion Earth Fund for Combating Climate Change« in: CNBC, 16. November 2020, *cnbc.com/2020/11/16/jeff-bezos-names-first-recipients-of-his-10-billion-earth-fund.html.*
7 Matthew Smith: »Most People Expect to Feel the Effects of Climate Change, and Many Think It Will Make Us Extinct« in: YouGovAmerica, 16. September 2019, *today.yougov.com/topics/science/articles-reports/2019/09/16/global-climate-change-poll.*
8 Nathaniel Taplin: »How to Add Gas to U.S.-China Climate Cooperation« in: *The Wall Street Journal,* 25. April 2021, *wsj.com/articles/how-to-add-gas-to-u-s-china-climate-cooperation-11619402874.* Mit Stand Januar 2021 plant oder baut China mehr als 200 Kohlekraftwerke mit einer Gesamtkapazität von mehr als 247 Gigawatt. Siehe: »China's Coal Fleet Continues to Grow« in: America's Power, 21. April 2021, *web.archive.org/web/20210426014415/https://www.americaspower.org/chinas-coal-fleet-continues-to-grow/.*

9 Doug Davidoff: »1997 Steve Jobs Video Provides the Secret Marketers Have Been Looking For« in: Imagine Business Development (Weblog), 26. April 2016, *blog.imaginellc.com/1997-steve-jobs-video-provides-the-secret-marketers-have-been-looking-for.*

10 Shell: »Shell Accelerates Drive for Net-Zero Emissions with Customer-First Strategy«, Pressemitteilung, 11. Februar 2021, *shell.com/media/news-and-media-releases/2021/shell-accelerates-drive-for-net-zero-emissions-with-customer-first-strategy.html*; sowie BP: »Net Zero by 2050«, *bp.com/en/global/corporate/news-and-insights/reimagining-energy/net-zero-by-2050.html.*

11 Shell: »About Shell Naturelle«, *shell.com/business-customers/lubricants-for-business/naturelle/about.html.*

12 Improve the Planet: »Student on Alex Epstein's Moral Case« in: YouTube, 15. Mai 2017, 2:46 Min, *youtube.com/watch?v=wgubBPZeRwM.*

Index

Kursive Seitenzahlen stehen für Material in Fotografien oder Grafiken.

B

C

D

E

F

G

H

I

L

M

N

Q

R

S

V

W

Y

Z